INTRODUÇÃO À ENGENHARIA AMBIENTAL

I61   Introdução à engenharia ambiental : o desafio do desenvolvimento sustentável / Benedito Braga... [et al.]. – 3. ed. – [São Paulo] : Pearson ; Porto Alegre : Bookman, 2021.
vi, 382 p. : il. ; 28 cm.

ISBN 978-85-8260-556-1

1. Ciências ambientais. 2. Engenharia ambiental. 3. Meio ambiente. I. Braga, Benedito. II. Título.

CDU 502.2:66

Catalogação na publicação: Karin Lorien Menoncin – CRB 10/2147

3ª EDIÇÃO

INTRODUÇÃO À ENGENHARIA AMBIENTAL

O desafio do desenvolvimento sustentável

Benedito Braga
Ivanildo Hespanhol
João G. Lotufo Conejo
José Carlos Mierzwa
Mario Thadeu L. de Barros
Milton Spencer
Monica Porto

Nelson Nucci
Neusa Juliano
Sergio Eiger
Amarilis Gallardo
Joaquin Bonnecarrere
Theo de Souza
Ronan Contrera

Porto Alegre
2021

© Grupo A Educação S.A., 2021

Gerente editorial: *Arysinha Jacques Affonso*

Colaboraram nesta edição:

Editora: *Simone de Fraga*
Preparação de originais: *Carine Garcia Prates*
Leitura final: *Daniela de Freitas Louzada*
Capa: *Márcio Monticelli*
Imagem da capa: ©*shutterstock.com / Adam Hugill, A lone tree in the Yorkshire Dales*
Projeto gráfico e editoração: *Kaéle Finalizando Ideias*

Reservados todos os direitos de publicação ao GRUPO A EDUCAÇÃO S.A.
(Bookman é um selo editorial do GRUPO A EDUCAÇÃO S.A.)
Rua Ernesto Alves, 150 – Bairro Floresta
90220-190 – Porto Alegre – RS
Fone: (51) 3027-7000

SAC 0800 703 3444 – www.grupoa.com.br

É proibida a duplicação ou reprodução deste volume, no todo ou em parte,
sob quaisquer formas ou por quaisquer meios (eletrônico, mecânico, gravação,
fotocópia, distribuição na Web e outros), sem permissão expressa da Editora.

IMPRESSO NO BRASIL
PRINTED IN BRAZIL

Autores

Benedito Braga
Engenheiro civil pela Universidade de São Paulo, M.Sc. e Ph.D. pela Stanford University. Professor titular da Escola Politécnica da Universidade de São Paulo (USP). Presidente honorário do Conselho Mundial da Água e CEO da Companhia de Saneamento Básico do Estado de São Paulo (Sabesp). Autor de mais de 20 livros e capítulos de livros, além de 200 artigos técnico-científicos em revistas nacionais e internacionais. Especialista em temas ligados à gestão ambiental e de recursos hídricos.

Ivanildo Hespanhol
Engenheiro civil e engenheiro sanitarista pela Universidade de São Paulo. Doutor em Saúde Pública pela Universidade de São Paulo. M.Sc. e Ph.D. em Engenharia Ambiental pela Universidade da Califórnia, Berkeley. Foi membro do corpo científico da Organização Mundial da Saúde e atuou como engenheiro consultor, no Brasil e na América Latina, em assuntos associados a reúso, qualidade e tratamento avançado de água e efluentes industriais.

João Gilberto Lotufo Conejo
Engenheiro civil com especialização em hidráulica pela Escola de Engenharia de São Carlos da USP. Mestre em engenharia hidráulica pela Escola Politécnica da USP. Diplomado pelo Imperial College, Universidade de Londres, em engenharia hidrológica. Professor assistente da USP, aposentado. Cargos exercidos: diretor técnico da Sociedade de Abastecimento de Água e Saneamento de Campinas; secretário adjunto da Secretaria de Recursos Hídricos, Saneamento e Obras do Estado de São Paulo; superintendente do Departamento de Águas e Energia Elétrica de São Paulo e superintendente de planejamento de recursos hídricos e diretor da Agência Nacional de Águas.

José Carlos Mierzwa
Professor de graduação e pós-graduação no Departamento de Engenharia Hidráulica e Ambiental da Escola Politécnica da USP. Mestre em tecnologia nuclear pela USP. Doutor em engenharia civil. Suas principais áreas de pesquisa são reúso, qualidade da água e gestão ambiental.

Mario Thadeu Leme de Barros
Professor livre-docente da Escola Politécnica da USP, era responsável por disciplinas de graduação e de pós-graduação. Atuou como pesquisador nas áreas de engenharia de recursos hídricos e de engenharia ambiental, sobretudo em análise de sistemas ambientais, gestão ambiental, hidrologia e recursos hídricos. Trabalhou no Departamento de Águas e Energia Elétrica do Estado de São Paulo (DAEE) e foi diretor do Centro Tecnológico de Hidráulica e Recursos Hídricos (CTH) do DAEE/EPUSP.

Milton Spencer Veras Júnior
Professor da Escola Politécnica da Universidade de São Paulo e da Escola de Engenharia de Mauá. Ex-diretor do Departamento de Águas e Energia Elétrica na área de Desenvolvimento Regional do Vale do Paraíba.

Monica Ferreira do Amaral Porto
Engenheira Civil pela Escola Politécnica da USP. Professora titular da Escola Politécnica da USP. Mestra, doutora e livre-docente em engenharia também pela Escola Politécnica da USP. Atualmente é diretora de Sistemas Regionais da Sabesp. Exerceu várias funções em entidades nacionais e internacionais. Sua área de interesse é qualidade da água e gestão de recursos hídricos.

Nelson Nucci
Engenheiro civil e professor pela Escola Politécnica da USP, onde lecionou no Departamento de Engenharia Hidráulica e Sanitária até sua aposentadoria, em setembro de 2003. Foi diretor da Sabesp entre 1983 e 1987. Presidiu a Associação Brasileira de Engenharia Sanitária de 1986 a 1988. Integrou o Conselho Técnico e Científico da International Water Supply Association/International Water Association, entre 1988 e 2002. Foi diretor da JNS Engenharia, Consultoria e Gerenciamento S/C Ltda.

Neusa Juliano
Engenheira civil pela Escola Politécnica da Universidade de São Paulo (EPUSP). Professora da EPUSP, junto ao Departamento de Engenharia Hidráulica e Sanitária, nas áreas de saneamento e meio ambiente. Mestre e Doutora nas áreas de saneamento e meio ambiente. Superintendente das unidades regionais, superintendente de treinamento e informática e superintendente de pesquisa na Companhia de Tecnologia de Saneamento Ambiental (Cetesb).

Sérgio Eiger
Professor associado do Departamento de Saúde Ambiental da Faculdade de Saúde Pública da USP. Especialista em hidráulica ambiental e qualidade da água. Doutor pela Universidade da Califórnia, Berkeley.

Amarilis Gallardo
Professora associada do PHA da Escola Politécnica da USP e da Uninove, no mestrado em cidades inteligentes e sustentáveis. Livre-docente pela Poli/USP. Mestre e doutora em engenharia pela USP. Tem pós-doutorado em Ciências Ambientais pela University of East Anglia (UK). Geóloga pela Unesp. Pesquisadora do IPT por mais de 20 anos. Bolsista de produtividade CNPq. Consultora *ad-hoc* das principais agências de fomento de pesquisa brasileiras. Diretora da FCTH e membro do conselho deliberativo do NAP-USP Cidades.

Joaquin Bonnecarrere
Engenheiro civil pela UFSM. Professor da Escola Politécnica da USP. Doutor pela USP. Coordenador do Laboratório de Sistemas de Suporte a Decisões em Engenharia Ambiental e de Recursos Hídricos (LabSid). Atua nos temas relacionados à gestão de recursos hídricos e meio ambiente, modelagem hidrológica, modelagem hidráulica, modelagem de qualidade da água, com destaque para projetos de desenvolvimento de sistema de suporte à decisão na área de recursos hídricos e meio ambiente.

Theo de Souza
Engenheiro civil. Professor doutor do Departamento de Engenharia Hidráulica e Ambiental da Escola Politécnica da USP. Doutor em engenharia hidráulica e saneamento pela Escola de Engenharia de São Carlos da USP. Pós-doutorado pela Universidade de Valladolid, Espanha. Atua no tratamento de águas residuárias, com enfoque em processos anaeróbios e remoção de nutrientes. É um dos líderes do Núcleo Anaeróbio de Tratamento e Utilização de Resíduos, Efluentes e Nutrientes (Naturen).

Ronan Contrera
Engenheiro civil pela Escola de Engenharia de São Carlos da USP. Professor de engenharia ambiental da Escola Politécnica da Universidade de São Paulo. Mestre e doutor em engenharia hidráulica e sanitária pela Escola de Engenharia de São Carlos da USP. Atua no Programa de Pós-graduação da Escola Politécnica da USP e no Programa de Pós-graduação do Instituto de Energia e Meio Ambiente da USP. É consultor de resíduos sólidos para a Caixa Econômica Federal.

Prefácio

Desde o lançamento da 2ª edição de *Introdução à engenharia ambiental*, nos idos de 2005, muitos avanços ocorreram na área do meio ambiente, da tecnologia e da engenharia. A 3ª edição é publicada em um momento muito complexo. A humanidade enfrenta a pandemia do novo coronavírus, com consequências sociais e econômicas de grande vulto. Nesse contexto, os aspectos sanitários e ambientais ganham especial importância, em particular a segurança hídrica para a higiene pessoal.

Ao mesmo tempo, as preocupações dos líderes políticos mundiais com a variabilidade e mudança climática e as dos líderes empresariais com os efeitos do chamado ESG (*environmental, social and governance*) nos seus negócios trouxeram a necessidade de incorporação e atualização desses temas nesta 3ª edição.

Mantivemos o padrão das edições anteriores em termos de estruturação em três partes: Fundamentos, Poluição Ambiental e Desenvolvimento Sustentável. Entretanto, um número muito grande de aperfeiçoamentos foi introduzido, principalmente relacionados à poluição ambiental e ao desenvolvimento sustentável.

Nos Fundamentos, as bases conceituais foram enriquecidas, com a incorporação, por exemplo, dos serviços ambientais que levam ao surgimento do instrumento econômico pagamento pelos serviços ambientais (PSA). O Capítulo 7, tratando de questões relacionadas à produção sustentável de energia, foi atualizado e trouxe um foco no caso brasileiro de opções de produção de energia.

A agenda da água, muito importante, é tratada de forma holística no Capítulo 8 e traz temas atuais, como os usos múltiplos da água e o reúso de efluentes tratados. Grandes mudanças foram feitas no Capítulo 9, com a introdução do tema da coleta, do transporte e da deposição final de resíduos sólidos, incluindo aspectos atuais, como a economia circular.

O Capítulo 10, relacionado à poluição do ar em nível local e global pelo uso combustíveis fósseis, efeito estufa r mudanças climáticas, foi totalmente revisto e atualizado.

Os Capítulos 11 a 15, que tratam de desenvolvimento sustentável, trazem as novidades dentro de novos marcos legais no setor no Brasil, a gestão ambiental e seus aspectos sociais e econômicos, a avaliação ambiental estratégica, os sistemas de gestão ambiental e atualização de normas brasileiras no tema, e os acordos internacionais, principalmente no tema das mudanças climáticas e protocolos recentes.

Finalmente, é importante ressaltar que esse livro é o resultado de um esforço conjunto dos docentes da disciplina PHA – 3101 – Introdução à Engenharia Ambiental, do Departamento de Engenharia Hidráulica e Ambiental da Escola Politécnica da USP (EPUSP). Como tal, poderá ser usado como livro-texto para cursos de engenharia ambiental, mas sua utilização transcende essa natureza em função da riqueza de informação nele contida.

Desde sua primeira edição, em 1999, perdemos alguns de nossos colegas e aqui queremos postumamente homenagear Ivanildo Hespanhol, Milton Spencer Veras e Sergio Eiger, que em muito contribuíram para as duas primeiras edições. Infelizmente, nesta pandemia da Covid-19 perdemos também nosso querido colega e amigo, Mario Thadeu L. Barros, que trabalhou com afinco para que esta 3ª edição tivesse êxito. Nossa gratidão eterna a ele.

Sumário

PARTE I – Fundamentos 1

    1. A crise ambiental 3

    2. Leis da conservação da massa e da energia 10

    3. Ecossistemas e desenvolvimento 19

    4. Ciclos biogeoquímicos 40

    5. A dinâmica das populações 54

    6. Bases do desenvolvimento sustentável 64

PARTE II – Poluição ambiental 69

    7. Energia e meio ambiente 71

    8. O meio aquático 103

    9. O meio terrestre 159

    10. O meio atmosférico 229

PARTE III – Desenvolvimento sustentável 275

    11. Conceitos básicos 277

    12. Economia e meio ambiente 284

    13. Instrumentos legais para a gestão do meio ambiente 296

    14. Planejamento ambiental e ferramentas de suporte 315

    15. Sistemas de gestão ambiental 353

Índice 375

PARTE I
Fundamentos

CAPÍTULO 1

A crise ambiental

Segundo Miller (1985), em uma de suas primeiras edições, nosso planeta pode ser comparado a uma astronave que se desloca a 100 mil quilômetros por hora pelo espaço sideral, sem possibilidade de parada para reabastecimento, mas dispondo de um eficiente sistema de aproveitamento de energia solar e de reciclagem de matéria. Atualmente, na astronave, há ar, água e comida suficientes para manter seus passageiros. Tendo em vista o exponencial aumento do número desses passageiros e a ausência de locais para reabastecimento, podem-se vislumbrar, em médio e longo prazos, problemas para a manutenção da qualidade de vida adequada da sua população.

Conforme a segunda lei da termodinâmica, o uso da energia implica degradação de sua qualidade. Como consequência da lei da conservação da massa, temos resíduos de matéria que, somados aos resíduos energéticos (principalmente na forma de calor), alteram a qualidade do meio ambiente no interior dessa astronave. A tendência natural de qualquer sistema, como um todo, é de aumento de sua entropia (grau de desordem). Assim, os passageiros, utilizando-se da inesgotável energia solar, processam os recursos naturais finitos por meio de sua tecnologia e de seu metabolismo, gerando, inexoravelmente, algum tipo de poluição. Do equilíbrio entre esses três elementos – **população**, **recursos naturais** e **poluição** (**FIGURA 1.1**) – dependerá o nível de qualidade de vida no planeta. Os aspectos mais relevantes de cada vértice do triângulo formado por esses elementos e suas interligações são analisados nos itens subsequentes.

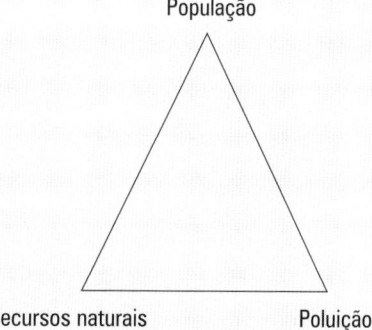

▶ **Figura 1.1** Relação entre os principais componentes da crise ambiental.

1.1 POPULAÇÃO

A população mundial cresceu de 2,5 bilhões, em 1950, para 7,7 bilhões em 2020.[1] Atualmente, a taxa de crescimento se aproxima a 1,03% ao ano. Com base na analogia da astronave, isso significa que, nos dias de hoje, ela transporta 7,7 bilhões de passageiros, e, a cada ano, outros 74 milhões de passageiros nela embarcam. Esses passageiros estão divididos em 282 nações em cinco continentes, e poucas delas pertencem aos chamados países desenvolvidos, estes com 17% da população total. As demais constituem os chamados países em desenvolvimento, com os restantes 83% da população. Novamente usando a analogia da astronave, é como se os habitantes dos países desenvolvidos fossem passageiros de primeira classe, enquanto os demais viajam no porão. Em decorrência das altas taxas de crescimento populacional que hoje somente ocorrem nos países menos desenvolvidos, essa situação de desequilíbrio tende a se agravar ainda mais: em 1950, os países desenvolvidos tinham 31,5% da população mundial; em 2020, apenas 17%; e, em 2050, terão 13,7%.[1]

Uma das constatações mais importantes na questão demográfica é que já ultrapassamos o ponto de inflexão da curva de crescimento exponencial (curva "J") da população (**FIGURA 1.2**).

Um casal que tenha cinco filhos, os quais, por sua vez, tenham cinco filhos cada um, representa, a partir de duas pessoas, uma população familiar de 25 pessoas em duas gerações. Esse fenômeno vem ocorrendo mundialmente desde meados do século XIX, com a Revolução Industrial. A partir dessa revolução, a tecnologia proporcionou uma redução da taxa bruta de mortalidade, responsável pelo aumento da taxa de crescimento populacional anual, apesar de a taxa de natalidade estar em declínio desde aquela época até os dias atuais.

Hoje, a taxa mundial bruta de natalidade é de 139,326 habitantes por dia, enquanto a taxa bruta de mortalidade é de 58,928 habitantes por dia. Portanto, a taxa bruta de natalidade é 2,35 vezes maior que a taxa bruta de mortalidade. O aumento da população é dado pela diferença entre os dois valores – o que, no presente, significa um aumento anual de cerca de 1,03%. Apesar de os dois valores serem aparentemente pequenos, implicam valores absolutos aproximados um tanto alarmantes: 203 mil novos passageiros por dia, 1,42 milhão de passageiros por semana ou 74 milhões de passageiros por ano.

Com essa taxa de crescimento, seria necessário aproximadamente 1 dia para repor os 223 mil mortos do *tsunami* que atingiu os países do Oceano Índico em dezembro de 2004, 4 dias para repor os 900 mil mortos da grande cheia de 1987 no Rio Huang, na China, e pouco mais de 12 meses para repor os 75 milhões de mortos vítimas da peste bubônica que assolou a Europa entre 1347 e 1351.

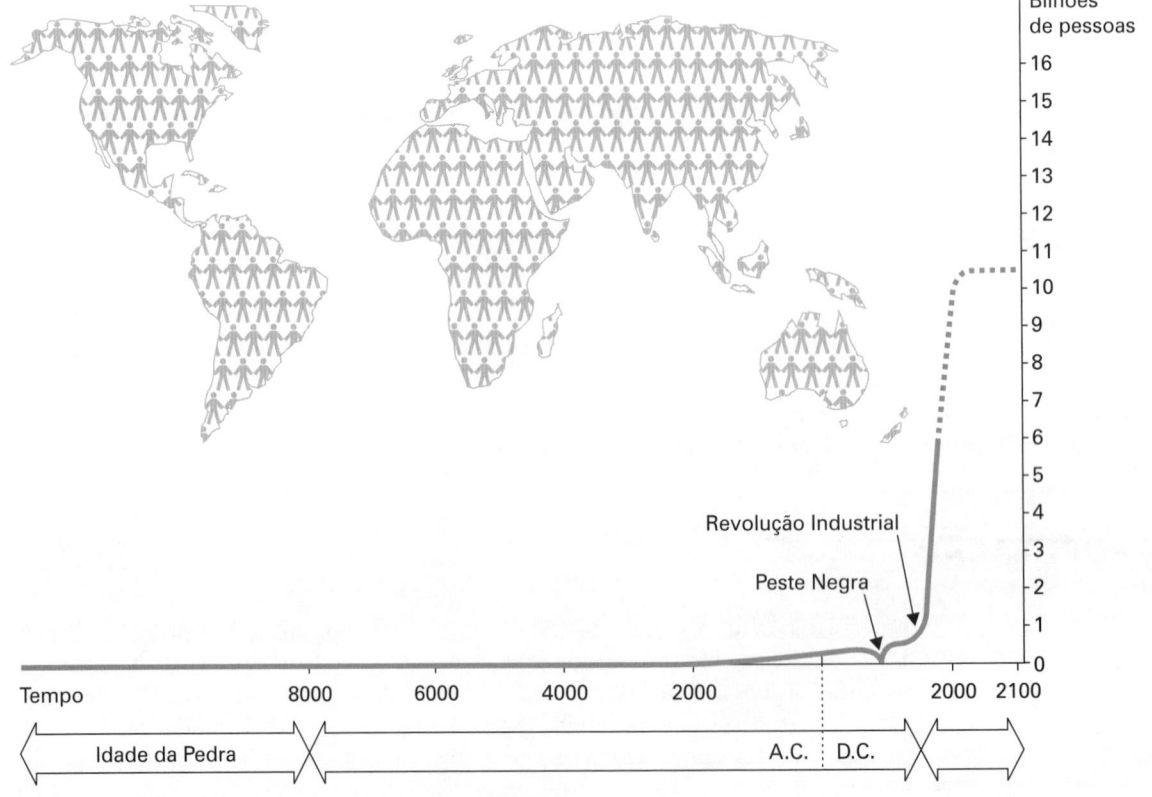

▶ **FIGURA 1.2** A curva de crescimento exponencial da população.

A partir dessa perspectiva de crescimento, cabe questionar até quando os recursos naturais serão suficientes para sustentar os passageiros da astronave Terra. Autores como Francis Moore Lappé e Joseph Collins e a Food and Agriculture Organization of the United Nations[2] contestam a tese de insuficiência de recursos naturais e responsabilizam a má distribuição da renda e a má orientação da produção agrícola pela fome no mundo hoje.

Segundo a FAO,[3] quando olhamos para o futuro, a questão central é se a agricultura e os sistemas alimentares de hoje são capazes de atender às necessidades de uma população global projetada para chegar a mais de 9 bilhões em meados do século XXI e atingir um pico de mais de 11 bilhões no final deste século. Considerando esse cenário, é necessário responder se os avanços tecnológicos alcançados nos últimos anos nos permitem atingir os níveis de produção necessários, mesmo com a intensificação das pressões sobre os recursos naturais e os impactos negativos das mudanças climáticas. A visão consensual é que os sistemas atuais provavelmente são capazes de produzir alimentos suficientes, mas fazê-lo de forma inclusiva e sustentável exigirá grandes desafios.

Na **TABELA 1.1**, é possível observar a densidade demográfica de países selecionados. Notamos que alguns países, como Japão, Índia e Bangladesh, apresentam taxas de ocupação do solo muito elevadas. Analisando a coluna de taxa de crescimento anual da população, podemos concluir que a situação em Bangladesh e na Índia tende a se tornar mais crítica, em função de sua ainda alta taxa de crescimento anual (0,97% e 1,09%, respectivamente). O Brasil ocupa a sétima colocação no *ranking* com cerca de 2,7% da população mundial, totalizando 211 milhões de habitantes. Com uma ocupação territorial de 25 habitantes por quilômetro quadrado e uma taxa de crescimento populacional em declínio (0,66% no ano de 2020), nosso país tende a experimentar uma situação de menor complexidade em termos populacionais em relação ao que se previa no início da década de 1980. Mas isso não deve sombrear outros problemas, como a concentração da população em determinadas regiões do país e o processo de urbanização, que causa o aumento da poluição. Entretanto, devemos ter em mente que, mesmo que o problema da fome no mundo hoje possa ser atribuído a interesses políticos e econômicos dos países desenvolvidos, e não a uma superpopulação, em longo prazo teremos de encontrar um modo consensual de reduzir a taxa de crescimento populacional.

▶ **TABELA 1.1** Países mais populosos: população, densidade demográfica e taxa de crescimento anual

País	População (milhões) (2020)	Densidade demográfica (2020) (hab./km²)	Taxa de crescimento anual (%)
China	1.394,015	145	0,3
Índia	1.326,093	404	1,09
Estados Unidos	332,639	35	0,71
Indonésia	267,026	140	0,77
Paquistão	233,500	291	2,04
Nigéria	214,028	231	2,53
Brasil	211,715	25	0,66
Bangladesh	162,650	1.129	0,97
Rússia	141,722	9	- 0,17
México	128,649	66	1,02
Japão	125,507	332	- 0,29

Fonte: U. S. Census Bureau.[1]

1.2 RECURSOS NATURAIS

Recurso natural é qualquer insumo de que os organismos, as populações e os ecossistemas necessitam para sua manutenção. Portanto, recurso natural é algo útil. Existe uma relação entre **recursos naturais** e **tecnologia**, uma vez que há a necessidade da existência de processos tecnológicos para utilização de um recurso. Exemplo típico é o magnésio, que há algum tempo não era um recurso natural e passou a ser quando se descobriu como utilizá-lo na confecção de ligas metálicas para aviões. **Recursos naturais** e **economia** interagem de modo bastante evidente, uma vez que algo é recurso conforme sua exploração é economicamente viável. Exemplo dessa situação é o etanol, que, antes da crise do petróleo de 1973, apresentava custos de produção extremamente elevados ante os custos de exploração de petróleo. Hoje, no Brasil, o etanol é um importante combustível para veículos automotores e um recurso natural estratégico e de alta significância, por ser renovável e ambientalmente mais adequado do que os combustíveis fósseis.

Finalmente, algo se torna recurso natural caso sua exploração, processamento e utilização não causem danos significativos ao *meio ambiente*. Assim, na definição de recurso natural, encontramos três tópicos relacionados: *tecnologia*, *economia* e *meio ambiente*.

A desconsideração ao meio ambiente nas últimas décadas gerou aberrações, como o uso de elementos extremamente tóxicos como recursos naturais. Por exemplo, podemos citar o chumbo e o mercúrio, que, dependendo das concentrações utilizadas, podiam causar a morte de seres humanos. Os clorofluorcarbonos, que até recentemente vinham sendo utilizados em diferentes processos industriais, como em compressores de refrigeradores e propelentes de líquidos, estão sendo substituídos por outros gases diante das incertezas ligadas à eventual destruição da camada de ozônio.

Os recursos naturais podem ser classificados em dois grandes grupos: os **renováveis** e os **não renováveis** (**FIGURA 1.3**). Os recursos renováveis são aqueles que, depois de serem utilizados, ficam disponíveis novamente graças aos ciclos naturais. A água, em seu ciclo hidrológico, é um exemplo de recurso renovável. Além da água, podemos citar como recursos renováveis a biomassa, o ar e a energia eólica. Como o próprio nome diz, um recurso não renovável é aquele que, uma vez utilizado, não pode ser reaproveitado. Um exemplo característico é o combustível fóssil que, depois de ser utilizado para mover um automóvel, está perdido para sempre. Dentro dos recursos não renováveis é possível, ainda, identificar duas classes: a dos **minerais não energéticos** (fósforo, cálcio etc.) e a dos **minerais energéticos** (combustíveis fósseis e urânio). Os recursos naturais desta última classe são, efetivamente, não renováveis, enquanto os recursos da primeira classe podem se renovar, mas após um período não serão relevantes para a existência humana. Na Figura 1.3 são apresentados os principais tipos de recursos naturais.

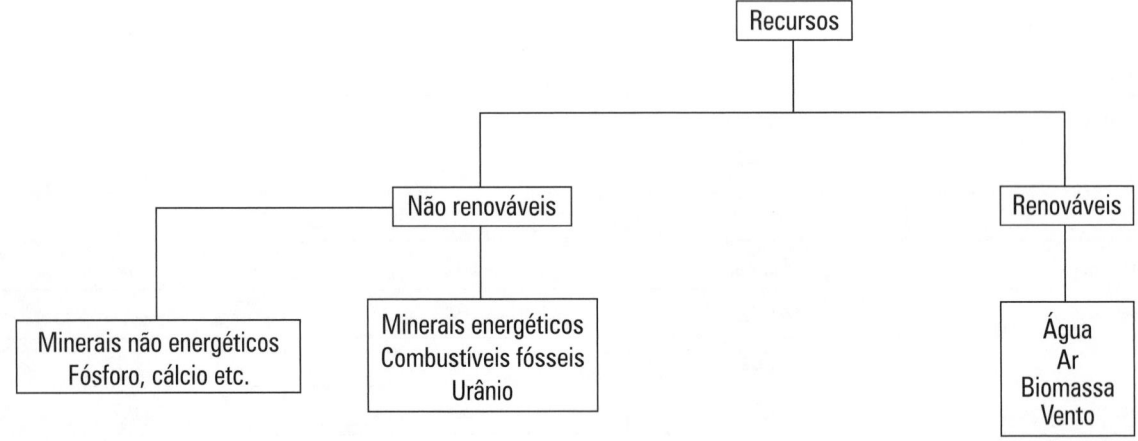

▶ **FIGURA 1.3** Classificação dos recursos naturais.

Há situações nas quais um recurso renovável passa a ser não renovável. Essa condição ocorre quando a taxa de utilização supera a máxima capacidade de sustentação do sistema. Garrett Hardin,[4] no histórico ensaio *The tragedy of the commons*, ilustra essa situação. Um campo de pastagem comum (*the commons*) é utilizado coletivamente por alguns fazendeiros. O capim, evidentemente, é um recurso renovável (biomassa). Entretanto, os fazendeiros, visando ao aumento de seus lucros imediatos, colocam o número máximo de cabeças de gado nesse pasto, uma vez que o campo é comum a todos. O resultado dessa atitude é a depleção de um recurso, que era renovável, até níveis que inviabilizam a sua renovação.

1.3 POLUIÇÃO

O terceiro vértice do triângulo da Figura 1.1 resulta da interação entre recursos naturais e população. Como a demanda por **recursos naturais** pela **população** é **crescente**, e conforme o que será discutido no Capítulo 2, que nos sistemas naturais ou antropizados a matéria e a energia são sempre conservadas, surgem os impactos ambientais. Os impactos ambientais correspondem a modificações na qualidade do ambiente, ou nos processos ambientais, causadas pela ação humana. O conceito de **impacto ambiental** é bastante amplo e abrange os termos **poluição** e **degradação ambiental**. A poluição é uma alteração indesejável nas características físicas, químicas ou biológicas da atmosfera, litosfera ou hidrosfera que cause ou possa causar prejuízo à saúde, à sobrevivência ou às atividades dos seres humanos e de outras espécies ou, ainda, deteriorar materiais. O conceito de poluição, considerada a perspectiva de controle de poluição, deve ser associado às alterações indesejáveis provocadas pelas atividades e intervenções humanas no ambiente. O conceito de degradação ambiental, conforme a política ambiental brasileira, remete a uma alteração negativa na qualidade ambiental causada pelo homem. Desse modo, os efeitos de uma erupção vulcânica, mesmo sendo negativos ao homem, não são denominados poluição, degradação ou impacto ambiental, uma vez que é um fenômeno natural, não provocado pelo ser humano, assim como outros fenômenos naturais, como incêndios florestais, grandes secas ou inundações. O controle e o enfrentamento desses processos também encontram respaldo na engenharia – por exemplo, na análise de risco de obras civis e hidráulicas.

Mas qual a importância de definir esses temas? O conceito de poluição foi definido previamente ao conceito de impacto ambiental, pois foi formulado para representar as alterações negativas do homem sobre a natureza. A poluição é um fenômeno que pode ser medido, avaliado e controlado de modo objetivo. Por exemplo, podemos medir a emissão de certos poluentes no ar causada por uma indústria, definir níveis em que esses poluentes afetam a saúde humana e propor medidas para controlar os efeitos dessa emissão ou dessa poluição. Todavia, ao longo do tempo, verificou-se que nem todas as modificações causadas pelo homem podem ser englobadas no conceito de poluição. Por exemplo, a apropriação do uso do solo para implantar uma infraestrutura (vias de acesso, unidades habitacionais etc.) pode resultar na perda de vegetação e, com isso, reduzir elementos da flora e da fauna. Isso não seria um efeito negativo de ações humanas? Sim, mas não consegue ser englobado no conceito de poluição, e sim no de degradação ambiental. Mas e quanto ao impacto ambiental? O conceito de impacto ambiental engloba poluição e degradação ambiental, que também pode ser usado como um sinônimo de poluição. Contudo, o conceito de impacto ambiental vai além dos conceitos de poluição e degradação ambiental, os quais sempre associam efeitos negativos. O conceito de impacto ambiental também permite associar efeitos positivos ao ambiente promovidos pela ação humana. Se a engenharia é responsável por contribuir para garantir qualidade de vida à sociedade, a tomada de decisão sobre empreendimentos de engenharia causa impactos ambientais negativos, mas também pode associar impactos ambientais positivos. Todavia, essa perspectiva será discutida no Capítulo 14.

Evidentemente, no contexto de crise ambiental, os impactos ambientais negativos têm um peso muito elevado, diante do desequilíbrio de alguns processos naturais do planeta. Assim, devemos entender o que são poluentes, resíduos e o alcance da poluição e da degradação, o que é fundamental para embasar os instrumentos de comando e controle que fundamentam a legislação ambiental e seus instrumentos. Contudo, também devemos pensar que a relação entre população e recursos naturais pode ensejar impactos ambientais positivos. Um exemplo seria os sistemas agroflorestais em que o manejo agrícola está harmonizado à preservação de remanescentes florestais, podendo gerar bens ao homem ao mesmo tempo em que reduz a poluição e a degradação ambiental. Esse contexto pode ser exemplificado pela manutenção dos serviços ecossistêmicos fornecidos pela natureza, que serão discutidos no Capítulo 3.

Poluentes são resíduos (líquidos, gasosos ou sólidos) gerados pelas atividades humanas, causando um impacto ambiental negativo, ou seja, uma alteração indesejável. Os resíduos serão caracterizados no Capítulo 9. Dessa maneira, a poluição está ligada à concentração, ou à quantidade, de resíduos presentes no ar, na água, no solo e nos seres vivos. Para que se possa exercer o controle da poluição, a legislação ambiental pauta-se na definição de padrões representados por indicadores ou índices de qualidade do ar (concentrações de CO, NOx, SOx, Pb etc.), da água (concentração de O_2, fenóis e Hg, pH, temperatura etc.) e do solo (taxa de erosão etc.). Esses indicadores representam implicações à integridade do ambiente e à saúde humana e são fundamentais para orientar, de modo objetivo, o controle da poluição.

Quanto à origem dos resíduos, as fontes poluidoras podem ser classificadas em **pontuais** ou **localizadas** (lançamento de esgoto doméstico ou industrial, efluentes gasosos industriais, aterro sanitário de lixo urbano etc.) e **difusas** ou **dispersas** (agrotóxicos aplicados na agricultura e dispersos no ar, carregados pelas chuvas para os rios ou para o lençol freático, gases expelidos do escapamento de veículos automotores etc.). A legislação ambiental apresenta medidas de controle tanto para fontes pontuais quanto para fontes difusas. O controle da poluição gasosa de uma indústria ou o controle da poluição de veículos automotores são objeto da legislação brasileira e serão discutidos no Capítulo 9. Cabe destacar que, para alguns tipos de poluição em nosso país, como a poluição difusa das águas superficiais, ainda há muito trabalho a ser feito se comparado às práticas empregadas para esse problema em alguns países desenvolvidos.

Os efeitos da poluição podem ter caráter local, regional ou global. Os mais conhecidos e perceptíveis são os efeitos locais ou regionais, os quais, em geral, ocorrem em áreas de grande densidade populacional ou atividade industrial, correspondendo às aglomerações urbanas em todo o planeta, que floresceram com a Revolução Industrial. Nessas áreas, há problemas de poluição do ar, da água e do solo. Esses efeitos espalham-se e podem ser sentidos em áreas vizinhas, às vezes relativamente distantes, sendo objeto de conflitos intermunicipais (disputa pelo mesmo manancial para abastecimento urbano), interestaduais (poluição das águas por municípios e indústrias de um estado, a montante de captações municipais e industriais de estado vizinho a jusante) e internacionais (chuva ácida na Suécia e na Noruega oriunda da poluição do ar na Grã-Bretanha e na Europa Ocidental).

Entre os efeitos globais destaca-se o fenômeno do efeito estufa. Os efeitos globais têm contribuído para a sensibilização crescente da sociedade sobre questões ambientais, merecendo destaque na mídia e na agenda de políticos e grupos ambientalistas em todo o planeta. Pode-se considerar que vem sendo realizado um esforço conjunto global, e sem precedentes, para que se possa conhecer os efeitos das mudanças do clima associados às atividades humanas e controlá-los de modo eficaz. Sem dúvida, pode-se reconhecer o tema **mudanças climáticas** como protagonista na agenda ambiental mundial, inclusive reverberando em acordos comerciais e de cooperação internacional entre países. Isso talvez possa ser explicado pela incerteza que os seres humanos passaram a experimentar em relação à própria sobrevivência da espécie e pela constatação da limitação em entender e controlar alguns processos e transformações ambientais decorrentes de suas atividades. Até recentemente, acreditava-se que a inteligência e a tecnologia resolveriam qualquer problema e que não havia limites para o desenvolvimento da espécie e para a utilização de matéria e energia na busca de conforto e qualidade de vida. Atualmente, o mundo enfrenta os desafios de empregar o conhecimento tecnológico para o desenvolvimento, mas respeitando os limites planetários.[5] A proteção ambiental e o controle ambiental também estão vinculados à redução da pobreza na agenda ambiental internacional. A população mais pobre é sempre a mais vulnerável aos efeitos da degradação do ambiente e aos riscos dos efeitos extremos associados às mudanças climáticas. Assim, atender a demanda da população mundial por matéria e energia requer repensar os modelos produtivos no contexto do desenvolvimento, reduzindo ao mesmo tempo impactos ambientais negativos e ensejando agregar impactos ambientais positivos.

1.4 GLOBALIZAÇÃO DA CRISE

Independentemente de credos, etnias, nacionalidades, graus de desenvolvimento social e econômico e da localização geográfica de cada comunidade ou país, hoje há uma forte tendência para tornar universal e convergente uma compreensão única sobre a crise ambiental e seu enfrentamento: **a poluição e a exaustão dos recursos naturais constituem um problema que afeta a toda a humanidade, e, para solucioná-lo, é indispensável uma atuação coordenada em nível mundial, transnacional e nacional, com objetivos comuns e políticas que os viabilizem**. Analisando a crise sob uma perspectiva cautelosa, evidencia-se um outro entendimento incontestável: a viabilização desse caminho de enfrentamento é de construção difícil, particularmente em face dos interesses, expectativas e práticas socioeconômicas nacionais que precisam ser contrastados em seu percurso. A enorme diversidade de graus de desenvolvimento humano, social e econômico entre países pode ser considerada o principal fator desencadeador dessa dificuldade. Em uma perspectiva mais otimista, essa condição pode ser vista como um fator positivo – a consciência internacional de que todas as nações e regiões precisam integrar-se no esforço da sustentabilidade pressupõe colaboração e ações coordenadas entre nações ricas e pobres visando à diminuição das desigualdades como fator indispensável prévio ou concomitante da solução da crise ambiental. Sob qualquer dos enfoques supracitados, os ambientes econômico-social e político institucional delineados por cada país deverão ser continuamente monitorados e confrontados com os dos demais e resultar na cobrança de ajustes periódicos para a harmonização das ações de cada um deles com os objetivos e metas internacionais. Os conflitos geopolíticos serão inevitáveis. Não é preciso ser mais do que um observador razoavelmente atento ao noticiário internacional corrente para avaliar o tamanho da tarefa que é construir os arcabouços políticos e técnico-institucionais internacionais e nacionais de cada país – em particular, nos menos avançados – capazes de levar a bom termo os objetivos da sustentabilidade ambiental. É prioritariamente necessário que estes últimos países, cada um de forma isolada e em associação com toda a comunidade internacional, preparem-se, educando e esclarecendo seus cidadãos, promovendo as condições institucionais, econômicas e sociais compatíveis com os objetivos e com a grandeza do desafio que têm à sua frente.

REFERÊNCIAS

1. U. S. Census Bureau. International Data Base (IDB) [Internet]. Suitland: Census; 2020 [capturado em 20 abr.2021]. Disponível em: https://www.census.gov/data-tools/demo/idb/#/country?YR_ANIM=2021.
2. Food and Agriculture Organization of the United Nations. The state of food insecurity in the world. Addressing food insecurity in protracted crises [Internet]. Rome: FAO; 2010 [capturado em 20 abr.2021]. Disponível em: http://www.fao.org/3/a-i1683e.pdf.
3. Food and Agriculture Organization of the United Nations. The future of food and agriculture: trends and challenges [Internet]. Rome: FAO; 2010 [capturado em 20 abr.2021]. Disponível em: http://www.fao.org/3/a-i6583e.pdf.
4. Hardin G. The tragedy of the commons. Science. 1968;162(3859):1243-8.
5. Rockström J, Steffen W, Noone K, Persson A, Chapin FS 3rd, Lambin EF, et al. A safe operating space for humanity. Nature. 2009;461(7263):472-5.

CAPÍTULO 2

Leis da conservação da massa e da energia

Todo e qualquer fenômeno que acontece na natureza necessita de energia para ocorrer. A vida, como a conhecemos, requer, basicamente, **matéria** e **energia**. Esses dois conceitos são fundamentais no tratamento da maioria das questões ambientais. O conceito de matéria é absolutamente simples: matéria é algo que ocupa lugar no espaço. Já o conceito de energia é um pouco mais complicado: energia é a capacidade de realização de trabalho. Nesse sentido, quanto maior for a capacidade de realizar trabalho, melhor será a qualidade da energia associada. Um litro de gasolina tem alta qualidade energética, enquanto o calor, a baixas temperaturas, possui energia de baixa qualidade.

Em qualquer sistema natural, matéria e energia são conservadas, ou seja, não podem ser criadas ou destruídas. Duas leis da física explicam esse comportamento: a **lei da conservação da massa** e a **lei da conservação da energia** ou primeira lei da termodinâmica. Ao mesmo tempo, a segunda lei da termodinâmica explica que a qualidade da energia sempre se degrada de formas mais nobres (maior qualidade) para formas menos nobres (menor qualidade).

Essas leis da física, conhecidas desde longa data, estão atualmente sendo utilizadas para o entendimento dos sistemas ambientais. A seguir, é feito um detalhamento das referidas leis e suas implicações na conservação do meio ambiente, bem como de suas aplicações.

2.1 LEI DA CONSERVAÇÃO DA MASSA

De acordo com essa lei, em qualquer sistema (físico ou químico), a matéria não pode ser criada ou destruída, só é possível transformá-la de uma forma em outra. Portanto, não se pode criar algo do nada nem transformar algo em nada. Logo, tudo que existe provém de matéria preexistente, só que em outra forma, assim como tudo o que se consome apenas perde a forma original, passando a adotar uma outra forma. Tudo se realiza com a matéria disponível no próprio planeta, apenas havendo a retirada de material do solo, do ar ou da água, o transporte e a utilização desse material para a elaboração do insumo desejado, sua utilização pela população e, por fim, a sua disposição final em outra forma, podendo, muitas vezes, ser reutilizado.

A lei da conservação da massa também explica um dos grandes problemas com o qual nos defrontamos atualmente, que é a poluição ambiental da água, do solo e do ar. O fato de não ser possível consumir a matéria até sua aniquilação implica geração de resíduos em todas as atividades dos seres vivos, resíduos estes indesejáveis a quem os eliminou, mas que podem ser reincorporados ao meio para serem posteriormente reutilizados. Esse processo denomina-se **reciclagem** e ocorre na natureza por meio dos ciclos biogeoquímicos, nos quais interagem mecanismos biogeoquímicos que tornam os resíduos aproveitáveis em outra forma, utilizando a energia disponível. Quando não existe um equilíbrio entre consumo e reciclagem, o meio ambiente é afetado de forma negativa com a ocorrência de problemas como a eutrofização de lagos e reservatórios, a contaminação dos solos por defensivos agrícolas e fertilizantes, a perda da biodiversidade e a escassez de recursos para as atividades humanas, entre outros.

Atualmente, as atividades humanas são desenvolvidas de forma desequilibrada, utilizando os recursos e gerando resíduos em ritmo muito maior que a capacidade de reposição e reciclagem do meio. A Revolução Industrial do século XIX introduziu novos padrões de desenvolvimento, os quais passaram a ser adotados como modelo pela maioria da população.

2.2 PRIMEIRA LEI DA TERMODINÂMICA

Essa lei apresenta um enunciado análogo ao da lei da conservação da massa, só que referente à energia. De acordo com essa lei, a energia só se transforma de uma forma em outra, mas não pode ser criada ou destruída. As diversas formas de energia podem ser enquadradas, genericamente, em **energia cinética** e **energia potencial**. Energia cinética é a energia que a matéria adquire em decorrência de sua movimentação e em função de sua massa e velocidade. A **energia cinética total** das moléculas de uma amostra de matéria é denominada **energia calorífica**. **Energia potencial** é a energia armazenada na matéria em virtude de sua posição ou composição. Assim, a energia armazenada nos combustíveis fósseis, nos alimentos e em outros materiais é classificada como energia potencial.

Na natureza ocorre, constantemente, a transformação de energia em formas diferentes. Essas transformações induzem as pessoas menos atentas à ideia de que houve criação ou destruição de energia. Esse falso conceito advém da tendência intuitiva de se considerar sempre partes do sistema, e não o todo. Assim, é possível verificar que determinada parte de um sistema sofreu variação em sua energia total. Entretanto, as partes vizinhas também podem ter sofrido variações, de tal modo que o conjunto, formado por todas essas partes, pode não ter apresentado variação alguma.

Por meio da primeira lei da termodinâmica é possível provar que as avaliações do potencial energético do planeta são, em geral, otimistas. Considerando-se petróleo, gás natural, carvão e combustíveis naturais, nota-se que o potencial poderá ser menor do que indicam as estimativas, uma vez que não se leva em conta a energia necessária para a exploração, o transporte e a transformação desses materiais. O potencial à disposição da humanidade deve, então, ser quantificado em termos de energia líquida, e não bruta, como em geral é feito.

A aplicação mais importante da primeira lei da termodinâmica está relacionada à maneira como os seres vivos obtêm sua energia para viver. Essa energia chega até eles por meio de diversas transformações. A energia luminosa, incidente na superfície da Terra, é absorvida pelos vegetais fotossintetizantes, que a transformam em energia potencial, nas ligações químicas de moléculas orgânicas complexas. No processo respiratório, essas moléculas são quebradas em moléculas menores, liberando a energia que é utilizada nas funções vitais dos seres vivos.

2.3 SEGUNDA LEI DA TERMODINÂMICA

De acordo com essa lei, todo processo de transformação de energia se dá a partir de uma forma mais nobre para uma menos nobre, ou de menor qualidade. Quanto mais trabalho se conseguir realizar com uma mesma quantidade de energia, mais nobre será esse tipo de energia. Embora a quantidade de energia seja preservada (primeira lei da termodinâmica), a qualidade (nobreza) é sempre degradada. Toda transformação de energia envolve sempre rendimentos inferiores a 100%, sendo que uma parte da energia disponível se transforma em uma forma mais dispersa e menos útil, em geral na forma de calor transferido para o ambiente.

Uma consequência da segunda lei da termodinâmica é que todo corpo que possui uma forma ordenada necessita de energia de alta qualidade para manter sua entropia baixa. Como a tendência é o aumento de dispersão da energia na forma de calor, destruindo a ordem inicial e levando a um estado final mais estável, para se manter qualquer sistema organizado é necessário o fornecimento contínuo de energia.

Essa lei também tem aplicação importante na obtenção de energia pelos seres vivos. A energia radiante é absorvida pelos vegetais fotossintetizantes e passa por uma série de transformações que afetam sua qualidade. Em cada transformação, a energia útil torna-se menor, advindo um aumento da entropia. Assim, os seres vivos incapazes de sintetizar seu próprio alimento têm à sua disposição uma quantidade total de energia bem inferior à disponível aos seres capazes de tal síntese. Nos seres vivos, a energia para a manutenção da organização individual é conseguida por meio da respiração.

Uma consequência ambiental da segunda lei da termodinâmica é a tendência da globalização da poluição. Se medidas não forem tomadas no sentido de conter essa evolução natural da desordem, a degradação ambiental resultante limitará a capacidade de manutenção da vida na Terra. Assim, é importante conhecer os fundamentos relacionados à conservação da massa e da energia, os quais possibilitam uma melhor compreensão sobre os resultados das ações humanas sobre o meio ambiente. Essa compreensão permitirá avaliar, previamente, se os diferentes modelos de desenvolvimento que se deseja implantar são compatíveis com a capacidade de suporte do meio ambiente, seja para suprir os recursos necessários ou para assimilar os subprodutos resultantes.

2.4 FUNDAMENTOS DE BALANÇO DE MASSA E ENERGIA

Conforme apresentado, matéria e energia não são criadas nem destruídas, apenas transformadas. Como a maioria dos processos desenvolvidos envolve a utilização de massa e energia, o conhecimento de como as transformações ocorrem é fundamental para avaliação das eficiências de conversão, bem como a quantificação dos subprodutos que serão gerados, de maneira que seja possível definir estratégias para assegurar um modelo de desenvolvimento que se mantenha ao longo do tempo. Para essa finalidade, podem ser utilizadas ferramentas que permitam analisar o comportamento de um processo ou de um sistema em relação a todas as etapas de conversão de matéria e de energia que poderão ocorrer e, a partir disso, concluir sobre a sua viabilidade e necessidade de aprimoramento dos processos de transformação utilizados. Essas ferramentas são os **balanços de massa** e os **balanços de energia**, os quais permitem uma compreensão adequada de todos os sistemas que envolvem transformações de massa e de energia, auxiliando no processo de tomada de decisões sobre a viabilidade de sua utilização.

▶ 2.4.1 Balanço de massa

Considerando-se a lei de conservação de massa, em um sistema no qual ocorre fluxo de matéria, tem-se que a quantidade total de matéria que entra no sistema deve ser equivalente à quantidade de matéria que sai do sistema somada à quantidade de matéria que foi mantida no sistema. Isso pode ser comparado com o balanço de uma conta bancária, na qual o saldo mantido na conta equivale à diferença entre os depósitos feitos e as retiradas ou pagamentos realizados. Em termos algébricos, esse fluxo de matéria pode ser representado pela Expressão 2.1.

$$\text{Massa acumulada} = \text{Massa que entra} - \text{Massa que sai} \qquad (2.1)$$

O uso do balanço de massa requer a existência de um volume de controle, ou seja, a definição do espaço para o qual será feita a avaliação dos fluxos de matéria, ressaltando-se que, em muitos casos, podem ocorrer no interior desse volume de controle processos de conversão da matéria, por meio de reações químicas. Isso implica na necessidade de expandir a equação básica do balanço de massa, incluindo os termos que respondem por esses processos de conversão, conforme indicado na Expressão 2.2.

Massa acumulada = Massa que entra − Massa que sai ± Massa que foi convertida   (2.2)

Em termos de engenharia, em vez de utilizar o conceito de massa acumulada, o mais comum é utilizar o conceito de variação da quantidade de matéria no sistema com o tempo. Com a utilização de uma representação gráfica de um processo qualquer (**FIGURA 2.1**) e as notações típicas para fluxo de matéria e taxa de variação de massa com o tempo, é possível desenvolver a expressão geral para o balanço de massa.

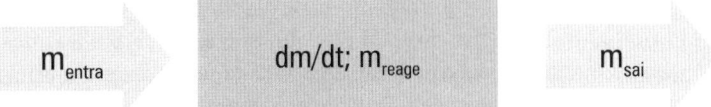

▶ **FIGURA 2.1** Representação gráfica de um processo genérico.

A partir da Figura 2.1, utilizando-se o princípio de conservação de massa, pode ser obtida a relação entre as variáveis envolvidas no processo (Expressão 2.3).

$$\frac{dm}{dt} = m_{entra} - m_{sai} + m_{reage} \tag{2.3}$$

Em regime permanente, não há variação de massa no sistema, ou seja, não há acúmulo nem perda de massa, e se não ocorrerem reações químicas, a Expressão 2.3 é simplificada, resultando na Expressão 2.4.

$$m_{entra} = m_{sai} \tag{2.4}$$

Em vários processos ambientais, em vez da utilização direta da massa, utilizam-se as vazões e concentrações das correntes envolvidas, quando, por exemplo, se deseja avaliar o impacto do lançamento de efluentes em um corpo hídrico ou na atmosfera. Para exemplificar, pode ser considerado o lançamento de um efluente tratado por uma indústria em um corpo hídrico, conforme ilustrado na **FIGURA 2.2**.

Tomando-se como base a Figura 2.2, é possível realizar um balanço de massa para estimar qual será a concentração de um determinado constituinte após o lançamento do efluente pela indústria, admitindo-se que a distância entre os pontos (1) e (2) é suficiente para promover a mistura completa do efluente com a água do rio, conforme mostrado a seguir.

Para a realização do balanço de massa, considera-se que o constituinte que está sendo lançado é conservativo, ou seja, não está sujeito à variação da sua concentração em função de reações químicas ou biológicas. Como se trata de balanço de massa, será necessário converter as vazões volumétricas para fluxos de massa, utilizando-se os valores de massa específica de cada corrente.

$$Q_{rio(1)} \cdot C_{rio(1)} \cdot p_{rio(1)} + Q_L \cdot C_L \cdot p_L = Q_{rio(1)} \cdot C_{rio(1)} \cdot p_{rio(1)} \tag{2.5}$$

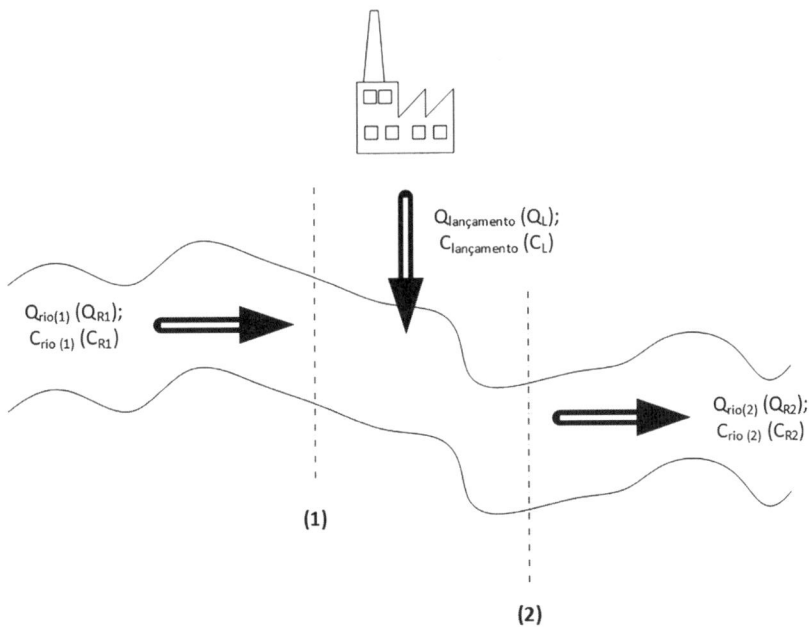

▶ **FIGURA 2.2** Representação do lançamento de efluentes em um corpo hídrico.

Se for considerado que as concentrações dos constituintes presentes no efluente e na água do rio são baixas, é possível admitir que as massas específicas das correntes envolvidas são iguais, o que simplifica a equação apresentada. Após fazer o ajuste para isolar a concentração do contaminante no rio depois do lançamento do efluente, tem-se:

$$C_{rio(2)} = \frac{Q_{rio(1)} \cdot C_{rio(1)} + Q_L \cdot C_L}{Q_{rio(2)}} \quad (2.6)$$

A vazão do rio após o lançamento do efluente é dada pela vazão do rio no ponto antes do lançamento mais a vazão de efluente lançada.

Esse tipo de balanço de massa pode ser utilizado para avaliar se as emissões de efluentes em um corpo hídrico irão resultar em condições que violem os padrões de qualidade ambientais, para obter a carga de poluentes que deve ser removida de um efluente para atender a esses padrões de qualidade ou, ainda, avaliar qual será a concentração de poluentes no meio atmosférico em decorrência de um determinado lançamento.

2.4.1.1 Balanços de massa com reações químicas

Em sistemas onde ocorrem reações químicas entre os constituintes presentes, torna-se necessário incluir na equação de balanço o termo relacionado à cinética da reação química que ocorre (que está associada a uma constante de reação) e as concentrações dos constituintes envolvidos nessa reação. Tomando-se como base a representação da reação química genérica 2.1, é possível obter as relações cinéticas para cada constituinte envolvido.

$$aA + bB \rightarrow cC \quad \text{reação (2.1)}$$

No caso do reagente, está ocorrendo o seu consumo, de maneira que a sua concentração será reduzida ao longo do tempo, de acordo com uma taxa específica de reação, e ao mesmo tempo irá ocorrer o aumento da concentração do produto, de acordo com a reação estequiométrica. Uma reação química depende de diversos parâmetros, como pressão, pH, temperatura, e das próprias concentrações dos produtos e reagentes envolvidos e pode ser representada pela Expressão 2.7, considerando-se a variação da concentração molar dos produtos e reagentes.

$$-\frac{1}{a}\frac{d[A]}{dt} = -\frac{1}{b}\frac{d[B]}{dt} = +\frac{1}{c}\frac{d[C]}{dt} \quad (2.7)$$

A velocidade da reação genérica está relacionada com as velocidades de reação de cada constituinte e a expressão da velocidade de reação é dada por:

$$r = -\frac{1}{a}\frac{dC_A}{dt} = -\frac{1}{b}\frac{dC_B}{dt} = \frac{1}{c}\frac{dC_C}{dt} \quad (2.8)$$

Já a cinética de reação "r" pode ser representada por uma equação geral em função de uma constante de velocidade de reação e a concentração do reagente elevado a um coeficiente designado como ordem de reação (Expressão 2.9).

$$r = -k \cdot C_R^n \quad (2.9)$$

Na qual:
r = taxa de variação da concentração do reagente ou produto (concentração por tempo);
k = constante de velocidade de reação (unidade de volume dividida pelo tempo e pela concentração elevada à potência n^{-1});
C_R = concentração do reagente;
n = expoente ou ordem de reação.

O coeficiente "n", ordem de reação, pode assumir qualquer valor inteiro ou fração, mas as reações mais comumente estudadas são as de ordem zero, um e dois, cujas cinéticas são representadas pelas expressões a seguir, considerando-se os reagentes:

$$r = -k \ (ordem \ 0) \quad (2.10)$$

$$r = -k.C_R \ (ordem \ 1) \tag{2.11}$$

$$r = -k.C_R^2 \ (ordem \ 2) \tag{2.12}$$

Associados ao conceito de reações químicas, devem ser considerados os tipos de reatores nos quais essas reações ocorrem, ou seja, como se dá, de forma efetiva, o processo de conversão dos reagentes em produtos, ou, no caso de poluentes, a redução da sua concentração por meio de reações químicas específicas. Um detalhamento adequado sobre os conceitos até aqui apresentados pode ser obtido em livros específicos sobre balanços de massa e cálculo de reatores.[1-4] Para efeito de aplicação prática, os modelos de reatores utilizados são:

- Reator em batelada;
- Reator de mistura completa;
- Reator tubular.

Cada um desses reatores apresenta características específicas em relação à sua operação: intermitente, reator em batelada; e contínua, reatores de mistura completa e de fluxo pistonado. Além disso, as características do meio reacional durante a sua operação também são distintas, cuja teoria pode ser encontrada na literatura citada e não será apresentada por ter um nível de aprofundamento que ultrapassa o escopo deste livro.

▶ 2.4.2 Balanço de energia

Do ponto de vista prático, os balanços de energia de interesse na área ambiental são o **balanço de energia mecânica**, no qual a variação de energia cinética e potencial do sistema é mais relevante, e o **balanço de energia interna do sistema**, associado à entalpia e ao fluxo de calor.

O balanço de energia mecânica é importante nos processos de transporte de fluidos através de tubulações ou canais ou geração de energia no caso de usinas hidroelétricas. Já o balanço de energia interna é relevante nos processos de troca térmica e reações químicas, especificamente em operações de aquecimento ou resfriamento, combustão e processos químicos. É evidente que, para avaliações mais precisas e processos mais complexos, um tratamento mais aprofundado pode ser necessário, o que pode ser feito mediante consulta à bibliografia específica.[5]

Destaca-se que toda a fundamentação teórica utilizada para o desenvolvimento das equações necessárias para a realização de balanços de energia é pautada nas leis básicas da termodinâmica, especificamente a primeira, que estabelece que a energia não pode ser criada ou destruída, apenas convertida de uma forma mais nobre para uma forma menos nobre. A exceção a essa lei são os processos de fusão e fissão nuclear, nos quais ocorre a conversão de matéria em energia.

Assim como ocorre para os balanços de massa, deve-se considerar que, em um sistema no qual não ocorram reações nucleares, a energia acumulada no sistema é igual à energia inserida menos a quantidade de energia removida (Expressão 2.13).

$$\textit{Acúmulo de energia = energia fornecida – energia removida} \tag{2.13}$$

Para um sistema qualquer, os principais tipos de energia que podem ser considerados são a **energia interna**, a **energia cinética** (devido ao movimento) e a **energia potencial** (devido à sua posição). Tomando-se como base a primeira lei da termodinâmica, pode-se obter a expressão para o balanço de energia de qualquer sistema.

Taxa de acúmulo de energia no sistema =

$$\sum_{entrada} \dot{m}_j \left(\widehat{U}_j + \frac{u_j^2}{2} + gz_j \right) - \sum_{saida} \dot{m}_j \left(\widehat{U}_j + \frac{u_j^2}{2} - gz_j \right) + \dot{Q} - \dot{W} \tag{2.14}$$

Na qual:
$\dot{m}_j$ = fluxo mássico;
$\hat{U}_j$ = fluxo de energia interna;
u = velocidade de descolamento;
g = aceleração da gravidade;
z = posição relativa;
$\dot{Q}$ = fluxo de calor;
$\dot{W}$ = taxa de fluxo total de trabalho.

Na Expressão 2.14, os termos entre parênteses representam a energia interna, a energia cinética e a energia potencial do sistema nas condições de entrada e saída. O tratamento adequado da Expressão 2.14, considerando-se que a sua aplicação para o deslocamento da corrente de material para dentro ou para fora do sistema dá origem à Expressão 2.15.

Taxa de acúmulo de energia no sistema =

$$\sum_{entrada} \dot{m}_j \left(\hat{U}_J + P_j \hat{V}_J + \frac{u_j^2}{2} + gz_j \right) - \sum_{saida} \dot{m}_j \left(\hat{U}_J + P_j \hat{V}_J + \frac{u_j^2}{2} - gz_j \right) + \dot{Q} - \dot{W}_{vizinhança} \quad (2.15)$$

A expressão obtida pode ser utilizada para desenvolver o balanço de energia mecânica ou interna de qualquer sistema, considerando-se que para cada condição uma forma de energia é mais relevante do que a outra.

No caso da sua utilização da Expressão 2.15 para o balanço de energia mecânica, a energia térmica é pouco significativa em relação aos outros tipos de energia, e o seu desenvolvimento dará origem à equação da continuidade de Bernoulli (Expressão 2.16).

$$\frac{\Delta P}{\rho} + \frac{\Delta u^2}{2} + g\Delta z = 0 \quad (2.16)$$

Na qual:
ΔP = variação da pressão (Pa);
Δu = variação de velocidade do fluido (m/s);
Δz = variação de cota (m);
ρ = massa específica do fluido (kg/m³);
g = aceleração da gravidade (m/s²).

Se a Expressão 2.15 for aplicada para o balanço de energia térmica, considerando-se os conceitos de entalpia e calor, para sistemas onde não ocorre a realização de trabalho, substâncias incompressíveis, a variação da entalpia do sistema é igual ao fluxo de calor fornecido ou retirado, resultando na Expressão 2.17.

$$Q = \Delta H = mc_p \Delta T \quad (2.17)$$

Na qual:
Q = fluxo de calor (kJ);
ΔH = variação da entalpia (kJ);
m = massa da substância (kg);
c_P = capacidade calorífica da substância (kJ·kg⁻¹·°C⁻¹);
ΔT = variação de temperatura da substância (°C).

Durante o processo de mudança de fase das substâncias (de sólido para líquido, de líquido para vapor ou de sólido para vapor), foi verificado que não ocorre variação de temperatura do sistema até que toda a transformação tenha ocorrido, o que levou ao surgimento do conceito de **entalpia de liquefação, vaporização ou sublimação**. Pelos experimentos realizados, foi verificado que cada substância apresenta um valor específico de entalpia para cada uma das mudanças de fase, sendo proposta a Expressão 2.18 para utilização.

$$H = mh_{l,v,s} \quad (2.18)$$

Na qual:
H = entalpia do processo de transformação (kJoules);
m = massa da substância (kg);
$h_{l,v,s}$ = entalpia específica de liquefação, vaporização ou sublimação (KJoules.kg^{-1}).

Com base nos conceitos apresentados, torna-se possível desenvolver o equacionamento geral para o balanço de energia, considerando-se os fluxos de calor envolvidos (Expressão 2.19).

$$\frac{dE}{dt} = H_E - H_S \pm Q_R - Q \qquad (2.19)$$

Na qual:
$\frac{dE}{dt}$ = acúmulo de energia no sistema;
H_E = entalpia na entrada do sistema;
H_S = entalpia na saída do sistema;
Q_R = fluxo de calor devido a reações químicas;
Q = fluxo de calor no sistema.

Considerando-se que o sistema está em regime permanente, não há acúmulo de energia e não ocorrem reações químicas, a equação geral de balanço de energia pode ser simplificada.

$$Q = H_E - H_S \qquad (2.20)$$

Para exemplificar, pode ser considerado o processo de aquecimento de água em um trocador de calor, conforme representado na **FIGURA 2.3**.

Para o exemplo da Figura 2.3, é possível estruturar a equação do balanço de massa, lembrando que a entalpia (H) em cada corrente é dada pelo produto da massa, temperatura e capacidade calorífica do material. Assim, é possível utilizar a Expressão 2.19 para avaliar o fluxo de calor no sistema, conforme apresentado.

$$H_1 = mc_p T_1 \qquad (2.23)$$

$$H_2 = mc_p T_2 \qquad (2.24)$$

$$Q = H_2 - H_1 \qquad (2.25)$$

Substituindo-se e rearranjando:

$$Q = mc_p(T_2 - T_1) \qquad (2.26)$$

Os dados relativos às propriedades necessárias para os cálculos dos balanços de massa podem ser obtidos em diversas referências que tratam das propriedades termodinâmicas das substâncias.

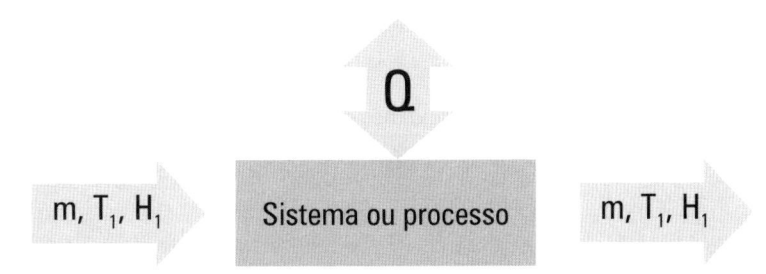

▶ **FIGURA 2.3** Representação de um processo de troca térmica.

A partir das definições apresentadas, é possível avaliar qualquer processo no qual ocorre transferência de massa e energia, para avaliações ou dimensionamentos de processos relacionados ao meio ambiente, devendo-se considerar as suas especificidades.

O aprofundamento dos conceitos apresentados pode ser obtido por meio da consulta aos materiais de referência indicados, assim como por meio de cursos específicos que tratam do tema.

CONSIDERAÇÕES FINAIS

As leis físicas apresentadas são fundamentais para o entendimento dos problemas ambientais. A lei da conservação da massa mostra que nunca estaremos livres de algum tipo de poluição (resíduos). Uma consequência da segunda lei da termodinâmica é o fato de ser impossível obter energia de melhor qualidade do que aquela disponível inicialmente, ou seja, não existe a reciclagem completa da energia. Logo, a energia dispersada em qualquer transformação será perdida para sempre. Outra consequência é o aumento da entropia, o que implica maior desordem nos sistemas locais, regionais e globais.

De acordo com essas observações, se não forem tomadas medidas de controle ambiental eficientes, a previsão é de que haverá um aumento da poluição global. O fato de essas leis existirem, serem sempre aplicáveis e não haver como burlá-las traz uma série de problemas e enormes preocupações à sociedade industrial de hoje. Desprezando-se o problema da possível falta de energia, mesmo que exista uma alta taxa de reciclagem de matéria, se o crescimento industrial continuar a uma taxa incompatível, por mais que se recicle, sempre haverá a necessidade de se obter mais matéria e sempre sobrará detrito não reciclável. Assim, explorando-se os recursos naturais de maneira inadequada, mais poluentes e energia de baixa qualidade serão produzidos, resultando em excessivos problemas para a Terra.

Um exemplo típico desses problemas é uma possível alteração do efeito estufa, em função do aumento da concentração de dióxido de carbono (CO_2) na atmosfera. O consumo inadvertido e rápido de combustíveis fósseis resulta em quantidades de CO_2 que a natureza não é capaz de absorver totalmente. As quantidades de CO_2 liberadas na atmosfera, embora pequenas em comparação com a quantidade total em circulação natural, levam à previsão de um aumento de 170% sobre essa quantidade de gás existente na natureza, quando todo o combustível fóssil na Terra tiver sido consumido (Odum, 1971).

Portanto, o entendimento dessas leis básicas da física leva-nos a buscar um novo posicionamento ante as necessidades de desenvolvimento das sociedades, além de permitir o desenvolvimento de ações que visam a atenuar os impactos ambientais associados a esse desenvolvimento. Percebe-se que será necessária uma ação externa para manter os sistemas em estado de menor entropia. A conservação do meio ambiente tem seu custo econômico, e o compromisso adequado deve ter, como meta, o desenvolvimento sustentável, o que pode ser conseguido com a utilização das ferramentas de engenharia disponíveis.

REFERÊNCIAS

1. Froment, GF, Bischoff KB, De Wilde J. Chemical rector analysis and design. 3rd ed. Hoboken: John Wiley & Sons; 2011.
2. Levenspiel O. Chemical reaction engineering. 3rd ed. New York: John Wiley & Sons; 1999.
3. Rawlings JB.. Chemical reactor analysis and design fundamentals. Madison: Nob Hill; 2002.
4. Schmidt LD. The engineering of chemical reactions. New York: Oxford University; 1988.
5. Smith JM, Van Ness HC., 1980. Introdução à termodinâmica da engenharia química. 3. ed. Rio de Janeiro: Guanabara; 1980.

CAPÍTULO 3

Ecossistemas e desenvolvimento

3.1 DEFINIÇÃO E ESTRUTURA

Ecossistema é a unidade básica no estudo da ecologia. Em um ecossistema, o conjunto de seres vivos interage entre si e com o meio natural de maneira equilibrada, por meio da reciclagem de matéria e do uso eficiente da energia solar. A natureza fornece todos os elementos necessários para as atividades dos seres vivos; o seu conjunto recebe o nome de **biótipo**, enquanto o conjunto de seres vivos recebe o nome de **biocenose**.

A união entre esses conjuntos, biótipo e biocenose, forma o que se convencionou chamar de **ecossistema**. Ecossistema é um sistema estável, equilibrado e autossuficiente, apresentando em toda a sua extensão características topográficas, climáticas, pedológicas, botânicas, zoológicas, hidrológicas e geoquímicas praticamente invariáveis. As dimensões de um ecossistema são extremamente variáveis. Podemos considerar ecossistemas a copa de um abacaxi ou uma floresta tropical do tamanho do Estado do Amazonas. O importante é que as condições mencionadas anteriormente sejam verificadas.

Um ecossistema é composto de elementos **abióticos**, ou seja, matéria inorgânica ou sem vida (como água, ar, solo), e de elementos **bióticos**, os seres vivos. Esses elementos se inter-relacionam de maneira estreita, uma vez que compostos como O_2, CO_2 e H_2O estão em constante fluxo entre os seres vivos e o ambiente externo. Na **FIGURA 3.1** são apresentados dois possíveis ecossistemas, um de natureza aquática e outro terrestre.

Em um ecossistema, cada espécie possui seu **hábitat** e seu **nicho ecológico**. Hábitat pode ser definido como o local ocupado pela espécie, com todas as suas características abióticas. Simplificando, podemos dizer que o hábitat é o endereço de uma espécie ou de um indivíduo. Nicho ecológico é a função da espécie dentro do conjunto do ecossistema e suas relações com as demais espécies e com o ambiente. Assim, o nicho seria a profissão da espécie ou do indivíduo. Para definir o nicho ecológico de uma certa espécie, é necessário conhecer suas fontes de energia e alimento, suas taxas de crescimento e metabolismo, seus efeitos sobre outros organismos e sua capacidade de modificar o meio onde vive. Em um ecossistema equilibrado, cada espécie possui um nicho diferente do nicho de outras espécies; caso contrário, haverá competição entre espécies que possuem o mesmo nicho. Espécies que ocupam nichos semelhantes, em regiões distintas, são denominadas **equivalentes ecológicos**.

Uma das características fundamentais dos ecossistemas é a **homeostase**. Todo ecossistema procura um estado de equilíbrio dinâmico ou homeostase por meio de mecanismos de autocontrole e autorregulação, os quais entram em ação assim que ocorre qualquer mudança. Entre a mudança e o acionamento dos mecanismos de autorregulação existe um **tempo de resposta**. Esse sistema de autorregulação – ou realimentação – tem a função de manter o equilíbrio do ecossistema. Assim, se ocorrer uma alteração de comportamento do ecossistema, o sistema de realimentação aciona seus mecanismos homeostáticos para garantir a normalidade. Geralmente, esse mecanismo só é efetivo para modificações naturais que, porventura, ocorram – se não forem muito profundas nem demoradas. No caso de modificações

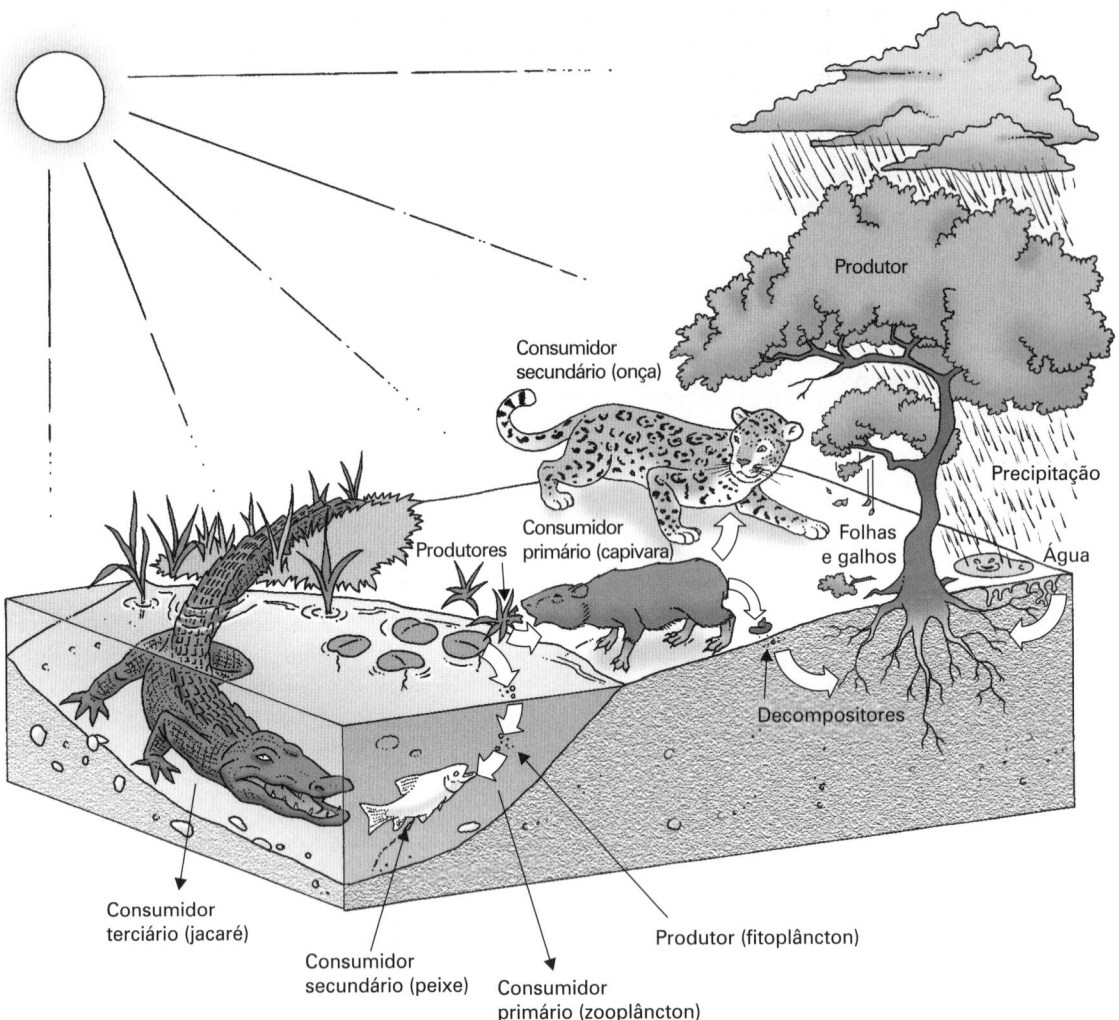

▶ **FIGURA 3.1** Ecossistemas aquático e terrestre

artificiais impostas pelo homem, por serem relativamente violentas e continuadas, o mecanismo não consegue absorvê-las, ocorrendo o impacto ecológico no meio.

Um exemplo do funcionamento desses sistemas é a recuperação de uma floresta após a ação de uma descarga elétrica da atmosfera, que provoca um pequeno incêndio. Em pouco tempo, a mata se regenera, e aquela pequena área afetada se torna outra vez parte do ecossistema. Já no caso de desmatamentos extensivos (como aqueles ocorridos no século passado na Alemanha, nos Estados Unidos e no Japão), o ecossistema não dispõe de mecanismos de autorregulação para regenerar o sistema original.

A quantidade total de matéria viva em um ecossistema é denominada **biomassa** e pode ser quantificada em termos de energia armazenada ou de peso seco, geralmente referidos a uma unidade de área.

3.2 RECICLAGEM DE MATÉRIA E FLUXO DE ENERGIA

Conforme vimos anteriormente, os seres vivos necessitam de energia para manter sua constituição interna, para locomover-se, para crescer etc. Essa energia provém da alimentação realizada pelos seres vivos, que se dividem em dois grandes grupos: os **autótrofos** e os **heterótrofos**. O grupo dos autótrofos compreende os seres capazes de sintetizar seu próprio alimento, sendo, portanto, autossuficientes. Esse grupo subdivide-se, ainda, em dois subgrupos: 1) os **quimiossintetizantes**, cuja fonte de energia é a oxidação de compostos inorgânicos, e 2) os **fotossintetizantes**, de grande importância para a vida no planeta, pois utilizam o Sol como fonte de energia. O grupo dos heterótrofos compreende os seres incapazes de sintetizar seu alimento e que, para obtenção de energia, utilizam-se do alimento sintetizado pelos autótrofos. Entre os heterótrofos existe um grupo de seres com uma função tão vital quanto a dos autótrofos, que são os **decompositores**. Estes não ingerem comida, como os herbívoros e os carnívoros. Sua nutrição ocorre por um processo de absorção, mediante o lançamento de enzimas sobre a matéria orgânica morta. Parte da matéria orgânica degradada é absorvida, e o restante é devolvido ao meio, na forma de compostos inorgânicos que são utilizados, pelos autótrofos, para a síntese de mais alimentos.

O fluxo de energia no ecossistema envolve diversos níveis de seres vivos. Os vegetais fotossintetizantes absorvem a energia solar, armazenando-a como energia potencial, na forma de compostos químicos altamente energéticos constituintes dos alimentos. Os animais que se alimentam de vegetais, os herbívoros, absorvem a energia neles contida por meio do processo respiratório. Esse herbívoro, por sua vez, é devorado por um predador natural, carnívoro, que absorve, pelo processo respiratório, a energia anteriormente adquirida pela presa. Esse carnívoro pode ser presa de outro carnívoro e, assim, a energia vai se deslocando no interior do ecossistema. Segundo as leis da termodinâmica, à medida que a energia é consumida, vai se tornando menos utilizável. Desse modo, a energia luminosa absorvida pelos vegetais é, em parte, perdida no processo de transformação em energia potencial e, ainda, no próprio metabolismo do vegetal. A seguir, a energia absorvida pelo herbívoro também é reduzida de uma parcela, a qual, então, é empregada em seu processo metabólico e em suas atividades diárias. Assim, a energia útil reduz-se a cada passo, tornando-se inteiramente inaproveitável, na forma de calor.

▶ 3.2.1 Energia solar

Toda a energia utilizada na Terra tem como fonte as radiações recebidas do Sol (luz solar). O Sol é considerado um gigantesco reator de fusão nuclear com diâmetro aproximadamente 110 vezes maior do que o da Terra e de massa 329.400 vezes a do nosso planeta. Lá, continuamente se processam reações de fusão entre átomos de hidrogênio, o que origina átomos de hélio e libera energia em forma de ondas eletromagnéticas, gerando uma potência média total de $3,92 \times 10^{26}$ W. Essa radiação tem um espectro de comprimentos de onda que abrange desde valores extremamente pequenos (raios X e gama) até valores elevados (ondas de rádio). Entretanto, aproximadamente 99% da energia total encontra-se na região do espectro compreendida entre 0,2 m e 4 m (o que inclui a região das radiações visíveis, que varia entre 0,38 m e 0,77 m, e onde se concentra aproximadamente 50% de toda essa energia). Essas radiações têm efeitos conhecidos, enquanto as radiações de comprimento de onda muito curto são praticamente desconhecidas, a não ser por seu efeito mutagênico e carcinogênico. Na **FIGURA 3.2**, é apresentado um esquema de espectro da energia luminosa do Sol.

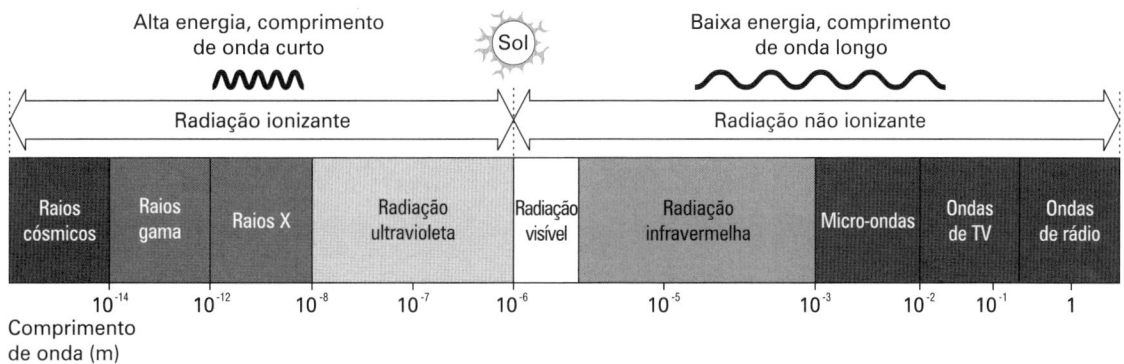

▶ **FIGURA 3.2** Espectro da luz solar.

A energia solar atinge o topo da atmosfera terrestre de maneira contínua, ao longo de todo o ano, a uma taxa aproximada de 2 cal/cm²/min, o que nos leva a denominar esse valor de **constante solar**. Essa radiação sofre uma redução exponencial à medida que se aproxima da superfície terrestre. Além disso, observam-se variações sensíveis em locais distintos do planeta, que geram variações climáticas, uma vez que a radiação é a força motriz da temperatura, da evaporação da água e da movimentação de grandes massas de ar e água.

▶ 3.2.2 Reflexão e absorção

Em decorrência de fatores que discutiremos a seguir, a superfície da Terra só recebe as radiações visíveis, uma pequena quantidade de ultravioleta, o infravermelho e ondas de rádio. Dessa energia incidente, uma pequena parte é utilizada pelos vegetais e potencializada, por meio da fotossíntese, em alimento (matéria orgânica).

Vários fatores contribuem para a variação de radiação que ocorre entre o início da estratosfera e a superfície do planeta. Esses fatores atuam em diversos níveis e com intensidade variável conforme a frequência e o comprimento de onda da radiação incidente. As radiações ultravioleta (abaixo de 0,3 µ de comprimento de onda) são absorvidas pela camada de ozônio que envolve a Terra a uma altitude aproximada de 25 quilômetros. A camada de ozônio é um dos fatores de manutenção da vida no planeta, uma vez que esse tipo de radiação é letal quando incide em grande intensidade. As radiações visíveis e as radiações infravermelho são, em grande parte, absorvidas nas camadas intermediárias da atmosfera pela poeira e pelo vapor d'água, contribuindo para o aquecimento do ar.

Uma outra parte da energia incidente é refletida pelas nuvens e por outras partículas suspensas no ar, volta ao espaço e torna-se perdida para a Terra. A esse fenômeno dá-se o nome de **albedo**, ele é o responsável pela luminosidade observada em corpos celestes opacos, como Vênus. O albedo é uma medida da capacidade de um dado material refletir a luz. Seu valor médio na atmosfera externa da Terra é de aproximadamente 34% (**FIGURA 3.3**).

A radiação remanescente chega à superfície terrestre em forma de luz direta ou difusa, apresentando, em um dia claro, uma composição de aproximadamente 10% de radiação ultravioleta, 45% de radiação visível e 45% de infravermelho. A dispersão é causada pelas moléculas gasosas da atmosfera (que conferem cor azul ao céu) e pelas partículas sólidas em suspensão (que dão

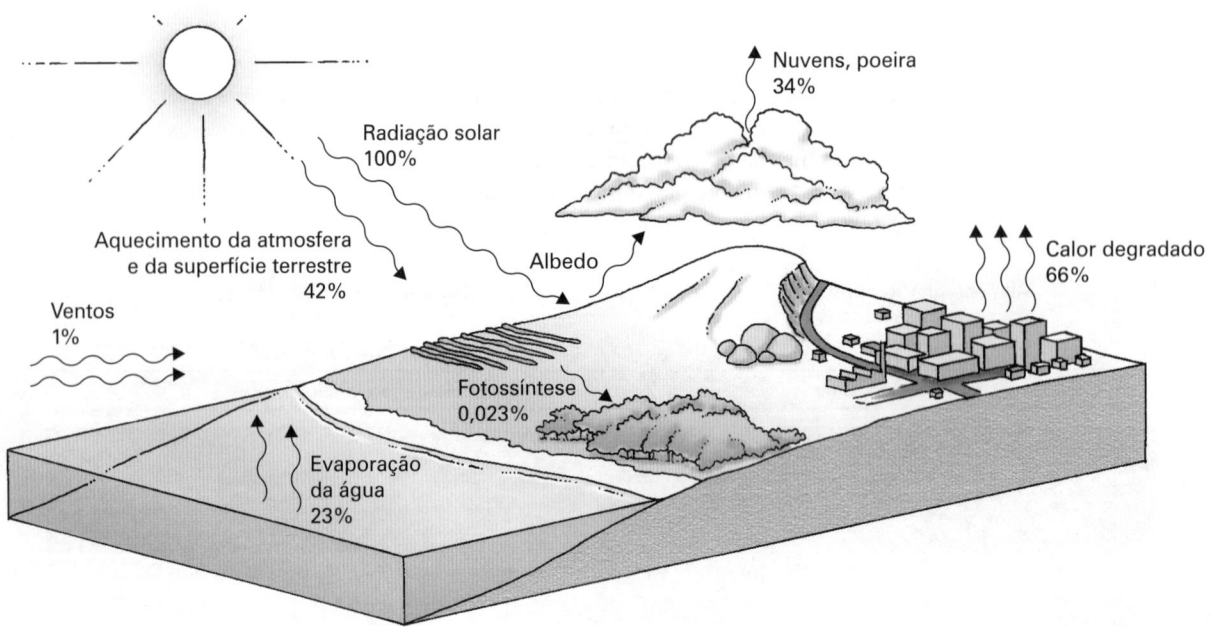

▶ **FIGURA 3.3** Fluxo de energia na Terra.

coloração branca ao céu, mais notável nas grandes cidades). A radiação visível é pouco atenuada quando transpõe camadas de nuvens – o que possibilita a realização da fotossíntese pelos vegetais, mesmo em dias nublados, ou a pequenas profundidades nos mares, rios e lagos.

Na Figura 3.3, tem-se uma boa visão do balanço energético discutido anteriormente. É interessante observar a magnitude da energia fornecida pelo Sol (127 bilhões de MW) em relação à maior usina hidroelétrica brasileira, Itaipu, que tem uma potência instalada de 12.000 MW. Existem, ainda, as radiações térmicas (com grande comprimento de onda) que provêm de qualquer corpo com temperatura acima de 0 °K, inclusive nuvens, que contribuem com quantidade substancial do calor incidente na superfície. Assim, esse tipo de radiação incide o tempo todo e em todas as direções, o que faz com que, no verão, a radiação total, em determinado ponto, seja muitas vezes superior à radiação solar que chega à superfície.

▶ 3.2.3 Energia e vida na Terra

Toda a vida na Terra depende da energia proveniente do Sol, e a distribuição das diversas formas de vida é consequência da variação de sua incidência e intensidade. Por isso, regiões de intensa incidência de radiação apresentam flora e fauna totalmente diversas daquelas de regiões de fraca incidência. Essa variação de incidência é o principal fator que gera as diferenças climáticas entre as diversas regiões do mundo. Veremos, a seguir, como a incidência luminosa influi no clima da Terra e, assim, na vida no globo.

A influência mais notada é a divisão do ano em estações, ditada pela maior ou menor intensidade à qual a energia solar alcança a superfície de determinada região do globo. A variação de intensidade verificada nas estações torna-se mais acentuada à medida que nos afastamos do Equador. Nas regiões temperadas, onde as estações do ano são bem demarcadas, as florestas são compostas de árvores que renovam suas folhas; já nas regiões tropicais, as árvores apresentam folhagem o ano inteiro. Essas modificações na flora levam à existência de faunas diversas nessas regiões. O mesmo ocorre no ambiente aquático, desde a superfície dos mares até profundidades que variam de 2 a 30 metros.

Outro resultado da variação da incidência solar é a existência de regiões quentes e frias e, assim, de baixas e altas pressões, respectivamente. Essa diferença de pressão faz as massas de ar de regiões de alta pressão (áreas anticiclonais) deslocarem-se para regiões de menor pressão (áreas ciclonais), levando a umidade que se precipitará ao longo do percurso (chuvas) e criando diferentes condições climáticas nas áreas por onde passar.

A radiação solar influi diretamente na vida do planeta, uma vez que é ela a fonte de energia para a realização de todas as atividades básicas dos seres vivos. Apenas uma pequena parcela dessa energia é absorvida pelos vegetais fotossintetizantes e transformada em alimento para eles mesmos e para os demais seres incapazes de sintetizar seu próprio alimento.

Desconsiderando todas as perdas inerentes a qualquer processo de transferência de energia, aquela que for absorvida da radiação solar fica armazenada em forma de moléculas orgânicas complexas que serão, quando necessário, transformadas em moléculas mais simples, liberando energia. Isso ocorre por meio da respiração aeróbia ou anaeróbia (fermentação), tanto nos vegetais quanto nos animais, e essa energia será utilizada para o metabolismo dos seres vivos. Nesses dois processos de respiração, o que ocorre é a degradação da matéria orgânica em compostos químicos inorgânicos. O melhor aproveitamento ocorre na respiração aeróbia, uma vez que a molécula de glicose é totalmente degradada até CO_2.

3.3 CADEIAS ALIMENTARES

Podemos definir cadeia alimentar como o caminho seguido pela energia no ecossistema, desde os vegetais fotossintetizantes até diversos organismos que deles se alimentam e servem de alimento para outros. As cadeias alimentares podem ser divididas em dois tipos: as que começam pelos vegetais vivos e passam pelos herbívoros e carnívoros e as que se iniciam pelos detritos vegetais e animais e passam pelos detritívoros (**FIGURA 3.4**).

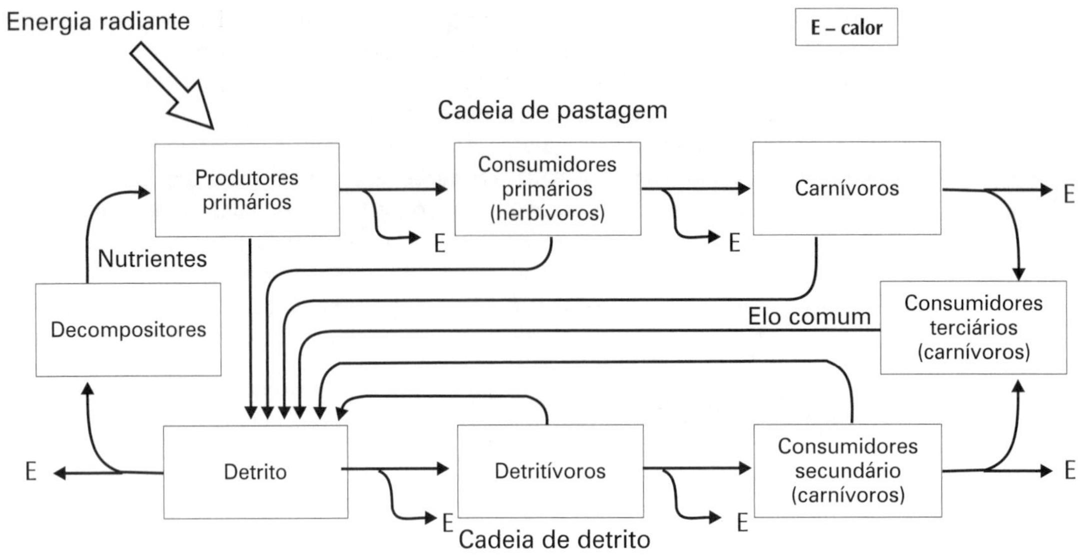

FIGURA 3.4 Cadeia alimentar e fluxo energético.

Nas cadeias que se iniciam pelos vegetais, definimos como produtores aqueles capazes de sintetizar matéria orgânica. Os herbívoros, que se alimentam dos produtores, são os consumidores primários; os carnívoros, que se alimentam dos herbívoros, são os consumidores secundários e assim por diante. Teremos, então, os consumidores terciários, que se alimentam dos secundários; consumidores quaternários etc., até os decompositores. Podemos ainda dividir esse grupo em cadeias de predadores e de parasitos. Para as cadeias que se iniciam pela matéria orgânica morta, os consumidores primários são denominados detritívoros, e podem ser os invertebrados de pequeno tamanho ou as bactérias e os fungos.

Seguindo os preceitos das leis básicas da termodinâmica, à medida que se avança na cadeia alimentar, há uma redução na qualidade de energia disponível aos próximos organismos da cadeia. Isso explica por que as cadeias alimentares não apresentam sequência muito longa, raramente passando dos consumidores de quinta ordem. Esse fenômeno e suas consequências serão estudados mais adiante, quando analisarmos a produtividade.

As cadeias alimentares não podem ser vistas como sequências isoladas, mas sim fortemente interligadas, formando as redes ou teias alimentares. Isso porque um determinado produtor pode ser consumido por vários tipos de herbívoros que, por sua vez, podem ser presa de outros tantos carnívoros diferentes. Nesse ponto, torna-se importante a definição de **nível trófico**, que é a posição ocupada por todos os organismos que estão em um mesmo patamar da cadeia, isto é, os produtores ocupam o primeiro nível trófico, os consumidores primários, o segundo nível trófico e assim sucessivamente. Entretanto, esse conceito não é absoluto, pois os indivíduos podem ocupar mais de um nível trófico em uma rede alimentar, conforme a origem do seu alimento, podendo um mesmo organismo alimentar-se tanto de vegetais quanto de outros animais. Assim, eles ocupam o segundo nível trófico no primeiro caso e o terceiro ou quarto nível trófico no segundo caso.

É muito importante conhecer o mecanismo e as sequências das cadeias alimentares, uma vez que fazemos parte de uma rede alimentar na qual ocupamos diversos níveis tróficos. Diante disso, e uma vez que a energia útil decresce ao longo da cadeia alimentar, quanto mais se afasta do primeiro nível trófico, mais limitado e menor será o número de consumidores que podem ser sustentados por um dado número de produtores. Isso implica uma maior eficiência na cadeia produtor-homem do que na cadeia produtor-boi-homem. Por essa razão, uma dieta vegetariana balanceada é uma prática de preservação do meio ambiente, pois permite alimentar um maior contingente populacional.

Além disso, o conhecimento das cadeias alimentares permitirá aos seres humanos agir sobre elas em seu benefício, de forma ordenada. Isso possibilitaria, por exemplo, o aumento da produtividade agrícola, com um combate mais eficiente às pragas por meio da incorporação de predadores naturais à cadeia alimentar, o que evitaria o risco de gerar uma praga pior pela eliminação de seu predador natural. No Capítulo 9, item 9.6, apresentamos esse conceito aplicado ao chamado manejo integrado de pragas, no qual o uso de defensivos agrícolas é minimizado pela utilização simultânea de predadores naturais.

3.4 PRODUTIVIDADE PRIMÁRIA

Conforme visto anteriormente, a energia solar que chega à superfície terrestre é, em parte, absorvida pelos produtores, que a utilizam para elaboração de compostos orgânicos pela fotossíntese. A quantidade de material produzido pela fotossíntese, em um período fixo, define-se como a produtividade bruta do universo considerado (ecossistema, plantação ou indivíduo). No entanto, os produtores, pelo processo respiratório, utilizam parte da energia potencial acumulada nesses compostos orgânicos para sua automanutenção (atividades físicas, crescimento, formação de elementos reprodutivos, como ovos e sementes). Assim, apenas uma parte do que é produzido torna-se utilizável como alimento aos consumidores, e é a parte utilizável que definimos como **produtividade primária líquida** (PPL).

Em um mesmo ecossistema, a produtividade primária varia significativamente, de acordo com a idade do indivíduo e com a estação do ano. No verão, a produtividade bruta sofre um crescimento quando comparada à do inverno (estudos realizados no Lago Erie, na divisa do Canadá e dos Estados Unidos, revelaram aumento de nove vezes para o fitoplâncton). Por sua vez, quanto mais jovem o indivíduo, menor a produtividade primária, em decorrência de altas perdas e consumo energéticos para seu crescimento. Variações consideráveis também são verificadas entre os diversos ecossistemas em função do clima, sendo muito superior em clima tropical, conforme os valores mostrados na **TABELA 3.1**. Nos ecossistemas, de acordo com a primeira lei da termodinâmica, a soma total de energia, cessadas as entradas e saídas de energia, é constante. Por sua vez, de acordo com a segunda lei da termodinâmica, a energia utilizável vai se reduzindo, após cada transformação, tornando-se inaproveitável quando atinge a forma de calor e tendendo a um estado de equilíbrio com máxima entropia; portanto, desorganizado. Assim, para manter-se um ecossistema organizado, é necessário que haja fluxo constante e ininterrupto de energia proveniente de fontes externas.

A energia que entra no ecossistema e é absorvida pelos produtores sofre transformação ao longo da cadeia alimentar, tornando-se cada vez menos aproveitável. Dessa forma, muitos produtores são necessários para suprir um número bem menor de herbívoros que, por sua vez, serão capazes de abastecer ainda menos carnívoros, o que faz com que as cadeias sejam relativamente curtas, com poucos níveis tróficos.

▶ **TABELA 3.1** Valores aproximados da produtividade primária líquida para diversas regiões da Terra

Tipo de ecossistema	Clima	Produtividade (Kcal/m²/ano)
Deserto		400
Oceano		800
Lago	Temperado	800
Lago poluído	Temperado	2.400
Florestas		
Decídua	Temperado	4.800
Conífera	Temperado	11.200
Tropical pluvial	Tropical	20.000

(Continua)

▶ **TABELA 3.1** Valores aproximados da produtividade primária líquida para diversas regiões da Terra *(Continuação)*

Tipo de ecossistema	Clima	Produtividade (Kcal/m²/ano)
Culturas agrícolas		
Anual	Temperado	8.800
Perene	Temperado	12.000
Anual	Tropical	12.000
Perene	Tropical	30.000
Pântanos		
Pântano	Temperado	17.100
Pântano	Tropical	30.000

Fonte: Kormondy.[1]

Com base nesses fatos, podemos representar a estrutura trófica por meio de uma pirâmide, considerando a pirâmide energética a mais importante e representativa. Nela, os produtores representam a base, e os demais níveis vão se superpondo até o cume (**FIGURA 3.5**).

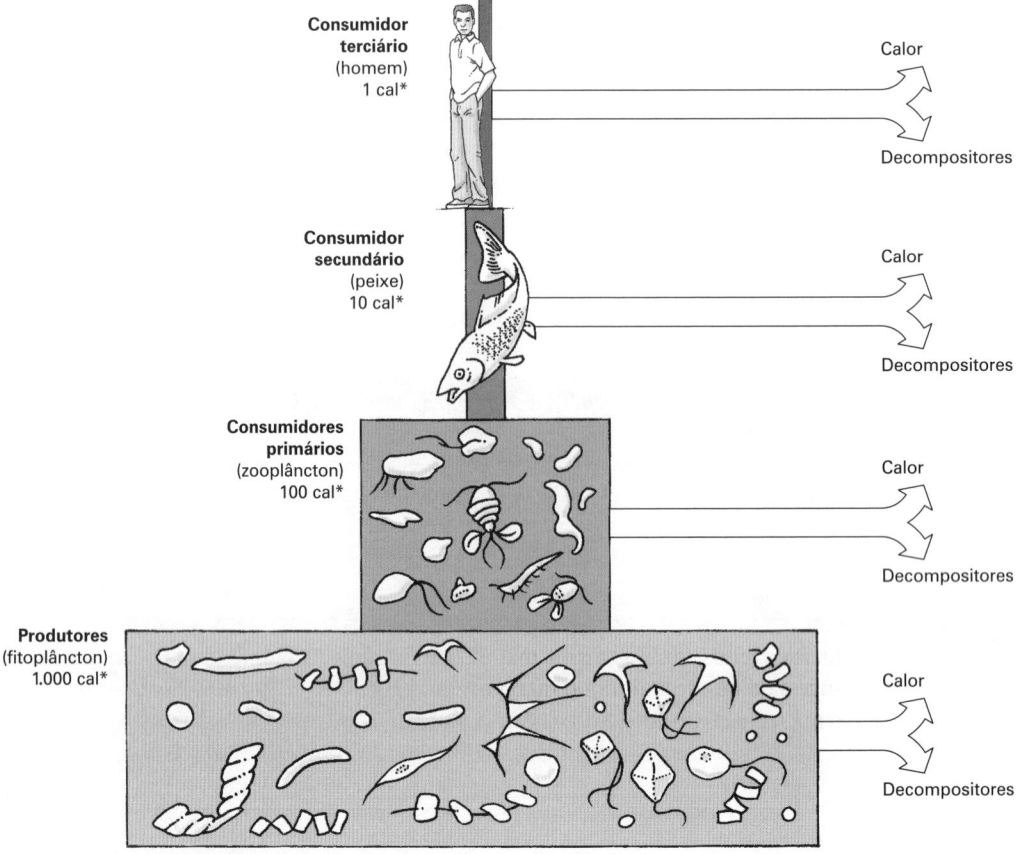

▶ **FIGURA 3.5** Exemplo de pirâmide de energia. 1.000 cal = 1 Kcal.

Definimos a relação de energia entre diferentes níveis da cadeia alimentar como **eficiência ecológica**. Como uma média geral, adotamos, para os diversos ecossistemas, o valor de 10%. Assim, para energia incidente de 1.000 calorias, a produção líquida dos vegetais será de 100 calorias, e apenas 10 calorias estarão disponíveis para os herbívoros e 1 caloria para carnívoros primários. Portanto, concluímos que a pirâmide deve ter base larga e altura pequena.

A título de curiosidade, o porco é o melhor conversor de energia até agora estudado, uma vez que, da energia consumida, 20% mantém-se utilizável no próximo nível trófico. De modo geral, a eficiência é maior nos invertebrados do que nos mamíferos, pois os gastos de manutenção para manter a temperatura constante são elevados nos homeotermos.

A produtividade primária é controlada por vários fatores, como disponibilidade de água, intensidade luminosa e quantidade de sais minerais. Dessa forma, duas regiões, como os desertos e as regiões profundas dos mares, podem apresentar condições exatamente opostas e possuir taxas de produtividade baixíssimas, sendo a falta de água a causa principal no primeiro caso e a falta de luz no segundo. O conjunto dos ecossistemas da Terra produz anualmente 31 bilhões de toneladas de matéria, das quais só as florestas são responsáveis por 20 bilhões, ou seja, dois terços do total.

Os seres humanos consomem atualmente, junto com seus animais domésticos, mais de 6% da produção líquida da biosfera, além de grandes quantidades da produção bruta na forma de fibras. Deduzimos, então, que o homem é o grande interessado no aumento de produtividade no planeta, que pode ser obtida por meio de irrigação, ampliação da área agrícola, reciclagem dos elementos nutritivos do fundo dos mares e melhoria no rendimento das culturas. Desses itens, o último tem despertado maior interesse, e é nele que estão concentrados os maiores investimentos e diversos estudos.

Esse aumento de produtividade é possível com a adição de um fluxo suplementar de energia ao já naturalmente existente, na forma de trabalho humano ou animal e combustíveis fósseis – ingredientes fundamentais para o cultivo, irrigação, fertilização, seleção genética e controle de pragas. Estima-se que os Estados Unidos empregam anualmente o equivalente a 1 HP por hectare cultivado, em comparação a 0,1 HP por hectare na África e Ásia, tendo, entretanto, uma produção por hectare apenas três vezes superior à desses países.

Os esforços despendidos pelo homem não aumentaram a produtividade bruta, que é sempre máxima nas condições naturais. Contudo, tem-se conseguido um aumento considerável na produtividade líquida, que é o que interessa, por meio da redução de perdas de energia e desenvolvimento de variedades que produzem em maior quantidade órgãos consumíveis pelo homem, como frutos e folhas, em vez de caules e raízes.

3.5 SUCESSÃO ECOLÓGICA

Sucessão ecológica é o desenvolvimento de um ecossistema desde sua fase inicial até a obtenção de sua estabilidade e do equilíbrio entre seus componentes. É um processo que envolve alterações na composição das espécies com o tempo, levando sempre a uma maior diversidade, sendo razoavelmente dirigido e, portanto, previsível. Resulta da ação da comunidade sobre o meio físico, que cria condições ao desenvolvimento de novas espécies e culmina em uma estrutura estável e equilibrada. Durante o processo de sucessão, as cadeias alimentares se tornam mais longas e passam a constituir redes alimentares complexas; já os nichos se tornam mais estreitos, levando a uma maior especialização. A biomassa também aumenta ao longo da sucessão, do mesmo modo que o ecossistema adquire autossuficiência, tornando-se um sistema fechado por meio do desenvolvimento de processos de reciclagem de matéria orgânica.

À sequência de comunidades que substituem umas às outras dá-se o nome de **série**, e a essas comunidades transitórias dá-se o nome de **estágios**. A primeira comunidade que se instala é denominada **comunidade pioneira**, e a última comunidade da sucessão é denominada **comunidade clímax**. Quando a sucessão se inicia em uma área nunca povoada, ela é conhecida como **sucessão primária**. Por sua vez, se a sucessão se inicia em área já anteriormente povoada e cuja comunidade tenha sido quase extinta, ela é conhecida como **sucessão secun-**

dária e processa-se mais rápido que a anterior, pois alguns organismos ou mesmo sementes da povoação anterior permanecem no local.

A **sucessão ecológica** processa-se em virtude da ação de vários fatores, tanto bióticos quanto abióticos. O clima e as alterações geológicas podem alterar o ambiente, tornando-o desfavorável às espécies que nele habitam e favorável a novas espécies. Por sua vez, a própria comunidade age no meio físico, alterando-o, e o resultado da decomposição da matéria orgânica, proveniente da excreção ou dos cadáveres dos indivíduos, gerará modificações químicas no solo. O desenvolvimento de vegetação leva a alterações climáticas próximas do solo, além de reter mais a água da chuva, modificando, assim, as condições ambientais.

À medida que se avança na sucessão ecológica, a taxa respiratória aumenta, levando a uma redução na produtividade líquida do ecossistema. A produtividade bruta também aumenta, mas a ritmo menos acelerado, o que significa dizer que, nos ecossistemas maduros, a energia fixada por meio da fotossíntese tende a ser consumida pela respiração. No entanto, os ciclos de nutrientes, como nitrogênio, fósforo e cálcio, tendem a se fechar, aumentando a independência do ecossistema em relação ao meio externo, e por isso os decompositores têm um papel de grande importância nessas comunidades.

O processo de sucessão ecológica leva o ecossistema a um crescente desenvolvimento das relações interespecíficas, principalmente o mutualismo. Além disso, à medida que se aproximam do clímax, os organismos tendem a aumentar de tamanho e seus ciclos de vida tendem a se tornar mais longos.

3.6 AMPLIFICAÇÃO BIOLÓGICA

Há um aumento de concentração de determinados elementos e compostos químicos, em especial os poluentes potencialmente presentes no meio aquático, conforme se avança na cadeia alimentar. Essa concentração crescente deve-se à assimilação, pelo organismo, desses compostos, quando da síntese dos tecidos ou gorduras. A esse aumento de concentração de poluentes ao longo da cadeia alimentar dá-se o nome de **amplificação biológica**, **magnificação biológica** ou, ainda, **ampliação biológica**.

Esse fenômeno ocorre em função de três fatores: 1) com base na segunda lei da termodinâmica, podemos dizer que são necessários muitos elementos do nível trófico anterior para alimentar um determinado elemento do nível trófico seguinte; 2) o poluente considerado deve ser recalcitrante ou de difícil degradação; e 3) o poluente deve ser lipossolúvel. A primeira condição é necessária para facilitar sua absorção nos primeiros níveis tróficos. A última condição implica dissolução do poluente nos tecidos gordurosos do organismo em vez de sua concentração na urina – caso em que seria eliminado e devolvido ao ambiente.

A amplificação biológica torna-se mais séria quando tratamos de elementos tóxicos como radionuclídeos e pesticidas. Os casos mais frequentes de amplificação, por se tratar de compostos mais utilizados pelo ser humano, são os referentes ao inseticida DDT (diclorodifeniltricloroetano) e ao mercúrio. Quanto ao mercúrio, o fato ocorrido nos anos 1960, no Japão, mais precisamente na Baía de Minamata, onde vários pescadores pereceram em razão de haverem se alimentado de peixes contaminados com mercúrio, é uma amostra da gravidade do problema. Nesse caso, o constante despejo ao mar de compostos de mercúrio fez com que ele fosse fixado pelo fitoplâncton, acumulando-se, então, no zooplâncton e nos peixes e, enfim, concentrando-se em doses elevadas e altamente tóxicas nos pescadores que deles se alimentavam.

Outro composto que gera o mesmo fenômeno é o DDT. Quando se utiliza tal produto, a preocupação maior é que as doses lançadas não sejam letais à vida de vegetais e animais, mas nunca se levou em consideração, no passado, o fato de que sua toxicidade permaneceria por longo tempo e que ele seria absorvido junto com detritos, concentrando-se ao longo da cadeia alimentar. Esse acúmulo (medido em ppm) pode ser observado nas gorduras dos animais, como é exemplificado na **TABELA 3.2**.

▶ **TABELA 3.2** Concentração de DDT na cadeia alimentar verificada em Long Island, Estados Unidos

Elementos	Concentração de DDT (ppm) nos tecidos
Água	0,00005
Plâncton	0,04
Silverside Minnow (peixe de pequeno porte)	0,23
Sheephead Minnow (peixe de pequeno porte)	0,94
Pickered (peixe predador)	1,33
Peixe-espada (peixe predador)	2,07
Heron (alimenta-se de animais menores)	3,57
Tern (alimenta-se de animais menores)	3,91
Herring Gull (gaivota)	6,00
Ovo de gavião marinho	13,8
Merganser (pato que se alimenta de peixe)	22,8
Pelicano (que se alimenta de peixe)	26,4

Fonte: Odum.[2]

A preocupação com o fenômeno da amplificação biológica é crescente, à medida que aumenta a lista de compostos utilizados e gerados pelas atividades antrópicas. Nesse sentido, um exemplo são as bifenilas policloradas (PCBs, do inglês *polychlorinated biphenyls*), utilizadas até a década de 1970 na produção de óleo de transformadores, fluidos dielétricos e lubrificantes. São compostos de difícil degradação e de alta toxicidade aos organismos aquáticos e ao ser humano.

O resultado da amplificação é que alguns animais vão se extinguindo, como ocorre com a águia-pesqueira norte-americana. Nesse caso, o acúmulo do DDT no organismo das fêmeas faz com que os seus ovos tenham casca excessivamente frágil, quebrando-se antes mesmo de serem chocados. Assim, uma certa quantidade pode não ser fatal para o indivíduo, mas letal para a espécie.

Na Tabela 3.2, são apresentados dados do fenômeno de ampliação biológica relativa ao DDT, observado em Long Island, Estados Unidos.

O fenômeno da ampliação biológica também pode ser observado com elementos radioativos. Em pesquisas realizadas no Rio Columbia, Estados Unidos, despejou-se certa quantidade de elementos radioativos (fósforo 32, estrôncio 90, césio 137, iodo 131 etc.) na água de modo que se obteve, para o fósforo, na água, concentração de 3,10 mg/g e, em cascas de ovos de patos que viviam e se alimentavam no rio, concentração de 6 mg/g.

3.7 BIOMAS

A superfície terrestre apresenta, em toda a sua extensão, uma grande diversidade de hábitats em função da variação do clima, distribuição de nutrientes, topografia etc., que leva também a uma grande variedade de seres vivos. Essa diversidade decorre da capacidade dos indivíduos e da espécie como um todo de se adaptarem às condições locais. Assim, as comunidades que desenvolvem determinados mecanismos de adaptação ao meio ambiente tendem a sobreviver e a proliferar em tal ambiente. Por isso, regiões de condições diferentes apresentam espécies distintas que nelas desenvolvem suas atividades normais. Em decorrência desse fato, podemos dividir nosso planeta em regiões de grande extensão onde se desenvolveu predominantemente um determinado tipo de vida. Esses grandes ecossistemas são denominados **biomas** e geralmente se distribuem na superfície terrestre em função da latitude, uma vez que o clima varia de acordo com ela.

Além do clima, o solo também é um importante fator de distribuição dos biomas, mas é difícil estabelecer causa e efeito nessa distribuição, pois os três fatores – solo, clima e vegetação – se inter-relacionam intimamente, um afetando e modificando o outro.

Falamos até aqui dos ecossistemas terrestres, mas devemos citar, também, os ecossistemas aquáticos, uma vez que 75% da superfície de nosso planeta é ocupada pelas águas. Além disso, enquanto os continentes são habitados somente em sua superfície, o domínio aquático é ocupado em todas as suas dimensões. As diferenças básicas entre os ecossistemas terrestres e aquáticos, além do substrato que os envolve, são as seguintes:

- Enquanto nos ecossistemas terrestres a água é muitas vezes fator limitante, nos ecossistemas marinhos a luz é que se torna limitante.
- As variações de temperatura são mais pronunciadas no meio terrestre do que no meio aquático, devido ao alto calor específico da água.
- No meio terrestre, a circulação do ar provoca uma rápida distribuição e reciclagem de gases, enquanto, no aquático, o oxigênio, às vezes, é um fator limitante.
- O meio aquático requer esqueletos menos rígidos dos seus habitantes do que o meio terrestre, uma vez que o empuxo do ar é bem inferior ao da água.
- Os ecossistemas terrestres apresentam uma biomassa vegetal muito maior que a dos ecossistemas aquáticos, mas as cadeias alimentares se tornam bem maiores nos ecossistemas aquáticos.

A seguir, descrevemos sucintamente os maiores biomas aquáticos e terrestres, apontando suas principais características e condições de vida.

▶ 3.7.1 Ecossistemas aquáticos

Os ecossistemas aquáticos podem, *grosso modo*, ser divididos em dois tipos: os de água doce e os de água salgada. Considera-se água doce aquela cuja concentração de sais dissolvidos é de até 0,5 g/L, enquanto a concentração média das águas marinhas é em torno de 35 g/L. A salinidade da água é fator de grande importância na distribuição dos seres aquáticos, uma vez que algumas espécies são estritamente marinhas e outras de água doce. Isso se deve às adaptações que essas espécies possuem para manutenção do equilíbrio osmótico com o meio.

Os seres aquáticos podem ser divididos em três categorias principais, em função de seu modo de vida:

- **Plânctons**: são os organismos em suspensão na água, sem meios de locomoção própria, que acompanham as correntes aquáticas. Eles são divididos em fitoplânctons (algas), responsáveis pela produção primária nos meios aquáticos, e zooplânctons, que são principalmente os protozoários.
- **Bentos**: são organismos que vivem na superfície sólida submersa, podendo ser fixos ou móveis.
- **Néctons**: são os organismos providos de meio de locomoção própria, como os peixes.

▶ 3.7.2 Ecossistemas de água doce

Os ecossistemas de água doce são divididos em dois grupos: os **lênticos**, como os lagos e os pântanos, e os **lóticos**, como os rios, as nascentes e as corredeiras.

A vida nos ecossistemas de água doce compõe-se principalmente de algas (o principal grupo de produtores), moluscos, insetos aquáticos, crustáceos e peixes (os principais consumidores), além das bactérias e dos fungos, encarregados da decomposição da matéria orgânica.

▶ 3.7.3 Rios

Os cursos de água estão intimamente relacionados com o ambiente a seu redor, dependendo dele para satisfazer a maior parte das necessidades de suprimento de energia de seus indivíduos. Como os produtores encontrados nos cursos de água não são suficientes, eles se tornam ecossistemas abertos.

Os fatores essenciais que influem no povoamento dos cursos de água são a velocidade da corrente, a natureza do fundo, a temperatura, a oxigenação e a composição química das águas. A temperatura das águas correntes acompanha a do meio externo, mas possui menor amplitude de variação. As nascentes apresentam temperatura praticamente constante ao longo de todo o ano. Quanto à oxigenação, as águas correntes possuem suprimento abundante de oxigênio em razão de uma série de fatores, como agitação constante, ampla área de contato ar – água e pequena profundidade. Por isso, as comunidades desses ecossistemas são muito sensíveis à variação da concentração de oxigênio, como em casos de poluição dos cursos de água.

▶ 3.7.4 Lagos

Os lagos e as lagoas originam-se de períodos de intensa atividade vulcânica e tectônica e apresentam, em função disso, distribuição localizada na superfície terrestre conforme as regiões onde essas ações se fizeram mais pronunciadas. Assim, são numerosos no norte da Europa, no Canadá e nos Estados Unidos, onde se formaram há aproximadamente cem mil anos, durante o recuo das geleiras. São também numerosos em regiões que sofreram recente elevação, emergindo do fundo do mar, como no caso da Flórida, e em regiões sujeitas a recentes atividades vulcânicas.

A produtividade de um lago depende de sua profundidade e idade geológica e do recebimento de nutrientes do exterior. Tal produtividade geralmente decresce à medida que sua profundidade aumenta. Podemos classificar os lagos quanto à sua produtividade em dois grupos principais: **oligotróficos** e **eutróficos**. Os lagos oligotróficos são aqueles de baixa produtividade, em geral profundos e geologicamente jovens. A densidade de plâncton é baixa e, como há baixa produtividade, o teor de oxigênio é elevado e as espécies que neles se desenvolvem requerem bastante oxigênio. A decomposição faz-se lentamente. Já os lagos eutróficos são aqueles nos quais a vida aquática é abundante – sua flora e fauna são extremamente ricas –, e são corpos d'água que possuem uma elevada capacidade de depuração de matéria orgânica em decomposição.

▶ 3.7.5 Oceanos

Os oceanos são de vital importância não somente para os ecossistemas que se desenvolvem em suas águas, mas, também, para todos os demais ecossistemas do planeta em decorrência de sua grande influência nas características climáticas e atmosféricas da Terra, além de seu importante papel nos ciclos minerais, já que são um extenso reservatório de minerais, depositados principalmente próximos aos continentes.

Como veremos no Capítulo 4, o oceano desempenha um papel importantíssimo no equilíbrio do ciclo do carbono, atenuando os possíveis impactos do aumento do CO_2 na atmosfera, um dos responsáveis pelo "efeito estufa".

A temperatura nos oceanos diminui com a profundidade, variando, em regiões mais profundas, entre 1 ºC e 3 ºC. As camadas mais superficiais apresentam uma grande variação térmica, o que não ocorre nas mais profundas, nas quais a temperatura mantém-se constante por todo o ano. É possível, ainda, definir, em função da iluminação, duas zonas distintas: **eufótica** e **afótica**. Na primeira, até cerca de 200 metros de profundidade, em média, é onde ocorre a fotossíntese nos oceanos. A segunda abrange as profundidades maiores que 200 metros, e nela não há luz suficiente para a fotossíntese. Por isso, seus habitantes são adaptados à ausência de claridade, possuindo olhos superdesenvolvidos em algumas espécies, atrofiados em outras, sentidos mais aguçados, além do desenvolvimento de órgãos luminescentes para atrair as presas. Deve-se considerar, entretanto, que, com o aumento da turbidez da água, a zona eufótica torna-se menos profunda.

A região mais bem conhecida e estudada dos oceanos é a chamada **plataforma continental**, que se estende até a profundidade de 200 metros, seguindo um relevo com suave declínio. Nessa região, os produtores são basicamente os fitoplânctons, e os consumidores se dividem entre o zooplâncton, os bentos e o nécton. A plataforma continental é de grande valor econômico para o homem, pois nela se localizam as mais ricas regiões de pesca do planeta.

Uma comunidade de grande importância que se desenvolve nas plataformas continentais de regiões tropicais e subtropicais são os recifes de corais, que se distinguem por sua elevada produtividade e pela grande diversidade de espécies que os constituem, possuindo uma estrutura trófica que inclui uma grande biomassa vegetal. Sua alta produtividade deve ser creditada ao constante movimento da água e à elevada eficiência na reciclagem de nutrientes.

▶ 3.7.6 Estuários

Estuário é um corpo d'água litorâneo semifechado com livre acesso para o mar, onde as águas marinhas se misturam com a água doce proveniente do continente em pontos de desembocaduras de rios e baías costeiras. Ele pode ser considerado zona de transição entre a água doce e a salgada, mas com características próprias.

A salinidade nos estuários apresenta uma grande variação durante o ano, por isso as espécies que os habitam possuem uma grande tolerância a tais variações. Geralmente, nos estuários, as condições de alimento são muito favoráveis, o que atrai muitos organismos.

A comunidade que habita os estuários é composta de várias espécies que só se desenvolvem nessas regiões, além de espécies que vêm do oceano e algumas poucas que passam do oceano para os rios e vice-versa. Várias espécies que pertencem ao nécton oceânico utilizam os estuários como hábitat em suas primeiras fases de crescimento, em decorrência do abrigo e do alimento abundante disponíveis. Assim, as regiões comerciais de pesca dependem da conservação e da proteção dos estuários.

▶ 3.7.7 Ecossistemas terrestres

Conforme citamos, no meio terrestre, às vezes, a água se torna escassa, o que leva os seres vivos a desenvolver uma série de adaptações para garantir sua sobrevivência. Essas adaptações podem envolver mecanismos como redução de perda de água (na qual há o desenvolvimento de órgãos respiratórios internos, impermeabilização do tegumento e redução da excreção de água, com sua melhor utilização no metabolismo, por meio de oxidação de gorduras, como no caso do dromedário) ou o desenvolvimento de hábitos que reduzam o consumo de água, como viver em tocas onde a umidade é relativamente elevada, possuir vida noturna e realizar migrações em épocas muito secas.

Uma característica marcante nos ecossistemas terrestres é a presença de grandes vegetais providos de raízes, que são os principais produtores do meio terrestre. Esses organismos fornecem abrigo a outras espécies, desempenham importante papel na modificação do solo e do clima e são estritamente autótrofos, necessitando apenas de luz e nutrientes minerais para elaboração de matéria orgânica. Fortemente ligados às características vegetais do meio e seguindo sua grande variedade, os consumidores apresentam grande diversidade. Os decompositores, no meio terrestre, são basicamente constituídos por fungos e bactérias, que requerem microambientes de elevada umidade para apresentarem alta produtividade, sendo que, em regiões mais secas, a produção vegetal excede a decomposição microbiológica.

Nos ecossistemas terrestres, as montanhas representam papel importante na distribuição de chuvas e, portanto, na composição da vegetação e da vida nessas regiões. Cadeias montanhosas podem barrar os ventos carregados de umidade provenientes do mar, fazendo com que subam a alturas mais frias, gerando condensação e precipitação da umidade por eles transportada. Assim, após superarem essa barreira, os ventos perdem grande parte de sua umidade e seguem secos para o interior do continente, gerando baixas médias pluviométricas. Esse efeito é típico do Nordeste brasileiro, onde os ventos provenientes do Atlântico perdem sua umidade ao transpor as formações das chapadas nordestinas, criando uma zona semiárida no interior e outra chuvosa no litoral.

Na **FIGURA 3.6** são mostrados os principais biomas ou grandes ecossistemas terrestres cuja descrição é apresentada a seguir.

▶ 3.7.8 Tundra

A tundra desenvolve-se na região localizada entre os gelos permanentes e o limite natural das árvores, ao norte da latitude 57º N. Ela se caracteriza pela ausência de árvores e pelo solo esponjoso e acidentado, como consequência dos contínuos congelamentos e degelos. Apresenta, a pouca profundidade, um solo permanentemente congelado, que impede o desenvolvimento de raízes e a drenagem, formando regiões pantanosas.

As cadeias alimentares na tundra são relativamente curtas em decorrência da simplicidade do ecossistema, e qualquer alteração em um nível trófico leva a repercussões violentas no ecossistema, uma vez que são poucos os caminhos alternativos na rede alimentar.

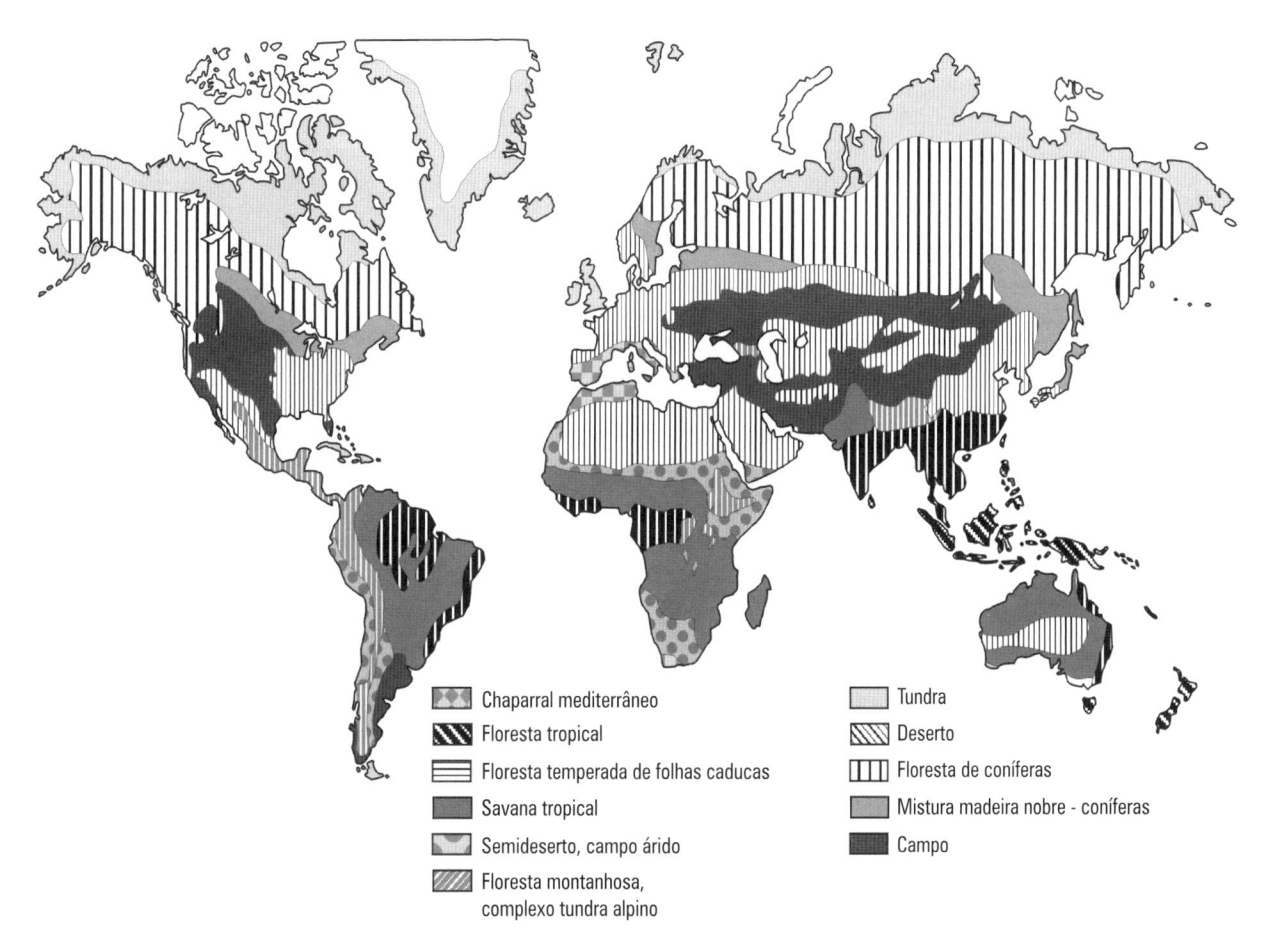

▶ **FIGURA 3.6** Os grandes ecossistemas da Terra.

▶ 3.7.9 Floresta de coníferas

As florestas de coníferas (também denominadas **taigas**) constituem um cinturão que limita o domínio da tundra, e ocorrem principalmente entre as latitudes 45º N e 70º N, podendo também ocorrer na região de montanhas. Elas possuem uma vegetação pouco diversificada, na qual predominam largamente os pinheiros e outras espécies de coníferas, árvores permanentemente verdes e com folhas afiladas em forma de agulha. Localizam-se em clima frio, no qual a precipitação – que ocorre principalmente no verão – é maior que na tundra.

Os solos da taiga são normalmente ácidos e pobres em minerais, os quais são carregados pelas águas das chuvas, uma vez que a evaporação é reduzida. Esse fato, somado à pouca luminosidade que alcança o solo, explica o pequeno número de espécies arbustivas e herbáceas.

▶ 3.7.10 Florestas temperadas de folhas caducas

Esse bioma apresenta-se bem desenvolvido na Europa e na América do Norte, mas também aparece no Japão e na Austrália. Ele é dividido em partes isoladas umas das outras e apresenta, por isso, uma composição de espécies diferentes entre cada região. Ocorre em regiões de clima moderado, com inverno bem definido e precipitação abundante que se distribui praticamente por igual ao longo do ano. A característica mais marcante desse ecossistema é sua flora, composta basicamente por árvores que perdem suas folhas no inverno, como adaptação às condições climáticas do meio. A vegetação mais baixa, como arbustos, é bem desenvolvida e diversificada.

▶ 3.7.11 Florestas tropicais

As florestas tropicais também formam um bioma descontínuo, uma vez que ocorrem em regiões isoladas, sempre a baixas altitudes e próximas ao Equador. São encontradas nas bacias dos rios Amazonas, Congo, Níger e Zambeze e na Indo-Malásia, apresentando sempre estrutura e ecologia semelhantes, embora as espécies que as ocupam sejam diferentes. Sua temperatura mantém-se praticamente invariável ao longo do ano e não há distinção entre verão e inverno. A precipitação é elevada e distribuída por todo o ano, e, associada às altas temperaturas, faz com que a umidade relativa do ar seja bastante elevada.

A variedade de espécies, tanto animais quanto vegetais, atinge seu ápice nas florestas tropicais. Observa-se aí uma grande estratificação no sentido vertical, pois os animais desenvolvem-se em diferentes níveis e raramente descem ou sobem a outros estratos.

A vegetação da floresta equatorial apresenta, além das várias espécies, uma grande dispersão dos indivíduos de cada espécie. A flora característica é composta por árvores de grande porte e densa folhagem, o que explica a pequena quantidade de espécies arbustivas e herbáceas, uma vez que a luminosidade que alcança o solo é baixa, favorecendo o desenvolvimento de epífitas, plantas que se desenvolvem sobre outras maiores para que elas melhor recebam a luz do Sol. A fauna desses biomas, também rica em espécies, desenvolve-se principalmente nas árvores, sendo poucas as espécies que descem ao solo ou vivem exclusivamente nesse nível. Essa diversidade de fauna pode ser explicada pela antiguidade de sua biocenose e pela ausência de mudanças climáticas. Além disso, existe abundância de alimento e um grande número de hábitats, permitindo a formação de diversos nichos ecológicos.

Em virtude das condições de farta irradiação solar por todo o ano, possuem produtividade bastante elevada. Além disso, em razão da alta umidade e das elevadas temperaturas, a decomposição e a reciclagem de nutrientes acontecem com grande rapidez. Isso explica o porquê do desenvolvimento de uma vida tão intensa e diversificada sobre um solo pobre e raso, como o dessas florestas. O grande reservatório de minerais se concentra na matéria orgânica morta e viva da floresta, sendo ínfima a quantidade armazenada no solo. Por isso é difícil o desenvolvimento de agricultura em área antes dominada pela floresta, assim como sua restituição após qualquer devastação. A pobreza do solo pode, em parte, ser explicada pela lixiviação pelas águas das chuvas constantes que caem sobre esse ecossistema.

Dessa forma, graças à fragilidade do ecossistema e sua grande importância para a vida e o clima na Terra, as florestas tropicais devem ser motivo de constante preocupação por parte do homem quanto à sua conservação e à sua fauna. Existem evidências científicas indicando que uma devastação geraria enormes desertos em sua área de ocupação, provocando alterações climáticas, ecológicas e econômicas de grande vulto e muito desfavoráveis ao planeta e ao homem.

▶ 3.7.12 Campos

Os campos são biomas nos quais predomina a vegetação herbácea, geralmente baixa. Eles se dividem em dois tipos principais: a **estepe** e a **savana**. A estepe é caracterizada pelo domínio das gramíneas; na savana, a vegetação inclui também arbustos e pequenas árvores.

A fauna das savanas compreende muitos herbívoros de grande porte e grandes carnívoros e mantém-se muito menos alterada do que a fauna das estepes. As aves também são corredoras, e muitas têm grande porte, como o avestruz e a ema dos cerrados sul-americanos. Observa-se, nessa região, um princípio de preocupação em não substituir os rebanhos naturais por gado, pelo fato de os animais naturais serem imunes a uma série de doenças que afetam o gado bovino, e tal substituição exigiria altos gastos na imunização dos rebanhos. Por isso, acredita-se ser possível explorar a fauna nativa economicamente, pois, mesmo produzindo menos, requer menores investimentos, além de provocar menores alterações ao ambiente natural.

▶ 3.7.13 Desertos

Os desertos são regiões áridas de vegetação rara e espaçada, nas quais predomina o solo nu. Ocorrem em regiões de baixa precipitação ou em locais de maior precipitação, mas mal distribuída ao longo do ano, porém sempre com altas taxas de evaporação. A reduzida precipitação pode ocorrer em decorrência de o ecossistema estar localizado em áreas de alta pressão onde se originam os ventos, o que impede a chegada, nessas regiões, de umidade proveniente dos oceanos. Outra causa é a sua localização atrás de altas cadeias montanhosas litorâneas (que barram os ventos úmidos) ou em altitudes muito elevadas. No Saara Central e no deserto ao norte do Chile, raramente ocorrem precipitações.

3.8 SERVIÇOS ECOSSISTÊMICOS

Os ecossistemas são fontes de recursos essenciais para o homem. Na lógica da economia, pertencem ao chamado capital natural que engloba os estoques de recursos naturais renováveis e não renováveis do planeta, fundamentais para o desenvolvimento das atividades humanas. Sob as diretrizes do desenvolvimento sustentável, o capital natural assenta-se na linha teórica da economia ecológica que se contrapõe à economia ambiental neoclássica. Pela economia ecológica, o estoque de capital natural não consegue ser substituído por outros tipos de capital manufaturado. Contudo, como traduzir essa complexidade em conceitos que tragam materialidade e facilidade para utilização na tomada de decisão?

Os serviços ecossistêmicos surgem como um conceito que visa conciliar ecologia e economia, por isso seu protagonismo na agenda da economia ecológica. Os serviços ecossistêmicos representam a conexão entre o capital natural e o bem-estar humano.

Os serviços ecossistêmicos representam benefícios providos pelas funções que os ecossistemas realizam, de forma direta ou indireta, que são usufruídas pela sociedade. No ano de 1997, duas pesquisas tiveram um papel fundamental na consolidação desse tema: o trabalho liderado por Robert Costanza e colaboradores[3] publicado no periódico *Nature*, em que economistas e ecologistas discutem o valor dos serviços ecossistêmicos no mundo; e um livro publicado por Gretchen Daily[4] que apresentava a dependência da sociedade dos ecossistemas naturais. As funções ecossistêmicas e os serviços ecossistêmicos são apresentados no **QUADRO 3.1**.

▶ **QUADRO 3.1** Classificação dos serviços e funções ecossistêmicos

	Serviço ecossistêmico	Funções ecossistêmicas	Exemplos
1	Regulação de gases	Regulação da composição química da atmosfera	Saldo CO_2/O_2, O_3 para proteção dos raios UV e níveis de SO_2
2	Regulação do clima	Regulação da temperatura global, precipitação, processos climáticos mediados biologicamente em nível global ou local	Regulação de gases de efeito estufa (GEE), sulfeto de dimetila afetando a formação das nuvens
3	Regulação de perturbações	Capacitância, amortecimento e integridade da resposta ecossistêmica às flutuações do ambiente	Proteção a tempestades, controle de fluxos, recuperação da seca, e outros aspectos da resposta do hábitat para a variabilidade ambiental principalmente controlada pela estrutura da vegetação
4	Regulação da água	Regulação dos fluxos hidrológicos	Provisão de água para processos de produção agrícola ou industrial e transporte
5	Oferta de água	Armazenamento e retenção da água	Provisão de água em bacias hidrográficas, reservatórios e aquíferos
6	Retenção de sedimentos e controle de erosão	Retenção do solo em um ecossistema	Prevenção da perda de solo por processos de remoção pelo vento, pela água de escoamento ou outros, armazenamento de lodo nos lagos e áreas úmidas
7	Formação do solo	Processos de formação do solo	Intemperismo das rochas e acúmulo de matéria orgânica
8	Ciclagem de nutrientes	Armazenamento, ciclos biogeoquímicos, processamento e aquisição de nutrientes	Fixação de nitrogênio, N, P e outros elementos ou ciclos de nutrientes
9	Tratamento de resíduos	Recuperação de nutrientes móveis e remoção ou colapso do excesso dos compostos ou nutrientes xênicos	Tratamento de resíduos, controle de poluição e desintoxicação
10	Polinização	Movimento dos gametas florais	Provisão da polinização para a reprodução das populações de plantas
11	Controle biológico	Regulação trófico-dinâmica das populações	Controle principal de predadores de presas de espécies, redução de herbívoros por predador superior
12	Refúgio	Hábitat para populações permanentes e transitórias	Berçário, hábitat para espécies migratórias, hábitats regionais para espécies colhidas localmente ou durante o inverno
13	Produção de alimento	A porção da produção primária bruta que pode ser extraída como alimento	Produção de peixes, colheitas, nozes por caça, coleta, produção de subsistência ou pesca
14	Matéria-prima	A porção da produção primária bruta que pode ser extraída como matéria-prima	Produção de madeira, combustível ou forragem
15	Recursos genéticos	Fontes únicas de materiais e produtos biológicos	Medicinais, produtos de material para a ciência, genes para resistência de plantas a patógenos ou pestes agrícolas, espécies ornamentais (para animais de estimação ou variedades de plantas para horticulturas)
16	Recreação	Provisão de oportunidades para atividades de recreação	Ecoturismo, pesca esportiva e outras atividades recreacionais em ambientes externos
17	Cultural	Provisão de oportunidades para usos não comerciais	Aestéticos, artísticos, educacionais, espirituais e/ou valores científicos dos ecossistemas

Fonte: Costanza e colaboradores.[3]

Além desse e de outros trabalhos pioneiros, sem dúvida alguma o grande marco para a difusão do tema na agenda da tomada de decisão mundial foi a conferência realizada pela Organização das Nações Unidas (ONU), denominada Avaliação Ecossistêmica do Milênio, em 2005. Esse fórum mundial teve o objetivo principal de fornecer ao governo, à sociedade, ao setor privado e a indivíduos informações técnicas sobre as condições dos ecossistemas para subsidiar a tomada de decisão. No **QUADRO 3.2** são apresentadas as quatro categorias de serviços ecossistêmicos: regulação, hábitat ou suporte, produção (ou provisão) e cultural (ou informação), consideradas produtos desse fórum mundial. Na **FIGURA 3.7** são mostradas as relações entre a oferta de serviços ecossistêmicos e o bem-estar humano, de modo a evidenciar os variados tipos de benefícios que obtemos dos ecossistemas.

Os serviços ecossistêmicos ilustram nossa dependência da natureza para obter recursos essenciais à manutenção da vida. A inserção do tema serviços ecossistêmicos no processo de tomada de decisão visa considerar o papel que a natureza desempenha para manter nossa vida e que nem sempre é adequadamente valorado como um bem manufaturado pelo homem. Alguns consideram o termo como um conceito que, além de conciliar, tenta apaziguar os conhecimentos da economia e da ecologia. Um dos clássicos exemplos para representar essa problemática consiste no papel das abelhas na polinização de culturas agrícolas. Como produzir alguns alimentos sem a presença catalisadora das abelhas na agricultura? Outro exemplo é o papel das florestas no sequestro de carbono. Como a manutenção de florestas e as áreas com vegetação podem compensar as emissões de gases de efeito estufa das atividades humanas? A água limpa e abundante pode ser regulada com a manutenção de matas ciliares e a recuperação de nascentes?

▶ **QUADRO 3.2** Serviços ecossistêmicos

Serviços de provisão	
São aqueles relacionados com a capacidade dos ecossistemas em prover bens.	■ Alimentos (frutos, raízes, pescado, caça, mel) ■ Matéria-prima para a geração de energia (lenha, carvão, resíduos, óleos) ■ Fibras (madeiras, cordas, têxteis) ■ Fitofármacos ■ Recursos genéticos e bioquímicos ■ Plantas ornamentais ■ Água
Serviços reguladores	
São os benefícios obtidos a partir de processos naturais que regulam as condições ambientais que sustentam a vida humana	■ Purificação do ar ■ Regulação do clima ■ Purificação e regulação dos ciclos da água ■ Controle de enchentes e de erosão ■ Tratamento de resíduos ■ Controle de pragas e doenças
Serviços culturais	
Estão relacionados com a importância dos ecossistemas em oferecer benefícios recreacionais, educacionais, estéticos, espirituais	■ Inspiração para cultura, arte e para experiências espirituais ■ Populações rurais e particularmente as tradicionais, como caiçaras, indígenas, quilombolas e caboclos, têm sua cultura, crenças e modo de vida associados aos serviços culturais de ecossistemas nativos
Serviços de suporte	
São os processos naturais necessários para que os outros serviços existam	■ Ciclagem de nutrientes ■ Produção primária ■ Formação de solos ■ Polinização ■ Dispersão de sementes

Serviços de ecossistemas

Provisão
- Alimentos
- Água potável
- Combustível
- Fibras, madeira
- ...

Serviços de suporte
- Formação do solo
- Ciclagem de nutriente
- Produção primária
- ...

Regulação
- Reg. clima
- Reg. enfermidades
- Reg. água
- Purificação da água

Cultura
- Espirituais e religiosos
- Estéticos
- Recreativos e ecoturísticos
- Herança cultural

Vida na terra – Biodiversidade

Cor das setas: medida potencial por fatores socioeconômicos
- Baixo
- Médio
- Alto

Largura das setas: intencidade das ligações entre serviços ecossistêmicos e o bem-estar humano
- Fraco
- Médio
- Forte

Constituintes do bem-estar

Sergurança
- Segurança pessoal
- Acesso seguro aos recursos
- Redução de vulnerabilidade a desastres

Bens materiais básicos para uma boa vida
- Meios de subsistência suficientes
- Alimentos nutritivos
- Abrigo
- Acesso e bens

Saúde
- Acesso ao ar e água puros
- Possibilidade de estar livre de enfermidades evitáveis
- Acesso a energia para regulação de temperatura

Saúde
- Oportunidade de expressar valores estéticos e recreativos
- Oportunidades de expressar valores culturais e espirituais
- ...

Liberdade de escolha e opções

Serviços de suporte: Serviços necessários para a produção de todos os outros serviços ecossistêmicos (são processos e funções: Haines-young and Potschin, 2009)
Serviços de provisão: Produtos obtidos dos ecossistemas
Serviços de regulação: Benefícios obtidos da regulação de processos ecossistêmicos
Serviços culturais: Benefícios intangíveis obtidos dos ecossistemas

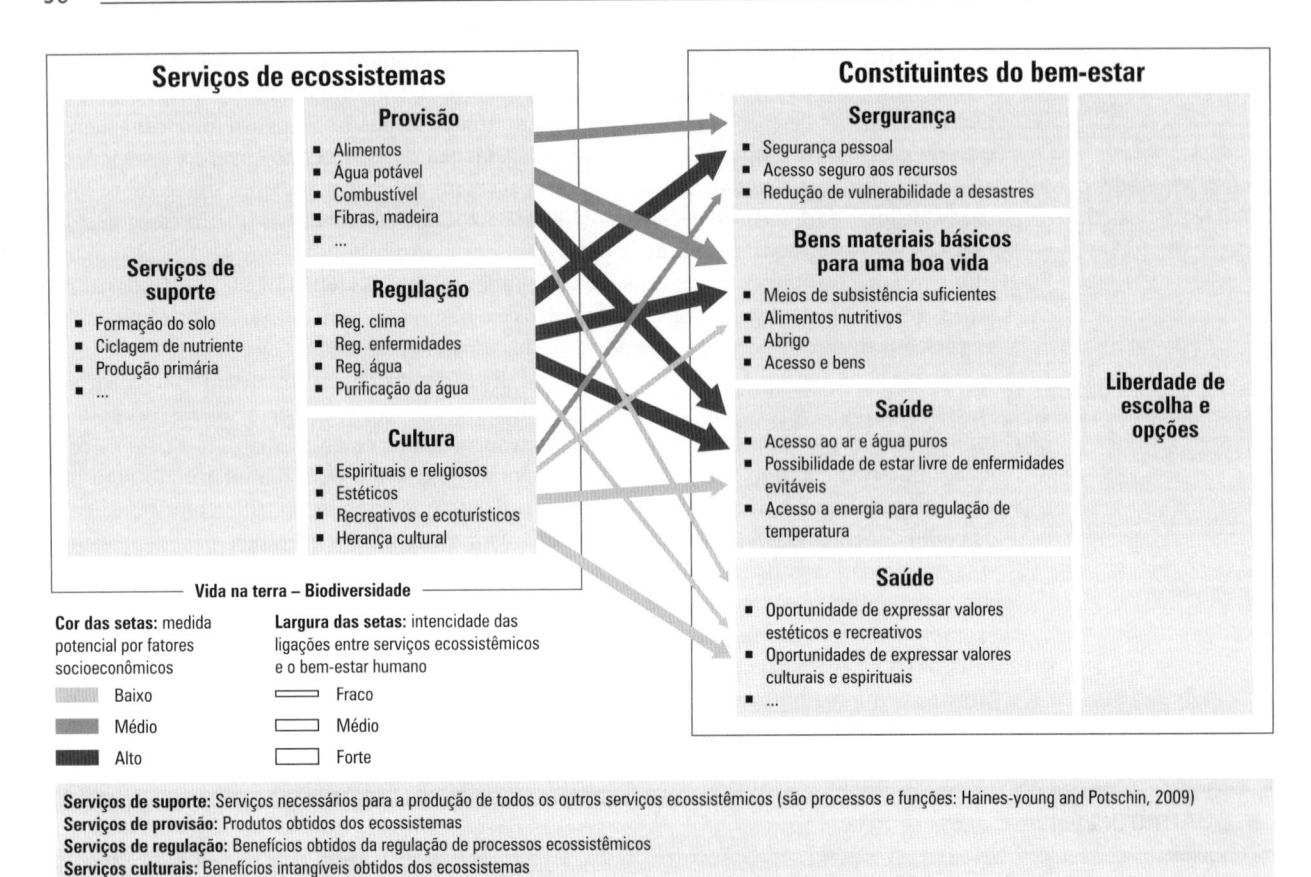

▶ **FIGURA 3.7** Relações entre a oferta de serviços ecossistêmicos e o bem-estar humano

Assim, os projetos de engenharia deveriam considerar os serviços ecossistêmicos que podem ser obtidos ou que poderiam ser perdidos se uma dada decisão for tomada. Nesse contexto, surgem, inclusive, outras denominações em que a natureza é considerada protagonista na tomada de decisão.

O termo "soluções baseadas na natureza" (NbS, do inglês *Nature-based Solutions*) está vinculado ao de serviços ecossistêmicos. As soluções baseadas na natureza compreendem ações para proteger, restaurar e gerenciar os ecossistemas no projeto de intervenções humanas. Essas soluções devem ser projetadas para contribuir com a manutenção da qualidade ambiental, considerando o papel da natureza para atender às necessidades da sociedade.

A perspectiva de incluir serviços ecossistêmicos ou soluções baseadas na natureza tem demandado uma abordagem multidisciplinar e instigado os engenheiros a desenvolver projetos que podem revelar ganhos para além dos objetivos da obra em si. Projetos de recuperação de encostas podem envolver resultados para além da estabilidade física do terreno? Poderiam ser esperados ganhos de melhoria do microclima local, de recomposição de ecossistemas e outros? Projetos de construções podem entregar mais do que moradia? Poderiam ser esperados ganhos de redução de emissões de gases de efeito estufa, de redução de materiais extraídos da natureza?

O Brasil apresenta uma riqueza enorme proveniente dos seus ecossistemas, sendo considerado o principal país em biodiversidade mundial. Uma importante iniciativa nacional refere-se à Plataforma Brasileira de Biodiversidade e Serviços Ecossistêmicos (BPBES, do inglês *Brazilian Platform on Biodiversity and Ecosystem Services*), criada em 2012. A BPBES produziu o primeiro Diagnóstico Brasileiro de Biodiversidade e Serviços Ecossistêmicos que apresenta uma série de dados sobre os serviços ecossistêmicos ofertados pelos biomas e ecossistemas brasileiros e sua importância para a economia.

Por fim, cabe destacar dois exemplos que materializam a consideração dos serviços ecossistêmicos e a tomada de decisão em engenharia.

O município de Nova Iorque, que abastece cerca de 9 milhões de habitantes, tem um sistema de tratamento de água em que a natureza realiza boa parte das atividades. A estratégia adotada com essa finalidade priorizou a conservação das áreas de mananciais hídricos da cidade, situadas a 160 km, nas Montanhas Catskill. A premissa de projeto de melhoria da qualidade da água bruta resultou em elevadas economias nos custos do dimensionamento das unidades operacionais da estação de tratamento de água, bem como nos custos operacionais de sua manutenção.

No Brasil, há uma série de iniciativas nesse sentido. Contudo, sem dúvida alguma, a do Projeto Conservador de Águas de Extrema representa uma das mais exitosas. O município de Extrema (MG), localizado a 100 km de São Paulo, foi objeto de recuperação de áreas de nascentes e de encostas de morros, financiada por um arranjo inovador entre poder público, produtor rural e organização não governamental. Desde 2005, áreas degradadas têm sido recuperadas, resultando em maior oferta de serviços ecossistêmicos, como o de produção de água e o de regulação de carbono. Esses serviços ecossistêmicos são precificados e vêm sendo remunerados. Desse modo, são mantidos ao longo do tempo e espaço. Essa bacia hidrográfica converge para o Sistema Cantareira, um dos sistemas de abastecimento de água da região metropolitana de São Paulo, reduzindo (assim como no caso de Nova Iorque) os custos de tratamento de água.

Por fim, é importante destacar que encontramos os termos **serviços ecossistêmicos** e **serviços ambientais**. Os serviços ecossistêmicos são vistos com ênfase na provisão das funções da natureza ao bem-estar humano, e é um termo consolidado internacionalmente. Todavia, na América Latina e, em especial, no Brasil tem-se usado o termo serviços ambientais, sobretudo para definir aqueles serviços obtidos com auxílio do homem para incremento da biodiversidade a favor do uso humano. O termo serviços ambientais é principalmente utilizado para caracterizar os benefícios à qualidade de vida garantidos por práticas de manejo de recursos naturais.

Desse modo, os dois exemplos supramencionados costumam ser definidos como serviços ambientais e podem ser abordados em um importante instrumento da economia – o Pagamento por Serviços Ambientais (PSA).

REFERÊNCIAS

1. Kormondy EJ. Concepts of ecology. Hoboken: Prentice Hall; 1976.
2. Odum EP. Fundamentals of ecology. 3rd ed. Philadelphia: W.B. Saunders; 1971.
3. Costanza R, d'Arge R, de Groot R, Farber S, Grasso M, Hannon B, et al. The value of the world's ecosystem services and natural capital.; Nature. 1997;387(15):253-60.
4. Daily G. Nature's services: societal dependence on natural ecosystems. Washington: Island; 1997.

CAPÍTULO 4

Ciclos biogeoquímicos

Matéria e energia são conceitos fundamentais ligados à vida no planeta. O fluxo unidirecional de energia solar proporciona condições para síntese da matéria orgânica pelos seres autotróficos, seu consumo ao longo da cadeia trófica e sua decomposição e retorno ao meio como elementos inorgânicos pela ação de microrganismos decompositores heterotróficos. Esse processo de reciclagem da matéria é de suma importância, uma vez que os recursos na Terra são finitos e a vida depende do equilíbrio natural desse ciclo.

Os elementos essenciais à vida participam dessa trajetória desde o meio inanimado, passando pelos organismos vivos e retornando ao meio original. Esses elementos, em número aproximado de 40, são incorporados aos organismos na forma de compostos orgânicos complexos ou participam de uma série de reações químicas essenciais às atividades dos seres vivos. Um elemento essencial disponível para os produtores, em forma molecular ou iônica, recebe o nome de **nutriente**. Podemos distinguir dois grandes grupos de nutrientes: os **macronutrientes**, que participam em quantidades superiores a 0,2% do peso orgânico seco (p.o.s.); e os **micronutrientes**, que participam em quantidades inferiores a 0,2% do p.o.s. do ser vivo.

Entre os principais macronutrientes, podemos citar o carbono (C), o hidrogênio (H), o oxigênio (O), o nitrogênio (N) e o fósforo (P), que participam em quantidades superiores a 1% do p.o.s. dos seres vivos, além do enxofre (S), do cloro (Cl), do potássio (K), do sódio (Na), do cálcio (Ca), do magnésio (Mg) e do ferro (Fe). Como principais micronutrientes, podemos citar o alumínio (Al), o boro (B), o cromo (Cr), o zinco (Zn), o molibdênio (Mo), o vanádio (V) e o cobalto (Co).

Os elementos essenciais fazem parte, portanto, de ciclos que recebem o nome de **biogeoquímicos**. **Bio**, porque os organismos vivos interagem no processo de síntese orgânica e na decomposição dos elementos; **geo**, porque o meio terrestre é a fonte dos elementos; e **químicos**, porque são ciclos de elementos químicos. Assim, a biogeoquímica é a ciência que estuda a troca ou a circulação de matéria entre os componentes vivos e físico-químicos da biosfera.[1] Podemos distinguir basicamente três tipos de ciclos biogeoquímicos. Dois tipos referem-se ao ciclo dos elementos vitais (macro e micronutrientes) e outro tipo se refere ao ciclo de um composto vital: a água. Dessa maneira, identificamos o ciclo hidrológico (ou da água) e os ciclos sedimentares e gasosos dos elementos químicos. Nos ciclos sedimentares (p. ex., do fósforo, do enxofre, do cálcio, do magnésio e do potássio), o reservatório que supre os elementos e os recebe de volta é a litosfera, ao passo que, nos ciclos gasosos (p. ex., do carbono, do nitrogênio e do oxigênio), o reservatório é a atmosfera.

Em decorrência do tamanho do reservatório atmosférico e dos inúmeros mecanismos de realimentação negativa, os ciclos gasosos tendem a ser mais autorreguláveis que os ciclos sedimentares. Nestes últimos, a imobilidade relativa da grande maioria dos elementos na crosta terrestre faz com que o ciclo esteja muito mais sujeito à alteração, em virtude das intempéries e da ação do homem. Como consequência, há tendência à "perda" de material para a hidrosfera como fruto da erosão natural e acelerada (a partir da mineração).

A seguir, analisaremos os ciclos gasosos do carbono e do nitrogênio, os ciclos sedimentares do fósforo e do enxofre e, por fim, o ciclo hidrológico.

4.1 O CICLO DO CARBONO

O reservatório de carbono é a atmosfera, onde este elemento encontra-se na forma de dióxido de carbono (CO_2), um gás que, nas condições naturais de temperatura e pressão, é inodoro e incolor.

O carbono é o principal constituinte da matéria orgânica, participando em 49% do peso orgânico seco. O ciclo do carbono é um ciclo perfeito, pois o carbono é devolvido ao meio à mesma taxa a que é sintetizado pelos produtores. O CO_2, liberado por todas as plantas e animais em seu processo vital de respiração, recicla-se a uma taxa de aproximadamente uma vez a cada 300 anos.[2]

As plantas utilizam o CO_2 e o vapor de água da atmosfera para, na presença de luz solar, sintetizar compostos orgânicos de carbono, hidrogênio e oxigênio, como a glicose ($C_6H_{12}O_6$). A reação de fotossíntese pode ser expressa como:

$$6CO_2 + 6H_2O + energia\ solar \rightarrow C_6H_{12}O_6 + 6O_2 \qquad (4.1)$$

A Expressão 4.1 é uma simplificação de um conjunto de aproximadamente 80 a 100 reações químicas. Entretanto, é importante observar dois pontos: a) a fixação do carbono em sua forma orgânica indica que a fotossíntese é a base da vida na Terra; e b) a energia solar é armazenada como energia química nas moléculas orgânicas da glicose.

A energia armazenada nas moléculas orgânicas é liberada no processo inverso ao da fotossíntese: a respiração aeróbia. Na respiração, temos a quebra das moléculas, com a consequente liberação de energia para realização das atividades vitais dos organismos. A reação de respiração é dada por:

$$C_6H_{12}O_6 + 6O_2 \rightarrow 6CO_2 + 6H_2O + 640\ Kcal/mol\ de\ glicose \qquad (4.2)$$

Por meio da fotossíntese (Expressão 4.1) e da respiração (Expressão 4.2), o carbono passa da fase inorgânica à fase orgânica e volta para a fase inorgânica, completando, assim, seu ciclo biogeoquímico. Fotossíntese e respiração são processos de reciclagem do carbono e do oxigênio em várias formas químicas em todos os ecossistemas.

Outra rota de importância na ciclagem do carbono ocorre por meio da digestão anaeróbia. Neste processo, compostos orgânicos são decompostos em ambiente anaeróbio por meio de reações sequenciais, realizadas por diferentes grupos de microrganismos. Os produtos da digestão anaeróbia são, principalmente, biogás rico em metano (CH_4) e CO_2. O CH_4 é um gás de efeito estufa, mas existe grande interesse em seu aproveitamento devido ao seu potencial energético.

Na **FIGURA 4.1** é apresentada uma visão mais detalhada do ciclo do carbono. Nela, os valores apresentados correspondem a 1.012 moles/ano para os fluxos e 1.012 moles para os reservatórios. É importante observar a existência de uma interação entre o CO_2 atmosférico e o aquático. A concentração de CO_2 na atmosfera é de 0,032%, um valor excessivamente baixo para explicar a síntese de aproximadamente 50 a 60 x 10^9 toneladas/ano de carbono no processo de fotossíntese. Além da alta taxa de reciclagem do carbono (menos de 1.000 anos), a explicação para o número apresentado advém da existência de reservatório auxiliar de carbono representado pelos oceanos.

A interação entre os reservatórios aquático e atmosférico ocorre por meio de uma reação química de difusão, cuja direção depende da maior ou menor concentração do gás. A reação é dada a seguir:[3]

$$CO_2\ atmosférico$$
$$CO_2 + H_2O \rightleftharpoons H_2CO_3 \rightleftharpoons H^+ + HCO_3^- \rightleftharpoons 2H^+ + CO_3^- \qquad (4.3)$$

Caso haja aumento da concentração de CO_2 na atmosfera, a reação indica que parte desse CO_2 será absorvida pelo oceano, sendo dissolvido na água.

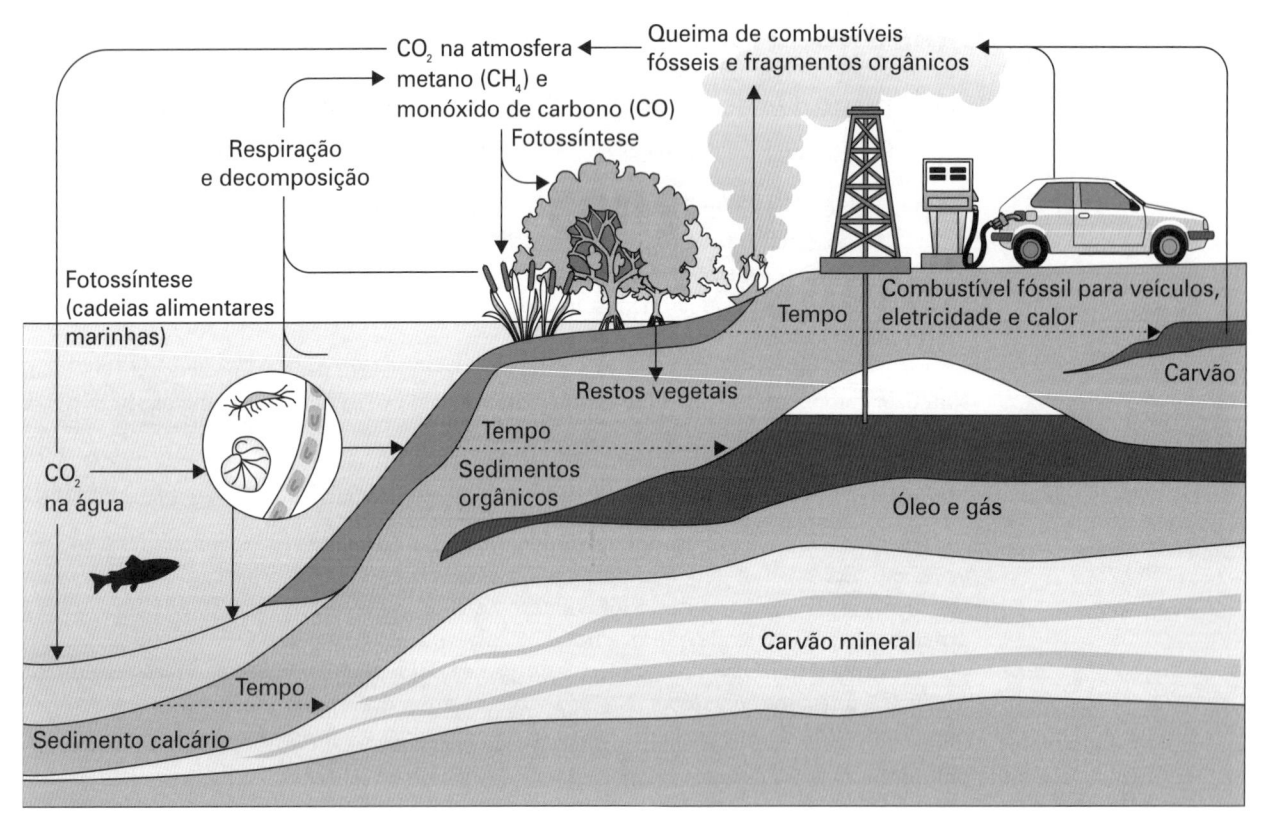

▶ **FIGURA 4.1** O ciclo do carbono.
Fonte: Helou.[4]

Esse CO_2 combina-se com a água para produzir o ácido carbônico (H_2CO_3), que, por sua vez, dissocia-se em um íon de hidrogênio (H^+) e em um íon de bicarbonato (HCO_3^-). O HCO_3^- dissocia-se em um íon de carbonato (CO_3^-) mais um íon de hidrogênio (H^+). A reação é reversível e realiza-se no sentido da maior para a menor concentração.

Na Figura 4.1, podemos distinguir um ciclo principal, por meio do qual produtores, consumidores e decompositores participam, respectivamente, dos processos de fotossíntese e respiração, e um ciclo secundário, mais lento, do decaimento de plantas e animais que foram incorporados por processos geológicos na crosta terrestre. Nesses processos, os organismos foram transformados em combustíveis fósseis e calcário, que ficam à margem do ciclo principal. Os combustíveis fósseis são, portanto, energia solar armazenada na forma de moléculas orgânicas no interior da Terra.

A partir da Revolução Industrial, o homem passou a fazer uso intenso dessa energia armazenada e, no processo de queima (respiração), passou a devolver o CO_2 à atmosfera a uma taxa superior à capacidade assimiladora das plantas (pela fotossíntese) e dos oceanos (pela reação de difusão). Esse desequilíbrio do ciclo natural pode ter implicações na alteração do chamado "efeito estufa", com consequente aumento da temperatura global da Terra. Sabemos hoje que, aproximadamente, 50% do excesso de CO_2 gerado é absorvido pelos oceanos.[5] Até que ponto os oceanos suportarão o aumento de CO_2 é uma pergunta difícil de responder, diante da multiplicidade de fatores que intervêm no mecanismo de recuperação do sistema.

4.2 O CICLO DO NITROGÊNIO

O aumento acentuado da população humana e, principalmente, da taxa de crescimento populacional após a Revolução Industrial, na segunda metade do século XIX, implicou um aumento da produtividade agrícola para fazer frente à demanda crescente de alimentos. Tanto o nitrogênio quanto o fósforo são fatores limitantes do crescimento dos vegetais e, por isso, tornaram-se alguns dos principais fertilizantes utilizados hoje na agricultura. O nitrogênio desempenha um importante papel na constituição das moléculas de proteínas, ácidos nucleicos, vitaminas, enzimas e hormônios – elementos vitais aos seres vivos.

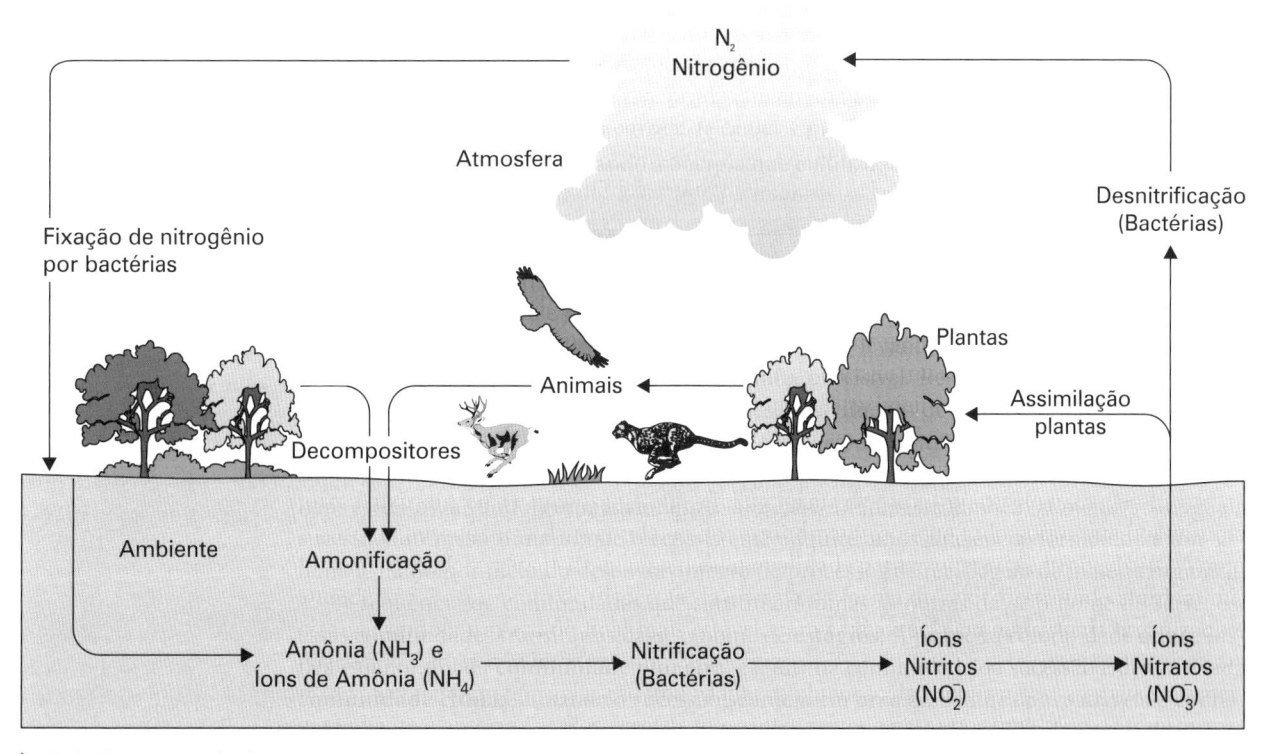

O ciclo do nitrogênio, assim como o do carbono, é um ciclo gasoso. Apesar dessa similaridade, existem algumas diferenças notáveis entre os dois ciclos, como: a) a atmosfera é rica em nitrogênio (78%) e pobre em carbono (0,032%); b) apesar da abundância de nitrogênio na atmosfera, somente um grupo seleto de organismos consegue utilizar o nitrogênio gasoso; e c) o envolvimento biológico no ciclo do nitrogênio é muito mais extenso que no ciclo do carbono.

Apresentamos uma versão simplificada do ciclo do nitrogênio na **FIGURA 4.2**. Grande parte do nitrogênio existente nos organismos vivos não é obtida diretamente da atmosfera, uma vez que a principal forma de nutriente para os produtores são amônia (NH_3) ou nitrato (NO_3^-). A amônia é fruto da decomposição da matéria orgânica, na qual o nitrogênio do protoplasma é quebrado em uma série de compostos orgânicos e inorgânicos por bactérias com funções especializadas em cada parte do processo. A amônia pode ainda ser obtida por meio da ação de bactérias fixadoras de nitrogênio e das descargas elétricas que ocorrem na atmosfera. Já os nitratos são produzidos por meio da oxidação da amônia por microrganismos aeróbios.

No ciclo do nitrogênio, existem quatro mecanismos bastante diferenciados e importantes: 1) fixação do nitrogênio atmosférico (N_2) em nitratos; 2) amonificação; 3) nitrificação; e 4) desnitrificação. Esses mecanismos podem ocorrer no solo ou em meios aquáticos. A fixação do nitrogênio ocorre por meio dos chamados organismos simbióticos fixadores de nitrogênio, de vida livre e fotossintéticos. Entre os organismos simbióticos, destaca-se a espécie *Rhizobium*, que vive em associação simbiótica (mutualismo) com raízes vegetais leguminosas (ervilha, soja, feijão etc.). A importância desses organismos é bastante óbvia, sendo a rotação de culturas de leguminosas uma alternativa ecológica ao uso dos fertilizantes nitrogenados sintéticos. Entre os organismos de vida livre, encontramos bactérias aeróbias, como *Azotobacter*, e bactérias anaeróbias, como *Clostridium*. Do mesmo modo, as algas, principalmente as cianofíceas (*Anabaena* e *Nostoc*, entre outras), são organismos de vida livre fixadores de nitrogênio. Algumas bactérias fotossintéticas, como *Rhodospirillum*, também são fixadoras de nitrogênio.

▶ **FIGURA 4.2** O ciclo do nitrogênio.

A fixação do nitrogênio atmosférico por via biológica consiste em elo importante do ciclo. Dos 140 a 700 mg/m²/ano fixados pela biosfera como um todo, somente cerca de 35 mg/m²/ano são fixados por mecanismos físico-químicos.[1] Dentro da fixação por via biológica, os organismos simbióticos produzem uma quantidade que é, no mínimo, 100 vezes maior do que aquela produzida pelos organismos de vida livre (Kormondy, 1976).

O nitrogênio fixado é rapidamente dissolvido na água do solo ou em meios aquáticos, e, após oxidado, fica disponível para as plantas na forma de nitrato. Essas plantas transformam os nitratos em grandes moléculas orgânicas nitrogenadas, necessárias à vida. Inicia-se, então, o processo de amonificação.

Quando esse nitrogênio orgânico entra na cadeia alimentar, ele passa a constituir moléculas orgânicas dos consumidores primários, secundários e assim sucessivamente. Atuando sobre os produtos de eliminação desses consumidores e do protoplasma de organismos mortos, as bactérias mineralizam o nitrogênio produzindo nitrogênio amoniacal, que pode estar presente na forma de amônia (NH_3) ou íon amônio (NH_4^+). Dessa maneira, completa-se a fase de amonificação no ciclo.

Na presença de oxigênio, NH_4^+ e NH_3 são convertidos em nitritos (NO_2^-) e, posteriormente, em nitratos (NO_3^-), por dois diferentes grupos de bactérias aeróbias e, em geral, autotróficas. A oxidação de amônia a nitrito é normalmente associada a bactérias do gênero *Nitrosomonas*; e a oxidação a nitratos, por bactérias do gênero *Nitrobacter*. Completando o ciclo, temos o retorno ao nitrogênio gasoso (N_2) a partir do nitrato ou nitrito, pela ação de bactérias desnitrificantes. A desnitrificação ocorre em meio anaeróbio, podendo estar presente em solos pouco aerados ou sedimentos nos corpos hídricos. As bactérias desnitrificantes são facultativas e respiram nitratos ou nitritos na ausência de oxigênio, e as mais comuns utilizam matéria orgânica no processo. Diversos gêneros de bactérias podem realizar o processo, incluindo *Bacillus*, *Paracoccus* e *Pseudomonas*.

O ciclo do nitrogênio tem sido constantemente revisto e atualizado a partir da década de 1990, com a descoberta da oxidação anaeróbia de amônia, usualmente denominada anammox (do inglês *anaerobic ammonium oxidation*).[6] Este processo é realizado por bactérias específicas do filo *Planctomycetes*, autotróficas e anaeróbias, que convertem simultaneamente amônia e nitrito, em proporções aproximadamente equimolares, a nitrogênio gasoso. Esses organismos estão largamente presentes na biosfera em meios anaeróbios, sendo responsáveis por parcela significativa do nitrogênio que retorna à atmosfera. A inserção do processo anammox criou rotas biológicas que transformaram o ciclo do nitrogênio no que atualmente se considera uma "teia" do nitrogênio.

Do ponto de vista de atividades antrópicas, a síntese industrial da amônia (NH_3) a partir do nitrogênio atmosférico (N_2), desenvolvida durante a Primeira Guerra Mundial pelo alemão Fritz Haber, possibilitou o aparecimento dos fertilizantes sintéticos, com um consequente aumento da eficiência da agricultura. Entretanto, como foi mostrado, o ciclo equilibrado do nitrogênio depende de um conjunto de fatores bióticos e abióticos determinados; portanto, nem sempre está apto a assimilar o excesso sintetizado artificialmente. Esse excesso de 9×10^9 t/ano,[3] carregado para os rios, lagos e lençóis de água subterrâneos, tem provocado graves impactos ambientais.

De fato, o lançamento excessivo de compostos nitrogenados no solo e em corpos hídricos é motivo de preocupação crescente. O excesso de nitrogênio presente em fertilizantes pode ser nitrificado no solo e atingir aquíferos sob a forma de nitrato, que acima de certas concentrações causa meta-hemoglobinemia, em especial em crianças. Além disso, o esgoto sanitário e outras águas residuárias são ricos em nitrogênio, e se lançados em rios, lagos e reservatórios sem o devido tratamento, podem causar eutrofização. Este impacto tem sido reportado, inclusive, em mananciais, devido à falta de planejamento urbano, o que agrava os problemas já enfrentados de escassez hídrica.

4.3 O CICLO DO FÓSFORO

O fósforo é o material genético constituinte das moléculas dos ácidos ribonucleico (RNA) e desoxirribonucleico (DNA) e componente dos ossos e dentes. É, portanto, um elemento fundamental na transferência de informação genética no processo de reprodução dos seres vivos. Como notado por George Evelyn Hutchinson,[3] o fósforo aparece nos organismos em proporção muito superior aos outros elementos quando comparado com sua participação nas fontes primárias. Esse fato justifica a importância ecológica do fósforo e sugere que esse elemento é provavelmente o fator mais limitante à produtividade primária.

Como o fósforo é um elemento de ciclo fundamentalmente sedimentar, seu principal reservatório (ou *pool* nutritivo) é a litosfera, mais precisamente as rochas fosfatadas e alguns depósitos formados ao longo de milênios. Por meio de processos erosivos, ocorre a liberação do fósforo na forma de fosfatos, que serão utilizados pelos produtores. Entretanto, parte desses fosfatos liberados é carregada para os oceanos, onde se perde em depósitos a grandes profundidades, ou é consumida pelo fitoplâncton.

Os meios de retorno do fosfato para os ecossistemas a partir dos oceanos são insuficientes para compensar a parcela que se perde. Esse retorno tem por principais agentes os peixes e as aves marinhas. Exemplo disso são os extensos depósitos de guano (fosfato de cálcio originário dos excrementos das aves marinhas) existentes nas costas do Peru e do Chile. A ação predadora dos seres humanos sobre esses pássaros faz com que a taxa de retorno se reduza ainda mais. Ao mesmo tempo que reduzem a taxa de retorno, os seres humanos, agindo sobre a natureza com a exploração da mineração, ocupação desordenada do solo, desmatamentos e agricultura, entre outras atividades, aceleram o processo de perda de fósforo do ciclo. Juntamente com a necessidade de aumento da produtividade agrícola, cresce também a produção de fertilizantes sintéticos que são, cada vez mais, aplicados conforme vai crescendo a demanda mundial por alimentos. Estima-se que, atualmente, 1 a 2 milhões de toneladas de fosfato são produzidas a partir da mineração de rochas fosfatadas. Desse total, apenas 60 mil toneladas retornam pelos meios anteriormente referidos.

Na **FIGURA 4.3** é apresentada uma representação esquemática do ciclo do fósforo. O ciclo é lento, passando da litosfera para a hidrosfera por meio da erosão.

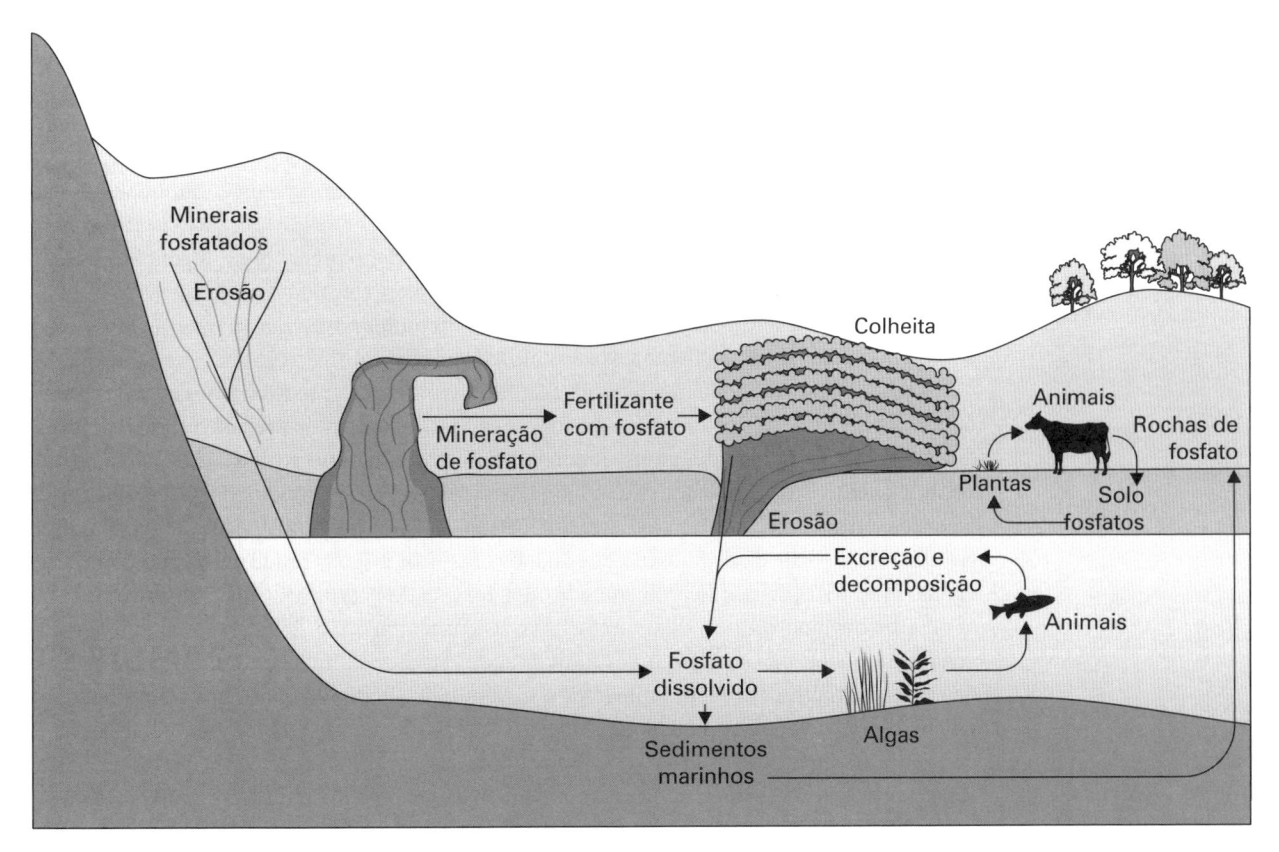

▶ **FIGURA 4.3** O ciclo do fósforo.

Como já mencionamos anteriormente, parte do fósforo é perdida para os depósitos de sedimentos profundos no oceano. Em decorrência de movimentos tectônicos, existe a possibilidade de levantamentos geológicos que tragam de volta aquele fósforo perdido. Por meio da reciclagem, o fósforo, em compostos orgânicos, é quebrado pelos decompositores e transformado em fosfatos, sendo novamente utilizado pelos produtores. Nesse processo também há perdas, uma vez que os ossos, ricos em fósforo, oferecem resistência aos decompositores e à erosão.

Visto a intensa exploração de rochas fosfatadas pela atividade antrópica, é imperioso que mecanismos de reciclagem de fósforo sejam implementados. Estima-se que, na atual velocidade de exploração, as fontes desse nutriente podem se esgotar nos próximos séculos,[7] o que inviabilizaria a atividade agrícola no futuro. Neste contexto, é de crucial importância reduzir a utilização indiscriminada de fertilizantes sintéticos, e passar a reciclar o fósforo contido em resíduos sólidos orgânicos e águas residuárias. Para resíduos sólidos orgânicos, a compostagem e subsequente produção de adubo orgânico é uma excelente alternativa, em oposição à disposição da matéria orgânica em aterros sanitários, que desperdiça esse potencial. No caso de águas residuárias, a irrigação com efluentes de sistemas de tratamento, desde que feita em condições adequadas, pode retornar o fósforo ao solo. Além disso, atualmente têm sido implementados processos para precipitação, a partir de águas residuárias, de cristais de estruvita, que são formados a partir de magnésio, amônio e fosfato, e que têm grande potencial como fertilizante natural.

4.4 O CICLO DO ENXOFRE

O enxofre apresenta um ciclo basicamente sedimentar, embora possua uma fase gasosa. A principal forma de assimilação do enxofre pelos seres produtores é como sulfato inorgânico. O processo biológico envolvido nesse ciclo compreende uma série de microrganismos com funções específicas de redução e oxidação.

A maior parte do enxofre assimilado é mineralizado em processo de decomposição. Entretanto, sob condições anaeróbias e pela ação de bactérias redutoras de sulfato (BRS), ele é reduzido a sulfetos, entre os quais o sulfeto de hidrogênio ou gás sulfídrico (H_2S), composto tóxico à maioria dos seres vivos, principalmente aos ecossistemas aquáticos em grandes profundidades. Esse gás, tanto no solo como na água, sobe a camadas mais aeradas, onde é oxidado química ou biologicamente, passando à forma de enxofre elementar, quando, mais oxidado, ele se transforma, por fim, em sulfato.

Sob condições anaeróbias e na presença de ferro, o sulfeto precipita-se, formando sulfetos férricos e ferrosos. Esses compostos, por sua vez, permitem que o fósforo se converta de insolúvel a solúvel, tornando-se, assim, utilizável. Esse exemplo mostra a inter-relação que ocorre em um ecossistema entre diferentes ciclos biogeoquímicos.

A ação do homem também interfere nesse ciclo por meio de grandes quantidades de dióxido de enxofre liberadas nos processos de queima de carvão e óleo combustível em indústrias e usinas termoelétricas. O dióxido de enxofre tem potenciais efeitos danosos ao organismo, além de provocar, em certas situações, o que se denomina "chuva ácida" e o *smog* industrial. Além do dióxido de enxofre, o gás sulfídrico também é de importância no contexto das atividades humanas. Esse gás é gerado a partir da degradação de resíduos orgânicos e águas residuárias tanto domésticas quanto industriais, causando problemas de odor, toxicidade e corrosão. O gás sulfídrico apresenta odor de ovo podre, que é detectável em baixas concentrações pelo sistema olfativo humano, gerando conflitos, por exemplo, nas vizinhanças de estações de tratamento de efluentes. Acima de certas concentrações, e em ambientes sem ventilação, pode ser tóxico aos operadores. Seu potencial corrosivo ainda pode comprometer tanques, estruturas e tubulações, em especial de concreto. Nesse sentido, sistemas de tratamento de gases podem ser implementados, oxidando controladamente o gás sulfídrico a enxofre elementar, que pode ser utilizado como fertilizante.

Na **FIGURA 4.4**, é apresentado de forma simplificada o ciclo do enxofre. Notam-se as relações na litosfera e hidrosfera, bem como os processos que se desenvolvem aeróbia e anaerobiamente.

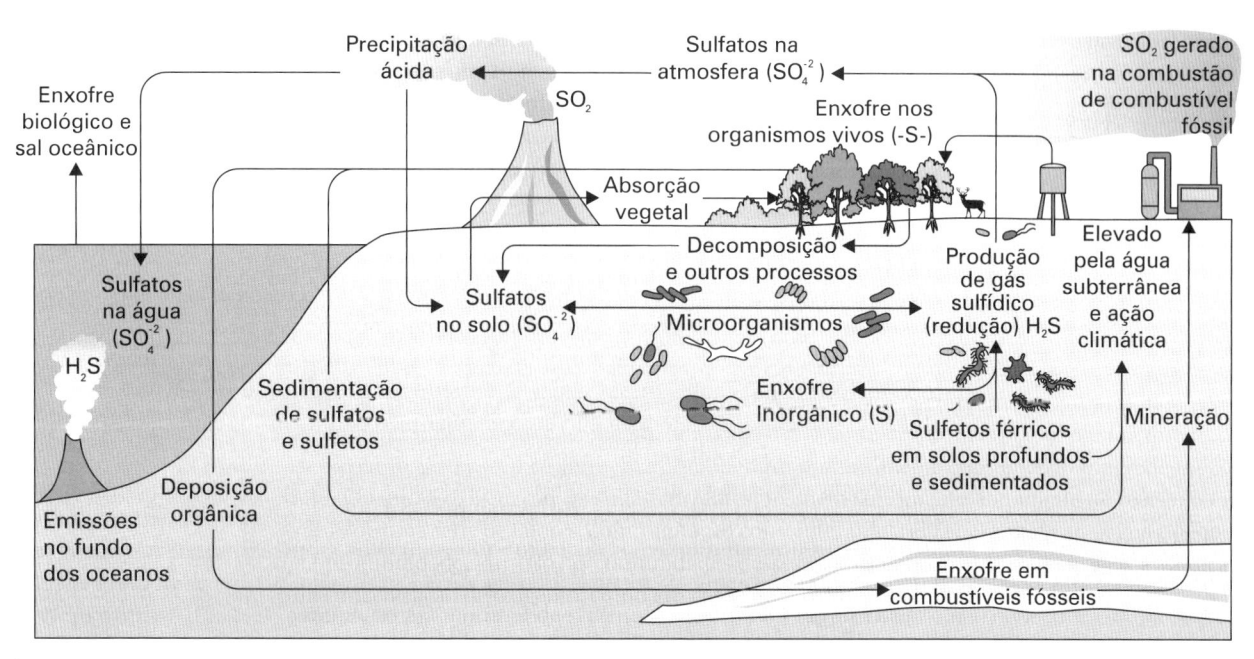

▶ **FIGURA 4.4** O ciclo do enxofre.

4.5 O CICLO HIDROLÓGICO

A água é o principal componente dos organismos vivos. Seu percentual no peso dos seres varia entre 70 e 90, sendo mais abundante em tecidos jovens do que em tecidos idosos. Uma vez que a quantidade de água apresenta enormes variações de um ponto a outro do planeta, e dada sua importância para a manutenção da vida, os seres vivos devem apresentar características específicas conforme a umidade e a ocorrência de água em seu hábitat. Desse modo, às vezes, torna-se mais importante a conservação da água interior que a ingestão de água do exterior. A água pode ser consumida pelos seres por diversos meios, seja ingerindo-a diretamente, seja utilizando a água contida nos alimentos ou, ainda, pela penetração por meio da pele. A perda de água, por sua vez, se dá basicamente por evapotranspiração, respiração, excreções urinárias e dejeções.

Os seres vivos que vivem em ambientes muito secos devem desenvolver mecanismos que lhes possibilitem evitar, ao máximo, a desidratação do organismo. Um desses mecanismos é a redução da perda de água, conseguida por meio de alterações fisiológicas e anatômicas, como impermeabilização do tegumento, desenvolvimento de órgãos respiratórios internos em substituição às brânquias ou excreções mais concentradas ou mesmo sólidas. Outro mecanismo é a utilização da água do metabolismo, proveniente da oxidação de gorduras. Por fim, podemos citar as adaptações ecológicas, visando ao máximo aproveitamento da umidade existente, como, por exemplo, morar em tocas e cavernas (geralmente mais úmidas), adquirir hábitos noturnos (quando o calor é menos intenso) ou, ainda, migrar em épocas de estiagem mais acentuada para locais favoráveis.

Para algumas espécies de insetos, a água ainda surge como fator influente na longevidade, na fertilidade e no comportamento dos indivíduos. No organismo, as principais funções desempenhadas pela água são de reguladora térmica (graças a seu elevado calor específico), mantenedora do equilíbrio osmótico e equilibradora ácido-base, além de ser ativadora das enzimas.

A água é o grande regulador do ambiente. Além de seu alto calor específico (1 g Cal/g), ela possui elevado calor latente de fusão (80 g Cal/g) e alto calor latente de vaporização (536 g Cal/g). Em se tratando de comunidades aquáticas, a água e suas características condicionam totalmente os seres de cada região. Sua propriedade de possuir densidade máxima a 4 ºC é de fundamental importância a essas comunidades, pois, com isso, apenas a superfície aquática se congela, tendo essa propriedade, assim, a função de anteparo protetor. O pH é outro fator de grande importância para as comunidades aquáticas, uma vez que os peixes suportam viver apenas em águas com pH que varia entre 5 e 9, apresentando produtividade máxima em pH entre 6,5 e 8,5. A movimentação da água também influi nas comunidades aquáticas, permitindo maior oxigenação e uniformidade de temperatura. Além de o movimento influir na forma dos corpos, ele induz adaptações ecológicas, como a orientação contra a corrente.

Outra característica que condiciona as espécies aquáticas é a turbidez da água, ou seja, a presença de sólidos em suspensão. Esses sólidos diminuem a incidência luminosa em regiões mais profundas, reduzindo, assim, a produtividade e o teor de oxigênio. As principais adaptações dos peixes habitantes dessas águas são a redução dos olhos, o desenvolvimento dos sentidos do tato e audição, além da liberação de um muco coagulante que precipita os sólidos suspensos em torno do animal.

A presença de água é fundamental para a existência de vida no planeta, pois ela atua como regulador térmico do ambiente, fazendo as diferenças de temperatura entre a noite e o dia serem minimizadas graças ao seu alto calor específico. Considera-se água doce aquela cuja concentração de sais minerais é de cerca de 0,5 g/L, principalmente cloretos e sulfatos. Água salgada é aquela cuja concentração de sais está acima de 3 g/L, principalmente cloretos e sulfatos. A salinidade é um importante condicionador das espécies aquáticas, uma vez que são raras as espécies que sobrevivem em água doce e salgada, em decorrência, principalmente, das diferentes condições de equilíbrio osmótico existentes entre as duas situações.

Observamos que a maior parte da água doce encontra-se em locais de difícil extração (calota polar e subsolo). A água na atmosfera mostra-se em porcentagem ínfima. Contudo, devemos ter em mente que, ao longo de um ano, muita água circula na região da ecosfera.

Há duas formas de caracterizar os recursos hídricos: com relação à sua quantidade e com relação à sua qualidade, estando essas características intimamente relacionadas. A qualidade da água depende diretamente da quantidade de água existente para dissolver, diluir e transportar as substâncias benéficas e maléficas para os seres que compõem as cadeias alimentares.

Estima-se que a massa de água total existente no planeta seja aproximadamente igual a 265.400 trilhões de toneladas, distribuídas conforme apresentado na **TABELA 4.1**.

▶ **TABELA 4.1** Distribuição percentual da massa de água no planeta

Localização	Área (10^6 km²)	Volume (10^6 km³)	Porcentagem da água total (%)	Porcentagem da água doce (%)
Oceanos	361,3	1.338	96,5	
Água subterrânea	134,8	23,4	1,7	
Água doce	10,53	0,76	2,99	
Umidade do solo	0,016	0,0012	0,05	
Calotas polares	16,2	24,1	1,74	68,9
Geleiras	0,22	0,041	0,003	0,12
Lagos	2,06	0,176	0,013	0,26
Doce	1,24	0,091	0,007	

(Continua)

▶ TABELA 4.1 Distribuição percentual da massa de água no planeta *(Continuação)*				
Localização	Área (10⁶ km²)	Volume (10⁶ km³)	Porcentagem da água total (%)	Porcentagem da água doce (%)
Salgado	0,82	0,085	0,006	
Pântanos	2,7	0,011	0,0008	0,03
Rios	14,88	0,002	0,0002	0,006
Biomassa	0,001	0,0001	0,003	
Vapor na atmosfera	0,013	0,001	0,04	
Total de água doce	35	2,53	100	
Total	510,0	1.386	100	

Entretanto, apesar de existir em abundância, nem toda água é diretamente aproveitada pelo homem. Por exemplo, a água salgada dos oceanos não pode ser diretamente utilizada para abastecimento humano, pois as tecnologias atualmente disponíveis para dessalinização são ainda um processo bastante caro quando comparado com os processos normalmente utilizados para o tratamento de água para uso doméstico. A água existente nas geleiras apresenta o inconveniente de estar localizada em regiões muito distantes dos centros consumidores, o que implica elevados custos de transporte. A extração de águas muito profundas também está sujeita a limitações econômicas.

Do total apresentado de 265.400 trilhões de toneladas, somente 0,5% representa água doce explorável sob o ponto de vista tecnológico e econômico, que pode ser extraída dos lagos, rios e aquíferos. É necessário ainda subtrair aquela parcela de água doce que se encontra em locais de difícil acesso ou aquela já muito poluída, restando, assim, para utilização direta, apenas 0,003% do volume total de água do planeta. Isso significa que, se toda água do planeta correspondesse a 100 litros, a parcela diretamente utilizável corresponderia a apenas 0,003 litro, ou meia colher de chá.

Além disso, a água doce é distribuída de maneira bastante heterogênea no espaço e no tempo. Essa distribuição heterogênea no espaço pode ser observada pela existência dos desertos, caracterizados por baixa umidade, e das florestas tropicais, caracterizadas por alta umidade. Existe também a variabilidade temporal da precipitação em função das condições climáticas, que variam em decorrência do movimento de translação da Terra.

Na **FIGURA 4.5** é apresentado o ciclo hidrológico propriamente dito, no qual os fenômenos básicos são a evaporação e a precipitação. Segundo estimativas feitas,[8] calcula-se a precipitação anual total em 551 mil km³, sendo 215 mil km³ sobre os continentes e 336 mil km³ sobre os oceanos. Assim, a umidade atmosférica deve ser reposta, em média, 40 vezes por ano, implicando um tempo de residência dessa umidade de aproximadamente nove dias. Ou seja, a velocidade de troca nesse ciclo é muito grande. Nos oceanos, a evaporação excede a precipitação, e, nos continentes, ocorre o oposto. Daí, concluímos que boa parte da água de chuva nos continentes provém da evaporação da água dos oceanos. Uma importante exceção é a bacia Amazônica, onde se especula, cientificamente, que perto de 50% da precipitação provém da própria bacia. Essa circulação que ocorre com o vapor de água é de fundamental importância para o clima de diversas regiões, pois dela depende a distribuição da precipitação nas diversas partes do planeta. Assim, os ventos alísios, provenientes de latitudes mais frias em direção ao Equador, vão carregando umidade à medida que se deslocam, provocando a precipitação sobre as regiões equatoriais.

As plantas retiram água do solo por meio de suas raízes e transpiram graças aos estômatos de suas folhas. Para termos uma ideia de quantidade, é interessante observar que 0,5 hectare de milho transpira 2 milhões de litros de água em um ciclo vegetativo. Essa água fica disponível para evaporar.

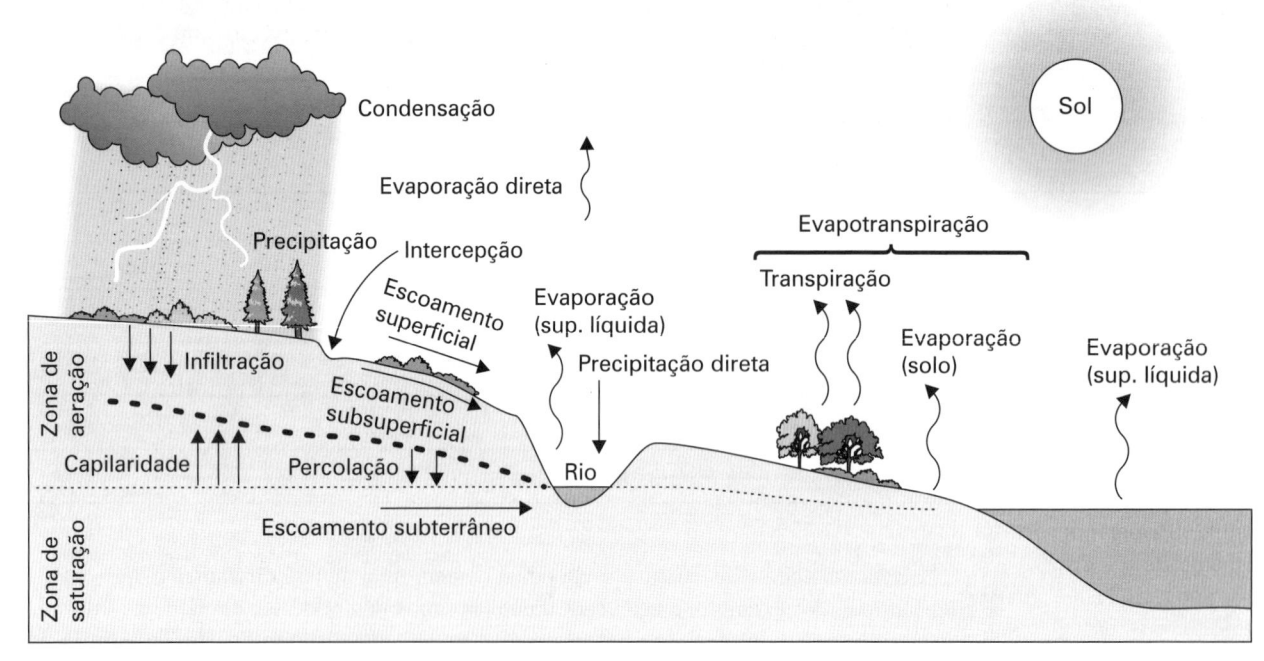

FIGURA 4.5 O ciclo hidrológico.

Esse fenômeno ocorre a partir das energias solar e eólica, que aumentam o nível de agitação das moléculas na interface atmosfera-hidrosfera. Esse nível de agitação chega a um ponto em que algumas moléculas escapam do meio aquático na forma de vapor de água, na verdade uma mistura de moléculas gasosas, formada por água, oxigênio e nitrogênio. À medida que o vapor de água aquecido sobe, ele se expande, reduzindo sua temperatura. Sabemos que a máxima capacidade de armazenamento de vapor de água na atmosfera é proporcional à temperatura do ar (**FIGURA 4.6**). Assim, a umidade relativa desse ar úmido vai aumentando conforme ele sobe.

Define-se umidade relativa como:

$$r = 100 \frac{p_v}{p_s} \tag{4.4}$$

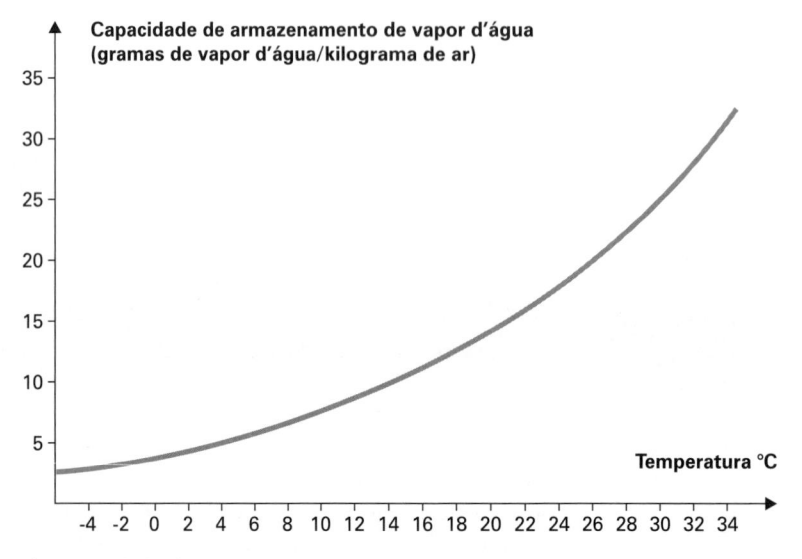

FIGURA 4.6 Variação da capacidade de armazenamento de vapor de água.

em que ρ_v indica a densidade de vapor de água existente a uma dada temperatura, e ρ_s indica a densidade de saturação do vapor de água a essa mesma temperatura (quantidade máxima passível de armazenamento mostrada na Figura 4.6).

Quando r chega a 100%, dá-se a condensação do vapor de água. Essas pequenas partículas coagem (aumentam de tamanho) por interação com o material particulado existente no ar. O tamanho das partículas chega a um ponto em que as forças de sustentação ascendentes são menores que as forças gravitacionais. Essas gotículas caem na forma de chuva, neve ou granizo, dependendo da temperatura de condensação.

A quantidade, a distribuição espacial e a periodicidade dessas precipitações, juntamente com a evapotranspiração, é que vão determinar as características dos principais biomas terrestres.

A precipitação não interceptada pela planta atinge a superfície do terreno, e parte dela se infiltra. A parcela remanescente escoa superficialmente, até encontrar o primeiro riacho, e daí sequencialmente até a chegada no oceano, onde o ciclo se repete. A maior ou menor parcela de infiltração vai depender das condições de umidade da zona não saturada do solo ou da zona onde os poros do solo contêm água e ar (**FIGURA 4.7**). Dessa zona, as plantas normalmente retiram a água necessária ao seu metabolismo por meio de suas raízes. A água é retida, por capilaridade, até o ponto em que os poros vão se saturando, as forças gravitacionais superam as capilares e ocorre a percolação para a zona saturada. Nessa zona, os poros do solo estão completamente saturados e interligados, possibilitando o escoamento subterrâneo, responsável pelo suprimento de água dos rios, de modo lento e contínuo.

É interessante estudar a relação entre precipitação (P) e evapotranspiração potencial (Eto), ou evapotranspiração em condições ideais de saturação de água no solo, para entender o funcionamento de diferentes biomas. Na **TABELA 4.2**, é possível ver que a relação P/Eto varia significativamente em diferentes regiões brasileiras.

Em complemento à Tabela 4.2, na **FIGURA 4.8** é mostrada a distribuição anual de precipitação e evapotranspiração potencial para todas as regiões do Brasil.

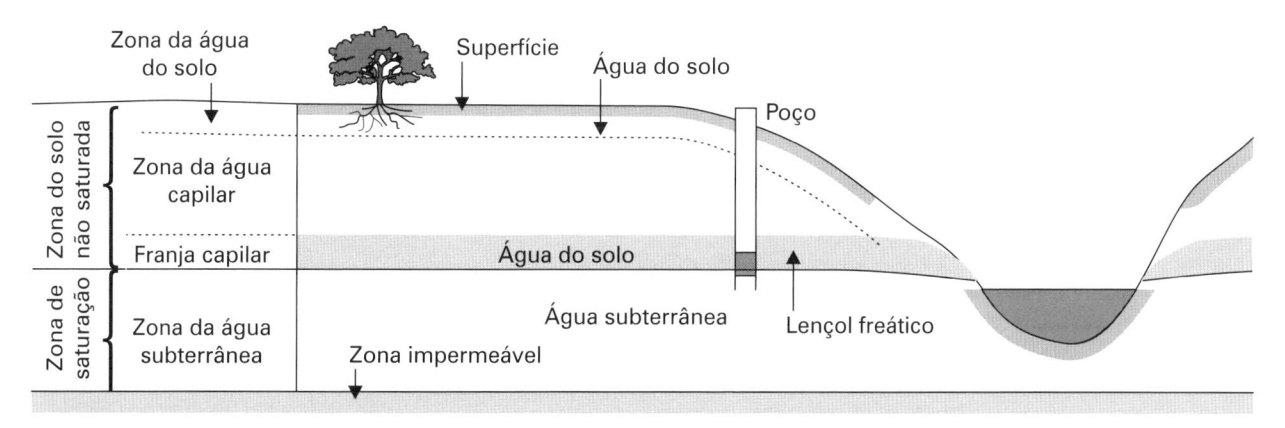

▶ **FIGURA 4.7** A água no solo.

▶ **TABELA 4.2** Relação precipitação/evapotranspiração potencial em diferentes regiões brasileiras

Região	P/Eto
Amazônia	1,2 a 1,8
Semiárido NE – Brasil	0,2
Estado de São Paulo	1,0 a 1,3

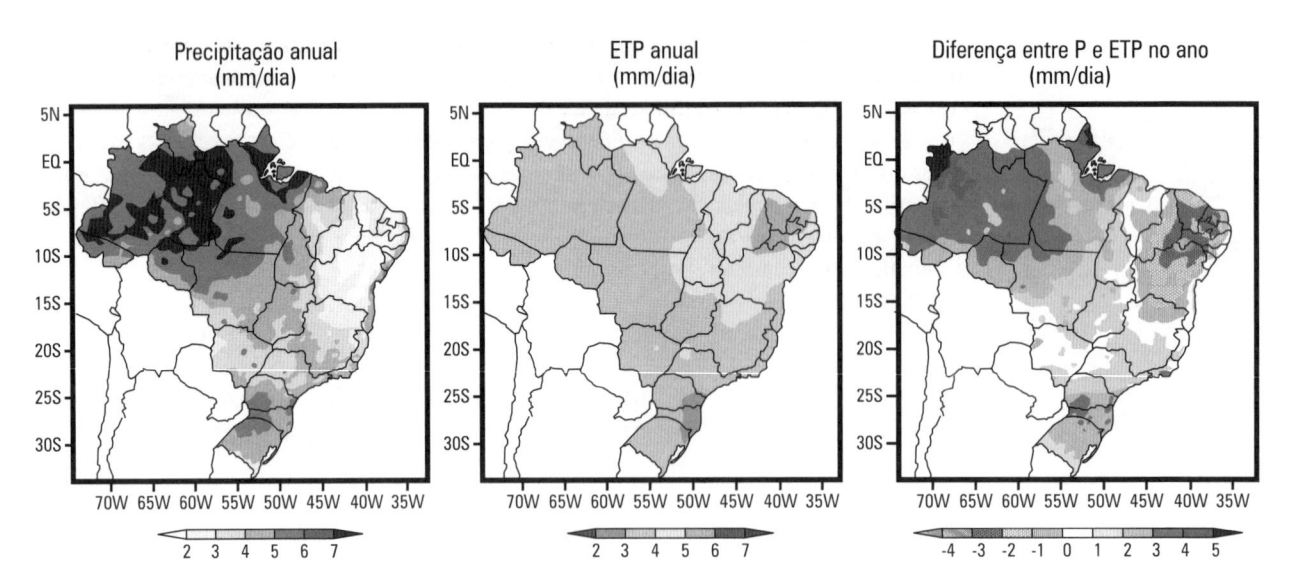

FIGURA 4.8 Relação entre precipitação e evapotranspiração.

Assim, podemos resumir o ciclo por meio dos seguintes processos:

- **Detenção**: parte da precipitação fica retida na vegetação, nas depressões do terreno e em construções. Essa massa de água retorna à atmosfera pela ação da **evaporação** ou penetra no solo pela **infiltração**.
- **Escoamento superficial**: constituído pela água que escoa sobre o solo, fluindo para locais de altitudes inferiores, até atingir um corpo d'água como um rio, lago ou oceano. A água que compõe o escoamento superficial também pode sofrer infiltração para as camadas superiores do solo, ficar retida ou sofrer evaporação.
- **Infiltração**: a água infiltrada pode sofrer evaporação, ser utilizada pela vegetação, escoar ao longo da camada superior do solo ou alimentar o lençol de água subterrâneo.
- **Escoamento subterrâneo**: constituído por parte da água infiltrada na camada superior do solo, sendo bem mais lento que o escoamento superficial. Parte desse escoamento alimenta os rios e os lagos, além de ser responsável pela manutenção desses corpos durante épocas de estiagem.
- **Evapotranspiração**: parte da água existente no solo que é utilizada pela vegetação e é eliminada pelas folhas na forma de vapor.
- **Evaporação**: em qualquer das fases descritas anteriormente, a água pode voltar à atmosfera na forma de vapor, reiniciando o ciclo hidrológico.
- **Precipitação**: água que cai sobre o solo ou sobre um corpo de água.

Além das variações naturais características das fases do ciclo hidrológico, importantes alterações têm ocorrido no ciclo devido às intervenções humanas, intencionais ou não. Por exemplo, a ocorrência de vapor atmosférico pode ser alterada pela presença de reservatórios, pela modificação da cobertura vegetal e, também, por alterações climáticas causadas por gases estufa. Evidentemente, essas modificações podem acarretar mudanças no regime de precipitações, afetando, portanto, a disponibilidade de água.

O uso do solo é fator de importância fundamental na ocorrência natural de água. O desmatamento e a urbanização podem modificar o ciclo hidrológico ao diminuírem, por exemplo, a evapotranspiração. Com o desmatamento, há maior presença da umidade no solo, e sua capacidade de infiltração também diminui. Assim, existe uma tendência de aumento do escoamento superficial durante eventos chuvosos, o que amplia a frequência de ocorrência de cheias. Esse fato tende a tornar-se gradativamente mais intenso pela diminuição da proteção do solo contra a erosão e a consequente diminuição de sua permeabilidade pelo desmatamento.

Nas áreas urbanas, ocorre a impermeabilização do solo por meio das construções e da pavimentação das ruas. Assim, quando a precipitação atinge o solo, ocorre escoamento superficial mais intenso em consequência de pouca ou nenhuma capacidade de infiltração disponível. Essa impermeabilização do solo pela urbanização é uma das principais causas de inundações nos meios urbanos.

REFERÊNCIAS

1. Odum EP. Fundamentals of ecology. 3rd ed. Philadelphia: W.B. Saunders; 1971.
2. Miller GT. Living in the environment. California: Wadsworth; 1985.
3. Kormondy EJ. Concepts of ecology. Hoboken: Prentice Hall; 1976.
4. Helou G. Conforto e meio ambiente. São Paulo: Faculdade de Belas Artes; 1999. Notas de aula.
5. Perkins EJ. The biology of estuaries and coastal waters. Cambridge: Academic; 1974.
6. Mulder A, van de Graafb AA, Robertsonb LA, Kuenenb JG. Anaerobic ammonium oxidation discovered in a denitrifying fluidized bed reactor. FEMS Microbiol Ecol. 1995;16(3):177-83.
7. Chowdhury RB, Moore GA, Weatherley AJ, Arora M. Key sustainability challenges for the global phosphorus resource, their implications for global food security, and options for mitigation. J Cleaner Product. 2017;140:945-63.
8. Eagleson PS. Dynamic hydrology. Nova York: McGraw Hill; 1970.

CAPÍTULO 5

A dinâmica das populações

5.1 CONCEITOS BÁSICOS

Define-se como **população** o conjunto de indivíduos da mesma espécie que dividem o mesmo hábitat. As populações possuem uma série de características próprias, exclusivas do grupo (e não dos indivíduos), como densidade, taxas de natalidade e mortalidade, relações de interdependência, distribuição etária, potencial biótico e dispersão, além de características genéticas, como adaptação e habilidade reprodutiva. Assim, as populações são entidades estruturadas que não podem ser confundidas com simples agrupamentos de indivíduos independentes entre si.

O conjunto de populações agrupadas em uma certa área/hábitat é definido como **comunidade**. A comunidade é uma unidade organizada que possui características adicionais às características dos indivíduos e às das populações que a compõem: densidade populacional, taxas de natalidade e mortalidade, distribuição etária etc. A seguir, apresentaremos as principais características das populações.

Densidade populacional é o número de indivíduos, ou a quantidade de biomassa, por unidade de área ou volume. Essa propriedade influi bastante na ação da espécie sobre o ecossistema e até mesmo no próprio crescimento dessas populações, como veremos mais adiante. A influência do nível trófico em que os indivíduos se localizam é considerável na densidade da espécie, pois níveis tróficos mais altos apresentam baixas densidades, em razão da redução de energia utilizável, à medida que se avança na cadeia alimentar.

Natalidade é a tendência de crescimento de uma população. A taxa bruta de natalidade quantifica o crescimento e é dada pela relação entre novos indivíduos nascidos em uma unidade de tempo, essa relação é denominada de "taxa de natalidade". Essa taxa assume valores positivos ou nulos e é, em geral, expressa por habitantes nascidos/1.000 habitantes existentes no meio considerado.

Mortalidade é a antítese da natalidade e é quantificada pela taxa bruta de óbitos. A **FIGURA 5.1** apresenta a evolução das curvas de natalidade, mortalidade e taxa bruta de crescimento para países mais desenvolvidos, e a **FIGURA 5.2** apresenta as taxas mais características de países menos desenvolvidos. O Brasil apresenta comportamento característico da Figura 5.2, com tendência a caminhar para o padrão da Figura 5.1 a partir da década de 1990. Em uma população isolada, onde não ocorra imigração/emigração, a diferença entre as taxas brutas de natalidade e mortalidade indica a **taxa de crescimento vegetativo** dessa população.

A **distribuição etária** é outra propriedade de interesse no estudo das populações, uma vez que permite prever sua tendência futura de crescimento. Em uma população, os indivíduos podem ser divididos em três grupos com base na idade: **pré-reprodutivos**, **reprodutivos** e **pós-reprodutivos**. Podemos representar cada grupo por barras de tamanhos proporcionais ao número de indivíduos e colocá-las umas sobre as outras, originando uma figura semelhante a uma pirâmide (**FIGURA 5.3**). Dependendo da forma dessa pirâmide, podemos prever um crescimento, um decréscimo acentuado da população ou se ela atingiu um nível de equilíbrio.

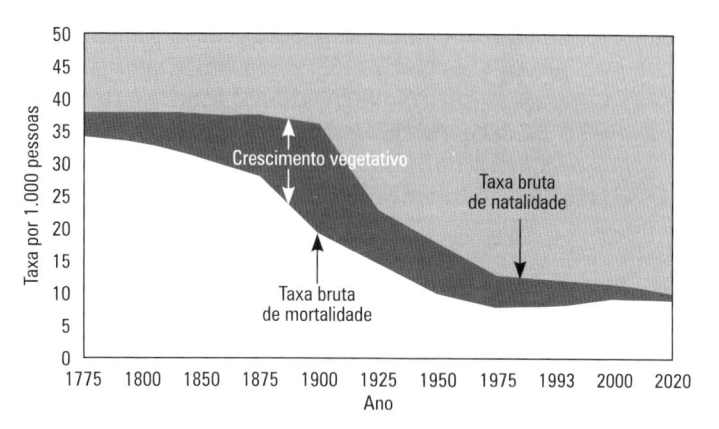

▶ **FIGURA 5.1** Mudanças nas taxas de natalidade e mortalidade para países mais desenvolvidos.
Fonte: Population Reference Bureau.[1]

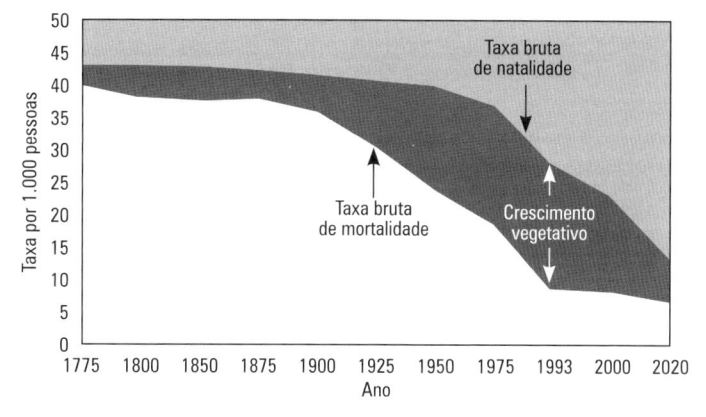

▶ **FIGURA 5.2** Mudanças nas taxas de natalidade e mortalidade para o Brasil.
Fonte: Instituto Brasileiro de Geografia e Estatística.[2]

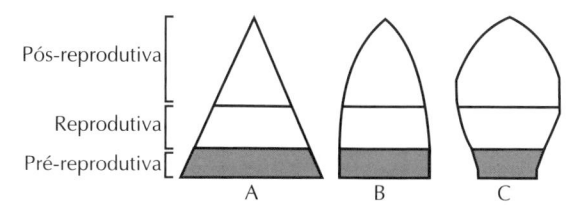

▶ **FIGURA 5.3** Estruturas etárias possíveis em uma população.

Assim, se a base da pirâmide é larga (caso A), é sinal de que há muitos indivíduos em fase pré-reprodutiva que virão a gerar descendentes. Nesse caso, ocorrerá um aumento considerável da população. À medida que a população se estabiliza, a base da pirâmide diminui, e o número de indivíduos nas fases pré-reprodutiva e reprodutiva torna-se praticamente o mesmo (caso B). Se a base se tornar estreita com menor número de indivíduos na fase pré-reprodutiva, então a população estará em fase de declínio ou senilidade. A **FIGURA 5.4** ilustra essa situação para as populações de alguns países.

Até meados da década de 1970, a estrutura etária da população brasileira mostrava traços bem marcantes de uma população predominantemente jovem – reflexo da persistência de altos níveis de fecundidade no país. A partir da década de 1980, passou-se a observar uma alteração no perfil da distribuição da população brasileira por faixa etária, apontando o início da estabilização dos níveis de crescimento: a base da pirâmide já não era tão larga. Os dados

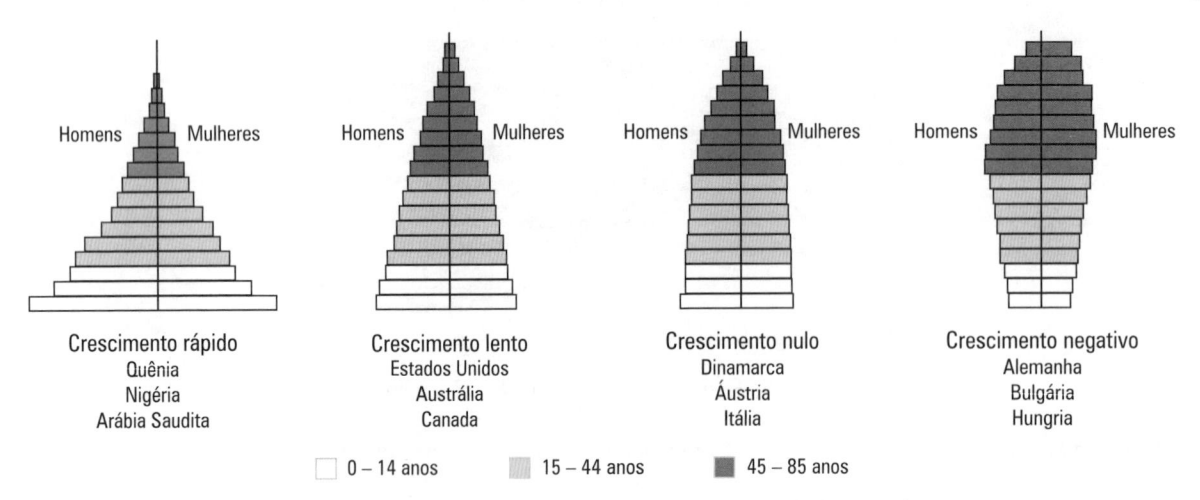

▶ **FIGURA 5.4** Estruturas etárias de países com taxas de crescimento vegetativo rápida, lenta, nula e negativa, respectivamente.
Fonte: Population Reference Bureau.[3]

do Censo Demográfico de 2000 ratificam essa tendência, apresentando um estreitamento da base da pirâmide, ou seja, a estabilização do crescimento populacional está se consolidando em nosso país, e os dados do Censo de 2010[4] indicam um estreitamento ainda maior, conforme pode ser verificado nas **FIGURAS 5.5A** e **5.5B**. É interessante notar a relação que se apresenta entre a forma da pirâmide de estrutura etária de um país e seu grau de desenvolvimento: quanto mais larga a base, menor o grau de desenvolvimento.

Em um mesmo país, as características da população podem variar de região para região. Um exemplo disso pode ser visto na **TABELA 5.1**, na qual é apresentada a distribuição da população e algumas de suas características para as várias regiões brasileiras, como população, razão de sexos, taxa de crescimento anual (%) e taxa de urbanização, por região, em 2019.[2]

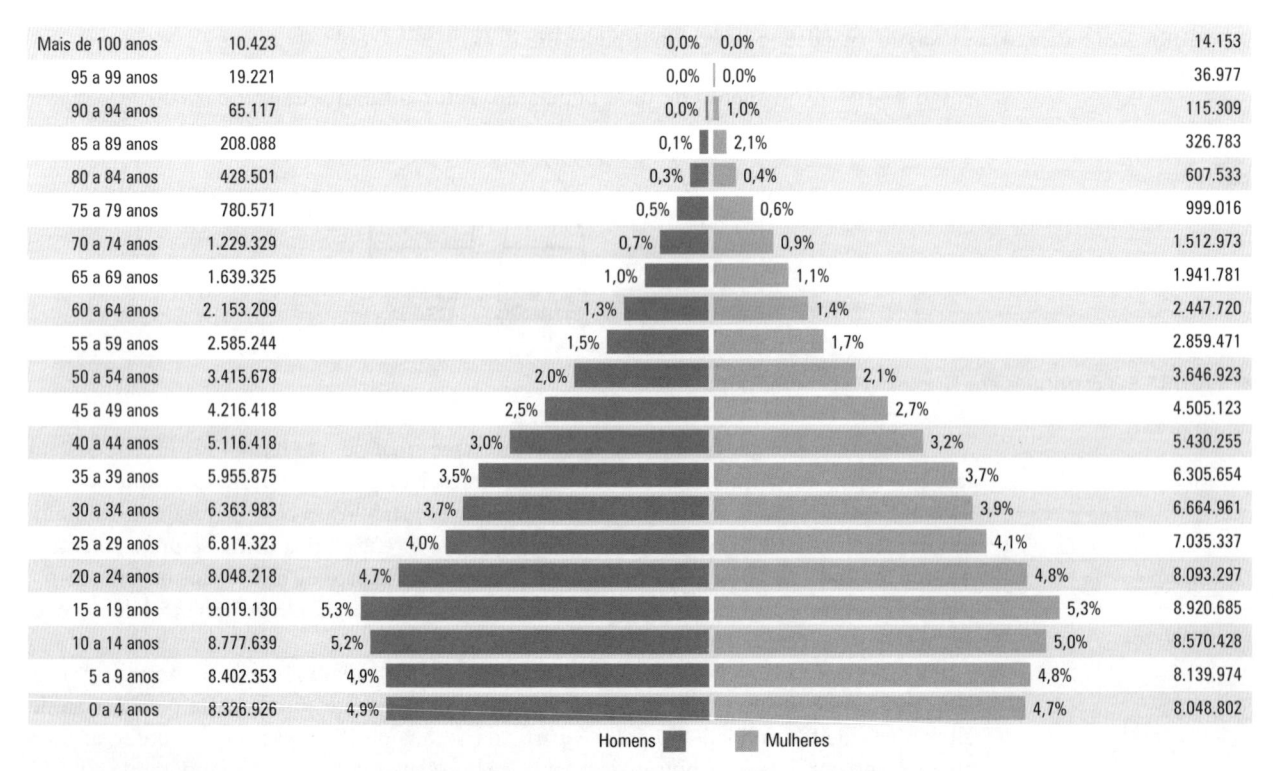

Faixa etária	Homens	% H	% M	Mulheres
Mais de 100 anos	10.423	0,0%	0,0%	14.153
95 a 99 anos	19.221	0,0%	0,0%	36.977
90 a 94 anos	65.117	0,0%	1,0%	115.309
85 a 89 anos	208.088	0,1%	2,1%	326.783
80 a 84 anos	428.501	0,3%	0,4%	607.533
75 a 79 anos	780.571	0,5%	0,6%	999.016
70 a 74 anos	1.229.329	0,7%	0,9%	1.512.973
65 a 69 anos	1.639.325	1,0%	1,1%	1.941.781
60 a 64 anos	2.153.209	1,3%	1,4%	2.447.720
55 a 59 anos	2.585.244	1,5%	1,7%	2.859.471
50 a 54 anos	3.415.678	2,0%	2,1%	3.646.923
45 a 49 anos	4.216.418	2,5%	2,7%	4.505.123
40 a 44 anos	5.116.418	3,0%	3,2%	5.430.255
35 a 39 anos	5.955.875	3,5%	3,7%	6.305.654
30 a 34 anos	6.363.983	3,7%	3,9%	6.664.961
25 a 29 anos	6.814.323	4,0%	4,1%	7.035.337
20 a 24 anos	8.048.218	4,7%	4,8%	8.093.297
15 a 19 anos	9.019.130	5,3%	5,3%	8.920.685
10 a 14 anos	8.777.639	5,2%	5,0%	8.570.428
5 a 9 anos	8.402.353	4,9%	4,8%	8.139.974
0 a 4 anos	8.326.926	4,9%	4,7%	8.048.802

▶ **FIGURA 5.5a** Pirâmide etária brasileira segundo idades individuais do ano de 2000.
Fonte: Instituto Brasileiro de Geografia e Estatística.[4]

Mais de 90 anos	252.916	0,1%	0,2%		521.388
85 a 89 anos	452.078	0,2%	0,4%		756.364
80 a 84 anos	919.059	0,4%	0,6%		1.364.758
75 a 79 anos	1.484.658	0,7%	0,9%		1.995.878
70 a 74 anos	2.297.297	1,1%	1,4%		2.877.091
65 a 69 anos	3.217.426	1,5%	1,8%		3.864.254
60 a 64 anos	4.215.303	2,0%	2,3%		4.877.607
55 a 59 anos	5.186.871	2,5%	2,8%		5.825.240
50 a 54 anos	5.965.268	2,8%	3,1%		6.500.061
45 a 49 anos	6.472.175	3,1%	3,3%		6.961.901
40 a 44 anos	7.400.750	3,5%	3,7%		7.854.763
35 a 39 anos	8.260.741	3,9%	4,1%		8.611.601
30 a 34 anos	8.549.320	4,1%	4,1%		8.708.998
25 a 29 anos	8.485.534	4,0%	4,1%		8.519.370
20 a 24 anos	8.744.065	4,2%	4,1%		8.575.788
15 a 19 anos	8.185.062	3,9%	3,8%		7.894.402
10 a 14 anos	7.666.040	3,6%	3,5%		7.343.636
5 a 9 anos	7.435.509	3,5%	3,4%		7.106.623
0 a 4 anos	7.571.223	3,6%	3,4%		7.227.109

Homens ▇   Mulheres ▒

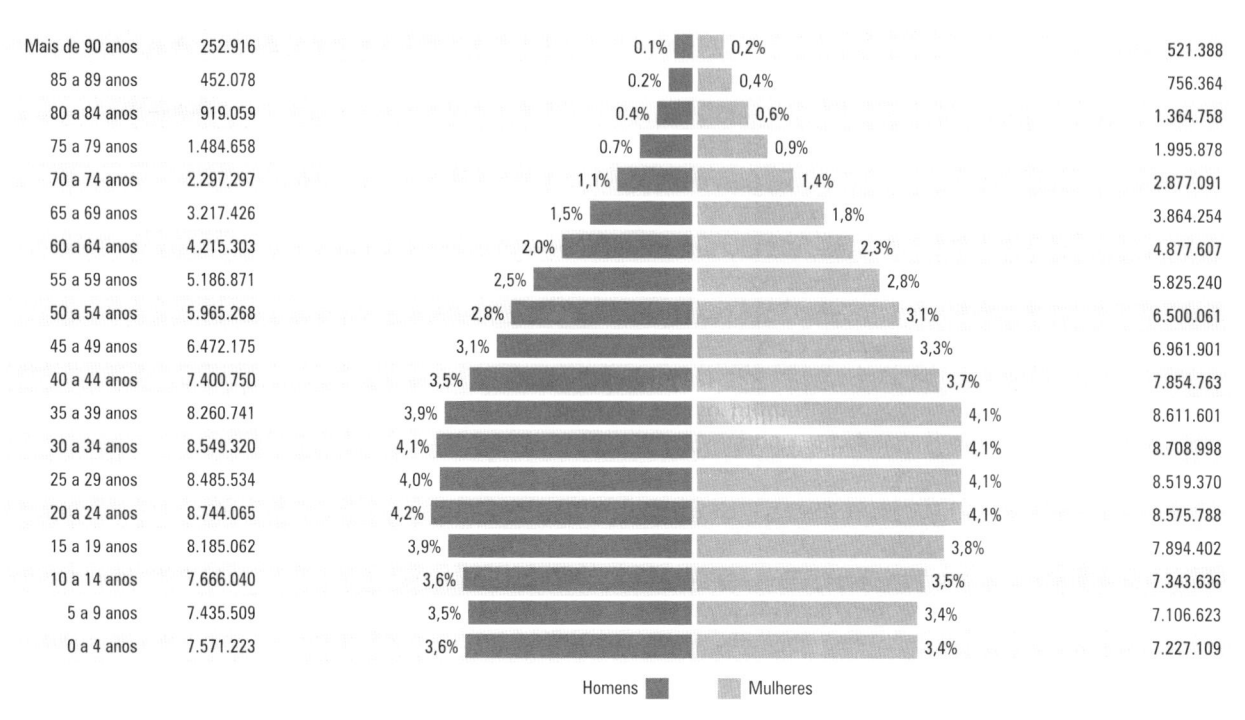

▶ **FIGURA 5.5b** Pirâmide etária brasileira segundo idades individuais do ano de 2018.
Fonte: Instituto Brasileiro de Geografia e Estatística.[2]

Podemos observar a diferença existente entre as grandes regiões geográficas brasileiras principalmente com relação à taxa de crescimento cujo valor médio para o Brasil é próximo ao da região Sudeste, havendo crescimento menor nas regiões Centro-Oeste, Sul e Nordeste e maior nas regiões Norte. Devemos ressaltar que o valor da taxa está ligado não só ao grau de desenvolvimento da região, mas também ao movimento migratório.

O conceito de fator limitante é de fundamental importância para o estudo e a compreensão do desenvolvimento de uma população. **Fator limitante** é qualquer fator ecológico, biótico ou abiótico que condiciona as possibilidades de sucesso de um organismo em um ambiente, impedindo que a população cresça acima de certos limites. Esse condicionamento ocorre tanto para quantidades pequenas e insuficientes quanto para quantidades muito grandes e excessos do fator.

▶ **TABELA 5.1** Algumas características da população brasileira, por região

Região	População total 2019 (hab.)	Taxa de crescimento anual (média 2010 – 2019) (%)	Relação entre sexos homens/mulheres	Urbanização (%)
Brasil	210.147,125	0,84	96/100	84,4
Norte	18.430,980	1,41	101/100	73,3
Nordeste	57.071,654	0,57	94/100	73,1
Sudeste	88.371,433	0,81	95/100	92,9
Sul	29.975,984	0,79	96/100	84,9
Centro-oeste	16.297,074	0,14	98/100	88,8

Fonte: Instituto Brasileiro de Geografia e Estatística.[2]

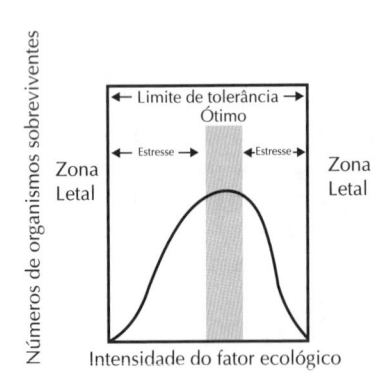

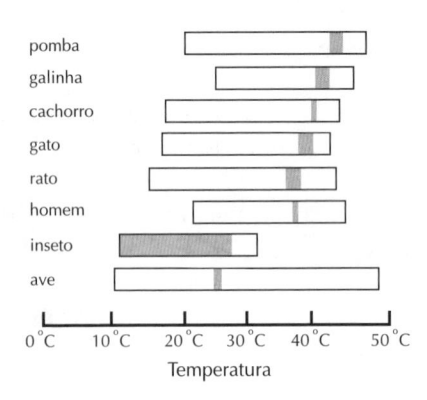

▶ **FIGURA 5.6** Esquema representativo do limite de tolerância de uma espécie para um dado fator ambiental.
Fonte: Miller.[5]

Dessa maneira, cada espécie possui, em relação a cada fator ambiental, um nível mínimo e um nível máximo, entre os quais os indivíduos se desenvolvem bem. Esse intervalo, entre o mínimo e o máximo, é definido como **intervalo de tolerância**. Dentro do **limite de tolerância** existe uma quantidade ótima, em que o desenvolvimento ocorre em seu máximo, conforme ilustrado na **FIGURA 5.6**. No entanto, observamos, na natureza, que os seres vivos raramente se desenvolvem no seu ponto ótimo em relação a um dado fator ambiental. Os organismos podem possuir grandes intervalos de tolerância para alguns fatores e pequenos intervalos para outros, sendo que as espécies com grande tolerância para todos os fatores são aquelas que se distribuem pela maioria dos ecossistemas. O período reprodutivo é o mais crítico, pois os indivíduos reprodutivos apresentam limites de tolerância menores que os não reprodutivos.

No meio terrestre, os principais fatores limitantes do crescimento da população são fósforo, luz, temperatura e água; no meio aquático, são oxigênio, fósforo, luz, temperatura e salinidade. A vida conhecida só se desenvolve dentro da faixa de -200 ºC a 100 ºC, sendo que a maioria das espécies apresenta intervalo bem mais reduzido. Os seres aquáticos possuem tolerância menor que os terrestres, uma vez que as variações de temperatura na água são bem menores que as verificadas na terra. Em relação à luz, sua qualidade varia pouco no meio terrestre, embora sua quantidade diminua nas florestas, nos níveis mais próximos ao solo. No meio aquático também ocorre absorção da luz, que pode ser utilizada para fotossíntese somente a pequenas profundidades. Em meios aquáticos de pequena movimentação de águas e em águas poluídas, o oxigênio se torna fator limitante. Nos meios terrestres, o principal fator limitante da produtividade, depois da água, é o fósforo, sempre em quantidades insuficientes. Esse conhecimento dos fatores limitantes é de grande importância para os seres humanos, pois permite aumentar a produtividade agrícola, nas áreas cultivadas, por meio de inserção dos elementos que faltam na terra, como água e adubos fosfatados, além de suprir outras substâncias para combater pragas e insetos.

5.2 COMUNIDADE

Comunidade é uma estrutura organizada de espécies que interagem por meio de laços de interdependência. Em uma dada comunidade, nem todos os organismos possuem a mesma importância na determinação de suas características, e são apenas algumas espécies que exercem maior influência em virtude do número de indivíduos, produção ou atividade. Sua importância verifica-se basicamente em sua participação na cadeia alimentar e no fluxo de energia. Entre os produtores, macroconsumidores e decompositores existem espécies chamadas **dominantes ecológicos**, que dominam seus níveis tróficos, afetando o ambiente para todas as outras espécies. A retirada dessas espécies dominantes gerará alterações sensíveis, tanto na comunidade quanto no meio físico. Nos diversos ecossistemas terrestres, notamos que, quanto mais favoráveis as condições físicas do meio, maior o número de espécies que podem ser consideradas dominantes; ao passo que, sob condições externas desfavoráveis, menos espécies dividirão o controle da comunidade.

Um aspecto interessante no estudo de uma comunidade é a diversidade das espécies que a compõem. Essa diversidade aumenta à medida que se desloca das regiões árticas para os trópicos, em decorrência de vários fatores, como o clima, uma vez que, em regiões de clima estável, a diversidade é maior – dada a constância de recursos ao longo de todo o ano. Verificamos também que os ecossistemas mais antigos apresentam maior diversidade em relação aos mais recentes, pois alcançaram maior estabilidade, levando a menores perdas de energia, que passa a compor a comunidade na forma de matéria viva. Quanto maior a diversidade, mais longas se tornam as cadeias alimentares e mais eficientes são os mecanismos de realimentação e autorregulação da comunidade. Por sua vez, quanto maior o número de espécies, menor será o número de indivíduos por espécie, de modo que a densidade não seja demasiadamente elevada e mantenha-se a um nível que permita condições de vida satisfatórias.

Um conceito importante no estudo das comunidades é o de **ecótono**, ou seja, a zona de interseção entre dois ou mais ecossistemas. Nessa região de transição, verifica-se que tanto a densidade como o número de espécies são maiores que nos ecossistemas vizinhos, pois é nela que se desenvolvem as espécies de cada um dos ecossistemas que a formam, além das espécies que só habitam o ecótono.

Um exemplo dessa situação é o **estuário**, onde se desenvolvem condições intermediárias de salinidade entre a água doce do rio e a água salgada do mar. A esse aumento de diversidade e densidade dá-se o nome de **efeito dos bordos**. Para o homem, o conceito de ecótono assume maior importância quando se trata de ecossistemas terrestres (florestas), pois, durante todos os processos de colonização, os seres humanos procuraram desenvolver-se à sua margem, abrindo clareiras, fixando-se em seu interior, plantando árvores em regiões de campos e criando, com isso, áreas de maior diversidade das quais usufruíam.

5.3 RELAÇÕES INTERESPECÍFICAS

Duas ou mais espécies que convivem em um mesmo hábitat podem desenvolver relações mútuas favoráveis ou desfavoráveis para uma ou para todas as participantes da relação. Os tipos possíveis de indivíduos podem ser divididos em associações **neutras**, **benéficas** (ou **positivas**) e **maléficas** (ou **negativas**), conforme veremos a seguir.

O **neutralismo** é uma associação neutra na qual as duas espécies são independentes e uma não influi na outra.

O **comensalismo** é uma associação positiva entre uma espécie comensal, que se beneficia da união, e uma espécie hospedeira, que não se beneficia nem se prejudica com a relação. Esse tipo de relação verifica-se, por exemplo, entre os humanos (espécie hospedeira) e as bactérias que vivem em seus intestinos (espécie comensal) e alimentam-se do material retirado pelo organismo.

Cooperação é uma associação positiva, na qual ambas as espécies levam vantagem, mas que não é indispensável à união, permitindo que os indivíduos vivam independentemente uns dos outros. Um exemplo desse tipo de associação é a nidificação coletiva, empreendida por algumas espécies de pássaros, visando à maior segurança e proteção contra seus predadores.

O **mutualismo** é uma união positiva na qual os indivíduos são intimamente ligados, não podendo um sobreviver sem o outro. Como exemplo desse tipo de associação, citamos a relação entre os cupins e os microrganismos que vivem em seu estômago, que são os responsáveis pela digestão da celulose da madeira que os cupins comem. A relação mutualística entre certos fungos e raízes de vegetais é de grande importância econômica para os humanos.

O **amensalismo** é uma associação negativa em que a espécie amensal sofre inibição em seu crescimento ou em sua reprodução pela espécie inibidora, que não sofre nada.

Predação também é uma associação negativa, em que a espécie predadora ataca e devora a espécie-presa. O predador leva vida livre, independente da presa. Nesse tipo de associação verificam-se, no início, grandes oscilações nas populações envolvidas, mas, à medida que avançamos no tempo, os efeitos negativos tendem a reduzir-se quantitativamente para as espécies – até que chegamos a um ponto de equilíbrio, no qual as duas populações mantêm-se com tamanho praticamente constante.

O **parasitismo**, como a predação, é uma associação negativa, em que a espécie parasita inibe o crescimento, a reprodução ou o metabolismo da espécie hospedeira, podendo ou não acarretar sua morte. Diferente do predador, o parasita vive ligado ao hospedeiro e não se alimenta dele, não havendo destruição violenta. Como no caso da predação, o parasitismo pode alcançar um equilíbrio em longo prazo e ter seus efeitos negativos reduzidos. No entanto, se um parasita for introduzido em um ambiente novo que seja desprovido de elementos de defesa, pode, então, vir a se tornar uma epidemia ou praga de grandes proporções.

Uma relação importante é a **competição**, outra associação negativa, na qual as duas espécies apresentam o mesmo nicho ecológico e, portanto, disputam alimentos, abrigo e outros recursos comuns às duas espécies competidoras, causando prejuízos a ambas. Assim, espécies com necessidades semelhantes não podem se desenvolver em um mesmo local, pois uma forte competição surgirá, causando a dizimação de uma delas. Quando ocorre a competição, a espécie mais especializada e com nicho mais estreito é que predomina e acaba eliminando as outras.

5.4 CRESCIMENTO POPULACIONAL

Quando o ambiente onde vive uma dada população possui recursos ilimitados, condições climáticas favoráveis e ausência de outras espécies que limitem o seu crescimento, ocorre um crescimento exponencial a uma taxa máxima denominada **potencial biótico**. O valor dessa taxa de crescimento é característico da população e depende de sua estrutura etária e das condições do meio, sendo denominada **taxa de crescimento específico**. Assim:

$$r = \frac{\partial N}{\partial t} \tag{5.1}$$

em que $\partial N/\partial t$ é o coeficiente instantâneo de crescimento, N é o número inicial de indivíduos da população, e r é a taxa de crescimento específico (ou potencial biótico da população).

O resultado da integração dessa equação diferencial leva à equação de crescimento da população:

$$N_t = N_0 e^{rt} \tag{5.2}$$

em que N_t é a população no tempo t, r é o potencial biótico, e N_0 é a população no instante inicial.

Se fosse esse o tipo de crescimento realmente verificado na natureza, uma bactéria *coli* recobriria a Terra de descendentes em 36 horas, e um paramécio produziria, em alguns dias, um volume de protoplasma 10 mil vezes maior que o volume da Terra. Entretanto, na natureza, os recursos são limitados, às vezes até em demasia, e as condições ambientais nem sempre são favoráveis – o que leva a um crescimento real bastante diferente do crescimento potencial. A diferença entre o máximo crescimento (potencial biótico) e o crescimento real deve-se às condições limitantes do meio e denomina-se **resistência ambiental**.

O modelo mais utilizado para estudo do crescimento das populações segue duas formas principais, que são denominadas **crescimento em "J"** e **crescimento em "S"**, em decorrência da forma que assume o gráfico quando se coloca, na ordenada, o número de indivíduos, e, na abscissa, o tempo. O crescimento em "J" ocorre seguindo a mesma equação do crescimento potencial, só que o aumento da população é verificado até certo ponto, declinando, depois, bruscamente, quando a resistência ambiental torna-se efetiva.

A outra forma de crescimento, **sigmoide, logístico** ou em "**S**", é a mais comum. Inicialmente, o crescimento é lento e, então, torna-se rápido até atingir certo ponto, quando passa a diminuir até um ponto em que o número de indivíduos se torna praticamente constante, com pequenas oscilações em torno de um valor médio. Esse tipo de crescimento é dado pela equação:

$$\frac{\partial N}{\partial t} = r.N.\frac{(K-N)}{K} \qquad (5.3)$$

em que K é a assíntota superior sigmoide e representa a população máxima capaz de sobreviver no meio em estudo, denominada capacidade biótica do meio, e $(K - N)/K$ representa a resistência ambiental. Essa equação mostra que, quando N é bastante pequeno, o termo $(K - N)/K$ aproxima-se da unidade, e o crescimento é próximo ao exponencial. À medida que N aumenta e o termo $(K - N)/K$ diminui, a taxa de crescimento $\partial N/\partial t$ diminui até zero, quando K = N. A partir daí, a população alcança um equilíbrio em que natalidade e mortalidade igualam-se e há equilíbrio também entre a população e o meio, situação em que uma alteração do ambiente pode gerar desequilíbrio. Se essa mudança não for contínua, com o tempo, o equilíbrio é restabelecido novamente, em outro nível. Esse equilíbrio é mais facilmente alcançado em ecossistemas complexos, nos quais pequenas alterações são facilmente absorvidas e não geram consequências mais drásticas (**FIGURA 5.7**).

Os estudos de engenharia utilizam a curva logística na previsão de demandas futuras de sistemas para estimar a população que está por vir.

Há grande interesse no estudo das populações humanas porque, com ele, temos um conhecimento maior de nossos problemas, suas causas e soluções. Esse estudo, entretanto, apresenta uma complexidade maior que o estudo das populações das outras espécies animais, uma vez que os humanos possuem um comportamento bastante homogêneo de região para região, além de, diversas vezes, adotar comportamentos antinaturais. Para os humanos, não há limites físicos intransponíveis ou condicionantes regionais insuperáveis. Seu comportamento não é instintivo, mas condicionado cultural e socialmente. A capacidade de alteração da natureza trouxe uma série de problemas inesperados e às vezes superiores aos benefícios gerados. A degradação acelerada do ambiente e a grande massa de lixo e de subprodutos inaproveitáveis gerados por suas atividades econômicas provocaram alterações rápidas e bruscas nos ecossistemas, influindo na vida de milhares de elementos de outras espécies. Tudo isso, associado ao fato de os humanos buscarem mais o benefício e a sobrevivência do indivíduo (ao contrário das demais populações, que buscam principalmente a sobrevivência da espécie), está levando o homem a um ponto crítico em seu desenvolvimento, com os atuais problemas de superpovoamento e poluição, uma vez que sua capacidade de alterar a natureza não se estende à alteração das leis naturais.

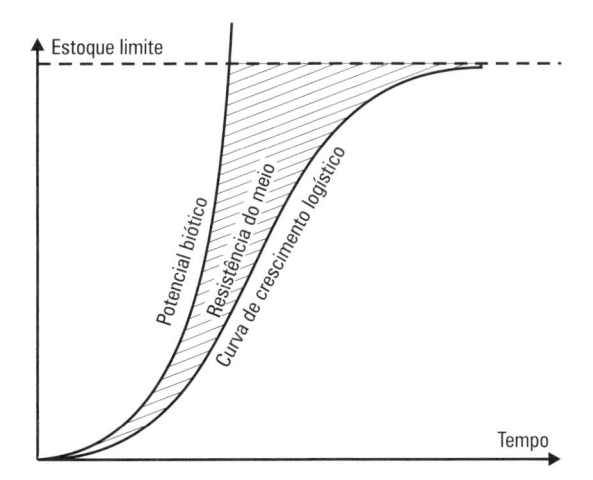

▶ **FIGURA 5.7** Esquema demonstrativo da diferença entre as curvas de crescimento potencial e a de crescimento logístico.
Fonte: Dajoz.[6]

5.5 BIODIVERSIDADE

Ninguém conhece, ainda, o número total de espécies existentes na Terra. As estimativas de alguns anos atrás mencionavam a existência de 5 a 30 milhões delas. Entretanto, estudos recentes efetuados nas florestas tropicais sugerem que pode haver 30 milhões de espécies apenas de insetos.

Atualmente, cerca de 1,4 milhão de espécies vivas foram catalogadas. Aproximadamente 750 mil são insetos, 265 mil são plantas e 41 mil são vertebrados. O restante inclui invertebrados, fungos, algas e microrganismos.

Uma quantidade significativa dessas espécies está sendo sistematicamente destruída pela atividade antrópica, que causa a redução da biodiversidade em todo o mundo. A perda maior ocorre nos trópicos em decorrência do grande crescimento populacional, pobreza generalizada, demanda crescente por carvão vegetal e falha nos métodos agrícola e de reflorestamento. A poluição é uma das grandes causadoras da perda da biodiversidade. Em um ecossistema aquático, por exemplo, há normalmente um grande número de espécies, cada uma delas com uma quantidade relativamente pequena de indivíduos. Quando um desses ecossistemas recebe descargas de efluentes orgânicos, como esgotos domésticos sem tratamento, as espécies mais sensíveis (como aquelas que necessitam de maior quantidade de oxigênio dissolvido para sobreviver) são eliminadas, restando apenas as espécies menos nobres – essas com grande número de indivíduos em razão da diminuição da competição como seleção natural. É importante destacar que a biodiversidade não deve ser considerada apenas sob o ponto de vista da conservação, uma vez que ela representa a fonte de recursos naturais mais importante da Terra.

Na agricultura e na pecuária, as plantas e os animais fornecem produtos importantes, incluindo desde medicamentos, matérias-primas e artigos diversos para as indústrias. Apenas 20 espécies de plantas fornecem mais de 80% da alimentação mundial; três delas – milho, trigo e arroz – constituem 65% da oferta de alimentos.

A medicina também depende da biodiversidade. Atualmente, mais de 40% dos medicamentos prescritos vendidos nos Estados Unidos contêm compostos químicos orgânicos derivados de espécies selvagens: cerca de 25% desses fármacos vêm de plantas, outros 12% são derivados de fungos e bactérias, e 6% são de origem animal. O valor dos produtos medicinais derivados de tais fontes aproxima-se de US$ 40 bilhões por ano.

A indústria é outra atividade que depende da biodiversidade, já que muitos de seus produtos e matérias-primas essenciais são derivados de plantas e animais selvagens. Citamos, por exemplo, a madeira para construção e outros produtos extraídos de árvores – incluindo celulose – e produtos químicos de origem vegetal – como o raiam, a borracha e os óleos lubrificantes. Todos eles são itens industrializados, economicamente importantes, derivados de fontes vivas.

A biodiversidade deve também ser mantida por motivos psicológicos (necessidade de admirar e observar a natureza, além de usufruir dela), filosóficos (sustentabilidade, não violar o direito de existência das espécies) e éticos (reverência a todas as formas de vida, conceito fundamental para muitas religiões e sistemas morais). Isso pode ser feito por meio de ações diversas que incluem o desenvolvimento de áreas protegidas, a recuperação de ecossistemas degradados, a implementação de leis e tratados e por meio da conscientização individual (o homem deve tomar conhecimento das espécies de animais e plantas que consome, promover a biodiversidade em sua casa e em suas terras, não comprar plantas, animais e seus derivados em fase de extinção, apoiar e participar de atividades protecionistas etc.).

No Brasil, a manutenção da biodiversidade é fundamental. O Primeiro Relatório Nacional para a Convenção sobre a Diversidade Biológica, produzido pelo Ministério do Meio Ambiente, mostra que possuímos aproximadamente 20% da diversidade biológica da Terra, a flora mais rica (aproximadamente 60 mil plantas superiores, o que representa 22% do total mundial), 10% dos anfíbios e mamíferos, 17% das aves, mais de 3 mil espécies de peixes de água doce e de 5 a 10 milhões de insetos. Temos, ainda, a maior floresta tropical remanescente, a Mata Atlântica, o Pantanal de Mato Grosso, os biomas costeiros e marinhos, o cerrado e a caatinga.

REFERÊNCIAS

1. Population Reference Bureau. Data center: international indicators [Internet]. Washington: PRB; c2021 [capturado em 25 abr. 2021]. Disponível em: https://www.prb.org/international/indicator/.
2. Instituto Brasileiro de Geografia e Estatística. Projeções da população [Internet]. Rio de Janeiro: IBGE; 2018 [capturado em 25 abr. 2021]. Disponível em: https://www.ibge.gov.br/estatisticas/sociais/populacao/9109-projecao-da-populacao.html?=&t=resultados.
3. Population Reference Bureau. World population data sheet [Internet]. Washington: PRB; c2021 [capturado em 25 abr. 2021]. Disponível em: https://www.prb.org/2020-world-population-data-sheet/.
4. Instituto Brasileiro de Geografia e Estatística. Sinopse do censo demográfico de 2010 [Internet]. Rio de Janeiro: IBGE; 2010 [capturado em 25 abr. 2021]. Disponível em: https://censo2010.ibge.gov.br/sinopse/index.php?dados=12.
5. Miller GT. Living in the environment. California: Wadsworth; 1985.
6. Dajoz R. Ecologia geral. Rio de Janeiro: Vozes; 1983.

CAPÍTULO 6

Bases do desenvolvimento sustentável

Os capítulos que precedem este exploram os fatores intervenientes na crise ambiental, a fragilidade do planeta diante da degradação ambiental, o que conduz a incertezas sobre o futuro da raça humana no planeta Terra. O modelo de desenvolvimento predominantemente empregado pela sociedade humana está representado na **FIGURA 6.1**. Esse modelo preconiza um enfoque linear, que representa um sistema aberto dependente de um suprimento contínuo e inesgotável de matéria e energia. Nesse modelo, o estoque de recursos é considerado infinito. Os resíduos são devolvidos ao meio ambiente, como se pudéssemos descartá-los de modo irrestrito. Para que tal modelo possa ter sucesso de desenvolvimento, ou seja, para que os seres humanos garantam sua sobrevivência, as seguintes premissas teriam de ser verdadeiras:

- Suprimento inesgotável de energia;
- Suprimento inesgotável de matéria;
- Capacidade infinita do meio de reciclar matéria e absorver resíduos.

Boa parte dos recursos naturais do planeta são finitos ou não renováveis na escala de vida do homem na Terra. Quanto à capacidade de absorver e reciclar matéria ou resíduos, a humanidade tem observado a existência de limites no meio ambiente e precisa conviver com níveis indesejáveis e preocupantes de poluição do ar, da água e do solo e com a consequente deterioração da qualidade de vida.

Dessa maneira, o crescimento populacional contínuo observado é incompatível com um ambiente finito, onde os recursos e a capacidade de absorção e reciclagem de resíduos são limitados. Devemos acrescentar a esse quadro o aumento do consumo individual que se obser-

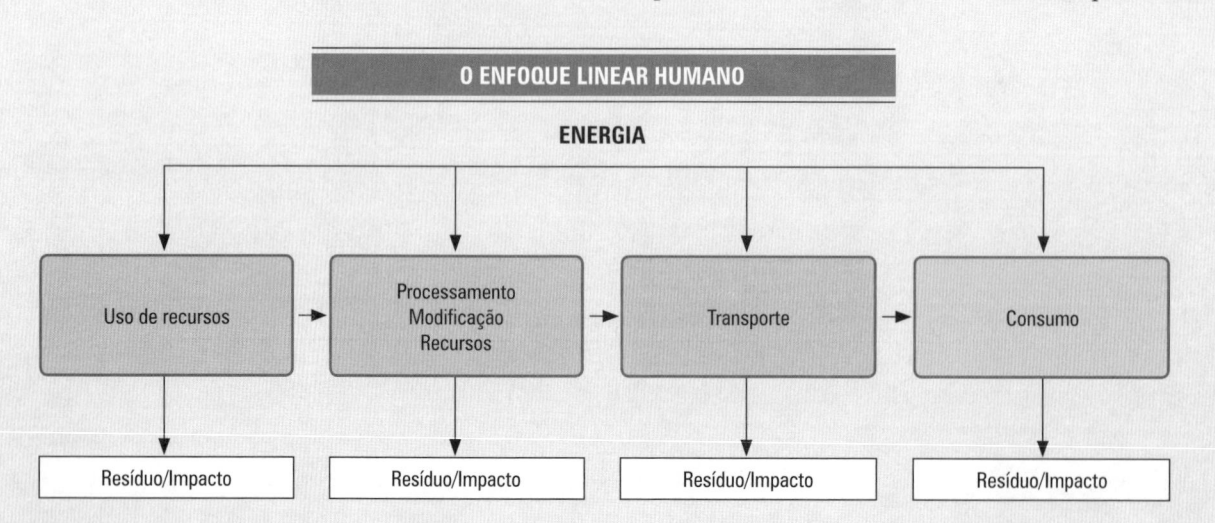

▶ **FIGURA 6.1** Modelo atual de desenvolvimento.

va no desenvolvimento da sociedade humana, que torna a situação ainda mais preocupante. Portanto, se o modelo de desenvolvimento da sociedade não for alterado, caminharemos a passos largos para o colapso do planeta, com perspectivas nefastas para a sobrevivência do homem.

Esse modelo de desenvolvimento vem sendo revisto e discutido à luz do avanço do conhecimento técnico-científico. Os ensinamentos das leis físicas e do funcionamento dos ecossistemas fornecem os ingredientes básicos para a concepção do modelo que pode ser chamado de **modelo de desenvolvimento sustentável**. Ele deve funcionar como um sistema fechado, que tem como base as seguintes premissas:

- Dependência do suprimento externo contínuo de energia (Sol);
- Uso racional da energia e da matéria com ênfase à conservação, em contraposição ao desperdício;
- Promoção da reciclagem e do reúso dos materiais;
- Controle da poluição, gerando menos resíduos para serem absorvidos pelo ambiente;
- Controle do crescimento populacional em níveis aceitáveis, com perspectivas de estabilização da população.

A **FIGURA 6.2** ilustra como funciona o modelo de desenvolvimento sustentável. Um fato importante que diferencia esse modelo daquele mostrado na Figura 6.1 é que o modelo de desenvolvimento sustentável busca otimizar a extração de recursos na natureza e promover a reciclagem e o reúso dos recursos aliados à restauração do meio ambiente.

Para que a humanidade evolua para o modelo proposto, devem acontecer revisões comportamentais em direção ao novo paradigma. A sociedade atual já despertou parcialmente para o problema, mas ainda há muito a ser feito em termos de educação e cooperação entre os povos e em relação ao meio ambiente. Nosso conhecimento sobre o funcionamento do planeta Terra até então é pequeno, mas é suficiente para saber que precisamos aprender a habitá-lo e usufruir de maneira consciente e responsável, preparando-o para que possa continuar sustentando as gerações futuras.

A engenharia foi responsável pela maior oferta de alimentos, pelo crescimento do nível de conforto e saúde e pelo aumento da longevidade do homem, colocando à sua disposição tecnologias agronômicas, de geração de energia, de construção civil, de transportes, saneamento, farmacêuticas, cirúrgicas, de comunicação etc. No entanto, apesar dos benefícios,

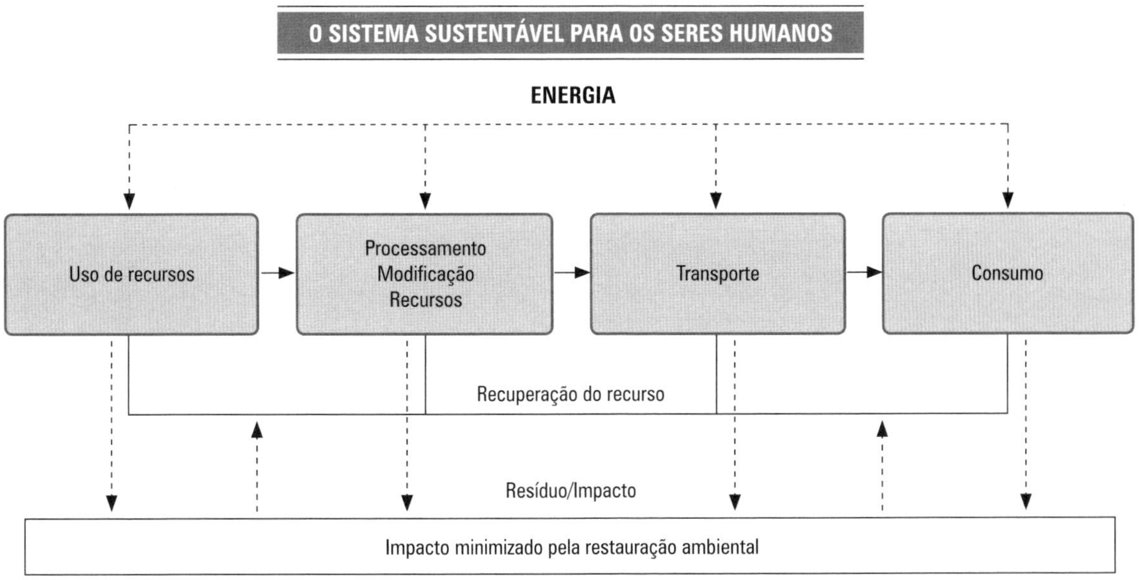

▶ **FIGURA 6.2** Modelo de desenvolvimento sustentável.

houve um crescimento populacional explosivo que ficou associado ao fenômeno da urbanização, do consumismo e do desconhecimento científico dos impactos negativos desse tipo de desenvolvimento. A degradação ambiental e a poluição passaram a atormentar a sociedade urbano-industrial.

Nem sempre as práticas da engenharia foram as mais adequadas do ponto de vista ambiental. Recentemente, o desafio da atuação do engenheiro tem sido o de aprimorar tecnologias disponíveis e desenvolver outras novas, compatibilizando-as com a minimização dos impactos ambientais negativos ao meio ambiente. A engenharia moderna tem avançado muito para contribuir com o modelo de desenvolvimento sustentável. Desde a extração dos recursos naturais, dos processos de manufatura, da distribuição, do transporte, do uso e do pós-consumo há uma série de inovações no campo das engenharias.

O modelo de desenvolvimento sustentável tenta romper com a linearidade do desenvolvimento tradicional, inspirando-se no funcionamento dos sistemas naturais. A natureza é regida por ciclos, por processos que se equilibram. Os sistemas naturais operam de modo a otimizar recursos e reduzir perdas. Nesse escopo, surge um conceito bastante empregado atualmente de **economia circular**, que seria o contraponto à economia linear. Seria o desenvolvimento pautado em uma análise sistêmica em que os recursos devem ser racionados, e os desperdícios evitados.

Outro aspecto que pode ser destacado em relação à engenharia é que, historicamente, ela sempre foi dominada e praticada por um grupo da sociedade muito restrito, seleto e, por que não dizer, hermético. Um problema qualquer, se levado até um engenheiro, sempre teria uma boa solução, que se materializaria em um edifício, uma autoestrada, uma máquina, uma hidrelétrica, um meio de transporte etc., somente na dependência de disponibilidade de recursos financeiros e da vontade daquele que decide (p. ex., um empresário, um político). Hoje, no entanto, a materialização de qualquer solução de engenharia não depende exclusivamente de dinheiro e decisão, mas também de convencimento e negociação com setores ambientalistas, que representam interesses sociais locais ou regionais envolvidos, além de ser preciso atender a requisitos exigidos por órgãos governamentais normalizadores e financiadores. Assim, à viabilidade técnica e à econômica de uma obra de engenharia adicionou-se a **viabilidade ambiental**.

Nesse contexto, o engenheiro é compelido a transformar-se em um técnico que, além de competente, seja comunicativo, aberto a sugestões do público e dos setores envolvidos, com capacidade de negociação e persuasão. Os cursos de engenharia estão sendo estruturados para formar profissionais com esse perfil, complementados por cursos de especialização e de extensão universitária. A engenharia tem um papel protagonista no caminho para integrar a temática ambiental na sua ampla área de atuação.

Em termos de desenvolvimento sustentável, cabe destacar a ambiciosa iniciativa da Organização das Nações Unidas (ONU), em 2015, da definição da Agenda 2030 e dos **17 Objetivos do Desenvolvimento Sustentável (ODS)** a serem atingidos para promover o equilíbrio nas esferas econômica, social e ambiental. Esses 17 ODS e suas respectivas 169 metas devem estar inseridos nas diversas ações promovidas pela nossa sociedade.

Os **17 ODS** compreendem:

- **ODS 1**: acabar com a pobreza em todas as suas formas e em todos os lugares;
- **ODS 2**: acabar com a fome, alcançar a segurança alimentar e melhoria da nutrição e promover a agricultura sustentável;
- **ODS 3**: assegurar uma vida saudável e promover o bem-estar para todos, em todas as idades;
- **ODS 4**: assegurar a educação inclusiva e equitativa e de qualidade, e promover oportunidades de aprendizagem ao longo da vida para todos;
- **ODS 5**: alcançar a igualdade de gênero e empoderar todas as mulheres e meninas;
- **ODS 6**: assegurar a disponibilidade e gestão sustentável da água e saneamento para todos;
- **ODS 7**: assegurar o acesso confiável, sustentável, moderno e a preço acessível à energia para todos;

- **ODS 8**: promover o crescimento econômico sustentado, inclusivo e sustentável, emprego pleno e produtivo e trabalho decente para todos;
- **ODS 9**: construir infraestruturas resilientes, promover a industrialização inclusiva e sustentável e fomentar a inovação;
- **ODS 10**: reduzir a desigualdade dentro dos países e entre eles;
- **ODS 11**: tornar as cidades e os assentamentos humanos inclusivos, seguros, resilientes e sustentáveis;
- **ODS 12**: assegurar padrões de produção e consumos sustentáveis;
- **ODS 13**: tomar medidas urgentes para combater a mudança do clima e seus impactos;
- **ODS 14**: conservação e uso sustentável dos oceanos, dos mares e dos recursos marinhos para o desenvolvimento sustentável;
- **ODS 15**: proteger, recuperar e promover o uso sustentável dos ecossistemas terrestres, gerir de forma sustentável as florestas, combater a desertificação, deter e reverter a degradação da terra e deter a perda de biodiversidade;
- **ODS 16**: promover sociedades pacíficas e inclusivas para o desenvolvimento sustentável, proporcionar o acesso à justiça para todos e construir instituições eficazes, responsáveis e inclusivas em todos os níveis;
- **ODS 17**: fortalecer os meios de implementação e revitalizar a parceria global para o desenvolvimento sustentável.

Uma avaliação detalhada dos objetivos propostos pela ONU permite verificar a consolidação da proposta elaborada no final da década de 1980, resultante das constatações apresentadas no relatório Nosso Futuro Comum.[1]

Destaca-se que as Nações Unidas, desde a publicação desse relatório, vêm desenvolvendo diversas ferramentas para o aprimoramento das formas de interação entre os seres humanos e o meio ambiente, destacando-se que uma das principais causas da degradação ambiental é o subdesenvolvimento. Neste aspecto, o desenvolvimento econômico é fator determinante para assegurar a proteção do meio ambiente.

Por essa razão, este livro trata, com uma linguagem bastante acessível, de praticamente todos as preocupações relacionadas à proteção do meio ambiente, destacando a importância do desenvolvimento tecnológico para atingir esse objetivo. A partir dessa abordagem, é possível encontrar, nos capítulos subsequentes, uma correlação entre o seu conteúdo e os ODS propostos.

REFERÊNCIA

1. United Nations General Assembly. Report of the world commission on environment and development: our common future. New York: UN; 1987. A/43/427.

PARTE II
Poluição ambiental

CAPÍTULO 7

Energia e meio ambiente

Conforme foi apresentado em capítulo anterior, a crise ambiental se deve a três fatores básicos: crescimento da população, demanda por recursos (tanto de matéria como de energia) e geração de resíduos. Esse crescimento resulta no aumento exponencial da poluição ambiental. Em termos de energia, esse problema surgiu quando o ser humano descobriu o **poder do fogo**, inicialmente para iluminação, aquecimento e preparação de alimentos. Um marco histórico ocorrido entre o final do século XVIII até meados do século XIX foi a chamada **Revolução Industrial**, na qual se deu o desenvolvimento das máquinas a vapor; a partir de então, a mão de obra humana passou a ser substituída pela máquina. Isso gerou uma inflexão na curva de demanda de energia, que passou a crescer exponencialmente, em decorrência da maior exploração dos recursos naturais, com um aumento significativo da geração de resíduos. Portanto, é muito importante apresentar o conceito de energia e de suas múltiplas formas de aproveitamento, podendo-se, assim, analisar o maior ou o menor impacto ambiental de cada uma delas, pois é a partir desse conhecimento que se estabelecem as bases do desenvolvimento sustentável. Este capítulo trata da questão energética, apresentando as principais fontes de energia utilizadas para o desenvolvimento das atividades humanas, discutindo alternativas para o futuro, diante do aumento previsto da demanda e da necessidade de produzir energia de forma a minimizar os impactos negativos no meio ambiente. Na parte final deste capítulo, serão apresentados e comentados alguns dados específicos sobre a questão energética no Brasil.

7.1 FONTES DE ENERGIA NA ECOSFERA

As radiações provenientes do Sol constituem a principal fonte de energia da Terra. Cerca de 99% da energia térmica utilizada pelos ecossistemas provém desse enorme "gerador". Caso o Sol não existisse, a temperatura terrestre seria da ordem de -200 °C. O restante da energia necessária (1%) é obtido a partir de outras fontes, as fontes primárias de energia.

As fontes de energia são classificadas em primárias e secundárias. As fontes primárias são aquelas disponíveis na natureza, como Sol, água, vento, minerais energéticos, petróleo e biomassa. A partir das fontes primárias, podem ser obtidas fontes secundárias, como as energias térmica, mecânica, química e elétrica. As fontes primárias são classificadas em **renováveis** e **não renováveis**. A **FIGURA 7.1** apresenta um diagrama com as possíveis fontes de energia, das quais as primárias são convertidas no ecossistema pelo ser humano em outras formas de energia, as secundárias. Essas formas de energia são utilizadas para o desenvolvimento das diversas atividades humanas, além de possibilitar a nossa sobrevivência em locais que apresentam condições ambientais adversas. Entre os principais usos de energia pela humanidade, destacam-se o aquecimento de ambientes, os processos industriais, o transporte e os usos para serviços e residências.

As fontes renováveis provêm direta ou indiretamente da energia solar. Nos dias de hoje, a radiação solar direta é muito utilizada para atividades domésticas, principalmente para aquecimento de água e ambientes; outros usos, como geração de eletricidade, têm crescido nos

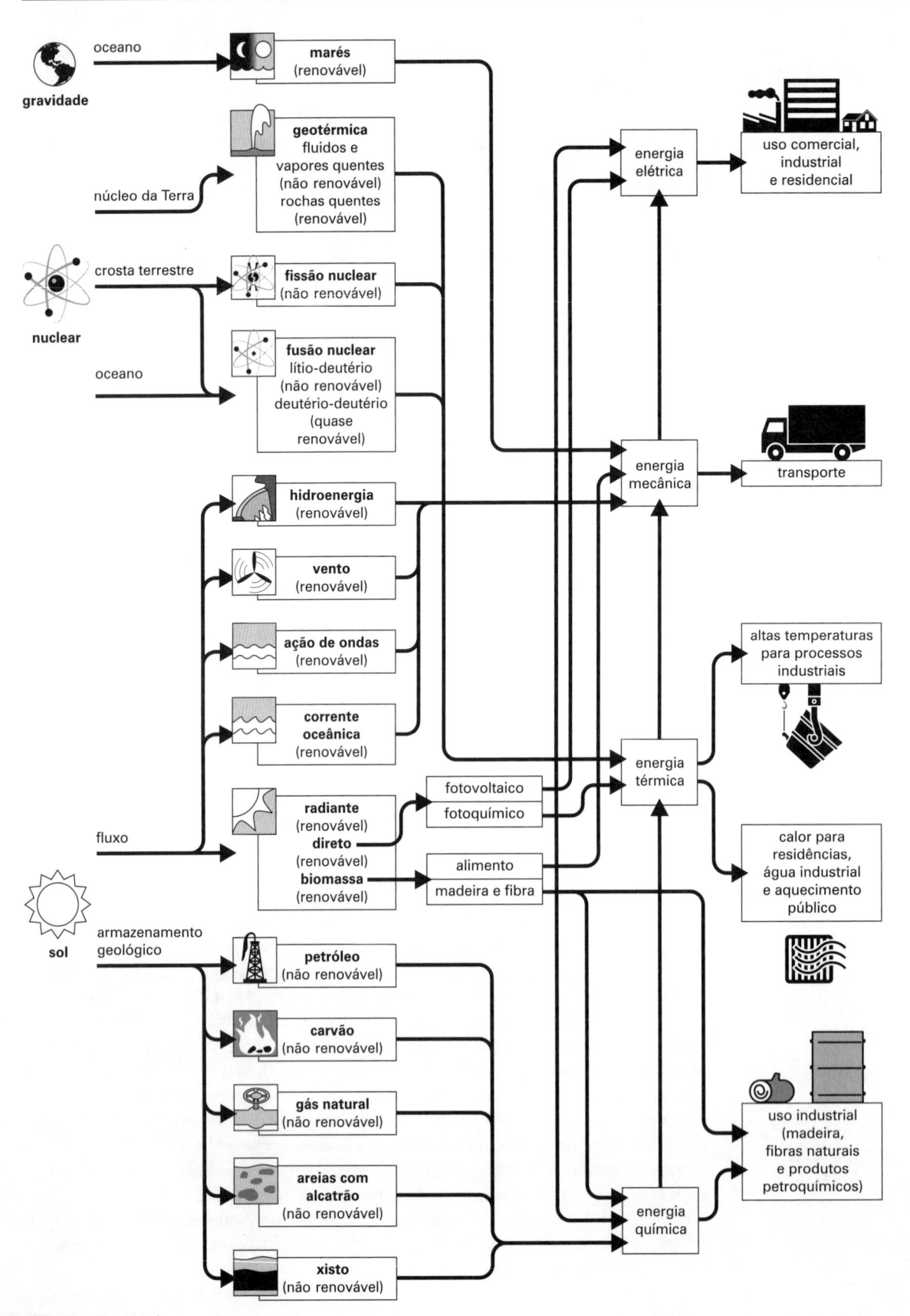

▶ **FIGURA 7.1** Fontes de energia.
Fonte: Baseada em Miller.[1]

últimos anos e começam a ter um papel relevante. Já o emprego de fontes renováveis indiretas, como vento, energia hidráulica e biomassa, é limitado pela quantidade de energia disponível ao longo do tempo. Para essas fontes, nem sempre é possível estabelecer uma relação direta entre demanda e disponibilidade. O vento (fonte eólica), que movimenta hélices, só pode ser utilizado seguindo a natureza aleatória de sua ocorrência, e isso condiciona a sua disponibilidade ao longo do tempo. No caso da energia potencial da água que escoa pelos rios, é possível armazenar energia para atendimento contínuo da demanda, enquanto a energia da biomassa depende do seu ciclo de produção. O barramento do rio cria um reservatório de água, formando um lago. Durante o período de chuvas, armazena-se água que é utilizada no período seco, quando a vazão do rio diminui. É possível, então, condicionar a disponibilidade de energia hídrica de um rio para atender continuamente uma determinada demanda. Isso também pode se aplicar à energia da biomassa, que pode ser convertida em combustível sólido ou líquido e ser utilizada ao longo do tempo.

As fontes não renováveis são aquelas que utilizam uma série de elementos advindos de processos que existem na Terra e que se formaram ao longo de milhares de anos. Ao contrário das fontes renováveis, essas fontes podem ser consideradas finitas, ou seja, uma vez exploradas, elas se esgotam. As principais fontes não renováveis são o petróleo, o carvão mineral, o gás natural e os minerais energéticos, como o urânio e o tório. São as fontes mais empregadas pelo ser humano desde meados do século XIX. É importante destacar que o petróleo, o carvão mineral e o gás natural tiveram a sua origem a partir da energia solar. Essas fontes não são consideradas renováveis porque sua formação ocorreu de forma muito lenta.

De modo geral, as fontes renováveis são consideradas fontes limpas quando comparadas às fontes não renováveis. Entretanto, temos de levar em conta toda a cadeia produtiva na obtenção da energia. Por exemplo, para o aproveitamento da energia solar direta como eletricidade, constroem-se painéis fotovoltaicos, cujo processo produtivo apresenta impactos ambientais relevantes, assim como os procedimentos para a sua manutenção e disposição final após o fim de sua vida útil. No caso de hidroelétricas, é necessária a construção de reservatórios, que trazem impactos ambientais na biota dos rios. Já as fontes não renováveis, pelo elevado teor energético, são mais eficazes do ponto de vista de geração, pois podem atender aos usos que demandam muitas calorias, como geração de energia elétrica, aquecimento, indústria e transporte, mas elas também apresentam problemas relacionados às emissões resultantes do processo de conversão, além dos impactos associados à sua extração e ao seu processamento. Também deve ser considerada a forma de geração de energia, contínua ou intermitente. Geralmente, as fontes que dependem do Sol têm a sua disponibilidade variável no tempo e no espaço, o que implica variação da oferta. Por exemplo, para os painéis fotovoltaicos, há necessidade de irradiação, o que limita o seu aproveitamento para determinadas horas do dia, enquanto o vento utilizado para acionamento dos aerogeradores é intermitente. Isso implica a necessidade de armazenagem da energia produzida, com a utilização de acumuladores, ou a existência de um outro sistema que possa suprir a demanda nos períodos em que não há disponibilidade. Isso ocasiona a redução da eficiência global do sistema de produção, com os consequentes impactos econômicos e ambientais associados. De maneira geral, não existem processos que não causam impactos ambientais, sendo importante uma avaliação abrangente para que eles sejam considerados e devidamente mitigados.

Independentemente da fonte utilizada, a energia é fundamental para a manutenção dos padrões de consumo e produção dos seres humanos e para assegurar a proteção do meio ambiente. Assim, cabe aos profissionais da área de engenharia viabilizar a utilização das fontes disponíveis de maneira a garantir a conciliação desses dois interesses.

Em última análise, cada país deve estruturar a sua matriz energética considerando os recursos disponíveis, não existe um modelo ideal, mas sim o possível. Evidentemente, a questão ambiental é de grande relevância, e a exploração dos recursos mais abundantes resulta em menores custos de produção, com maior possibilidade de contemplar os aspectos ambientais negativos provocados por sua produção.

A partir desse enfoque, a seguir serão apresentadas e discutidas as principais fontes de energia utilizadas pelo ser humano para o desenvolvimento de suas atividades.

▶ 7.1.1 Fontes renováveis

- **Energia eólica (vento):** é a energia cinética que pode ser obtida pela ação do vento nas hélices de aerogeradores; desse modo, a energia mecânica se transforma em energia elétrica. A questão principal em relação a essa fonte é a sua variabilidade e o fato da sua exploração efetiva depender da disponibilidade de correntes de vento com velocidades específicas, que geralmente não ocorrem em todas as regiões.

- **Energia hidráulica (cinética e potencial):** é a energia que pode ser obtida a partir do ciclo hidrológico, que é responsável pelo fluxo da água nos rios, em função da energia potencial. Essa energia pode ser então empregada para movimentar turbinas (energia mecânica), as quais produzem energia elétrica. O aproveitamento desse tipo de fonte de energia depende da disponibilidade de cursos hídricos com vazões e reservação adequadas de água, bem como um desnível geométrico que viabilize o aproveitamento.

- **Energia das marés:** é a energia que pode ser obtida a partir da variação do nível de água dos oceanos (energia potencial) para obtenção de energia mecânica. O aproveitamento desse tipo de energia é, em geral, viável em locais onde a variação dos níveis de maré (baixa e alta) seja significativa, mas a questão básica é que o aproveitamento acaba sendo intermitente durante a fase de maré alta e baixa.

- **Energia geotérmica:** é a energia obtida do calor gerado a partir dos elementos radioativos presentes em depósitos subterrâneos e do magma existente no interior do planeta. O aproveitamento desse tipo de fonte de energia pode ser feito apenas em regiões onde a atividade geológica ainda é intensa, nas quais o magma fica relativamente próximo à superfície.

- **Carvão vegetal:** é a energia obtida pela queima da madeira carbonizada, muito empregada para cocção ou processos industriais. Essa fonte de energia depende do cultivo de árvores para a obtenção de madeira e, posteriormente, o carvão. A sua obtenção pode competir com outras atividades agrícolas.

- **Energia solar direta:** é a energia radiante do Sol que pode ser utilizada para aquecimento de água em residências e para a geração de energia elétrica por meio de células fotovoltaicas. É uma fonte intermitente de energia, sendo adequada como fonte complementar para outras formas de energia com essas características.

- **Biogás:** é a energia que pode ser obtida do gás natural resultante da decomposição anaeróbia de biomassa, como dejetos de animais e resíduos orgânicos diversos. O aproveitamento da energia do biogás ocorre pela queima do gás natural, utilizando-se, dessa maneira, o calor liberado na combustão.

- **Bicombustível líquido:** material obtido pela fermentação e decomposição anaeróbia de vários tipos de biomassa, como cana-de-açúcar e lixo orgânico. O aproveitamento da energia desse tipo de combustível também se dá pela sua queima. Um aspecto relevante no caso da cana-de-açúcar é o seu cultivo ser sazonal e exigir grandes áreas para a produção.

- **Biomassa:** material obtido do cultivo de culturas específicas, como madeira, bagaço da cana-de-açúcar, palha de arroz e outros materiais similares. A vantagem desse tipo de fonte energética é a possibilidade de utilização de resíduos resultantes de diversas atividades.

- **Gás hidrogênio:** combustível gasoso produzido por processos eletroquímicos, principalmente a partir da eletrólise da água. O aproveitamento da energia gerada também se dá pela queima do gás hidrogênio gerado. Um dos maiores problemas do hidrogênio é o fato da sua obtenção exigir maior consumo de energia do que aquele que será obtido a partir da sua utilização, o que não parece ser adequado do ponto de vista econômico e ambiental.

▶ 7.1.2 Fontes não renováveis

- **Combustíveis fósseis:** são depósitos naturais de petróleo, gás natural e carvão mineral. São a própria energia solar armazenada na forma de energia química em depósitos geológicos formados há milhões de anos a partir da decomposição de vegetais e animais, que foram submetidos a altas temperaturas e pressões na crosta terrestre. De certa forma, é uma fonte derivada da energia solar, a partir de um processo muito lento de conversão. A exploração desses recursos requer a sua extração, o seu processamento e sua posterior conversão em energia, o que causa impactos ambientais.
- **Derivados de combustíveis fósseis:** são os produtos obtidos a partir do fracionamento dos combustíveis fósseis, principalmente do petróleo, como a gasolina, o óleo diesel, o querosene e outros produtos. A sua conversão em energia se dá, basicamente, pela queima desses produtos nos motores de veículos ou em sistemas de geração de vapor, para produção de energia mecânica ou elétrica.
- **Derivados sintéticos:** óleo cru sintético e gás natural sintético produzidos por liquefação ou gaseificação de carvão mineral. Requerem algumas etapas de conversão, o que tem implicações ambientais associadas.
- **Óleos pesados não convencionais:** são depósitos subterrâneos de consistência asfáltica que podem ser extraídos de depósitos de petróleo bruto convencionais por métodos de recuperação forçada, rochas sedimentares oleosas (xisto) e depósitos arenosos (areias com alcatrão). A partir desses elementos, obtém-se óleo cru. Para a sua exploração, devem ser considerados os mesmos aspectos associados à exploração dos combustíveis fósseis.
- **Gás natural não convencional:** é o gás presente nos depósitos subterrâneos profundos encontrados em camadas arenosas, rochas sedimentares devonianas e veios de carvão. Além disso, encontra-se dissolvido em depósitos profundos de água salgada, a altas temperaturas e pressões (zonas geopressurizadas). Mais recentemente, a exploração do **gás de xisto argiloso** aumentou muito devido a grandes avanços tecnológicos para sua obtenção e seu uso. Um aspecto relevante do gás natural é o fato de ele poder ser utilizado em células de combustível, o que permite a conversão da energia química disponível em energia elétrica, o que aumenta de forma significativa o potencial de produção de energia, já que o número de etapas de conversão é menor em comparação ao processo tradicional de conversão térmica.
- **Fissão nuclear:** principalmente urânio e tório, encontrados em depósitos naturais, que podem sofrer fissão nuclear ou serem transformados em materiais físseis. No processo de fissão nuclear, que deve ocorrer de maneira controlada, a energia presente no núcleo dos materiais físseis é utilizada para a geração de vapor a alta pressão, o qual, por sua vez, é utilizado para o acionamento de uma turbina acoplada a um gerador elétrico. A energia do núcleo dos materiais físseis é liberada quando estes capturam um nêutron, que desestabiliza o núcleo do átomo de urânio, fazendo com que ele se divida e libere uma grande quantidade de energia, além de outros nêutrons, os quais irão manter a reação em cadeia. A maior vantagem desse tipo de fonte de energia é a quantidade de energia disponível por unidade de massa do combustível nuclear.
- **Fusão nuclear:** é o processo no qual dois átomos de elementos leves, principalmente os isótopos do hidrogênio, se unem, dando origem a um elemento mais pesado. Para que o processo de fusão ocorra, é necessária uma grande quantidade de energia para aproximar os núcleos dos elementos que participam da reação. No entanto, quando o processo de fusão ocorre, a energia liberada é muitas vezes superior à energia que foi utilizada para promover o processo de fusão, e pode ser utilizada para a geração de energia elétrica. O principal desafio dessa fonte de energia é a obtenção do combustível, o **deutério**, que é um isótopo do hidrogênio disponível na água do mar, mas precisa ser concentrado por separação isotópica, ou o **trítio**, que pode ser produzido em reatores nucleares. Além disso,

há a questão de viabilizar a ocorrência da reação de fusão nuclear de forma estável e requer elevada temperatura para iniciar a reação.
- **Depósitos geotérmicos confinados:** constituem-se por calor de baixa temperatura depositado em zonas subterrâneas de vapor seco, água quente ou em uma mistura de vapor e água quente. O calor é liberado por substâncias radioativas encontradas no manto de rochas parcialmente derretidas, localizadas abaixo da crosta terrestre, ou pelo próprio magma. Esse tipo de fonte de energia apresenta potencial de aproveitamento limitado, em função da baixa densidade energética associada.

7.2 A CRISE ENERGÉTICA

O homem vem, ao longo dos últimos anos, modificando seu padrão de consumo e produção, utilizando a tecnologia para viver mais e melhor. Isso gera maior necessidade de energia. O consumo excessivo de energia implica no agravamento de problemas ambientais relevantes. A crise energética não está somente associada ao aumento da demanda de energia, mas ao tipo de fonte empregada, uma vez que o tipo de fonte condiciona os processos de extração e conversão, bem como a magnitude dos impactos ambientais associados.

O aumento na demanda de energia primária global desde a Revolução Industrial, no século XIX, até 2018 foi marcante, indicando que o crescimento da população e a melhoria da qualidade de vida resultam em maior demanda de energia. Observou-se uma transição do uso de biocombustíveis, principalmente lenha, para o uso de outras fontes, como energia hidráulica e combustíveis fósseis, nuclear e renováveis (**FIGURA 7.2**). Destacando-se que, em quase 50 anos, entre 1971 e 2017, as principais variações foram relacionadas ao pequeno acréscimo da participação da energia nuclear e outras fontes renováveis, conforme pode ser visto na **FIGURA 7.3**. Verifica-se que a principal alteração ocorrida na matriz energética mun-

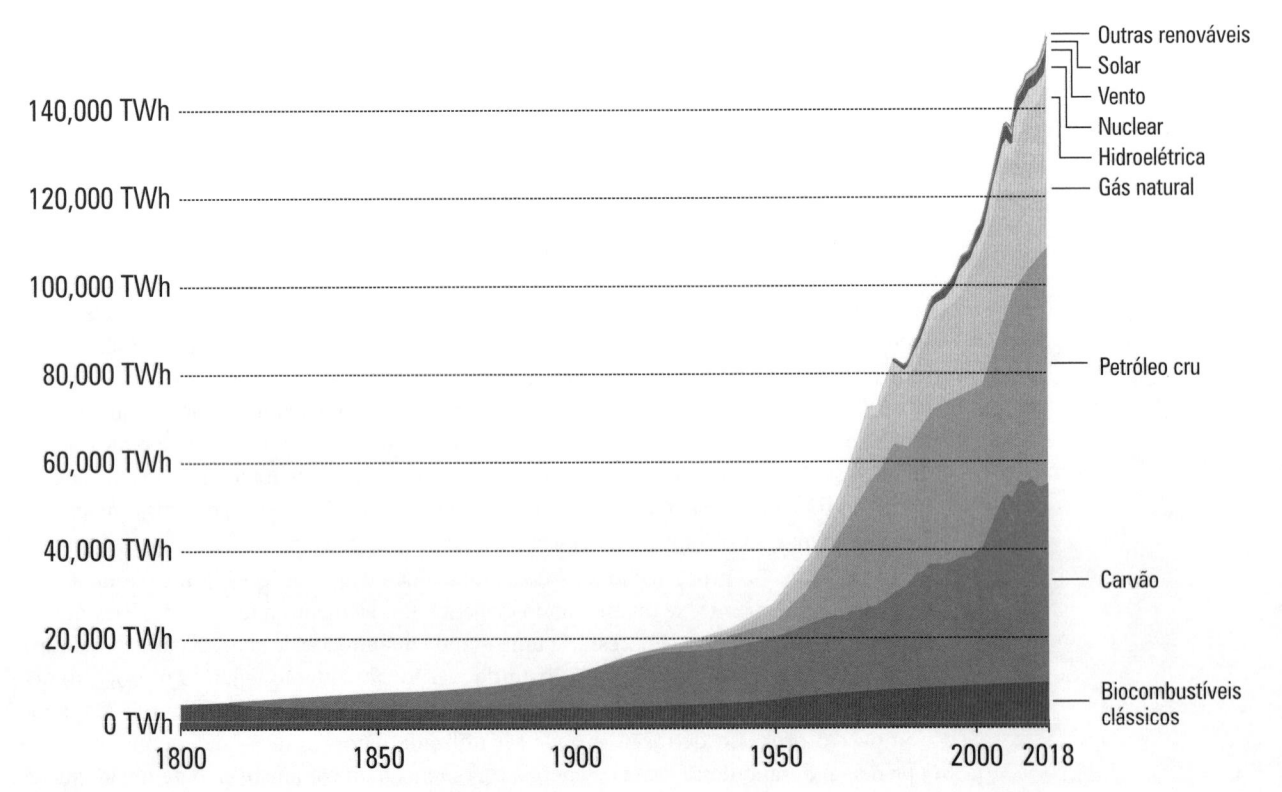

▶ **FIGURA 7.2** Demanda de energia por fonte primária (TWh) de meados do século XIX até o ano de 2018.
Fonte: Smil[2] e BP Statistical Review of World of World Energy.[3]

dial foi a substituição do petróleo por outras fontes de energia, com um aumento expressivo no uso de gás natural, expansão do uso da energia nuclear e inclusão de outras fontes renováveis. Alguns fatos marcantes da História naquele período se traduziram em grandes mudanças de ordem econômica, política e social e, consequentemente, aumentaram a demanda de energia global. Uma pergunta que sempre permanece é se as melhorias obtidas na qualidade de vida da população são maiores que os impactos ambientais resultantes do aumento da exploração dos recursos naturais para a produção de energia. Seguramente, podemos afirmar que, mesmo com os impactos ambientais que ocorrem, os benefícios para a humanidade foram marcantes, principalmente quando se avalia o aumento na expectativa de vida das pessoas. Outro fator relevante é que a atuação dos engenheiros possibilitou um aprimoramento significativo nos processos responsáveis pela produção e pelo uso da energia, resultando na redução significativa dos impactos ambientais associados. Obviamente, a garantia da oferta de energia para uma demanda crescente e as consequências ambientais associadas ainda são muito relevantes, mas se comparadas com o que ocorria no passado, conseguimos avançar muito.

Pelos dados apresentados, verifica-se que ocorreu uma diversificação nas fontes de energia utilizadas pelo ser humano, mas os combustíveis não renováveis (petróleo, carvão e gás natural) ainda têm uma participação relevante na matriz energética mundial. A participação das energias hidráulica e nuclear se manteve, e houve crescimento nas fontes renováveis. Isso mostra a tendência de diminuição da participação do petróleo em relação a outras fontes, como gás natural e renováveis.

Em níveis mundiais, as fontes não renováveis são responsáveis por, aproximadamente, 86% da oferta, e as renováveis, por 14%. O aumento do uso das fontes fósseis se inicia no século XX – o primeiro poço de petróleo data de 1856 e foi perfurado no estado norte-americano da Pensilvânia. O primeiro poço brasileiro foi perfurado em janeiro de 1939 na cidade de Salvador, Bahia, e, em seguida, iniciou-se a era do "petróleo é nosso" no país, que resultou na criação da Petrobrás. Recentemente, verificou-se a descoberta das reservas de petróleo e gás na plataforma marítima, especialmente na região que ficou conhecida como pré-sal.

Deve ser ressaltado que qualquer análise sobre os impactos ambientais relacionados às fontes de energia deve considerar os benefícios associados à melhoria da qualidade de vida da população, bem como os avanços tecnológicos associados à sua exploração e utilização.

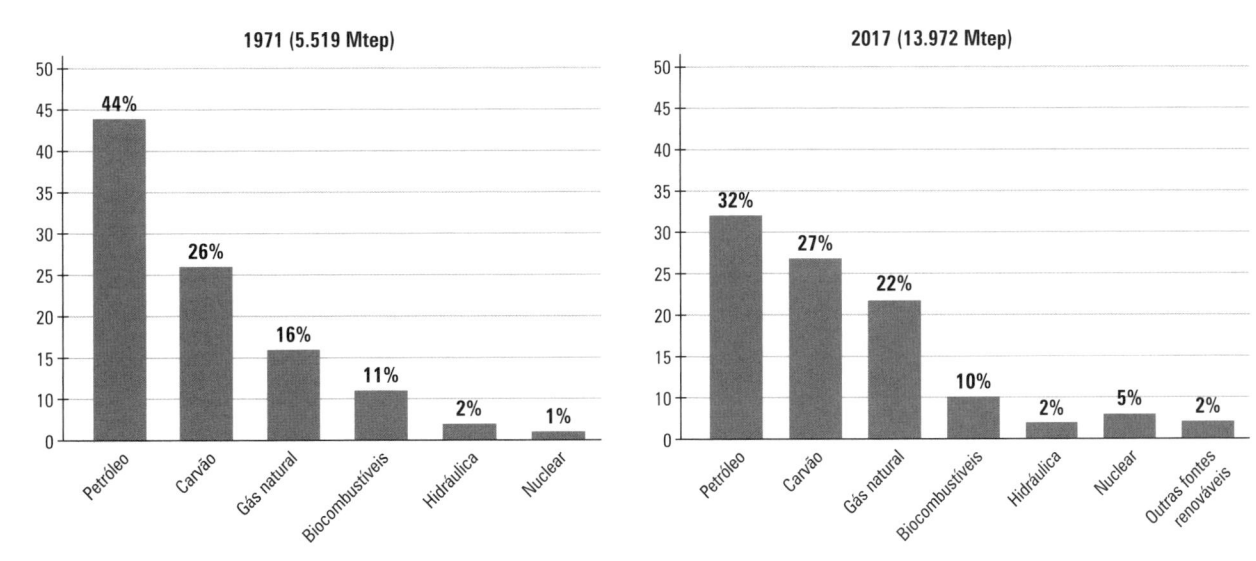

▶ **FIGURA 7.3** Demanda primária de energia no mundo em 1971 e em 2017.
Fonte: International Energy Agency.[4]

7.3 ENERGIA, DESENVOLVIMENTO ECONÔMICO E MEIO AMBIENTE

Do ponto de vista ambiental, uma variável importante é o chamado **retorno do investimento energético (RIE)**.* Esta variável permite estimar a eficiência energética de uma fonte, principalmente quando ela é comparada com outras fontes. De forma geral, o RIE é definido por:

RIE = (energia disponibilizada) / (energia gasta na produção da fonte)

A chamada **razão líquida de energia (RLE)** é dada por:

RLE = RIE-1

Observe que a estimativa do RIE depende de vários aspectos econômicos, sociais, tecnológicos e ambientais. Outra forma de se analisar o RIE é considerá-lo uma medida do tempo de retorno do investimento feito numa fonte energética, e o retorno pode ser medido de diversas formas, incluindo, por exemplo, variáveis econômicas não tangíveis.

Um exemplo simples[6] para entender o conceito do RIE: supondo que se gasta 5.600 KWh para produzir um painel solar de 1 KW, potência elétrica, com vida útil de 20 anos, e que o painel produz 900 KWh por ano, durante 20 anos ele vai gerar 18.000 KWh. Nesse caso, o RIE será 18.000/5.600 = 3,21, ou seja, o investimento feito na produção da placa tem um retorno 3,21 vezes maior em 20 anos.

A partir dessa definição, fica claro que uma fonte, para ser minimamente viável, deve ter RIE acima de um (1), ou seja, REL acima de zero. Estudos demonstram que valores abaixo de sete (7) para RIE não são atrativos do ponto de vista de investimento em novas fontes de energia.

O petróleo e, em geral, os combustíveis fósseis possuem RIEs elevados, pois as reservas disponíveis ainda hoje são ricas e muito acessíveis. À medida que essas fontes forem se esgotando, o RIE deverá decrescer, porque a energia útil gasta na obtenção deverá aumentar, seja para extrair o petróleo ou para processá-lo e entregá-lo para consumo. As usinas nucleares possuem RIE menores em razão da quantidade de energia despendida na construção e na operação das usinas. Além disso, as usinas atômicas exigem a desativação e o confinamento do rejeito radioativo produzido, o que provoca maior demanda de energia. Contudo, esses conceitos valem para as demais fontes de energia, como no caso de uma usina termoelétrica ou hidroelétrica. No caso da usina hidroelétrica, um aspecto relevante que vem sendo considerado é a sua desativação, especialmente do reservatório. Fica evidente que as fontes não renováveis são mais eficientes quando comparadas com as fontes renováveis. Já a questão dos impactos ambientais precisa ser avaliada de uma forma mais abrangente, principalmente pelo fato de as fontes de energia com maior potencial energético apresentarem menor custo de investimento, o que implica em maior potencial para a atenuação dos impactos ambientais.

A **TABELA 7.1**[7] apresenta alguns valores do RIE para diferentes fontes de energia. Observa-se grande variabilidade nos valores; entretanto, as fontes não renováveis apresentam, em geral, maiores índices, sendo que esses valores se alteram na medida em que se torna mais complexa a exploração da fonte e são consideradas novas tecnologias.

O conceito de eficiência também pode se estender para uma série de outras fontes e para os produtos em geral (eletrodomésticos, lâmpadas e motores, entre outros). Uma importante forma de conservar energia e, consequentemente, de promover a sustentabilidade ambiental é empregar fontes e produtos mais eficientes. A Engenharia e as ciências correlatas têm se empenhado em desenvolver tecnologias mais eficientes, consideradas sustentáveis. Existem inúmeros exemplos de tecnologias mais eficientes sendo empregadas para a conservação ambiental, como refrigeradores que passaram a ter eficiência superior a 50%, quando era em torno de 20%, e lâmpadas que passaram de eficiência de 5%, no caso de lâmpadas incandescentes, para mais de 30% com a tecnologia LED. Ocorreu também a

---

*Ver a sua definição detalhada em Encyclopedia of Earth.[5]

TABELA 7.1 RIE para diferentes fontes de energia e regiões do mundo

Fonte	Ano	País	RIE (X:1)
Fontes fósseis (petróleo e gás)			
Petróleo e produção de gás	1999	Global	35
Petróleo e produção de gás	2006	Global	18
Petróleo e gás no país	1970	EUA	30
Descobertas	1970	EUA	8
Produção	1970	EUA	20
Petróleo e gás no país	2007	EUA	11
Petróleo e gás importado	2007	EUA	12
Petróleo e produção de gás	1970	Canadá	65
Petróleo e produção de gás	2010	Canadá	15
Petróleo, gás e produção de areia betuminosa	2010	Canadá	11
Petróleo e produção de gás	2008	Noruega	40
Produção de petróleo	2008	Noruega	21
Petróleo e produção de gás	2009	México	45
Petróleo e produção de gás	2010	China	10
Fontes fósseis (outros)			
Gás natural	2005	EUA	67
Gás natural	1993	Canadá	38
Gás natural	2000	Canadá	26
Gás natural	2009	Canadá	20
Carvão (*mine-mouth*)	1950	EUA	80
Carvão (*mine-mouth*)	2000	EUA	80
Carvão (*mine-mouth*)	2007	EUA	60
Carvão (*mine-mouth*)	1995	China	35
Carvão (*mine-mouth*)	2010	China	27
Não renováveis (outros)			
Nuclear	n/a	EUA	5 a 15
Renováveis			
Hidroelétrica	n/a	n/a	>100
Turbina de vento	n/a	n/a	18
Geotérmica	n/a	n/a	n/a

(Continua)

▶ **TABELA 7.1** RIE para diferentes fontes de energia e regiões do mundo *(Continuação)*

Fonte	Ano	País	RIE (X:1)
Energia de ondas	n/a	n/a	n/a
Painéis solares			
Coletor plano	n/a	n/a	1,9
Coletor concentrado	n/a	n/a	1,6
Fotovoltaico	n/a	n/a	6 a 12
Solar passivo	n/a	n/a	n/a
Biomassa			
Etanol (cana-de-açúcar)	n/a	n/a	0,8 a 10
Etanol de milho	n/a	EUA	0,8 a 1,6
Biodíesel	n/a	EUA	1,3

Fonte: Murphy e Hall.[8]

modernização dos projetos dos motores de veículos automotores, que, de autonomia média de 4 km/L nos veículos produzidos antes da crise do petróleo na década de 1970, passou para uma autonomia de cerca de 14 km/L para os veículos mais modernos, sem mencionar o desenvolvimento de veículos híbridos e elétricos.

7.4 A QUESTÃO ENERGÉTICA NO FUTURO

A questão energética mundial é um dos principais problemas que a sociedade enfrenta devido ao fato de que explorar, processar e distribuir energia de diferentes fontes resultam em impactos ambientais negativos. Esses impactos geram danos em várias escalas espaciais, tanto em determinadas regiões quanto em escala global. O crescimento da população mundial aliado à melhoria do padrão de vida implica um aumento da demanda energética. Portanto, uma questão importante é estabelecer um padrão de produção e consumo energético que possa ser compatibilizado com a capacidade do meio ambiente, ressaltando que a falta de desenvolvimento econômico é um dos principais responsáveis pela degradação ambiental. A demanda de energia é uma variável muito relevante e deve ser devidamente considerada no processo de planejamento e gestão ambiental; para isso, devemos encontrar respostas para as seguintes perguntas:

1. Qual o potencial de aproveitamento da fonte, em curto, médio e longo prazos?
2. Qual o rendimento esperado?
3. Qual o custo de desenvolvimento, construção e operação?
4. Quais são os impactos ambientais, sociais, de segurança (militar e econômica) e como eles podem ser reduzidos?
5. Como a exploração dos recursos disponíveis compromete ou contribui para o desenvolvimento econômico do país?

Um dos maiores desafios tecnológicos no futuro será desenvolver sistemas de produção energética que assegurem a melhoria da qualidade de vida da população e, ao mesmo tempo, a proteção do meio ambiente. Isso irá requerer ações coordenadas de planejamento, engenharia e gestão, reforçando que a inovação tecnológica tem um papel fundamental nesse processo, seja para o desenvolvimento de novas fontes de energia, seja para assegurar a exploração adequada dos recursos existentes. Nesse aspecto, é importante lembrar que não existem fontes de energia boas ou ruins, mas sim processos de exploração, conversão e uso mais ou menos eficientes, cabendo aos profissionais que atuam nessa área desenvolver projetos e sistemas que permitam explorar esses recursos com o máximo benefício para a sociedade.

Na busca por respostas às perguntas apresentadas, a seguir há um discussão sobre cada fonte de energia disponível, levando em consideração a sua disponibilidade e os impactos ambientais associados à sua exploração, lembrando, porém, que um dos maiores desafios tecnológicos no futuro será desenvolver sistemas de produção cada vez mais eficientes e de produtos de baixo consumo.

7.5 FONTES NÃO RENOVÁVEIS E RENOVÁVEIS

A seguir, são apresentadas as principais fontes de energia, suas potencialidades e os impactos ambientais produzidos, tanto no âmbito da exploração como no da distribuição e consumo.

▶ 7.5.1 Fontes não renováveis

7.5.1.1 Petróleo

O petróleo é um líquido formado basicamente por hidrocarbonetos e poucos compostos, e também contém oxigênio, enxofre e nitrogênio. Com frequência, o petróleo e o gás estão confinados a grandes profundidades, tanto abaixo dos continentes quanto dos mares. Em geral, o petróleo está disperso em cavidades e em fraturas de formações rochosas. O petróleo mais valioso, conhecido como **leve**, contém poucas impurezas de enxofre e grande quantidade de compostos orgânicos facilmente refináveis em gasolina. Quanto menor for a quantidade de enxofre, menor a quantidade de dióxido de enxofre (SO_2) lançado na atmosfera. O petróleo menos valioso é chamado de **pesado**. Este tipo possui muitas impurezas e exige maiores recursos de refino para obtenção de gasolina.

Uma vez retirado do poço, o petróleo é enviado para as refinarias. Nestas, ele é aquecido e destilado para separar a gasolina, o óleo combustível, o óleo diesel e outros componentes. Os produtos petroquímicos são utilizados como matéria-prima em indústrias de produtos químicos, de fertilizantes, de defensivos agrícolas, de plásticos, de fibras sintéticas, de tintas, de medicamentos e de muitos outros produtos.

Entre os maiores produtores em 2017, observa-se o Brasil em 10º lugar. Os maiores produtores são os Estados Unidos, seguidos por Arábia Saudita, Rússia e Canadá; a China aparece em sétimo lugar. Em termos de reservas, entre os países da Organização dos Países Exportadores de Petróleo (OPEP), a Venezuela lidera com 303 bilhões de barris, seguida dos países árabes.[9]

7.5.1.2 Gás natural

O gás natural é uma mistura de gás metano com pequenas quantidades de hidrocarbonetos gasosos mais pesados, como propano e butano. No aproveitamento do gás natural, os gases butano e propano são liquefeitos, gerando o **gás liquefeito de petróleo (GLP)**. O GLP é armazenado em tanques pressurizados para uso em áreas onde não existe distribuição por rede. O restante do gás é distribuído em redes, porém ele pode ser liquefeito a baixas temperaturas para transporte em navios.

O gás natural gera menos poluentes atmosféricos quando comparado com outros combustíveis fósseis, produz muito pouco SO_2, quase nenhum material particulado e aproximadamente um sexto dos óxidos de nitrogênio produzidos por carvão, óleo e gasolina. O CO_2 e outros gases de efeito estufa (GEE), produzidos por unidade de energia, são inferiores a outros combustíveis. O custo de aproveitamento do gás é baixo quando comparado com outras fontes, e seu rendimento é bastante alto. É um combustível versátil e pode ser queimado eficientemente em fornos, fogões, aquecedores de água, secadores, caldeiras, incineradores, aparelhos de ar-condicionado, refrigeradores, desumidificadores etc. Em termos de geração de eletricidade, podem ser utilizadas turbinas a gás, que operam como turbinas a jato.

Uma vantagem do gás natural em usinas termoelétricas é o fato de se operar sistemas combinados a gás e vapor d'água, o que aumenta a eficiência de conversão de energia para quase 50%, comparada com a eficiência de 30% das usinas que utilizam carvão ou outro tipo de combustível. Além disso, o avanço no desenvolvimento das células de combustível pode contribuir de forma significativa para o aprimoramento da eficiência de conversão da energia química do gás natural para energia elétrica, o que demonstra a relevância da inovação tecnológica para a melhoria econômica e ambiental.

Os maiores produtores de gás natural nos dias de hoje são os Estados Unidos, seguidos por Rússia e Irã.[10]

7.5.1.3 Xisto betuminoso

Os xistos betuminosos são rochas sedimentares que contêm quantidades variáveis de uma mistura de compostos orgânicos em estado sólido ou em forma pastosa chamada **querogênio**. O grande problema provocado pelo aproveitamento do xisto é o impacto ambiental. Seu processamento requer grandes quantidades de água, geralmente escassa nas regiões áridas e semiáridas onde os depósitos mais ricos estão localizados. Além disso, a produção de querogênio gera grande quantidade de CO_2, óxidos de nitrogênio, SO_2 e sais cancerígenos, afetando o ar e a água da região. Algumas técnicas de extração e processamento de menor impacto estão sendo propostas, mas são extremamente caras. Deve ser ressaltado que o aprimoramento das tecnologias de processamento dos combustíveis e conversão em energia tem contribuído para a minimização dos impactos ambientais negativos associados.

7.5.1.4 Alcatrão

O alcatrão é obtido em depósitos arenosos. As maiores reservas estão localizadas no Canadá. Supõe-se que as reservas de óleo pesado presentes nessas areias sejam superiores ao total de reservas de óleo hoje conhecidas da Arábia Saudita. Do ponto de vista de eficiência, o aproveitamento do betume a partir da areia possui baixíssimo rendimento. Para produzir um barril de óleo, é necessário quase meio barril de óleo convencional. Outros problemas são os impactos ambientais produzidos na água, no ar e no solo, que também passaram a ser mais bem considerados em função das novas exigências impostas pelos órgãos de controle ambiental.

7.5.1.5 Carvão

O carvão mineral, ou hulha, é formado basicamente por carbono, com pequenas quantidades de água, nitrogênio e enxofre. Existem quatro tipos básicos de carvão: a **turfa**, a **lignita**, o **carvão betuminoso** e o **antracito**. Os três primeiros são os mais comuns. O antracito possui maior poder calórico e contém menos SO_2. Boa parte do carvão mundial é queimada em usinas termoelétricas; o restante é convertido em coque para fabricação de aço e queimado em caldeiras para produzir vapor em diversos processos industriais.

O carvão é o combustível fóssil mais abundante no mundo. As maiores reservas estão nos Estados Unidos, na China e na Rússia. Essas nações respondem por cerca de 60% da produção mundial, sendo a China o maior produtor. O carvão é extraído de campos superficiais e subterrâneos. A mineração subterrânea é feita quando as reservas estão em grande profundidade. O impacto ambiental produzido pela exploração de carvão é extremamente alto, pois ela destrói a vegetação e o hábitat de várias espécies. A erosão nessas regiões é altíssima, cerca de mil vezes superior à da floresta natural. É grande também a produção de materiais tóxicos, que acabam poluindo rios e aquíferos subterrâneos.

Em termos de poluição atmosférica, o carvão é a grande fonte de óxidos de enxofre e nitrogênio. Essas emissões são responsáveis pelo *"smog* industrial" e pela ocorrência das chuvas ácidas. Além disso, o carvão produz grande quantidade de CO_2 por unidade de energia, quando comparado com outras fontes. Ressalta-se que as usinas mais modernas apresentam sistemas eficientes de controle da emissão desses gases, principalmente aqueles responsáveis pela chuva ácida, conforme discutido no Capítulo 10.

7.5.1.6 Energia geotérmica

Essa fonte de energia está contida em alguns depósitos (renováveis e não renováveis) em forma de **vapor seco**, **vapor úmido** e **água quente**. A exploração desses depósitos é feita pela perfuração de poços. A energia térmica produzida pode ser utilizada para aquecimento de ambientes, produção industrial e geração de eletricidade. O uso desse tipo de energia restringe-se pela sua distribuição. Para alguns países, como a Islândia, a energia geotérmica é a principal fonte de aquecimento de ambientes. As maiores vantagens desse tipo de fonte são a eficiência no seu uso e a não emissão de GEE. Como desvantagens, podemos citar poucas fontes de energia, emissão de amônia, gás sulfídrico e materiais radioativos, lançamento de compostos tóxicos em rios, além da produção de cheiro e ruído nos locais de exploração.

Ressalta-se que a exploração da energia geotérmica é restrita a algumas regiões do planeta, o que limita a exploração desse tipo de recurso.

7.5.1.7 Energia nuclear

Uma usina nuclear consiste, basicamente, em uma usina térmica na qual o aquecimento é produzido por **reação de fissão nuclear**. O combustível mais utilizado é o urânio 235, que existe em pequena proporção no minério natural (1/140 em relação ao urânio 238). Como é pequena a probabilidade de um nêutron rápido atingir um átomo de urânio 235, que existe em pequena porcentagem, é preciso utilizar uma técnica suplementar para manter a reação em cadeia. Nessa técnica, pode-se transformar os nêutrons rápidos em lentos, aumentar a proporção de átomos físseis, mediante aumento do urânio 235, ou adicionar plutônio 239 ou tório 232 à composição do combustível.

Os reatores que se utilizam de nêutrons lentos são chamados de **reatores térmicos**, e os que se utilizam de nêutrons rápidos para manter a reação em cadeia são os **reatores rápidos**. Além do combustível, os reatores devem ter um sistema de **controle** das partículas (absorvedores de nêutrons), um **moderador** e um sistema de **refrigeração** e **blindagem** de proteção. Os controladores são fabricados com materiais especiais, como o cádmio, o háfnio e o boro, geralmente na forma de barras que absorvem nêutrons, desacelerando a reação e reduzindo a produção de energia. Os moderadores desaceleram os nêutrons e podem muitas vezes fazer o papel também de refrigeradores. O sistema de refrigeração deve ser altamente eficiente para evitar superaquecimento e principalmente a fusão do núcleo. São utilizados materiais abundantes, não corrosivos e que não absorvem nêutrons, geralmente o gás carbônico, o hélio, a água comum ou leve, a água pesada, alguns metais líquidos (p. ex., o sódio) e alguns compostos orgânicos. A proteção é feita com a colocação de uma **blindagem**, que pode ser feita de concreto e chapas metálicas, entre outros materiais.

A diferença básica entre os diversos tipos de usinas nucleares está no reator e na forma como o vapor é gerado para a movimentação das turbinas que irão acionar o gerador elétrico. O mais utilizado atualmente (85%) é o chamado reator de água leve pressurizado (PWR, do inglês *pressurized water reactor*), e a principal diferença entre esse reator e os demais está no tipo de refrigerante e no tipo de moderador empregado, além de o vapor ser gerado em um circuito térmico que não tem contato com o fluido de refrigeração do reator (circuito secundário). O PWR possui uma eficiência aproximada de 30%, menor que a usina térmica a carvão (40%) e muito menor que a usina hidroelétrica, cuja eficiência chega a até 96%.

A segurança dos reatores é feita por vários dispositivos e obras, dos quais destacam-se: paredes espessas e envoltório de concreto e aço que cobrem o vaso do reator; sistema para inserção automática das hastes de controle na alma do reator para paralisar a fissão em condições de emergência; edifício de concreto com aço reforçado para impedir que os gases radioativos e materiais escapem para a atmosfera na eventualidade de um acidente; sistemas de filtro e de aspersões de produtos químicos dentro do edifício do reator para impedir que a poeira radioativa contamine o ar; sistemas para condensar o vapor que pode escapar do vaso do reator e para prevenir que a pressão interna aumente além do limite de segurança do vaso do reator; sistema de emergência para inundar automaticamente o reator em caso de derretimento do núcleo; duas linhas de energia separadas que servem a usina e os diversos geradores a diesel para suprir energia para as bombas de emergência e para o sistema refrigerante do núcleo; inspeção com raio X das peças metálicas durante a construção e operação para prever corrosão; e sistema alternativo automático para substituir qualquer parte do sistema de segurança em caso de falha. Com essas medidas, é muito pequena a possibilidade de ocorrência de acidente em uma usina nuclear.

O combustível é parte integrante da usina nuclear. Sua obtenção passa por vários processos de beneficiamento. Ele é fabricado com um grau de pureza maior do que o usado na fabricação de remédios e deve ter também uma precisão de relógio, pois qualquer imperfeição ou impureza pode prejudicar seu desempenho e encarecer o processo. Ele é composto pela mistura do material físsil, que se parte após a captura do nêutron (fissão), liberando enorme quantidade de energia e de material fértil que pode se transformar em físsil mediante a captura de um nêutron. O combustível é lacrado dentro do gerador e não entra em contato com o ar. Ele não se esgota inteiramente, sendo periodicamente removido do reator e estocado em piscinas especialmente projetadas para armazená-lo por um determinado período, podendo, mais tarde, ser submetido ao reprocessamento, cujo objetivo é recuperar o material físsil e fértil ainda existente para, posteriormente, utilizá-lo na fabricação de novos elementos combustíveis. Anualmente, a terça parte dos elementos combustíveis é removida do reator.

Observe que o combustível nuclear não deixa resíduos, não solta fumaça ou fuligem nem deixa cinzas como os combustíveis convencionais. Entretanto, existe um ciclo desse combustível no meio ambiente que gera vários impactos ambientais. A seguir, apresenta-se as diversas fases do processo de obtenção do combustível nuclear.

- **Mineração**: na mineração, o minério de urânio é extraído na forma de um produto concentrado de urânio (U_3O_8), de cor amarelada, conhecido como "bolo amarelo" (*yellow cake*), que contém cerca de 99,3% de urânio 238 e 0,7% de urânio 235.
- **Purificação e enriquecimento**: depois do processo de extração, o concentrado de urânio obtido é submetido a um processo de purificação para se obter urânio de grau nuclear, ou seja, isento de quaisquer impurezas que possam interferir no processo. Posteriormente, ele é encaminhado para uma usina de enriquecimento, onde se aumenta a concentração do isótopo de urânio 235 de 0,7% para 3%.
- **Fabricação de elementos combustíveis**: o urânio enriquecido é levado para uma fábrica de elementos combustíveis, acondicionado na forma de pastilhas de UO_2 (dióxido de urânio) e colocado em tubos de *zircalloy* (liga de zircônio).
- **Reatores**: nessa fase, o combustível vai para a usina, é colocado no núcleo do reator e utilizado até a concentração de urânio 235 ficar reduzida a cerca de 1%.
- **Reprocessamento**: a cada ano, um terço do combustível é trocado, e os elementos saturados podem, em função do seu estado, ir para uma usina de reprocessamento dos combustíveis irradiados ou para uma central de rejeitos para serem descartados. Logicamente, os diversos tipos de reatores usam combustíveis de maneira diferente. Existem

certos reatores que utilizam como combustível o plutônio e o tório. O plutônio é obtido a partir do urânio 238 em reatores rápidos ou do urânio 235 em reatores térmicos. O tório 232 é encontrado nas areias monazíticas, e sua utilização depende do beneficiamento das areias, com remoção das terras raras e urânio. Em reatores refrigerados a gás de alta temperatura, ele é transformado em urânio 235.

- **Armazenamento e transporte do combustível irradiado**: os combustíveis irradiados são retirados do reator nuclear e depositados em piscinas de estocagem para que seja removido o calor residual liberado durante o decaimento radioativo dos elementos radioativos presentes; além disso, a água fornece uma blindagem biológica durante o período em que o combustível permanece na piscina. Além dos problemas de segurança, outro grande desafio técnico continua sendo a disposição segura do **rejeito radioativo**. As soluções adotadas até agora são paliativas. O problema é encontrar um local seguro para armazenar os combustíveis irradiados, que apresentam elevados níveis de radioatividade durante um longo período (entre 10 mil anos e 240 mil anos). Os métodos propostos e que estão hoje em pesquisa são enterrar a uma grande profundidade, lançar no espaço em direção ao Sol, transformar em isótopos menos perigosos ou menos danosos e usar os elementos presentes em pequenas baterias para alimentar pequenos geradores domésticos de energia.

7.5.1.8 Fissão nuclear *breeder* e fusão nuclear

Nos reatores *breeder*, o urânio 238 não físsil é convertido em plutônio 239 físsil, e a sua grande vantagem é a economia de material radioativo. Os reatores em operação hoje são experimentais e não produzem a quantidade de plutônio esperada. Além disso, os custos de desenvolvimento, construção e operação são elevados. Levará muitos anos para que o reator esteja comercialmente disponível. Outro grande desafio tecnológico é o reator a fusão. A reação de fusão já pode ser realizada em reatores experimentais. O grande problema consiste em torná-los comercialmente viáveis. Recentemente, em um esforço conjunto de 35 países, foi retomado o projeto do maior reator experimental de fusão nuclear no mundo, o Reator Termonuclear Experimental Internacional (ITER, do inglês *International Thermonuclear Experimental Reactor*), construído no sul da França.

▶ 7.5.2 Fontes renováveis

7.5.2.1 Hidroeletricidade

Esse tipo de aproveitamento é um dos mais eficientes e consiste em aproveitar a energia potencial ou cinética da água, transformando-a em energia mecânica, pela turbina, e finalmente em eletricidade, pelo gerador. O tipo de hidroelétrica é função, basicamente, da vazão do rio, da reservação e da queda disponível. Na maioria dos países desenvolvidos, os recursos hidroelétricos já estão praticamente esgotados. Os países em desenvolvimento possuem grandes reservas ainda não exploradas. Em países como o Brasil e a Noruega, a hidroeletricidade é responsável por 92% da produção total de energia elétrica. A grande vantagem da hidroeletricidade é o seu altíssimo rendimento (em torno de 96%), além de ser um dos sistemas mais baratos de produção de eletricidade. São inúmeras as vantagens da hidroeletricidade. O hemisfério Norte praticamente esgotou as suas fontes de hidroeletricidade, o Brasil ainda possui um potencial remanescente muito elevado e, portanto, é ainda uma fonte estratégica de energia para o país. Em maio de 2019, o Brasil possuía mais de 100 GW de hidroelétricas em operação, destas deverão passar por repotenciação algo em torno de 100 MW (usinas com mais de 25 anos de operação). O potencial brasileiro para isso é de 50 GW, algo em torno de 51 usinas.

Por se tratar da principal fonte de produção de energia elétrica no Brasil, este item será tratado em mais detalhes na seção 7.6.

7.5.2.2 Energia solar direta

A energia solar direta é hoje uma das fontes potenciais de energia renovável. Ela pode ser empregada para geração de energia elétrica e para aquecimento. Uma das formas de uso é empregar a radiação solar para concentrar calor para ser utilizado na produção industrial. Um exemplo é a usina de Odeillo, nos Pirineus, França, inaugurada em 1970, que funciona como um forno solar. O calor produzido nessa unidade é intenso, podendo-se obter temperaturas da ordem de 3.000°C.[11] Essa energia é utilizada para fabricar metais puros e outras substâncias. O calor excedente é usado para produzir vapor e eletricidade. O uso da energia solar direta tem sido ampliado no mundo, mas ainda como forma de complementação de fontes tradicionais de energia. O maior problema associado ao aproveitamento desse tipo de energia é a intermitência na geração, pois há necessidade de irradiação solar, bem como a eficiência de conversão, no caso da energia fotovoltaica, próxima de 17%.

7.5.2.3 Energia das marés

Uma das formas de aproveitamento da energia das águas dos oceanos é por meio das usinas maremotrizes, as quais utilizam os desníveis criados pelas marés. Os projetos hoje existentes são quase experimentais e se mostraram antieconômicos. Além disso, são poucos os locais onde é viável o aproveitamento econômico das marés, mesmo no Brasil. Também deve ser considerado o fato de os materiais necessários para construir os equipamentos de geração de energia precisarem ser resistentes à corrosão que pode ser ocasionada pela água do mar, bem como a sua produção depender dos ciclos de maré.

7.5.2.4 Energia eólica

Desde a década de 1970, pequenas e modernas turbinas de vento estão sendo implantadas. A experiência tem mostrado que essas turbinas podem produzir energia a custos razoáveis em áreas onde a velocidade do vento varia de 25 km/h a 50 km/h. A primeira turbina eólica com capacidade para geração comercial de energia elétrica foi ligada à rede pública em 1976, na Dinamarca.[12] Uma desvantagem desse tipo de energia é que os centros de demanda necessitam de sistemas alternativos de produção para os períodos de calmaria. Em termos de impactos ambientais, as turbinas eólicas podem interferir na migração de pássaros, na transmissão de sinais de rádio e TV e na paisagem.

Os grandes sistemas de produção de energia elétrica a partir do vento são chamados de parques de vento (do inglês *wind farm* ou *wind park*). Esses parques podem ser instalados dentro do continente (*onshore*) ou nos oceanos, próximos à costa (*offshore*). Os maiores parques estão na China, nos Estados Unidos e na Índia. Em Gansu, na China, a produção prevista é de 20.000 MW. No total, em 2019, a China possuía 25 GW instalados. Em setembro de 2019, os EUA possuam quase 100.00 MW, produzindo cerca de quase 7% da energia elétrica no país. A Índia possui hoje cerca de 21.000 MW instalados. Observa-se que a produção de energia elétrica e de aquecimento a partir do vento é uma das fontes do futuro. No Brasil, também é uma fonte que vem sendo bastante explorada, principalmente no Nordeste e no Sul do país.

Para esse tipo de fonte de energia deve-se considerar a sua intermitência, o que resulta em um fator de capacidade baixo, por volta de 0,3 a 0,4, o que implica dizer que entre 60 e 70% do tempo as usinas eólicas não terão energia disponível. Para aumentar a sua capacidade de produção, seria necessário construir usinas eólicas com maior potência, armazenando uma parte da energia em baterias. Isto, por sua vez, resultará em maiores investimentos e uso de recursos naturais, diminuindo a sua viabilidade econômica e ambiental.

7.5.2.5 Biomassa

A biomassa é a matéria vegetal produzida pelo Sol por meio da fotossíntese. Ela pode ser queimada no estado sólido ou convertida para outros estados (líquido ou gasoso). Ambientalmente, as grandes desvantagens do emprego da biomassa relacionam-se com o conflito do uso da terra para agricultura, o aumento da erosão, a poluição do solo e da água e a destruição do hábitat. As vantagens e desvantagens em termos ambientais dependem do tipo de biomassa empregada. Muitas residências em países em desenvolvimento utilizam lenha e carvão vegetal para aquecer suas moradias e para cozinhar alimentos. O grande problema da queima da madeira é a produção de CO (monóxido de carbono) e de material particulado. A biomassa é uma fonte de energia muito importante no Brasil, pois é um país que produz grandes volumes de biocombustíveis, como etanol, biodiesel, bioquerosene, biogás e resíduos do processamento da madeira em indústrias de celulose e papel. Quando se trata do aproveitamento de resíduos, o processo de geração de energia apresenta uma vantagem relevante, pois esse material teria que ser disposto no meio ambiente. Assim, o seu aproveitamento energético é uma opção que pode trazer ganhos econômicos e ambientais.

7.5.2.6 Biogás e biolíquido

O biogás (metano) e o biolíquido são produzidos pela conversão de biomassa sólida em gás e líquido, respectivamente. Na China, existem cerca de 7 milhões de biodigestores para converter plantas e dejetos animais em metano. Os combustíveis são utilizados para aquecimento e cozimento, e os resíduos são empregados como adubo. A Índia possui cerca de 750 mil digestores, metade deles construídos depois de 1986. O gás metano também é obtido pela decomposição da matéria orgânica (digestão anaeróbia) em aterros sanitários, e pode ser produzido em estações de tratamento de esgoto.

A biomassa pode ser transformada em combustível líquido (etanol e metanol). A partir da crise do petróleo, o Brasil passou a utilizar o etanol como combustível nos veículos automotores, sendo o país com a maior frota do mundo. Na década de 1980, 30% da frota de carros da região metropolitana de São Paulo era movida a etanol; hoje, esse número caiu para menos de 5%. Além disso, a gasolina brasileira contém, aproximadamente, 22% de álcool, o que diminuiu a emissão de monóxido de carbono, mas aumentou a emissão de oxidantes fotoquímicos.

O grande problema da exploração da biomassa, do biogás e do biolíquido é o uso da terra para fins não tão nobres quando comparados com aqueles da produção de alimentos. Além disso, os impactos ambientais são todos aqueles característicos da agricultura (erosão, empobrecimento do solo, uso de fertilizantes e defensivos agrícolas e desmatamento). Entretanto, se forem utilizadas terras improdutivas para produzir o biocombustível, essa solução poderá contribuir positivamente para a crise energética.

7.5.2.7 Gás hidrogênio

Muitos cientistas sugerem o uso do gás hidrogênio para substituir o petróleo e o gás natural. Esse gás não está disponível em grande quantidade na natureza, mas pode ser produzido por processos químicos que utilizam carvão não renovável, ou gás natural, calor e eletricidade. No futuro, o hidrogênio poderá ser obtido pela decomposição da água doce ou salgada.

O gás hidrogênio pode ser queimado em uma reação com o oxigênio em usinas térmicas, carros ou em uma célula combustível que converte a energia química em corrente elétrica. Essas células, operando em uma mistura de hidrogênio e ar, possuem um grau de eficiência que varia de 60 a 80%. O grande problema para o emprego desse elemento é o seu alto custo de produção. Além disso, pela segunda lei da termodinâmica, a energia obtida pela queima de H_2 é sempre menor que a energia gasta para sua produção. Assim, a melhor opção seria utilizar a energia necessária para a obtenção do hidrogênio em outra aplicação. Outro problema é o fato de o H_2 ser altamente explosivo. Muitos técnicos dedicam-se ao desenvolvimento de sistemas mais seguros de utilização do hidrogênio. Existem vários combustíveis para exploração do hidrogênio que estão sendo testados. Quanto à poluição do ar, o impacto depende do combustível a ser empregado para a produção de H_2. Atualmente, as pesquisas estão direcionadas para a utilização do hidrogênio em células de combustível, mas o problema da eficiência energética global ainda permanece.

7.6 A ENERGIA NO BRASIL

Um aspecto relevante sobre a energia é o fato de o seu consumo poder ser utilizado para avaliar o nível de desenvolvimento econômico e social, o que tem implicações diretas sobre a qualidade de vida da população e sobre as condições ambientais. Não é possível colocar como prioridade a proteção do meio ambiente quando a população não tem as suas demandas básicas atendidas. Em 2014, quando foi atingido o maior consumo de energia entre os anos de 2009 e 2018 no Brasil, a demanda específica de energia foi de 1,379 tonelada equivalente de petróleo (TEP) por habitante,[13] enquanto a média mundial para esse mesmo ano foi de 1,923 TEP/habitante.[14] Nesse contexto, o crescimento econômico do país e a sua capacidade de tratar de forma adequada as questões ambientais dependem da disponibilidade de energia, que requer estruturação de uma política energética que priorize a utilização dos recursos naturais mais abundantes que apresentem menores custos de exploração e conversão, com uma atenção especial aos impactos ambientais associados.

Assim, este capítulo analisa a questão energética no Brasil, destacando a sua matriz energética e as reservas potenciais disponíveis, com a apresentação de aspectos relacionados à disponibilidade de recursos e a sua forma de exploração.

▶ 7.6.1 Oferta interna de energia e fontes utilizadas

Do ponto de vista estratégico, é importante o desenvolvimento de um planejamento adequado sobre os recursos energéticos disponíveis no país, assim como a projeção da demanda de energia pelos diversos setores econômicos em médio e longo prazos, o que permite o desenvolvimento de políticas e programas para viabilizar o atendimento das demandas, com base nas expectativas de crescimento do país. O Ministério de Minas e Energia, por meio da Empresa de Pesquisa Energética (EPE), tem se dedicado a desenvolver relatórios sobre o balanço energético nacional e o Plano Nacional de Energia (PNE), os quais podem ser consultados na página eletrônica da EPE.[15]

O Balanço Energético Nacional (BEN) apresenta um panorama sobre a questão energética do país, relativo à oferta e ao consumo de energia, e serve para subsidiar o planejamento do setor, o que é feito por meio do PNE.

Do ponto de vista do planejamento, os aspectos mais relevantes a serem considerados são a demanda de energia pelos vários setores econômicos, as fontes utilizadas para o atendimento dessa demanda e o inventário sobre os recursos energéticos disponíveis no país. É importante destacar que essas informações são atualizadas anualmente – recomenda-se o leitor a consultar os dados mais atualizados na página eletrônica da EPE.

Em termos de oferta interna de energia, é importante analisar a configuração da matriz energética nacional, cuja característica tem sofrido pouca variação ao longo dos anos, conforme pode ser contatado pela análise da **FIGURA 7.4**.[13] Pelos dados apresentados na Figura 7.4, constata-se que houve um pequeno aumento (1,6%) na participação das fontes não renováveis na oferta interna de energia. Também se observa que houve reduções de 2,6% na participação da energia hidráulica, de 1,7% da lenha e de 0,7% de produtos da cana-de-açúcar, que passaram a ser substituídas por outras fontes renováveis.

A possível justificativa para o comportamento em relação à oferta interna de energia está diretamente relacionada ao padrão de consumo nas diversas atividades desenvolvidas, o qual pode ser verificado por meio da análise dos dados apresentados na **FIGURA 7.5**.

Os dados apresentados na Figura 7.5 mostram o predomínio do consumo de energia para os setores de transporte, industrial e energético, cuja intensidade e padrão de uso limitam a utilização de fontes intermitentes de geração, ou cujo custo de produção comprometa o desenvolvimento das atividades específicas desses setores. Quando as Figuras 7.4 e 7.5 são analisadas em conjunto, verifica-se que a demanda para uso residencial, comercial e público é equivalente à participação das fontes hidráulica, solar, eólica e outras fontes renováveis na matriz energética do país.

Consumo total de 243,1 Mtep (2009)

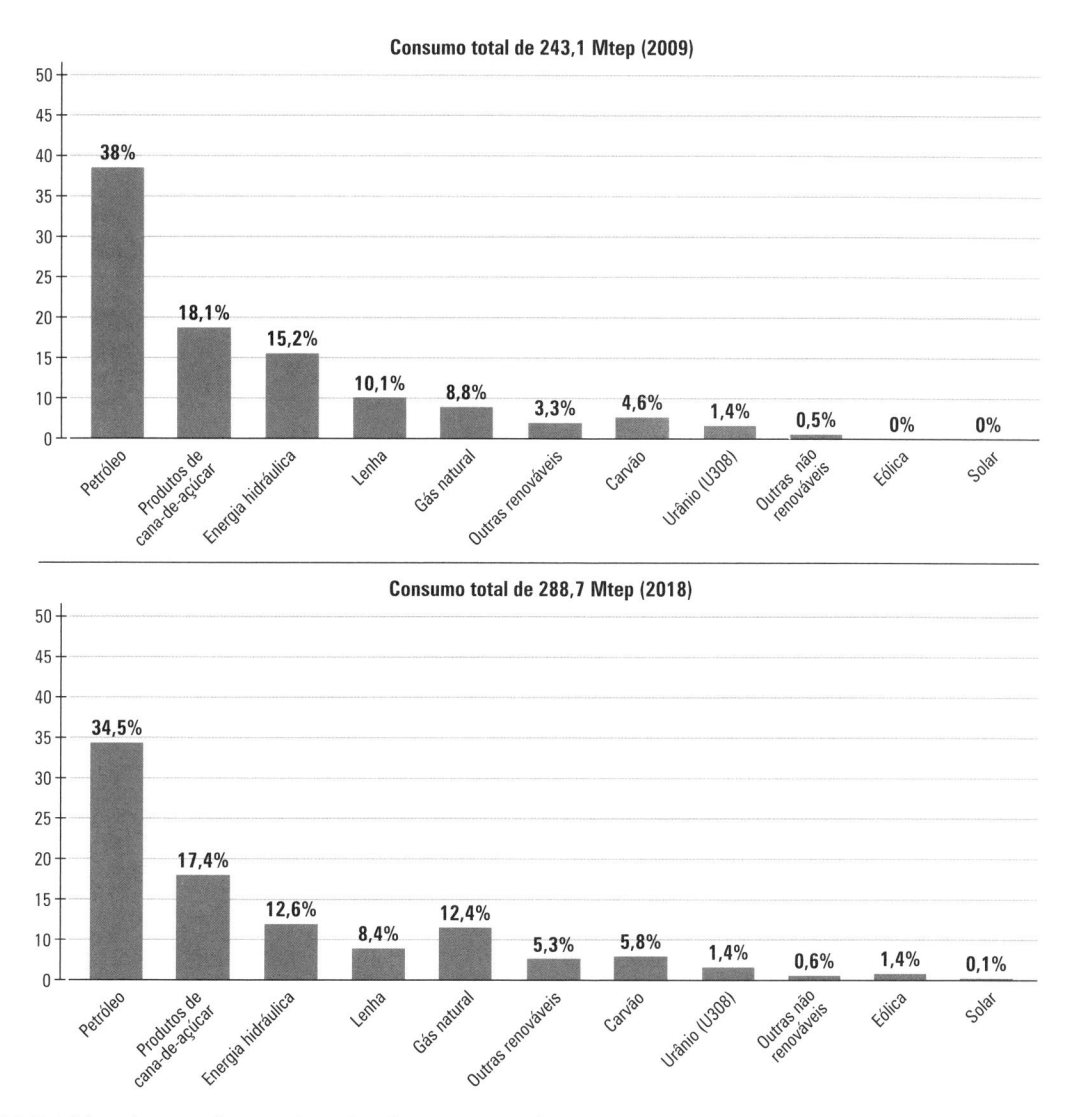

- Petróleo: 38%
- Produtos de cana-de-açúcar: 18,1%
- Energia hidráulica: 15,2%
- Lenha: 10,1%
- Gás natural: 8,8%
- Outras renováveis: 3,3%
- Carvão: 4,6%
- Urânio (U308): 1,4%
- Outras não renováveis: 0,5%
- Eólica: 0%
- Solar: 0%

Consumo total de 288,7 Mtep (2018)

- Petróleo: 34,5%
- Produtos de cana-de-açúcar: 17,4%
- Energia hidráulica: 12,6%
- Lenha: 8,4%
- Gás natural: 12,4%
- Outras renováveis: 5,3%
- Carvão: 5,8%
- Urânio (U308): 1,4%
- Outras não renováveis: 0,6%
- Eólica: 1,4%
- Solar: 0,1%

▶ **FIGURA 7.4** Oferta interna de energia no Brasil para os anos de 2009 e 2018.

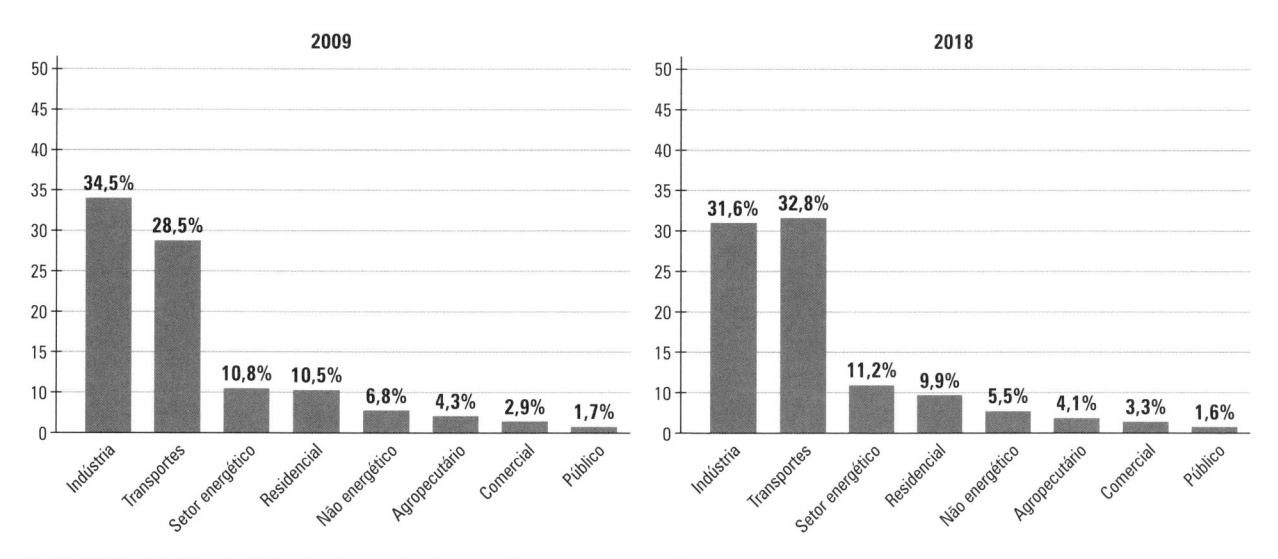

2009

- Indústria: 34,5%
- Transportes: 28,5%
- Setor energético: 10,8%
- Residencial: 10,5%
- Não energético: 6,8%
- Agropecuário: 4,3%
- Comercial: 2,9%
- Público: 1,7%

2018

- Indústria: 31,6%
- Transportes: 32,8%
- Setor energético: 11,2%
- Residencial: 9,9%
- Não energético: 5,5%
- Agropecuário: 4,1%
- Comercial: 3,3%
- Público: 1,6%

▶ **FIGURA 7.5** Distribuição da demanda de energia por setor econômico.

▶ 7.6.2 Previsão no aumento da demanda de energia e recursos energéticos disponíveis

Com base nos dados sobre demanda de energia no país e as estimativas de crescimento em médio e longo prazos, torna-se necessário verificar quais são as reservas energéticas que o país dispõe para estruturar o seu plano de desenvolvimento. De acordo com o PNE para 2050,[16] a previsão para a variação na participação das fontes de energia no consumo final é apresentada na **FIGURA 7.6**.

A análise dos dados da Figura 7.6 mostra que a matriz energética brasileira ainda terá uma grande dependência das fontes não renováveis para o atendimento das demandas para os cenários considerados, que, comparados com os dados da Figura 7.4, já apresentam uma pequena divergência em relação à participação de derivados de petróleo e gás natural, principalmente.

Na **FIGURA 7.7** são apresentadas as estimativas da evolução do consumo final de energia por setores.[16]

Os dados apresentados na Figura 7.7 mostram que, para os cenários avaliados, não ocorre uma variação significativa na distribuição do consumo de energia entre os setores analisados, o qual é bastante similar ao que foi observado para o ano de 2018 (Figura 7.5).

Para o atendimento das demandas de energia previstas é necessário verificar quais as fontes potenciais para utilização. Na **TABELA 7.2** é apresentada a estimativa das principais reservas energéticas brasileiras.

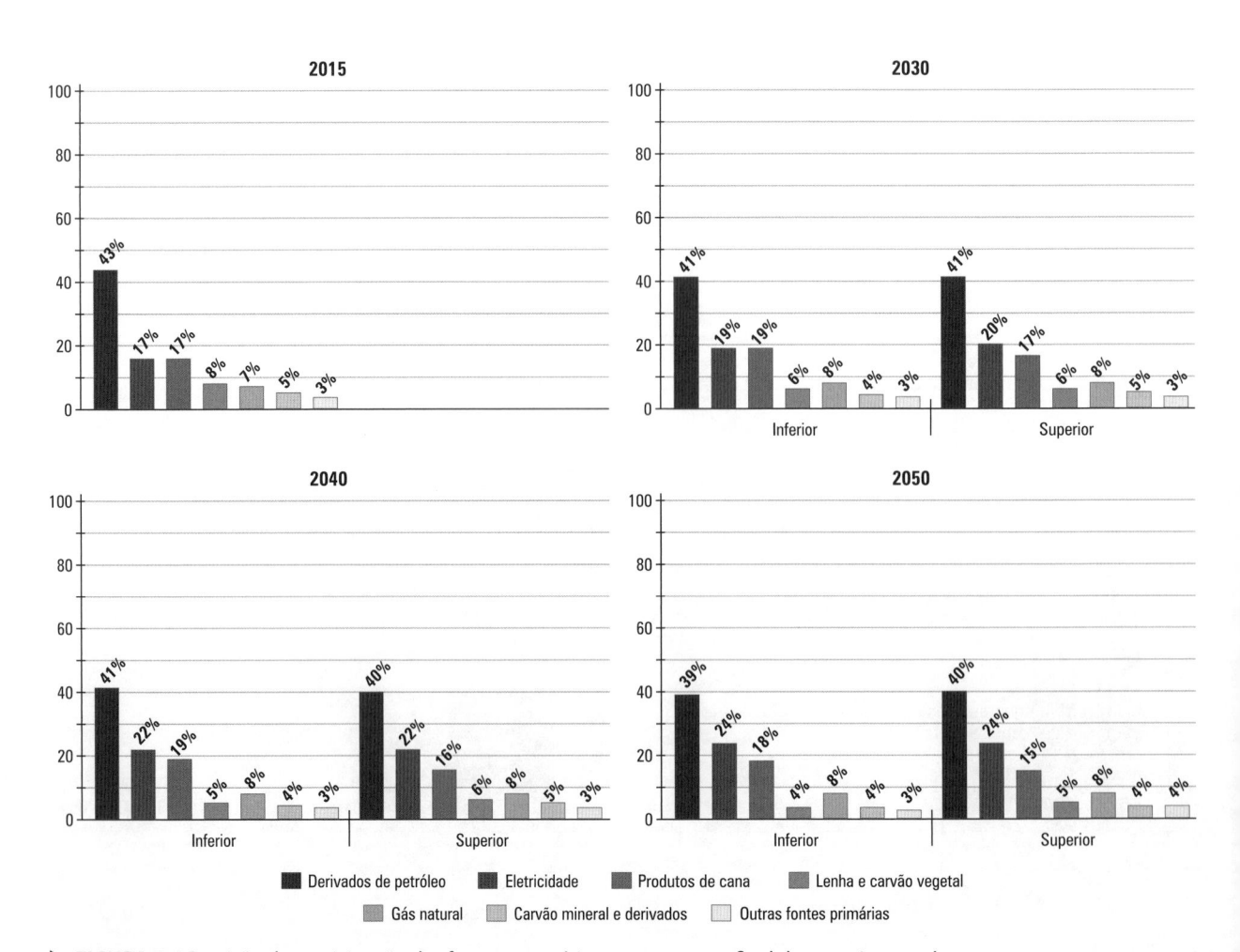

▶ **FIGURA 7.6** Previsão da participação das fontes energéticas no consumo final de energia no país.

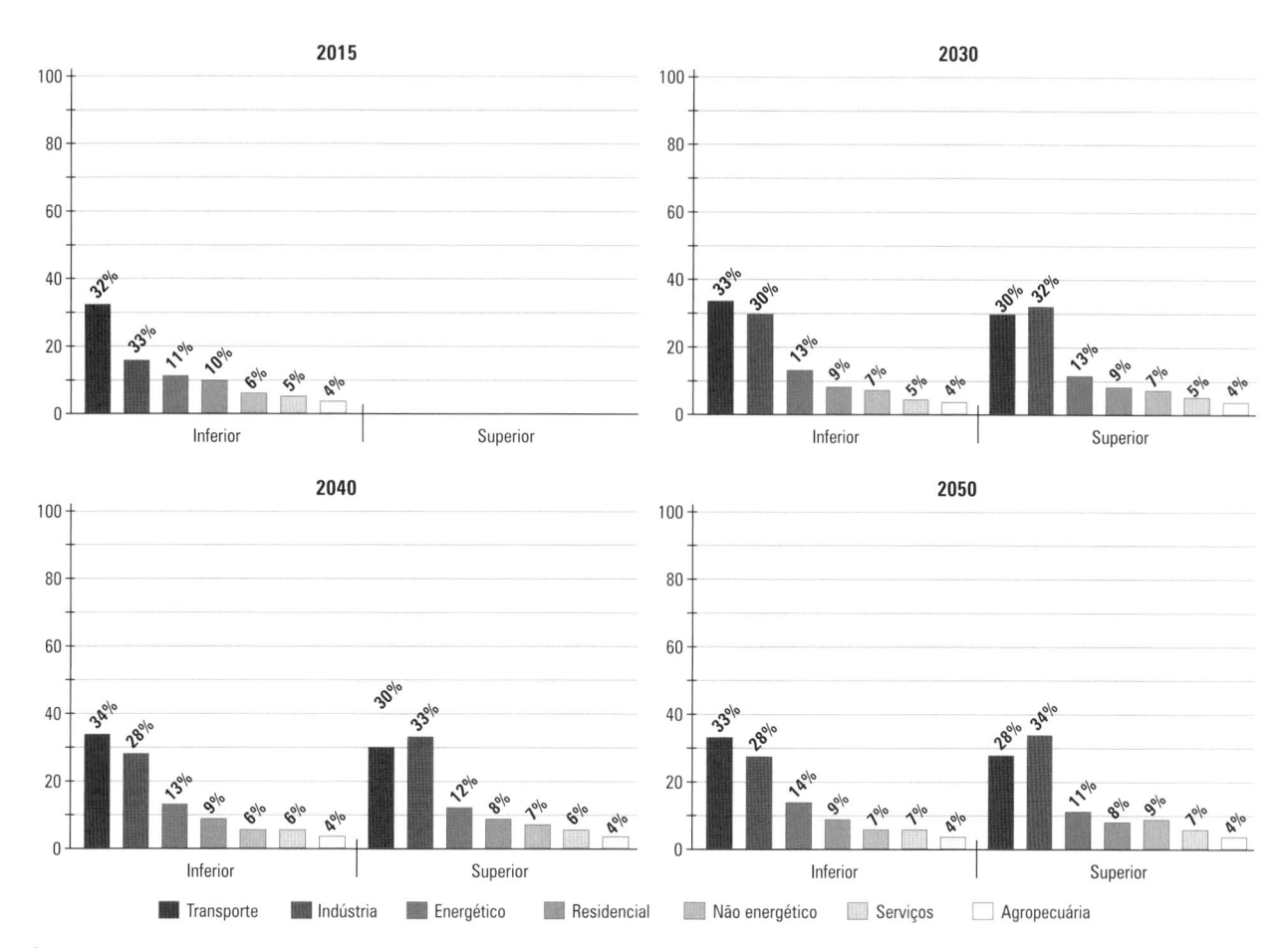

▶ **FIGURA 7.7** Previsão da distribuição do consumo de energia por setor econômico.

▶ **TABELA 7.2** Estimativa das principais reservas energéticas do país

Fonte	Unidade	Quantidade			Equivalência (Mtep)
		Medida	Est./Cont.*	Total	
Carvão mineral	10^6 t	25.719	6.535	32.254	7.021,3
Energia nuclear	t U_3O_8	177.500	131.870	309.370	2.154,0
Petróleo	10^3 m^3	2.104,760	2.459.760	4.564.520	1.873,2
Gás natural	10^6 m^3	368.450	282.496	650.946	365,9
Hidráulica	GW	111,4	24,0	135,4	84,0

*Estimadas ou contingentes, apenas para petróleo e gás natural.
Fonte: Empresa de Pesquisa Energética.[13]

Considerando-se os dados do ano de 2018, apenas para recursos energéticos não renováveis (Figura 7.4), a estimativa de duração das reservas disponíveis seria de, aproximadamente, 72 anos. Este panorama indica a necessidade do desenvolvimento de estratégias para otimizar o uso dos recursos disponíveis, bem como desenvolver novas fontes de energia para o atendimento das demandas futuras, um dos principais desafios a serem enfrentados pela humanidade.

7.6.3 Geração de eletricidade no Brasil

A **FIGURA 7.8** apresenta a distribuição de fontes de energia utilizadas no Brasil para geração de energia elétrica em 2018. Conforme se observa, a principal fonte de geração são as hidroelétricas, seguidas das usinas térmicas, estas empregando diferentes tipos de combustível, principalmente os fósseis.

A **TABELA 7.3** apresenta a potência instalada atual e a potência prevista em 2023 com as obras já esperadas no período. Atualmente, no Brasil, as novas fontes de energia já em nível de viabilidade e com licenças ambientais são colocadas em leilão, e a empresa que fornece o menor custo

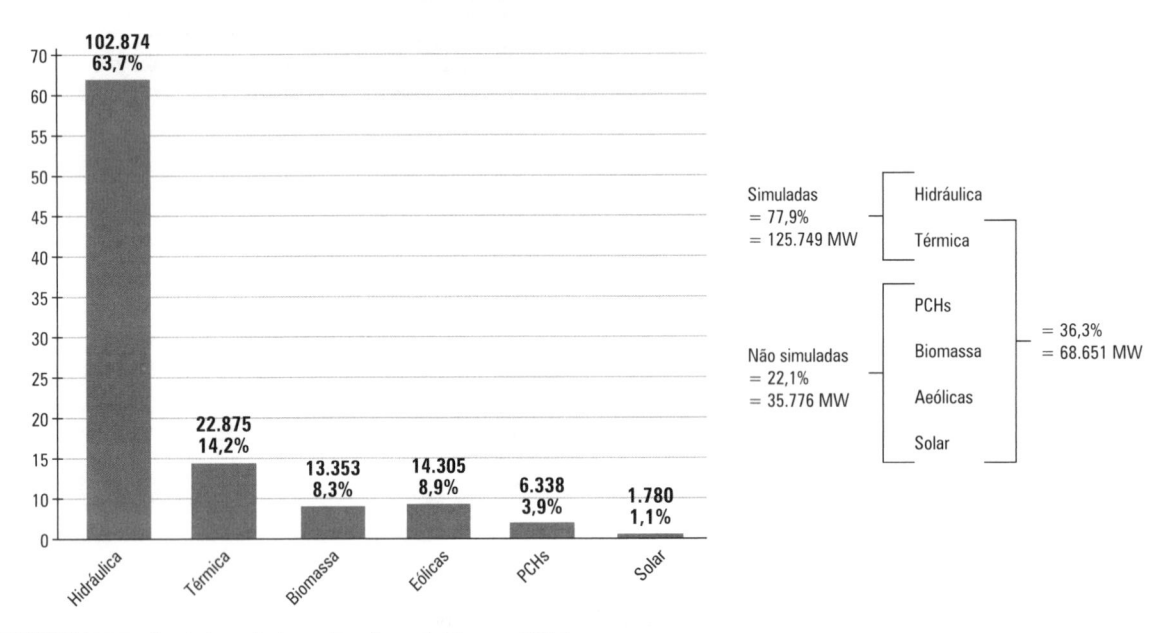

▶ **FIGURA 7.8** Potência instalada no Brasil por fontes em 2018.
Fonte: Operador Nacional do Sistema Elétrico.[17]

▶ **TABELA 7.3** Potência instalada em 2019 e a contratada para 2023

Tipo	Abril/2019 MW	Abril/2019 %	Dezembro/2023 MW	Dezembro/2023 %	Crescimento Abril/19 – Dez/23 MW	Crescimento Abril/19 – Dez/23 %
Hidráulica	109.648	67,3	114.585	64,4	4.937	4,5
Nuclear	1.990	1,2	1.990	1,1	0	0,0
Gás / GNL	12.803	7,9	17.861	10,0	5.058	39,5
Carvão	2.672	1,6	3.017	1,7	345	12,9
Óleo / Diesel	4.614	2,8	4.900	2,8	286	6,2
Biomassa	13.368	8,2	13.781	7,7	413	3,1
Outras*	804	0,5	1.000	0,6	196	24,4
Eólica	14.986	9,2	17.281	9,7	2.295	15,3
Solar	2.053	1,3	3.626	2,0	1.573	76,6
Total	162.937	100,0	178.041	100,0	15.104	9,3

*Usinas Biomassa com GNU.
Fonte: Operador Nacional do Sistema Elétrico.[18]

pela energia a ser produzida vence o leilão. Portanto, o crescimento previsto nessa tabela tem elevada chance de ocorrer. É interessante notar o crescimento por fonte – o maior deles é em energia solar, seguido pelo gás (térmicas). As fontes eólica e de biomassa também apresentam um crescimento muito importante. O setor hidroelétrico apresenta crescimento de 4,5%.

Observando esses números, constata-se que a matriz de geração elétrica no Brasil é uma das mais limpas do mundo, possuindo percentuais baixos de combustíveis fósseis. O setor hidroelétrico ainda é estratégico para o país, mesmo com o percentual descrente de potência instalada. Em anos úmidos, a energia hidroelétrica pode superar 90% da produção total. A **FIGURA 7.9** e a **TABELA 7.4** também são muito interessantes. Na Figura 7.9 é mostrado o percentual de usinas ainda remanescentes, para diferentes estágios de desenvolvimento. Existem cinco estágios de desenvolvimento, desde o **estimado** até a **entrada de operação** da

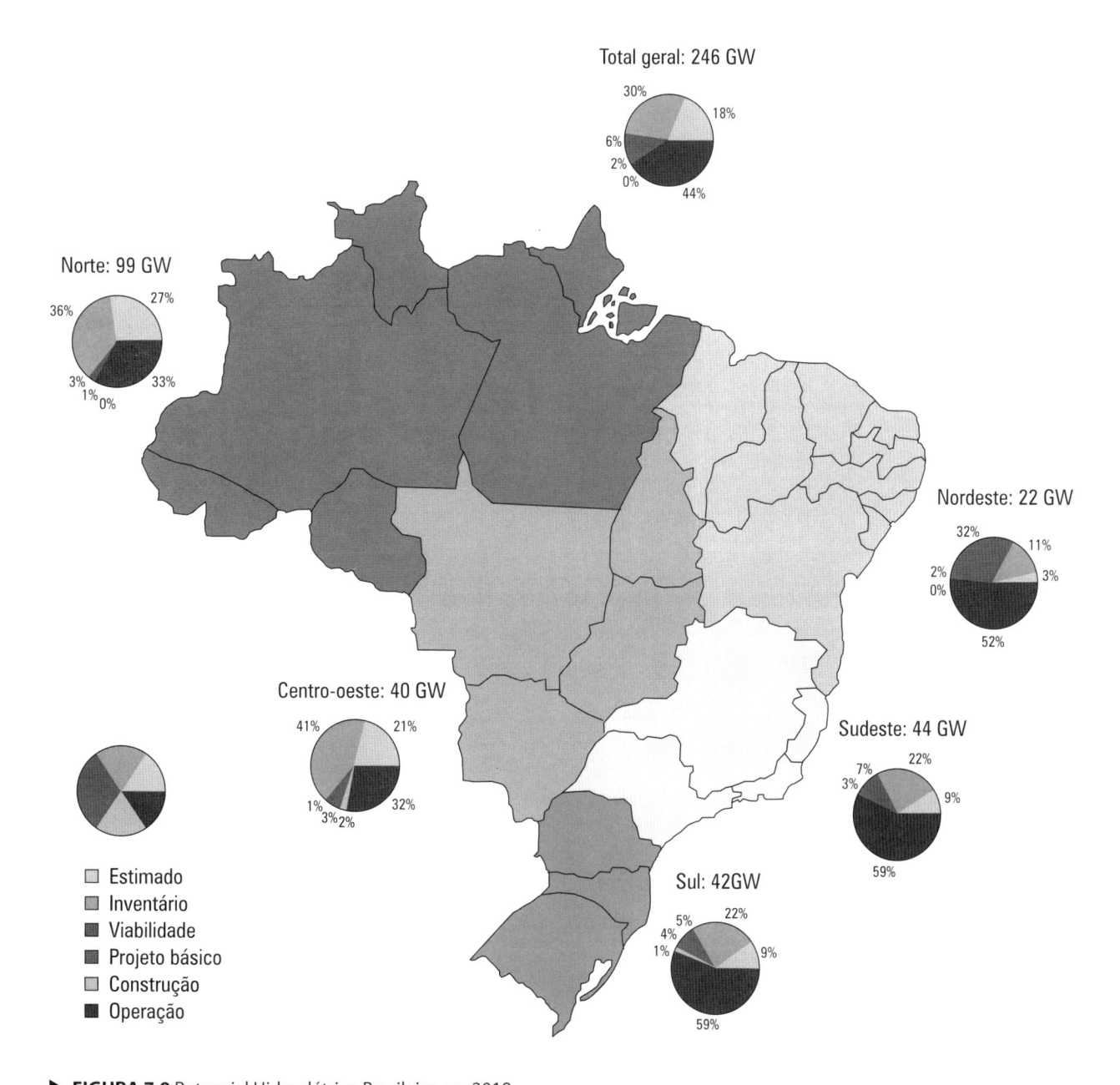

▶ **FIGURA 7.9** Potencial Hidroelétrico Brasileiro em 2018.
Fonte: Eletrobras.[19]

▶ **TABELA 7.4** Potencial Remanescente Hidroelétrico no Brasil (%)

Situação	Brasil	Norte	Sudeste
Estimado	18	27	9
Inventariado	30	36	22
Viabilidade	6	3	7
Projeto básico	2	1	3
Construção	0	0	0
Operação	44	33	59

Fonte: Eletrobras.[20]

usina. A Tabela 7.4. foi feita para o Brasil, a região de menor aproveitamento (região Norte) e a região de maior aproveitamento (região Sudeste). O Brasil só aproveita 44% do seu potencial; o Norte, 33%; e o Sudeste, onde estão os maiores centros de carga, 59%; ou seja, o país ainda possui um elevado potencial hídrico inexplorado, diferentemente dos países do hemisfério Norte. O maior desafio técnico é compatibilizar o aproveitamento hídrico com os impactos ambientais negativos que, em geral, os barramentos produzem.

A **TABELA 7.5** apresenta o "estoque" de hidroelétricas que pode ser construído até 2029. Essas usinas deverão ser colocadas em leilão* nos próximos anos. Serão, no total, 1674 MW. Só com Pequenas Centrais Hidroelétricas (PCH) e Centrais de Geração Hidroelétricas (CGH) 2100 MW nesse período.

Um outro desafio técnico no Brasil é operar um sistema complexo de hidroelétricas, com muitos reservatórios. Assim, o país criou o Sistema Interligado Nacional (SIN). O Brasil é um país de dimensões continentais, com uma diversidade climática e hidrológica muito grande. Ao mesmo tempo, podem estar ocorrendo secas severas no Nordeste e chuvas no Sul e no Sudeste, por exemplo. Para aproveitar essa heterogeneidade climática, o sistema elétrico foi interligado, permitindo transferir energia de uma região a outra, utilizando melhor o seu po-

▶ **TABELA 7.5** Expansão hidroelétrica no Brasil até 2029

Nome	Potência instalada total (MW)	Ano da entrada em operação
Telêmaco Borba	118	2026
Tabajara	400	2027
Apertados	139	2027
Ercilândia	87	2027
Bem Querer	650	2028
Castanheira	140	2028
Comissário	140	2029

*Com base no Modelo de Decisão de Investimentos (MDI).
Fonte: Empresa de Pesquisa Energética.[13]

---

*A energia elétrica no Brasil é concedida pela Agência Nacional de Energia Elétrica (ANEEL) por meio de leilões. As empresas interessadas em construir e operar uma usina hidroelétrica concorrem num leilão, e vence a empresa que fornece o menor preço por KWh durante a concessão (outorga) de geração de energia elétrica.

tencial, usando melhor a água e evitando ligar termoelétricas, que são bem mais caras. O país foi, então, dividido em quatro grandes subsistemas de energia, e entre elas existem linhas de transmissão de energia. Outro conceito que o SIN emprega é o de **reservatório equivalente de energia (REE)**. Este reservatório guarda energia, em vez de guardar água. A energia é calculada a partir da água armazenada nos reservatórios de uma região, para isso ele considera a topologia do sistema, formada por reservatórios em série e em paralelo. Teoricamente, toda água é turbinada. A água é, então, transformada em energia num instante de tempo e armazenada no reservatório equivalente. Isso é importante para diminuir o tamanho do sistema – em vez de operar várias usinas, trabalha-se com um número reduzido. A **FIGURA 7.10** apresenta os quatro grandes subsistemas energéticos do SIN e os seus reservatórios equivalentes de energia. A energia elétrica pode fluir entre esses subsistemas.

A **TABELA 7.6** apresenta o sistema em números, com dados importantes sobre o SIN. Observe o crescimento das novas fontes limpas, como eólica, solar e de biomassa. As hidroelétricas ainda deverão dominar a matriz elétrica. O sistema de linhas de transmissão de energia em 2020 possuía 141.756 km, devendo alcançar cerca de 181.528 km em 2024.

O sistema hidroelétrico do SIN, em 2020, é composto por 73 usinas com reservação, 88 a fio d'água, quatro estações de bombeamento e usina a fio d'água em construção, com um total de 166 aproveitamentos, um sistema de grande porte, com uma topologia bastante complexa.

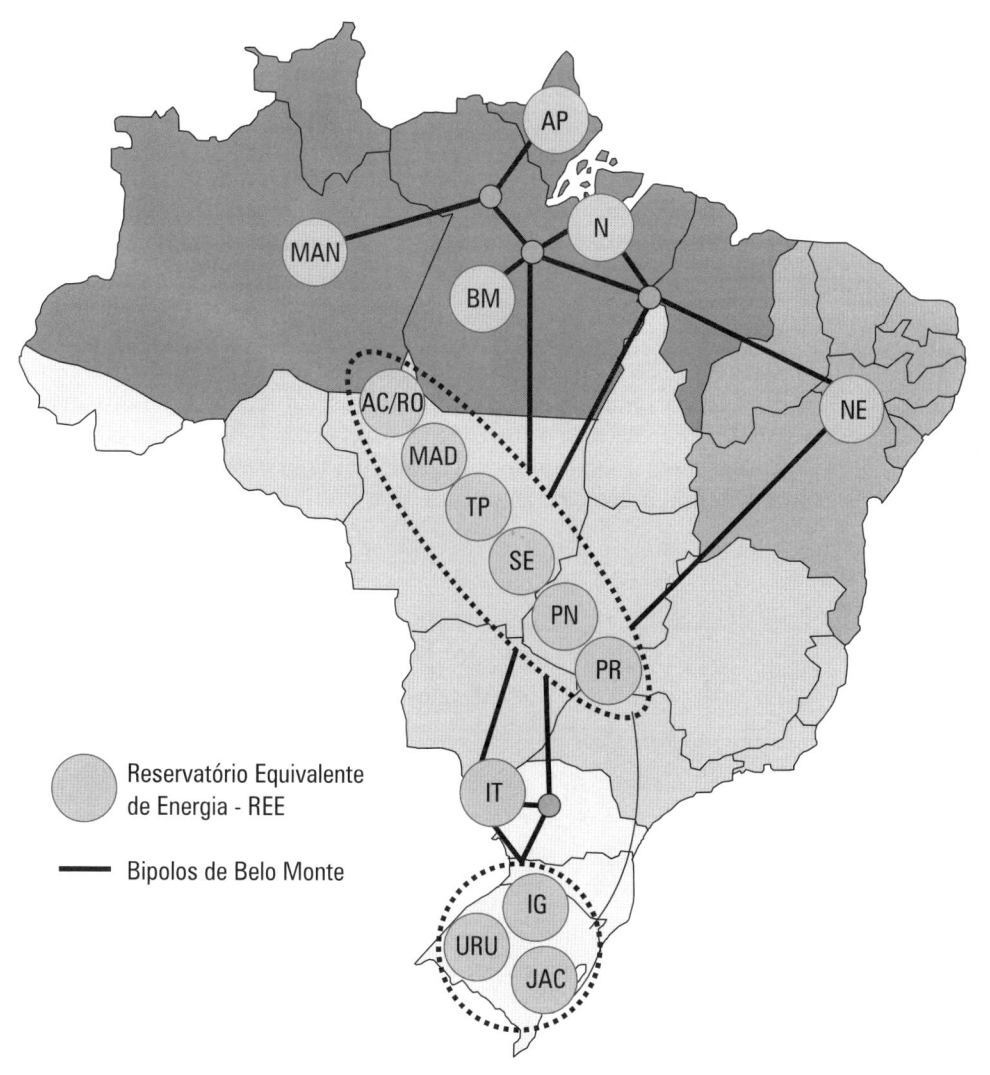

▶ **FIGURA 7.10** Subsistemas de energia no Brasil e os REEs.
Fonte: Operador Nacional do Sistema Elétrico.[18]

▶ **TABELA 7.6** Sistema Interligado Nacional em números (2020 e 2024 [previsto])

Fonte	2020 (MW)	2024 (MW)	2020 em %	2024 em %
Hidro	108400	109221	65.8	61.9
Termo gás + GNL	14208	18176	8.6	10.3
Eólica	15335	19894	9.3	11.3
Termo óleo + díesel	4404	4692	2.7	2.7
Termo carvão	3017	3017	1.8	1.7
Biomassa	13689	14511	8.3	8.2
Solar	2987	4279	1.8	2.4
Nuclear	1990	1990	1.2	1.1
Outras	590	745	0.4	0.4
Total	**164620**	**176535**	**100**	**100**

Fonte: Operador Nacional do Sistema Elétrico.[21]

A **FIGURA 7.11** apresenta a produção de energia elétrica no país do ano 2000 ao ano 2020. Os pontos na parte superior do gráfico mostram o percentual gerado de energia hídrica a cada ano. Observa-se que até o ano de 2012 esse percentual oscila em 90%, ou seja, mesmo com índices cada vez menores de potência instalada, as hidroelétricas desempenham um papel fundamental na matriz elétrica. Em 2012, começa a ocorrer uma grande seca, diminuindo a geração hídrica, e o Brasil inicia um grande racionamento de energia. A linha tracejada é a variação de nível do REE do Brasil. Observa-se que ele varia sazonalmente, como era esperado. A partir de 2012, inicia-se um deplecionamento muito intenso, pois até hoje o sistema não se recuperou. São destacadas a geração hidro ▪, a geração térmica a óleo e carvão ▪, a geração térmica atômica ▪ e a geração eólica ▪. Em 2012, em função da seca, começa um grande programa de expansão das usinas térmicas, as usinas nucleares são chamadas de inflexíveis e operam na chamada carga de base, por isso a constância de geração como consta do gráfico. É interessante notar também o crescimento das fontes eólicas a partir de 2015, e é nítido o aumento de produção nos últimos anos.

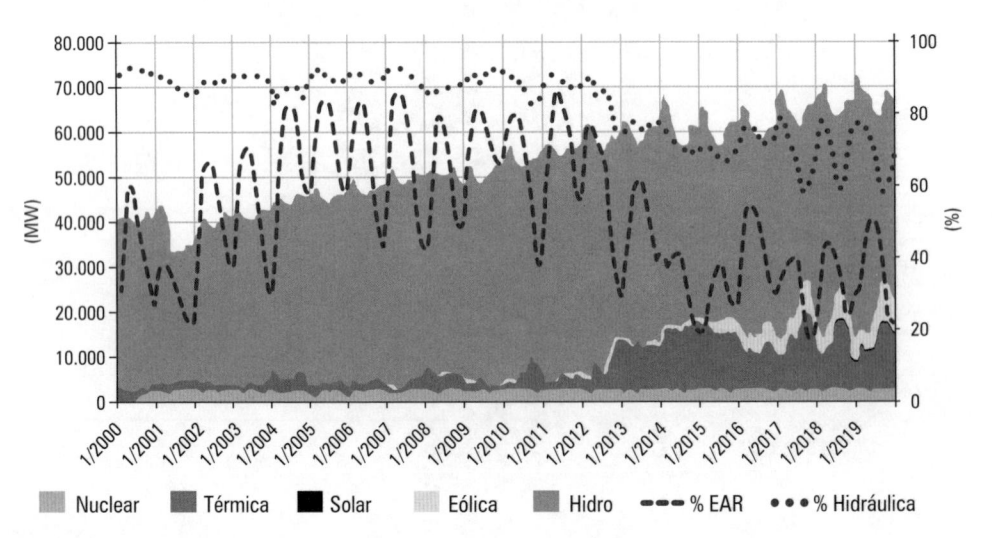

▶ **FIGURA 7.11** Histórico de geração elétrica no Brasil por fonte no século XXI.
Fonte: Operador Nacional do Sistema Elétrico.[21]

A geração elétrica no Brasil é feita de modo a minimizar o custo de operação, considerando que a água é um combustível muitas vezes mais barato que os combustíveis fósseis. Portanto, a demanda é atendida pela água, na medida que ela está disponível nos reservatórios. As térmicas só são despachadas quando não chove e os reservatórios estão baixos; conforme o valor de operação de cada usina, os custos são bastante variados. O setor chama esse processo de despacho por ordem de mérito – as mais baratas primeiro até as mais caras. Toda operação do SIN é feita de forma centralizada pelo Operador Nacional do Sistema Elétrico (ONS). Ela é feita em vários níveis de tempo, desde a escala mensal até a escala horária. Os modelos de operação também consideram outros objetivos além da geração elétrica, envolvem restrições de usos múltiplos, como, entre outros, abastecimento, irrigação, qualidade da água, navegação e preservação ambiental.

É importante destacar o crescimento de outras fontes renováveis. Atualmente, a geração eólica é uma fonte importante e, em muitas regiões, ela pode reduzir as fontes fósseis, o problema ainda a considerar é a intermitência dessa fonte. De acordo com o ONS,[18] a maior média horária observada foi em 22/11/2018, às 01:00 AM, com geração de 10.299,5 MW, produzindo 17,9% da carga e com fator de capacidade de 79,4%. O maior valor diário foi em 12/09/2018, com 8.983,6 MW, atendendo a 14% da carga e com fator de capacidade de 72,3%. Outra fonte importante em crescimento é a solar fotovoltaica. A Agência Nacional de Energia Elétrica (ANEEL) realizou alguns leilões de energia, chegando a 4GW para os próximos anos. Segundo o ONS,[18] a maior produção horária foi em 30/01/2019, às 12:00 h, com 1.554,4 MW, com 1,8% da carga e fator de capacidade de 91,3%. Em nível diário, no dia 29/01/2019, chegou-se a 593,5 MW, com 0,5% da carga e fator de capacidade de 34,8%.

▶ 7.6.4 Eficiência elétrica no Brasil

A eficiência energética também é uma poderosa ferramenta de gestão sustentável de um sistema de produção energética. No caso do SIN, o PNE considera quatro modos de produção para quantificar os impactos da eficiência e da conservação de energia no Brasil: a eficiência geral do uso da energia; a micro e a minigeração distribuída (MMGD), que corresponde à geração local injetada na rede de distribuição; a autoprodução de energia, consumida pelo próprio gerador; e a energia solar térmica injetada no *grid*. A **TABELA 7.7** apresenta os dados de produção estimados pelo Plano Decenal de Expansão de Energia (PDE).[22]

▶ **TABELA 7.7** Eficiência e conservação de energia de 2019 a 2029 (previsto)

Energia total (mil tep)	2019	2024	2029
Consumo total de energia	249.260	288.700	339.812
Consumo com conservação	247.605	278.711	318.685
Eficiência energética	1.655	9.032	21.127
Combustíveis (mil tep)	**2019**	**2024**	**2029**
Consumo de combustíveis	201.894	229.318	268.161
Consumo com conservação	200.424	221.698	250.462
Eficiência energética dos combustíveis	1.470	7.620	17.699
Energia elétrica (GWh)	**2019**	**2024**	**2029**
Consumo total de eletricidade	550.769	679.356	833.152
Consumo com conservação	548.620	662.946	793.294
Eficiência elétrica	2.149	16.409	39.859

Fonte: Empresa de Pesquisa Energética.[22]

Em termos de eficiência por setor, a **FIGURA 7.12** apresenta a importância dos setores industrial e de transporte nos processos de eficiência energética.

Considerando que os setores indústria e transporte são grandes consumidores de combustíveis fósseis, a redução de consumo irá provocar a redução da emissão de GEE. O Brasil se comprometeu a reduzir as emissões de GEE em no mínimo 37% dos gases emitidos em 2005. Isso deverá ser feito até 2025. Em 2018, a indústria foi responsável pelo consumo de 48% do combustível fóssil, e estudos demonstram que, nos próximos anos, o setor pode diminuir o consumo em cinco milhões de tep/ano. Nos últimos anos, a ANEEL[23] investiu em projetos de eficiência na indústria, cerca de R$ 7,6 milhões, implicando em projetos de conservação de 133 GWh/ano. Cabe também conhecer o programa do Centro Brasileiro de Informação de Eficiência Energética (PROCEL), no qual se promove diversos estudos sobre esse tema.[24]

Nos programas de MMGD, é muito importante o papel da fonte solar direta. Isso pode ser constatado na distribuição das fontes previstas para 2029 na **FIGURA 7.13**. Os siste-

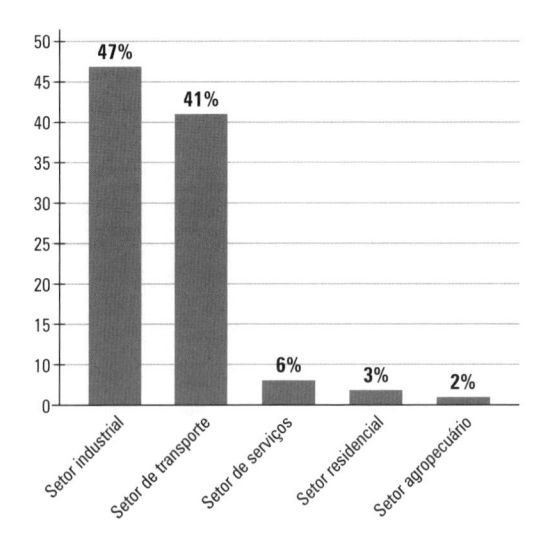

▶ **FIGURA 7.12** Eficiência energética prevista por setor no período decenal 2019 a 2029.
Fonte: Empresa de Pesquisa Energética.[22]

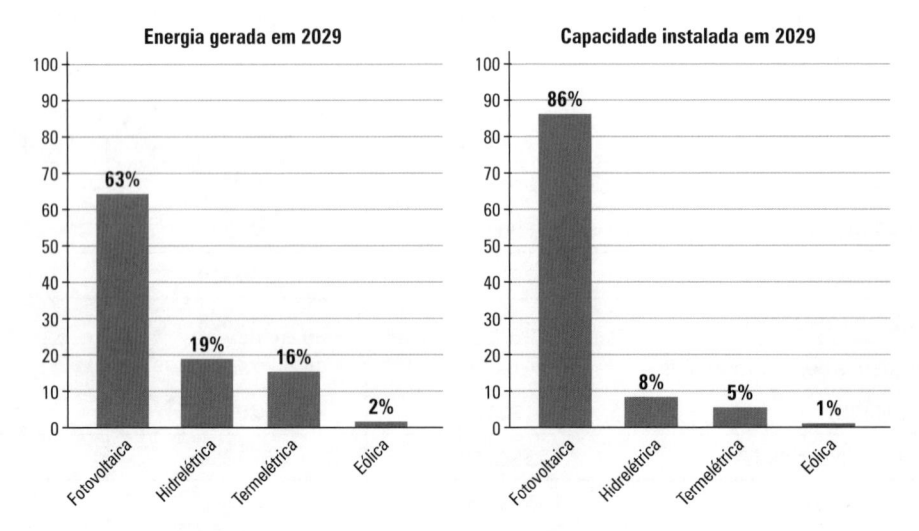

▶ **FIGURA 7.13** Energia gerada e capacidade instalada previstas para MMGD.
Fonte: Empresa de Pesquisa Energética.[22]

mas fotovoltaicos estão sendo amplamente utilizados para a injeção de energia nas linhas (*grid*). Esse processo inicialmente foi incentivado pelo sistema elétrico; no momento, ele está sendo revisto devido à perda de arrecadação no setor. Um dos pontos em discussão é o transporte dessa energia pelas linhas, ou seja, ela também gera serviços nos sistemas de distribuição.

Segundo a EPE,[22] a eficiência energética será de 21 Mtep, o que representa 9% do consumo de 2018. A diminuição do consumo em energia elétrica será de 40TWh, o que equivale à parte brasileira de Itaipu ou uma usina de Itumbiara. Em termos de combustível, a economia será de 350 mil barris/dia, que corresponde a 16% do petróleo produzido no país em 2018. Na indústria, a economia gerada será de 6% da demanda de energia final prevista para 2029. Em termos de eletricidade, a redução é de 4,2%, principalmente nas indústrias de mineração e pelotização e do transporte ferroviário, com 15,5 TWh. No setor doméstico, a conservação de eletricidade pode chegar a 8 GWh, 3,7% do consumo. O sistema MMDI vai ter cerca de 1,3 milhão de instalações, com potência de 11,4 GW, com investimentos de R$ 50 bilhões – esse sistema pode gerar 2.300 MWmed, ou seja, 2,3% da carga total do país. A EPE também indica que 86% da carga instalada será de fotovoltaica, com geração de 63% da energia, e isso pode ser um indicativo para eólicas, termoelétricas e hidroelétricas, fontes de custos menores do que a fotovoltaica. A autoprodução elétrica também irá crescer, a redução do consumo será de 85TWh em 2019, principalmente nas indústrias. Finalmente, a **TABELA 7.8** apresenta um resumo do PDE,[22] fornecendo uma dimensão real da questão energética no Brasil nos próximos 10 anos.

▶ **TABELA 7.8** Resumo do PDE feito pela EPE

Fonte ou atividade	Expansão do PDE 2029
UHE	▪ 1.914 MW (10 UHEs), nas regiões Norte, Centro-Oeste e Sul do Brasil ▪ Contratado: 240 MW (3 UHEs) e indicativo: 1.674 MW (7 UHEs) ▪ Região hidrográfica amazônica: 3 UHEs e 62% da potência, RH Paraná: 6 UHEs e 30% da potência e RH Uruguai: 1 UHE e 7% da potência
PCH	▪ 2.664 MW ▪ Contratado: 564 MW (49 PCHs) principalmente nas regiões Sul, Sudeste e Centro-Oeste ▪ Indicativo: 2.100 MW nos subsistemas S e SE/CO
Termelétricas fósseis (GN, carvão) e nuclear	▪ 28.112 MW ▪ Contratado: 7.114 MW – 6 UTEs GN (5.423 MW), 2 UTEs a diesel (286 MW) e 1 nuclear (1.405 MW) ▪ Indicativo: 20.997 MW (70% no subsistema SE/CO, 25% no S e 5% no NE)
Termelétricas a biomassa	▪ 3.141 MW ▪ Contratado: 584 MW, sendo 68% de bagaço de cana. Contempla ainda usinas a resíduos florestais, cavaco de madeira, capim elefante e biogás ▪ Indicativo: 1.860 MW: 57% bagaço de cana, 32% cavaco de madeira e 11% biogás
Eólicas	▪ 24.438 ▪ Contatado: 3.438 MW (130 parques) no Nordeste ▪ Indicativo: 21.000 MW nos subsistemas NE e S

(Continua)

▶ **TABELA 7.8** Resumo do PDE feito pela EPE *(Continuação)*

Fonte ou atividade	Expansão do PDE 2029
Solar	<ul><li>8.442 MW</li><li>Contratado: 1.442 MW (52 projetos) sendo 77% no Nordeste e 23% no Sudeste</li><li>Indicativo: 7.000 MW nos subsistemas NE e SE/CO</li></ul>
Transmissão	<ul><li>48.998 km (33% do sistema), em todas as regiões do Brasil</li><li>31.795 km (65%) estão previstos para entrar em operação até 2024</li><li>Análise socioambiental de 412 LTs, 34.975 km de extensão</li><li>Norte (6.748 km), Nordeste (9.824 km), Centro-Oeste (1.937 km), Sudeste (7.551 km) e Sul (8.915 km)</li></ul>
Exploração e produção de petróleo e GN	<ul><li>276 UPs (unidades produtivas em áreas contratadas) de exploração e produção de petróleo e gás natural iniciarão sua produção de recursos convencionais ao longo do decênio, além de 23 UPUs (UPs em áreas não contratadas que pertencem à União)</li><li>UPs *onshore* nas regiões Norte e Nordeste</li><li>UPs *offshore* estão concentradas no Sudeste, com ocorrência também no Nordeste e Sul</li></ul>
Refinarias, UPGNs e Terminais de GNL	<ul><li>1 refinaria (instalação do 2º trem) no Nordeste (PE)</li><li>3 terminais de regaseificação no Nordeste (SE), Sudeste (RJ) e Norte (PA)</li><li>2 UPGNs no Sudeste (RJ) e Nordeste (BA)</li></ul>
Gasodutos	<ul><li>1 gasoduto de transporte no Sudeste (RJ)</li></ul>
Etanol	<ul><li>34 bilhões de litros (2020) para 47 bilhões de litros (2029)</li><li>No Centro-Oeste, 1 unidade de cana de açúcar (1,4 Mtc); 9 de milho e 4 flex (2,6 bilhões de litros)</li><li>Indicativo: 13 unidades de cana (45 Mtc) e ampliações de unidades existentes (16 Mtc); etanol 2G (760 milhões de litros)</li></ul>
Biodiesel	<ul><li>6,9 bilhões de litros (2020) para 11,4 bilhões de litros (2029)</li><li>8 unidades em construção (1,5 bilhões de litros) e 9 ampliações (0,8 bilhões de litros) em todas as regiões</li><li>Indicativo: 2,4 bilhões de litros</li></ul>
Autoprodução e Geração distribuída	<ul><li>Autoprodução: 5.456 MW (Termelétrica: 5.331 MW e Hidrelétrica: 125 MW)</li><li>Geração distribuída: 10.016 MW (Fotovoltaica: 8.650 MW, CGH: 838 MW, Termelétrica: 471 MW e Eólica: 57 MW)</li></ul>

Fonte: Empresa de Pesquisa Energética.[22]

7.7 A QUESTÃO ENERGÉTICA NO FUTURO

A melhoria da qualidade de vida da população depende tanto do desenvolvimento econômico quanto da qualidade do meio ambiente, mas, para isso, a disponibilidade de energia é um fator essencial. Assim, o principal desafio tecnológico é responder à questão: como atender às demandas crescentes de energia a partir das fontes disponíveis? Isto é, como controlar os impactos ambientais negativos, gerados por diferentes fontes de energia? Destaca-se que a exploração e o consumo de todas as fontes disponíveis podem resultar em impactos ambientais negativos, porém em diferentes escalas.

Como visto, as fontes não renováveis (p. ex., óleo e carvão) possuem elevada razão de energia líquida e, portanto, são fontes que ainda vão perdurar por muitos anos como as mais importantes, seguramente por 50 anos ou mais, mas tendem a ser exauridas. Já as fontes renováveis, empregadas há muitos anos, ainda são insuficientes para atender às demandas exigidas, além da questão da sua intermitência. Porém, existe hoje um empenho muito grande da ciência e da tecnologia em aumentar cada vez mais a eficiência e a conservação de energia.

A exploração de novas fontes de energia a partir de agora tem como principais objetivos aproveitar os recursos disponíveis com o máximo de eficiência e de eficácia, além de minimizar os impactos negativos e maximizar os positivos, considerando todos os aspectos sociais, ambientais e econômicos envolvidos.

Esse é o grande desafio para o nosso futuro. Certamente o modelo atual de desenvolvimento, baseado ainda em diretrizes dos séculos XIX e XX, precisa ser totalmente revisto. Para isso, é também fundamental rever o comportamento humano diante do meio ambiente, os padrões de consumo de matéria e energia dos países desenvolvidos não podem continuar como meta a ser alcançada em longo prazo por nossa sociedade. Com o crescimento populacional esperado, é totalmente inviável tal postura, e a relação do ser humano com o meio ambiente precisa ser reavaliada. Os danos ambientais podem comprometer a nossa busca por uma melhor qualidade de vida, e é preciso utilizar os recursos energéticos sob novas perspectivas.

O desafio não se restringe apenas ao desenvolvimento de novas fontes de energia, mas também de sistemas, processos e equipamentos que utilizem os recursos disponíveis de forma mais eficiente. Isso é praticável, pois uma análise da história recente permite identificar vários casos de sucesso, o que só foi possível a partir de uma abordagem integrada de engenharia.

REFERÊNCIAS

1. Miller GT. Living in the environment. California: Wadsworth; 1985.
2. Smil V. Energy and civilization: a history. Cambridge: MIT; 2017.
3. BP Statistical Review of World Energy [Internet]. 69th ed. London: BP; 2020 [capturado em 27 de abr. 2021]. Disponível em: https://www.bp.com/content/dam/bp/business-sites/en/global/corporate/pdfs/energy-economics/statistical-review/bp-stats-review-2020-full-report.pdf.
4. International Energy Agency. World energy balances overview (2019 edition) [Internet]. Paris: IEA; 2019 [capturado em 27 abr. 2021]. Disponível em: https://iea.blob.core.windows.net/assets/8bd-626f1-a403-4b14-964f-f8d0f61e0677/World_Energy_Balances_2019_Overview.pdf.
5. The Encyclopedia of Earth [Internet]. Washington: EoE; 2019 [capturado em 27 abr. 2021]. Disponível em: https://editors.eol.org/eoearth/index.php?title=The_Encyclopedia_of_Earth&oldid=142069.
6. Independent Energy Partners. The Net energy ratio or NER [Internet]. Englewood: IEP; 2014 [capturado em 27 abr. 2021]. Disponível em: https://iepm.com/what-is-net-energy-ratio-or-ner/.
7. Hall CAS, Lambert JG, Balogh SB. EROI of different fuels and the implications for society. Energy Policy. 2014;64:141-51.
8. Murphy DJ, Hall CA. Year in review-EROI or energy return on (energy) invested. Ann NY Acad Scienc. 2010;1185(1):102-18.
9. Organization of the Petroleum Exporting Countries. OPEC Annual Statistical Bulletin 1965-2019 [Internet]. 54th ed. Vienna: OPEC; 2019 [capturado em 27 abr. 2021]. Disponível em: https://www.opec.org/opec_web/static_files_project/media/downloads/publications/ASB_2019.pdf.

10. Animated Stats. Top 20 natural gas production countries 1970-2018 [Internet]. Oslo: Animated Stats; 2019 [capturado em 27 abr. 2021]. Disponível em: https://www.youtube.com/watch?v=DS-GK26TKEKs&ab_channel=AnimatedStats.
11. Centre National de la Recherche Scientifique (CNRS), Engineering Experiment Station Georgia Institute of Technology (EESGIT). High temperature solar energy [Internet] Paris: CNRS;2016 [capturado em 27 abr. 2021]. Disponível em: https://web.archive.org/web/20161003072910/http://www.gtri.gatech.edu/history/files/media/other-publications/High_Temp_Solar_Energy_Pamphlet.pdf .
12. Agência Nacional de Energia Elétrica. Atlas de energia elétrica do Brasil. Brasília: ANEEL; 2002.
13. Empresa de Pesquisa Energética. Balanço Energético Nacional 2019: ano base 2018 [Internet]. Rio de Janeiro: EPE; 2019 [capturado em 27 abr. 2021]. Disponível em: https://www.epe.gov.br/pt/publicacoes-dados-abertos/publicacoes/balanco-energetico-nacional-2019.
14. World Bank. Energy use (kg of oil equivalent per capita) [Internet]. Washington: World Bank Group; 2020 [capturado em 27 abr. 2021]. Disponível em: https://data.worldbank.org/indicator/EG.USE.PCAP.KG.OE?locations=1W.
15. Empresa de Pesquisa Energética. Dados Abertos. Publicações [Internet]. Rio de Janeiro: EPE; c2021 [capturado em 27 abr. 2021]. Disponível em: https://www.epe.gov.br/pt/publicacoes-dados-abertos/dados-abertos#:~:text=O%20PDA%20%C3%A9%20um%20documento,dados%20abertos%20nas%20organiza%C3%A7%C3%B5es%20p%C3%BAblicas.
16. Empresa de Pesquisa Energética. Cenário de demanda para o PNE 2050 [Internet]. Rio de Janeiro: EPE; 2018 [capturado em 27 abr. 2021]. Disponível em: https://www.epe.gov.br/sites-pt/publicacoes-dados-abertos/publicacoes/PublicacoesArquivos/publicacao-227/topico-202/Cen%C3%A1rios%20de%20Demanda.pdf.
17. Operador Nacional do Sistema Elétrico. Plano da Operação Energética 2018-2022. PEN 2018 [Internet] Rio de Janeiro: ONS; 2018 [capturado em 27 abr. 2021]. Disponível em: http://www.ons.org.br/AcervoDigitalDocumentosEPublicacoes/RESULTADOS_PEN%202018%2026_06_18.pdf.
18. Operador Nacional do Sistema Elétrico. Plano da Operação Energética 2019-2023. PEN 2019 [Internet] Rio de Janeiro: ONS; 2019 [capturado em 27 abr. 2021]. Disponível em: http://www.ons.org.br/AcervoDigitalDocumentosEPublicacoes/PEN_Executivo_2019-2023.pdf.
19. Eletrobras. Relatório Anual 2018 [Internet]. Rio de Janeiro: Eletrobras; 2018 [capturado em 27 abr. 2021]. Disponível em: https://eletrobras.com/pt/SobreaEletrobras/Eletrobras_RA2018_VF.pdf.
20. Eletrobras. Potencial Hidrelétrico Brasileiro (SIPOT) [Internet]. Rio de Janeiro: Eletrobras; 2018 [capturado em 27 abr. 2021]. Disponível em: https://eletrobras.com/en/Paginas/Potencial-Hidreletrico-Brasileiro.aspx#:~:text=%E2%80%8BPotencial%20Hidrel%C3%A9trico%20Brasileiro,e%20projetos%20de%20usinas%20hidrel%C3%A9tricas.
21. Operador Nacional do Sistema Elétrico. Plano da Operação Energética 2020/2024. PEN 2020 [Internet] Rio de Janeiro: ONS; 2020 [capturado em 27 abr. 2021]. Disponível em: http://www.ons.org.br/AcervoDigitalDocumentosEPublicacoes/REVISTA_PEN%202020_versao20201112.pdf.
22. Empresa de Pesquisa Energética. Plano decenal de expansão de energia 2029 [Internet]. Rio de Janeiro: EPE; 2019 [capturado em 27 abr. 2021]. Disponível em: https://www.epe.gov.br/pt/publicacoes-dados-abertos/publicacoes/plano-decenal-de-expansao-de-energia-2029.
23. Agência Nacional de Energia Elétrica. Programas de inovação e eficiência da ANEEL completam 20 anos com mais de R$ 13,5 bi investidos [Internet]. Brasília: ANEEL; 2020 [capturado em 27 abr. 2021]. Disponível em: https://www.aneel.gov.br/sala-de-imprensa-exibicao-2/-/asset_publisher/zXQREz8EVlZ6/content/programas-de-inovacao-e-eficiencia-da-aneel-completam-20-anos-com--mais-de-r-13-5-bi-investidos/656877.
24. Centro Brasileiro de Informação de Eficiência Energética (PROCEL) [Internet]. Rio de Janeiro: PROCEL; c2006 [capturado em 27 abr. 2021]. Disponível em: http://www.procelinfo.com.br/main.asp.

▶ Leitura recomendada:

Agência Nacional de Energia Elétrica. Leilão de energia Belo Monte Usina Hidrelétrica [Internet]. Brasília: ANEEL; c2021 [capturado em 27 abr. 2021]. Disponível em: http://www2.aneel.gov.br/aplicacoes/hotsite_beloMonte/index.cfm?p=7.

CAPÍTULO 8

O meio aquático

8.1 A ÁGUA NA NATUREZA

A água encontra-se disponível sob várias formas no planeta e é uma das substâncias mais comuns existentes na natureza, cobrindo cerca de 70% da superfície da Terra. Todos os organismos necessitam de água para sobreviver, sendo a sua disponibilidade um dos fatores mais importantes a moldar os ecossistemas. É fundamental que a água apresente características físicas e químicas adequadas para sua utilização pelos organismos. Ela deve apresentar qualidade que assegure a manutenção da vida e concentrações de substâncias potencialmente tóxicas abaixo dos valores capazes de resultar em efeitos adversos aos organismos que compõem as cadeias alimentares. Assim, disponibilidade de água significa que ela está presente não somente em quantidade adequada em uma dada região, mas também que sua qualidade deve ser satisfatória para suprir as necessidades de um determinado conjunto de seres vivos (biota) ou dos diversos usos da água feitos pelo homem.

Há duas formas de caracterizar os recursos hídricos: com relação à sua quantidade e com relação à sua qualidade, estando essas características intimamente relacionadas. A qualidade da água depende diretamente da quantidade de água existente para dissolver, diluir e transportar as substâncias benéficas e maléficas para os seres que compõem as cadeias alimentares.

A distribuição da água no planeta está descrita no Capítulo 4, na apresentação do ciclo hidrológico. É importante frisar que a distribuição geográfica da água no planeta é bastante diversa, assim como a distribuição temporal, às vezes com muita diferença entre as estações úmidas e secas. Há também considerável variação na qualidade natural da água, e temos diversos exemplos, como a salinidade dos oceanos, ou mesmo características bastante diferentes dos rios, como é o caso do Rio Negro.

Atualmente, em função do desenvolvimento tecnológico, é possível utilizar água de qualquer fonte, inclusive água do mar para abastecimento humano, o que já vem ocorrendo em diversos locais. Além da utilização da água do mar como fonte de abastecimento, já existem exemplos de produção de água potável a partir de efluentes domésticos, inclusive com o desenvolvimento de uma diretriz mundial específica para essa prática.[1] É muito importante considerar o equilíbrio entre o custo dessa produção e o aproveitamento da água, principalmente para aqueles usos que demandam grandes volumes de água.

Portanto, há preocupação tanto com os problemas relacionados à quantidade de água (p. ex., escassez, estiagens e cheias) quanto com aqueles relacionados à qualidade da água. A contaminação de mananciais impede, por exemplo, seu uso para abastecimento humano, ou qualquer outro tipo de uso, colocando em risco a capacidade de desenvolvimento econômico e a manutenção da fauna e da flora. A alteração da qualidade da água agrava o problema da escassez desse recurso, já que, para a sua utilização, a água deve apresentar padrões mínimos.

A Organização Mundial da Saúde (OMS) indica que, em 2016, 1,4 milhão de pessoas morreram em virtude de doenças diarreicas, muitas das quais foram transmitidas pela água, pela falta de saneamento básico. Esse número diminuiu em 1 milhão desde 2010, mas doenças diarreicas ainda são a 9ª causa de morte no mundo.

▶ 8.1.1 Características físicas da água

A água é uma substância notável por apresentar-se no estado líquido em condições normais de temperatura e pressão, e é uma das poucas substâncias inorgânicas a possuir tal característica. Sua **densidade** é elevada, e existe uma interface bem definida entre o meio aquático superficial e a atmosfera, pois a densidade da água é de cerca de 800 vezes superior à densidade do ar.

A densidade da água varia com a temperatura, a concentração de substâncias dissolvidas e a pressão. Uma das características físicas mais marcantes da água é o modo pelo qual sua densidade varia com a temperatura. A densidade da água pura atinge um valor máximo para uma temperatura próxima a 4 ºC. No estado sólido, a água é menos densa do que no estado líquido entre 0 ºC e 4 ºC, o que causa a flutuação do gelo sobre a água. Mesmo quando há gelo sobre a superfície dos corpos de água, sua parte inferior pode permanecer no estado líquido, possibilitando a existência de vida aquática.

A concentração de sais dissolvidos também afeta a densidade da água. Por exemplo, a densidade da água do mar é cerca de 2% maior que a densidade da água pura nas condições normais de temperatura e pressão em consequência da presença de sais. **Estuários** são regiões que podem ser profundamente afetadas pela diferença de densidade entre a água doce, que chega pelas extremidades a montante dos rios, e a água salgada, que chega pelas extremidades a jusante dos mares e oceanos.

O **calor específico** da água é bastante elevado, de modo que ela pode absorver ou liberar grandes quantidades de calor devido a variações de temperatura relativamente pequenas. Grandes massas de água têm o potencial de alterar características climáticas locais, amenizando as variações de temperatura. De forma análoga, regiões desérticas apresentam variações diárias de temperatura relativamente amplas. Essas mesmas conclusões podem ser estendidas para o planeta como um todo. Se os oceanos não existissem, a amplitude térmica do planeta seria muito maior. O alto calor específico da água faz também com que esse recurso seja muito utilizado para refrigeração de motores, processos industriais e produção de energia.

Em função do alto calor específico da água, as variações naturais da temperatura nos meios aquáticos costumam ser brandas. Consequentemente, toda a biota aquática não está adaptada para sobreviver a grandes variações de temperatura. Por isso, o despejo de efluentes aquecidos nos meios aquáticos tem o potencial de produzir grandes danos ambientais.

Muitos componentes da biota aquática não são dotados de mecanismos de locomoção própria. Esse é o caso das algas, que, possuindo densidade maior que a da água que as envolve, tenderiam a ocupar o fundo do meio aquático. Isso não ocorre, pois esses organismos conseguem permanecer flutuando devido à força de atrito entre sua superfície e a água. A força de atrito é função da **viscosidade** da água, a qual é alterada por variações de temperatura. Com o aumento da temperatura da água, a viscosidade diminui e, portanto, reduz a força de atrito entre a água e a superfície do fitoplâncton. A velocidade de sedimentação desses organismos aumenta, afastando-os da zona iluminada, e, consequentemente, reduz ou cessa a fotossíntese. Esse é um dos motivos pelos quais despejos de água aquecida nos corpos de água podem ser danosos aos ecossistemas aquáticos.

A importância da **penetração da luz** em meios aquáticos é evidente, uma vez que é fator essencial para a ocorrência da fotossíntese e, portanto, pode afetar todo o meio biótico existente em um corpo de água. Ao penetrar na água, a luz é absorvida e convertida em calor. Essa absorção diminui de forma aproximadamente exponencial de acordo com a profundidade. Duas características são importantes do ponto de vista ambiental. A primeira é o **comprimento de onda** (ou a **frequência**), que é associado a uma determinada cor. A segunda é a **intensidade**, que é associada à energia transportada pela luz.

A maior parte da energia luminosa incidente tende a ficar retida nas camadas superficiais de água. Essa absorção não ocorre de forma uniforme para todos os comprimentos de onda que caracterizam o espectro de energia luminosa. Por exemplo, as extremidades do espectro visível correspondentes às regiões do infravermelho e do ultravioleta são absorvidas mais intensamente pela água do que os comprimentos de onda visíveis localizados entre esses extremos, como o verde e o azul. Assim, para profundidades maiores, ocorre um estreitamento progressivo do espectro, sendo que a luz azul é a última faixa do espectro a se extinguir. Como consequência, as algas que vivem próximas à superfície tendem a apresentar coloração verde (luz refletida) e a utilizar a luz vermelha para efetuar a fotossíntese. Em regiões mais profundas, as algas tendem a apresentar coloração avermelhada (luz refletida) e a absorver luz com comprimentos de onda menores para efetuar a fotossíntese.

Existem vários fatores que podem afetar a penetração da luz no meio aquático. Entre eles, destacam-se a **cor** e a **turbidez** do meio. A cor da água é constituída por luz refletida, podendo ser classificada como **cor real** e **cor aparente**. A cor real está associada a substâncias dissolvidas na água e pode afetar a penetração da luz. Esse é o caso do Rio Negro, afluente do Rio Amazonas, cujas águas apresentam coloração escura em virtude da presença de ácidos húmicos dissolvidos em suas águas. A cor aparente do meio aquático está associada a reflexos originados na paisagem ao redor do corpo de água e à cor de seu fundo, se este for visível a partir da superfície. A presença de material em suspensão afeta a **turbidez** da água, dificultando ou impedindo a penetração da luz. Causam turbidez, por exemplo, partículas minerais e algas.

Como a molécula de água é polarizada, cada molécula no meio líquido sofre e exerce atração das moléculas situadas ao seu redor. Todavia, uma molécula de água situada na superfície líquida sofre atração maior das moléculas vizinhas, oferecendo maior resistência à penetração de luz nessa superfície. Cria-se, então, uma "película" originada pela **tensão superficial**, a qual constitui o hábitat de muitas espécies animais que vivem sobre ela. Para pequenos organismos que vivem na água, a tensão superficial representa uma barreira para que não escapem do meio líquido. A presença de detergentes pode enfraquecer essa película, afetando as populações de organismos que dependem de sua existência, além de causar outros problemas, como a geração de espumas e inconvenientes para o tratamento de esgotos.

▶ 8.1.2 Características químicas da água

Entre as características químicas mais importantes, destacamos o fato de a água ser um ótimo solvente, sendo chamada de solvente universal. Isso significa que a água é capaz de dissolver inúmeras substâncias orgânicas ou inorgânicas nos estados sólido, líquido ou gasoso. Algumas das substâncias dissolvidas nas águas naturais são essenciais para a sobrevivência dos organismos aquáticos.

A presença de **gases dissolvidos** na água, como o oxigênio e o dióxido de carbono, permite a ocorrência da fotossíntese e da respiração aeróbia nesse meio. A solubilidade de um gás na água depende de sua composição, aumentando com a pressão parcial do gás no meio adjacente (p. ex., a atmosfera) e diminuindo com a temperatura e com a concentração de substâncias dissolvidas. Em razão da maior concentração de sais dissolvidos, a água do mar apresenta menor concentração de saturação de gases dissolvidos do que a água doce para as mesmas condições de temperatura e pressão.

A presença de alguns **sais dissolvidos** na água é fundamental para a constituição das cadeias alimentares no meio aquático, pois eles servem como nutrientes para os organismos autótrofos. Em geral, os sais de fósforo ou de nitrogênio são fatores limitantes para o crescimento desses organismos no ambiente aquático, de modo que um aumento excessivo na concentração desses sais pode gerar uma proliferação exagerada de algas, ocorrendo o fenômeno denominado **eutrofização**. Sais de outros elementos também são fundamentais para a vida aquática. Os organismos precisam de quantidades moderadas de sais de sílica, cálcio, magnésio, sódio, potássio, enxofre, cloro e ferro. Contudo, quantidades diminutas de sais de manganês, zinco, cobre, molibdênio e cobalto, entre outros, são também fundamentais para a vida aquática.

O **pH** é a medida da acidez ou alcalinidade relativa de uma determinada solução. Seu valor para a água pura a 25 °C é igual a 7, e varia entre 0 e 7 (em meios ácidos) e entre 7 e 14 (em meios alcalinos). O pH é importante porque muitas reações químicas que ocorrem no meio ambiente são intensamente afetadas pelo seu valor. Sistemas biológicos também são bastante sensíveis ao valor do pH, sendo que, usualmente, o meio deve ter pH entre 6,5 e 8,5 para que os organismos não sofram grandes danos. Muitas substâncias decorrentes da atividade humana despejadas no meio aquático podem alterar significativamente o valor do pH, como as deposições ácidas provenientes da poluição atmosférica. Entre as substâncias que ocorrem naturalmente no meio ambiente e que podem alterar o pH, temos o gás carbônico que, ao dissolver-se na água, forma o ácido carbônico, reduzindo o pH. Água saturada de gás carbônico terá pH igual a 5,6.

▶ 8.1.3 Características biológicas da água

Se houver condições físicas e químicas apropriadas no meio aquático, surgirá uma cadeia alimentar composta por organismos produtores, consumidores de várias ordens e decompositores. Além do papel desempenhado por esses organismos no meio aquático, eles também são importantes como fonte de alimento para o homem, por sua atuação na recuperação da qualidade das águas poluídas e pela introdução e retirada de gases presentes na atmosfera e na hidrosfera. Ademais, também contribuem para a ocorrência de uma série de doenças.

Os organismos aquáticos podem pertencer a um dos seguintes grupos: vírus, bactérias, fungos, algas, macrofilas, protozoários, rotíferos, crustáceos, insetos aquáticos, vermes, moluscos, peixes, anfíbios, répteis, aves e mamíferos.

Uma outra maneira de classificar os organismos aquáticos é por meio da região onde vivem. Por exemplo, o plâncton refere-se à comunidade de seres vivos que vive em suspensão no meio aquático, sendo genericamente subdividido em fitoplâncton (comunidade vegetal do plâncton) e zooplâncton (comunidade animal do plâncton). O nécton refere-se ao conjunto de organismos que possui capacidade de locomoção, independentemente das correntes. Finalmente, os organismos bentônicos são os que habitam os leitos dos corpos de água. Os organismos decompositores, último elo da cadeia alimentar, além da sua função de fechar o ciclo da matéria num ecossistema em equilíbrio, têm importância fundamental na decomposição de efluentes orgânicos que são lançados no meio aquático.

8.2 USOS DA ÁGUA E REQUISITOS DE QUALIDADE

A água é um dos recursos naturais mais intensamente utilizados. É fundamental para a existência e manutenção da vida e, para isso, deve estar presente no ambiente em quantidade e qualidade apropriadas.

O homem tem usado a água não só para suprir suas necessidades metabólicas, mas também para outros fins, como mostra a **FIGURA 8.1**. Existem regiões no planeta com intensa demanda de água, como os grandes centros urbanos, os polos industriais e as zonas de irrigação. Essa demanda pode superar a oferta de água em termos quantitativos ou porque a qualidade da água local está prejudicada em virtude da poluição. Tal degradação da sua qualidade pode afetar a oferta de água e gerar graves problemas de desequilíbrio ambiental.

Na **TABELA 8.1** encontramos os dados referentes ao consumo de água por região do planeta.

▶ **TABELA 8.1** Distribuição do consumo de água no planeta

Período de referência	Região	Volume anual consumido (km³)	Consumo anual *per capita* (m³)*	Distribuição do consumo (%)		
				Uso agrícola	Uso doméstico	Uso industrial
2019*	Brasil	64,6	307	58	16	26
2014**	Mundo	3.990,0	554	69	10	21

* Dados obtidos da Agência Nacional de Águas.[2]
** Ritchie e Roser.[3]

Capítulo 8 – O meio aquático 107

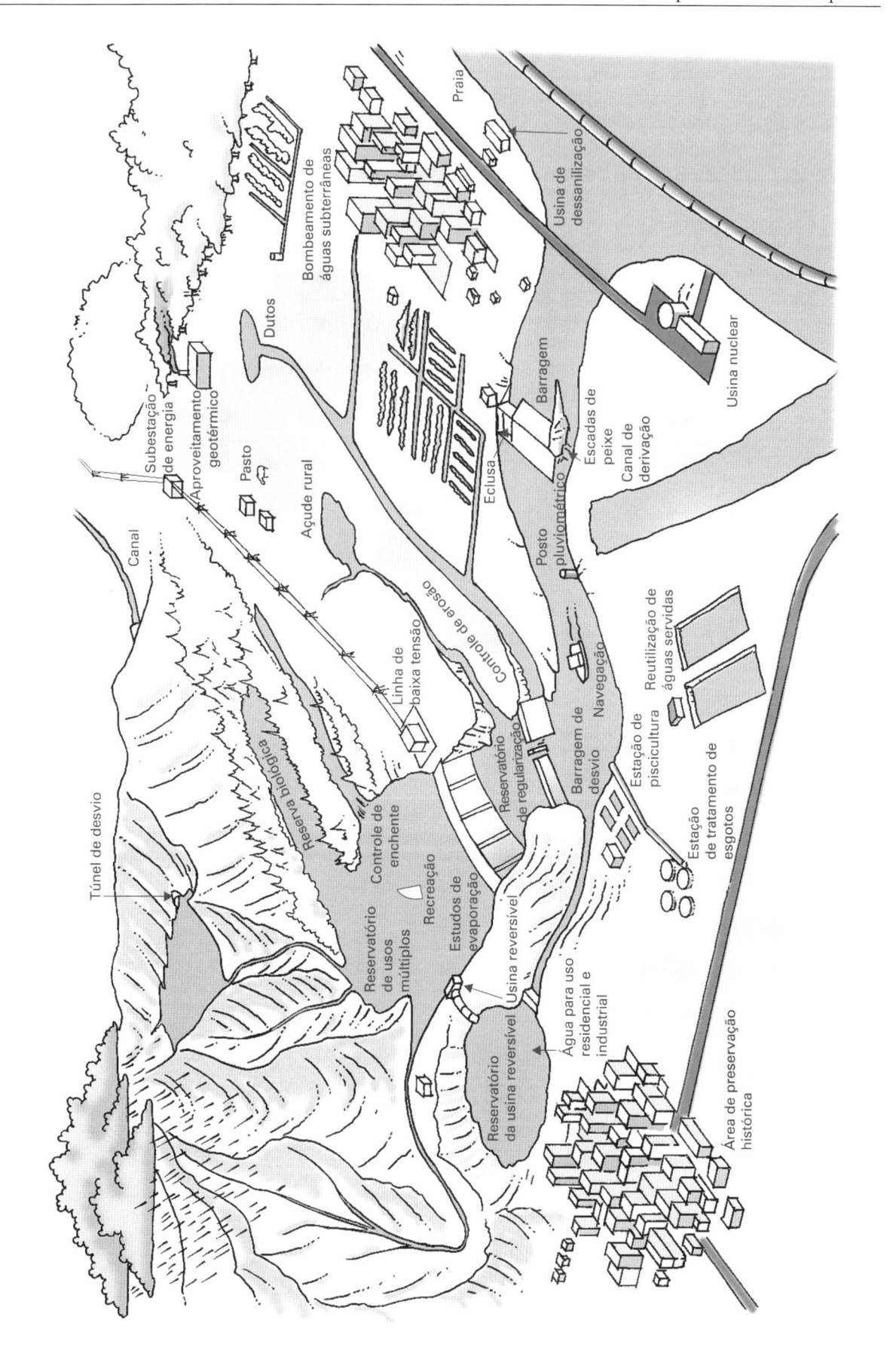

▲ **FIGURA 8.1** Usos da água.

Na Tabela 8.1 são mostrados os dados de consumo de água no Brasil e no mundo e sua distribuição em três grupos consumidores: agrícola, doméstico em industrial. Esses dados podem ser analisados em maiores detalhes na **FIGURA 8.2**, onde se observa uma divisão para os usos da água no Brasil no ano de 2018.[2]

▶ 8.2.1 Abastecimento humano

Entre os vários usos da água, esse é considerado o mais nobre e prioritário, uma vez que o homem depende de uma oferta adequada de água para sua sobrevivência. A qualidade de vida dos seres humanos está diretamente ligada à água, pois ela é utilizada para o funcionamento adequado de seu organismo, para o preparo de alimentos, para a higiene pessoal e de utensílios. A água também é utilizada para irrigação de jardins, lavagem de veículos e pisos etc., mas com exigências menores em relação à qualidade.

A água usada para abastecimento doméstico deve apresentar características sanitárias e toxicológicas adequadas, como estar isenta de organismos patogênicos e substâncias tóxicas, para prevenir danos à saúde e ao bem-estar do homem. Organismos patogênicos são aqueles que transmitem doenças pela ingestão ou pelo contato com a água contaminada, como bactérias, vírus, parasitas, protozoários, que podem causar doenças como disenteria, febre tifoide, cólera, hepatite e outras. Essas doenças são facilmente evitáveis com a existência de saneamento básico adequado.

Água potável é aquela que não causa danos à saúde nem prejuízo aos sentidos. O padrão de potabilidade (i.e., as características de qualidade da água que a tornam adequada ao consumo humano) é estabelecido pelo Ministério da Saúde.

▶ 8.2.2 Abastecimento industrial

A água é usada na indústria em seu processo produtivo, por exemplo, como solvente em lavagens e em processos de resfriamento. Não existe um requisito de qualidade da água genérico para todas as indústrias, pois cada uso específico apresenta requisitos particulares. Indústrias que processam produtos farmacêuticos, alimentícios e de bebidas estão entre aquelas que precisam de qualidade elevada. Indústrias que utilizam a água para resfriamento devem usar água isenta de substâncias que causem o aparecimento de incrustações e corrosão nos condutos. Indústrias envolvidas com processos de tingimento de tecidos e louças devem ter à disposição água isenta de produtos que propiciem o aparecimento de manchas no produto final.

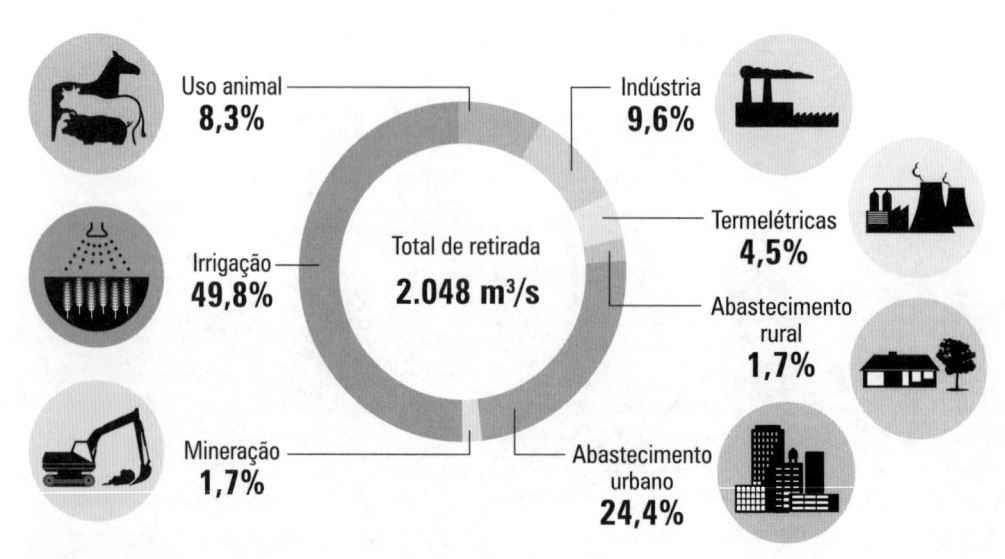

▶ **FIGURA 8.2** Total de água retirada no Brasil. Média anual (2018).
Fonte: Agência Nacional de Águas e Saneamento Básico.[2]

- Uso animal: 8,3%
- Indústria: 9,6%
- Irrigação: 49,8%
- Termelétricas: 4,5%
- Abastecimento rural: 1,7%
- Mineração: 1,7%
- Abastecimento urbano: 24,4%
- Total de retirada: 2.048 m³/s

▶ 8.2.3 Irrigação

A qualidade da água utilizada na irrigação depende do tipo de cultura a ser irrigada. Por exemplo, para o cultivo de vegetais que são consumidos crus, a água deve estar isenta de organismos patogênicos que poderão atingir o consumidor desse produto. Essa água também deve estar isenta de substâncias que sejam tóxicas aos vegetais ou aos seus consumidores.

Outro aspecto de importância fundamental diz respeito ao teor de sais dissolvidos na água empregada para a irrigação. Excesso de sais dissolvidos pode afetar a atividade osmótica das plantas, bem como prejudicar o aproveitamento de nutrientes do solo, influir diretamente no metabolismo das plantas e, ainda, reduzir a permeabilidade do solo, dificultando a drenagem e a aeração. Esquemas de irrigação mal operados arruinaram grandes áreas de solo originalmente férteis em consequência do efeito da salinização e do encharcamento dos solos.

É importante observar também que a irrigação representa o uso mais intenso dos recursos hídricos, sendo responsável por aproximadamente 70% do consumo de água doce do mundo. Além disso, ela pode carrear as substâncias empregadas para o aumento de produtividade da agricultura para os corpos de água superficiais e subterrâneos. Entre tais substâncias, destacam-se os fertilizantes sintéticos e os defensivos agrícolas.

▶ 8.2.4 Geração de energia elétrica

A água é utilizada para fins energéticos por meio da geração de vapor de água nas usinas termoelétricas ou pelo aproveitamento de energia potencial ou cinética da água nas usinas hidroelétricas. Os requisitos de qualidade da água dependem do processo de geração de energia. Nas usinas hidroelétricas, a restrição se refere aos materiais que podem causar danos físicos aos equipamentos; nas usinas termoelétricas, as restrições estão associadas a certas substâncias que se encontram dissolvidas e podem resultar em problemas de corrosão ou incrustação dos equipamentos de geração de vapor ou turbina.

O aproveitamento dos recursos hídricos para fins energéticos pode introduzir uma série de impactos ambientais no meio aquático. As usinas termoelétricas podem despejar calor nos corpos de água, afetando o ecossistema de várias maneiras. As usinas hidroelétricas dependem, em geral, da existência de uma barragem que crie um desnível entre as superfícies livres de água localizadas nos lados a montante e a jusante. Como consequência, o rio a montante da barragem transforma-se em um lago, o que altera o ecossistema aquático, pois ele passa de um ambiente de altas velocidades e alta turbulência (rio) para um ambiente de baixas velocidades e baixa turbulência (lago).

▶ 8.2.5 Navegação

O transporte de carga e passageiros por via fluvial, lacustre e marítima é uma alternativa bastante interessante sob o ponto de vista econômico. Para isso, a água existente no meio deve estar isenta de substâncias que sejam agressivas ao casco e aos condutos de refrigeração das embarcações e/ou que propiciem a proliferação excessiva de vegetação, causando inconvenientes à navegação.

A navegação pode perturbar o meio ambiente ao despejar substâncias poluidoras das embarcações no meio aquático, seja de modo deliberado ou acidental. Os portos também são um potencial poluidor pela mesma razão. Temos, por exemplo, o caso de terminais petrolíferos, nos quais podem ocorrer os vazamentos de petróleo.

A navegação fluvial requer um leito adequado em termos de profundidade e curvas para o deslocamento das embarcações. A velocidade do curso de água é outro fator importante para a viabilização desse tipo de navegação. Assim, para a implantação da navegação fluvial, podem ser necessárias alterações no canal, como a implantação de barragens com obras de transposição de nível.

▶ 8.2.6 Assimilação e transporte de poluentes

Os corpos de água podem ser utilizados com a finalidade de assimilar e transportar os despejos neles lançados. A jusante do lançamento, as concentrações do poluente dependerão, em parte, da razão de diluição, isto é, da relação entre a vazão do rio e a vazão do despejo. Se a razão de diluição for alta, as concentrações podem ser baixas o suficiente para não causar impactos sobre outros usos de água. A diluição, no entanto, não deve ser recomendada em substituição ao tratamento dos despejos, devendo somente ser utilizada para a carga residual das estações de tratamento. O comportamento dos corpos de água como receptores de despejos varia em função de suas características físicas, químicas e biológicas e da natureza das substâncias lançadas.

▶ 8.2.7 Preservação da flora e fauna

O equilíbrio ecológico do meio aquático deve ser mantido, independentemente dos usos que se façam dos corpos de água. Para isso, deve-se garantir a existência de concentrações mínimas de oxigênio dissolvido e de sais nutrientes na água. Ela não deve conter substâncias tóxicas acima de concentrações críticas para os organismos aquáticos.

▶ 8.2.8 Aquicultura

A criação de organismos aquáticos de interesse para o homem requer padrões de qualidade da água praticamente idênticos aos necessários para a preservação da flora e da fauna, havendo algumas considerações específicas para o favorecimento da proliferação de certas espécies.

▶ 8.2.9 Recreação

Os corpos de água oferecem várias opções de recreação para o homem – por meio de atividades como a natação e os esportes aquáticos ou por meio de outras atividades como a pesca e a navegação esportiva. O contato com a água pode ser primário, tal qual o que ocorre quando há um contato físico proposital com a água, como na natação. É evidente que a água não deve apresentar organismos patogênicos e substâncias tóxicas em concentrações que possam causar danos à saúde pelo contato com a pele ou por ingestão. O contato secundário ocorre de forma acidental em atividades como a navegação esportiva.

Do ponto de vista estético, os corpos de água poluídos são inconvenientes ao homem em decorrência da liberação de odores desagradáveis, da presença de substâncias flutuantes e da turbidez excessiva. Frequentemente, esses corpos de água estão próximos de centros urbanos, não sendo utilizados para fins recreativos. Existe um valor econômico bastante expressivo associado ao aspecto estético da água. Por exemplo, são bastante valorizadas as propriedades próximas a corpos de água. Problemas com a água desvalorizam essas propriedades, prejudicando o uso dos rios e lagos como recursos paisagísticos.

▶ 8.2.10 Usos diversos da água e o gerenciamento de recursos hídricos

Observamos que os recursos hídricos podem ser utilizados de diversas maneiras, atendendo a várias necessidades simultaneamente. Essa é uma exigência importante não só do ponto de vista econômico, mas, também, do ponto de vista do abastecimento humano, em função da crescente escassez da oferta de recursos hídricos diante da demanda sempre crescente. Assim, podem surgir conflitos quanto à utilização dos recursos hídricos, os quais são pautados a seguir.

- A diluição de despejos de áreas urbanas, industriais e agrícolas pode degradar a qualidade das águas, afetando os seus usos e o meio ambiente.

- A necessidade de ajustar a variação temporal da oferta natural de água à sua demanda pode levar à necessidade da criação de um reservatório. Todavia, reservatórios podem provocar impactos ambientais significativos. Além disso, uma das funções do reservatório pode ser o controle de cheias pela criação de um espaço vazio adequado disponível para receber e armazenar água durante o período de vazões altas. Essa água ficará retida no reservatório para impedir a ocorrência de inundações nas áreas situadas a jusante da barragem. A manutenção de um espaço vazio no reservatório conflita com a necessidade de armazenamento de água adequado para satisfazer os usos anteriormente discriminados.
- Determinados usos dos recursos hídricos fazem com que parte da água que é utilizada não retorne ao corpo de água do qual foi retirada. Tais usos são denominados **consuntivos**. Exemplos de usos consuntivos são a irrigação (na qual parte da água fornecida é retirada para a constituição da vegetação ou sofre evapotranspiração), o abastecimento urbano (no qual existe uma perda de água significativa durante o sistema de distribuição) e o abastecimento industrial (no qual também ocorrem perdas no sistema de distribuição ou, então, incorporação da água ao produto manufaturado). Usos consultivos, em geral, conflitam com quaisquer outros usos em função da retirada da água que provocam no sistema aquático.

Os caminhos para a solução desses problemas parecem estar se tornando mais claros com a transformação do conceito de gestão dos recursos hídricos. O conceito de gestão integrada de recursos hídricos significa pensar em como utilizar a água de modo a considerar os seus múltiplos usos e usuários, além dos relevantes aspectos econômicos e relativos à saúde pública e ao meio ambiente envolvidos. O Brasil, que, desde 1934 já possuía o Código de Águas, modernizou a legislação e a estrutura institucional na década de 1990 com a criação da Política Nacional de Recursos Hídricos, detalhada no Capítulo 13. Essa modernização dotou o país de instrumentos de gestão que permitem conhecer melhor os usuários de água, disciplinar o acesso a esse recurso natural, promover o uso racional da água e planejar a distribuição de usos e o controle da qualidade da água.

8.3 ALTERAÇÃO DA QUALIDADE DAS ÁGUAS

Entende-se por **poluição da água** a alteração de suas características por quaisquer ações ou interferências, sejam elas naturais ou provocadas pelas atividades humanas. Essas alterações podem produzir impactos estéticos, fisiológicos ou ecológicos. O conceito de poluição da água tem-se tornado cada vez mais amplo em função de maiores exigências com relação à conservação e ao uso racional dos recursos hídricos.

Em sua origem, o vocábulo poluição está associado ao ato de manchar ou sujar, o que demonstra a conotação estética dada à poluição quando esta passou a ser percebida. Entretanto, a alteração da qualidade da água não está necessariamente ligada somente a aspectos estéticos, já que a água de aparência satisfatória para um determinado uso pode conter micro-organismos patogênicos e substâncias tóxicas para determinadas espécies, e águas com aspecto desagradável podem ter determinados usos. A noção de poluição deve estar associada ao uso que se faz da água.

É importante distinguir a diferença entre os conceitos de **poluição** e **contaminação**, já que ambos são às vezes utilizados como sinônimos. A contaminação refere-se à transmissão de substâncias ou micro-organismos nocivos à saúde pela água. A ocorrência da contaminação não implica necessariamente um desequilíbrio ecológico. Assim, a presença de organismos patogênicos prejudiciais ao ser humano na água não significa que o meio ambiente aquático esteja ecologicamente desequilibrado. De maneira análoga, a ocorrência de poluição não implica necessariamente riscos à saúde de todos os organismos que fazem uso dos recursos hídricos afetados. Por exemplo, a introdução de calor excessivo nos corpos de água pode causar profundas alterações ecológicas no meio sem que isso signifique restrições ao seu consumo pelo homem.

Os efeitos resultantes da introdução de poluentes no meio aquático dependem da natureza do poluente introduzido, do caminho que esse poluente percorre no meio e do uso que se faz do corpo de água. Os poluentes podem ser introduzidos no meio aquático de forma **pontual** ou **difusa** (**FIGURA 8.3**). As cargas pontuais são introduzidas por lançamentos individualizados, como os que ocorrem no despejo de esgotos sanitários ou de efluentes industriais. Cargas pontuais são facilmente identificadas, e, portanto, seu controle é mais eficiente e mais rápido. As cargas difusas são assim chamadas por não terem um ponto de lançamento específico e por ocorrerem ao longo da margem dos rios, como as substâncias provenientes de campos agrícolas, ou por não advirem de um ponto preciso de geração, como no caso de drenagem urbana.

▶ 8.3.1 Principais poluentes aquáticos

Os poluentes são classificados de acordo com sua natureza e com os principais impactos causados pelo seu lançamento no meio aquático.

8.3.1.1 Poluentes orgânicos biodegradáveis

A matéria orgânica biodegradável lançada na água será degradada pelos organismos decompositores presentes no meio aquático. Existem duas maneiras de esses compostos, constituídos principalmente por proteínas, carboidratos e gorduras, serem degradados:

- se houver oxigênio dissolvido no meio, a decomposição será feita por bactérias aeróbias, que consomem o oxigênio dissolvido existente na água. Se o consumo de oxigênio for mais intenso que a capacidade do meio para repô-lo, haverá seu esgotamento e a inviabilidade da existência de vida para peixes e outros organismos que dependem do oxigênio para respirar;
- se não houver oxigênio dissolvido no meio, ocorrerá a decomposição anaeróbia, com a formação de gases, como o metano e o gás sulfídrico.

Portanto, a presença de matéria orgânica biodegradável no meio aquático pode causar a destruição da fauna ictiológica e de outras espécies aeróbias em razão do consumo do oxigê-

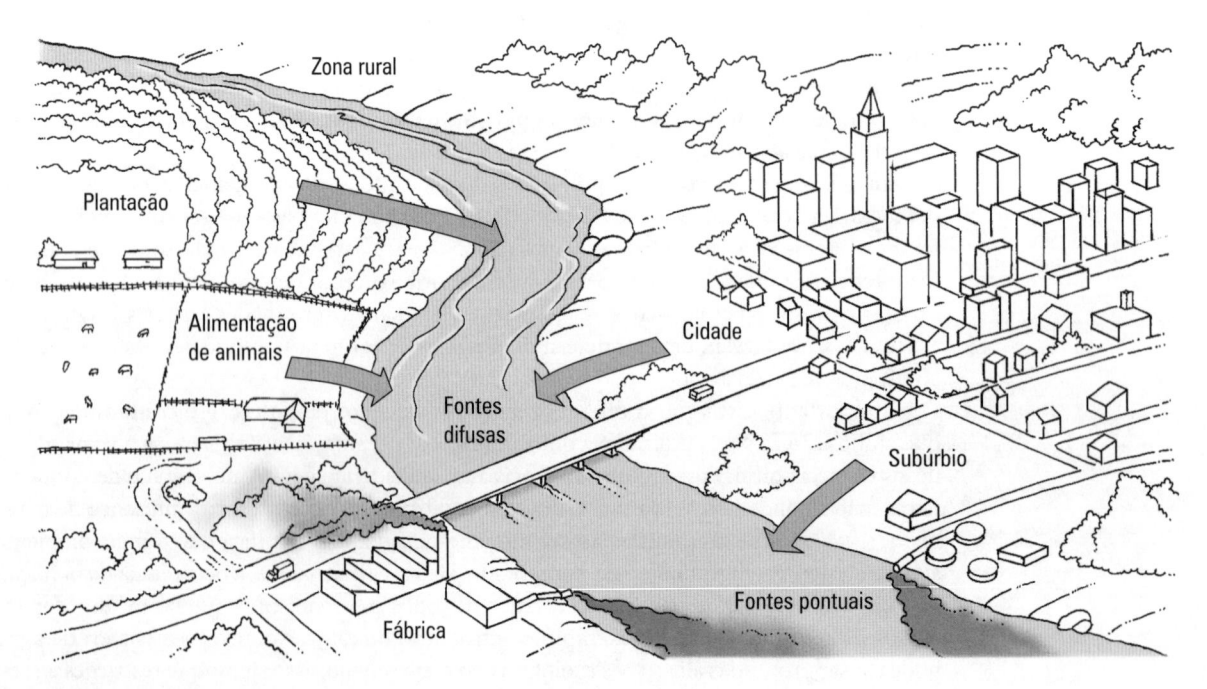

▶ **FIGURA 8.3** Poluição da água por fontes pontuais e difusas.

nio dissolvido pelos organismos decompositores. Assim, o impacto introduzido pelo despejo de esgotos domésticos em corpos de água ocorre principalmente pela diminuição da concentração de oxigênio dissolvido disponível na água, e não pela presença de substâncias tóxicas nesses despejos.

8.3.1.2 Poluentes orgânicos recalcitrantes ou refratários

Muitos compostos orgânicos não são biodegradáveis ou sua taxa de biodegradação é muito lenta. Esses compostos também são chamados de **recalcitrantes** ou **refratários**.

A digestão de uma determinada substância depende não somente da sua possibilidade de fornecer energia para os organismos, mas também da existência de organismos capazes de digeri-la. Esse é o caso da maioria dos compostos orgânicos recalcitrantes, os quais têm sido criados por processos tecnológicos e dispostos há relativamente pouco tempo no ambiente. O impacto introduzido por compostos orgânicos desse tipo está associado à sua toxicidade, e não ao consumo de oxigênio utilizado para sua decomposição.

Alguns desses compostos encontram-se no meio aquático em concentrações que não são perigosas ou tóxicas. No entanto, em consequência do fenômeno da bioacumulação, sua concentração no tecido dos organismos vivos pode ser relativamente alta, caso eles não possuam mecanismos metabólicos que eliminem tais compostos após sua ingestão.

Alguns exemplos de compostos orgânicos dessa natureza estão listados a seguir.

- **Defensivos agrícolas:** parcela considerável do total aplicado para fins agrícolas atinge os rios, lagos, aquíferos e oceanos por meio do transporte por correntes atmosféricas, despejo de restos de soluções, limpeza de acessórios e recipientes empregados na aplicação desses produtos e pelo carreamento do material aplicado no solo pela ação erosiva da chuva. Em razão dos mecanismos de transporte característicos dos meios aquáticos, alguns desses defensivos têm sido detectados até na região antártica.

- **Detergentes sintéticos:** esses produtos têm causado danos maiores em águas interiores do que em águas oceânicas, sendo, em geral, mais tóxicos para os peixes do que para o ser humano. Muitos micro-organismos que efetuam a biodegradação da matéria orgânica também podem ser afetados pelos detergentes sintéticos. Além disso, a presença de uma camada de detergente sintético na interface ar-água afeta a troca de gases entre os dois meios, podendo também gerar espuma abundante. Essa espuma é levada pelo vento e espalha-se por uma região mais ampla, transportando consigo alguns poluentes que porventura existam no meio aquático.

- **Petróleo:** o petróleo é composto por uma mistura de várias substâncias com diferentes taxas de biodegradabilidade. O petróleo e seus derivados podem acidentalmente atingir corpos de água nas fases de extração, transporte, aproveitamento industrial e consumo. Entre os principais efeitos danosos impostos ao meio ambiente estão a formação de uma película superficial que dificulta as trocas gasosas entre o ar e a água, a vedação dos estômatos das plantas e dos órgãos respiratórios dos animais, a impermeabilização das raízes de plantas e a ação de substâncias tóxicas nele contidas para muitos organismos.

8.3.1.3 Metais

Todos os metais podem ser solubilizados pela água, podendo gerar danos à saúde em função da quantidade ingerida, pela sua toxicidade, ou de seus potenciais carcinogênicos, mutagênicos ou teratogênicos. Exemplos de metais tóxicos são o arsênico, o bário, o cádmio, o cromo, o chumbo e o mercúrio.

Um organismo aquático pode apresentar dois tipos básicos de comportamento em relação aos metais: ou é sensível à ação tóxica de um determinado metal ou não é sensível, mas pode o bioacumular, potencializando seu efeito nocivo ao longo da cadeia alimentar, colocando em risco organismos situados no topo dessa cadeia.

Como exemplo de problema relacionado com metais, citamos o mal de Minamata, detectado em 1953 na Baía de Minamata, Japão. Houve acúmulo de compostos organomercuriais no sistema nervoso humano, principalmente no cérebro e na medula. A presença de metilmercúrio nas águas, com o lançamento de efluentes industriais, atingiu a população local que consumiu peixes, causando grande número de mortes e deformações genéticas.

Em geral, metais tóxicos estão presentes em quantidades diminutas no meio aquático por ação de fenômenos naturais, mas podem ser despejados em quantidades significativas por atividades industriais, agrícolas e de mineração.

Às vezes é difícil detectar metais no meio aquático porque alguns deles se depositam no fundo dos corpos de água. Todavia, existem situações em que essas substâncias são recolocadas em circulação por meio de reações químicas. Por exemplo, as águas ácidas deficientes em oxigênio dissolvido favorecem reações com os metais depositados nos sedimentos.

Outro problema associado à presença dos metais é que, mesmo em concentrações diminutas, eles podem gerar danos importantes aos organismos aquáticos ou ao ser humano. Em muitos casos, essas concentrações são inferiores à capacidade de detecção dos aparelhos utilizados nos laboratórios encarregados do monitoramento da qualidade das águas. Exemplos de metais de menor toxidade, dependendo da concentração, são o cálcio, magnésio, sódio, ferro, manganês, alumínio, cobre e zinco. Alguns desses metais podem produzir certos inconvenientes para o consumo doméstico de água pela alteração de cor, odor e sabor que provocam.

8.3.1.4 Nutrientes

O excesso de nutrientes nos corpos de água pode levar ao crescimento excessivo de alguns organismos aquáticos, acarretando prejuízo a determinados usos dos recursos hídricos superficiais e subterrâneos. Esses nutrientes, notadamente os sais de nitrogênio e o fósforo, são comumente responsáveis pela proliferação acentuada de algas, as quais podem prejudicar a utilização de mananciais de água potável.

Os nutrientes chegam aos corpos de água por meio da erosão de solos, pela fertilização artificial dos campos agrícolas ou pela própria decomposição natural da matéria orgânica biodegradável existente no solo e na água. Outra fonte de extrema importância são águas residuárias, em especial os esgotos sanitários, que muitas vezes são lançados indevidamente em corpos hídricos, comprometendo sua qualidade, prejudicando a biota aquática e limitando seus usos para atividades humanas.

8.3.1.5 Organismos patogênicos

Embora saibamos há muito tempo que a água pode ser responsável pela transmissão de muitas doenças, é ainda enorme o número de pessoas por elas afetadas, principalmente nas regiões menos desenvolvidas, onde o saneamento básico é precário ou inexistente. Essas doenças podem causar incapacitação temporária ou mesmo a morte, sendo responsáveis por boa parte da ocupação de leitos hospitalares e pela diminuição da qualidade de vida das pessoas.

As classes de organismos patogênicos mais comuns e algumas doenças transmitidas pela água e pelo esgoto ao ser humano são:

- **bactérias**: responsáveis pela transmissão de doenças, como a leptospirose, a febre tifoide, a febre paratifoide, a cólera etc.;
- **vírus**: responsáveis pela transmissão de doenças, como a hepatite infecciosa e a poliomielite;
- **protozoários**: responsáveis pela transmissão de doenças, como a amebíase e a giardíase;
- **helmintos**: responsáveis pela transmissão de doenças, como a esquistossomose e a ascaridíase.

8.3.1.6 Sólidos em suspensão

Os sólidos em suspensão aumentam a turbidez da água, isto é, diminuem sua transparência. O aumento da turbidez reduz as taxas de fotossíntese e prejudica a procura de alimento para algumas espécies, levando a desequilíbrios na cadeia alimentar. Sedimentos podem carregar pesticidas e outros tóxicos, e sua deposição no fundo de rios e lagos prejudica as espécies bentônicas e a reprodução de peixes.

8.3.1.7 Calor

A temperatura da água afeta características físicas, químicas e biológicas do meio aquático, como a densidade da água, a solubilidade de gases, a taxa de sedimentação do fitoplâncton, a tensão superficial, as reações químicas e o metabolismo dos organismos aquáticos. Por exemplo, um aumento de temperatura pode causar migração intensa de peixes para regiões mais amenas nas quais a concentração de oxigênio dissolvido é maior ou bloquear a passagem de peixes migratórios em decorrência da presença de uma barreira de calor com menor concentração de oxigênio dissolvido. Pode, também, favorecer o desenvolvimento excessivo de seres termófilos e, ainda, alterar a cinética de reações químicas ou favorecer alguns sinergismos nocivos ao ambiente. Efluentes aquecidos são gerados principalmente por usinas termoelétricas, independentemente do tipo de combustível utilizado, seja ele de origem fóssil ou nuclear.

8.3.1.8 Radioatividade

A radioatividade existe naturalmente no meio ambiente pela presença de substâncias radioativas e de radiação que vem do espaço exterior. Parte dessas substâncias atinge os corpos de água superficiais e subterrâneos, penetrando nas cadeias alimentares, podendo ser ou não ser bioacumulada. Desse modo, os organismos podem entrar em contato com materiais radioativos por meio do ar, da água, do solo ou de alimentos.

A radioatividade da maioria das águas naturais está bem abaixo das concentrações máximas permissíveis. Todavia, o uso da radioatividade pelo homem – seja para fins bélicos, energéticos, de pesquisa, médicos ou de conservação de alimentos – tem liberado maiores quantidades de substâncias radioativas para o meio ambiente.

A radioatividade pode afetar o homem e outros organismos de diversas maneiras. Uma exposição aguda a ela pode levar à morte ou, então, causar danos à saúde. Uma exposição prolongada pode provocar o aparecimento de várias doenças, como o câncer. Além disso, a radioatividade pode afetar as células envolvidas na reprodução dos indivíduos, com graves danos para as gerações futuras.

8.3.1.9 Desreguladores ou disruptores endócrinos

Uma nova classe de contaminantes que vem sendo amplamente discutida é composta pelos desreguladores endócrinos, que podem ser definidos como qualquer substância ou mistura exógena cujas propriedades podem resultar na alteração das funções do sistema endócrino e, consequentemente, causar efeitos adversos em um organismo sadio, em seus descendentes ou populações.[4]

Uma abordagem bastante ampla sobre os desreguladores endócrinos, quando ainda não eram tratados por essa designação, foi apresentada por Rachel Carson,[5] com a publicação do livro Primavera silenciosa (*Silent Spring*).

Considerando-se a ampla variedade de produtos químicos disponíveis, como fármacos, produtos de higiene pessoal, produtos domissanitários e os diversos produtos químicos utilizados no nosso dia a dia, além das questões relacionadas aos baixos índices de coleta e tratamento de esgotos e o uso de tecnologias inadequadas para o seu tratamento, esse grupo de contaminantes é de grande relevância do ponto de vista de saúde pública. A razão para isso é que a principal causa da presença de desreguladores endócrinos no ambiente é a sua excreção e descarte por meio dos esgotos ou pelo lançamento de efluentes das unidades de fabricação.

▶ 8.3.2 Comportamento dos poluentes no meio aquático

Os poluentes, ao atingir os corpos de água, sofrem a ação de diversos **mecanismos físicos**, **químicos** e **biológicos** existentes na natureza, que alteram seu comportamento e suas respectivas concentrações, as quais podem ser benéficas ou adversas, em função dos subprodutos resultantes.

8.3.2.1 Mecanismos físicos

Diluição

O despejo de uma substância qualquer no meio aquático usualmente faz com que a concentração original dessa substância sofra uma redução. Esse mecanismo é chamado de **diluição** e é resultante do processo de mistura do despejo com a água presente no corpo de água.

Ação hidrodinâmica

Os corpos de água não são estáticos. Eles apresentam um movimento próprio que transporta um poluente do seu ponto de despejo para outras regiões, e, portanto, sua concentração varia no espaço e no tempo. O transporte pode ser feito por meio da difusão, quando os campos de velocidade do fluido têm pouca intensidade, ou por dispersão turbulenta, quando os campos de velocidade são mais intensos. Quanto maior a turbulência, mais rapidamente o poluente se afastará de seu ponto de despejo e terá a sua concentração reduzida. Um melhor detalhamento desses processos é apresentado a seguir.

- **Difusão**: resulta do movimento decorrente da agitação térmica das partículas existentes no meio fluido. Por exemplo, um corante colocado em um recipiente que contenha um fluido solvente de mesma densidade tende a se espalhar por todo o recipiente, mesmo que não exista qualquer perturbação externa que force a mistura entre as duas substâncias. Essa mistura ocorre até que a concentração da substância dissolvida seja uniforme em todo o recipiente. Ressalta-se que o efeito da difusão na concentração de poluentes em corpos de água naturais é, em geral, desprezível.

- **Dispersão turbulenta**: a existência de turbulência no escoamento da água provoca mistura mais rápida das substâncias presentes. Tal mistura ocorre a uma taxa muito mais intensa que a verificada na difusão molecular e é um mecanismo extremamente eficiente para a diminuição da concentração de poluentes em meios fluidos. Assim, por exemplo, se o corante citado para o caso de difusão molecular for despejado de forma turbulenta no recipiente, ocorrerá a mistura rápida entre as substâncias envolvidas.

Escoamentos que ocorrem com maior velocidade em uma superfície livre são mais turbulentos e tendem a apresentar uma interface ar-água com maior área superficial. Como a taxa de troca de gases nessa interface é proporcional à área da superfície, a turbulência aumenta a intensidade com a qual essas trocas ocorrem. Assim, substâncias voláteis, com maior pressão de vapor, são eliminadas para a atmosfera, enquanto ocorre uma maior oxigenação da água. Este oxigênio, por sua vez, pode reagir com contaminantes químicos específicos, provocando a sua oxidação, ou então ser utilizado por bactérias para degradação de compostos orgânicos, o que será mais bem explorado no item sobre mecanismos bioquímicos.

A presença de turbulência excessiva também pode introduzir efeitos negativos, dificultando a sedimentação de partículas indesejáveis ou removendo do fundo material que estaria mais bem disposto nessa região.

Gravidade

A ação da gravidade pode alterar a qualidade da água por meio da sedimentação de substâncias que apresentam massa específica maior do que a da água, ressaltando-se que, em função do seu diâmetro, essas partículas podem permanecer em suspensão por longos períodos, pelo fato de apresentarem carga elétrica em sua superfície. A sedimentação é utilizada em certas etapas do tratamento de água e esgoto pelo uso de decantadores, nos quais as partículas em suspensão sedimentam-se para serem retiradas logo depois.

Luz

A presença de luz é condição necessária para a existência de algas, que são a fonte básica de alimento do meio aquático. Além disso, elas são responsáveis pela produção endógena (i.e., interna) de oxigênio. A luz extingue-se muito rapidamente na água em função da profundidade, limitando a ocorrência da fotossíntese apenas à camada superficial, ou, tecnicamente, região eufótica. O aumento da turbidez diminui a transparência e, portanto, a penetração de luz.

Temperatura

A temperatura altera a solubilidade dos gases e afeta a cinética das reações químicas, fazendo com que a interação dos poluentes com o ecossistema aquático seja bastante influenciada por sua variação. Geralmente, temperaturas mais elevadas são favoráveis para as reações químicas, porém são desfavoráveis para a presença de oxigênio na água.

8.3.2.2 Mecanismos bioquímicos

O ecossistema aquático abriga em suas cadeias alimentares seres fotossintetizantes, como as algas, por exemplo. Eles são chamados de seres produtores por fabricarem o alimento necessário para a sobrevivência dos demais organismos. O ecossistema abriga, ainda, os seres chamados de consumidores, assim denominados por necessitarem, direta ou indiretamente, ingerir alimentos fabricados pelos fotossintetizantes.

Há um equilíbrio natural entre produção e consumo, entre seres produtores e consumidores, entre a reação da fotossíntese e a reação da respiração. Contudo, para que essas reações ocorram, são necessários diversos elementos, como o carbono (essencial para a estruturação de tecidos orgânicos), o nitrogênio (formador das proteínas), o fósforo, o potássio, o ferro e outros elementos inorgânicos essenciais, além do oxigênio. Para que o ecossistema possa sobreviver, esses elementos, após sua utilização, retornam ao meio, mesmo que de outra forma. Desse modo, eles podem entrar na cadeia alimentar por meio da fotossíntese. Essa devolução ocorre por intermédio dos seres decompositores, que, a partir dos resíduos orgânicos e/ou da morte dos seres vivos, terminam a oxidação da matéria orgânica e completam o ciclo dos nutrientes. Os seres decompositores são micro-organismos que vivem no lodo do fundo da água, como bactérias e outros organismos.

Quando a matéria orgânica biodegradável é despejada no meio aquático, os decompositores fazem sua digestão por meio de mecanismos bioquímicos. Os seres decompositores aeróbios respiram o oxigênio dissolvido na água e passam a competir com os demais organismos. Como têm alimento à sua disposição (nesse caso, a matéria orgânica para ser decomposta) e possuem requisitos de sobrevivência (em termos de oxigênio) bastante baixos, eles ganham a competição. Com isso, os peixes morrem e a população dos decompositores cresce rapidamente. É dessa forma que a matéria orgânica biodegradável causa poluição. A redução dos teores de oxigênio dissolvido pelo excesso de consumo pelos decompositores prejudica a sobrevivência dos demais seres consumidores.

O oxigênio dissolvido é um dos constituintes mais importantes do meio aquático. Embora não seja o único indicador de qualidade da água existente, é um dos mais usados porque está diretamente relacionado com os tipos de organismos que podem sobreviver em um corpo de água. Quando ausente, permite a existência de organismos anaeróbios que liberam substâncias que conferem odor, sabor e aspecto indesejáveis à água. Peixes e outras espécies animais necessitam de oxigênio para sobreviver, sendo necessária uma concentração mínima de 2 mg/L para a existência de formas de vida aeróbia superior. Algumas espécies são mais exigentes com relação à concentração de oxigênio dissolvido, necessitando no mínimo de 4 mg/L, no caso de países tropicais; em países de clima frio, algumas espécies necessitam de concentração de oxigênio superior a 8 mg/L para que possam se reproduzir.

A concentração de oxigênio dissolvido na água ocorre em função de diversas variáveis, conforme detalhado a seguir.

- **Características do corpo de água:** associadas à facilidade com que as cargas poluidoras são misturadas ao meio aquático. Entre as variáveis mais importantes estão a velocidade do fluido, a geometria do escoamento, a intensidade da difusão turbulenta e outras.

- **Características do despejo:** associadas aos fatores de consumo do oxigênio dissolvido no meio, como a natureza do material biodegradável envolvido, a facilidade com que ele é biodegradado pelos organismos decompositores, a quantidade de oxigênio necessária para a biodegradação, a quantidade de poluente e a vazão de lançamento do despejo, entre outros fatores.

- **Produção de oxigênio:** o oxigênio dissolvido no meio aquático pode ser originado pela atividade fotossintética dos organismos autótrofos (produção endógena) ou pela reaeração (produção exógena), que consiste na passagem de oxigênio atmosférico para o interior do meio aquático por meio da interface ar–água.

Um corpo de água poluído por lançamentos de matéria orgânica biodegradável sofre um processo natural de recuperação denominado **autodepuração**. A autodepuração ocorre por meio de processos físicos (diluição, sedimentação), químicos (oxidação) e biológicos. A decomposição da matéria orgânica corresponde, portanto, a um processo biológico integrante do fenômeno da autodepuração. É importante salientar que os compostos orgânicos recalcitrantes e os compostos inorgânicos (incluindo os metais pesados) não são afetados pelo mecanismo da autodepuração.

A matéria orgânica biodegradável é consumida pelos decompositores aeróbios, que transformam os compostos orgânicos de cadeias mais complexas, como proteínas e gordura, em compostos mais simples, como amônia, aminoácidos e dióxido de carbono. Durante a decomposição, há um decréscimo na concentração de oxigênio dissolvido na água em razão da respiração dos decompositores.

O processo de autodepuração completa-se com a reposição, pela reaeração, desse oxigênio consumido. O processo de autodepuração pode ser dividido em duas etapas.

Etapa 1: Decomposição

A quantidade de oxigênio dissolvido na água necessária para a decomposição da matéria orgânica é chamada de **demanda bioquímica de oxigênio** (**DBO**). Em outras palavras, a DBO é o oxigênio que vai ser respirado pelos decompositores aeróbios para a decomposição completa da matéria orgânica lançada na água.

A DBO serve como uma forma de medição do potencial poluidor de certas substâncias biodegradáveis em relação ao consumo de oxigênio dissolvido. Assim, por exemplo, o esgoto doméstico é composto por inúmeras substâncias biodegradáveis, possuindo, cada uma, características distintas de consumo de oxigênio. Do ponto de vista ambiental, o conhecimento da DBO do esgoto como um todo já é suficiente para determinar o impacto do seu despejo na concentração de oxigênio dissolvido do corpo de água receptor, sem que haja necessidade de se conhecer a DBO de cada constituinte separadamente.

O consumo de oxigênio dissolvido para a digestão da matéria orgânica ocorre durante um certo intervalo de tempo. Convencionou-se que as medições experimentais de DBO devem ser feitas com ensaios que tenham duração de cinco dias, nas quais se adota o símbolo DBO_5, que se refere à decomposição da matéria orgânica carbonácea. A temperatura afeta a taxa de degradação da matéria orgânica, pois o metabolismo dos organismos decompositores tende a se acelerar com o aumento da temperatura. A determinação experimental da DBO é convencionalmente feita a uma temperatura de 20 ºC, sendo adotado o símbolo $DBO_{5,20}$ para representá-la.

O valor da DBO varia consideravelmente de acordo com a natureza do despejo. Por exemplo, a $DBO_{5,20}$ para o esgoto doméstico situa-se em torno de 300 mg/L, sendo esse valor substancialmente maior que a concentração de saturação de oxigênio dissolvido na água, que fica em torno de 9 mg/L para a água pura a 20 ºC. Outros tipos de despejo podem possuir concentrações de $DBO_{5,20}$ mais elevadas que o esgoto doméstico, como aqueles resultantes de certas indústrias alimentícias, fábricas de papel e celulose e curtumes, entre outras.

Quando os decompositores terminam sua tarefa, diz-se que a matéria orgânica foi estabilizada ou mineralizada, por não existirem mais compostos orgânicos biodegradáveis, mas apenas água, gás carbônico e sais minerais.

Etapa 2: Recuperação do oxigênio dissolvido ou reaeração

Existem fontes contínuas que adicionam oxigênio à água – a atmosfera e a fotossíntese. As trocas atmosféricas são mais intensas quanto maior for a turbulência no curso de água. Ocorre que, durante a fase de decomposição, usualmente o consumo é maior do que a reposição por ambas as fontes. Apenas quando cessa a decomposição e os decompositores morrem é que se começa a observar o aumento da sua concentração até atingir o limite de saturação. Essas duas etapas ocorrem simultaneamente ao longo de todo o processo. O fenômeno da autodepuração está ilustrado na **FIGURA 8.4**. No trecho afetado do rio, ocorrerão alterações das espécies presentes, da cor, da turbidez e de outras características da água.

Caso a quantidade de matéria orgânica lançada seja muito grande, pode haver o esgotamento total do oxigênio dissolvido na água. A decomposição será, então, feita pelos decompositores anaeróbios, que prosseguem as reações de decomposição utilizando o deslocamento do hidrogênio para a quebra das cadeias orgânicas. Como subprodutos dessa decomposição, formam-se metano, gás sulfídrico e outros. A decomposição anaeróbia não é completa, devendo ser completada pela decomposição aeróbia quando o rio começar a apresentar teores mais elevados de oxigênio. O processo anaeróbio apresenta desvantagens por produzir odores bastante desagradáveis, além do aspecto estético.

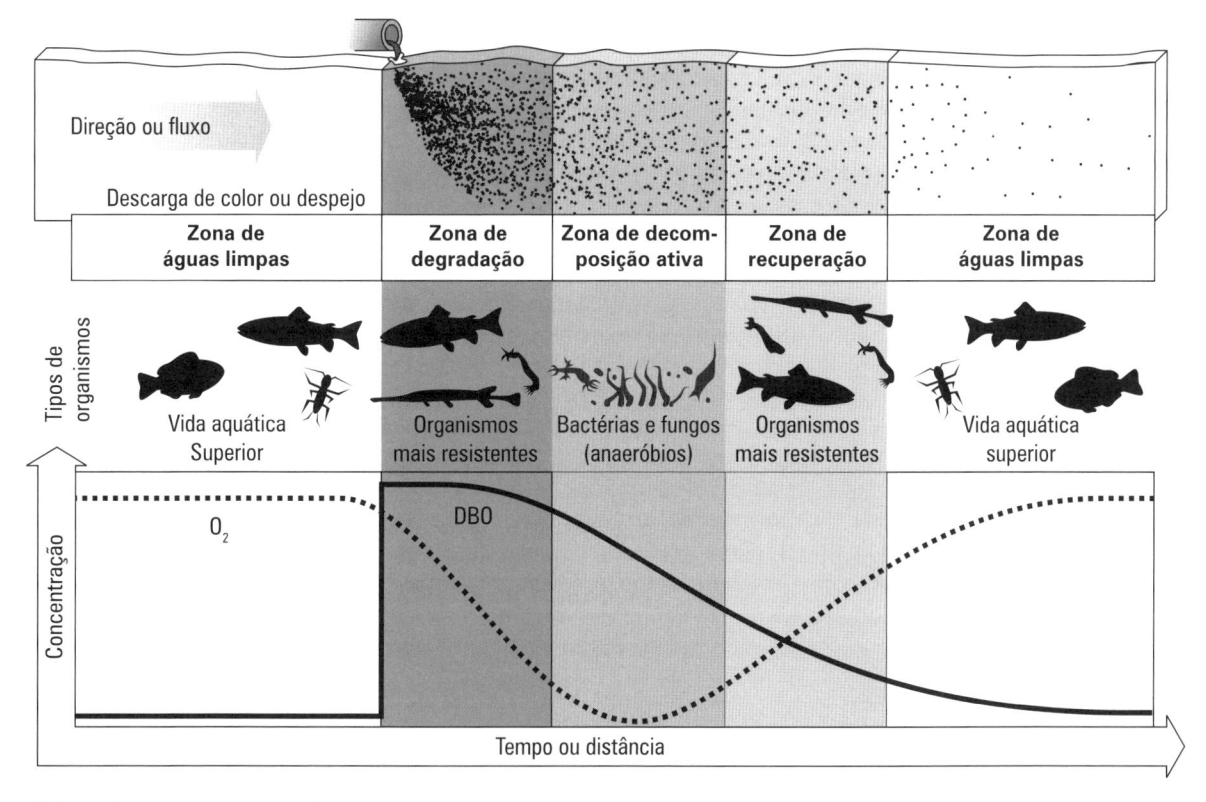

▶ **FIGURA 8.4** Processo de autodepuração.

Na Figura 8.4, podemos observar as seguintes regiões características:

- **região anterior ao lançamento de matéria orgânica:** em geral, é uma região de águas limpas, com elevada concentração de oxigênio dissolvido e vida aquática superior, isso se já não existir poluição anterior;
- **zona de degradação:** localiza-se a jusante do ponto de lançamento do poluente biodegradável, sendo caracterizada por uma diminuição inicial na concentração de oxigênio dissolvido, sedimentação de parte do material sólido e aspecto indesejável. Nessa região, ainda existem peixes que afluem ao local em busca de alimentos, quantidade elevada de bactérias e fungos, mas poucas algas;
- **zona de decomposição ativa:** é a zona em torno da qual a concentração de oxigênio dissolvido atinge o valor mínimo, podendo, inclusive, tornar-se igual a zero em alguns casos. Nessa região, a quantidade de bactérias e fungos diminui, havendo também uma redução ou eliminação da quantidade de organismos aeróbios;
- **zona de recuperação:** nessa zona, ocorre um aumento na concentração de oxigênio dissolvido, pois os mecanismos de reaeração acabam predominando sobre os mecanismos de desoxigenação. A concentração de oxigênio pode voltar a atingir a concentração de saturação. O aspecto das águas melhora continuamente, havendo uma redução na quantidade de bactérias e fungos e um aumento na quantidade de peixes e outros organismos aeróbios. Existe uma tendência para a proliferação de algas em consequência da disponibilidade de nutrientes, resultante da decomposição da matéria orgânica;
- **zona de águas limpas:** é a zona na qual a água volta a apresentar condições satisfatórias com relação às concentrações de oxigênio dissolvido e DBO e com relação à presença de organismos aeróbios. Todavia, isso não significa necessariamente que ela esteja livre de organismos patogênicos.

Existem diversos fatores que contribuem para o processo de autodepuração. Entre eles, estão o potencial poluidor do esgoto, dado pela sua DBO, e a concentração de oxigênio dissolvido (o disponível no curso de água). A temperatura intensifica os processos bioquímicos, aumentando a velocidade da decomposição.

Uma das primeiras formulações matemáticas propostas na área de qualidade da água foi a da previsão do déficit de oxigênio dissolvido no caso de poluição por matéria orgânica biodegradável, proposta por Harold Warner Streeter e Earle Bernard Phelps em 1925. Tal formulação passou a ser conhecida como o **Modelo de Streeter-Phelps**.

A hipótese básica no modelo de Streeter-Phelps é que o processo de decomposição da matéria orgânica no meio aquático segue uma reação de primeira ordem, semelhante àquela dos processos radioativos. Nesse tipo de reação, a taxa de redução da matéria orgânica é proporcional à concentração de matéria orgânica presente em um dado instante de tempo. Assim, pode-se escrever:

$$\frac{dL}{dt} = -K_1 \cdot L \tag{8.1}$$

em que L é a demanda bioquímica de oxigênio e K_1 é a constante de desoxigenação que depende do tipo de efluente. O sinal negativo indica que haverá uma redução da concentração de DBO com o passar do tempo. A integração da equação diferencial de primeira ordem dada pela Equação 8.1 resulta em:

$$L_t = L_0 \cdot e^{-K_1 \cdot t} \tag{8.2}$$

em que L_0 é a DBO imediatamente após o ponto de lançamento, ou seja, a quantidade total de oxigênio necessária para a completa estabilização da matéria orgânica em termos de sua componente de carbono. Como o carbono é um macronutriente (Capítulo 4) que comparece em grandes proporções na matéria orgânica, essa aproximação é razoável em termos práticos. Um conceito importante associado é o de DBO satisfeita em t dias (DBO_t), dado por:

$$DBO_t = L_0 \left(1 - e^{-K_1 \cdot t} \right) \tag{8.3}$$

ou seja, DBO_t é a quantidade de oxigênio dissolvido consumido desde o instante inicial até o instante t. Os ensaios de qualidade de água em laboratório utilizam a DBO_5 para informar sobre o potencial de poluição com base em amostras de água. A $DBO_{5,20}$ dos esgotos domésticos situa-se na faixa de 300 mg/L a 500 mg/L.

A reação de DBO que provoca um consumo de OD do meio líquido ocorre ao mesmo tempo que a reação de reoxigenação do meio líquido, na qual, por meio de processos exógenos, o oxigênio passa da atmosfera para a água. Essa transferência ocorre por uma reação de difusão em que a taxa de transferência depende da concentração relativa do oxigênio no ar e na água. Essa dinâmica também é modelada por uma reação de primeira ordem dada por:

$$\frac{dL}{dt} = -K_2 \cdot D \tag{8.4}$$

em que D é o "déficit" de oxigênio, isto é, a diferença entre a concentração de saturação do oxigênio no meio líquido e a concentração de oxigênio dissolvido na água em um dado instante, e K_2 é a constante de reoxigenação do corpo de água, que depende da turbulência do meio. O valor de K_2 pode ser estimado pela fórmula de Donald O'Connor e William Dobbins:

$$K_2 = 3{,}93 \ \frac{U^{\frac{1}{2}}}{H^{\frac{3}{2}}} \tag{8.5}$$

em que U é a velocidade média do escoamento em m/s e H é a profundidade em metros. A fórmula de O'Connor e Dobbins é válida para os valores de velocidade entre 0,15 m/s e 0,50 m/s e para valores de profundidade do rio entre 0,30 m e 0,90 m. Existem outras fórmulas para diferentes intervalos de aplicação.[6]

Considerando que as Equações (8.1) e (8.4) ocorrem ao mesmo tempo, sendo (8.1) responsável pela redução de OD e (8.4) responsável pelo aumento de OD (ou redução do déficit D), podemos combinar as duas equações para representar a variação do déficit de oxigênio com o tempo, o que resulta em:

$$\frac{dD}{dt} = K_1 L - K_2 \cdot D \tag{8.6}$$

em que o sinal positivo para a parcela $K_1 L$ indica que ela contribui para o aumento do déficit. O resultado da integração da Equação (8.6) é mostrado a seguir:

$$D_t = \frac{K_1 L_0}{K_2 - K_1} \left(e^{-K_1 t} - e^{-K_2 t} \right) + D_0 e^{-K_2 t} \tag{8.7}$$

em que D_0 (mg/L) é o déficit inicial de oxigênio dissolvido no curso de água, L_0 (mg/L) é a DBO no ponto de lançamento, e K_1 e K_2 (dia^{-1}) são as constantes de desoxigenação e reoxigenação do rio, respectivamente.

A Equação 8.7 permite acompanhar a variação do déficit de OD ao longo do tempo. Entretanto, o interesse prático diz respeito à variação do déficit ao longo do curso de água a jusante de um ponto de lançamento de esgoto. Na hipótese de movimento permanente e uniforme, é possível substituir t por x da seguinte maneira:

$$t = \frac{x}{U} \tag{8.8}$$

em que x é a distância a jusante do ponto de lançamento (m) e U é a velocidade média do rio (m/s). Combinando-se as Equações (8.8) e (8.7), temos:

$$D_x = \frac{K_1 L_0}{K_2 - K_1} \left(e^{-K_1 \frac{x}{U}} - e^{-K_2 \frac{x}{U}} \right) + D_0 e^{-K_2 \frac{x}{U}} \tag{8.9}$$

A Figura 8.4 mostra o comportamento do OD em função da distância a jusante do ponto de lançamento (curva pontilhada). O déficit máximo não ocorre no ponto de lançamento do efluente, mas a uma distância x_c obtida quando se iguala a zero a variação do déficit de oxigênio em relação a x. Assim procedendo, obtemos:

$$\left. \frac{dD}{dx} \right|_{x=x_c} = 0 \Rightarrow x_c = \frac{U}{K_2 - K_1} \ln \left[\frac{K_2}{K_1} \left(1 - \frac{D_0 (K_2 - K_1)}{K_1 L_0} \right) \right] \tag{8.10}$$

Um fator importante na autodepuração é a chamada **vazão de diluição**. Considere a situação mostrada na **FIGURA 8.5**.

Quando um efluente de qualquer natureza (degradável ou conservativo) é lançado no rio, a concentração imediatamente a jusante do ponto de lançamento é menor que aquela observada no próprio efluente. Aplicando-se a equação da continuidade para um volume de controle desprezível e supondo-se que ocorra mistura completa do poluente na seção transversal onde ocorre o despejo, podemos escrever:

$$C_J = \frac{Q_M C_M + Q_E C_E}{Q_E + C_M} \tag{8.11}$$

Observamos que, quanto maior for a vazão do rio (Q_M), menor será o impacto (C_J) do poluente considerado, desde que a concentração do poluente a montante do rio (C_M) seja pequena. Q_e e C_e são, respectivamente, a vazão do despejo e a concentração do poluente no despejo. Nota-se que, na aplicação da Equação 8.9, os valores das concentrações de D_0 e L_0 referem-se à seção imediatamente a montante do ponto de lançamento.

8.3.2.3 Mecanismos químicos

Existem reações químicas no meio aquático em razão da presença de substâncias naturalmente existentes no meio ou, então, que lá foram despejadas. Essas reações químicas podem ser afetadas por fatores como radiação solar, temperatura, pH, catalisadores e outros. É difícil prever o impacto ambiental resultante do despejo de certas substâncias no meio aquático em virtude da ocorrência de processos sinérgicos.

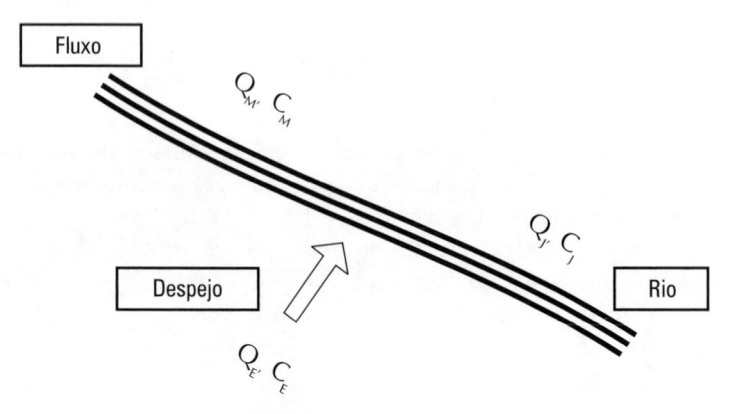

▶ **FIGURA 8.5** Diluição de efluentes.

8.3.2.4 Mecanismos biológicos

A quantidade e os tipos de espécies presentes no meio aquático variam com a transparência da água, a quantidade de nutrientes disponíveis e a temperatura, entre outros fatores. Assim, por exemplo, se existir excesso de nutrientes no meio aquático, haverá um crescimento adicional de fitoplâncton e, ainda, dependendo do nutriente em excesso, de diferentes tipos de algas. A tendência é que ocorram mudanças na estrutura populacional do ecossistema, levando a alterações na qualidade da água, como o teor de oxigênio disponível, o pH e outros.

8.4 O COMPORTAMENTO AMBIENTAL DOS LAGOS

▶ 8.4.1 A estratificação térmica

Em determinadas épocas do ano, os lagos apresentam uma clara distinção entre as temperaturas das camadas superficiais e das profundas e, portanto, entre as densidades dessas duas camadas. Esse fenômeno é denominado estratificação térmica.

A radiação solar, ao penetrar na água, sofre um decaimento exponencial, e a faixa do espectro solar que corresponde às ondas longas, ou seja, a parcela de radiação infravermelha responsável pela transmissão de calor, é absorvida quase totalmente logo abaixo da superfície, estando praticamente extinta a um metro de profundidade. Essa rápida absorção de radiação resulta em uma significativa diferença de temperatura entre a superfície e o fundo dos lagos.

O perfil vertical de temperatura tende a adquirir a forma mostrada na **FIGURA 8.6**, e o lago tende a dividir-se em três camadas distintas de diferentes temperaturas. Cria-se uma situação de estabilidade, na qual existem uma camada superior, mais quente e menos densa, e uma camada inferior, mais fria e mais densa.

A camada superior, chamada de **epilímnio**, é mais quente, mais turbulenta e com temperatura aproximadamente uniforme. O **hipolímnio** é a camada inferior que fica junto ao fundo do lago, mais fria e com baixos níveis de turbulência. O nome da camada intermediária é **me-**

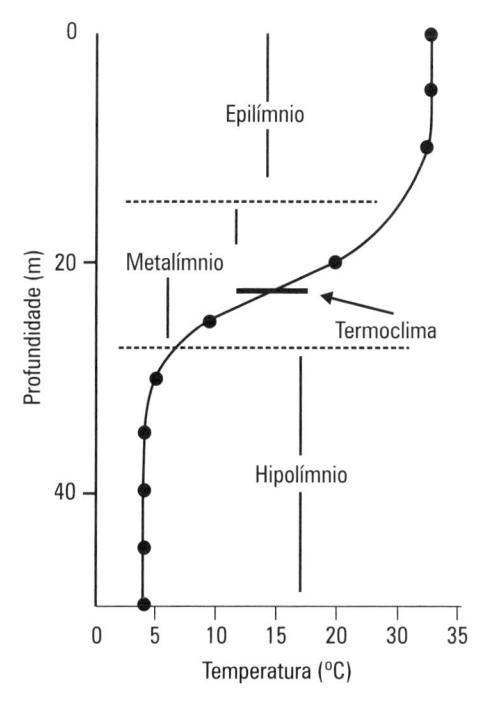

▶ **FIGURA 8.6** Perfil vertical de temperatura de um lago estratificado.

talímnio, e o plano imaginário que passa pelo ponto de máximo gradiente no perfil vertical de temperatura denomina-se **termoclina**.

A **estratificação** dos lagos ocorre em razão das diferenças de densidade entre as camadas de água, gerando uma estabilidade que somente poderá ser rompida por forças externas que, atuando sobre a massa líquida, conseguem fornecer energia suficiente para provocar a mistura. A forma mais comum de estratificação que ocorre em lagos é a chamada **estratificação térmica**, na qual as diferenças de densidade entre a superfície e o fundo ocorrem devido à diferença de temperatura. No entanto, podem ocorrer casos em que essa diferença de densidade é gerada por variação na concentração de sais nas diversas camadas, quando ocorre, então, uma estratificação de origem química, como ocorre em lagos salinos, estuários e regiões oceânicas.

São raros os lagos que permanecem estratificados durante o ano todo. No outono, a temperatura da superfície cai e iguala-se à temperatura do fundo. Nesse momento, forças externas, como o vento, podem misturar as camadas superiores e inferiores.

Os principais fatores que interferem nos processos de mistura em reservatórios e lagos e, portanto, na formação, estabilidade e duração da estratificação térmica são:

1. transferência de calor pela interface ar–água;
2. mistura gerada pela movimentação das vazões de entrada e saída; e
3. mistura provocada pela turbulência induzida pelo vento.

A transferência de calor é basicamente induzida por processos meteorológicos, e os processos hidrodinâmicos controlam os fatores 2 e 3.

A estratificação térmica em reservatórios é importante, pois a temperatura afeta todos os processos químicos e biológicos que ocorrem no lago. A estabilidade induzida pela estratificação inibe os processos de transporte de calor e massa no reservatório, causando, assim, problemas relativos à qualidade da água.

Em um reservatório estratificado, o local de produção do oxigênio é o epilímnio, junto à superfície e praticamente coincidindo com a zona de luz, ou eufótica. O local de consumo para a decomposição da matéria orgânica é basicamente a região do fundo, o hipolímnio. A **FIGURA 8.7** mostra as regiões produtoras e consumidoras do lago.

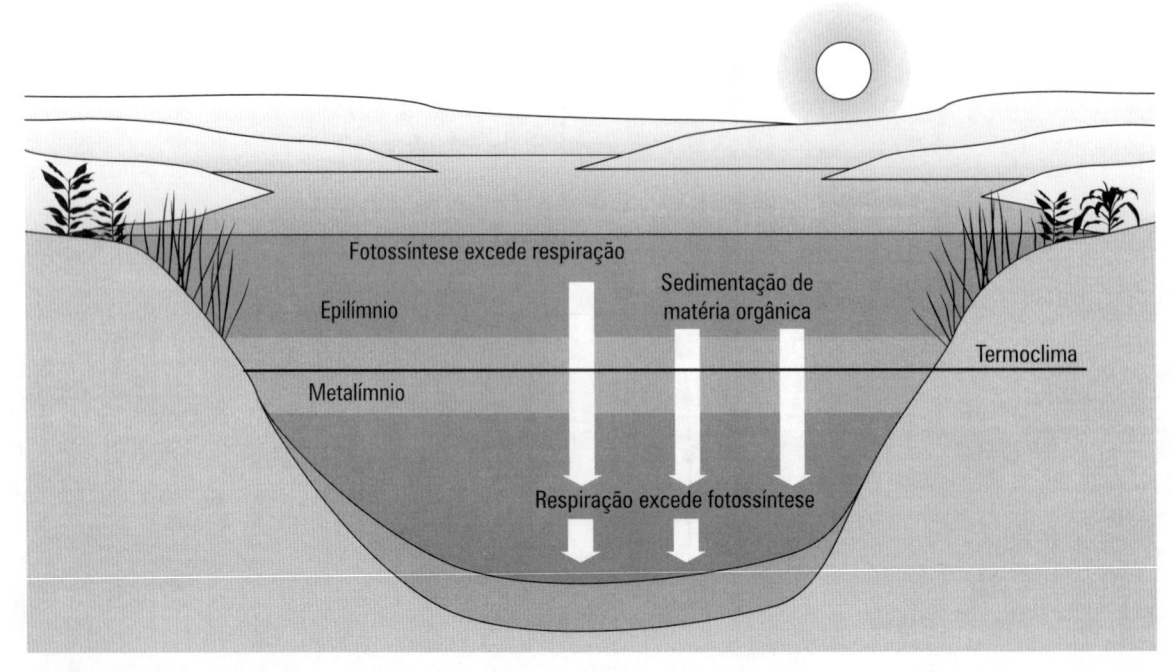

▶ **FIGURA 8.7** Processo de produção e consumo de oxigênio em um lago estratificado.

A termoclina, além de dificultar a passagem do calor da superfície para o fundo dos corpos de água, também dificulta a passagem do oxigênio dissolvido. Essa passagem dá-se apenas por meio da difusão, o que significa taxas muito baixas de reposição para um grande consumo representado pela decomposição. Cria-se um perfil de concentração de oxigênio dissolvido ao longo da vertical bastante semelhante ao perfil de temperatura, com a ocorrência de transição e a presença de oxiclina (**FIGURA 8.8**). Na ocasião da mistura, a homogeneidade na concentração de oxigênio dissolvido acompanha a isotermia do lago.

Quando acontece a estratificação, a concentração de oxigênio no hipolímnio diminui, e, à medida que esta se aproxima de zero, profundas transformações químicas passam a ocorrer em consequência da passagem de um ambiente oxidante para um ambiente redutor. A água do hipolímnio, anóxica, apresenta baixo potencial de redução, levando à liberação do ferro e do manganês a partir do sedimento do fundo e a concentrações crescentes de fosfato, amônia, silicatos, carbonatos, íons de cálcio e gás sulfídrico. No epilímnio, o fitoplâncton utiliza o CO_2 no processo de fotossíntese, em parte retirado da solução em equilíbrio de bicarbonato de cálcio, o que induz a precipitação de carbonato de cálcio. Assim, verifica-se uma menor alcalinidade no período de estratificação no epilímnio pela diminuição dos bicarbonatos e precipitação do carbonato. No hipolímnio, altos níveis de dióxido de carbono produzidos pelo processo de respiração resultam em grandes quantidades de bicarbonato de cálcio e ácido carbônico em solução.

Em um lago ou reservatório, a qualidade da água liberada depende da altura das tomadas de água e da época do ano, isto é, pode ter qualidade pior durante o período de estratificação térmica em função da posição. Essa tem sido uma das maiores preocupações quanto às alterações ambientais provocadas por barragens, uma vez que a má qualidade da água a jusante da barragem pode atingir uma extensão de rio bastante significativa.

Nas tomadas de água profundas, a água é retirada do hipolímnio durante a fase de estratificação térmica, região que é mais fria, sem oxigênio dissolvido, rica em gás sulfídrico, com baixo pH e altas concentrações de matéria orgânica, fosfatos, ferro e manganês. Com isso, as turbinas sofrem problemas de corrosão e, eventualmente, problemas pela precipitação do ferro e do manganês. No rio, a jusante, ocorrem episódios de mau cheiro e mortandade de peixes pela ausência de oxigênio dissolvido. Dependendo da quantidade de matéria orgânica e das condições de escoamento a jusante, o rio pode demorar a recuperar o oxigênio dissolvido. Em contrapartida, tomadas de água superficiais liberam água mais quente, mas de melhor qualidade, por sair do epilímnio, onde ela está misturada com altas concentrações de oxigênio dissolvido e baixas concentrações de nutrientes. Em países de clima frio, a temperatura da água é um problema adicional para a região a jusante pelo fato de peixes, como a truta, estarem habituados a temperaturas baixas da água.

Uma solução que tem sido adotada é a tomada de água seletiva, que permite a retirada de água de várias alturas, misturando a água de boa qualidade da camada superficial com água

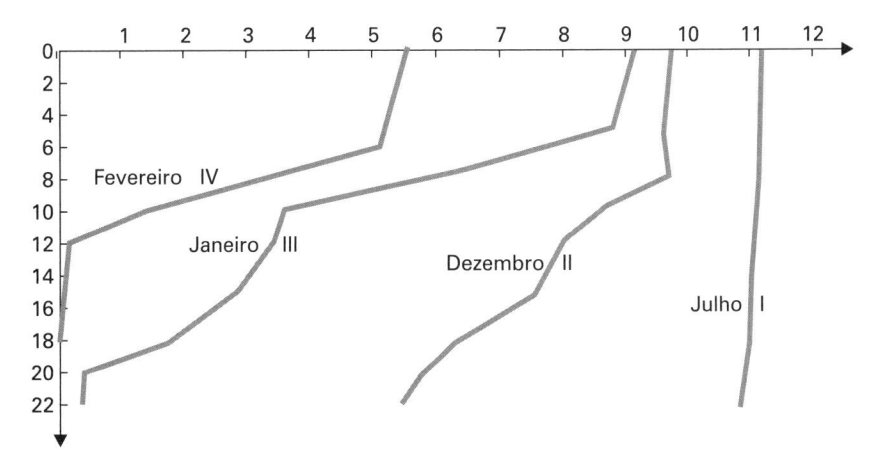

▶ **FIGURA 8.8** Exemplo de perfis verticais de concentração de oxigênio ao longo do tempo.

de pior qualidade da camada profunda. Para rios com problemas de controle de temperatura, essa solução é viável por poder liberar água mais fria, mas com qualidade melhor que a do hipolímnio, em decorrência da mistura de várias camadas.

▶ 8.4.2 O processo de eutrofização

A eutrofização é o enriquecimento das águas com os nutrientes necessários ao crescimento da vida vegetal aquática. É um processo natural dentro da sucessão ecológica dos ecossistemas, quando o ecossistema lacustre tende a se transformar em um ecossistema terrestre utilizando a interação do lago com o meio terrestre que o circunda.

A eutrofização é, portanto, um processo natural de maturação de um ecossistema lacustre (**FIGURA 8.9**).

A eutrofização resulta no aumento da produtividade biológica do lago, sendo observada a proliferação de algas e outros vegetais aquáticos em virtude da maior quantidade de nutrientes disponível. Os nutrientes mais importantes para a ocorrência da eutrofização são, em geral, o fósforo e/ou o nitrogênio. De acordo com a produtividade biológica, podemos classificar os lagos em:

- **oligotróficos**: lagos com baixa produtividade biológica e baixa concentração de nutrientes;
- **eutróficos**: lagos com produção vegetal excessiva e alta concentração de nutrientes;
- **mesotróficos**: lagos com características intermediárias entre oligotrófico e eutrófico.

A eutrofização natural é um processo bastante demorado, associado ao tempo de evolução dos ecossistemas. No entanto, esse processo vem se acelerando pela intervenção humana em lagos cujas bacias sofrem a ocupação de atividades industriais, agrícolas ou zonas urbanas. A eutrofização associada à intervenção humana é chamada de **eutrofização cultural** ou **acelerada**.

A eutrofização acelerada causa inúmeros efeitos negativos por impedir que as alterações morfológicas acompanhem o seu ritmo, como ocorre no processo natural. Há predominância apenas da fertilização das águas, com a proliferação excessiva dos vegetais aquáticos.

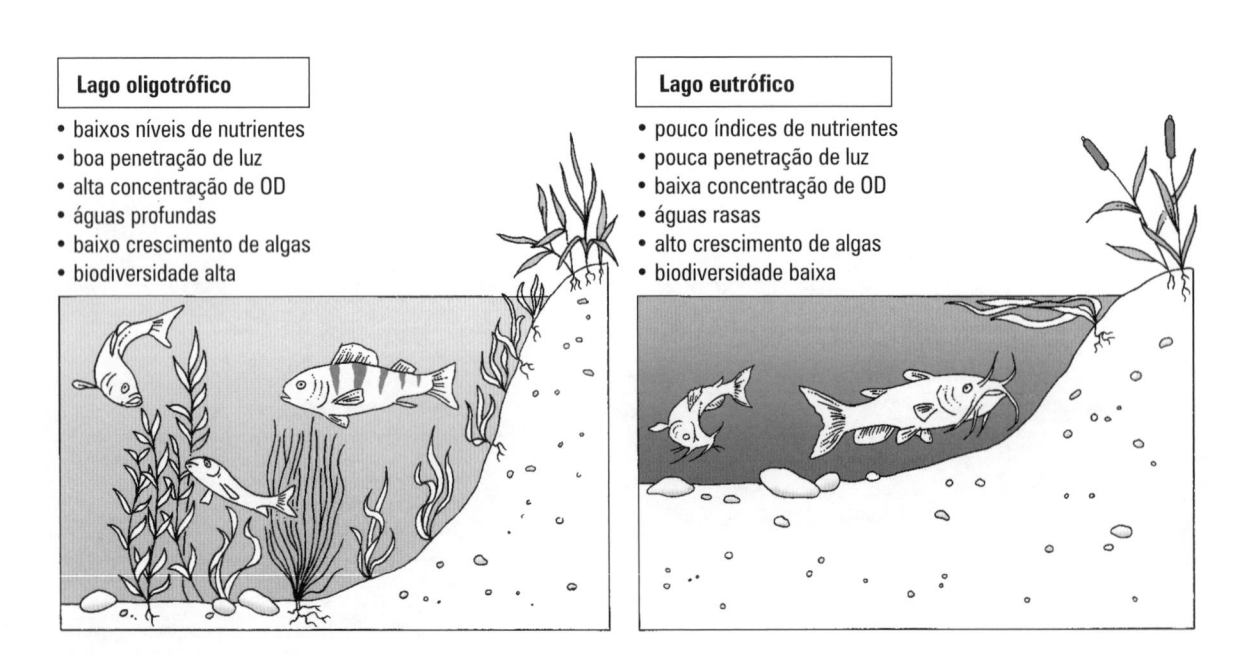

Lago oligotrófico
- baixos níveis de nutrientes
- boa penetração de luz
- alta concentração de OD
- águas profundas
- baixo crescimento de algas
- biodiversidade alta

Lago eutrófico
- pouco índices de nutrientes
- pouca penetração de luz
- baixa concentração de OD
- águas rasas
- alto crescimento de algas
- biodiversidade baixa

▶ **FIGURA 8.9** O processo natural de eutrofização.

8.4.2.1 Causas da eutrofização acelerada

Os organismos fotossintetizantes aquáticos dependem da disponibilidade de diversos nutrientes para seu crescimento e proliferação. São necessários carbono, oxigênio, enxofre, potássio, cálcio, nitrogênio, fósforo e outros. Dentre os que são utilizados em maior quantidade estão o oxigênio, o carbono, o nitrogênio e o fósforo.

O crescimento pode ser limitado pela insuficiência de qualquer um desses elementos. Na maioria dos ecossistemas aquáticos, o fósforo é o nutriente limitante. Quanto ao nitrogênio, apesar de a maior parte dos seres fotossintetizantes aquáticos necessitarem desse elemento sob forma de nitrato dissolvido na água, na escassez, há seres fotossintetizantes que o utilizam na forma gasosa.

A única fonte natural de fósforo vem do desgaste de rochas que contêm fosfato, provocado pelas intempéries naturais. O fósforo chega aos corpos de água transportado pelo escoamento superficial e circula na cadeia alimentar por meio da reciclagem de matéria feita pelos decompositores. A **eutrofização acelerada** é causada pelo aporte de fósforo que provêm principalmente dos esgotos domésticos, esgotos industriais e fertilizantes agrícolas.

Outros fatores que interferem na ocorrência da eutrofização são a radiação solar e a temperatura, o que pode ser constatado pela observação dos lagos oligotróficos, os quais se encontram em latitudes e altitudes elevadas, onde predominam as baixas temperaturas e a radiação solar é menos intensa. Os lagos em regiões tropicais possuem uma tendência maior à eutrofização por se localizarem em regiões quentes e com grande incidência de radiação solar, praticamente constante ao longo do ano.

Com relação às características morfológicas do lago, estarão mais sujeitos à eutrofização aqueles que possuem menor profundidade (por permitirem maior influência da radiação solar), aqueles que possuem forma dendrítica (por disporem de maior zona litorânea), e aqueles de maior tempo de residência (por apresentarem um fluxo de água mais lento que favorece o crescimento das algas).

8.4.2.2 Consequências da eutrofização

As principais consequências da eutrofização acelerada podem ser entendidas quando se examina o desequilíbrio ecológico que ocorre no lago, como mostrado na **FIGURA 8.10**.

A camada superior do lago passa a ser a zona "produtora" de oxigênio, pela presença das algas, e a camada inferior do lago passa a ser a zona "consumidora" de oxigênio, pela presença dos decompositores. A quantidade de matéria orgânica a ser decomposta é tão grande que os peixes passam a competir com os decompositores pelo oxigênio disponível. Disso resulta a morte de peixes e a sobrevivência das espécies menos exigentes. Com o agravamento do processo, essas espécies desaparecem, pois haverá oxigênio disponível apenas em uma estreita camada superficial, totalmente tomada pelas algas.

Na fase final do processo, a camada inferior do lago passa a ser permanentemente anóxica. A quantidade de matéria orgânica a ser decomposta é tão grande que consome todo o oxigênio disponível. Isso facilita a recirculação do fósforo, pois, na ausência de oxigênio, em ambiente redutor, o fósforo passa à forma de $Fe_3(PO_4)_2$, que é solúvel na água, ficando disponível

Excesso de nutrientes → Aumento de biomassa vegetal → Diminuição do processo de aeração superficial → Morte de organismos sensíveis à redução da concentração de oxigênio ↓

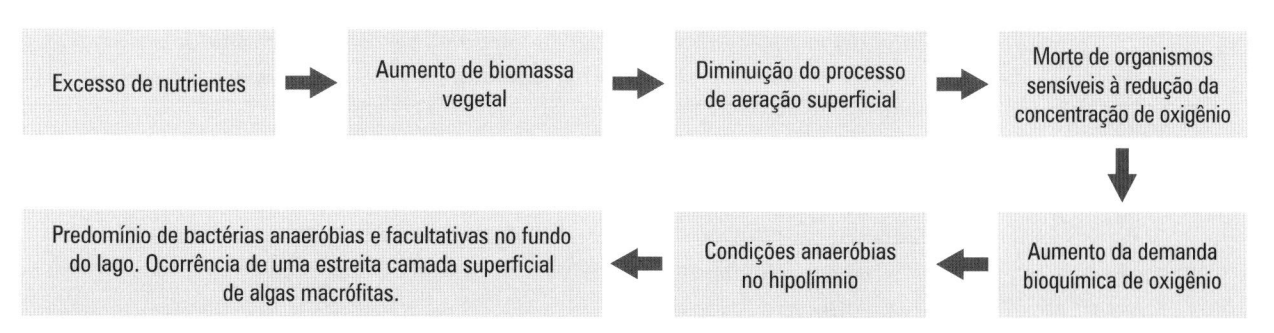

Predomínio de bactérias anaeróbias e facultativas no fundo do lago. Ocorrência de uma estreita camada superficial de algas macrófitas. ← Condições anaeróbias no hipolímnio ← Aumento da demanda bioquímica de oxigênio

▶ **FIGURA 8.10** Desequilíbrio ecológico nos lagos eutrofizados.

para ser utilizado no processo fotossintético. Na presença de oxigênio, o fósforo apresenta-se na forma de $FePO_4$, que é insolúvel na água e, portanto, fica depositado no fundo.

As consequências da eutrofização podem ser englobadas em duas categorias.

1. Impactos sobre o ecossistema e a qualidade da água
    - A diversidade biológica diminui, uma vez que poucas espécies sobrevivem às condições adversas.
    - Há alteração das espécies de algas presentes no meio; caso haja nitrato em quantidade suficiente, diversas espécies podem estar presentes; se não houver nitrogênio em forma de nitrato, haverá um crescimento excessivo de algas azuis.
    - Os baixos teores de oxigênio dissolvido na água alteram a composição das espécies de peixes presentes no meio.
    - O processo de fotossíntese resulta na elevação do pH, pelo consumo do CO_2, e da concentração de O_2, principalmente na superfície, podendo atingir concentração acima do limite de saturação. Contudo, no período sem irradiação solar, a concentração de O_2 é reduzida.
    - As concentrações elevadas de compostos orgânicos dissolvidos provocarão sabor e odor desagradável e diminuirão a transparência da água. Alguns desses compostos são precursores de compostos halogenados, como os trialometanos, potencialmente cancerígenos, que são produzidos quando a água sofre desinfecção por cloro em estações de tratamento.
    - A decomposição anaeróbia que ocorre no fundo do lago libera metano, gás sulfídrico, amônia, fósforo, ferro e manganês e outros compostos, alterando condições químicas como o pH, por exemplo.

2. Impactos sobre a utilização dos recursos hídricos
    - A utilização do corpo de água como manancial de abastecimento fica prejudicada, porque o excesso de algas obstrui os filtros das estações de tratamento, dificulta a operação para controle do pH e da floculação e aumenta os custos para controle de odor e sabor, pois se torna necessário instalar filtros de carvão ativado e unidades para remoção do ferro e do manganês, e, após a cloração, pode haver a formação de trialometanos.
    - Investigações epidemiológicas têm mostrado elevada correlação entre a presença de grandes concentrações de algas azuis e epidemias de distúrbios gastrintestinais.
    - O uso recreacional do corpo de água fica prejudicado, impedindo atividades como a natação e dificultando até mesmo o acesso de barcos.
    - O uso do corpo de água para irrigação também fica comprometido em virtude da obstrução nos sistemas de bombeamento e crescimento de macrófitas nos canais.
    - Há perda de valor comercial das propriedades localizadas nas margens dos corpos de água que sofrem eutrofização.

8.4.2.3 Formas de controle da eutrofização

Quando o órgão gestor da bacia hidrográfica defronta-se com um problema de eutrofização, é sempre polêmica a discussão sobre as medidas a serem tomadas. As soluções possíveis podem ser divididas em duas categorias.

1. Medidas preventivas: visam a reduzir a carga externa do nutriente limitante

    Fontes pontuais:
    - retirada de nutrientes por meio de tratamento terciário do esgoto doméstico;
    - tratamento de efluentes industriais.

    Fontes difusas:
    - redução do uso de fertilizantes agrícolas;

- recomposição de matas ciliares;
- controle da drenagem urbana.

2. Medidas corretivas: atuam sobre os processos de circulação de nutrientes no lago e sobre o ecossistema
    - aeração da camada inferior dos lagos para manter o fósforo na sua forma insolúvel;
    - precipitação química do fósforo;
    - redução da biomassa vegetal por meio da colheita de macrófitas, por exemplo;
    - remoção do sedimento do fundo.

8.5 PARÂMETROS INDICADORES DA QUALIDADE DA ÁGUA

Não existe água pura na natureza, a não ser as moléculas de água presentes na atmosfera na forma de vapor. Assim que ocorre a condensação, começam a ser dissolvidos na água, por exemplo, os gases atmosféricos. Isso ocorre porque a água é um ótimo solvente. Como consequência, são necessários indicadores físicos, químicos e biológicos para caracterizar a qualidade da água. Dependendo das substâncias presentes na atmosfera, da litologia do terreno, da vegetação e de outros fatores intervenientes, as principais variáveis que caracterizam a qualidade da água apresentarão valores diferentes. Por exemplo, é de se esperar que a água da chuva em locais próximos ao oceano apresente maior concentração de cloreto de sódio. Rios que atravessam regiões de floresta densa devem apresentar coloração mais escura do que rios que atravessam regiões desérticas, em razão do teor de matéria orgânica na água.

As variáveis físicas são medidas em escalas próprias, as variáveis químicas são usualmente dadas em concentração (mg/L ou ppm), e as variáveis biológicas, pela indicação da densidade populacional do organismo de interesse.

Para a caracterização da qualidade da água, são coletadas amostras para fins de exames e análises, devendo-se obedecer a cuidados e técnicas apropriados, com volume e número de amostras adequados. Os exames e as análises são feitos segundo métodos padronizados e por entidades especializadas.

▶ 8.5.1 Indicadores físicos

As características físicas da água de interesse são a **cor**, a **turbidez**, o **gosto** e o **odor**.

8.5.1.1 Cor

A cor é uma característica derivada da existência de substâncias em solução, as quais são, na maioria dos casos, de natureza orgânica.

8.5.1.2 Turbidez

A turbidez, propriedade de desviar a luz, é decorrente da presença de materiais em suspensão na água, finamente divididos ou em estado coloidal, e de organismos microscópicos.

8.5.1.3 Gosto e odor

São associados à presença de poluentes industriais ou outras substâncias indesejáveis, como matéria orgânica em decomposição, algas e compostos inorgânicos dissolvidos.

Certas características físicas podem prejudicar alguns usos da água. A cor e a turbidez elevadas podem tornar a água imprópria ao consumo humano pelo aspecto estético ou por manchar roupas e aparelhos sanitários. A cor pode tornar o líquido inadequado para uso em indústrias de produção de bebidas e de outros alimentos, de fabricação de louças e papéis ou, ainda, em indústrias têxteis. Águas com gosto e odor acentuados são rejeitadas para consumo humano. A turbidez acentuada em águas naturais impede a penetração dos raios solares e, consequentemente, prejudica a fotossíntese, causando problemas ecológicos para o meio aquático.

▶ 8.5.2 Indicadores químicos

Os indicadores químicos da água ocorrem em função da presença de substâncias dissolvidas, geralmente mensuráveis apenas por meios analíticos. A seguir, algumas características químicas da água que merecem ser destacadas.

8.5.2.1 Salinidade

Refere-se aos sais normalmente dissolvidos na água, cátions e ânions, resultantes do processo de interação da água com o solo e do lançamento de esgotos domésticos ou efluentes industriais e da drenagem superficial. Entre os elementos mais abundantes, destacam-se o sódio, o cálcio e o potássio como cátions, o cloreto, o bicarbonato e o sulfato como ânions, além de outros elementos químicos. A salinidade pode conferir à água sabor salino e características corrosivas ou incrustantes, dependendo do valor do pH. A presença de concentrações elevadas de cloreto, sulfato e outros íons pode ser um indicativo de poluição.

8.5.2.2 Dureza

É a característica conferida à água pela presença de sais de metais alcalinoterrosos, cálcio, magnésio, bário e estrôncio, além de alguns metais em menor intensidade. A dureza, embora relacionada à presença de compostos inorgânicos que fazem parte da salinidade, é caracterizada pela precipitação de sabões, resultando na eliminação de formação de espuma, o que dificulta o banho e a lavagem de utensílios domésticos e roupas, criando problemas higiênicos. Além disso, águas com dureza elevada podem ocasionar problemas de precipitação de carbonatos e sulfatos dos cátions respectivos, resultando no fenômeno denominado incrustação, principalmente em redes de distribuição de água e equipamentos envolvidos em processo de troca térmica.

8.5.2.3 Alcalinidade

A alcalinidade ocorre em razão da presença de bicarbonatos, carbonatos e hidróxidos, quase sempre de metais alcalinos ou alcalinoterrosos (sódio, potássio, cálcio e magnésio).

Exceto quanto à presença de hidróxidos, cuja presença na água é decorrente das atividades humanas, a alcalinidade não constitui problema isolado, desde que a salinidade esteja dentro dos limites aceitáveis para o uso desejado da água. A alcalinidade influencia o tratamento da água para consumo doméstico e os processos de incrustação.

8.5.2.4 Corrosividade

A tendência da água de corroer os metais pode ser devida à presença de ácidos minerais (casos raros) ou pela existência em solução de oxigênio, gás carbônico e gás sulfídrico. De um modo geral, o oxigênio é fator de corrosão dos produtos ferrosos; o gás sulfídrico, dos não ferrosos; e o gás carbônico, dos materiais à base de cimento.

8.5.2.5 Ferro e manganês

O ferro, com certa frequência associado ao manganês, confere à água sabor, ou melhor, sensação de adstringência e coloração avermelhada, decorrente de sua precipitação.

As águas ferruginosas podem ocasionar manchas nas roupas durante a lavagem e em aparelhos sanitários, além de poderem causar incrustação em tubulações pela reação de precipitação com ânions bivalentes ou formação de óxidos. O manganês apresenta inconvenientes semelhantes aos do ferro, porém é menos comum e sua coloração característica é marrom.

8.5.2.6 Compostos nitrogenados e fósforo

Os compostos nitrogenados, na forma orgânica ou inorgânica, também são relevantes do ponto de vista de qualidade da água. De maneira geral, o nitrogênio é um elemento que apresenta um ciclo biogeoquímico específico, pois ele circula entre os meios atmosférico, aquático e terrestre. Assim, as principais formas do nitrogênio na água são a orgânica (p. ex., por constituir as proteínas) e a inorgânica, como íons amônio ou amônia não ionizada e nitrato. É importante destacar que existem outras formas para o nitrogênio na água, mas que estas têm menor relevância em função de suas concentrações.

De maneira geral, o nitrogênio orgânico e o nitrogênio na forma amoniacal sofrem transformações pelos processos bioquímicos. Por exemplo, na oxidação da matéria orgânica no processo de autodepuração, irá ocorrer a liberação de nitrogênio na forma amoniacal, o qual sofrerá um processo de oxidação e será convertido em nitrato. Estas conversões são relevantes, já que envolvem o consumo de oxigênio. A amônia na forma não ionizada é tóxica para organismos aquáticos superiores, como peixes, além de consumir oxigênio dissolvido no processo de nitrificação. O nitrato, por sua vez, pode ser originado do processo de interação da água com o solo. Independentemente da sua origem, o nitrato presente na água pode resultar na ocorrência de uma doença denominada **metemoglobinemia**, ou cianose, principalmente em crianças.

O fósforo é um nutriente essencial nos processos biológicos, sendo, geralmente, o nutriente limitante no processo de eutrofização em lagos e reservatórios, o qual também necessita de nitrogênio. Sua presença na água pode ser resultante da drenagem de áreas agrícolas e lançamento de efluentes industriais e esgotos domésticos.

8.5.2.7 Matéria orgânica

Compostos orgânicos são de extrema importância em meios aquáticos, pois sua presença resulta em consumo do oxigênio dissolvido, impactando grandemente a biota. Matéria orgânica é um termo geral para uma infinidade de compostos, sendo inviável a medição individual de cada um para utilização como indicador de qualidade das águas. Por essa razão, são utilizadas análises indiretas para a caracterização de amostras de águas e efluentes. Nesse contexto, a DBO é uma análise laboratorial que mede a quantidade de oxigênio necessária para degradar biologicamente a matéria orgânica presente em uma amostra. Para isso, utiliza-se cultura de micro-organismos para a análise; por isto, esta refere-se somente à matéria orgânica biodegradável. De maneira mais global, pode ser utilizada a demanda química de oxigênio (DQO), análise em que reagentes químicos oxidam toda a matéria orgânica e outros compostos oxidáveis da amostra, podendo ser correlacionada com poluição das águas por compostos orgânicos tanto biodegradáveis quanto recalcitrantes. Recentemente, tem sido bastante utilizada a análise de carbono orgânico total (COT), por meio de equipamentos que oxidam todo o carbono orgânico a CO_2, medindo sua concentração para determinação da matéria orgânica presente na amostra.

8.5.2.8 Compostos orgânicos sintéticos

Atualmente, há uma nova classe de indicadores compreendida pelos compostos orgânicos sintéticos, que são utilizados na formulação de alimentos, bebidas e refrigerantes, produtos de higiene pessoal, fármacos de uso humano e veterinário, defensivos agrícolas e produtos domissanitários, além de outras categorias de produtos. Ressalta-se que a presença desses compostos no meio ambiente é resultado das atividades humanas, e eles podem apresentar vários efeitos adversos aos organismos vivos, podendo ser tóxicos, sofrer bioacumulação ou atuar como desreguladores endócrinos, além de manifestarem o problema do consumo de oxigênio no processo de biodegradação, quando for o caso. Trata-se de um problema que tem se agravado ao longo dos anos, principalmente após a Segunda Guerra Mundial, em função da quantidade de produtos disponíveis comercialmente. Segundo informações do Serviço de Registro de Substâncias Químicas,[7] atualmente existem mais de 165 milhões de substâncias químicas registradas, o que precisa ser devidamente considerado quando se fala em indicadores químicos, principalmente pelo fato desse número aumentar a cada dia.

8.5.2.9 Radioatividade

O desenvolvimento da indústria nuclear traz problemas de aumento da radioatividade ambiente, sendo que as águas da chuva poderão carrear a contaminação, quando esta não ocorrer por lançamento direto.

▶ 8.5.3 Indicadores biológicos

Os micro-organismos aquáticos desenvolvem, na água, suas atividades biológicas de nutrição, respiração e excreção, provocando modificações de caráter químico e ecológico no próprio ambiente aquático.

Os micro-organismos de origem externa (p. ex., os patogênicos) introduzidos na água junto com matéria fecal normalmente não se alimentam nem se reproduzem no meio aquático, tendo caráter transitório nesse ambiente. A seguir, são destacados alguns organismos que podem ser encontrados na água.

8.5.3.1 Algas

As algas, apesar de terem grande importância para o equilíbrio ecológico do meio aquático e de serem responsáveis por parte do oxigênio presente na água (produzido pelo processo da fotossíntese), também podem causar problemas. Entre eles, podemos citar a formação de grande massa orgânica, levando à produção de quantidade excessiva de lodo e à liberação de vários compostos orgânicos, que podem ser tóxicos ou produzir sabor e odor desagradáveis; o desenvolvimento de camadas de algas nas superfícies de reservatórios, causando turbidez e dificultando a penetração da luz solar, com a consequente redução do oxigênio do meio; o entupimento de filtros de areia em estações de tratamento da água; o ataque às paredes de reservatórios de águas e piscinas; e a corrosão de estruturas de ferro e de concreto.

8.5.3.2 Micro-organismos patogênicos

São introduzidos na água junto com os esgotos sanitários. Podem ser de vários tipos: bactérias, vírus e protozoários. Esses micro-organismos não são residentes naturais do meio aquático, tendo origem, principalmente, nos dejetos de pessoas doentes. Assim, eles têm sobrevivência limitada na água, podendo, no entanto, alcançar o ser humano por meio da ingestão ou do contato com a água, podendo ocasionar doenças.

Em virtude da grande variedade de micro-organismos patogênicos que podem estar contidos na água, é difícil sua detecção individualizada. É mais fácil inferir sua existência a partir de organismos indicadores.

Para obter uma indicação da presença de contaminação por material fecal, utiliza-se o monitoramento de coliformes termotolerantes ou *Escherichia coli*, que vivem normalmente no organismo humano e no dos demais animais de sangue quente, existindo em grande quantidade nas fezes. Destaca-se que esses organismos não são patogênicos, mas são utilizados como indicadores, em função das seguintes características:

1. existem em grande número na matéria fecal e não existem em nenhum outro tipo de matéria orgânica poluente. Por conseguinte, são indicadores específicos de matéria fecal;
2. algumas das bactérias pertencentes ao grupo (p. ex., *Escherichia coli*) não se reproduzem na água ou no solo, mas exclusivamente no interior do intestino (ou em meios de cultura especiais a certa temperatura adequada). Portanto, só são encontradas na água quando nela foi introduzida matéria fecal, e seu número é proporcional à concentração dessa matéria;

3. apresentam um grau de resistência ao meio (à luz, ao oxigênio, ao cloro e a outros agentes destruidores de bactérias), comparável ao que é apresentado pelos principais patogênicos intestinais que podem ser veiculados pela água. Dessa maneira, reduz-se a possibilidade de existirem patogênicos fecais quando já não se encontram coliformes;

4. sua caracterização e quantificação são feitas por método relativamente simples. As bactérias do grupo coliforme são as únicas capazes de fermentar lactose, produzindo gás e resíduos na presença de bile (que é um componente normal do intestino). Desse modo, se a água a ser testada for submetida a várias diluições e estas forem "semeadas" sucessivamente em tubos, a formação de gás caracterizará a presença de bactérias. Pelo valor das diluições máximas que apresentarem resultado positivo será possível avaliar, estatisticamente, o chamado **número mais provável** (**NMP**) de bactérias do grupo coliforme, ou seja, sua concentração na amostra ensaiada.

É necessário ressaltar que os coliformes têm menor resistência ao meio aquático ou ao tratamento pelo cloro do que alguns protozoários e vírus. Assim, cuidados especiais devem ser adotados no tratamento de águas que recebem esgotos de origem doméstica, com o objetivo de controlar esses micro-organismos.

▶ 8.5.4 Índices de qualidade de água

Os índices e indicadores de qualidade das águas têm por objetivo avaliar o comportamento e as alterações dos aspectos ambientais ocorridos no meio aquático, com base nas informações provenientes do monitoramento dos parâmetros de qualidade da água. Esses índices têm importante papel em ambientes antropizados, onde as interferências sobre o meio ocorrem de forma abrupta e acelerada.

Quando se deseja analisar a qualidade da água de um meio, torna-se necessário avaliar vários parâmetros indicadores de qualidade da água, pois estes estão relacionados a diferentes tipos de poluição. Como o número de parâmetros é grande e suas características são diferentes, surge o problema de como proceder para incorporar em um único índice uma informação consolidada dos problemas de poluição de água em um dado rio ou lago.

Na **TABELA 8.2** são apresentados alguns indicadores que foram desenvolvidos para atender diferentes objetivos.

Como apresentado na Tabela 8.2, cada índice foi desenvolvido buscando atender diferentes objetivos no auxílio do processo de gestão desses recursos. A seguir, IQA, IET e IVA serão apresentados.

▶ **TABELA 8.2** Indicadores de qualidade das águas

Índice	Objetivo
Índice de qualidade das águas (IQA)	Tem grande aplicação para o setor de abastecimento público e é um bom indicador da presença de poluição por esgotos domésticos.
Índice de qualidade da água bruta para fins de abastecimento público (IAP)	Utilizado em locais de amostragem de rios e reservatórios também utilizados no setor de abastecimento público.
Índice do estado trófico (IET)	Tem por finalidade avaliar o enriquecimento por nutrientes, ou seja, o nível de eutrofização.
Índices de qualidade das águas para proteção da vida aquática e de comunidades aquáticas (IVA)	Têm por finalidade avaliar a qualidade das águas para fins de proteção da fauna e da flora.
Índice de balneabilidade (IB)	Tem por finalidade avaliar a qualidade da água para fins de recreação de contato primário.

8.5.4.1 Índice de qualidade das águas (IQA)

O IQA é uma média harmônica ponderada de um conjunto de indicadores específicos. Ele é calculado da seguinte maneira:

$$IQA = \prod_{i=1}^{N} q_i^{w_i} \quad (8.12)$$

em que N é o número de parâmetros utilizados no cálculo do índice, q_i é o valor do parâmetro i em uma escala de 0 a 100, e w_i é o peso atribuído ao parâmetro i. Na **FIGURA 8.11** estão mostradas as curvas q_i para os nove parâmetros componentes do IQA utilizados pela Companhia Ambiental do Estado de São Paulo (CETESB). A forma das curvas que relaciona o valor do parâmetro na sua unidade normal e o valor na escala 0 a 100 foi definida por um painel de especialistas em sucessivas reuniões, até que se chegou a um consenso.

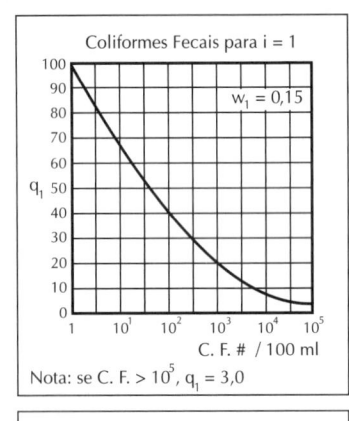

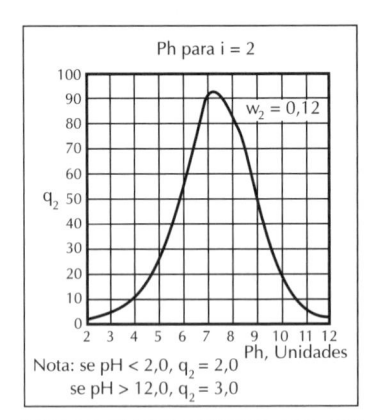

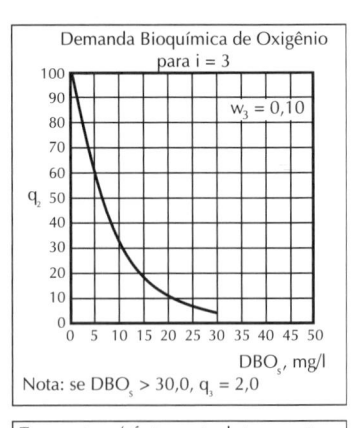

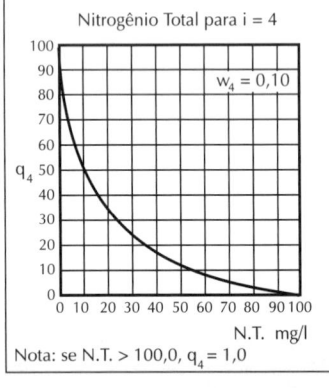

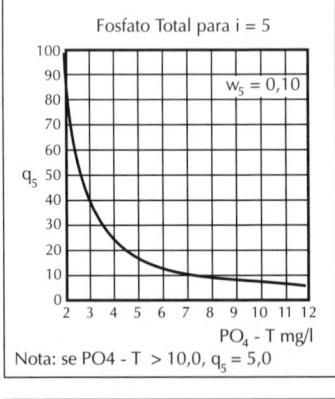

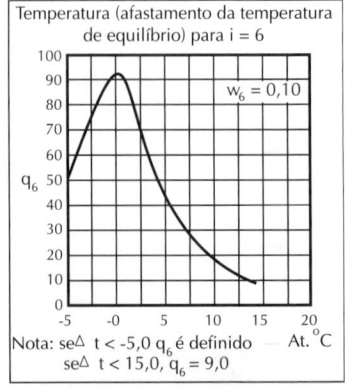

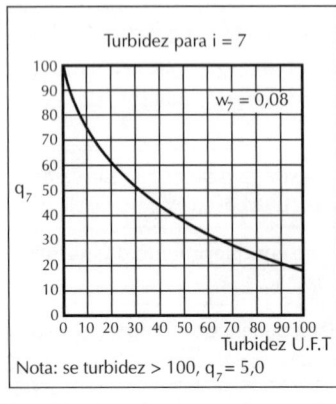

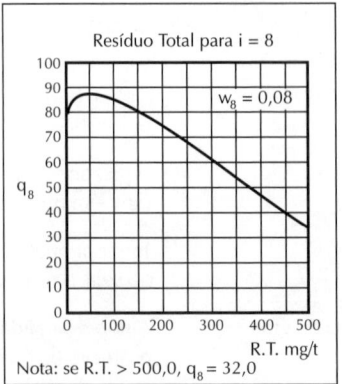

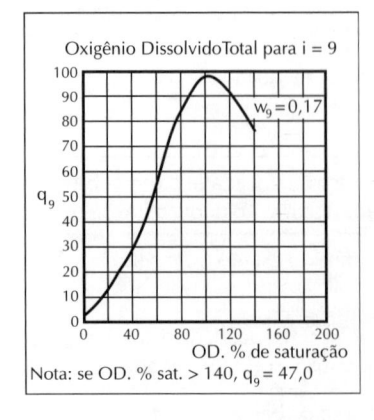

▶ **FIGURA 8.11** Curvas individuais dos componentes do IQA.
Fonte: Companhia Ambiental do Estado de São Paulo.[8]

8.5.4.2 Índice do estado trófico (IET)

O IET tem por finalidade classificar corpos d'água em diferentes graus de trofia, ou seja, avaliar a qualidade da água quanto ao enriquecimento por nutrientes e seu efeito relacionado ao crescimento excessivo das algas e cianobactérias.

Lamparelli[9] apresenta o cálculo modificado do IET utilizado no cálculo do IVA: este é composto pelo IET para o fósforo (IET(PT)) e o IET para a clorofila a (IET(CL)). A seguir, são apresentadas as equações de cálculo para ambientes lóticos.

Rios
$IET(CL) = 10 \times (6-((-0,7-0,6 \times (\ln CL))/\ln 2))-20$
$IET(PT) = 10 \times (6-((0,42-0,36 \times (\ln PT))/\ln 2))-20$

Reservatórios
$IET(CL) = 10 \times (6-((0,92-0,34 \times (\ln CL))/\ln 2))$
$IET(PT) = 10 \times (6-(1,77-0,42 \times (\ln PT)/\ln 2))$

em que PT é a concentração de fósforo total medida à superfície da água, em $\mu g.L^{-1}$; CL é a concentração de clorofila medida à superfície da água, em $\mu g.L^{-1}$; ln é o logaritmo natural.

O IET é a média aritmética simples dos índices anuais relativos ao fósforo total (IET(PT)) e a clorofila a (IET(CL)).[10] Os resultados apresentados pelo IET permitem avaliar uma medida do potencial de eutrofização, ou seja, a resposta do corpo hídrico à presença de fósforo e a consequente produção de clorofila.

Na **TABELA 8.3** são apresentados os limites para reservatórios, permitindo sua classificação em função do estado trófico, onde são considerados o IET, a medida de profundidade Secchi, que permite avaliar a transparência do corpo hídricos, a concentração de fósforo e de clorofila-a.

8.5.4.3 Índices de qualidade das águas para proteção da vida aquática e de comunidades aquáticas (IVA)

O IVA tem o objetivo de avaliar a qualidade das águas para a proteção da fauna e flora em geral, diferente do IQA, que é mais voltado à análise da água para o consumo humano e à recreação de contato primário. Segundo o CETESB, o IVA leva em consideração a presença de contaminantes químicos tóxicos, seu efeito sobre os organismos aquáticos (toxicidade) e duas das variáveis consideradas essenciais para a biota (pH e oxigênio dissolvido), agrupadas no índice de parâmetros mínimos para a preservação da vida aquática (IPMCA), bem como

▶ **TABELA 8.3** Classificação do estado trófico para reservatórios segundo Índice de Carlson Modificado

Categoria (Estado Trófico)	Ponderação	Secchi – S (m)	P-total – P (mg.m⁻³)	Clorofila a (mg.m⁻³)
Ultraoligotrófico	IET ≤47	S ≥ 2,4	P ≤ 8	CL ≤1,17
Oligotrófico	47 < IET ≤ 52	2,4 > S ≥ 1,7	8 < P ≤ 19	1,17 < CL ≤ 3,24
Mesotrófico	52 < IET ≤ 59	1,7 > S ≥1,1	19 < P ≤ 52	3,24 < CL ≤11,03
Eutrófico	59 < IET ≤ 63	1,1 > S ≥0,8	52 < P ≤ 120	11,03 < CL ≤30,55
Supereutrófico	63 < IET ≤ 67	0,8 > S ≥0,6	120 < P ≤ 233	30,55 < CL ≤69,05
Hipereutrófico	IET > 67	0,6 > S	233 < P	69,05 < CL

Fonte: Companhia Ambiental do Estado de São Paulo.[10]

o IET de Carlson modificado por Lamparelli.[9] Dessa forma, o IVA fornece informações sobre a qualidade da água em termos ecotoxicológicos e sobre o seu grau de trofia.

Informações adicionais sobre índices de qualidade das águas podem ser encontradas na publicação Qualidade das Águas Interiores do Estado de São Paulo | Apêndice D – Índices de Qualidade das Águas.[10]

8.6 ABASTECIMENTO DE ÁGUA

Os sistemas de abastecimento de água para consumo humano são constituídos por instalações e equipamentos destinados a fornecer água potável a uma comunidade. Os indicadores físicos, químicos microbiológicos da água potável, isto é, aquela com qualidade adequada ao consumo humano, devem estar de acordo com o que estabelece o dispositivo legal em vigor no Brasil. Este dispositivo é a Portaria de Consolidação nº 5,[11] de 28/09/2017 do Ministério da Saúde, que estabelece os procedimentos e as responsabilidades relativos ao controle e à vigilância da qualidade da água para consumo humano e seu padrão de potabilidade. É importante destacar que o Ministério da Saúde faz a revisão periódica dessa portaria, tornando-se necessária uma consulta ao site do órgão para a obtenção das edições mais atualizadas.

A portaria em vigor define o **Padrão de potabilidade** como o "conjunto de valores máximos permissíveis das características de qualidade da água destinada ao consumo humano". Nesse documento, são relacionadas às características físicas, organolépticas e químicas, seus valores máximos permissíveis (VMP) e as características de qualidade microbiológicas e radioativas. O Padrão de potabilidade define o limite máximo para cada elemento ou substância química, não estando ali considerados eventuais efeitos sinérgicos entre elementos ou substâncias.

É importante observar que, como o conceito de "qualidade de água boa" para consumo humano é dinâmico, os parâmetros que o definem, assim como seus valores-limite, devem ser mantidos sob constante revisão. Isso tudo em função dos avanços que vão sendo alcançados no desenvolvimento de tecnologia de detecção de elementos tóxicos, bem como em função dos novos tóxicos que frequentemente são lançados no meio ambiente e novos efeitos sinérgicos que podem ser descobertos, além das inovações tecnológicas que ocorrem em relação às tecnologias de tratamento disponíveis.

▶ 8.6.1 Estrutura para tratamento de água para abastecimento público

Para que seja possível disponibilizar água para a população, é necessária a implantação de um sistema de abastecimento de água que é constituído pelos seguintes elementos.

- **Manancial**

    É a fonte de onde se tira o suprimento de água. A escolha do manancial deve ser condicionada tanto à disponibilidade (quantidade) quanto à qualidade da água.

- **Captação**

    É o conjunto de equipamentos e instalações utilizados para retirar a água do manancial.

- **Adução**

    É a parte do sistema constituída de tubulações sem derivações, que liga a captação ao tratamento ou o tratamento ao reservatório de distribuição. A adução pode ser por gravidade, recalque ou mista. Deve-se priorizar a adução por gravidade para se evitar gastos adicionais de energia.

- **Tratamento**

    O tratamento visa a remover impurezas existentes na água, bem como a eliminar micro-organismos que causem mal à saúde, adequando a água existente no manancial ao Padrão de potabilidade em vigor.

- **Reservatório de distribuição**

    O reservatório de distribuição é empregado para acumular água com o propósito de atender à variação do consumo horário, manter uma pressão mínima ou constante na rede e atender às demandas de emergência, como em casos de incêndio, ruptura da rede etc.

- **Rede de distribuição**

    A rede de distribuição leva a água do reservatório ou da adutora para pontos de consumo residenciais, escolas, hospitais, indústrias e demais locais a serem abastecidos na comunidade.

    Para se obter água adequada em um sistema público de abastecimento, é necessário que:

- as características de qualidade da água bruta, isto é, da água presente no manancial, sejam compatíveis com os processos de tratamento de água economicamente disponíveis;
- as características indicadoras da qualidade da água bruta mantenham-se suficientemente estáveis ao longo do tempo, o que implica o controle da poluição do manancial; e
- o sistema seja projetado, construído, operado e mantido para criar condições que possibilitarão obter água de forma adequada, regular, sem ocorrência de alterações sensíveis na qualidade.

A detecção dessas variações na qualidade da água no sistema de abastecimento é feita por meio de:

- inspeção sanitária periódica em todo o sistema (do manancial ao consumidor);
- conhecimento da qualidade da água em qualquer fase do seu percurso (do manancial ao consumidor) por meio de análises da água.

A **FIGURA 8.12** apresenta um diagrama esquemático de um sistema de abastecimento com a indicação de suas partes constituintes.

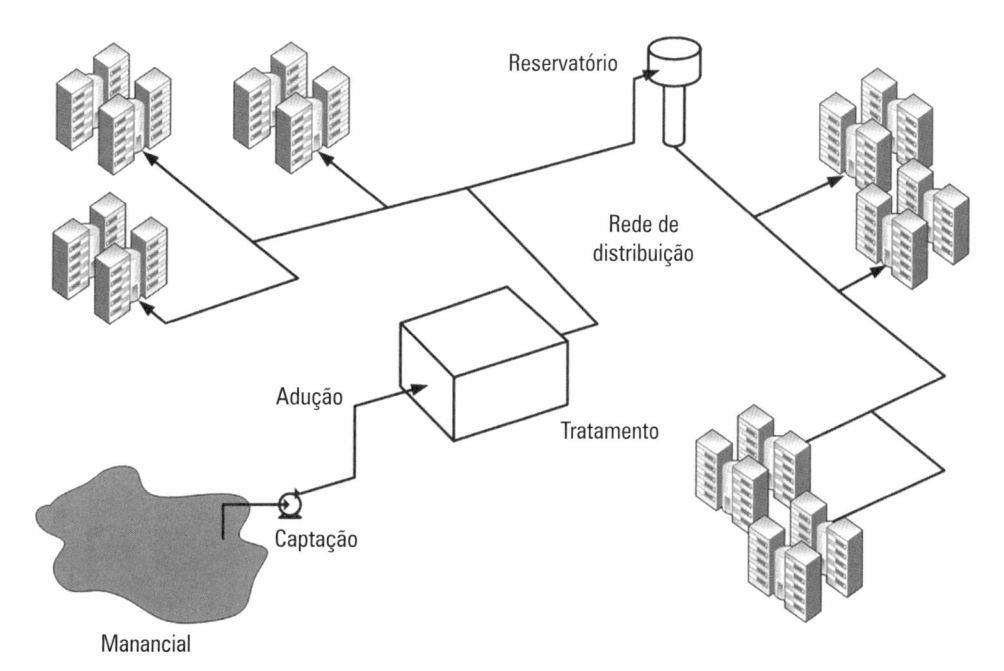

▶ **FIGURA 8.12** Representação esquemática do sistema de abastecimento de água.

▶ 8.6.2 Tratamento da água

No Brasil, os corpos hídricos são classificados em função do seu uso preponderante, e, com base nesta classificação, são estabelecidos os padrões de qualidade exigidos. No caso da água para abastecimento público, é prevista a utilização de mananciais de água doce e salobra como fontes de produção de água potável, muito embora também seja possível produzir água potável a partir da água do mar, o que já ocorre em diversos países.

Existe uma falsa ideia de que as tecnologias de tratamento são o elemento com maior restrição econômica, o que acaba criando mitos sobre a utilização de inovações tecnológicas para o tratamento de água, o que muitas vezes inviabiliza a modernização dos sistemas e avanços no setor. Na realidade, o investimento em um sistema de abastecimento de água não envolve apenas a estação de tratamento, mas todas as estruturas apresentadas na Figura 8.12. De maneira geral, se forem contabilizados os custos das obras relacionadas à captação, adução, tratamento, reservação e rede de distribuição, o tratamento será responsável por menos de 20% do investimento total necessário. Além disso, deve-se considerar que as tecnologias mais modernas não apresentam, necessariamente, custos superiores às tecnologias tradicionais, já que elas, na maioria dos casos, incorporam conceitos que resultam na redução do uso de insumos, da geração de resíduos e da necessidade de área para a sua implantação.

O desafio imposto para assegurar a produção de água potável, ou de água para os diferentes usos exigidos pela indústria, envolve a seleção de um conjunto de operações e processos de tratamento para eliminar os constituintes que possam comprometer o uso da água para cada tipo de aplicação.

Atualmente, existem várias opções tecnológicas para o tratamento de água, as quais, se organizadas de forma adequada, permitem produzir água com a qualidade exigida para as diversas atividades humanas e industriais.

Considerando-se os indicadores de qualidade da água, os requisitos exigidos para uso e a variedade de contaminantes potencialmente presentes em um manancial para abastecimento, é necessária a utilização de uma abordagem sistematizada para a definição da estrutura mais adequada de tratamento, tendo em conta as características do manancial.

8.6.2.1 Características do manancial

De maneira geral, os mananciais de água para abastecimento podem ser classificados em função de sua salinidade e do tipo de aquífero, conforme indicado a seguir.

Classificação em função da salinidade

Do ponto de vista da salinidade, ou concentração de sais dissolvidos, os aquíferos são classificados em:

- **água doce** – concentração de sais dissolvidos de até 500 mg/L;
- **água salobra** – concentração de sais dissolvidos entre 500 e 30.000 mg/L;
- **água salina** – concentração de sais dissolvidos acima de 30.000 mg/L.

Classificação em função do tipo de aquífero

- **Superficiais**

    Resultam do escoamento superficial da água da chuva precipitada em uma determinada bacia de drenagem. Esse tipo de manancial tem a sua qualidade afetada pelas características do solo por meio do qual a água escoa, bem como das atividades desenvolvidas na região. Geralmente, o seu aproveitamento requer a construção de reservatórios, que irão influenciar a sua qualidade. Águas de rios muitas vezes contêm maior concentração de sólidos em suspensão, não apresentam compostos na forma reduzida, em função da presença de oxigênio, mas podem apresentar diversos contaminantes resultantes das atividades humanas, como matéria orgânica derivada do lançamento de esgotos tratados ou não, micro-organismos patogênicos, residual de defensivos agrícolas e outros. No caso de reservatórios, em função do nível de proteção da área do seu entorno, a concentração de sólidos em suspensão será baixa, mas a ocorrência de florações de algas é possível, resultando em todos os inconvenientes associados a esse processo. A presença de contaminantes químicos sintéticos irá depender das características de uso e ocupação do solo do seu entorno, bem como dos afluentes que o formam.

No caso da água do mar, as suas características são mais uniformes, mas são afetadas em função da distância até a costa. Próximo à orla marítima, a sua qualidade é afetada pelas contribuições da água de drenagem, do fluxo de água dos rios, da ação das ondas e das atividades desenvolvidas na região, o que provocará a presença de sólidos em suspensão e outros constituintes. Após a zona de arrebentação das ondas, a qualidade da água melhora de forma substancial, apresentando baixas concentrações de sólidos em suspensão, mas com presença potencial de algas.

- **Subterrâneos**

  Resultam do processo de infiltração e armazenagem da água no subsolo. Em função do processo de infiltração, a água da chuva é submetida a diversos processos que alteram a sua qualidade, e ela apresentará baixa concentração de sólidos em suspensão. Contudo, em função da sua capacidade de solubilizar diversos constituintes, ela poderá apresentar concentrações variadas de íons, especialmente bivalentes, como cálcio e magnésio, além de sílica ativa, dependendo das características do subsolo. Em função da ausência de oxigênio, a água subterrânea apresenta características redutoras, o que implica a solubilização de ferro e manganês. A presença de contaminantes químicos orgânicos sintéticos poderá ocorrer em função das atividades desenvolvidas na área de recarga do aquífero, bem como em função da exploração inadequada. A presença de micro-organismos patogênicos não é esperada.

Em virtude da ampla variedade de contaminantes potencialmente presentes na água e dos objetivos de tratamento, torna-se necessário um procedimento que permita simplificar o processo de identificação das opções tecnológicas a serem utilizadas. Como proposta, recomenda-se fazer o agrupamento dos contaminantes em categorias que permitam identificar as tecnologias de tratamento com maior potencial de utilização para o tratamento da água, na realidade, o grupo de tecnologias, já que não é possível utilizar uma única tecnologia para a adequação da qualidade da água de um manancial aos requisitos para uso. Essas categorias de contaminantes devem estar relacionadas com a capacidade de separação ou remoção dos processos de tratamento disponíveis. Assim, recomenda-se a utilização das categorias de contaminantes indicadas a seguir.

- **Sólidos em suspensão (SS)**: representam os sólidos presentes na água, inclusive coloidais, principalmente relacionados aos materiais resultantes do carreamento de partículas sólidas do solo durante o escoamento da água, os quais podem ser medidos de forma indireta pela turbidez.

- **Sais dissolvidos totais (SDT)**: representam as substâncias inorgânicas presentes na água, resultantes do processo de solubilização quando do escoamento da água sobre e através do solo, além daquelas incorporadas à água pelo lançamento de efluentes. A medida dessa categoria de contaminantes também pode ser feita de maneira simplificada, com a utilização de um condutivímetro.

- **Compostos orgânicos dissolvidos (COD)**: representam todos os compostos orgânicos potencialmente presentes na água, resultantes de processos biogênicos ou das atividades humanas. Trata-se de uma medida um pouco mais complexa, que pode ser realizada com a utilização de analisadores de carbono orgânico total, ou por meio da análise da DQO.

- **Micro-organismos (MO)**: representam todos os grupos de micro-organismos presentes na água, como bactérias, vírus e protozoários.

Com base nesse agrupamento e em informações sobre as tecnologias de tratamento disponíveis, é possível utilizar uma matriz que correlacione cada categoria de contaminante com a tecnologia que tem capacidade para a sua remoção (**TABELA 8.4**).

O uso da matriz apresentada facilita a atuação dos profissionais, tanto da área técnica quanto da de planejamento, na identificação das opções tecnológicas para viabilizar o tratamento de água, bastando, para isso, ter a informação sobre as categorias de contaminantes presentes no manancial que será utilizado. Informações mais detalhadas sobre as tecnologias indicadas podem ser obtidas em literatura específica.

A **FIGURA 8.13** ilustra as diferenças entre a tecnologia convencional de tratamento de água e a tecnologia de ultrafiltração, para exemplificar as vantagens da inovação tecnológica na área ambiental.

Pela análise da Figura 8.13, é possível observar que o número de operações para o tratamento de água pelo sistema de ultrafiltração é significativamente menor daquele necessário para o tratamento pelo sistema convencional. Também é importante destacar que, no sistema de ultrafiltração, não há a utilização de produtos químicos de forma contínua, não ocorrendo a geração de lodo. Outros aspectos relevantes dizem respeito à área necessária para a implantação do processo de separação por membranas, que é, pelo menos, 50% menor que a utilizada pelo sistema convencional, a sua operação é completamente automatizada, e a qualidade da água produzida não é influenciada pela qualidade da água do manancial, a não ser que ocorram alterações relacionadas à concentração de espécies dissolvidas.

Um exemplo de sistema de ultrafiltração implantado no Brasil é o Sistema Produtor do Lago Norte, em Brasília, com capacidade para produzir 700 L/s de água tratada, com investimento de R$ 42 milhões, referenciados para o ano de 2017.[12] Considerando-se esses dados, para um período de retorno de investimento de 20 anos, uma estimativa do custo de operação e manutenção anual de 15% e taxa de retorno de investimento de 5% ao ano, a estimativa do custo de tratamento de água é de R$ 0,44/m^3. Isso demonstra que o investimento em inovação tecnológica não tem custos de tratamento elevados.

▶ **TABELA 8.4** Matriz de correlação entre categorias de contaminantes e tecnologias de tratamento de água.

Tecnologia de tratamento	Classe de contaminante			
	SS	SDT	COD	MO
Evaporação	E	E/B	B	E
Troca iônica e eletrodiálise ou eletrodiálise reversa	NA	E	NA	NA
Osmose reversa e nanofiltração	NA	E	B*	B*
Adsorção em carvão ativado	NA	NA	E/B	NA
Radiação ultravioleta	NA	NA	NA	B/E
Sistema convencional de tratamento de água e suas variantes	E	NA	NA	E**
Micro e ultrafiltração	E	NA	B***	E
Oxidação (ozônio / UV-Peróxido)	NA	NA	B/E	E*

*Embora a tecnologia tenha capacidade para remoção dessa categoria de contaminantes, a sua presença pode resultar na perda do seu desempenho, ou ela não é destinada a essa finalidade.
**Somente se o processo de desinfecção for realizado.
***Apenas a ultrafiltração pode remover compostos orgânicos, mas depende da massa molecular de corte da membrana.
E, Eficiente; B, Bom; NA, Não aplicável, ou a classe de contaminante pode comprometer o desempenho do processo, o que implica a necessidade de pré-tratamento.

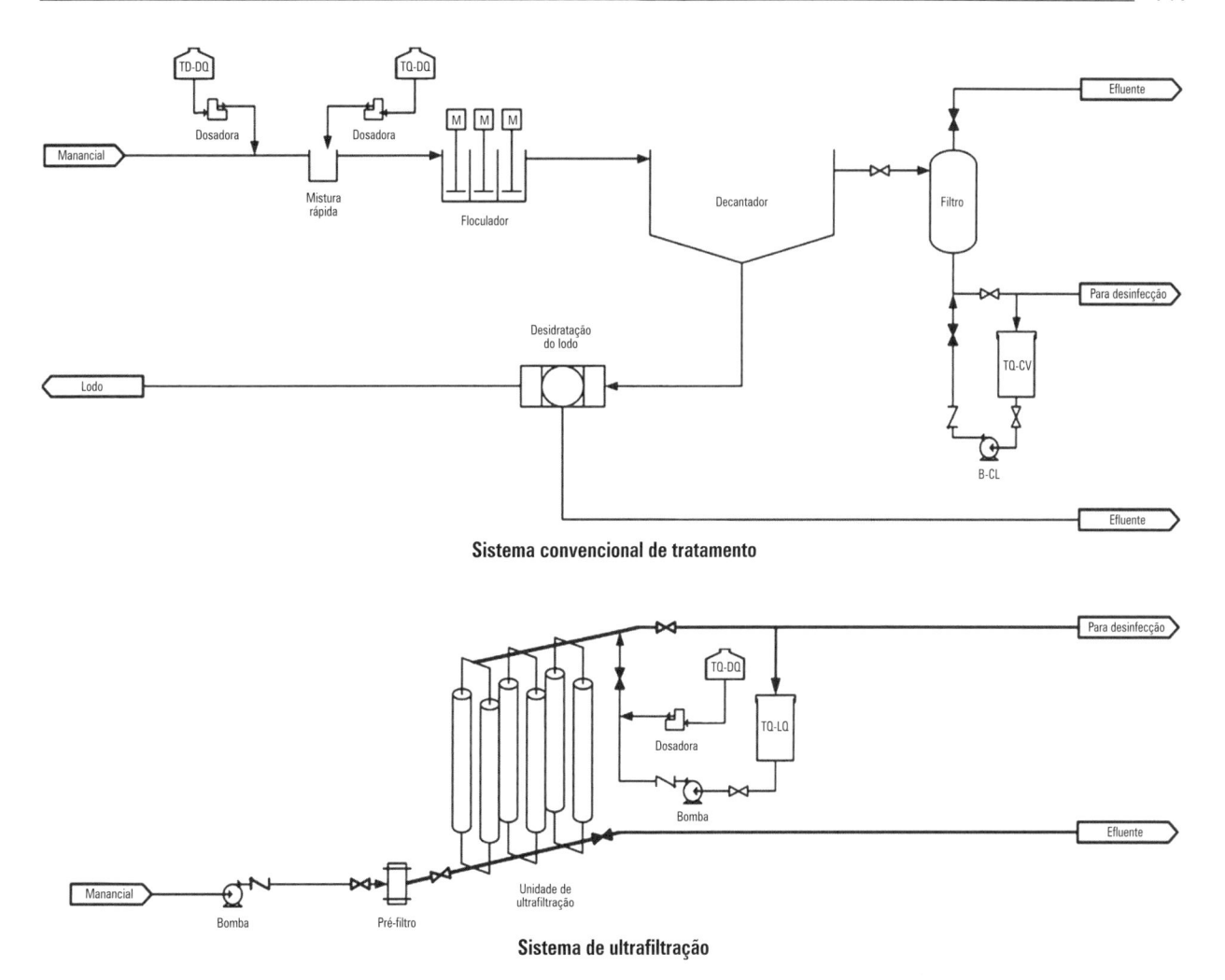

▶ **FIGURA 8.13** Representação esquemática dos processos convencional e de ultrafiltração para o tratamento de água.

8.7 COLETA E TRATAMENTO DE ESGOTO SANITÁRIO

Esgoto é o termo usado para caracterizar os despejos provenientes dos diversos usos da água, como o doméstico, comercial, industrial, agrícola, de estabelecimentos públicos e outros.

Esgotos sanitários são os despejos líquidos constituídos de esgotos domésticos e industriais lançados na rede pública, juntamente com águas de infiltração.

Efluente líquido industrial é o esgoto resultante dos processos industriais. Dependendo do tipo de indústria, ele possui características muito específicas; daí a necessidade de se estudar, com o objetivo de tratamento e disposição, cada tipo de despejo isoladamente. Esgotos industriais lançados na rede pública são efluentes líquidos industriais devidamente condicionados de modo a respeitar os padrões de lançamento estabelecidos.

Os esgotos domésticos – a parcela mais significativa dos esgotos sanitários – provêm, principalmente, de residências e de edificações públicas e comerciais que concentram aparelhos sanitários, lavanderias e cozinhas. Apesar de variarem em função dos costumes e condições socioeconômicas das populações, os esgotos domésticos têm características bem definidas. Resultantes do uso da água pelo homem em função dos seus hábitos higiênicos e de suas necessidades fisiológicas, os esgotos domésticos compõem-se, basicamente, de águas de banho, urina, fezes, restos de comida, sabões, detergentes e águas de lavagem.

▶ 8.7.1 Partes constituintes dos sistemas de esgotos sanitários

8.7.1.1 Rede de coleta

Os coletores são tubulações pelas quais o esgoto coletado escoa por gravidade e são dimensionados como conduto livre, ou seja, a lâmina líquida considerada não preenche toda a seção da tubulação. Diferentes tipos de coletores fazem parte do sistema de esgotamento sanitário.

- **Coletores prediais**: canalizações que conduzem os esgotos sanitários dos edifícios para lançamento na rede de coleta.
- **Coletores de esgotos ou coletores secundários**: canalizações de pequeno diâmetro que recebem o esgoto dos coletores prediais.
- **Coletores-tronco**: canalizações principais, de maior diâmetro, que recebem os efluentes de vários coletores de esgotos, conduzindo-os a um interceptor e, posteriormente, a um emissário.

8.7.1.2 Interceptores

Canalizações que interceptam as vazões dos coletores com a finalidade de proteger cursos de água, lagos, praias etc., evitando descargas diretas e conduzindo os esgotos coletados também por gravidade até os emissários. Por receberem os esgotos de coletores-tronco, são tubulações de grande porte, e muitas vezes acompanham as margens de rios e lagos. Isso ocorre porque esses corpos hídricos estão em áreas de menor cota e, portanto, o esgoto flui naturalmente por gravidade para essas regiões.

8.7.1.3 Emissários

Quando os interceptores deixam de receber contribuições ao longo de seu percurso, eles se transformam em emissários, que transportam todo o esgoto coletado para as estações de tratamento de esgoto (ETE). Os emissários podem transportar o esgoto por gravidade ou por meio de bombeamento com uso de estações elevatórias, dependendo da topografia da região.

8.7.1.4 Estações elevatórias

Estações elevatórias são instalações eletromecânicas para elevar a cota dos esgotos sanitários, com o objetivo de evitar o aprofundamento excessivo das canalizações, proporcionar a transposição de sub-bacias, a entrada nas estações de tratamento ou a descarga final no corpo de água receptor.

8.7.1.5 Sifões invertidos

Sifões invertidos são canalizações rebaixadas que funcionam sob pressão e por gravidade, destinadas à travessia de rios, canais, obstáculos etc.

8.7.1.6 Órgãos acessórios

Diversos órgãos acessórios fazem parte da rede coletora de esgoto. São obras e instalações complementares visando à união e manutenção dos diferentes trechos de coletores componentes da rede, compreendendo poços de visita, terminais de inspeção e limpeza, caixas de passagem etc. Poços de visita são câmaras de inspeção que possibilitam o acesso de funcionários do serviço, bem como a introdução de equipamentos de limpeza. Eles também são utilizados como elementos para a junção de coletores, mudança de declividade etc.

8.7.1.7 Estações de tratamento de esgoto (ETEs)

As estações de tratamento de esgoto, usualmente referidas como ETEs, têm por objetivo reduzir a carga poluidora dos esgotos sanitários antes de seu lançamento no corpo de água receptor. Consistem em conjuntos de unidades para tratamento físico-químico e biológico dos esgotos em diversas combinações, que variam dependendo das vazões e características do esgoto a ser tratado, do corpo receptor onde serão lançados os efluentes, das eficiências a serem atingidas, entre outros fatores. Maiores detalhes sobre o tratamento de esgoto serão apresentados posteriormente neste capítulo.

8.7.1.8 Disposição final

Após tratados, os esgotos são encaminhados a obras de lançamento final, destinadas a descarregá-los de forma conveniente nos corpos de água receptores. Na maioria dos casos, o lançamento dos esgotos tratados ocorre em corpo receptor adjacente à ETE, mas eles podem também ser transportados via emissário para descarga em local mais distante. Para regiões litorâneas, o emissário também pode ser submarino, lançando o esgoto tratado no mar, em ponto distante das praias.

A **FIGURA 8.14** apresenta um esquema de um sistema de esgotamento sanitário e seus principais componentes.

▶ 8.7.2 Os esgotos sanitários e o meio ambiente

É importante conhecer os esgotos sanitários, tanto no que diz respeito à sua composição quantitativa quanto à sua composição qualitativa.

A quantidade de esgoto sanitário produzido diariamente pode variar bastante não só de uma comunidade para outra, como também dentro de uma mesma comunidade em função de:

- hábitos e condições socioeconômicas da população;
- existência ou não de ligações clandestinas de águas pluviais na rede de esgoto;
- construção, estado de conservação e manutenção das redes de esgoto, que causam uma maior ou menor infiltração;
- clima;
- custo e medição da água distribuída;
- pressão e qualidade da água distribuída na rede de água;
- estado de conservação dos aparelhos sanitários e vazamentos de torneiras.

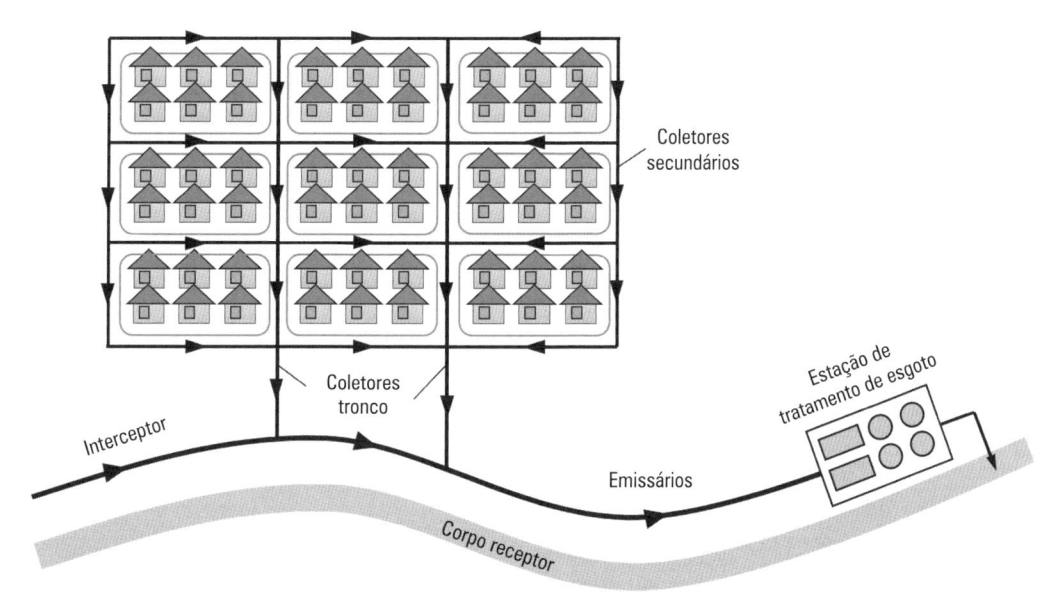

▶ **FIGURA 8.14** Representação esquemática de um sistema de esgotamento sanitário.

Além das variações quantitativas, as características dos esgotos sanitários variam qualitativamente em função da composição da água de abastecimento e dos diversos usos dessa água. De um modo geral, podemos dizer que, não ocorrendo grande contribuição de despejos industriais, os esgotos sanitários constituem-se, aproximadamente, de 99,9% de líquido e 0,1% de sólido, em peso.

O líquido em si nada mais é do que um meio de transporte de inúmeras substâncias orgânicas, inorgânicas e micro-organismos eliminados pelo homem diariamente. Os sólidos são responsáveis pela deterioração da qualidade do corpo de água que recebe os esgotos e, portanto, seu entendimento revela-se muito importante para o conhecimento de qualquer sistema de tratamento de esgotos.

É muito grande o número de substâncias que compõem os esgotos sanitários. Assim, para caracterização do esgoto, utilizam-se determinações físicas, químicas e biológicas, cujas grandezas (valores) permitem conhecer o seu grau de poluição e, consequentemente, dimensionar e medir a eficiência das estações de tratamento de esgotos.

Os esgotos sanitários contêm, ainda, inúmeros organismos vivos, como bactérias, fungos, vírus, helmintos e protozoários que, em sua maioria, são liberados junto com os dejetos humanos. Alguns são de suma importância no tratamento de águas residuárias, pois decompõem a matéria orgânica complexa, transformando-a em compostos orgânicos mais simples e estáveis; outros, denominados organismos patogênicos, são causadores de doenças.

A disposição adequada dos esgotos é essencial para a proteção da saúde pública. Muitas infecções podem ser transmitidas de uma pessoa doente para outra sadia por diferentes caminhos, envolvendo as excreções humanas. Os esgotos podem contaminar a água, os alimentos, os utensílios domésticos, as mãos, o solo ou serem transportados por vetores, como moscas e baratas, provocando novas infecções.

Epidemias de febre tifoide, cólera, disenterias, hepatite infecciosa e inúmeros casos de verminoses – algumas das doenças que podem ser transmitidas pela disposição inadequada dos esgotos – são responsáveis por elevados índices de mortalidade em países em desenvolvimento. As crianças são suas vítimas mais frequentes, uma vez que a associação dessas doenças à subnutrição é, geralmente, fatal. A redução do índice de mortalidade infantil, a elevação da expectativa de vida e a redução da ocorrência das verminoses que, via de regra, não são letais, mas diminuem a qualidade de vida do ser humano, somente podem ser alcançadas por meio da correta disposição dos esgotos.

Outra importante razão para tratar os esgotos é a preservação do meio ambiente. As substâncias presentes nos esgotos exercem ação deletéria nos corpos de água: a matéria orgânica pode ocasionar a exaustão do oxigênio dissolvido, causando morte de peixes e outros organismos aquáticos, escurecimento da água e aparecimento de maus odores; é possível que os detergentes presentes nos esgotos provoquem a formação de espumas em pontos de agitação da massa líquida; e defensivos agrícolas determinam a morte de peixes e outros animais. Os nutrientes exercem uma forte "adubação" da água, provocando o crescimento acelerado de vegetais microscópicos que conferem odor e gosto desagradáveis, podendo culminar no fenômeno da eutrofização.

O grau necessário a ser alcançado em um determinado tratamento de esgotos sanitários varia de um lugar para outro e depende dos seguintes requisitos:

- usos preponderantes das águas receptoras a jusante do ponto de lançamento dos esgotos;
- capacidade do corpo de água em assimilar, por diluição e autodepuração, o líquido tratado;
- exigências legais estabelecidas pelos órgãos de controle de poluição para o corpo receptor;
- usos específicos do efluente tratado (reúso industrial, agrícola, recarga de aquíferos etc.).

▶ 8.7.3 Etapas e processos no tratamento dos esgotos

8.7.3.1 Tratamento preliminar

O tratamento preliminar, ou pré-tratamento, consiste na sequência de unidades com o objetivo de proteção às tubulações e aos tanques e equipamentos da ETE.

Inicialmente, há o gradeamento, em que um conjunto de grades compostas por barras paralelas e com espaçamentos variados ou peneiras retêm os sólidos grosseiros que comumente são trazidos com o esgoto. Estes sólidos grosseiros são, na verdade, resíduos sólidos lançados indevidamente na rede coletora, e sua maior ou menor presença depende, entre outros, dos hábitos da população, do nível socioeconômico e do grau de conscientização. Os sólidos grosseiros retidos nas grades podem ser removidos manualmente para pequenas estações ou a partir de sistemas mecanizados, e, posteriormente, são destinados a aterros sanitários ou à incineração.

Outro componente dos esgotos sanitários que deve ser removido no tratamento preliminar é a areia, normalmente presente devido à infiltração de águas subterrâneas nas redes coletoras. A areia também causa danos a equipamentos da ETE, assim como contribui para o assoreamento dos tanques e unidades. Sua remoção ocorre com o uso de desarenadores, ou caixas de areia, dimensionados para que a areia, que apresenta massa específica bastante superior à da água, fique retida por sedimentação.

8.7.3.2 Tratamento primário

Após o tratamento preliminar, os sólidos sedimentáveis não retidos, incluindo partículas menores originárias dos dejetos humanos ou restos de alimentos desagregados na rede coletora, são removidos na etapa de tratamento primário. Nesta etapa, são aplicados decantadores primários, que são tanques dimensionados para que o escoamento flua sem turbulência excessiva, de modo a remover por sedimentação parte da carga de sólidos e de matéria orgânica. Podem ser aplicados também, nessa etapa, reagentes químicos para coagulação e floculação do esgoto, de forma a intensificar a remoção de sólidos, na chamada decantação primária quimicamente assistida. O lodo sedimentado nos decantadores primários é denominado lodo primário, sendo enviado às unidades de manejo do lodo.

Quando não há coleta de esgoto, um dispositivo comum para tratamento e destinação do esgoto gerado por residências isoladas ou conjuntos de residências de pequenas comunidades são as fossas (ou tanques sépticos). Estas consistem em caixas enterradas que retêm o esgoto por certo período, promovendo sedimentação do material orgânico particulado e sua digestão no fundo da unidade. O desempenho de fossas sépticas é similar ao obtido no tratamento primário de ETE, e seus efluentes são usualmente dispostos no solo a partir de sumidouros ou valas de infiltração. Para seu funcionamento adequado, é importante que a limpeza das fossas seja realizada regularmente, com o lodo sedimentado sendo encaminhado por caminhões limpa-fossa a uma ETE.

8.7.3.3 Tratamento secundário

O tratamento secundário consiste em uma das etapas principais da ETE, e tem a função de remover especialmente a matéria orgânica dissolvida do esgoto sanitário, assim como a matéria orgânica particulada remanescente do tratamento primário. Esta etapa é geralmente composta por reatores biológicos com diferentes configurações, dimensionados para otimizar os processos de degradação a partir das atividades de micro-organismos presentes no lodo biológico ou na biomassa dos reatores.

Tradicionalmente, os reatores biológicos mais empregados são aeróbios, e neles é promovida aeração para fornecimento do oxigênio necessário à atividade aeróbia dos micro-organismos, que oxidam a matéria orgânica a CO_2 e água. A aeração é comumente realizada por meio de aeradores mecanizados superficiais ou sopradores de ar. Este é o caso de sistemas de lodos ativados (que consistem na configuração mais aplicada mundialmente para o tratamento de esgoto sanitário) e de lagoas aeradas e outras configurações. Embora resultem em eficiências elevadas de remoção de matéria orgânica, há que se considerar o consumo energético decorrente da aeração. Por essa razão, alternativas com ventilação natural das unidades, como filtros biológicos percoladores ou biodiscos, também são empregadas. O lodo biológico aeróbio cresce rapidamente nos reatores, sendo separado em unidades denominadas decantadores secundários, e é descartado continuamente para a preservação do desempenho da unidade.

Em países de clima quente, incluindo o Brasil, reatores anaeróbios também são muito utilizados. Nestes reatores, não é fornecida aeração, reduzindo os custos energéticos, e os micro-organismos atuantes realizam o processo de digestão anaeróbia, consumindo a matéria orgânica e produzindo biogás contendo metano (CH_4) e CO_2. O CH_4 presente no biogás pode ser utilizado para aquecimento de unidades ou para geração de energia, e isso, juntamente com a economia de energia com aeração e a baixa produção de lodo, fornece tecnologias anaeróbias bastante atrativas para o tratamento de esgoto. O reator anaeróbio mais conhecido e utilizado é o reator anaeróbio de fluxo ascendente e manta de lodo (UASB, do inglês *upflow anaerobic sludge blanket*), que apresenta sistema para coleta do biogás produzido. Apesar das vantagens mencionadas, reatores anaeróbios não atingem o desempenho de remoção de matéria orgânica dos reatores aeróbios, sendo usual que o tratamento seja complementado por outros processos.

Também se destacam os sistemas de lagoas de estabilização, muito empregados no Brasil. Consistem em sequências de lagoas escavadas no solo e impermeabilizadas para evitar infiltração no solo, ocupando extensas áreas em geral afastadas dos meios urbanos. No denominado sistema australiano, é utilizada uma sequência de três tipos de lagoas: anaeróbia, mais profunda e onde impera a digestão anaeróbia; facultativa, com profundidade intermediária, onde ocorre fotossíntese na região mais superficial devido à atividade de microalgas, gerando ambiente aeróbio, e no fundo predomina a digestão anaeróbia; e de maturação, mais rasa, onde ocorre desinfecção do efluente a partir da penetração dos raios solares.

8.7.3.4 Tratamento terciário e avançado

Para remoção de compostos específicos após o tratamento secundário, a ETE pode conter unidades adicionais em etapa de tratamento terciário ou avançado. Esta etapa engloba unidades para remoção de nutrientes, compostos orgânicos complexos e unidades específicas para desinfecção de efluentes. A adoção de tecnologias de tratamento avançado tem forte relação com o reúso de efluentes. As tecnologias utilizadas podem ser físico-químicas ou biológicas.

Para remoção biológica de nitrogênio, por exemplo, podem ser empregados reatores nitrificantes e desnitrificantes, muitas vezes combinados com o próprio tratamento secundário. Outro exemplo que combina tratamento secundário e terciário, produzindo efluente com qualidades próprias de tratamento avançado, é o uso de reatores de membrana (MBR, do inglês *membrane bioreactor*), que consistem em reatores biológicos em que um sistema de separação por membrana mantém os micro-organismos no sistema e produz um permeado de melhor qualidade.

Com relação aos processos físico-químicos, podem ser citados a adsorção por carvão ativado, o uso de resinas de troca iônica, processos eletroquímicos, osmose reversa e processos oxidativos avançados para remoção de compostos específicos, além de cloração, ozonização e aplicação de radiação UV para desinfecção de efluentes.

8.7.3.5 Manejo do lodo

O lodo é o principal subproduto da ETE, e seu manejo pode representar uma parte significativa dos custos de operação da estação, juntamente com a energia para aeração. Dois tipos de lodos são gerados: o lodo primário, proveniente dos decantadores primários; e o lodo biológico ou secundário, proveniente dos reatores biológicos. Os lodos primário e secundário têm características diferentes e, quando misturados, compõem o chamado lodo misto.

O tratamento do lodo ocorre em unidades específicas da ETE, em linha separada do restante das unidades de tratamento de esgoto. Esta linha é chamada de linha de lodo (ou *sides-*

tream), em contraposição à linha de efluentes (ou *mainstream*). Usualmente, o lodo é submetido às operações de adensamento, digestão e secagem para posterior disposição.

O adensamento do lodo ocorre em unidades similares a decantadores, para aumentar sua concentração de forma a otimizar o desempenho das unidades subsequentes. O lodo adensado é enviado, então, a digestores anaeróbios para sua estabilização, o que resulta na produção de biogás que pode ser aproveitado. Por ser um material rico em matéria orgânica, a estabilização do lodo é importante para evitar mau-cheiro e atração de vetores quando disposto, e pode ser realizada também por meio da adição de cal. Por fim, o lodo estabilizado é submetido à secagem, que viabiliza seu transporte para o destino final, e que pode ocorrer naturalmente em leitos de secagem ou ser realizada por meio de unidades mecanizadas, como filtros-prensa ou centrífugas.

Após seco, o lodo pode ser disposto em aterros sanitários. Entretanto, visto seu potencial para usos benéficos, estimula-se que seja aproveitado como recurso em destinações como, por exemplo, a aplicação na agricultura, após criteriosa análise de suas características para comprovação de sua viabilidade e segurança.

A **FIGURA 8.15** mostra as etapas e diferentes opções de tratamento que podem ocorrer em uma ETE. Já a **FIGURA 8.16** mostra um esquema de tratamento avançado para retirada de certos poluentes.

8.8 TRATAMENTO DE EFLUENTES LÍQUIDOS INDUSTRIAIS

Assim como os esgotos sanitários, os efluentes líquidos industriais também devem ser tratados antes de seu lançamento, mesmo porque muitas vezes apresentam carga de poluentes superior à dos esgotos sanitários, e eventualmente compostos tóxicos em sua composição. Os efluentes líquidos industriais, após seu tratamento, podem ser lançados em corpos receptores, sendo o grau de tratamento necessário sujeito às mesmas legislações aplicáveis a esgotos sanitários, ou na rede coletora de esgotos, quando disponível. Neste último caso, deve ser realizado tratamento suficiente para adequar os efluentes de modo a não prejudicar a rede coletora ou a estação de tratamento de esgoto.

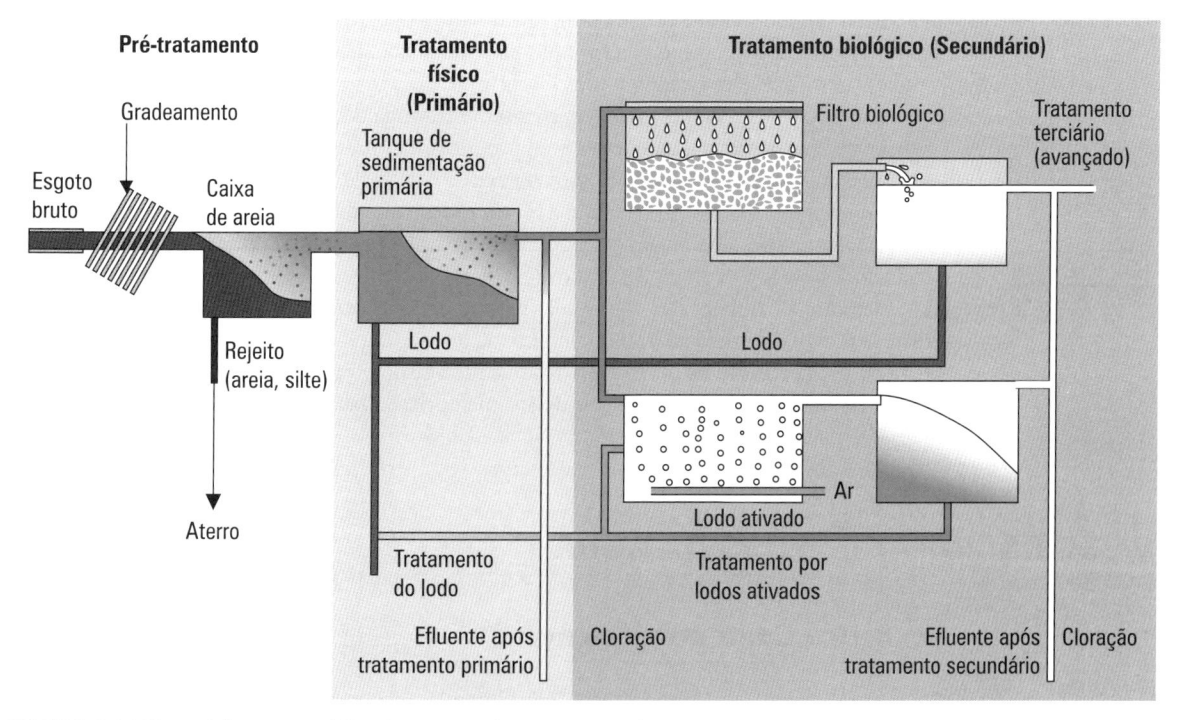

▶ **FIGURA 8.15** Disposição esquemática de opções de tratamento de esgoto.

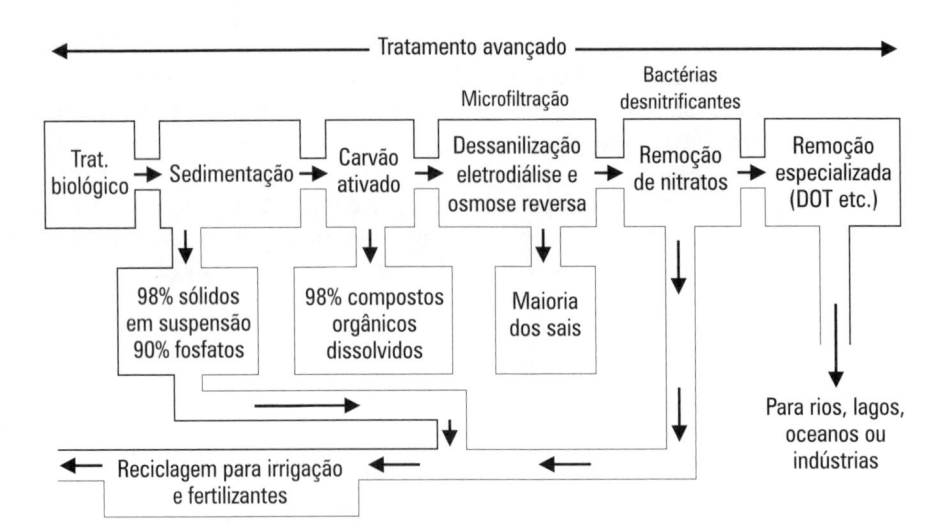

FIGURA 8.16 Esquema para retirada de determinados poluentes por tratamento avançado.

Portanto, as indústrias também devem estabelecer estação de tratamento própria para seus efluentes, que conterão unidades específicas de acordo com as características dos efluentes gerados. Muitas dessas unidades também são utilizadas para o esgoto sanitário, mas a composição do tratamento é mais heterogênea para a indústria, pela grande variabilidade de efluentes e usos posteriores para quando tratado. Nesse sentido, em vez de seu lançamento, o reúso dos efluentes tem sido cada vez mais implementado na atividade industrial, sendo comum a utilização de unidades de tratamento avançado.

8.9 A ESTAÇÃO RECUPERADORA DE RECURSOS

A busca por sistemas mais sustentáveis e o conceito de economia circular têm modernizado a concepção das estações de tratamento de esgoto do século XXI. Já que o esgoto sanitário pode ser visto como uma fonte de recursos, seja devido à água que pode ser reutilizada ou ao potencial energético nele contido, a terminologia relativa aos sistemas de tratamento tem sido reformulada para "estações recuperadoras de recursos".

As estações recuperadoras de recursos se baseiam na adoção de tecnologias que maximizam a produção energética e a obtenção de subprodutos, ao mesmo tempo em que minimizam o consumo de energia das unidades. Nesse contexto, existe forte direcionamento das tecnologias em torno da digestão anaeróbia, de modo a otimizar o aproveitamento energético do esgoto e do lodo a partir da produção de biogás. Para remoção de nitrogênio, são utilizados processos com baixo consumo energético, como o anammox (do inglês *anaerobic ammonium oxidation*) e suas variantes. Membranas também são empregadas para gerar efluente final com qualidade para reúso. Além disso, é prevista a produção de biopolímeros a partir de compostos do esgoto, a precipitação de estruvita (um composto de magnésio, fósforo e nitrogênio utilizado como fertilizante), assim como usos benéficos para o lodo. A partir dessas melhorias, o balanço energético da estação passa de negativo para neutro, ou até mesmo positivo, e os sistemas deixam de ser consumidores de recursos e se transformam em geradores de energia, água, fertilizante, biopolímeros e adubo orgânico.

8.10 USO RACIONAL E REÚSO DA ÁGUA

▶ 8.10.1 Contextualização

Nas regiões áridas e semiáridas, a água tornou-se um fator limitante para o desenvolvimento urbano, industrial e agrícola. Planejadores e entidades gestoras de recursos hídricos procuram, continuamente, novas fontes de recursos para complementar a pequena disponibilidade hídrica ainda disponível.

No polígono das secas do Nordeste brasileiro, o problema é ressaltado por um anseio, que já existe há 75 anos, da transposição do Rio São Francisco, visando ao atendimento da demanda dos estados não riparianos da região semiárida, situados ao norte e ao leste de sua bacia de drenagem. Diversos países do Oriente Médio, onde a precipitação média oscila entre 100 mm e 200 mm por ano, dependem de alguns poucos rios perenes e pequenos reservatórios de água subterrânea, geralmente localizados em regiões montanhosas, de difícil acesso. A água potável é obtida por sistemas de dessalinização da água do mar, e, em razão da impossibilidade de manter uma agricultura irrigada, mais de 50% dos produtos alimentícios básicos são importados.

O fenômeno da escassez não é, entretanto, atributo exclusivo das regiões áridas e semiáridas. Muitas regiões com recursos hídricos abundantes, mas insuficientes para atender a demandas excessivamente elevadas, também experimentam conflitos de usos e sofrem restrições de consumo que afetam o desenvolvimento econômico e a qualidade de vida da população. A Bacia do Alto Tietê, que abriga uma população superior a 20 milhões de habitantes e um importante complexo industrial do país, dispõe, pela sua condição característica de manancial de cabeceira, de vazões insuficientes para a demanda de água da região. Essa condição tem levado à busca incessante de recursos hídricos complementares de bacias vizinhas, que trazem, como consequência direta, aumentos consideráveis de custo, além dos evidentes problemas legais e político-institucionais associados. Essa prática tende a se tornar cada vez menos frequente diante da conscientização popular, arregimentação de entidades de classe e do desenvolvimento institucional dos comitês de bacias afetadas pela perda de recursos hídricos valiosos.

Nessas condições, conceitos como otimização do uso e de "substituição de fontes" apresentam-se como opções para atenuar os efeitos da escassez de água.

Em relação à redução do consumo de água, ao longo do tempo foram desenvolvidas várias iniciativas, tanto pelo desenvolvimento e fabricação de equipamentos hidráulicos mais eficientes quanto pela otimização do uso da água em processos industriais e na agricultura. Cabe destacar que, em 2019, a Associação Brasileira de Normas Técnicas (ABNT) publicou uma norma específica sobre esse tema, a NBR16782,[13] conservação de água em edificações – Requisitos, procedimentos e diretrizes. Além dessa norma, também foram publicados manuais técnicos que tratam do tema.[14-16]

Destaca-se que as ações relacionadas ao uso racional e reúso da água requerem uma avaliação adequada das atividades e dos processos nos quais a água é utilizada, de maneira a obter um entendimento sobre como a água é usada e, assim, direcionar os esforços para atuação nas áreas com maior demanda de água, já que estas áreas têm maior potencial para adoção de estratégias de redução de consumo. A **FIGURA 8.17** ilustra os procedimentos a serem utilizados para o desenvolvimento de programas para o uso racional e o reúso de água.

Em função das peculiaridades associadas às atividades relacionadas à otimização do uso da água, este tema não será detalhado, sendo recomendada a consulta às referências indicadas e outras fontes. Assim, nos itens a seguir, é feito um detalhamento sobre a prática de reúso de água.

▶ 8.10.2 Formas potenciais de reúso

Devido ao ciclo hidrológico, a água é um recurso renovável. Quando reciclada por meio de sistemas naturais, é um recurso limpo e seguro que é, pela atividade antrópica, deteriorada a níveis diferentes de poluição. Entretanto, uma vez poluída, a água pode ser recuperada e reusada para fins benéficos diversos. A qualidade da água utilizada e o objeto específico do reúso estabelecerão a necessidade de tratamento dos efluentes e os níveis recomendados, os critérios de segurança a serem adotados e os custos de capital e de operação e manutenção. As possibilidades e maneiras de reúso dependem, evidentemente, de características, condições e fatores locais, como decisão política, esquemas institucionais, disponibilidade técnica e fatores econômicos, sociais e culturais.

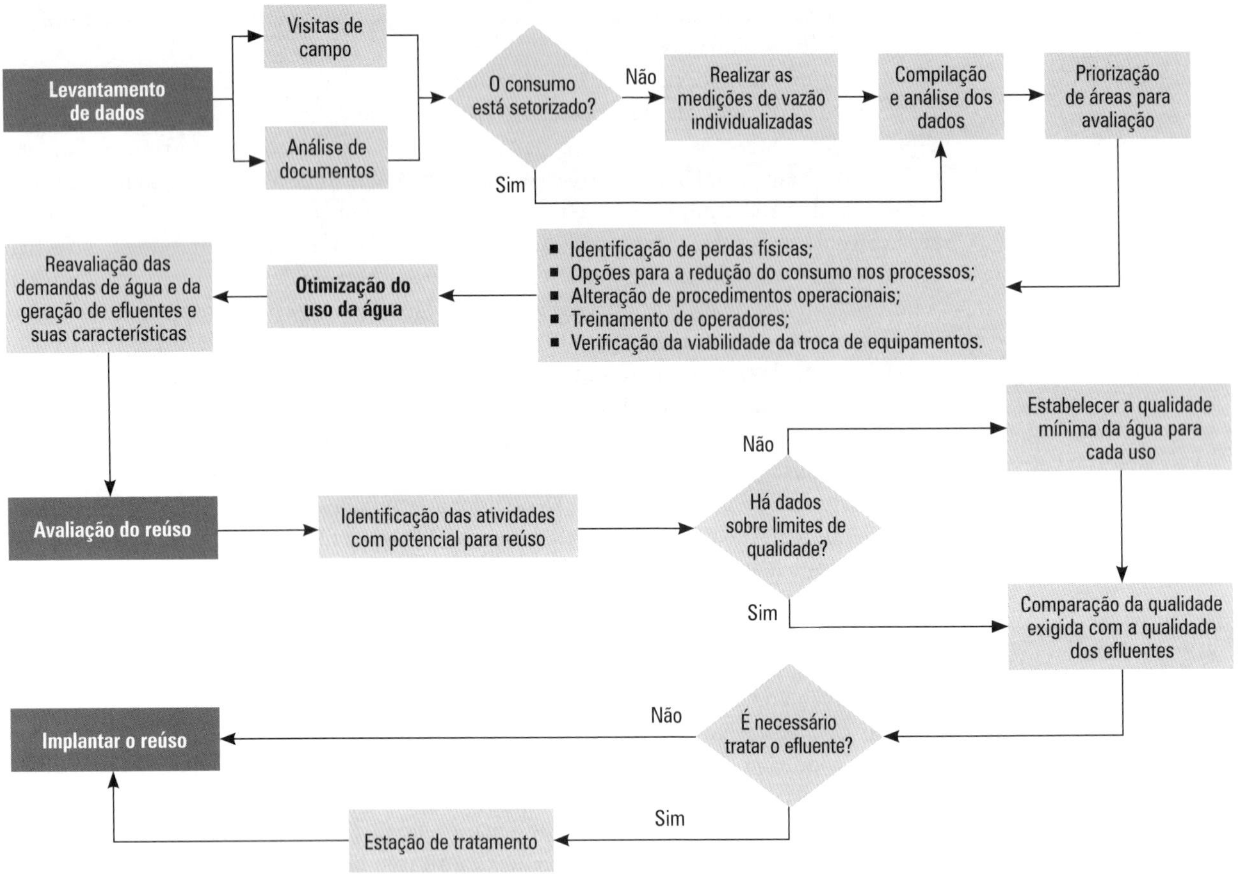

▶ **FIGURA 8.17** Procedimentos para o desenvolvimento de programas de uso racional e reúso de água.
Fonte: Adaptada de Hespanhol e colaboradores.[16]

A **Figura 8.18** apresenta, esquematicamente, os tipos básicos de possíveis usos de esgotos tratados que podem ser implementados tanto em áreas urbanas como rurais.

▶ 8.10.3 Usos urbanos

No setor urbano, o potencial de reúso de efluentes é muito amplo e diversificado. Entretanto, usos que demandam água com qualidade elevada requerem sistemas de tratamento e de controle avançados, o que não é uma limitação atualmente. De uma maneira geral, esgotos tratados podem, no contexto urbano, ser utilizados para fins potáveis e não potáveis.

▶ 8.10.4 Usos urbanos para fins potáveis

A presença de organismos patogênicos e de compostos orgânicos sintéticos na grande maioria dos efluentes disponíveis para reúso, principalmente naqueles oriundos de estações de tratamento de esgotos de grandes conurbações com polos industriais expressivos, faz com que sua recuperação com o objetivo de obter água potável seja uma alternativa associada a riscos muito elevados e praticamente inaceitável. No entanto, nos casos em que as estações de tratamento não recebem contribuições relevantes de efluentes industriais tóxicos, a implantação do reúso potável é possível. Com a experiência resultante das iniciativas pioneiras de sistemas de reúso potável, a OMS publicou, em 2017, uma diretriz para reúso potável de água,[1] na qual estão estabelecidos os procedimentos e critérios para a sua implantação.

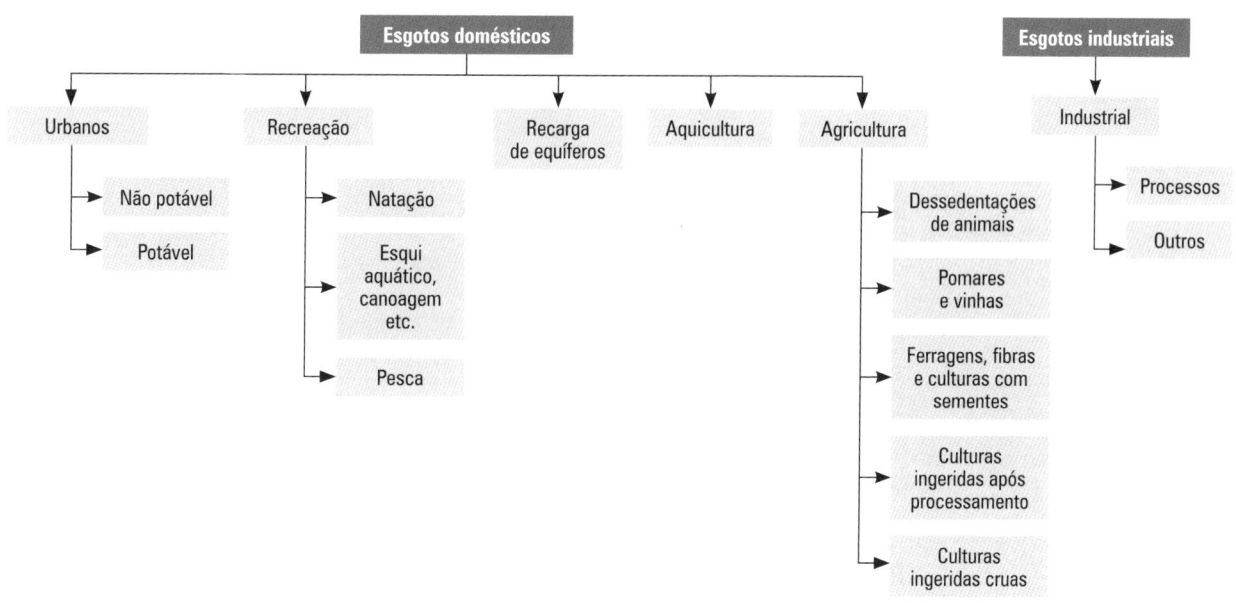

▶ **FIGURA 8.18** Tipos de reúso.

Em linhas gerais, é recomendado que os programas de reúso potável, que pode ser direto ou indireto, sejam implantados com base na aplicação da estrutura para segurança da água potável proposta pela OMS, a qual inclui:

- Critérios baseados na saúde, considerando-se padrões de desempenho para segurança microbiológica, química e radiológica da água;
- Planos de segurança da água para acompanhamento do desempenho do sistema de abastecimento de água ao longo do tempo e identificação da necessidade de melhorias;
- Controle independente, ou seja, os órgãos reguladores, independentes dos operadores das estações de produção da água de reúso, devem assegurar que o plano de segurança da água seja implementado efetivamente e que os padrões de desempenho estejam sendo atendidos.

Para assegurar a qualidade da água de reúso potável, a OMS recomenda a utilização do conceito de múltiplas barreiras, ferramenta já prevista para a implantação de sistemas de abastecimento de água a partir de mananciais.

▶ 8.10.5 Proteção da fonte de produção da água de reúso

A fonte de produção da água de reúso potável são os esgotos, que, além da contribuição de residências e atividades comerciais, podem apresentar contribuições de lançamentos industriais ou da drenagem urbana. Para o caso específico do reúso potável, seja direto ou indireto, é recomendado que o esgoto não apresente contribuições de efluentes industriais ou da drenagem, o que pode ser feito por meio de um planejamento adequado do uso e da ocupação do solo, fazendo com que indústrias com elevado potencial de poluição não sejam atendidas pelo sistema público de coleta de esgotos. Uma outra possibilidade é a setorização da área de coleta, ou seja, utilizando os esgotos apenas das regiões que não apresentam contribuições da indústria. Além disso, o controle mais rigoroso do lançamento de esgotos industriais na rede de coleta pode ser utilizado para impedir o lançamento de efluentes tóxicos pelas indústrias.

▶ 8.10.6 Estrutura de tratamento

Uma vez assegurada a qualidade do esgoto que será utilizado, devem ser previstas, no sistema de reúso, a utilização de tecnologias de tratamento que sejam capazes de adequar a sua qualidade aos requisitos para uso potável. Para isso, em função dos contaminantes presentes, é estruturado o sistema de tratamento, que deve contemplar as tecnologias usadas para o tratamento de esgotos e para o tratamento de água. Os contaminantes potencialmente presentes nos esgotos são:

- areia e detritos;
- óleos e graxas;
- matéria orgânica biodegradável;
- compostos orgânicos específicos;
- substâncias inorgânicas;
- micro-organismos patogênicos.

Entre os contaminantes presentes, os que despertam maior preocupação são as substâncias inorgânicas, os compostos orgânicos específicos e micro-organismos, categorias de contaminantes que já foram abordadas na seção sobre tratamento de água. Com base no mesmo raciocínio utilizado para a definição de sistemas de tratamento de água a partir de mananciais, o arranjo final do sistema de produção de água de reúso poderá ser definido. A **FIGURA 8.19** ilustra uma possível sequência de tratamento para a produção de água de reúso potável.[1]

▶ 8.10.7 Validação das medidas de controle

Os programas de reúso para fins potáveis são definidos e implantados com base nos planos de segurança da água e, por essa razão, a estrutura de reúso proposta deve ser validada para demonstrar que cada um dos processos utilizados irá atingir os limites de desempenho exigidos e que, em conjunto, eles irão produzir água potável segura de forma consistente e confiável. O método de validação consiste na obtenção de evidências que as medidas de controle selecionadas irão assegurar o nível especificado de redução de risco para um perigo específico.

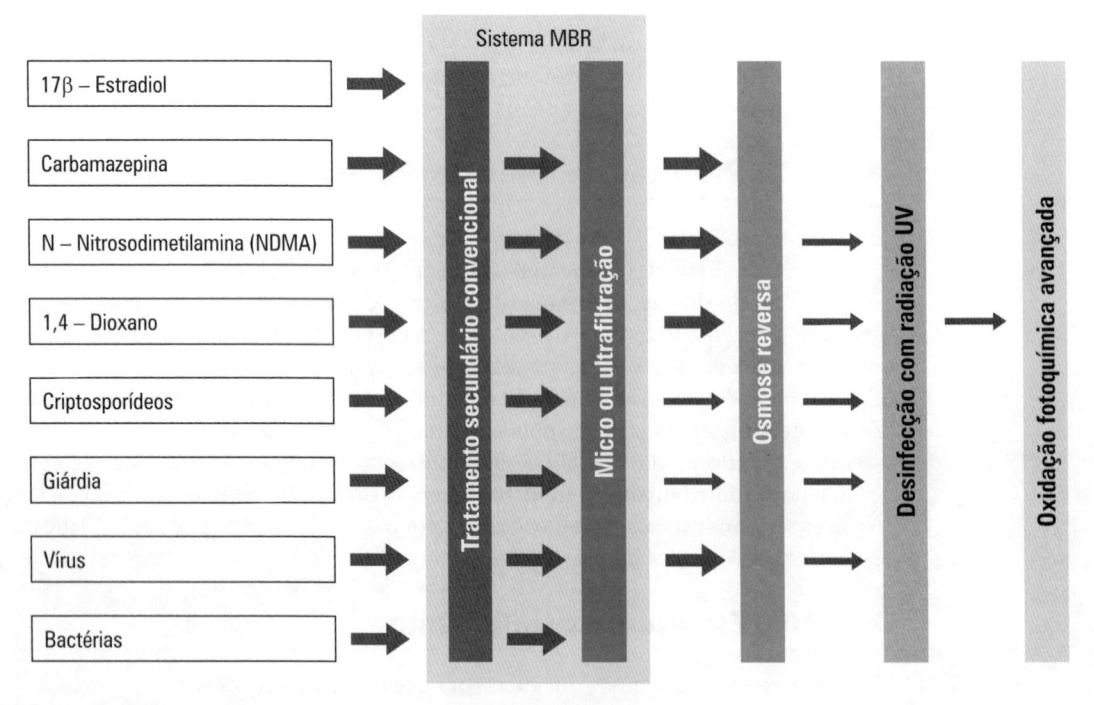

▶ **FIGURA 8.19** Sequência de tratamento para produção de água de reúso potável.

▶ 8.10.8 Monitoramento

O monitoramento também pode ser considerado uma barreira, desde que sejam utilizados parâmetros de controle que permitam obter informações sobre a qualidade da água produzida antes que ela seja distribuída à população. Para isso, podem ser utilizados reservatórios de controle ou, então, o monitoramento de variáveis, cujo resultado das análises seja obtido praticamente em tempo real, o que é possível com o devido planejamento.

No caso da utilização de reservatórios de controle, a água só será distribuída após a obtenção dos resultados do monitoramento das variáveis de qualidade utilizadas para essa finalidade.

▶ 8.10.9 Usos urbanos para fins não potáveis

Os usos urbanos para fins não potáveis envolvem riscos menores, mas a sua abrangência é significativamente menor e o seu custo é maior, já que as demandas em áreas urbanas são dispersas e há necessidade de uma rede de distribuição específica, ou o transporte por carros-tanques. De qualquer forma, cuidados especiais devem ser tomados quando ocorre contato direto do público com a água de reúso, qualquer que seja a sua aplicação. Os maiores potenciais desse processo são os que empregam esgotos tratados para:

- irrigação de parques e jardins públicos, centros esportivos, campos de futebol, quadras de golfe, jardins de escolas e universidades, gramados, árvores e arbustos em avenidas e rodovias;
- irrigação de áreas ajardinadas ao redor de edifícios públicos, residenciais e industriais;
- reserva de proteção contra incêndios;
- sistemas decorativos aquáticos, como fontes e chafarizes, espelhos e quedas-d'água;
- descarga sanitária em banheiros públicos e em edifícios comerciais e industriais; e
- lavagem de trens e ônibus públicos.

Além dos problemas já mencionados, a prática de reúso não potável pode resultar na ocorrência de conexões cruzadas, ou seja, conexão da rede de água de reúso à rede de água potável, principalmente em residências. Os custos, entretanto, devem ser considerados em relação aos benefícios de conservar água potável e de, eventualmente, adiar ou eliminar a necessidade de desenvolvimento de novos mananciais para abastecimento público.

Diversos países da Europa, assim como os países industrializados da Ásia localizados em regiões de escassez de água, exercem, extensivamente, a prática de reúso urbano não potável. Entre eles, o Japão vem utilizando efluentes secundários para diversas finalidades. Em Fukuoka, uma cidade com aproximadamente 1,2 milhão de habitantes, situada no sudoeste do país, diversos setores operam com rede dupla de distribuição de água, e uma das redes é de esgotos domésticos tratados em nível terciário (lodos ativados, desinfecção com cloro em primeiro estágio, filtração, ozonização, desinfecção com cloro em segundo estágio) para uso em descarga de banheiros em edifícios residenciais. Esse efluente tratado é também utilizado para outros fins, incluindo irrigação de árvores em áreas urbanas e lavagem de gases e alguns usos industriais, como resfriamento e desodorização. Diversas outras cidades do Japão, entre elas Oita, Aomori e Tóquio, estão fazendo uso de esgotos tratados ou de outras águas de baixa qualidade para fins urbanos não potáveis, proporcionando uma economia significativa dos escassos recursos hídricos localmente disponíveis.

No Brasil, a prática de reúso urbano não potável também passou a ser adotada, mas as iniciativas ainda são incipientes. Devido ao aumento no interesse por parte da população em geral e empresas de construção civil, foram desenvolvidas normas para regulamentar a prática de reúso. Uma norma que merece destaque é a NBR 16783,[17] uso de fontes alternativas de água não potável em edificações. O aspecto mais relevante dessa norma é a definição de diretrizes para a utilização de fontes alternativas de abastecimento de água e a definição de padrões de qualidade para a água de reúso. Existem outras normas desenvolvidas por diversos municípios brasileiros, mas a maioria delas não aborda a questão dos padrões de qualidade.

Os avanços observados sobre a questão do reúso urbano para fins não potáveis foram relevantes, induzidos, principalmente, pelos problemas de escassez de água vivenciados. Isso indica uma tendência de avanços significativos, não apenas na questão da regulamentação da prática de reúso, mas também em relação às questões tecnológicas e aceitação pública.

▶ 8.10.10 Usos industriais

Os custos elevados da água industrial associados às demandas crescentes têm levado as indústrias a avaliar as possibilidades internas de reúso e a considerar ofertas da companhia de saneamento para a compra de efluentes tratados a preços inferiores aos da água potável dos sistemas públicos de abastecimento. A água produzida pelo tratamento de efluentes secundários é, atualmente, um grande atrativo para o abastecimento industrial a custos razoáveis. A proximidade de estações de tratamento de esgotos às áreas de grande concentração industrial contribui para a viabilização de programas de reúso industrial, uma vez que permite adutoras e custos unitários de tratamento menores.

Os usos industriais com maior potencial de aproveitamento do reúso em áreas de concentração industrial significativa são, basicamente, os seguintes:

- torres de resfriamento;
- caldeiras;
- construção civil, incluindo preparação e cura de concreto e compactação do solo;
- irrigação de áreas verdes de instalações industriais, lavagens de pisos e alguns tipos de peças, principalmente na indústria mecânica;
- processos industriais.

Dentro do critério de estabelecer prioridades para usos que já possuam demanda imediata e que não exijam níveis elevados de tratamento, é recomendável concentrar a fase inicial do programa de reúso industrial em torres de resfriamento.

Esgotos domésticos tratados têm sido amplamente utilizados como água em sistemas de resfriamento com e sem recirculação.

Embora corresponda a apenas 17% da demanda de água não potável nas indústrias, o uso de efluentes secundários tratados, utilizados em sistemas de refrigeração, tem a vantagem de requerer qualidade independentemente do tipo de indústria e de atender, ainda, a outros usos menos restritivos, como lavagem de pisos e equipamentos e como água de utilidade em indústrias mecânicas e metalúrgicas.

Além disso, a qualidade de água adequada para refrigeração em sistemas semiabertos é compatível com outros usos urbanos não potáveis, como irrigação de parques e jardins, lavagem de vias públicas, construção civil, formação de lagos para algumas modalidades de recreação e para efeitos paisagísticos. Os sistemas de tratamento para reúso em unidades de refrigeração semiabertos, por exemplo, são relativamente simples e devem produzir efluentes capazes de evitar corrosão ou formação de depósitos, crescimento de micro-organismos e formação excessiva de escuma.

Outros usos que podem ser considerados nas fases posteriores da implementação de um programa metropolitano de reúso incluem água para produção de vapor, para lavagem de gases de chaminés e para processos industriais específicos, como manufatura de papel e papelão, indústria têxtil, de material plástico e produtos químicos, petroquímicas, curtumes, construção civil etc. Essas modalidades de reúso envolvem sistemas de tratamento avançados e demandam, consequentemente, níveis de investimento elevados.

Reúso e conservação devem, também, ser estimulados nas próprias indústrias por meio da adoção de processos industriais e de sistemas de lavagem com baixo consumo de água, assim como em estações de tratamento de água para abastecimento público, por meio da recuperação e do reúso das águas de lavagem de filtros e de decantadores.

Um exemplo bastante relevante de reúso industrial no Brasil é o Projeto AQUAPOLO, cuja operação foi iniciada em 2012. Trata-se de um sistema para produção de água de reúso para o Polo Petroquímico de Capuava, com capacidade de projeto para produzir até 1.000 L/s de água de reúso.

O Projeto AQUAPOLO usa o conceito de tratamento terciário de esgotos, utilizando sistema de remoção de nutrientes por sistema com membranas submersas e o processo de osmose reversa, sendo alimentado com o esgoto tratado de uma estação que utiliza o processo de lodo ativado. A **FIGURA 8.20** ilustra o arranjo do sistema de tratamento do AQUAPOLO.

▶ 8.10.11 Usos agrícolas

Diante das grandes vazões envolvidas (chegando a até 70% do uso consuntivo em alguns países), especial atenção deve ser atribuída ao reúso para fins agrícolas. A agricultura depende, atualmente, de suprimento de água de tal nível que a sustentabilidade da produção de alimentos não poderá ser mantida sem o desenvolvimento de novas fontes de suprimento e a gestão adequada dos recursos hídricos convencionais. Essa condição crítica é fundamentada no fato de que o aumento da produção não pode mais ser efetuado por mera expansão de terra cultivada.

Com poucas exceções, como áreas significativas do Nordeste brasileiro, que vêm sendo recuperadas para uso agrícola, a terra arável, em nível mundial, aproxima-se muito rapidamente de seus limites de expansão. A Índia já explorou praticamente 100% de seus recursos de solo arável, enquanto Bangladesh dispõe de apenas 3% para expansão lateral. O Paquistão, as Filipinas e a Tailândia ainda têm um potencial de expansão de aproximadamente 20%. A taxa global de expansão de terra arável diminuiu de 0,4% durante a década 1970 a 1979 para 0,2% durante o período de 1980 a 1987. Nos países em vias de desenvolvimento e em estágio de industrialização acelerada, a taxa de crescimento também caiu de 0,7% para 0,4%.

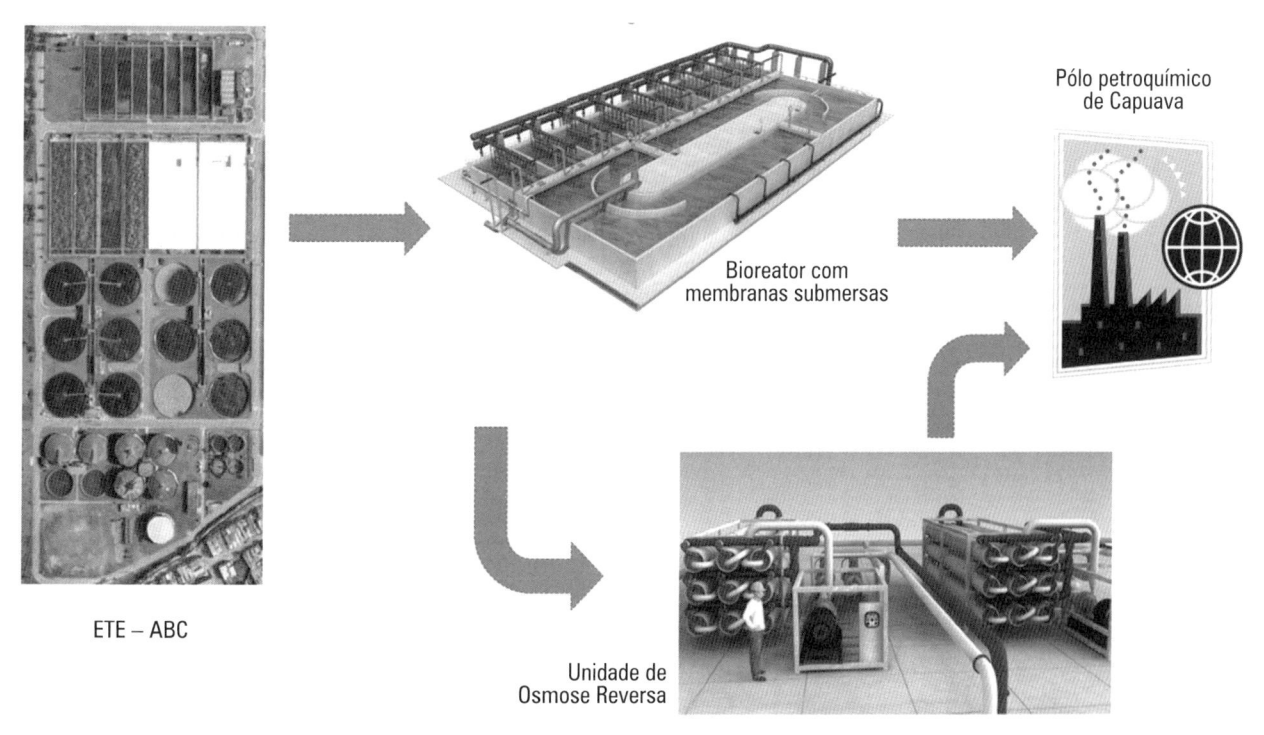

▶ **FIGURA 8.20** Representação esquemática do Projeto AQUAPOLO.

Durante as duas últimas décadas, o uso de esgotos para irrigação de culturas aumentou significativamente em razão dos seguintes fatores:

- dificuldade crescente de identificar fontes alternativas de águas para irrigação;
- custo elevado de fertilizantes;
- a segurança de que os riscos de saúde pública e os impactos sobre o solo são mínimos se as precauções adequadas forem efetivamente tomadas;
- os custos elevados dos sistemas de tratamento necessários para descarga de efluentes em corpos receptores;
- a aceitação sociocultural da prática do reúso agrícola; e
- o reconhecimento, pelos órgãos gestores de recursos hídricos, do valor intrínseco da prática.

Estima-se que, na região do Alto Tietê, a jusante do Reservatório de Ponte Nova até as imediações de Guarulhos, seria possível, com o atendimento da demanda agrícola por meio dos esgotos coletados dos municípios da região, dispor de aproximadamente 3 m³/s adicionais de água de boa qualidade para abastecimento público.

Na região da influência da ETE Suzano, por exemplo, existe uma grande área de uso agrícola irrigada com água de qualidade elevada. Essa área concentra-se ao longo do Rio Taiaçupeba, distante, aproximadamente, oito quilômetros da ETE Suzano. É muito provável, entretanto, que a elevada concentração de efluentes industriais recebidos na ETE Suzano torne seus efluentes incompatíveis para o reúso agrícola.

A aplicação de esgotos no solo é uma forma efetiva de controle da poluição e uma alternativa viável para aumentar a disponibilidade hídrica em regiões áridas e semiáridas. Os maiores benefícios dessa prática são aqueles associados aos aspectos econômicos, ambientais e de saúde pública.

8.10.11.1 Benefícios econômicos do reúso agrícola

Os benefícios econômicos são auferidos devido ao aumento da área cultivada e da produtividade agrícola, que são mais significativos se o reúso for aplicado em áreas onde se depende apenas de irrigação natural proporcionada pelas águas das chuvas. Um exemplo notável de recuperação econômica associada à disponibilidade de esgotos para irrigação é o caso do Vale do Mezquital, no México, onde a renda agrícola aumentou de praticamente zero no início do século, quando os esgotos da Cidade do México foram postos à disposição da região, até aproximadamente US$ 4 milhões por hectare, em 1990. Estudos efetuados em diversos países demonstraram que a produtividade agrícola aumenta significativamente em sistemas de irrigação com esgotos adequadamente administrados. A **TABELA 8.5** mostra os resultados experimentais efetuados em Nagpur, Índia, pelo Instituto Nacional de Pesquisas de Engenharia Ambiental (NEERI), que investigou os efeitos da irrigação com esgotos sobre as culturas produzidas.

▶ **TABELA 8.5** Aumento da produtividade agrícola (ton/ha/ano) possibilitada pela irrigação com esgotos domésticos

Irrigação efetuada com	Trigo 8 anos*	Feijão 5 anos*	Arroz 7 anos*	Batata 3 anos*	Algodão 3 anos*
Esgoto bruto	3,34	0,90	2,97	23,11	2,56
Efluente primário	3,45	0,87	2,94	20,78	2,30
Efluente de lagoa de estabilização	3,45	0,78	2,98	22,31	2,41
Água + NPK	2,70	0,72	2,03	17,16	1,70

*Número de anos para cálculo da produtividade média.
Fonte: National Environmental Engineering Research.[18]

Efluentes de sistemas convencionais de tratamento, como lodos ativados, têm uma concentração típica de 15 mg/L de N total e 3 mg/L de P total, proporcionando, portanto, às taxas usuais de irrigação em zonas semiáridas (aproximadamente dois metros por ano), uma aplicação de N e P de 300 kg/ha/ano e 60 kg/ha/ano, respectivamente. Essa aplicação de nutrientes reduz substancialmente, ou mesmo elimina, a necessidade do emprego de fertilizantes comerciais. Além dos nutrientes (e dos micronutrientes não disponíveis em fertilizantes sintéticos), a aplicação de esgotos proporciona a adição de matéria orgânica, que age como um condicionador do solo, aumentando sua capacidade de reter água.

O aumento de produtividade não é, entretanto, o único benefício, uma vez que se torna possível ampliar a área irrigada e, quando as condições climáticas permitem, efetuar colheitas múltiplas praticamente durante todo o ano.

A prática de aquicultura fertilizada com esgotos ou com excreta também representa uma fonte de receita substancial em diversos países, entre os quais Bangladesh, Índia, Indonésia e Peru. O sistema de lagoas, operando há muitas décadas em Calcutá, é o maior sistema existente atualmente, utilizando apenas esgotos como fonte de alimentos para a produção de peixes. Dados de 1987 indicam uma área total de lagoas com aproximadamente 3 mil hectares e uma produção anual entre 4 t/ha a 9 t/ha, que supre quase exclusivamente o mercado local. Outros dados sobre os benefícios econômicos da aquicultura fertilizada com excreta ou com esgotos podem ser encontrados na literatura especializada.

8.10.11.2 Benefícios ambientais e à saúde pública

Sistemas de reúso planejados e administrados adequadamente trazem melhorias ambientais e de condições de saúde, entre as quais podemos citar:

- evita a descarga de esgotos em corpos de água;
- preserva recursos subterrâneos, principalmente em áreas onde a utilização excessiva de aquíferos provoca intrusão de cunha salina ou subsidência de terrenos;
- permite a conservação do solo por meio da acumulação de "húmus" e aumenta a resistência à erosão;
- contribui, principalmente em países em desenvolvimento, para o aumento da produção de alimentos, elevando os níveis de saúde, a qualidade de vida e as condições sociais de populações associadas aos esquemas de reúso.

Apesar disso, alguns efeitos negativos podem ocorrer com o uso de esgotos na irrigação. Um efeito potencialmente negativo é a poluição, particularmente por nitratos, de aquíferos subterrâneos, utilizados para abastecimento de água. Isso ocorre quando uma camada insaturada e altamente porosa se situa sobre o aquífero, permitindo a percolação de nitratos. Entretanto, se houver uma camada profunda e homogênea capaz de reter nitratos, a possibilidade de contaminação é bastante pequena. A assimilação de nitrogênio pelas culturas reduz a possibilidade de contaminação por nitrato, mas isso depende das taxas de assimilação pelas plantas e das taxas de aplicação de esgotos no solo.

O acúmulo de contaminantes químicos no solo é outro efeito negativo que pode ocorrer. Dependendo das características dos esgotos, a prática da irrigação por longos períodos pode levar à acumulação de compostos tóxicos, orgânicos e inorgânicos e ao aumento significativo de salinidade em camadas insaturadas. Para evitar esse problema, a irrigação deve ser efetuada com esgotos de origem predominantemente doméstica. A necessidade de um sistema adequado de drenagem também deve ser considerada, visando minimizar o processo de salinização de solos irrigados com esgotos. Da mesma maneira, a aplicação de esgotos por períodos muito longos pode levar à criação de hábitats propícios à proliferação de vetores transmissores de doenças, como mosquitos e algumas espécies de caramujos. Nesse caso, devem ser empregadas técnicas integradas de controle de vetores para proteger os grupos de risco correspondentes.

REFERÊNCIAS

1. World Health Organization. Potable reuse: guidance for producing safe drinking water [Internet]. Geneva: WHO; 2017 [capturado em 03 maio 2021]. Disponível em: https://www.who.int/water_sanitation_health/publications/potable-reuse-guidelines/en/.
2. Agência Nacional de Águas e Saneamento Básico. Conjuntura Brasil: recursos hídricos 2018 [Internet]. Brasília: ANA; 2019 [capturado em 03 maio 2021]. Disponível em: https://arquivos.ana.gov.br/portal/publicacao/Conjuntura2018.pdf.
3. Ritchie H, Roser M. Water use and stress [Internet]. Oxford: Our World in Data; 2017 [capturado em 03 maio 2021]. Disponível em: https://ourworldindata.org/water-use-stress.
4. Bergman A, Heindel JJ, Jobling S, Kidd KA, Zoeller RT, editors. State of the science of endocrine disrupting chemicals 2012 [Internet]. Geneva: WHO; 2013 [capturado em 03 maio 2021]. Disponível em: https://www.who.int/ceh/publications/endocrine/en/.
5. Carson R. Silent spring. Boston: Houghton Mifflin Harcourt; 1962.
6. Chapra SC. Water quality modeling. Nova York: McGraw Hill; 1997.
7. Chemical Abstract Services. CAS registry [Internet]. Columbus: CAS; 2020 [capturado em 03 maio 2021]. Disponível em: https://www.cas.org/cas-data/cas-registry.
8. Companhia Ambiental do Estado de São Paulo. Relatório de qualidade de águas superficiais [Internet]. São Paulo: CETESB; 2015. Apêndice C: índice de qualidade das águas [capturado em 03 maio 2021]; p. 4. Disponível em: https://cetesb.sp.gov.br/aguas-interiores/wp-content/uploads/sites/12/2013/11/Ap%C3%AAndice-C-%C3%8Dndices-de-Qualidade-das-%C3%81guas.pdf.
9. Lamparelli MC. Grau de trofia em corpos d'água do Estado de São Paulo: avaliação dos métodos de monitoramento [tese] São Paulo: Instituto de Biociências da Universidade de São Paulo; 2004.
10. Companhia Ambiental do Estado de São Paulo. Relatório de qualidade de águas interiores no estado de São Paulo [Internet]. São Paulo: CETESB; 2019. Apêndice D: índice de qualidade das águas [capturado em 03 maio 2021]; p.10-1. Disponível em: https://cetesb.sp.gov.br/aguas-interiores/wp-content/uploads/sites/12/2019/10/Ap%C3%AAndice-D_-%C3%8Dndices-de-Qualidade-das-%-C3%81guas.pdf.
11. Brasil. Ministério da Saúde. Portaria de Consolidação nº 5, de 28 de setembro de 2017 [Internet]. Brasília: MS; 2017 [capturado em 03 maio 2021]. Disponível em: https://portalarquivos2.saude.gov.br/images/pdf/2018/marco/29/PRC-5-Portaria-de-Consolida----o-n---5--de-28-de-setembro-de-2017.pdf.
12. Distrito Federal. Companhia de Saneamento Ambiental do Distrito Federal. Secretaria de Estado de Infraestrutura e Serviços Públicos Companhia de Saneamento Ambiental do Distrito Federal. Resultado de julgamento pregão eletrônico PE 041/2017, de 24 de abril de 2017. Diário Oficial da União [Internet]. 2017[capturado em 03 maio 2021](Seção 3):140. Disponível em: https://www.jusbrasil.com.br/diarios/144094303/dou-secao-3-24-04-2017-pg-140.
13. Associação Brasileira de Normas Técnicas. NBR 16782: conservação de água em edificações-requisitos, procedimentos e diretrizes. Rio de Janeiro: ABNT; 2019.
14. Centro Internacional de Referência em Reúso de Água (CIRRA). Conservação e reúso de água: manual de orientações para o setor industrial. São Paulo: FIESP/CIESP; 2004.
15. Sautchuk C, Farina H, Hespanhol I, Oliveira LH, Ilha MSO, Golçalves OM, et al. Conservação e reúso de água em edificações. São Paulo: COMASP; 2005.
16. Hespanhol I, Mierzwa JC, Rodrigues LDB, Silva MCC. Manual de conservação e reuso de água na indústria. Rio de Janeiro: Firjan; 2015.
17. Associação Brasileira de Normas Técnicas. NBR 16783: uso de fontes alternativas de água não potável em edificações. Rio de Janeiro: ABNT; 2019.
18. National Environmental Engineering Research Institute [Internet]. Nagpur: NEERI; c2018 [capturado em 03 maio 2021]. Disponível em: Ihttps://www.neeri.res.in.

CAPÍTULO 9

O meio terrestre

9.1 INTRODUÇÃO

O solo pode ser estudado por suas características físicas, químicas e biológicas, com o objetivo de conhecermos suas propriedades e utilizá-lo no atendimento das necessidades humanas sem degradar o ambiente.

Os homens nômades não se apropriavam do solo como recurso, apenas o percebiam como um suporte para seus deslocamentos e para o desenvolvimento da flora e da fauna de que eles desfrutavam. Com o passar do tempo, o solo passou a ser essencial para semear e obter a germinação e o desenvolvimento de alimento, surgindo, assim, a agricultura primitiva e itinerante. À melhoria advinda da capacidade de extrair seu sustento da terra cultivada somaram-se outras vantagens para a fixação do homem em um local.

O uso do solo cultivado pelo homem sedentário foi se expandindo com o crescimento populacional e o progressivo domínio da energia (fogo, queimada, utensílios para manejo do solo pelo homem e por animais domesticados), criando condições para romper equilíbrios ecológicos mais que milenares. Em consequência, a fertilidade e a produtividade naturais dos solos foram reduzindo-se. Enquanto a alternativa do deslocamento para outras terras foi possível, a sobrevivência foi assegurada. Entretanto, no caso de grandes civilizações que dependiam das facilidades e características locais (abrigo, edificações, vias, equipamentos públicos etc.) para viver e que eram de reprodução mais difícil ou impossível, essa perda de fertilidade e produtividade foi fatal. Em sua esteira, muitos povos e culturas sumiram sem deixar vestígios. Outros tantos deixaram apenas a memória de suas culturas e a certeza, cada vez mais evidente, de que seu desaparecimento retardou o progresso social, tecnológico e econômico da humanidade.

Desde então, a humanidade vem se preocupando em conhecer novas maneiras de preservar o solo como recurso natural essencial para as atividades humanas. Mais recentemente, a explosão demográfica e produtiva que a Revolução Industrial deflagrou mudou a escala do problema. De um problema local, limitado àquelas áreas de solo em rápido processo de degradação, perda de fertilidade e desertificação, transformou-se em problema de interesse de toda a humanidade, à medida que a interdependência econômica e social dos povos **tornou a fome uma calamidade que afeta a todos**, deixando claro que o bem-estar e a qualidade de vida da humanidade dependem da preservação do equilíbrio dos ecossistemas e do solo na Terra.

A rica Mesopotâmia de 6 mil anos atrás se transformou, em boa parte, em áreas desérticas em razão da exploração imprópria de seus solos e da irrigação tecnicamente deficiente, que levou à sua salinização. Dados de estudos recentes da Food and Agriculture Organization of the United Nations (FAO) relatam que 30% do solo do planeta encontra-se degradado.

É sob a perspectiva de componente de um ecossistema e de um problema de amplo interesse que devem ser entendidos os conceitos e as propriedades do solo aqui apresentados. É ainda sob esse enfoque ecológico que o meio terrestre deve ser compreendido em face do desafio ambiental.

9.2 CONCEITO, COMPOSIÇÃO E FORMAÇÃO DOS SOLOS

▶ 9.2.1 Conceito de solo

O solo é objeto de atuação de vários profissionais. O conceito de solo pode ser diferente de acordo com o objetivo mais imediato de sua utilização. Para o agricultor e o agrônomo, esse conceito destacará suas características de suporte da produção agrícola. Para o engenheiro civil, o solo é importante por sua capacidade de suportar cargas ou de se transformar em material de construção. Para o engenheiro de minas, o solo pode ser parte de uma jazida mineral, como bauxita, ou ser apenas o material que deve ser extraído para a exploração de um recurso mineral em subsuperfície. Para o economista, o solo é um fator de produção. Já o ecólogo vê o solo como o componente da biosfera no qual se dão os processos de produção e decomposição que reciclam a matéria, mantendo o ecossistema em equilíbrio.

De um modo geral, o solo pode ser conceituado como um manto superficial formado por rocha desagregada e, eventualmente, cinzas vulcânicas, em mistura com matéria orgânica em decomposição, contendo, ainda, água e ar em proporções variáveis e organismos vivos.

▶ 9.2.2 Composição do solo

A proporção de cada um dos componentes pode variar de um solo para outro. Mesmo em um solo de determinado local, as proporções de água e ar variam sazonalmente, com os períodos de maior ou menor precipitação. Em termos médios de ordem de grandeza, os componentes podem ser encontrados na seguinte proporção:

- 45% de elementos minerais (rocha matriz);
- 25% de ar;
- 25% de água;
- 5% de matéria orgânica.

A matéria sólida mineral é proveniente de rochas desagregadas no próprio local, uma vez que as condições de pressão e temperatura em que as rochas são formadas diferem muito das da superfície. A desagregação das rochas ocorre por meio de ações físicas, químicas e, em menor proporção, biológicas, as quais constituem o que se denomina **intemperismo**. Assim, o material parental ou a rocha de origem é modificado por meio de reações químicas, catalisadas muitas vezes por processos físicos, em que os minerais constituintes das rochas se transformam em novos minerais constituintes dos solo, ao longo da escala do tempo geológico.

As principais ações físicas que provocam a desagregação do solo são a erosão pela água e pelo vento, variações bruscas de temperatura, com formação de tensões residuais nas rochas, e o congelamento de água em fissuras, com ação de cunha decorrente da sua dilatação entre 4 °C e 0 °C etc. As principais reações químicas que ocorrem nas rochas e contribuem para a formação do solo são: hidratação, hidrólise, oxidação, carbonatação e complexação.

A água é o principal agente do intemperismo e, consequentemente, da formação do solo na Terra, podendo se proveniente de precipitações como chuvas, neblina, orvalho e degelo de neve e geleiras que contenham em solução (a coloidal se destaca pela importância) substâncias originalmente presentes nas fases gasosa e sólida. A parte gasosa é proveniente do ar existente na superfície e, em proporções variáveis, dos gases da biodegradação de matéria orgânica nos quais predomina o dióxido de carbono (biodegradação aeróbia) e outros como o metano (biodegradação anaeróbia). A parte sólida é proveniente da queda de folhas, frutos, galhos e ramos, além de restos de animais, excrementos e outros resíduos, em diferentes estágios de decomposição, em fase sólida ou líquida. É da biodegradação dessa matéria orgânica que resulta o **húmus** do solo, responsável, em boa parte, pelas suas características agrícolas (produção primária) e várias de suas propriedades físicas.

Em termos de produção primária, porém, mais importante do que a proporção dos componentes é a maneira pela qual os elementos minerais e orgânicos apresentam-se diluídos na água. Por exemplo, a parcela que constitui as soluções coloidais tem, como destacaremos adiante, papel fundamental, tanto para a coesão e resistência à erosão quanto para a fertilidade do solo (retenção de nutrientes) e para outras propriedades relativas à produtividade dos solos.

▶ 9.2.3 A formação do solo – horizontes de um solo

Como parte integrante de um ecossistema, é possível, em uma escala de tempo geológico, identificar em um solo o que se denomina "sucessão", ou seja, o conjunto de estágios de equilíbrio pelos quais passa esse ecossistema até atingir o "clímax", ou um solo maduro. A formação dos solos é resultante da ação combinada de cinco fatores: clima (pluviosidade, umidade, temperatura etc.), natureza dos organismos (vegetação, microrganismos decompositores, animais), material de origem, relevo e idade.

Os quatro primeiros fatores imprimem, ao longo do tempo (idade), características que definem os estágios de **sucessão** por meio de sua profundidade, composição e propriedades, denominados "horizontes do solo". A **FIGURA 9.1** esquematiza a forma pela qual ocorre esse processo. Para determinadas condições de relevo, organismos presentes e material de origem, o intemperismo aumenta continuamente a profundidade do solo a velocidades crescentes com a pluviosidade, a umidade e a temperatura. No solo formado à superfície, começam a se estabelecer os vegetais e os microrganismos. A **lixiviação** (transporte por meio da água que infiltra e percola no solo) faz a translocação das frações mais finas do solo (argilas, especialmente) e a remoção

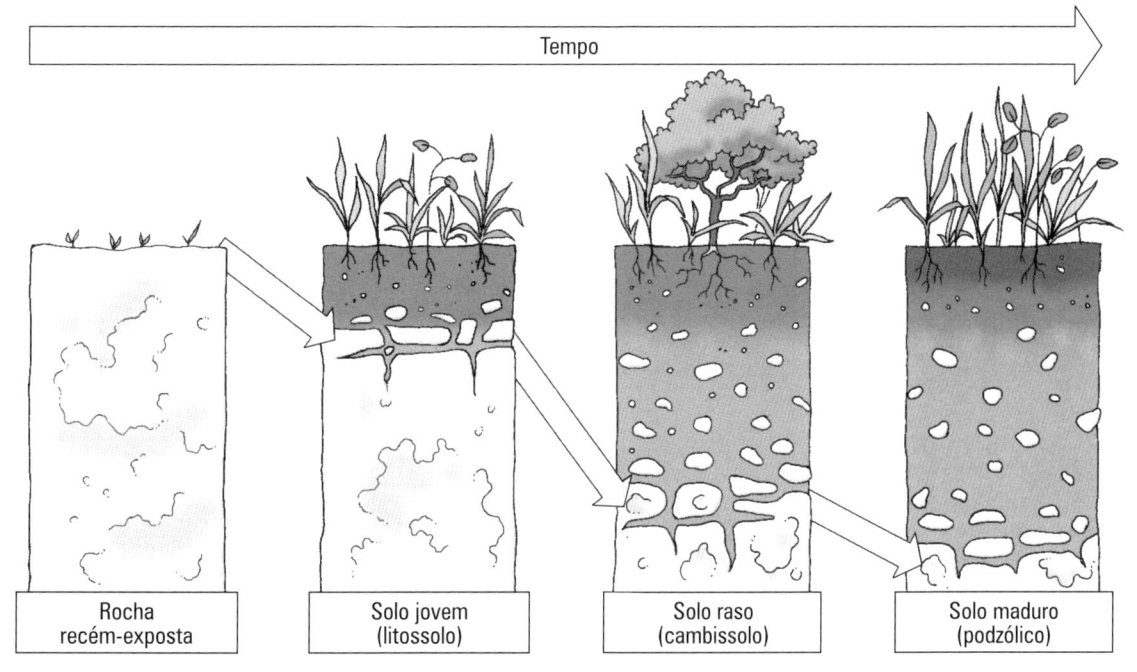

▶ **FIGURA 9.1** Formação de um solo e diferenciação de horizontes.

de sais minerais. As frações mais grossas (arenosas) permanecem na parte superior. Em consequência, formam-se estratos com aparência diferente, constituindo os horizontes.

O ramo de conhecimento que estuda as características do solo denomina-se pedologia. Na pedologia, esses horizontes podem ser identificados por letras, de acordo com suas características. Em um perfil hipotético, eles podem se apresentar como os da **FIGURA 9.2**. Na realidade, nem sempre todos os horizontes estão presentes e são facilmente identificáveis. Quando o solo atinge seu clímax, esses horizontes se apresentam de forma mais evidente e são mais facilmente identificáveis.

O estágio de formação do solo tem implicações bastante diversas e marcantes, por exemplo, sobre o ciclo hidrológico e sobre o regime dos cursos de água em uma região.

Nas regiões áridas, onde o intemperismo é menos intenso, os solos tendem a ser menos profundos. Quando ocorre uma precipitação sobre um desses solos, os poros são rapidamente preenchidos por água (o solo "tem seus poros saturados de água"), e o escoamento na superfície passa a ser o único caminho das águas precipitadas. Como o escoamento é rápido, as águas logo se acumulam em grandes volumes nos fundos dos vales, provocando as grandes enchentes (e/ou inundações). Cessada a chuva, o curso de água passa a ser alimentado apenas pela água acumulada nos poros do solo. Como o volume de poros é pequeno (solo pouco profundo), após algum tempo de estiagem, essa água se esgota e o rio deixa de correr, tornando-se intermitente.

A mesma precipitação, caindo sobre um solo profundo, poderá não causar a enchente (e/ou inundações) e ser suficiente para manter a alimentação do curso de água durante todo o período de estiagem em razão do maior volume de água acumulado nos poros desse solo. Nesse caso, o curso de água é perene.

Observamos que os poros do solo são um grande reservatório de água doce, capazes de assegurar muitas vezes sua disponibilidade, mesmo durante longos períodos de estiagem. Por outro lado, a ausência desse reservatório nas regiões áridas de solos rasos agrava a escassez de água nas estiagens, sendo, ainda, uma das causas das grandes amplitudes do regime hídrico: grandes secas podem ser sucedidas por grandes enchentes e inundações.

Outra implicação importante das características dos horizontes do solo é de natureza agrícola. O manejo dos solos e, em particular, a aração devem levar os horizontes em conta sob

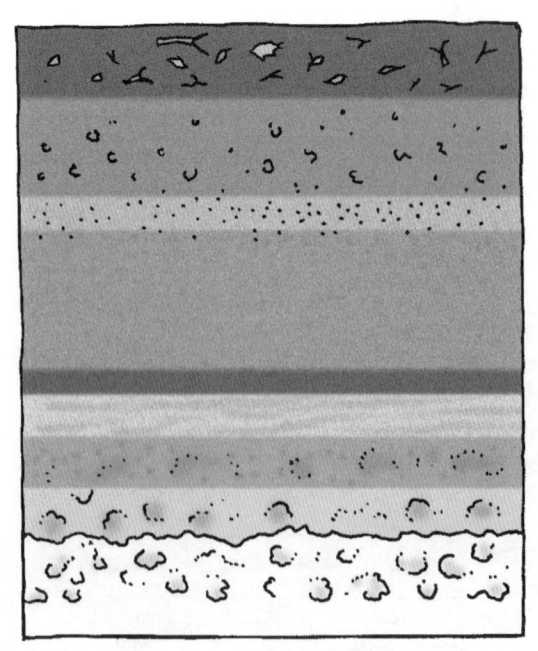

01 – Restos vegetais identificáveis

02 – Restos vegetais não identificáveis

A1 – Mistura de material orgânico e mineral

A2 – Horizonte de máxima perda por eluviação de argilas, ferro ou alumínio

A3 – Transição mais parecida com "A" que com "B"

B1 – Transição mais parecida com "B" que com "A"

B2 – Máxima concentração de argila translocada do "A"

B3 – Transição mais parecida com "B" que com "A"

C – Material inconsolidado, pouco afetado pelos organismos, mas que pode estar bem intemperizado

01 – Rocha consolidada

▶ **FIGURA 9.2** Horizontes de um perfil hipotético de solo.

pena de reduzir ou eliminar o potencial de produção primária. Na literatura técnica e de ficção, são conhecidos e registrados muitos exemplos de solos que se tornaram estéreis por uma prática de manejo imprópria. No livro *As Vinhas da Ira*, por exemplo, John Steinbeck relata o progressivo empobrecimento das populações de emigrantes da Europa Setentrional quando assentados no Meio-oeste norte-americano. De suas regiões de origem, essas populações trouxeram a prática da aração profunda em solos de horizontes espessos. Trazida para os Estados Unidos, essa prática passou a acelerar a desertificação em virtude da exposição de horizontes de solo sem fertilidade e sem capacidade de resistir à erosão. O resultado foi o empobrecimento progressivo e o surgimento das cidades abandonadas, açoitadas pelas tempestades de areia provocadas pela erosão eólica atuante sobre um novo horizonte de solo sem coesão e sem fertilidade.

Outro exemplo é relatado por Monteiro Lobato em *Cidades Mortas*, em que a agricultura cafeeira em um solo frágil como o do Vale do Paraíba, desnudado de sua mata primitiva, permitiu a remoção, por erosão hídrica, dos horizontes superficiais que lhe asseguravam fertilidade e coesão equilibradas.

Mais recentemente, na exploração do território amazônico, foram os engenheiros civis rodoviários que tiveram de aprender com os insucessos. A terraplenagem profunda removia a única camada protetora do solo – a laterita –, abrindo caminho para uma erosão incontrolável das vias implantadas. Essa camada, criada pela natureza ao longo de milênios, obrigou os profissionais a repensar e a reformular métodos construtivos trazidos de regiões com solos de formação diferente do amazônico.

Por fim, é importante destacar alguns aspectos que diferenciam os solos de regiões climáticas distintas. Os climas equatoriais e tropicais, em razão da temperatura, umidade e pluviosidade que os caracterizam, favorecem não só o intemperismo químico acelerado (e os solos mais profundos e mais "velhos"), mas também intensificam a fotossíntese. Em comparação com as áreas de maior latitude e clima temperado, as regiões equatoriais têm uma densidade total de matéria orgânica similar. A diferença reside na sua distribuição, pois, enquanto nas regiões equatoriais a vegetação luxuriante contém boa parte da matéria orgânica, nas temperadas, grande parte da matéria orgânica está no solo.

Consequentemente, é mais provável que os horizontes orgânicos (horizonte A) sejam mais espessos em climas temperados. É, portanto, diverso o impacto ecológico da remoção da cobertura vegetal nativa em uma região tropical e em uma região temperada. No caso da primeira, o empobrecimento decorrente da exportação da matéria orgânica na forma de vegetação é bem maior. Esta última conclusão obriga a repensar e a aculturar procedimentos agrícolas e extrativos vegetais de outras procedências para serem aplicados, por exemplo, nas novas fronteiras agrícolas equatoriais e tropicais úmidas que vêm se abrindo em nosso país.

9.3 CARACTERÍSTICAS ECOLOGICAMENTE IMPORTANTES DOS SOLOS

As principais características do solo são cor, textura (ou granulometria), estrutura e resistência. Além delas, são também importantes, do ponto de vista ecológico, o grau de acidez, a composição e a capacidade de troca de íons.

A **cor** é descrita por comparação com escalas padronizadas. Contudo, mesmo sem recorrer a procedimentos padronizados, por simples inspeção é possível associar algumas propriedades do solo à sua coloração. Os solos escuros, tendendo para o marrom, por exemplo, quase sempre podem ser associados à presença de matéria orgânica em decomposição em teor elevado; a cor vermelha é indicativa da presença de óxidos de ferro e de solos bem drenados; as tonalidades acinzentadas, mais comumente encontradas junto às baixadas, são indício de solos frequentemente encharcados.

A **textura** ou **granulometria** descreve a proporção de partículas de dimensões distintas componentes do solo. Um exame mais atento de um solo mostra que ele é constituído de partículas de tamanhos diversos.

Por meio de ensaios experimentais, podemos quantificar a granulometria, passando o solo por um conjunto padronizado de peneiras com malhas de diferentes dimensões e determinando o peso das parcelas retidas em cada uma delas. Esses pesos parciais, acumulados em porcentagens do total, são apresentados na forma de curvas granulométricas, como mostra a **FIGURA 9.3**. A textura ou granulometria é a base de classificação mais conhecida dos solos (areia, argila etc.), como veremos mais adiante, e explica também algumas das principais propriedades físicas e químicas dos solos. Assim, por exemplo, a drenabilidade, a permeabilidade e a aeração de um solo serão mais acentuadas se as dimensões das partículas que o formam forem maiores. Os solos com partículas menores favorecem a resistência à erosão, a retenção de água e de nutrientes, pelas propriedades coloidais que lhes estão associadas.

A **estrutura** é o modo pelo qual as partículas do solo estão arranjadas. Produtos da decomposição de matéria orgânica, juntamente com alguns componentes minerais, como o óxido de ferro e as frações argilosas, promovem a agregação das partículas. A presença de ciclos de umidade e ressecamento podem conferir diferentes arranjos estruturais no solo, como granular (esféricos ou arredondados), angular (com faces planas e dimensões aproximadamente iguais), laminar (faces planas e dimensão horizontal bem maior) e prismático (faces planas e dimensão vertical bem maior). A estrutura de um solo explica, em boa parte, seu comportamento mecânico (capacidade de suporte de cargas, resistência ao cisalhamento ou escorregamento), conferindo-lhe **resistência**, ou seja, a capacidade de resistir a um esforço destinado a rompê-lo.

A **composição mineralógica** do solo, referida anteriormente em termos médios de ordem de grandeza das porcentagens, pode ser bastante variável na sua composição mineral (condicionada à constituição da rocha-mãe) e extremamente variável na proporção água-ar, podendo apresentar também teores variáveis de matéria orgânica.

A argila é considerada a parcela "ativa" da fração mineral por sediar os fenômenos de troca de íons determinantes da fertilidade do solo (existência de nutrientes em quantidade adequada) e da boa nutrição vegetal (capacidade de ceder os nutrientes à planta). Por sua vez, as frações minerais mais grossas presentes no solo são também essenciais para assegurar a drenabilidade, a permeabilidade e a aeração indispensáveis para o equilíbrio água-ar exigido para a realização da fotossíntese (captação dos nutrientes em solução por meio de pressão osmótica nas raízes) e da respiração dos organismos existentes no solo.

A porção orgânica – e particularmente sua parcela em decomposição – é importante por dar origem ao húmus. A matéria orgânica tem a elevadíssima capacidade de reter nutrientes e água, muito superior, por exemplo, à existente na caulinita, a argila predominante em nossos

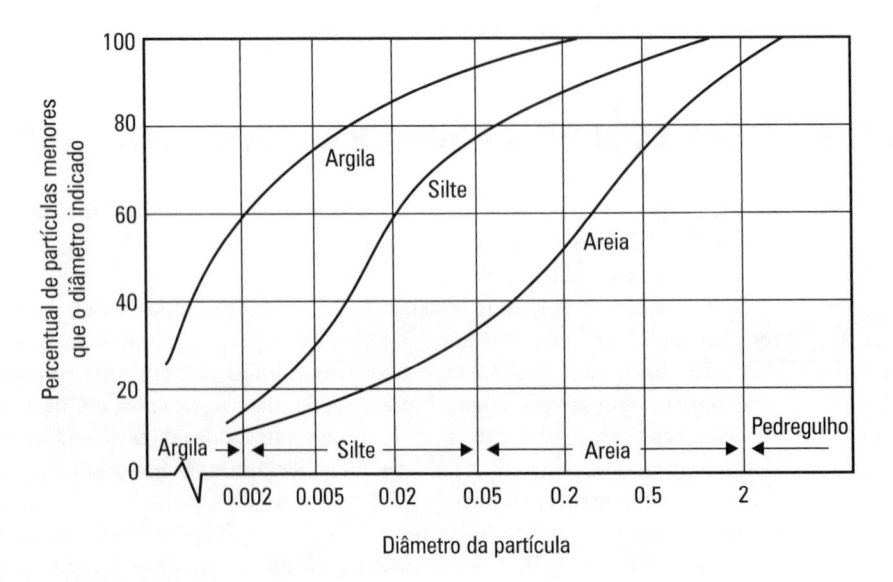

▶ **FIGURA 9.3** Curvas granulométricas.

solos. Além disso, a matéria orgânica pode ter um efeito atenuador da nocividade de alguns elementos minerais sobre as plantas, como o alumínio e o manganês, por vezes presentes em teores indesejáveis nos solos tropicais.

As partículas de menores dimensões presentes na fração argilosa dos solos, bem como a matéria orgânica e alguns óxidos, podem apresentar cargas elétricas. Essas cargas elétricas desempenham importante papel nas trocas químicas entre as partículas sólidas e a solução aquosa que as envolve, repelindo ou absorvendo íons e radicais, configurando o que se denomina **capacidade de troca iônica do solo**. Se houver excesso de cargas negativas, o solo é trocador de cátions, propriedade essa que pode ser medida (capacidade de troca catiônica [CTC]). Se o excesso for de cargas positivas, mede-se a sua capacidade de troca aniônica (CTA). Os solos com CTC mais elevada retêm nutrientes essenciais às plantas, como cálcio, potássio, magnésio etc.; não retêm, entretanto, ânions como os nitratos e cloretos, que podem passar livremente para as águas do lençol subterrâneo, contaminando-as (águas com mais de 10 mg/L de nitrato podem provocar a metemoglobinemia ou doença azul).

Solos de zonas de alta pluviosidade tendem a apresentar valores mais baixos do pH em consequência do processo de lixiviação das bases dos horizontes superiores, pela infiltração e percolação das águas. As condições climáticas predominantes em nosso país fazem com que quase a totalidade dos solos apresente pH inferior a 7, como é o caso do Estado de São Paulo. Há, ainda, outras causas de acidez progressiva, como o cultivo intensivo com retirada, sem reposição de nutrientes essenciais, a erosão que remove as camadas superficiais que contêm maiores teores de bases e a adubação com compostos de amônio (sulfato e nitrato).

A acidez do solo atua sobre a produção primária de várias formas. Sobre os solos com pH inferior a 5,5, ela favorece a solubilização do alumínio, do manganês e do ferro, em detrimento do fósforo, que precipita, ficando reduzida a disponibilidade desse nutriente essencial para as plantas. Além disso, a acidez reduz a atividade de bactérias decompositoras da matéria orgânica, diminuindo a quantidade do nitrogênio, fósforo e enxofre contidos no solo. A deficiência desses nutrientes essenciais prejudica o desenvolvimento das plantas e pode aumentar sua sensibilidade à toxidez do alumínio e do manganês. Por fim, o pH baixo pode afetar a atividade microbiana de decomposição e produção de húmus ao reduzir a ação deste último na estruturação dos solos. Os valores de pH mais elevados (acima de 6,5) reduzem a disponibilidade de vários nutrientes (Zn, Cu, Fe, Mn, B), podendo provocar sua deficiência nas plantas. De um modo geral, a faixa de pH em que ocorre maior disponibilidade de nutrientes situa-se entre 6,0 e 6,5. A título de ilustração, um levantamento feito no Estado de São Paulo indica a seguinte distribuição de pH em áreas cultivadas: 4,8% com pH menor do que 5; 42,5% entre 5,0 e 5,5; 40% entre 5,5 e 6,0; e os restantes, cerca de 13%, com pH acima de 6,0. Esses números mostram por que é comum, entre nós, a prática da **calagem** (adição de calcário para elevar o pH a um valor adequado).

9.4 CLASSIFICAÇÃO DOS SOLOS

Destacam-se duas classificações do solo com base na granulometria e na pedologia (origem e evolução).

▶ 9.4.1 Classificação granulométrica ou textural

A classificação granulométrica mais conhecida e internacionalmente aceita estabelece as frações para os componentes minerais dos solos, conforme mostra a **TABELA 9.1**.

Raramente um solo ou um horizonte é constituído de uma só das frações anteriormente definidas, mas sim de uma combinação com diferentes proporções. Para facilitar a identificação de solos com propriedades próximas, é possível utilizar diagramas triangulares, como mostramos na **FIGURA 9.4**.

Definida a granulometria de um solo, ele pode ser classificado, com base na Figura 9.4, em argiloso, quando possui mais do que 35% de argila; arenoso, quando possui mais do que

▶ **TABELA 9.1** Classificação granulométrica

Fração	Diâmetro (mm)
Pedra	Maior que 20
Cascalho	Entre 20 e 2
Areia	Entre 2 e 0,02
Silte (ou limo)	Entre 0,02 e 0,002

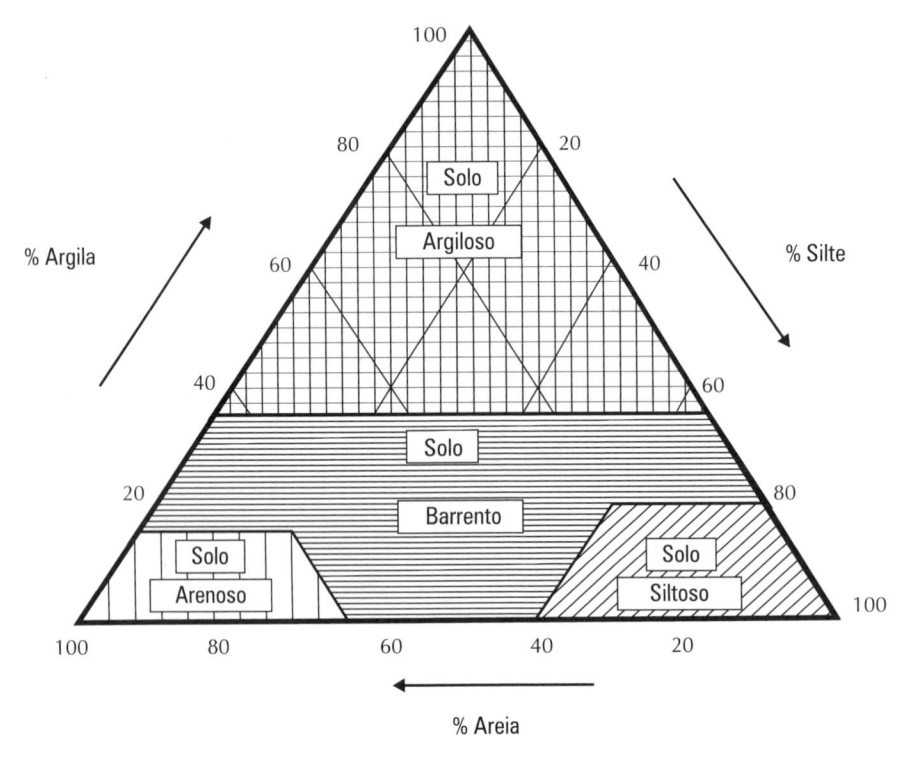

▶ **FIGURA 9.4** Diagrama triangular simplificado para determinação da classe granulométrica do solo.
Fonte: Lepsch.[1]

65% de areia e menos do que 15% de argila; e siltoso, quando possui mais do que 60% de silte e menos do que 20% de argila.

▶ 9.4.2 Classificação pedológica

Pedologia é a ciência que estuda os solos. O fato de ela ser uma ciência relativamente nova tem provocado a descoberta e a sistematização de muitas informações que se refletem, em nível mundial, em uma constante evolução das classificações do solo. Além disso, em contradição a outros ramos da ciência, ainda não há uma classificação universalmente aceita para o solo, apesar de existirem algumas, como a da FAO, a qual, declaradamente, pretende ser internacional.

Outra peculiaridade faz com que, no caso brasileiro, sejam esperadas alterações da sistemática ainda por algum tempo até que se chegue à consolidação de uma classificação mais permanente. Essa peculiaridade diz respeito à localização dos países que vêm estudando a pedologia, já que seu desenvolvimento se deu, principalmente, em zonas de climas temperados, onde os solos estudados são preponderantemente típicos desse clima. Como a esmagadora maioria do território nacional está em zonas equatoriais e tropicais e grande parte delas, como a Amazônia, só recentemente vem sendo colonizada, conhecida e pesquisada quanto aos solos, o potencial de contribuição do nosso país para a sistematização da pedologia é grande.

Apesar das considerações anteriores, é possível, a partir de uma das classificações existentes, apresentar um panorama dos principais solos existentes e de sua distribuição geográfica no mundo, no Brasil e no Estado de São Paulo, como será visto adiante.

Qualquer uma das classificações disponíveis descreve conjuntos de solos com características e propriedades pedologicamente homogêneas, constituídos, por sua vez, por subconjuntos de peculiaridade crescente, definidos à medida que se detalham essas características e propriedades para áreas geográficas de extensão mais reduzida. Assim, quando se passa da escala mundial para a nacional ou para a estadual ou local, o mapeamento permite a representação de subclasses cada vez mais específicas. Nesse detalhamento progressivo, a exemplo do que acontece nas Ciências Biológicas, em que podem ser distinguidos vários reinos, classes, subclasses, ordens, famílias, gêneros e espécies, também na pedologia são definidos conjuntos de abrangência decrescente e especificidade crescente como ordem, subordem, grandes grupos, família e série, para classificar um determinado solo. Todavia, para atender aos objetivos dessa apresentação genérica do tema, não será necessário descrever mais detalhes do que os existentes nos grandes grupos.

Tomando como referência a classificação norte-americana, os solos, segundo a ordem, podem ser **zonais**, **intrazonais** e **azonais** – cada um deles comportando subordens ou grandes grupos, como os indicados na **TABELA 9.2**.

Os solos **zonais** têm características bem desenvolvidas e, dos vários fatores intervenientes (ver Seção 9.3), o clima e a vegetação foram os mais determinantes em suas formações. De um modo geral, esses solos são maduros, relativamente profundos e com horizontes A, B e C identificáveis. Ocorrem em terrenos onde os declives (suaves) e a drenagem (boa) têm pouca influência no processo de formação.

Os solos **intrazonais** têm características que refletem a influência predominante do relevo ou do material de origem. Alguns desses solos costumam estar presentes em áreas de solos zonais, como é o caso de solos salinos em áreas de bruno não cálcico do semiárido brasileiro.

Os solos **azonais** não têm características bem desenvolvidas, quer por serem recentes ou porque o clima e a vegetação das zonas onde ocorrem não chegaram a imprimir-lhes características típicas.

▶ **TABELA 9.2** Classificação pedológica dos solos

Ordem	Subordem ou grande grupo
Zonal	Latossolo (inclusive terra roxa legítima) Terra roxa estruturada Solos podzólicos Podzol Brunizem ou solo de pradaria e rubrozem Bruno não cálcico Solo desértico Solo tundra
Intrazonal	Solo salino ou halomórfico Solo hidromórfico Grumossolo Litossolo
Azonal	Regossolo Solo aluvial Cambissolo

O sistema brasileiro mais recente de classificação dos solos destacou, por suas peculiaridades e larga ocorrência entre nós, dois tipos de solos zonais importantes, acrescentando à classificação norte-americana, respectivamente, a terra roxa estruturada e a terra bruna estruturada.

Utilizando essas classificações, é possível representar a ocorrência de solos em mapas, como os mostrados nas **FIGURAS 9.5**, **9.6**.

As características principais dos solos zonais mais extensamente presentes no território brasileiro (Figura 9.6), de acordo com Lepsch,[1] são as seguintes:

- **Terra roxa e terra roxa estruturada** – solos profundos com excelentes características físicas para a agricultura, fertilidade moderada a alta no primeiro e alta no segundo; potencial agrícola muito bom (zonal).

- **Latossolos** – coloração vermelha, amarela ou alaranjada; muito profundos, bastante porosos; elevados teores de óxido de ferro e alumínio; pequenas diferenças entre os horizontes, que apresentam transição gradual ou difusa, à exceção do superficial, orgânico; típicos de clima tropical úmido, bastante envelhecidos e intemperizados; a fertilidade natural é baixa; podem suportar vegetação de floresta em razão de uma quantidade mínima de nutrientes periodicamente reciclada, ou vegetação de cerrado, nos quimicamente mais pobres; o cultivo extensivo é perfeitamente viável, pois possuem propriedades físicas boas e, na maior parte, estão situados em áreas de relevo suave, aptas à mecanização; dependem de correção da acidez e de adição de fertilizante; são ótima fonte de matéria-prima para aterros, estradas e barragens, além de facilitarem os trabalhos de engenharia que envolvem escavações (zonal).

- **Podzólicos vermelho-amarelo** – característicos de regiões florestais úmidas, têm perfil bem desenvolvido com horizonte B vermelho ou vermelho-amarelado onde se acumula argila; moderadamente ou bem intemperizados, têm profundidade mediana (1,5 m); ocorrem em situações de relevo mais acidentado; a fertilidade natural é maior que a dos latossolos, sendo mais comumente moderada, mas podendo apresentar, também, fertilidade elevada (podzólicos eutróficos); prestam-se bem à agricultura, desde que praticada em áreas de pouco declive, pois são suscetíveis à erosão.

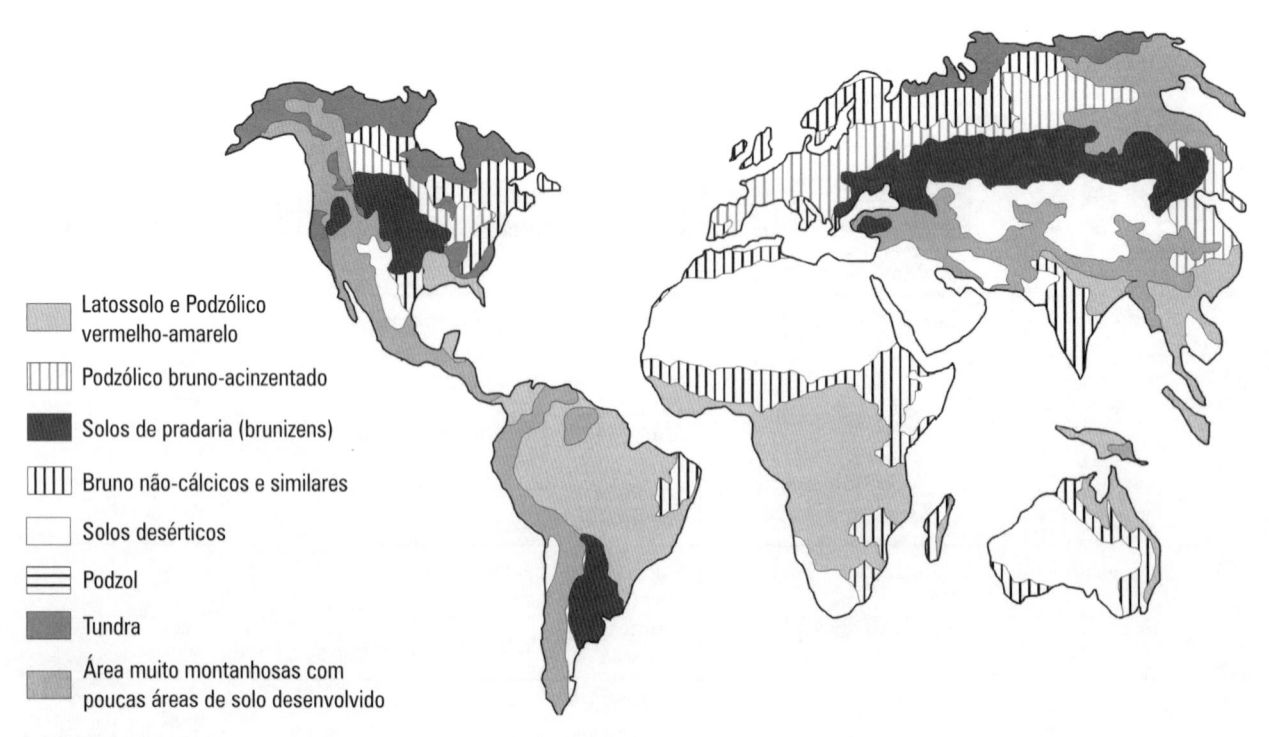

▶ **FIGURA 9.5** Ocorrência provável de solos zonais no mundo.
Fonte: Lepsch.[1]

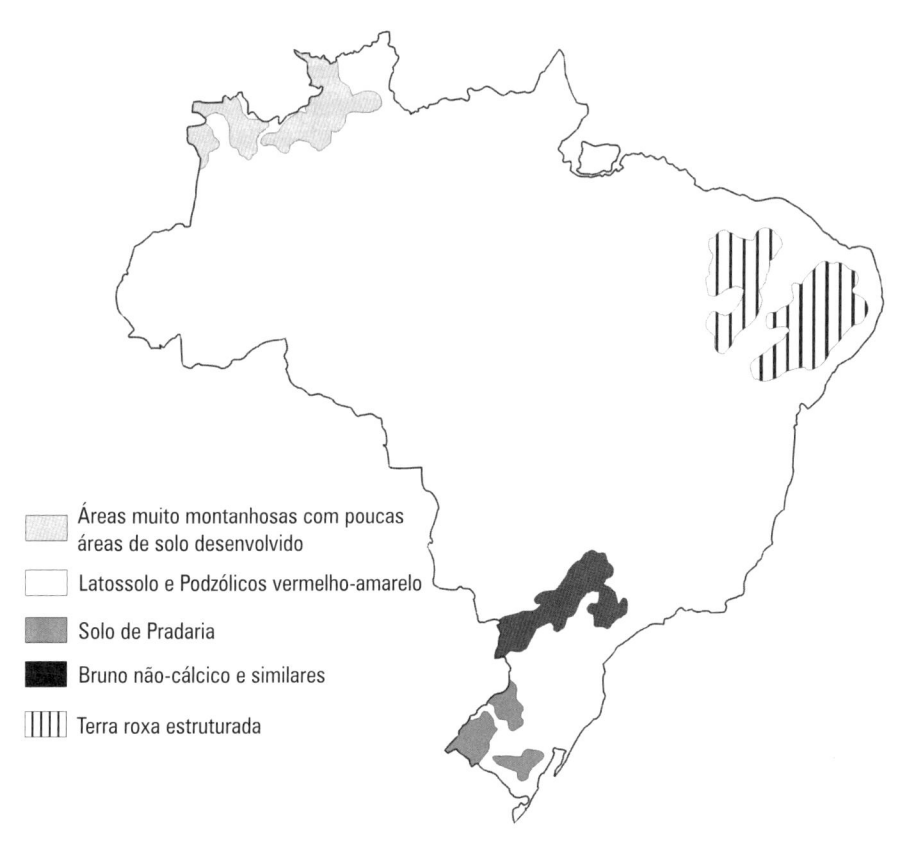

▶ **FIGURA 9.6** Solos zonais predominantes no Brasil.
Fonte: Lepsch.¹

- **Brunos não cálcicos** – moderadamente rasos (0,5 m a 1 m), com horizonte superficial de coloração marrom (bruna) e horizonte B avermelhado; são típicos de área com chuvas escassas e mal distribuídas, característicos do semiárido brasileiro, onde são cobertos pela vegetação de caatinga; a pequena espessura do perfil e o excesso de pedras na superfície são limitantes à agricultura; a escassez de água pode ser contornada com a irrigação; são naturalmente ricos em nutrientes (zonal).

- **Cambissolos e Litossolos** – ambos são solos pouco desenvolvidos; os litossolos são delgados, assentes sobre rocha consolidada, em rampas bastante inclinadas, ao lado de afloramentos rochosos; os cambissolos com características semelhantes aos litossolos podem também ser considerados intermediários entre os pouco desenvolvidos e os bem desenvolvidos (azonal).

- **Brunizens** (ou **solos de pradaria**) – são relativamente rasos (aproximadamente 1 m), têm como característica marcante o horizonte A1 escuro e espesso (aproximadamente 0,30 m), rico em matéria orgânica e cálcio; são típicos de regiões subúmidas cobertas por vegetação de gramíneas (pradarias, campinas e estepes são denominações dadas em vários locais onde ocorrem); apresentam-se em áreas de colinas baixas a planícies extensas; são considerados os melhores do mundo para agricultura, em virtude da sua elevada fertilidade natural e da facilidade de cultivo que apresentam (zonal).

- **Hidromórficos** – desenvolvem-se sob a influência do lençol freático elevado em áreas de clima úmido e relevo plano, são adjacentes a rios, lagos e depressões fechadas; são acinzentados e têm fertilidade natural muito variada; em geral, prestam-se bem à agricultura, desde que drenados adequadamente; alguns, com grande quantidade de matéria orgânica e húmus, são escuros, quase negros, dando origem às turfas, e podem ser cortados e utilizados como combustíveis (ou podem alimentar incêndios no subsolo que à superfície estariam aparentemente debelados); outros, mais minerais, formam depósitos argilosos cinzentos denominados "tabatinga", e são utilizados na indústria cerâmica (intrazonal).

- **Aluvionais** – provêm de sedimentos e são pouco desenvolvidos; geralmente propícios à agricultura de alimentos, o que explica o florescimento de civilizações antigas ao longo dos rios Indo, Eufrates, Tigre, Nilo etc.

- **Salinos** – ocorrem nos locais de relevo mais baixo, em regiões áridas e semiáridas e nas próximas ao mar, apresentando elevadas concentrações de sais solúveis; pode haver salinização também em áreas irrigadas sem tecnologia apropriada; seu aproveitamento agrícola depende de grandes investimentos para reduzir o teor de sais (intrazonal).

- **Grumossolos** – são de coloração cinza-escuro, com elevado teor de argila, que se expande com o umedecimento e se contrai e endurece com o ressecamento; celebrados na canção *Paraíba*, de Luiz Gonzaga e Humberto Teixeira: "... quando a lama virou pedra"; conhecidos também como vertissolos e, no Nordeste do Brasil, como massapé; seu aproveitamento agrícola só é viável se mantido o teor adequado de umidade; o fendilhamento dificulta a implantação de fundações de edificações, rodovias e estruturas em geral (intrazonal).

Solos pouco desenvolvidos de áreas muito montanhosas apresentam características de litossolos (azonal).

9.5 EROSÃO

▶ 9.5.1 Ocorrência

A erosão pode ser classificada de várias maneiras. Além da erosão **urbana** e da **rural**, que se diferenciam tanto pelas causas quanto pelos efeitos, é comum a distinção entre a erosão **geológica** (ou **lenta**) da **acelerada**. A primeira processa-se de modo inexorável sob a ação dos agentes naturais; a segunda ocorre como uma consequência da ação do homem sobre o solo. Então, a erosão é um processo natural que pode ser acelerado pelas ações humanas, as quais incluem as atividades de engenharia.

A consequência da erosão é a perda progressiva da fertilidade e da produtividade primária do solo, podendo-se chegar à sua total e rápida esterilização e eventual desertificação, caso não sejam tomadas precauções adequadas em tempo oportuno.

A história registra muitos episódios em que a erosão causou verdadeiras catástrofes, destruindo povos, civilizações e impérios, de modo a alterar situações de domínio e gerar desequilíbrios socioeconômicos que perduraram por séculos ou milênios. O fato novo, decorrente do conhecimento da inter-relação mundial dos mecanismos ecossistêmicos e da progressiva integração socioeconômica do planeta, já referido na introdução deste capítulo, mostra a dimensão internacional do interesse que o problema da erosão hoje desperta, mesmo quando os episódios agudos não estão perto de nós.

Por outro lado, a expansão das fronteiras agrícolas ocorreu a velocidades crescentes, ocupando novos solos, quase sempre a partir dos mais aptos e menos frágeis até alcançar as áreas hoje cultivadas, perfazendo uma extensão total mais próxima da que é admitida como ideal para a produção primária intensiva.

Pesquisas efetuadas no Estado de São Paulo pelo Instituto Agronômico de Campinas dão uma medida das repercussões erosivas dos ciclos sucessivos de cultivo iniciado pelo café, com a derrubada da mata (que originalmente cobria mais de 80% do território paulista), seguida pela pastagem e por diferentes cultivos (**TABELA 9.3**).

Coroando as tentativas de reunir em uma fórmula todos os fatores causadores da erosão hídrica, Wischmeyer e Smith,[2] em 1960, criaram a Equação Universal de Perdas de Solos, útil para avaliações preliminares e para planejamento, mas que é aqui apresentada principalmente com o intuito de evidenciar os principais fatores intervenientes e sua importância relativa em diferentes situações. Como veremos em seguida, sua aplicação efetiva é trabalhosa e depen-

▶ **TABELA 9.3** Perdas de solo por erosão decorrente de diferentes coberturas vegetais

Tipo de vegetação ou cultivo	Perdas de solo (t/ha ano)
Mata	0,004
Café	0,9 a 1,1
Pastagem	0,4 a 0,7
Mamona	41,5
Feijão	38,1
Mandioca	33,9
Amendoim	26,7
Arroz	25,1
Algodão	24,5 a 33,0
Soja	20,1
Batata	18,4
Cana	12,4
Milho	12,0
Milho + feijão	10,1

Fonte: Bertoni e Lombardi Neto.[3]

dente de informações preexistentes, além de ela ter a pretensão de ser universal. A perda de solo anual, por unidade de área e tempo, é calculada pela expressão:

$$A = R \cdot K \cdot L \cdot S \cdot C \cdot P \tag{9.1}$$

em que:
A – perda anual de solo por unidade de área e tempo (t/ha ano);
R – fator de erosividade da chuva ou índice de erosão pela chuva;
K – fator de erodibilidade ou capacidade de o solo erodir-se em face de uma determinada chuva;
L – fator de comprimento do declive ou rampa;
S – fator do grau do declive;
C – fator de uso e manejo do solo;
P – fator de prática conservacionista.

O empobrecimento do solo e a perda de seu potencial produtivo traduzem o preço que a sociedade paga pela ocorrência da erosão na área rural. Nas áreas urbanas, o custo social da erosão pode ser medido pelos gastos privados e públicos para a restauração de cursos de água que recebem o material erodido e para calçar e refazer edificações e vias destruídas ou ameaçadas de desabamento.

No Brasil e em outros solos tropicais, há um outro problema que, algumas vezes, assume maior importância que a erosão, mas que, no entanto, é menos considerado: a **lixiviação**. Por esse processo, as porções de solo mais finas, onde estão os componentes que lhe dão fertilidade, são removidas e carregadas pela água em seu movimento descendente de infiltração. Em terrenos planos de solos muito profundos e permeáveis, como os sedimentos arenosos da Amazônia, o material fértil da superfície é solubilizado pelas chuvas e arrastado para regiões inacessíveis às raízes. A esterilização ocorre não por um transporte horizontal, mas vertical, dos nutrientes.

▶ 9.5.2 Prevenção, controle e correção

A aplicação de medidas corretivas visando à recuperação de solos degradados pela erosão continua sendo de viabilidade restrita a situações muito peculiares e localizadas. Quando a erosão se restringe a laminar ou a pequenos sulcos, de tal modo que a camada de solo removido ainda é delgada, permanecendo à superfície os horizontes superiores, pode-se recorrer ao plantio de vegetação e à correção da drenagem que deu início à formação de sulcos para que o ecossistema alcance um novo equilíbrio, repondo a fertilidade e a produtividade primária do solo. Nos casos em que se manifesta a erosão mais intensa ("boçorocas" ou "voçorocas"), os investimentos corretivos necessários só são financeiramente possíveis e economicamente justificáveis quando se destinam a recuperar terras produtivas altamente valorizadas e de pequena extensão ou a proteger áreas ameaçadas de ser destruídas pela erosão.

De um modo geral, as intervenções são obras de engenharia hidráulica, de engenharia de solos e de engenharia agronômica, constituindo-se fundamentalmente de obras de interceptação e desvio das águas pluviais da voçoroca através de tubulações que as devolvem à rede de drenagem natural após prévia dissipação de sua energia erosiva em estruturas especiais; assim como por meio de pequenos barramentos "em escada", formando pequenas bacias de retenção e decantação de sedimentos, destinadas a transformarem-se em terraços depois de serem assoreadas ou preenchidas com solo ou plantio de vegetação, com o objetivo de fixar o solo e reduzir a velocidade das águas não interceptadas.

As **medidas preventivas**, muito mais eficazes e de custo social bem mais reduzido, existem em maior número. As limitações à sua aplicação decorrem não de restrições financeiras ou de complexidade técnica, mas das dificuldades próprias de as sociedades menos desenvolvidas política e socialmente manterem mecanismos legais, institucionais e administrativos capazes de ordenar a ocupação e o uso do solo, estimular a aplicação de técnicas ambientalmente adequadas e impedir aquelas que ponham em risco os recursos do patrimônio privado e público.

Nas áreas rurais, as medidas preventivas resumem-se à utilização de "práticas conservacionistas de solo". Estas práticas, consolidadas a partir da experiência agrícola mundial e da experimentação na forma de procedimentos de manejo e plantio, permitem a exploração agrícola do solo sem depauperá-lo significativamente. As mais utilizadas são o preparo do solo para plantio em curvas de nível; terraceamento; estruturas para desvio que terminem em poços para infiltração das águas; controle das voçorocas; preservação da vegetação nativa nas áreas de grande declive e nas margens de cursos de água etc.

Essas práticas podem ser ainda de caráter edáfico (que dizem respeito ao solo como meio de cultivo) e "mecânico e vegetativo" e destinam-se essencialmente a evitar a concentração da energia erosiva-hídrica e eólica sobre o solo. Por meio da redução das declividades no terreno e da criação dos obstáculos aos escoamentos sobre as linhas de maior declive, a água tem sua velocidade reduzida, o que facilita sua infiltração, com consequente enriquecimento do lençol freático e diminuição de sua concentração em correntes mais erosivas. Da mesma forma, os obstáculos ao curso livre do vento formam zonas de calmaria (esteiras do escoamento), onde a energia eólica é menos intensa.

As práticas vegetativas ocorrem com o aumento da cobertura vegetal do solo, como o reflorestamento, o cultivo em faixas e vegetação em nível, o plantio de gramas em taludes, o controle da capinagem (cortar sem arrancar), o acolchoamento ou a cobertura do solo com palha e folhagem etc.

As práticas de caráter **edáfico** buscam preservar ou melhorar a fertilidade do solo e compreendem, basicamente, o cultivo ajustado à sua capacidade de uso tecnicamente avaliada; adição de fertilizantes e correção do pH; rotação de culturas e eliminação ou controle de queimadas.

9.6 POLUIÇÃO DO SOLO RURAL – OCORRÊNCIA E CONTROLE

O emprego de fertilizantes sintéticos e defensivos é um fato relativamente novo, cujo uso cresceu rapidamente e que se estende, hoje, por praticamente todas as terras cultiváveis, com alguns impactos ambientais imediatos e bem conhecidos e outros, especialmente os relacionados aos defensivos, que dependem de anos e décadas para se manifestarem e serem avaliados em suas consequências totais.

Nos dois casos, a produção e o consumo vêm crescendo geometricamente a taxas que giram em torno de uma sextuplicação a aproximadamente cada duas décadas e que tendem a manter-se ou a crescer em curto prazo. Entretanto, a despeito dos riscos envolvidos, é forçoso reconhecer que o uso de fertilizantes sintéticos e defensivos é essencial para assegurar os níveis de produção primária, particularmente de alimentos, para o atendimento de uma população que continua a crescer em taxas elevadas, da qual cerca de dois terços têm graves problemas de desnutrição. Se não é possível abolir o uso desses fertilizantes em curto prazo, é urgente limitar seu uso ao estritamente indispensável, cortando os desperdícios geradores de resíduos poluidores, restringindo o emprego dos defensivos aos ambientalmente mais seguros e empregando técnicas de aplicação que reduzam os custos derivados de sua acumulação e propagação pela cadeia alimentar.

▶ 9.6.1 Fertilizantes sintéticos

Até o advento de sua industrialização, os fertilizantes disponíveis eram quase sempre provenientes da produção própria e local, obtida dos restos de vegetais decompostos e dos excrementos de animais (estrume). Em maior escala, eram adquiridos de produtores, na forma do conhecido Salitre do Chile, ou obtidos pelo beneficiamento, por exemplo, de imensos depósitos de "guano" (excrementos depositados na costa do Chile e do Peru por aves aquáticas cuja alimentação provém das ricas águas da corrente de Humboldt e das várias ressurgências que aí ocorrem). Sendo todos produtos naturais, sua biodegradação e incorporação às cadeias alimentares dos ecossistemas associados ao solo eram imediatas e não havia criação de desequilíbrios ou danos maiores.

A partir da produção do adubo artificial, caiu a barreira física e econômica que limitava sua disponibilidade, fazendo crescer os riscos de sua acumulação ambiental até concentrações tóxicas, tanto de nutrientes essenciais quanto de outros elementos tidos como impurezas do processo de fabricação. A bibliografia cita casos de pesquisas efetuadas em vários países onde foram constatadas várias impurezas constituídas por substâncias altamente tóxicas. Pesquisas realizadas nos Estados Unidos desde 1970 indicam a presença de várias impurezas, algumas delas na forma de metais pesados, de reconhecida toxidez, mesmo em teores bastante reduzidos.

A adição de fertilizantes ao solo visa atender à demanda de nutrientes das culturas. Em ordem decrescente das quantidades exigidas pela planta, são cerca de dezesseis os elementos necessários assimilados pelo vegetal, principalmente a partir de suas formas minerais ou mineralizadas encontradas em solução nos solos. Os macronutrientes principais são o nitrogênio, o fósforo e o potássio. Em seguida, estão os macronutrientes secundários, o cálcio, o magnésio e o enxofre. Por fim, os micronutrientes, como o ferro, manganês, cobre, zinco, boro, molibdênio e cloro.

Como em qualquer processo físico, químico e biológico, mesmo quando o fertilizante é aplicado com a melhor técnica e de modo que seja mais facilmente assimilável pelo vegetal, a eficiência nunca é de 100%, provocando, em consequência, um excedente que passa a incorporar-se ao solo, fixando-se à sua porção sólida ou solubilizando-se e movimentando-se em conjunto com sua fração líquida.

A eficiência dessa aplicação, além de depender da técnica utilizada (modo e local da aplicação, momento da aplicação e ocorrência ou não de agentes que o carregam e lixiviam etc.), depende também das quantidades adotadas. Essa dependência é expressa pela conhecida lei econômica "dos rendimentos decrescentes". Por essa lei, à medida que as aplicações de fertilizante se intensificam a cada novo acréscimo de quantidade de fertilizante empregado, o acréscimo de produção primária é crescentemente menor. Em outras palavras, a eficiência cai e quantidades crescentes incorporam-se ao ambiente, e não à planta. Mesmo sem entrar em detalhes sobre o que acontece com os vários elementos não incorporados à planta, mas relembrando os ciclos biogeoquímicos vistos nos capítulos precedentes, é fácil intuir que alguns deles poderão vir a integrar-se a corpos de água e outros ficarão no solo, próximos à superfície onde ocorrem os cultivos. Os primeiros poderão elevar os teores com que naturalmente se apresentam nas águas, ocasionando diferentes formas de poluição. Uma delas, denominada **contaminação**, ocorre quando esses teores atingem níveis tóxicos à flora, à fauna e ao homem em particular. A outra, denominada **eutrofização**, corresponde à superfertilização das águas, que passam a produzir enormes quantidades de algas que, por competição, eliminam muitas espécies aquáticas e restringem severamente os benefícios que podem ser extraídos da água. A parcela que se fixou ao solo tende a acumular-se em concentrações crescentes que poderão torná-lo impróprio à agricultura.

Mesmo a parcela solubilizada assimilada pelas plantas, se o for em teores crescentes, poderá alterar a composição do tecido celular. Essas plantas, ao serem utilizadas como alimento pelo homem ou pelo gado, incorporam-se à cadeia alimentar que passa pelo homem, introduzindo um fato novo, cujas consequências só serão conhecidas, talvez, após um prazo de algumas gerações.

De acordo com estudo realizados na China entre os anos de 2002 e 2006,[4] a eficiência de recuperação de nutrientes aplicados por meio de fertilizantes para as culturas de arroz, trigo e milho é menor que 40, 20 e 35% para o nitrogênio, o fósforo e o potássio, respectivamente. Em função das práticas agrícolas adotadas, pode ocorrer a cada ano uma complementação que supera a necessidade para cultivo, resultando na fonte potencial dos problemas anteriormente referidos.

Estudos sobre a incorporação de nutrientes no tecido vegetal evidenciaram um grande aumento de concentração de nitratos em vegetais plantados em solos com adição de fertilizantes. No caso da alface, o teor de nitrogênio, medido em percentual de massa seca, foi de 0,6 em terreno adubado com 600 kg de nitrogênio por hectare, enquanto, na cultivada em terreno normal, esse teor é de 0,1.[5]

Podemos inferir que o comportamento qualitativo relativo aos demais nutrientes seja similar. Em termos ecológicos globais e em longo prazo, a fertilização e, especialmente, a superfertilização com eficiência decrescente tendem a modificar a distribuição da ocorrência dos nutrientes na biosfera, provocando sua concentração em alguns dos seus segmentos (solos agrícolas e corpos de água) e na cadeia alimentar em que está o homem.

▶ 9.6.2 Defensivos agrícolas

Os defensivos agrícolas são classificados em grupos, de acordo com o tipo de praga que combatem: inseticidas, fungicidas, herbicidas, rodenticidas (contra roedores) etc.

Os defensivos que inauguraram o ciclo que ainda hoje caracteriza a tecnologia predominante de combate às pragas agrícolas têm cerca de 50 anos. Eles foram sintetizados na busca de um efeito mais duradouro de sua aplicação. Surgiu, então, o DDT, em 1939, como o primeiro inseticida organoclorado de elevada resistência à decomposição no ambiente (meia-vida da ordem de decênios). Desde então, um grande número deles vem sendo sintetizado, partindo-se do mesmo objetivo inicial, mas com a preocupação crescente de torná-los menos duradouros e mais específicos quanto aos organismos afetados. É forçoso reconhecer que esses dois últimos objetivos ou não têm sido alcançados ou o sucesso da sua concretização tem esbarrado em uma consequente perda de eficiência.

O atributo que foi o grande motor da expansão dos defensivos – seu efeito residual – transforma-se cada vez mais na pior de suas características. A resistência em decompor-se no ambiente, de modo a impedir o desenvolvimento de organismos indesejados, justificou o sucesso do DDT em programas de saúde pública (pelo combate à malária, ao tifo exantemático e a várias outras doenças transmitidas por insetos) e na contribuição para o aumento da produtividade agrícola. Entretanto, essa permanência no ambiente ampliava a oportunidade de sua disseminação pela biosfera, seja por meio de fenômenos físicos (como a movimentação das águas e a circulação atmosférica), seja pelas cadeias alimentares dos ecossistemas presentes no local de sua aplicação original. De repente, os resultados de pesquisas e expedições científicas começaram a registrar a presença de defensivos como o

DDT nas calotas polares e em tecido celular de animais e aves com hábitat bastante afastado dos locais de sua aplicação costumeira, e, o que é pior, em teores elevadíssimos. Enquanto a circulação das águas e da atmosfera e os deslocamentos dos organismos integrados às cadeias alimentares explicam a disseminação dos defensivos em escala mundial, as concentrações elevadas são consequência do que se denomina **biomagnificação** ou **amplificação biológica**.

A biomagnificação ocorre quando substâncias persistentes ou cumulativas, como os compostos organoclorados, migram do mecanismo da nutrição de um organismo para os seguintes da cadeia alimentar. Essa migração pode ser iniciada pela concentração da substância no organismo fotossintetizante e chegar até os últimos elos da cadeia alimentar.

Um exemplo bastante estudado, o do bacalhau das águas do Mar do Norte, ajuda a ilustrar o que é a biomagnificação. Sabemos que a produção de 1 quilograma de tecido celular no bacalhau corresponde a cerca de 100 mil quilogramas de vegetais aquáticos consumidos pelo primeiro consumidor da cadeia alimentar do bacalhau. Se, em uma hipótese simplificadora, existisse uma substância conservativa não biodegradável e não eliminável que fosse se transmitindo ao longo de toda a cadeia alimentar, sua concentração no bacalhau estaria aumentada 100 mil vezes em relação à do vegetal fotossintetizado.

Outros estudos mostram que os defensivos presentes no solo se transferem, parcialmente, para o tecido celular da planta, com relações de concentrações que dependem, entre outros fatores, da concentração existente no solo e do tipo de planta. Ramade[6] apresenta os efeitos da contaminação do solo por heptacloro em vários cultivos, transcritos parcialmente na **TABELA 9.4**.

Os efeitos ambientais ou indiretos podem ser resumidos em:

- **mortandade inespecífica**: mesmo quando sintetizada na tentativa de se combater especificamente uma certa praga por meio da propagação pela cadeia alimentar, essa mortandade pode tornar-se inespecífica;
- **redução da natalidade e da fecundidade de espécies**: mesmo naquelas espécies que só longinquamente e apenas por meio da cadeia alimentar ligam-se à praga combatida.

Esses efeitos, válidos para os defensivos sintéticos em geral, têm incidência diferente, dependendo do agente ativo do qual derivem, como pode ser observado na lista de defensivos apresentada a seguir, que sumariza as características dos principais grupos de defensivos existentes atualmente. A severidade dos efeitos indiretos depende também da quantidade aplicada e do modo pelo qual essa aplicação é feita.

Atualmente, muitas pragas podem ser controladas por meios biológicos em vez de por pesticidas. Nesse caso, as espécies nocivas são mantidas em níveis aceitáveis pela introdução de um predador natural ou microrganismo que lhe cause doença. Por exemplo, os insetos que infestam a cana-de-açúcar podem ser controlados por uma espécie de joaninha.

O **manejo integrado de pragas** visa a controlar as pragas de modo a minimizar as perdas econômicas por meio de sua redução populacional sem que seja preciso eliminá-las por completo.

▶ **TABELA 9.4** Concentrações de heptacloro em vegetais cultivados em solo contaminado

Espécies	Concentração no solo (ppm)	Concentração no vegetal (ppm)
Cenoura	0,19	0,140
Batata	0,19	0,050
Milho	1,00	0,005
Soja	1,00	0,110

Fonte: Ramade.[6]

Dificilmente a adoção de um único método soluciona os diversos problemas envolvidos na redução populacional da praga. São utilizados o controle biológico, as mudanças no padrão de plantio, as plantas geneticamente modificadas (para que se tornem mais resistentes) e o uso cuidadoso e seletivo de agrotóxicos para manter o nível de produção agrícola e a saúde humana.[7]

É importante frisar que o manejo integrado de pragas exige um planejamento anterior ao plantio das safras, principalmente se forem utilizados métodos como rotação de culturas, plantio em faixas, variedades resistentes e outros. Tais métodos devem envolver também os grupos de agricultores de uma região, visto que as pragas não respeitam divisas entre propriedades.

Por todos esses motivos, podemos pensar em um manejo integrado da agricultura que harmonize todas as técnicas de produção agrícola dentro do contexto de um único ecossistema ou agroecossistema.

As razões apresentadas anteriormente justificam as duas grandes linhas em que se apoiam os esforços de controle dos efeitos dos inseticidas. A primeira delas, de mais longo prazo, mais radical e de viabilidade que depende de verificação, propõe a busca de soluções alternativas de combate às pragas agrícolas como, por exemplo, as de base biológica ou física, que se baseiam na criação e disseminação de obstáculos e restrições à sobrevivência do organismo por meio de predadores, armadilhas etc. A segunda apoia-se no estabelecimento de uma estrutura legal e institucional que impeça a produção e a comercialização dos defensivos de efeitos negativos maiores e o controle da intensidade e do modo de sua aplicação pelo agricultor.

A abrangência e a complexidade elevadas dos efeitos dos defensivos na biosfera não permitiram que, até agora, pudessem ser vislumbradas medidas corretivas. Por outro lado, persistem várias incógnitas sobre a natureza e a extensão de algumas das consequências em longo prazo. Considerando-se, ainda, a atual inexistência de soluções alternativas em escala compatível com a necessária, conclui-se ser esse um dos maiores desafios ambientais desse início do século.

A seguir, relacionamos os principais grupos de defensivos agrícolas sintéticos.

Inseticidas

- **Organoclorados**: DDT, Aldrin, Dieldrin, Heptacloro etc. De um modo geral, eles são extremamente persistentes. Alguns deles, como o DDT, permanecem em percentuais de mais de 40% decorridos cerca de 15 anos após sua aplicação. O heptacloro, um dos menos persistentes, após os mesmos 15 anos apresenta percentual em torno de 15%. Sua produção e seu consumo vêm sendo proibidos progressivamente em um número cada vez maior de países.

- **Organofosforados**: Parathion, Malathion, Phosdrin etc. Apresentam uma certa seletividade em sua toxidez para os insetos. Em sua maioria, degradam-se bem mais rapidamente que os organoclorados.

- **Carbamatos**: São específicos em sua toxidez para os insetos e de baixa toxidez para os vertebrados de sangue quente.

Fungicidas

- **Sais de cobre**: os de uso mais antigo.
- **Organomercuriais**: de uso restrito às sementes.

Herbicidas

- **Derivados do arsênico**: de uso decrescente e limitado.
- **Derivados do ácido fenoxiacético**: 2,4D; 2,4,5T; Pichloram. Os dois primeiros foram utilizados no Vietnã em dosagens dezenas de vezes superiores às máximas recomendadas na agricultura e provocaram efeitos catastróficos sobre a fauna, a flora e as populações ("agente laranja").

De modo alternativo, iniciou-se recentemente a utilização de manipulação genética para conseguir plantas mais resistentes. A técnica normalmente utilizada para melhorar as características das culturas agrícolas e aumentar a produtividade tornou-se conhecida como "melhoramento tradicional". Essa técnica consiste em cruzar uma planta com outra qualquer para obter características desejáveis à nova variedade.

Nesse processo natural, transferem-se, além do gene desejado, centenas de outros não necessariamente benéficos, ou seja, o DNA da planta doadora mistura-se ao DNA da planta receptora, e vários genes são combinados de uma só vez, sem que haja controle total sobre essa combinação.

A biotecnologia, ou engenharia genética, aplica uma técnica modificada do melhoramento tradicional com uma diferença significativa: permite a inserção de um ou alguns genes específicos, cujas características são conhecidas com antecedência, sem que o restante da cadeia de DNA seja alterado. Há, portanto, maior segurança sobre o produto resultante do que quando se utiliza o melhoramento tradicional.

Logo, um produto transgênico pode ser definido como o que recebeu, por meio da engenharia genética, um ou mais genes de outro organismo com objetivos específicos, como o de tornar a planta resistente a um determinado inseto ou a um determinado herbicida.

Genes do *Bacillus Thuringiensis* (Bt) (uma bactéria do solo que é aplicada tradicionalmente como pesticida, inclusive nas culturas orgânicas) foram transferidos para sementes de algodão, milho e soja para repelir a broca do milho, diversos tipos de lagartas e outras pragas. A soja transgênica, denominada Roundup Ready, desenvolvida pela empresa Monsanto, é o primeiro produto geneticamente modificado a solicitar pedido de registro no Brasil e possui genes de Bt em sua cadeia de DNA.

No Brasil, o plantio e a comercialização de soja transgênica têm sido autorizados por meio de medidas provisórias editadas pela União. Por exemplo, para a safra de 2004/2005, foi aprovada a Medida Provisória nº 223/2004,[8] que foi convertida na Lei nº 11.092,[9] de 12/01/2005. Cabe ressaltar que a questão sobre os produtos transgênicos não está completamente definida e continua sendo avaliada pela Comissão Técnica Nacional de Biossegurança (CTNBio).

Os defensores dos produtos transgênicos argumentam que eles proporcionam um aumento real de produtividade e de redução de custos operacionais, fator básico para equilibrar a crescente demanda de alimentos dos países do Terceiro Mundo.

As desvantagens associam-se aos seguintes tipos de problemas:

1. grandes mercados, como o europeu e o japonês, resistem ao consumo de produtos transgênicos, o que pode ser um fator negativo para a exportação de produtos geneticamente modificados;
2. a Lei de Patentes impede o uso das sementes transgênicas, fazendo com que o agricultor permaneça na dependência das empresas produtoras de plantas geneticamente modificadas;
3. não há pesquisas de efeitos crônicos (ou seja, de longo prazo) sobre o meio ambiente e sobre a saúde pública dos consumidores que permitam estabelecer os riscos associados aos produtos geneticamente modificados.

▶ 9.6.3 Salinização – ocorrência e prevenção

A salinização é uma forma particular de poluição do solo. Como mencionamos anteriormente, ela ocorre com mais frequência em solos naturalmente suscetíveis, seja pela natureza do material de origem, seja pela maior aridez do clima ou pelas condições do relevo local. Há, porém, uma salinização que pode ocorrer pela ação do homem quando a exploração agrícola é feita com o auxílio de irrigação. A **FIGURA 9.7** esquematiza o que ocorre quando a franja capilar formada pela ação da tensão superficial, atuando em um lençol freático, eleva a água com sais em solução até o nível do terreno. A evaporação que se sucede deixa aí os resíduos sólidos salinos.

Em zonas de maior pluviosidade, além de a solução aquosa do solo apresentar menor teor de sais, as precipitações frequentes lixiviam esse sal, devolvendo-o, por infiltração, para o lençol freático. Em zonas áridas, o teor de sais na solução aquosa é mais elevado, e a frequência

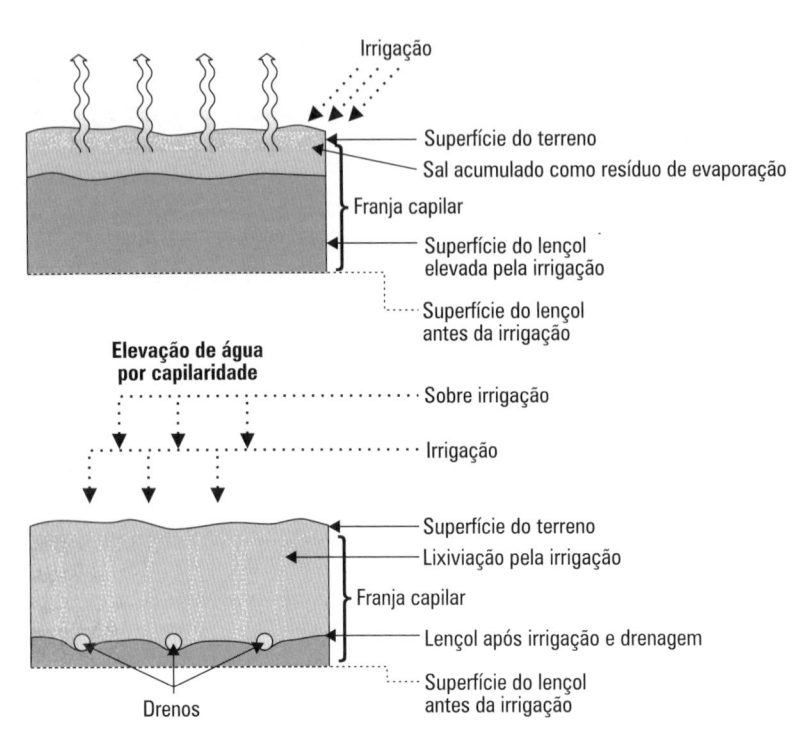

▶ **FIGURA 9.7** Salinização por irrigação e formas de controle.

das lixiviações pelas chuvas é bem menor. Além disso, a exploração agrícola muitas vezes só é possível mediante irrigação.

A consequência imediata da irrigação é uma elevação do lençol freático. Quando ele é naturalmente pouco profundo, a franja capilar imposta pelo novo nível pode atingir a superfície do terreno, acumulando sais. A prevenção desse problema deve ser feita já na fase do projeto de engenharia, mediante a previsão de um sistema de drenos que rebaixe a superfície do lençol freático. Uma outra medida, que pode ser utilizada em paralelo, consiste em sobreirrigar, aplicando quantidades de água superiores às requeridas pela planta, para obter o efeito de lixiviação normalmente resultante das chuvas. As duas medidas encarecem os custos de investimento e de operação. Outras vezes, nem sequer é detectada previamente sua necessidade. O resultado que tem sido frequente em grandes programas de irrigação é a salinização e a perda de enormes extensões de solos agricultáveis, a exemplo do que ocorreu muitas vezes na antiguidade, contemporaneamente na Califórnia, e, mais recentemente, no semiárido brasileiro.

9.7 POLUIÇÃO DO SOLO URBANO

A poluição do solo urbano pode ter como origem diversas causas, destacando-se a estocagem de resíduos, a estocagem e o processamento de produtos químicos, a estocagem de combustíveis, a disposição de resíduos e efluentes, bem como vazamentos ou derramamentos acidentais em uma área, gerados pelas atividades econômicas que são típicas das cidades, como a indústria, os cemitérios, o comércio e os serviços, além dos resíduos provenientes do grande número de residências presentes em áreas relativamente restritas.

Embora a poluição do solo possa ser provocada por resíduos nas fases sólida, líquida e gasosa, é, sem dúvida, sob a primeira forma que ela se manifesta mais intensamente por duas razões principais: as quantidades geradas são enormes e sua mobilidade é baixa, impondo grandes dificuldades ao seu transporte e dispersão no meio ambiente. Todavia, muitos resíduos no meio ambiente também podem sofrer processos de lixiviação, solubilização e volatilização, contaminando simultaneamente o solo, a água e o ar de um determinado ecossistema.

Resíduos depositados no solo ao serem solubilizados e lixiviados pelas águas das chuvas podem contaminar o lençol freático, que não é estático, e mesmo com velocidades relativamente baixas pode conduzir os contaminantes por até centenas de metros, formando no subsolo local o que se chama de pluma de contaminação, como ilustrado na **FIGURA 9.8**.

Além desses, há os resíduos líquidos que atingem o solo urbano e que são provenientes dos efluentes líquidos de processos industriais e, principalmente, dos esgotos sanitários que não são lançados nas redes públicas de esgotos. Ambos os efluentes podem chegar ao solo como parte de um procedimento técnico de tratamento de resíduos líquidos por aplicação ao solo ou, como consequência de descuido e descaso, serem simplesmente lançados no solo.

Outra fonte de poluição do solo urbano são os vazamentos de depósitos de produtos químicos industriais e de combustíveis. O caso dos combustíveis tem se destacado no meio urbano devido à poluição do solo causada pelos postos de combustíveis que estão distribuídos por toda a malha urbana. Postos com reservatórios muito antigos que sofreram algum tipo de corrosão podem apresentar vazamentos de mais de um tipo de combustível, contaminando não somente o solo, mas também as águas subterrâneas de seu entorno.

Entre todas as formas de poluição do solo urbano, a poluição por resíduos sólidos é o maior e mais comum dos problemas, e, por isso, convém dar atenção especial.

9.8 RESÍDUOS SÓLIDOS

Os resíduos sólidos gerados em uma localidade são constituídos por desde aquilo que popularmente se denomina "lixo" (mistura de resíduos produzidos nas residências, nos comércios, nas atividades de prestação de serviços, nas repartições públicas e de limpeza pública) até resíduos gerados nas atividades de demolição e construção civil, além de resíduos especiais, e quase sempre mais problemáticos e perigosos, provenientes de processos industriais e de atividades de serviços de saúde.

A Política Nacional do Resíduos Sólidos[10] define resíduos sólidos como qualquer material, substância, objeto ou bem descartado resultante de atividades humanas em sociedade,

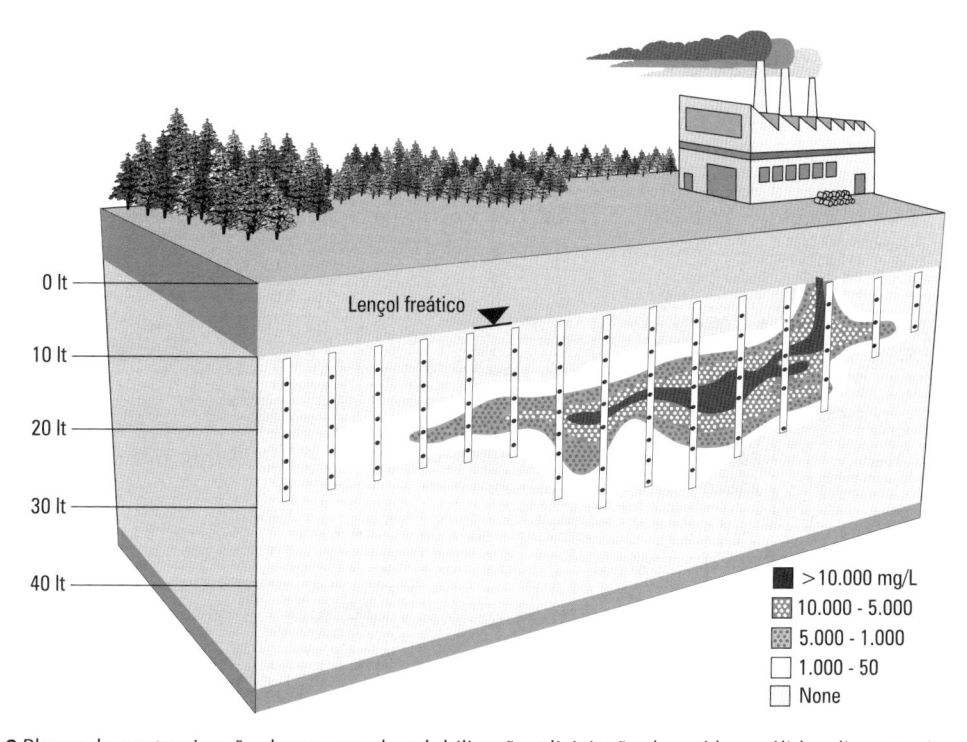

▶ **FIGURA 9.8** Pluma de contaminação decorrente da solubilização e lixiviação de resíduos sólidos dispostos irregularmente no solo.

a cuja destinação final se procede, se propõe proceder ou se está obrigado a proceder, nos estados sólido ou semissólido, bem como gases contidos em recipientes e líquidos cujas particularidades tornem inviável o seu lançamento na rede pública de esgotos ou em corpos d'água, ou exijam para isso soluções técnica ou economicamente inviáveis em face da melhor tecnologia disponível. Além disso, a Política Nacional define rejeitos como os resíduos sólidos que, depois de esgotadas todas as possibilidades de tratamento e recuperação por processos tecnológicos disponíveis e economicamente viáveis, não apresentam outra possibilidade que não a disposição final ambientalmente adequada. Do ponto de vista técnico, a gestão dos resíduos sólidos é regulamentada por normas específicas da Associação Brasileira de Normas Técnicas, especificamente pela NBR 10004,[11] NBR 10005,[12] NBR 10006[13] e NBR 10007.[14]

Considerando aspectos práticos e de natureza técnica ligados principalmente às possibilidades de tratamento e disposição dos resíduos em condições satisfatórias dos pontos de vista ecológico, sanitário e econômico, a norma brasileira anteriormente referida (ABNT NBR 10004) distingue-os em duas classes:[11]

- *Resíduos Classe I ou Perigosos*: constituídos por aqueles que, isoladamente ou por mistura, em função de suas características de toxicidade, inflamabilidade, corrosividade, reatividade, radioatividade e patogenicidade em geral, podem apresentar riscos à saúde pública (com aumento de mortalidade ou de morbidade) ou efeitos adversos ao meio ambiente, se manuseados ou dispostos sem os devidos cuidados.
- *Resíduos Classe II B (não perigosos) ou Inertes*: são aqueles que não se solubilizam ou que não têm nenhum de seus componentes solubilizados em concentrações superiores aos padrões de potabilidade de água, quando submetidos a um teste padrão de solubilização (conforme ABNT NBR 10006[13] – Solubilização de Resíduos).
- *Resíduos Classe II A (não perigosos) ou Não Inertes*: são aqueles que não se enquadram em nenhuma das classes anteriores.

As mesmas razões que levaram a definir essas classes têm aconselhado a organizar os serviços públicos e a orientar e educar a população para manusear, acondicionar, coletar, transportar e dispor, de maneira diferenciada, os resíduos sólidos conforme a classe em que se enquadram.

Contudo, há uma certa dificuldade da implantação uma estrutura diferenciada de coleta, que é resultado do tempo, recursos financeiros, administrativos e educacionais necessários para viabilizar esse novo sistema, superando hábitos e costumes tradicionais.

A classificação dos resíduos sólidos quanto ao seu grau de degradabilidade tem por objetivo dar uma ordem de grandeza sobre o tempo no qual os resíduos se degradariam em condições naturais. A **TABELA 9.5** apresenta essa classificação, bem como a ordem de grandeza temporal e exemplos de alguns tipos de resíduos.

▶ **TABELA 9.5** Classificação dos resíduos sólidos quanto ao grau de degradabilidade

Grau de degradabilidade	Exemplos de resíduos	Ordem de grandeza temporal
Facilmente degradáveis	Frutas estragadas, cascas, folhas, restos de alimentos cozidos, fezes etc.	De dias a meses
Moderadamente degradáveis	Papéis, papelão e material celulósico, tecidos de algodão, cascas de ovos, ossos finos etc.	De meses a anos
Dificilmente degradáveis	Pedaços e restos de tecidos, couros, borrachas, madeiras, ossos grandes etc.	De anos a décadas
Não degradáveis	Vidros, metais, plásticos, pedras, solos, cinzas, materiais sintéticos etc.	Séculos

Fonte: Adaptada de Bidone e Povinelli.[15]

A classificação dos resíduos sólidos pela ABNT NBR 10004,[11] além de estabelecer a periculosidade dos resíduos, tem por objetivo estabelecer aspectos práticos e de natureza técnica ligados principalmente às possibilidades de acondicionamento, coleta, transporte, tratamento e disposição final dos resíduos e rejeitos em condições adequadas dos pontos de vista sanitário, econômico e ambiental.

Os resíduos sólidos, em função de sua proveniência variada, apresentam também constituintes bastante diversos, e o volume de sua produção varia de acordo com sua procedência, com o nível econômico da população e com a própria natureza das atividades econômicas na área onde é gerado. Não é por acaso que os estudos arqueológicos valorizam tanto os resíduos como fonte de conhecimento dos costumes e da civilização de povos mais antigos. Por exemplo, as proporções de papel, de substâncias inertes, de matéria orgânica mais prontamente biodegradável, como restos de alimentos, variam bastante conforme a predominância da ocupação urbana mais típica da área da qual eles provêm.

Entretanto, no conjunto dos resíduos coletados nos aglomerados urbanos maiores, com atividades diversificadas, há um certo grau de similaridade em sua composição.

A **TABELA 9.6** apresenta a composição dos resíduos sólidos urbanos do município de São Paulo. Observa-se como essa composição se altera em função do tempo em razão de uma série de fatores, como industrialização, crise econômica, avanços tecnológicos, reciclagem de materiais, mudanças de hábitos, entre outros.

O conhecimento da composição gravimétrica dos resíduos sólidos é fundamental para a determinação do potencial de reciclagem dos resíduos a partir da coleta seletiva, bem como para o estabelecimento das parcelas que podem ser tratadas por processos biológicos ou por processos térmicos, entre outros.

A geração *per capita* de resíduos consiste em quanto cada indivíduo em média gera de resíduos por dia. Ela é calculada dividindo-se a massa total de resíduos coletada (coleta regular + seletiva) pelo número total de habitantes da localidade. Essa geração pode variar em função do tempo, sofrendo aumento ou redução. Atualmente, no Brasil, ainda está ocorrendo um

▶ **TABELA 9.6** Composição (%) dos resíduos sólidos urbanos do município de São Paulo

Material	1927	1957	1969	1976	1991	1996	1998	2000	2003	2005	2007
Matéria orgânica putrescível	82,5	76,0	52,2	62,7	60,6	55,7	49,5	48,2	57,5	62,9	57,0
Papel, papelão e jornal	13,4	16,7	29,2	21,4	13,9	16,6	18,8	16,4	11,1	8,2	13,4
Embalagem longa-vida	--	--	--	--	--	--	--	0,9	1,3	1,3	1,2
Plásticos	--	--	1,9	5,0	11,5	14,3	22,9	16,8	16,8	14,3	15,3
Metais ferrosos	1,7	2,2	7,8	3,9	2,8	2,1	2,0	2,6	1,5	1,0	1,1
Alumínio	--	--	--	0,1	0,7	0,7	0,9	0,7	0,7	0,4	0,4
Trapos, couro e borracha	1,5	2,7	3,8	2,9	4,4	5,7	3,0	*	4,1	3,1	2,8
Pilhas e baterias	--	--	--	--	--	--	--	0,1	0,1	0	0,1
Vidros	0,9	1,4	2,6	1,7	1,7	2,3	1,5	1,3	1,8	1,3	1,4
Terra e pedra	--	--	--	0,7	0,8	--	0,2	1,6	0,7	1,2	2,1
Madeira	--	--	2,4	1,6	0,7	--	1,3	2,0	1,6	0,8	0,5
Diversos	--	0,1	--	--	1,7	2,6	--	9,3	1,0	5,5	4,7

* Incluídos em materiais diversos.
-- Indica que o material ainda não era utilizado ou não foi feita análise.
Fonte: São Paulo[16,17] e Contrera.[18]

aumento na geração *per capita*, mas em países como Alemanha e Japão essa geração já vem reduzindo com o passar dos anos.

Cada indivíduo gera em média de 0,4 a 2,5 kg de RSU por dia, dependendo da localidade e da condição socioeconômica. No Brasil, a geração *per capita* média atual de resíduos sólidos urbanos é de aproximadamente 1,0 kg/hab/dia.

As variáveis que interferem na quantidade e na composição dos resíduos gerados são:

- população (número de habitantes);
- situação social (grau de pobreza ou riqueza);
- situação econômica (recessão ou economia aquecida);
- hábitos culturais, sociais e religiosos;
- educação e conscientização ambiental;
- tecnologias (podem influenciar a favor ou contra);
- grau de urbanização (população urbana, periférica ou rural);
- clima (sazonalidades);
- férias e festividades (em estâncias turísticas, cidades litorâneas e de veraneio etc.);
- dia da semana, período do mês, mês do ano;
- etc.

Além da quantidade gerada (diariamente, semanalmente, mensalmente e anualmente) e da composição física, outros parâmetros podem ser muito importantes para o projeto de sistemas visando ao processamento e ao tratamento de resíduos sólidos, que são:

- umidade;
- massa específica (natural ou pré-compactada no veículo coletor);
- poder calorífico;
- teor de inertes;
- tamanho máximo das partículas/elementos;
- biodegradabilidade;
- corrosividade e pH;
- etc.

Uma vez gerados, os resíduos devem ser coletados e geridos de forma adequada. Dessa forma, a Política Nacional dos Resíduos Sólidos,[10] por meio de seu Art. 9º, estabelece a seguinte ordem de prioridades para a gestão e o gerenciamento de resíduos sólidos: "não geração, redução, reutilização, reciclagem, tratamento dos resíduos sólidos e disposição final ambientalmente adequada dos rejeitos".

Uma vez gerado, o resíduo sólido deve ser acondicionado e coletado de forma adequada. Para cada tipo de resíduo existe uma forma de acondicionamento e coleta adequados, como será descrito no item seguinte deste texto.

Os resíduos sólidos coletados podem ter as seguintes destinações: 1) reúso; 2) reciclagem; 3) tratamento; e 4) destinação final, como ilustrado na **FIGURA 9.9**.

No caso do reúso, um resíduo poder ser reutilizado para uma mesma finalidade, como é o caso das garrafas de vidro de cerveja ou refrigerantes, os galões azuis de água, os botijões de gás etc., que são tão comumente reutilizados que passam a ser encarados como vasilhames, e não resíduos. Os resíduos podem ser também reutilizados para outros usos, como no caso de uma embalagem de vidro que é utilizada artesanalmente como embalagem de outro produto, ou de um pneu que se torna parte de um brinquedo em um parquinho de diversões para crianças, ou ainda a madeira de demolição que é reutilizada na fabricação de um novo móvel etc.

Para a reciclagem vale o mesmo princípio. Assim, por exemplo, o vidro e o alumínio das embalagens de cerveja ou refrigerante podem ser reciclados para se transformarem novamente em vidro e alumínio, que se tornarão embalagens novas com a mesma finalidade. Todavia, os

```
                        ┌─────────────────┐
                        │ Resíduos sólidos│
                        └─────────────────┘
        ┌──────────────┬──────────┴──────────┬──────────────┐
        ▼              ▼                     ▼              ▼
    ┌───────┐     ┌───────────┐         ┌──────────┐   ┌───────────┐
    │ Reúso │     │ Reciclagem│         │Tratamento│   │ Disposição│
    └───────┘     └───────────┘         └──────────┘   └───────────┘
```

Reúso
- Para a mesma finalidade;
- Para outras finalidades.

Reciclagem
- Como matéria prima para o mesmo uso;
- Como matéria prima para outros usos.

Tratamento
- Compostagem;
- Digestão anaeróbia;
- Incineração com aproveitamento energético;
- Micro-ondas;
- Pirólise;
- Plasma;
- Tratamento químico;
- Etc...

Disposição

Adequada
- Aterro sanitário;
- Aterro industrial;
- Aterro de inertes.

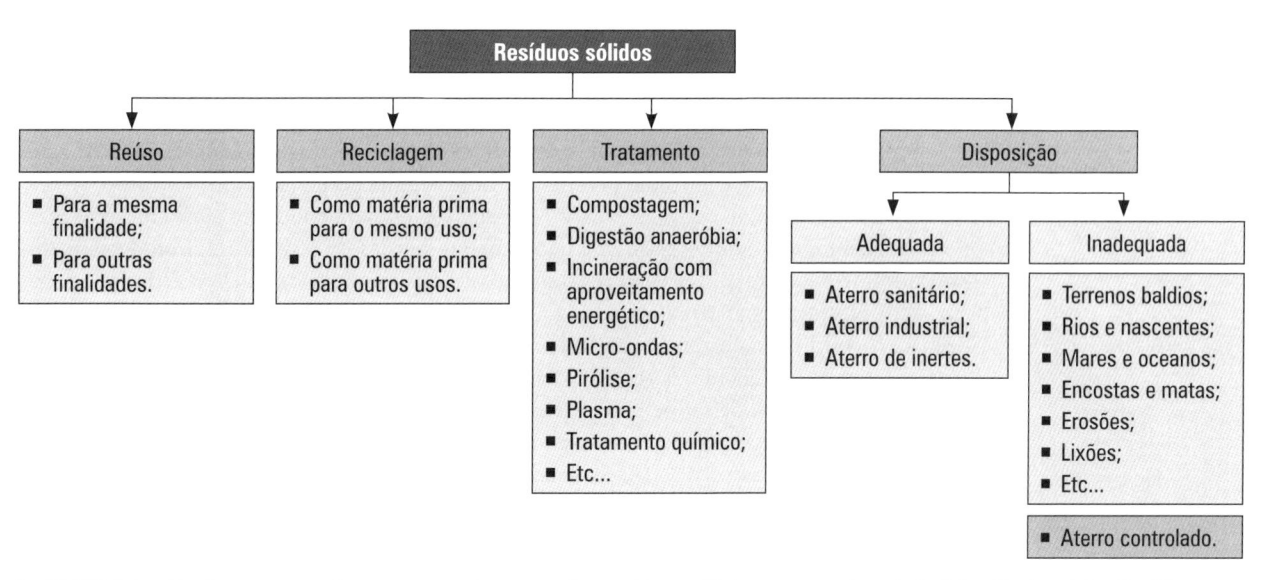

Inadequada
- Terrenos baldios;
- Rios e nascentes;
- Mares e oceanos;
- Encostas e matas;
- Erosões;
- Lixões;
- Etc...

- Aterro controlado.

▶ **FIGURA 9.9** Mudança na gestão e no gerenciamento dos resíduos sólidos provocada pela Política Nacional dos Resíduos Sólidos.
Fonte: Contrera.[18]

mesmos materiais poderão ser reciclados, tornando-se objetos com outras finalidades, como o alumínio das latas que, ao ser reciclado, se torna uma esquadria de alumínio ou uma panela.

Em algumas situações, os processos de tratamento podem ser também entendidos como reciclagem, como no caso da compostagem e da digestão anaeróbia da matéria orgânica, a partir dos quais, ao final do processo, se pretende reciclar os nutrientes presentes na matéria orgânica, como uma forma de insumo agrícola. Em geral, os tratamentos são utilizados para transformar os resíduos, tornando-os estáveis, convertendo-os parcialmente em combustíveis, reduzindo a sua periculosidade ou até mesmo destruindo-os completamente, como no caso da incineração de alguns tipos de resíduos.

A disposição final ambientalmente adequada é a última etapa na gestão e no gerenciamento dos resíduos sólidos, indicada somente para os rejeitos, ou seja, para o que restar das atividades de reúso, reciclagem e tratamento.

Quanto maior for um aglomerado urbano, maiores serão os impactos ambientais gerados pelos resíduos produzidos nele. A prática de enviar todo o resíduo sólido urbano gerado em um município diretamente para aterros sanitários não é sustentável. O aterro sanitário é uma dívida para com o meio ambiente que se deixa para as gerações futuras, e é, de certa forma, um símbolo da economia linear que se desenvolve na atualidade, em que recursos naturais virgens são constantemente extraídos, industrializados, consumidos e descartados. Esse modelo deve ser alterado para o modelo de economia circular, no qual os resíduos voltam para cadeia produtiva como matéria-prima ao serem reciclados. Outro ponto que reforça a insustentabilidade do modelo atual é a necessidade de áreas cada vez maiores para construção de aterros sanitários. Essas áreas tornam-se cada vez mais raras, mais distantes e mais caras para serem preparadas, uma vez que são priorizadas às áreas mais próximas e seguras do ponto de vista técnico e ambiental, as quais já foram utilizadas.

As soluções individuais de disposição e tratamento de resíduos sólidos mais empregadas nas áreas rurais, até por sua utilidade (condicionamento do solo ou alimentação de animais), são dificilmente viáveis em áreas urbanas, em decorrência da escassez de área e pela proximidade de pessoas. Nas cidades, é indispensável um sistema público ou comunitário que se encarregue tanto da limpeza de logradouros e da coleta dos resíduos quanto do seu tratamento e da sua disposição final ambientalmente adequada, para que os riscos de saúde pública sejam diminuídos e os demais impactos sobre o ambiente associados aos resíduos sólidos sejam eliminados ou reduzidos a níveis aceitáveis.

▶ 9.8.1 Acondicionamento, coleta e transbordo de resíduos sólidos

O acondicionamento e o transporte de cada tipo de resíduo sólido dependem de suas características físico-químicas e até biológicas, assim como de sua periculosidade.

Para exemplificar, os resíduos sólidos urbanos devem ser acondicionados em sacos plásticos resistentes e estanques para que não ocorram perdas de resíduos ou líquidos (chorume) durante o seu manuseio. Os resíduos recicláveis também devem ser acondicionados em sacos plásticos quando segregados na fonte geradora. Resíduos de construção e demolição são acondicionados em caçambas metálicas alugadas pelo gerador. Resíduos de poda e capina também podem ser acondicionados em caçambas metálicas de grande volume. Resíduos de serviços de saúde não perfurantes ou cortantes são acondicionados em sacos plásticos brancos e resistentes, com identificação que indica se tratar de um resíduo infectocontagioso. Para o caso dos resíduos de serviços de saúde perfurantes ou cortantes, existem embalagens padronizadas rígidas (de papelão) que evitam a saída do resíduo e acidentes no seu manuseio. Alguns resíduos perigosos são acondicionados em caçambas fechadas, ou em tambores e até contêineres com tampas.

Para cada tipo de resíduo existe um tipo de veículo adequado para o seu transporte. No caso dos resíduos sólidos urbanos, quando eles não são separados, utilizam-se, normalmente, caminhões compactadores, visando ao aproveitamento máximo de cada viagem. No caso dos recicláveis, evita-se o uso de caminhões compactadores, pois a compactação dificulta a posterior segregação das frações (papel, plásticos, metais, vidro etc.) e ainda quebra os objetos de vidro, favorecendo a ocorrência de acidentes com os trabalhadores – nesse caso, pode-se utilizar caminhões do tipo baú ou gaiola. Para o transporte dos resíduos de construção e demolição, são utilizados, normalmente, caminhões basculantes ou transportadores de caçamba para a coleta. Para resíduos de poda e capina, são utilizados caminhões de carroceria com guarda ou com baú. Os resíduos de serviços de saúde devem seguir as especificações contidas na ABNT NBR 12810,[19] que preveem veículos fechados, estanques e identificados. Para o transporte de outros tipos de resíduos perigosos ou industriais, o tipo de veículo vai depender da natureza e da periculosidade do resíduo – nesses casos, o transporte depende de autorizações prévias emitidas pelos órgãos ambientais. A **FIGURA 9.10** apresenta alguns exemplos de veículos de transporte de resíduos.

No caso dos resíduos sólidos urbanos, quando a distância a ser percorrida até o destino for muito longa, exigindo deslocamentos muito além da área urbana pelos veículos de coleta, é necessário a existência de estações de transbordo intermediárias, onde as cargas dos veículos de coleta são transferidas para veículos com maior capacidade para realização do trajeto até a destinação final. O uso de uma estação de transbordo faz com que a frota de coleta e a equipe de coleta em campo sejam otimizadas e se economize recursos com o transporte de resíduos, o que se torna mais econômico em veículos de maior capacidade, contribuindo para reduzir o número de veículos em circulação, tanto na malha urbana quanto nas estradas.

▶ 9.8.2 Coleta seletiva e triagem de resíduos sólidos

A coleta seletiva de recicláveis é tão importante e urgente que merece um destaque especial neste texto.

Antes de tudo, deve haver a separação dos resíduos recicláveis nas fontes geradoras (residências, comércio, instituições, indústrias etc.) para que seja possível a coleta seletiva. Não adianta existir toda uma infraestrutura de coleta e triagem criada para os recicláveis, se a população não estiver educada para separação e não contribuir com a coleta.

Para a realização da coleta seletiva, não há necessidade de se coletar cada uma das frações dos recicláveis em separado na origem. Os recicláveis devem ser coletados juntos e encaminhados para uma central de triagem de resíduos para separação de cada uma das frações recicláveis e para a separação de rejeitos, uma vez que nem todo material aparentemente re-

Caminhão compactador para RSU

Caminhão gaiola para recicláveis

Caminhão transportador de caçambas para RCD

Furgão de coleta de RSS

▶ **FIGURA 9.10** Alguns veículos utilizados para coleta de resíduos sólidos.

ciclável é, de fato, reciclável. Além do mais, é muito comum pessoas depositarem resíduos em compartimentos errados, tornando obrigatória a sua triagem.

Outro ponto importante é a questão da existência de mercado local ou regional para os recicláveis, pois pode ocorrer de um material ser reciclável, mas não existir mercado para este material, inviabilizando a sua reciclagem.

Depois de coletados, os recicláveis são encaminhados para as centrais de triagem para serem separados. Nesses locais, a separação dos resíduos pode ser realizada das seguintes formas:

- com separação manual em mesas estáticas;
- com separação manual em esteiras transportadoras;
- com separação manual em esteiras transportadoras somadas a equipamentos de separação;
- com separação completamente mecanizada.

As centrais de triagem totalmente mecanizadas são muito comuns nos Estados Unidos e na Europa, onde a mão de obra é normalmente cara, e são pouco comuns em países em desenvolvimento, onde a mão de obra costuma ser relativamente barata. As centrais mecanizadas de triagem podem possuir as seguintes unidades:

- chegada dos resíduos nos caminhões;
- pré-seleção manual de vidro e volumosos;
- trommel para separação por tamanho (peneiramento);
- sacos abertos por máquinas;
- esteiras automatizadas;
- balístico (separa resíduos bidimensionais, como folhas de papel ou pedaços de papelão, dos tridimensionais, como latas e garrafas);

- separador eletromagnético;
- leitores ópticos que separam os plásticos por tipo e cor etc.

Uma vez segregados, os resíduos podem ser comercializados em suas frações para reciclagem, e os rejeitos da triagem podem ser encaminhados para incineração ou para disposição final em aterro sanitário.

É importante ressaltar que o sucesso dos programas de reciclagem depende da capacidade de inserção do material reciclado na cadeia produtiva. Contudo, isto nem sempre é possível, devido ao fato do setor responsável pela geração daquele tipo de resíduo, não poder utilizar materiais recicláveis, como no caso de materiais plásticos de embalagens alimentícias. Esta condição implica na utilização de outras formas de reciclagem, como a energética, por exemplo.

▶ 9.8.3 Coleta de resíduos sólidos orgânicos

No Brasil, a matéria orgânica putrescível corresponde a aproximadamente 50% da massa dos resíduos sólidos urbanos coletados, sendo essa fração a maior entre todos os seus componentes.

Assim como os recicláveis, os resíduos sólidos orgânicos putrescíveis também devem ser segregados na fonte geradora para serem coletados, separados e enviados para tratamento, conforme a Nota Técnica Conjunta nº 1 de 2020,[20] que estabelece, independentemente do tamanho da população, o dever de se considerar a coleta seletiva de resíduos orgânicos nos municípios, devendo-se prever compostagem para esses resíduos nos municípios com população de até 500.000 habitantes e compostagem ou biodigestão anaeróbia para municípios com populações superiores a 500.000 habitantes.

A coleta desse tipo de resíduo pode ser realizada por meio de caminhões compactadores, como os utilizados na coleta dos RSU, por caminhões do tipo caçamba, ou por qualquer outro veículo coletor estaque, para que não ocorra perda de chorume ao longo do trajeto da coleta. Também não deve ter intervalo de tempo superior a sete dias, sendo recomendados intervalos máximos de 3 ou 4 dias para minimizar os efeitos da degradação da matéria orgânica, da atração de insetos, da geração de maus odores e da formação de chorume.

9.9 TRATAMENTO DE RESÍDUOS SÓLIDOS

Nas próximas seções, serão apresentadas algumas tecnologias para tratamento dos principais resíduos sólidos gerados em ambientes urbanos.

▶ 9.9.1 Reciclagem de resíduos de construção e demolição

Em muitos municípios brasileiros, é muito comum o descarte irregular desses resíduos, gerando problemas de saúde pública e poluição ambiental. A reciclagem de resíduos de construção e demolição, embora venha crescendo em algumas cidades, é muito reduzida no Brasil. Em cidades de pequeno porte, o que mais se verifica é um reúso direto desse material, geralmente sendo utilizado para conter erosões ou para melhorar as condições de tráfego em estradas de terra sujeitas a lamaçais. Quando esse material é reciclado, os produtos obtidos vão desde agregados até elementos de concreto.

Segundo a Resolução Conama nº 307,[21] de 2002, alterada pelas resoluções 348/04, 431/11, 448/12 e 469/15, os resíduos de construção e demolição (RCD) são os provenientes de construções, reformas, reparos e demolições de obras de construção civil, assim como os resultantes da preparação e da escavação de terrenos, como tijolos, blocos cerâmicos, concreto em geral, solos, rochas, metais, resinas, colas, tintas, madeiras e compensados, forros, argamassa, gesso, telhas, pavimento asfáltico, vidros, plásticos, tubulações, fiação elétrica etc., comumente chamados de entulhos de obras, caliça ou metralha.

De acordo com o Art. 3º da Resolução Conama nº 307,[21] os resíduos de construção e demolição, ou da construção civil, são classificados da seguinte forma:

I. **Classe A:** são os resíduos reutilizáveis ou recicláveis como agregados:
   a. de construção, demolição, reformas e reparos de pavimentação e de outras obras de infraestrutura, inclusive solos provenientes de terraplenagem;
   b. de construção, demolição, reformas e reparos de edificações, componentes cerâmicos (tijolos, blocos, telhas, placas de revestimento etc.), argamassa e concreto;
   c. de processo de fabricação e/ou demolição de peças pré-moldadas em concreto (blocos, tubos, meios-fios etc.) produzidas nos canteiros de obras.
II. **Classe B:** são os resíduos recicláveis para outras destinações, como plásticos, papel, papelão, metais, vidros, madeiras, embalagens vazias de tintas imobiliárias e gesso.
III. **Classe C:** são os resíduos para os quais não foram desenvolvidas tecnologias ou aplicações economicamente viáveis que permitam a sua reciclagem ou recuperação.
IV. **Classe D:** são resíduos perigosos oriundos do processo de construção (como tintas, solventes, óleos e outros) ou aqueles contaminados ou prejudiciais à saúde oriundos de demolições, reformas e reparos de clínicas radiológicas, instalações industriais e outros, bem como telhas e demais objetos e materiais que contenham amianto ou outros produtos nocivos à saúde.

A coleta desses tipos de resíduos é normalmente realizada por empresas particulares que cobram pelo serviço, que inclui o aluguel de caçambas metálicas por um período e a correta destinação dos resíduos. Em pequenos municípios ou localidades, eventualmente, a própria prefeitura se encarrega da remoção, do transporte e da destinação dos RCD, devido à inexistência de empresas que poderiam realizar esses serviços.

A viabilidade de implantação de uma usina de reciclagem de RCD dependerá da existência de demanda pelos produtos obtidos (agregados e artefatos), tanto para a comercialização quanto para o uso da própria administração pública.

A reciclagem de RCD apresenta as seguintes vantagens.

- Reutilização de um material nobre, que descartado incorretamente serviria de criadouro para vetores de várias doenças e de animais peçonhentos.
- Evita a extração de material virgem da natureza, uma vez que as atividades de extração mineral estão entre as mais impactantes no meio ambiente.
- Reduz custos com transportes, uma vez que a reciclagem pode ser realizada no meio urbano e as jazidas de minerais podem estar até a centenas de quilômetros de distância.
- Os materiais obtidos possuem aplicações semelhantes às dos materiais virgens.
- A reciclagem de RCD gera emprego e renda.
- O material reciclado costuma ser mais barato para o consumidor que o material virgem.
- Em alguns casos, a reciclagem pode ser realizada na própria obra, seja com resíduos da construção ou com resíduos da demolição de uma outra edificação existente no mesmo local.

As usinas de reciclagem de RCD processam somente os resíduos minerais (classe A), e as demais frações (classes B, C e D) devem ser separadas por triagem e encaminhadas para outras destinações (reciclagem, outros tratamentos ou destinação final). Assim, quando uma caçamba é aceita, o seu conteúdo é esparramado em um pátio por um trator de esteiras ou pá-carregadeira, e, na sequência, é realizada uma triagem manual dos materiais não processáveis na usina, que são encaminhados para baias cobertas ou não, dependendo do tipo de resíduo. Materiais recicláveis, solúveis ou que possam acumular água de chuva, como papéis, plásticos, metais, gesso, latas etc., devem ser estocados em baias cobertas. Outros materiais podem ser estocados em baias descobertas.

A composição dos RCDs varia muito de um local para outro, e depende da natureza da obra que lhe deu origem. Além disso, a amostragem para determinação de uma composição representativa não é uma tarefa fácil, dada a questão das dimensões e massas dos fragmentos desses resíduos, que, na maioria dos casos, é de difícil manipulação. A **FIGURA 9.11** apresenta a composição dos RCDs gerados em algumas cidades brasileiras.

Existem basicamente três tipos de usinas de processamento e reciclagem de RCD, que são as usinas 1) móveis, 2) semimóveis e 3) fixas, com ou sem produção de artefatos de cimento.

As **usinas móveis** são usinas de reciclagem que podem ser transferidas de um local para outro, pois são compostas por equipamentos móveis ou sobre rodas. Podem ser deslocadas para reciclagem de resíduos acumulados em um local específico, como um aterro de inertes, um bota-fora, uma obra de grande porte, ou mesmo uma edificação a ser demolida ou em ruínas.

As **usinas semimóveis** são normalmente utilizadas em construção de barragens, hidroelétricas e estradas. São montadas sobre bases de estrutura metálica, e têm montagem e desmontagem mais facilitadas, podendo ser içadas por guindastes.

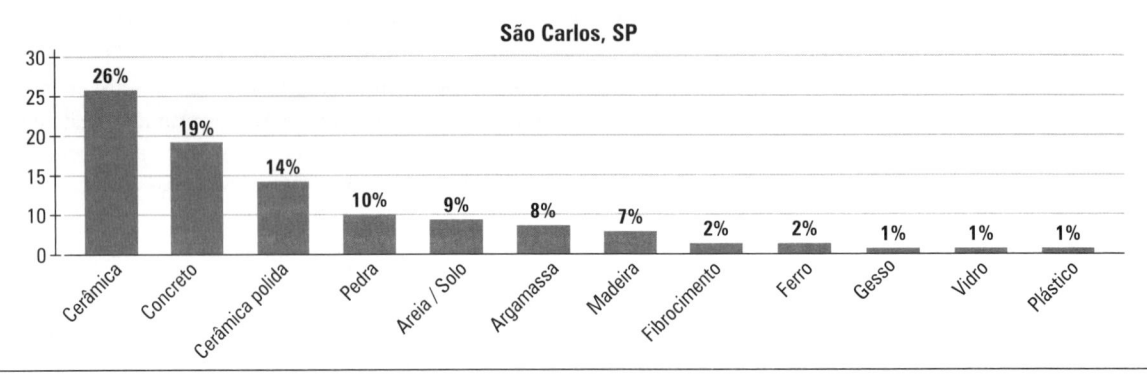

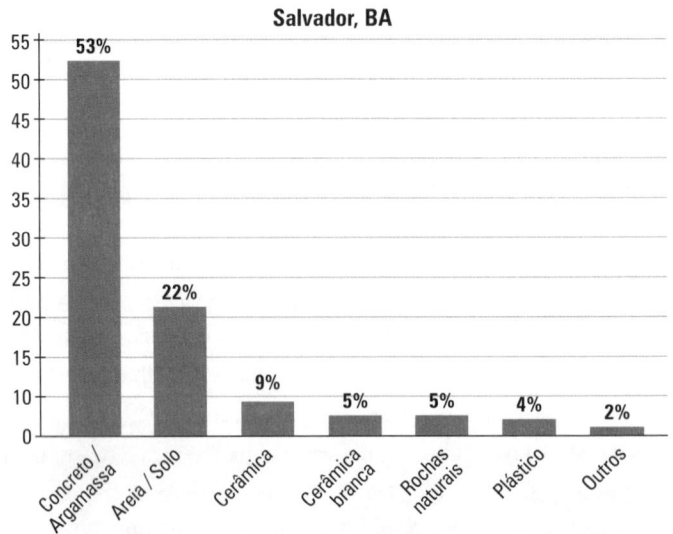

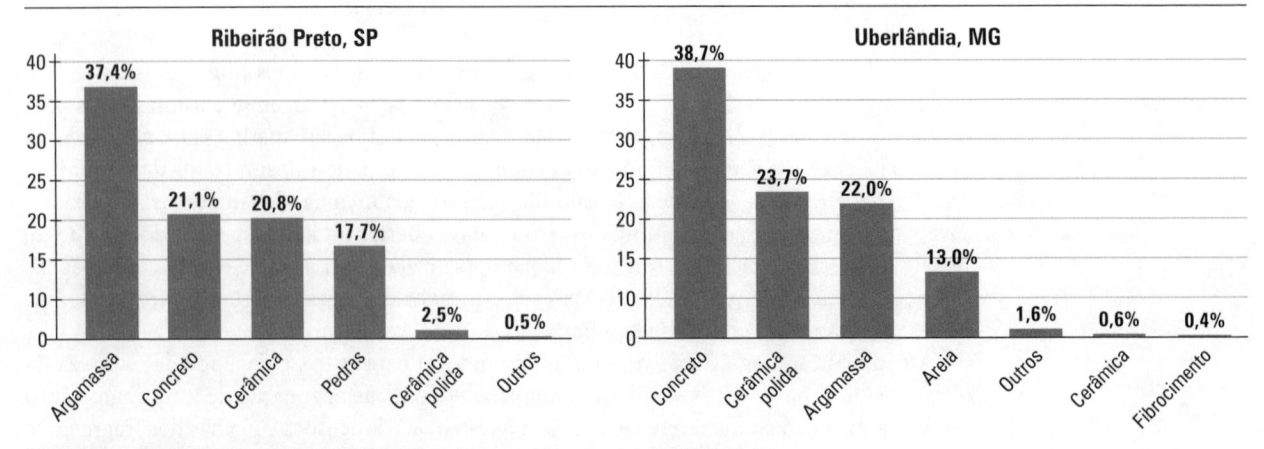

▶ **FIGURA 9.11** Composição dos RCDs gerados em algumas cidades brasileiras.
Fonte: Marques Neto[22] e Córdoba.[23]

As **usinas fixas** são aquelas cuja implantação é definitiva, não permitindo mudanças ágeis e necessitando previamente de licenciamento ambiental para serem instaladas. Produzem agregados com melhor qualidade e variedade, além da possibilidade de se ter equipamentos maiores, permitindo, portanto, uma maior produtividade. Necessitam de investimentos e áreas maiores para a implantação. Na **FIGURA 9.12** é apresentado um fluxograma das etapas desenvolvidas em uma usina fixa de RDC.

▶ 9.9.2 Reciclagem de resíduos de madeira, poda e capina

Os resíduos de madeira, poda, capina e remoção de árvores são aqueles normalmente volumosos que, quando secos, apresentam alto grau de inflamabilidade. São resíduos de origem vegetal provenientes de manutenções e limpezas de áreas verdes, remoção legal de árvores urbanas, além de restos e aparas de madeira de origem diversa, como da construção civil, demolições, indústria moveleira, móveis velhos descartados, embalagens e *pallets* de madeira etc. Os resíduos desse grupo são considerados não perigosos, entretanto, não inertes.

Entre as principais fontes ou atividades geradoras desses resíduos, pode-se citar:

- A manutenção e a conservação de áreas verdes públicas ou particulares, como praças, jardins, canteiros de avenidas, parques, zoológicos, escolas, universidades, cemitérios etc., onde são gerados resíduos de aparas de grama, folhas, galhos, entre outros.

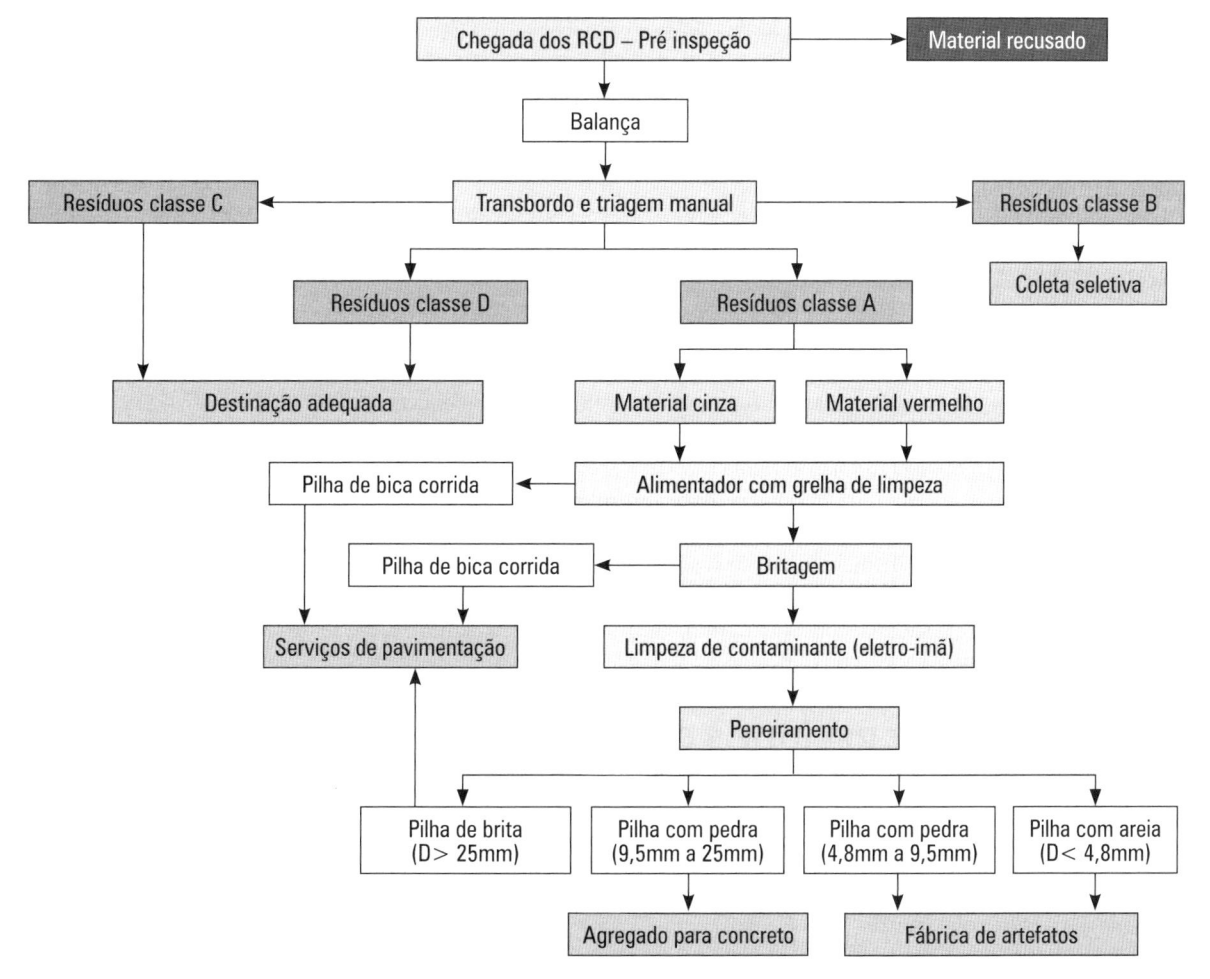

▶ **FIGURA 9.12** Fluxograma das atividades realizadas em uma usina fixa de RDC.
Fonte: Baroni.[24]

- As podas de árvores com remoção de galhos comprometidos ou que possam causar danos à rede elétrica, aos veículos ou a edificações etc.
- A remoção legal em áreas públicas ou particulares de árvores doentes, condenadas, ou que estejam causando danos a edificações, ou, ainda, que serão compensadas ambientalmente etc.
- A construção civil, gerando aparas, formas, restos de madeira, *pallets* etc.
- As demolições de onde são extraídos elementos de madeira, como vigas, vigotas, caibros, batentes, portas, janelas, pisos etc.
- Os móveis usados descartados (sofás, guarda-roupas, mesas, armários etc.).
- A indústria moveleira que gera aparas e restos de madeira ou derivados.
- As embalagens de madeira utilizadas para transporte de mercadorias, como caixas, *pallets* etc.

Entre as principais formas de reúso, reciclagem e tratamento desses resíduos, pode-se elencar:

- A restauração de móveis, portas, batentes, janelas e outros elementos de madeira que podem ser reutilizados;
- A produção de móveis, portas, batentes, utensílios, elementos de decoração etc. a partir de madeira recuperada de outros móveis, de demolições, de embalagens de madeira, de retalhos de madeira, de troncos de árvores, entre outros;
- O aproveitamento energético do material, transformando-o em um combustível derivado de resíduo (CDR);
- A compostagem do material para tratamento da matéria orgânica e reciclagem de seus nutrientes.

A hierarquia para se definir o que será feito com os resíduos deve observar sempre a obtenção de um produto mais nobre e com maior valor comercial. Dessa forma, quando for possível a restauração de um móvel de madeira, ou uma porta de madeira, por exemplo, eles terão valor comercial muito maior do que se tivessem sido convertidos em CDR. Além disso, a restauração é uma atividade muito mais nobre do que a conversão em CDR, devendo ser priorizada quando possível. Todavia, não é possível dar essa destinação a todo resíduo de madeira (muito menos aos resíduos de poda, capina e remoção de árvores), assim, do ponto de vista do tratamento, restam duas alternativas, a conversão dos resíduos em CDR para uso em fornos ou caldeiras industriais, ou a compostagem para reciclagem dos nutrientes tendo em vista um uso agrícola.

Um cuidado especial deve ser tomado com alguns tipos de resíduos de madeira quando esta tiver passado por algum tipo de tratamento, tal como em resíduos de postes de madeira ou de dormentes de estradas de ferro. Caso pretenda-se utilizar esses resíduos para alguma finalidade de obtenção de energia, deve-se atentar que a queima desse material pode liberar gases tóxicos que, quando inalados, podem levar à morte, o que inviabiliza o seu uso em fornos e em alguns tipos de caldeiras.

9.10 TRATAMENTO DE RESÍDUOS ORGÂNICOS PUTRESCÍVEIS

Nas seções seguintes, são apresentadas as principais tecnologias aplicáveis ao tratamento de resíduos orgânicos putrescíveis, que são compostos por qualquer material de origem animal ou vegetal.

Entre os principais resíduos orgânicos, destacam-se: 1) a fração orgânica dos resíduos domiciliares, comerciais e institucionais; 2) os resíduos de feiras livres e centrais de abastecimento; 3) os resíduos de jardinagem, poda, capina e varrição de áreas verdes; 4) os resíduos de palhas, cascas, serragem e resíduos de madeira; 5) os resíduos compostos por esterco e fezes da criação de animais; 6) os lodos de estações de tratamento de esgoto sanitário; 7) os resíduos orgânicos industriais (de indústrias alimentícias, de sucos naturais, de rações, ou outras) etc.

Popularmente, é comum o uso da terminologia "resíduos úmidos" para se designar os resíduos orgânicos putrescíveis, mas esse termo deve ser evitado, pois não é um termo técnico e não é um termo preciso quanto à natureza do resíduo. Além disso, um resíduo pode ser orgânico putrescível e estar completamente seco ou desidratado. Dessa forma, o termo "resíduo úmido" (ou "resíduo seco") deve estar relacionado ao fato de o resíduo possuir ou não uma certa quantidade de água em sua composição.

▶ 9.10.1 Compostagem

A Resolução Conama nº 481,[25] de 2017, define a compostagem como um processo de decomposição biológica controlada dos resíduos orgânicos, efetuado por uma população diversificada de organismos, em condições aeróbias e termofílicas, resultando em material estabilizado, com propriedades e características completamente diferentes daquelas que lhe deram origem. A compostagem é um processo natural que ocorre no meio ambiente quando a matéria orgânica, principalmente de origem vegetal, se acumula sobre o solo e é consumida por microrganismos aeróbios. Esse processo faz parte do ciclo natural de decomposição e reciclagem dos resíduos orgânicos que resulta em sua mineralização.

Durante o processo, alguns componentes são utilizados pelos próprios microrganismos para formação de seus tecidos celulares (novas células), uns são volatilizados e outros são transformados biologicamente em uma substância escura, uniforme, com consistência pastosa, com propriedades físicas, químicas e biológicas inteiramente diferentes daquelas da matéria-prima original. A esta substância rica em matéria orgânica dá-se o nome de composto humificado ou, simplesmente, húmus.[15]

De modo simplificado, pode-se dizer que a compostagem tem por objetivo a redução do volume e da massa da matéria orgânica putrescível por meio do consumo de carbono facilmente biodegradável, restando, ao final, matéria orgânica dificilmente biodegradável (refratária ou recalcitrante) rica em macro e micronutrientes.[18]

A viabilidade da implantação de um sistema de compostagem depende principalmente da aceitação e da existência de mercado para o composto, bem como das distâncias de transporte do composto até o local de aplicação no solo.

A compostagem pode ser dividida em duas etapas de humificação. A primeira etapa consiste na digestão por fermentação, na qual ocorre a bioestabilização da matéria orgânica de maneira incompleta; neste ponto, o composto já pode ser utilizado. A segunda etapa consiste na cura, na qual ocorre a fermentação completa da matéria orgânica, provocando sua humificação (maturação).

A compostagem é um processo exotérmico que libera energia na forma de calor, e este calor tem como origem a atividade biológica dos microrganismos criando células e degradando a matéria orgânica. Os microrganismos podem ser aeróbios ou facultativos e atuam nas seguintes faixas de temperatura:

- 10 a 25 °C → Psicrofílicos (faixa de menor importância para compostagem);
- 20 a 45 °C → Mesofílicos;
- 45 a 65 °C → Termofílicos (faixa de maior importância para compostagem).

A velocidade de decomposição da matéria orgânica durante a compostagem depende da relação carbono/nitrogênio (C/N), do controle da umidade do meio, do controle da aeração do meio, do controle da temperatura do meio e do tipo de compostagem empregada (tecnologia).

Entre os fatores intervenientes no processo de compostagem, destacam-se os **fatores biológicos** (bactérias, fungos e actinomicetos), os **fatores físicos** (umidade, temperatura, tamanho das partículas, dimensão e formato das leiras) e os **fatores químicos** (oxigenação, relação carbono/nitrogênio [C/N] e pH).

De forma geral, é o tipo de forma de oxigenação que define a tecnologia de compostagem, e esta deve ser realizada necessariamente em ambiente aeróbio. O ambiente aeróbio degrada mais rápido a matéria orgânica, não produz mau cheiro e nem atrai moscas. A aeração pode ocorrer por revolvimento manual, por revolvimento mecânico, por injeção de ar ou por entrada passiva de ar, devido às diferenças de temperatura. A dificuldade de medir a concentração de O_2 na pilha faz com que o controle se realize indiretamente pela avaliação da temperatura, da umidade e do tempo de revolvimento. Idealmente, considera-se que na fase termofílica a concentração de O_2 seja de aproximadamente 5%. Em sistemas com revolvimento, as leiras devem ser revolvidas de uma a três vezes por semana, dependendo das condições locais.

A compostagem pode ser dividida em 4 fases. A duração de cada fase depende do tipo de tecnologia empregada na compostagem.

A **fase 1**, de elevação de temperatura até o limite admitido como ótimo na compostagem, pode levar de algumas horas (12 a 24 h) a alguns dias, dependendo dos condicionantes ambientais na região onde se processa a compostagem. Atingida a temperatura entre 55 e 60 °C, introduz-se um fator externo de controle, que pode ser o revolvimento com ou sem umidificação, ou a aeração mecânica realizada de forma intermitente, conduzindo-se assim a bioestabilização na faixa de temperatura adequada.

A **fase 2**, de degradação ativa do material orgânico, no método convencional (com revolvimento), pode demorar entre 60 e 90 dias. Quando as leiras são operadas na forma estática aerada (aeração forçada), o período é significativamente menor, da ordem de 30 dias.

A **fase 3** é aquela em que se inicia o resfriamento natural do material, e em condições normais leva de 3 a 5 dias. Esse resfriamento se inicia devido à falta de alimento disponível para os microrganismos.

A **fase 4**, de maturação ou cura do material compostado, com formação de ácidos húmicos, ocorre quase à temperatura ambiente e leva de 30 a 60 dias. A **FIGURA 9.13** apresenta as quatro fases da compostagem e as variações de temperatura, pH e teor de sólidos.

O composto obtido ao final é praticamente isento de parasitas e sementes viáveis, podendo ser utilizado como condicionador de solo e em qualquer tipo de cultura.

Entre as vantagens dos usos e aplicações do composto na agricultura, pode se destacar que ele: melhora a estrutura do solo; aumenta a capacidade de absorção de água do solo; ativa a vida microbiana no solo; melhora a aeração do solo; aumenta a estabilidade do pH do solo; promove o aumento da disponibilização de macro e micronutrientes disponíveis para as plantas e melhora o aproveitamento dos fertilizantes minerais.

▶ 9.10.2 Biodigestão anaeróbia

A biodigestão anaeróbia, também conhecida como biometanização ou digestão anaeróbia, é um processo que ocorre naturalmente em muitos locais, como em pântanos e alagadiços, no fundo de lagos, no fundo do mar, no intestino de muitos animais etc.

Segundo Chernicharo,[26] a digestão anaeróbia pode ser comparada a um ecossistema onde diversos grupos de microrganismos trabalham interativamente na conversão da matéria orgânica complexa em metano, gás carbônico, água, gás sulfídrico e nitrogênio amoniacal, além de novas células bacterianas. Os microrganismos que participam do processo de decomposição anaeróbia podem ser divididos em três importantes grupos, que são detalhados a seguir.

O primeiro é composto por bactérias fermentativas que transformam, por hidrólise, os polímeros em monômeros, e estes em acetato, hidrogênio, dióxido de carbono, ácidos orgânicos de cadeia curta, aminoácidos e outros produtos.

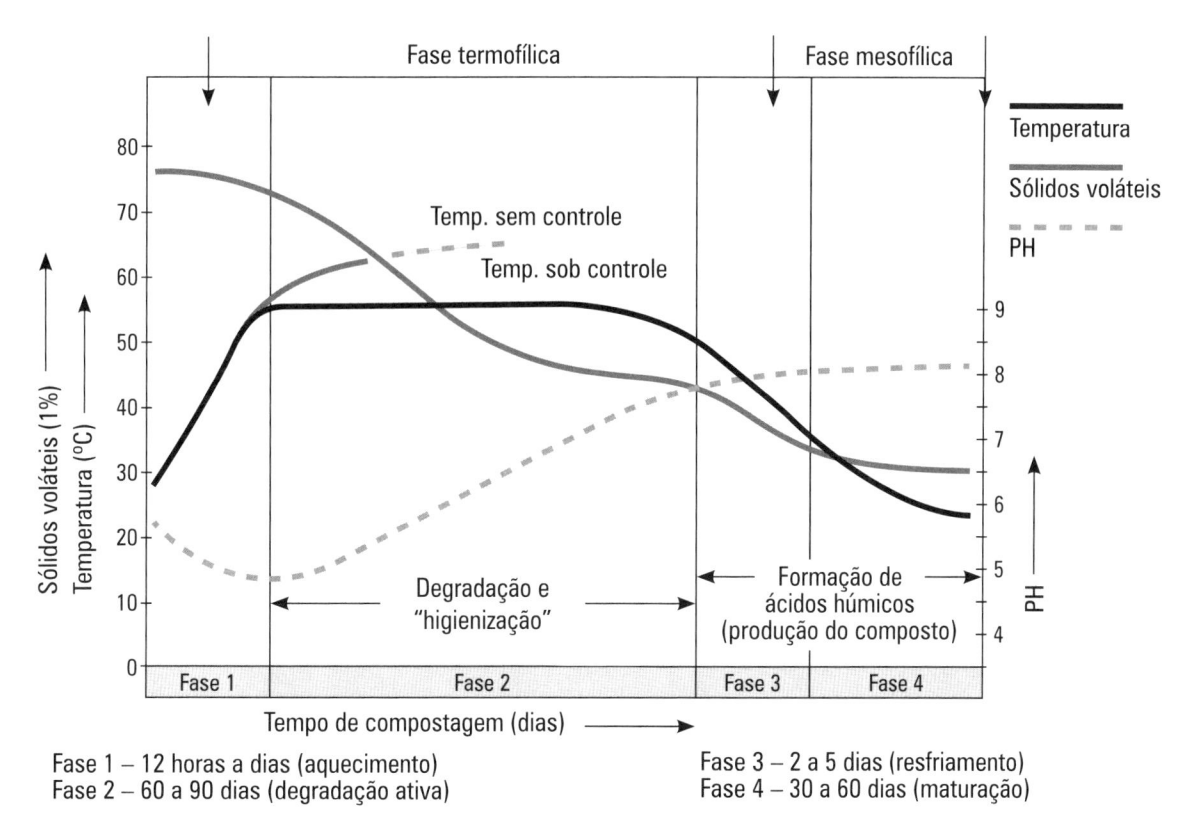

▶ **FIGURA 9.13** As quatro fases da compostagem e as variações de temperatura, pH e teor de sólidos.
Fonte: Adaptada de Fundação Demócrito Rocha.[27]

O segundo é formado por bactérias acetogênicas que convertem os produtos gerados pelo primeiro grupo (aminoácidos, açúcares, ácidos orgânicos e álcoois) em acetato, hidrogênio e dióxido de carbono.

Os produtos finais do segundo grupo são os substratos essenciais para o terceiro grupo, que, por sua vez, é composto por dois diferentes grupos de arqueias metanogênicas. Um grupo usa o acetato, transformando-o em metano e dióxido de carbono, enquanto o outro produz metano por meio da redução de dióxido de carbono em conjunto com hidrogênio.

As fases da digestão anaeróbia e os microrganismos envolvidos em cada etapa do processo estão sintetizados na **FIGURA 9.14**.

De acordo com a Lettinga Associates Foundation,[28] o biogás é o produto de uma digestão anaeróbia bem-sucedida, que contém em sua composição predominantemente metano e dióxido de carbono. Na **TABELA 9.7** é apresentada uma comparação entre a composição do biogás, do gás de aterro e do gás natural.

O gás sulfídrico pode causar problemas de corrosão na queima do biogás, reduzindo a vida útil dos motores e de outros equipamentos. Geralmente, é removido quando a concentração é superior a 500 ppm. A remoção dos compostos do biogás é muitas vezes chamada de lavagem, e, além do gás sulfídrico, podem ser removidos também o vapor de água e o CO_2, visando ao aumento do poder calorífico. O biogás pode ser usado para produção de calor ou na geração de eletricidade. Para aplicações de pequena escala nos países em desenvolvimento, o gás é usado normalmente sem ser tratado (lavado), e 1 m³ (não lavado) permite 2 horas de cozimento ou a geração elétrica de 1,5 kWh. Uma quantidade de 2,5 m³ de biogás não lavado equivale a 1 kg de GLP.[29]

Entre os fatores intervenientes na digestão anaeróbia, pode-se citar os biológicos (bactérias e arqueias metanogênicas), os físicos (temperatura, umidade, tamanho das partículas e compacidade), os químicos (pH, alcalinidade, potencial redox, necessidade ou disponibilidade de

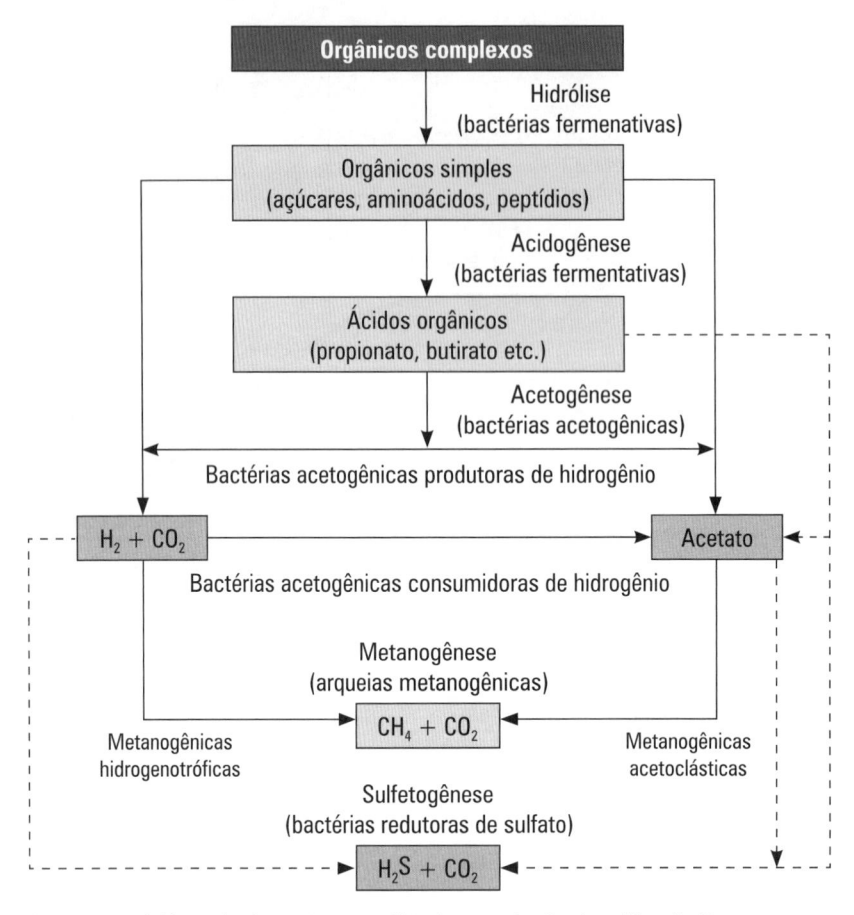

▶ **FIGURA 9.14** Sequências metabólicas da digestão anaeróbia (com redução de sulfato [---]).
Fonte: Chernicharo,[26] Harper e Pohland.[30]

▶ **TABELA 9.7** Comparação entre a composição do biogás, do gás de aterro e do gás natural

Componente	Unidade	Gás natural	Gás de aterro sanitário	Biogás
Metano	% em vol.	97	45 – 60	53 – 70
Dióxido de carbono	% em vol.	1,2	40 – 60	30 – 47
Nitrogênio	% em vol.	0,3	2 – 5	0,2
Oxigênio	% em vol.	0	0,1 – 1,0	0
Gás sulfídrico	ppm	1 – 2	0 – 10.000	0 – 10.000
Amônia	ppm	0	1.000 – 10.000	< 100

Fonte: Adaptada de Lettinga Associates Foundation[28] e Tchobanoglous.[31]

nutrientes e presença de compostos inibidores ou tóxicos) e os operacionais (teor de sólidos, tempo de reação ou detenção hidráulica, carga orgânica aplicada e recirculação ou agitação).

A compostagem do material biodigerido, inclusive, é uma tendência em países europeus, que vêm substituindo as usinas convencionais de compostagem por usinas que possuem uma etapa inicial de digestão anaeróbia e uma etapa final de compostagem. Essa alternativa tem como principal vantagem, além da produção do biogás, a necessidade de áreas menores, e tem se mostrado como uma alternativa viável de ampliação da capacidade de um sistema existe, como no caso de uma usina de compostagem operando a plena capacidade, mas com restrição de área disponível para ampliação.

Há diferentes tipos de classificações de sistemas de digestão anaeróbia de resíduos sólidos orgânicos, podendo-se classificar os biodigestores de acordo com o teor de sólidos, o número de estágios, o tipo de alimentação e a temperatura de operação da seguinte forma:

- baixo, médio ou alto teor de sólidos;
- estágio único ou múltiplo;
- alimentação contínua ou em batelada;
- faixa de temperatura mesofílica ou termofílica.

Os sistemas são classificados como via úmida, ou baixo teor de sólidos (BTS), quando o teor de sólidos totais (ST) está abaixo de 15%, e como via seca, ou alto teor de sólidos (ATS), quando esse valor está acima de 22%. Entre esses valores, os reatores são considerados de médio teor de sólidos. Com menos de 15% de teor de sólidos, o resíduo triturado é completamente fluido (líquido), enquanto com mais de 22% o resíduo já possui consistência coesa. Sistemas de BTS utilizam um grande volume de água, resultando num maior volume do reator e altos custos de tratamento do efluente, que requer drenagem ao fim do processo. Os sistemas de ATS são mais robustos e operam com altas taxas de carga orgânica, mas normalmente requerem equipamentos mais caros.

Os sistemas de estágio único são os que utilizam somente um reator para as fases de acidogênese e metanogênese, enquanto os de estágio múltiplo as separam em pelo menos dois reatores. A separação tem como intuito melhorar a digestão, permitindo uma flexibilização necessária para otimizar cada uma das etapas. Contudo, a almejada vantagem da separação nem sempre é verificada na prática, resultando em processos mais complexos, que requerem maiores investimentos e controles operacionais. Sistemas de múltiplos estágios são projetados para tirar proveito do fato de que diferentes etapas do processo bioquímico global têm diferentes condições ótimas. Os processos em duas fases tentam melhorar as reações de hidrólise e acidificação fermentativa na primeira fase, em que a taxa é limitada pela hidrólise de compostos orgânicos complexos. No segundo estágio, a metanogênese é otimizada, sendo esta fase limitada pela cinética de crescimento microbiano.

Quanto ao regime de alimentação, os sistemas operados em batelada são tecnicamente mais simples, baratos e robustos, mas requerem uma maior área de implantação e até automação. A desvantagem principal dos digestores de batelada é a produção de gás desigual e a falta de estabilidade na população microbiana. Para superar esses problemas, os sistemas de batelada também podem ser combinados com configurações de vários estágios. Nos sistemas contínuos, tanto a alimentação quanto a descarga de resíduos são realizadas continuamente, e a produção de gás do sistema tende a ser praticamente estável. Do ponto de vista operacional, os sistemas contínuos tendem a ser mais práticos ao serem operados.

Classificando a operação por faixa de temperatura, têm-se as seguintes faixas: mesofílica, normalmente operada entre 30 e 40 °C; e termofílica, normalmente operada entre 50 e 60 °C. Tradicionalmente, as estações de tratamento anaeróbio operavam na faixa mesofílica, em virtude da dificuldade de controlar a temperatura do digestor em faixas elevadas. Temperaturas acima de 70 °C podem inativar os microrganismos (arqueias e bactérias) responsáveis pela digestão do resíduo. Porém, a tecnologia termofílica já está consolidada, e apesar de ser mais cara e menos estável que a mesofílica, tem como vantagens a higienização do resíduo, o menor tempo de detenção hidráulico e a maior produção de biogás, sendo o tipo de tecnologia mais utilizado nos países de clima frio.

Durante a crise do petróleo da década de 1970, muitos países iniciaram pesquisas com várias fontes de combustíveis renováveis, entre elas, a produção de biogás a partir de resíduos orgânicos foi intensamente pesquisada em muitos países, incluindo o Brasil, que posteriormente optou pela produção de álcool a partir da cana-de-açúcar. Os países europeus foram os que mais investiram ao longo desse período na pesquisa e no desenvolvimento de biodigestores para uso em escala industrial ou municipal. Com isso, surgiram muitas empresas que patentearam os seus sistemas e os tornaram comerciais.

▶ 9.10.3 Tratamento térmico de resíduos

Os processos térmicos de tratamento de resíduos são aqueles que, por meio da elevação da temperatura dos resíduos, promovem a sua esterilização ou oxidação, que poderá ser completa ou parcial, com ou sem presença de oxigênio.

Entre as principais tecnologias de tratamentos térmicos, destacam-se:

- a incineração com recuperação energética;
- a pirólise e a gaseificação;
- a plasma térmico;
- o coprocessamento;
- a autoclavagem;
- o uso de micro-ondas etc.

Ainda existe no Brasil muito preconceito e desinformação com relação às tecnologias de tratamento térmico de resíduos, principalmente acerca da incineração. Um dos principais medos da população diz respeito à qualidade dos gases gerados nesses sistemas; todavia, os sistemas modernos são altamente eficientes quanto à purificação dos gases de exaustão, sendo que, em muitos países europeus e asiáticos, esses sistemas são instalados até em áreas urbanas, sem riscos para a população. Outra preocupação em relação aos processos térmicos de tratamento consiste na utilização de recicláveis e matéria orgânica putrescível no processo, sendo que muitos argumentam que os processos térmicos competiriam com a reciclagem e com a compostagem ou digestão anaeróbia, o que não é verdade, pois essas tecnologias devem ser aplicadas somente para fração dos resíduos que não podem ser reutilizadas, recicladas, digeridas ou compostadas, como os resíduos de higiene pessoal e animal (papel higiênico usado, fraldas usadas, absorventes usados, pelos, cabelos, penas, tapetes higiênicos, fezes de animais etc.), resíduos de serviços de saúde (de unidades de saúde ou os gerados nas residências), resíduos tóxicos (industriais e os gerados nas residências) etc. A **FIGURA 9.15** apresenta a hierarquia de passos a ser observada na gestão dos resíduos sólidos, obedecendo o que foi estabelecido no Artigo 9º da Política Nacional dos Resíduos Sólidos.[10] Dessa forma, os tratamentos térmicos devem ser aplicados somente a uma fração dos resíduos, da qual se conseguiria recuperar somente a energia, pois as outras opções ou tecnologias de reciclagem e tratamento não são aplicáveis.[18]

▶ 9.10.4 Incineração

A incineração é a oxidação dos materiais combustíveis presentes nos resíduos, **em condições controladas**, com o objetivo de seu tratamento, produzindo calor, vapor d'água, nitrogênio, dióxido de carbono e oxigênio. Dependendo da composição dos resíduos, outras emissões

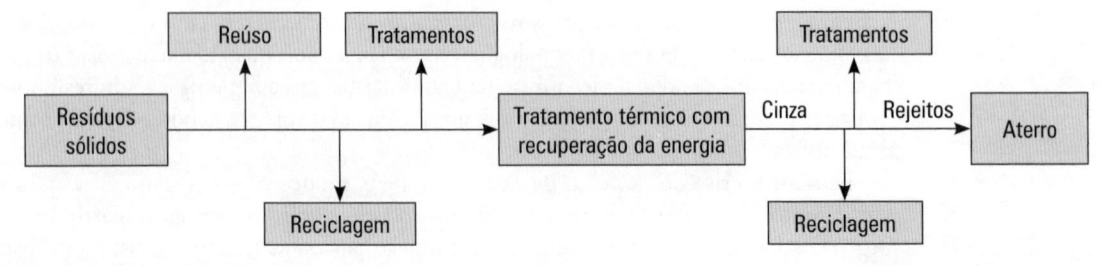

▶ **FIGURA 9.15** Hierarquia a ser observada na gestão dos resíduos sólidos ao se considerar os tratamentos térmicos.
Fonte: Contrera.[18]

podem ser formadas, incluindo monóxido de carbono, cloreto de hidrogênio, fluoreto de hidrogênio, óxidos de nitrogênio, dióxido de enxofre, carbono orgânico volátil, dioxinas e furanos, bifenilas policloradas, metais pesados etc.

Atualmente, a incineração é a segunda maior forma de destinação/tratamento de resíduos em muitos países no mundo todo.

Além do tratamento dos resíduos, os incineradores modernos têm a função secundária de recuperação e geração de energia como uma necessidade econômica (auxilia sua viabilização).

A seguir, são listadas as vantagens da incineração de resíduos.

- É uma forma de tratamento e pode ser realizada nas proximidades dos pontos de coleta de resíduos (área urbana), ao contrário de aterros sanitários, que se localizam em locais distantes.
- Os resíduos são reduzidos a cinzas que são biologicamente estéreis e com cerca de 10% do volume, ou 33% da massa inicial.
- Os resíduos incineráveis, como os resíduos de higiene pessoal e animal, de serviços de saúde e industriais tóxicos, são em sua maior parte orgânicos e com elevado poder calorífico.
- A incineração de resíduos pode ser uma fonte de baixo custo para produzir vapor para geração de energia elétrica, para aquecimento em processos industriais ou, ainda, de água quente para sistemas de aquecimento, e assim preservar outros combustíveis mais nobres.
- Incineradores ocupam áreas relativamente pequenas.
- A incineração não produz metano, ao contrário dos aterros sanitários, e, em alguns casos, é possível até a venda de créditos de carbono.
- Das cinzas do fundo do incinerador podem ser recuperados alguns materiais (metais), e eles podem até ser utilizados como agregados secundários em construções.
- A incineração é a melhor opção, inclusive do ponto de vista ambiental, para o tratamento de muitos resíduos perigosos, como aqueles altamente inflamáveis, voláteis, tóxicos e infectocontagiosos, pois destrói completamente a estrutura desses resíduos, deixando-os inertes.

A seguir, são listadas as principais desvantagens da incineração de resíduos.

- Alto investimento inicial e retorno demorado do investimento, não sendo viável, geralmente, para municípios de pequeno a médio porte.
- Os incineradores são concebidos com base em um certo poder calorífico dos resíduos, que, na prática, pode variar muito.

A viabilidade pode depender dos seguintes fatores.

- Do porte do município, sendo que a instalação tende a ser viável para cidades de médio a grande porte. Pode ser até viável no caso de uso consorciado em cidades de pequeno a médio porte, dependendo dos volumes gerados e das distâncias de transporte.
- Da existência de áreas disponíveis no município, pois quando não existem áreas nas proximidades que comportem a instalação de outras formas de tratamento de resíduos, os incineradores são uma alternativa compacta a ser considerada.
- Quando já existe na localidade quantidades de resíduos tóxicos, inflamáveis ou infecciosos (perigosos em geral) que necessariamente deveriam ser incinerados.
- Se houver aproveitamento ou recuperação energética do calor liberado no processo, para produção de energia elétrica ou de vapor e água quente para usos industriais, a receita obtida ajuda a viabilizar o empreendimento.

A partir dos anos 2000, a legislação europeia ficou muito mais rigorosa com relação às emissões gasosas de sistemas de tratamento térmico de resíduos, o que, de certa forma, ajudou a viabilizar o aproveitamento energético dos resíduos, pois os gases de exaustão costumam sair dos sistemas com temperaturas da ordem de 1.000 °C, e, para serem tratados, necessitam estar com temperatura abaixo de 300 °C. Esta redução de temperatura é atingida por meio de trocadores de calor, que podem utilizar essa energia para produção de eletricidade, vapor ou água quente. No Brasil, a Resolução Conama n° 316,[32] de 2002, alterada pela Resolução Conama n° 386,[33] de 2006, dispõe sobre procedimentos e critérios para o funcionamento de sistemas de tratamento térmico de resíduos.

Segundo Williams,[34] o incinerador moderno é um eficiente sistema de combustão com um sofisticado sistema de limpeza de gases, que produz energia e reduz os resíduos sólidos a um resíduo inerte com um mínimo de poluição. As instalações de incineração podem ser classificadas de acordo com vários critérios, como a sua capacidade, a natureza dos resíduos a serem incinerados, o tipo de sistema etc., no entanto, de forma simplificada, pode ser feita uma classificação abrangente entre incineradores de massa e outros tipos.

Os **incineradores de massa** são incineradores de resíduos sólidos urbanos em grande escala com câmara única de combustão completa, ou de oxidação, e apresentam processamentos típicos de resíduos da ordem de 10 a 50 toneladas por hora.

Os **outros tipos de incineradores** são de menor escala, com capacidades de processamento entre 1 e 2 toneladas de resíduos por hora, sendo mais utilizados para os resíduos hospitalares, lodo de esgoto e resíduos perigosos. Exemplos típicos de tais sistemas incluem incineradores de leito fluidizado, de baixo fluxo de ar, de fornos rotativos e de resíduos líquidos e gasosos.

9.10.4.1 Incineradores de massa

Para os incineradores de massa, as propriedades combustíveis do resíduo são muito importantes, ou seja, as proporções entre material combustível (volátil), umidade e materiais inertes. A análise elementar também é importante para avaliar como a queima dos resíduos no incinerador afeta as emissões gasosas. O teor de umidade é muito importante, uma vez que, obviamente, a ignição não ocorrerá se o material estiver molhado, e, além disso, a umidade diminui consideravelmente o poder calorífico do combustível. Os materiais orgânicos são a fração combustível (volátil) dos resíduos. O teor de inertes é importante, já que uma alta porcentagem de inertes irá diminuir o poder calorífico dos resíduos e contribuirá diretamente para a formação das cinzas, que terão de ser removidas e tratadas depois da combustão. As cinzas são altamente heterogêneas e contêm materiais inertes não queimados, como vidros, metais, pedras etc. Os resíduos sólidos municipais contêm metais pesados, como o cádmio, o chumbo, o zinco e o cromo, que irão influenciar as emissões gasosas de tais metais que se aderem às cinzas volantes. O teor de enxofre e cloro irá produzir emissões de dióxido de enxofre e cloreto de hidrogênio, as quais podem trazer problemas operacionais aos incineradores. A composição dos resíduos pode ser representada num diagrama ternário, que apresenta as composições aceitáveis de cada fração (inerte, umidade e voláteis). A área sombreada do diagrama (**FIGURA 9.16**) representa a composição típica de resíduos sólidos urbanos que pode sustentar a combustão sem a necessidade de combustível auxiliar. A área abrange o poder calorífico mínimo aceitável e o teor máximo permitido de umidade.

A coleta seletiva afeta a composição do resíduo a ser incinerado, alterando propriedades como o teor de inertes e o poder calorífico. A recuperação de papel, papelão e plástico para reciclagem tende a diminuir o poder calórico do resíduo a ser incinerado, por outro lado, a remoção de metais e vidro para reciclagem aumenta o poder calorífico dos resíduos e reduz a emissão de metais, tanto nos gases de combustão quanto nas cinzas inferiores. A separação na fonte para tratamento/reciclagem de resíduos orgânicos e de jardinagem, por exemplo, para a compostagem ou biodigestão, tende a reduzir o teor de umidade dos resíduos sólidos urbanos, aumentando o poder calorífico líquido.

Uma planta típica moderna para incineração de resíduos municipais com recuperação de energia pode ser dividida em cinco partes principais:

1. área de recebimento de resíduos, depósito e sistema de alimentação do incinerador;

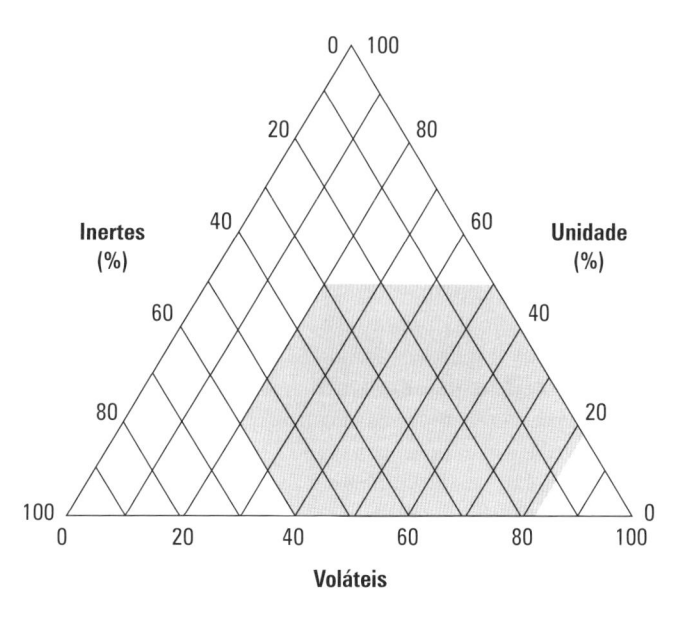

▶ **FIGURA 9.16** Diagrama ternário da composição de resíduos para incineração autossustentada.
Fonte: Adaptada de Williams.[34]

2. fornalha ou forno;
3. sistema de recuperação de calor;
4. sistema de controle de emissões (tratamento de gases e material particulado);
5. sistema de geração de energia por meio do aquecimento e da geração e eletricidade.

A **FIGURA 9.17** apresenta um diagrama esquemático de um incinerador moderno com recuperação de energia e controle de emissões.

Cada incinerador pode ter vários **fornos** em paralelo alimentados pelo operador a partir do depósito de resíduos. Um típico incinerador de 50 t/h pode ter cinco fornos de 10 t/h separados, por exemplo. O uso de vários fornos permite a parada de um forno por um tempo

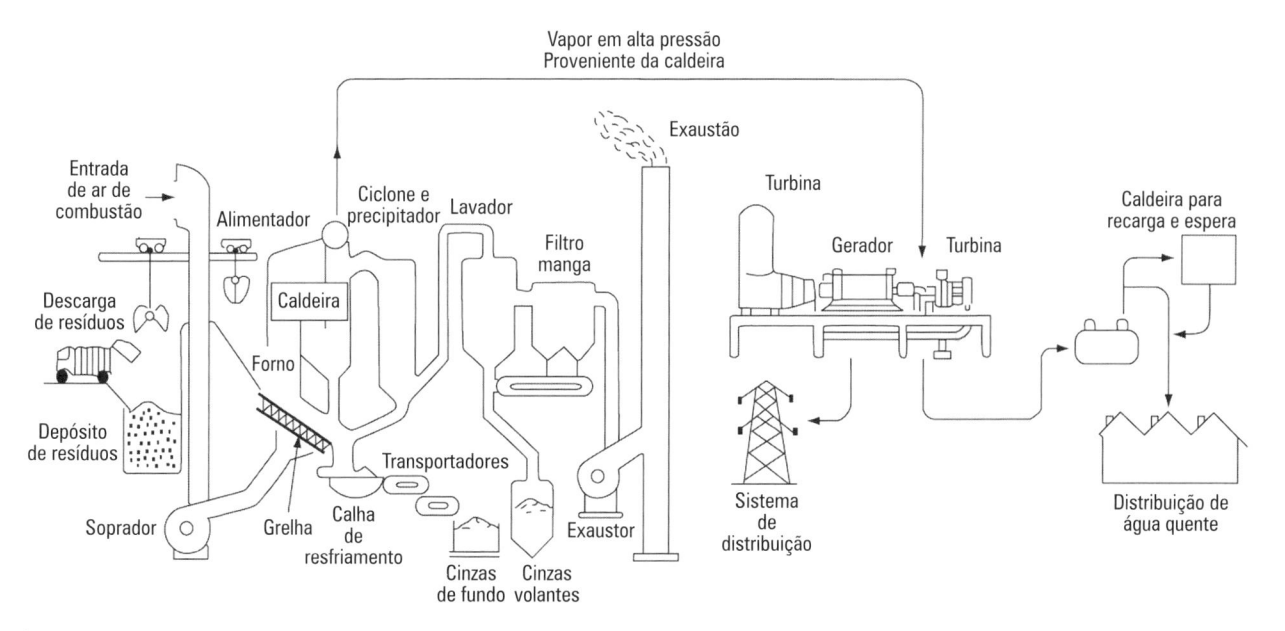

▶ **FIGURA 9.17** Diagrama esquemático de um incinerador moderno com recuperação de energia e controle de emissões.
Fonte: Adaptada de Williams.[34]

para a reparação e manutenção regular. Queimadores auxiliares são utilizados para elevar a temperatura dos gases de combustão dos resíduos no início da operação, até que o sistema entre em regime permanente.

O potencial para a **recuperação de calor** se deve ao fato de que os gases de combustão devem ser resfriados antes de serem encaminhados ao sistema de tratamento dos gases de combustão. A temperatura dos gases que saem da zona de combustão está entre 750 e 1.000 °C, o que é demasiado elevado para entrada direta no sistema de tratamento de gases, uma vez que temperaturas abaixo de 250 a 300 °C são necessárias para o tratamento do gás em equipamentos, como precipitadores eletrostáticos, purificadores e filtros manga. O resfriamento é realizado pela caldeira, e o calor dos gases de combustão é transferido para a água nos tubos da caldeira para produzir vapor. A caldeira é constituída por bancos de tubos de aço por onde passa água corrente.

O **controle de emissões** de incineradores é composto por um complexo sistema de tratamento de gases que remove desde materiais particulados até óxidos de nitrogênio. O material particulado é o primeiro a ser removido por um precipitador eletrostático e pré-coletor, após essa etapa, os gases ácidos são removidos por meio um lavador de cal que pode ser do tipo cal seca ou cal úmida. Em seguida, é feita a aplicação de aditivos, como carvão ativado e cal, para adsorver o mercúrio, as dioxinas e os furanos. Na sequência, um filtro de tecido é utilizado para remover o material particulado e o carvão ativado com os poluentes adsorvidos. Finalmente, os óxidos de nitrogênio são removidos pela adição de amônia para formar nitrogênio inerte em um meio catalisador. Os principais equipamentos de controle de emissões utilizados na incineração de resíduos são: 1) ciclones; 2) precipitadores eletrostáticos; 3) filtros de tecido (filtro manga); 4) lavadores úmidos; 5) lavadores secos; 6) lavadores semissecos; e 7) sistemas de NOx. A **FIGURA 9.18** apresenta um esquema hipotético de um sistema avançado de tratamento de gases para sistemas de tratamento térmico de resíduos.

Há uma grande variedade de tipos de incineradores utilizados para incinerar uma grande variedade de resíduos, e alguns deles serão destacados nos itens a seguir.

9.10.4.2 Incineradores de leito fluidizado

Incineradores de leito fluidizado são utilizados para uma grande variedade de resíduos, incluindo resíduos sólidos urbanos, de tratamento de esgoto, perigosos, líquidos e gasosos e de difícil combustão. Os leitos fluidizados consistem em um leito de partículas de areia contidas em uma câmara vertical revestida com material refratário, através do qual o ar de combustão primária é

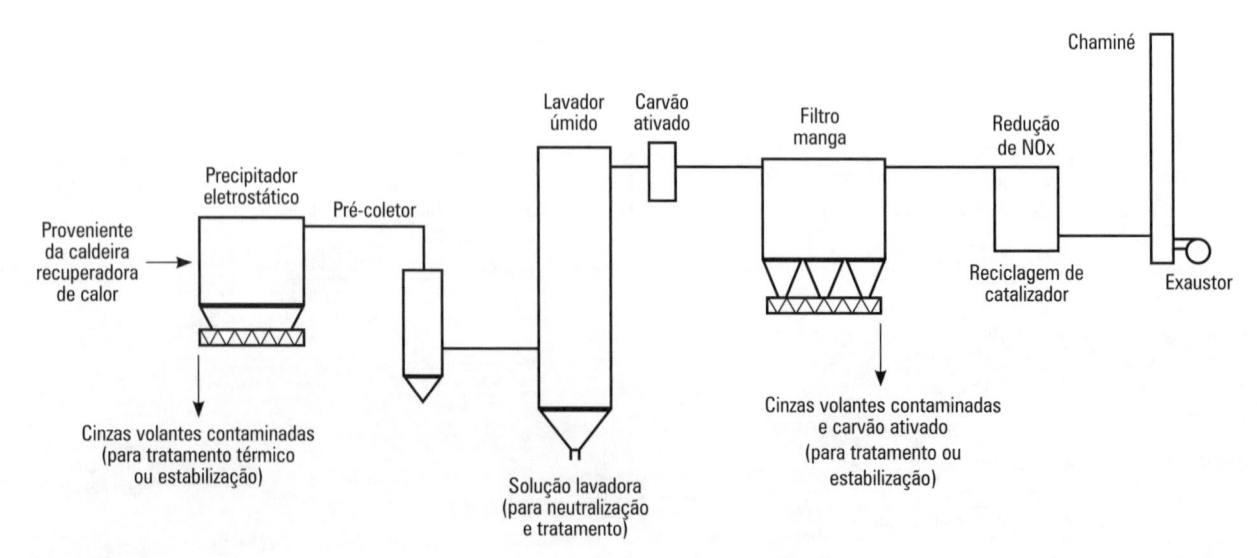

▶ **FIGURA 9.18** Esquema hipotético de um sistema avançado de tratamento de gases para sistemas de tratamento térmico de resíduos.
Fonte: Adaptada de Williams.[34]

soprado por baixo. As partículas de areia formam, portanto, o leito fluidizado ajustado pelo fluxo de ar. O leito de areia é aquecido por ar pré-aquecido, por gás ou por óleo em combustão para aumentar a temperatura de tal modo que os resíduos entram em combustão de forma muito eficiente. Os resíduos processados, na forma de resíduos sólidos urbanos picados ou combustíveis derivados de resíduos, ou mesmo outros resíduos, como lodo de esgoto, resíduos industriais ou de serviços de saúde, são alimentados continuamente no leito de areia quente.

Uma característica adicional dos leitos fluidizados são as suas temperaturas máximas de operação mais baixas, normalmente a cerca de 850 a 950 °C, o que, por conseguinte, produzem níveis mais baixos de NOx. O reator de leito fluidizado aumenta significativamente a taxa de queima de resíduos por meio do contato direto com o material do leito inerte quente. Além disso, a superfície de queima do material sólido é continuamente desgastada pelo material do leito, aumentando as taxas de formação e de oxidação do carvão.

9.10.4.3 Incineradores de baixo fluxo de ar

Incineradores com entrada de ar controlada (baixo fluxo) ou de pirólise são incineradores de dois estágios de combustão que são amplamente utilizados para a incineração de resíduos hospitalares e de alguns resíduos sólidos industriais. As duas fases consistem numa fase de gaseificação (oxigênio insuficiente) e numa fase de combustão (oxigênio em excesso). A vantagem desse tipo de incinerador é um processo de combustão mais controlada, levando a emissões mais baixas de compostos orgânicos voláteis e monóxido de carbono. Além disso, tem baixo arraste de partículas nos gases de combustão, o que também reduz os custos com remoção de poluentes particulados. A temperatura dos gases que saem da câmara de gaseificação é da ordem de 700 a 800 °C, uma vez que uma grande proporção do calor gerado é consumida no processo endotérmico. Esses gases vão, em seguida, para a câmara secundária, onde um excesso (estequiométrico) de ar de aproximadamente 200% é adicionado, o que resulta em temperaturas de 1.000 a 1.200 °C, o que completa o processo de combustão do hidrogênio, monóxido de carbono e hidrocarbonetos. O processo de combustão em duas fases inibe a formação de NOx.

9.10.4.4 Incineradores de forno rotativo

O forno rotativo consiste em um tipo de incineração em duas fases. A primeira fase é normalmente operada de modo oxidante, ou seja, com cerca de 50 a 200% de excesso de ar, ao contrário do modo semipirolítico (gaseificação) encontrado nos incineradores de baixo fluxo de ar. Fornos rotativos têm sido usados para uma grande variedade de resíduos, incluindo resíduos sólidos urbanos, de lodo de esgoto, industriais, perigosos e para limpeza de solos contaminados. No entanto, eles são mais comuns para o tratamento de resíduos perigosos, de serviços de saúde e industriais; em alguns casos, são adicionados ao forno rotativo tambores inteiros contendo resíduos para serem completamente destruídos sem riscos de vazamentos. O forno rotativo é a câmara primária, que consiste em um cilindro inclinado revestido com um material cerâmico, que gira em torno de rolos em taxas que podem variar entre duas rotações por minuto a seis rotações por hora, dependendo do tipo de resíduo e do tipo de forno rotativo. Os tempos de residência dos resíduos no forno rotativo são geralmente superiores a 30 minutos. O forno normalmente opera em temperaturas em torno de 1.200 °C para incineração de resíduos perigosos. As temperaturas típicas da câmara secundária são de até 1.400 °C com até 200% de excesso de ar na combustão.

9.10.4.5 Incineradores de resíduos líquidos e gasosos

Nos incineradores de resíduos líquidos e gasosos, estes passam por um queimador que mistura os resíduos (combustíveis) com o ar para formar uma zona de chama que queima os resíduos. São usados extensivamente para a combustão de resíduos perigosos. A adição de combustível suplementar pode ser necessária (gás natural ou óleo combustível), dependendo do poder calorífico dos resíduos. A chama é projetada em uma câmara de combustão revestida com material refratário cerâmico que irradia calor de volta para os gases de escape, proporcionando, assim, uma zona quente estendida para queimar completamente os produtos da combustão dos resíduos. Temperaturas relativamente altas ocorrem na chama (1.400 a 1.650 °C), e as temperaturas na câmara do forno se situam entre 820 e 1.200 °C. A câmara pode ser horizontal ou vertical. A parte mais importante do incinerador é o queimador, que serve, essencialmente, para pulverizar o resíduo de modo a formar uma névoa de finas gotículas. Quanto menor o tamanho das gotas, mais fácil se torna a vaporização, e, por conseguinte, o esgotamento de cada gotícula leva um tempo muito mais curto. A câmara de combustão fornece um longo tempo de residência para a queima completa dos resíduos gasosos.

A **FIGURA 9.19** apresenta de forma esquemática cada um desses incineradores de menor capacidade de processamento.

▶ 9.10.5 Pirólise e gaseificação

A pirólise é um processo de destilação destrutiva na ausência de oxigênio no qual se fornece calor ao material orgânico complexo, que se decompõe. Seu princípio baseia-se no tratamento por meio da decomposição térmica em atmosfera redutora autossustentável (deficiente de oxigênio), provocando sua carbonização com significativa perda de massa e redução de volume (**FIGURA 9.20**). Esse processo requer uma fonte externa de calor para aquecer os resíduos a temperaturas que podem variar de 300 a mais de 1.000 °C, dependendo do processo. Os produtos de pirólise incluem um material sólido, um líquido e um gasoso.

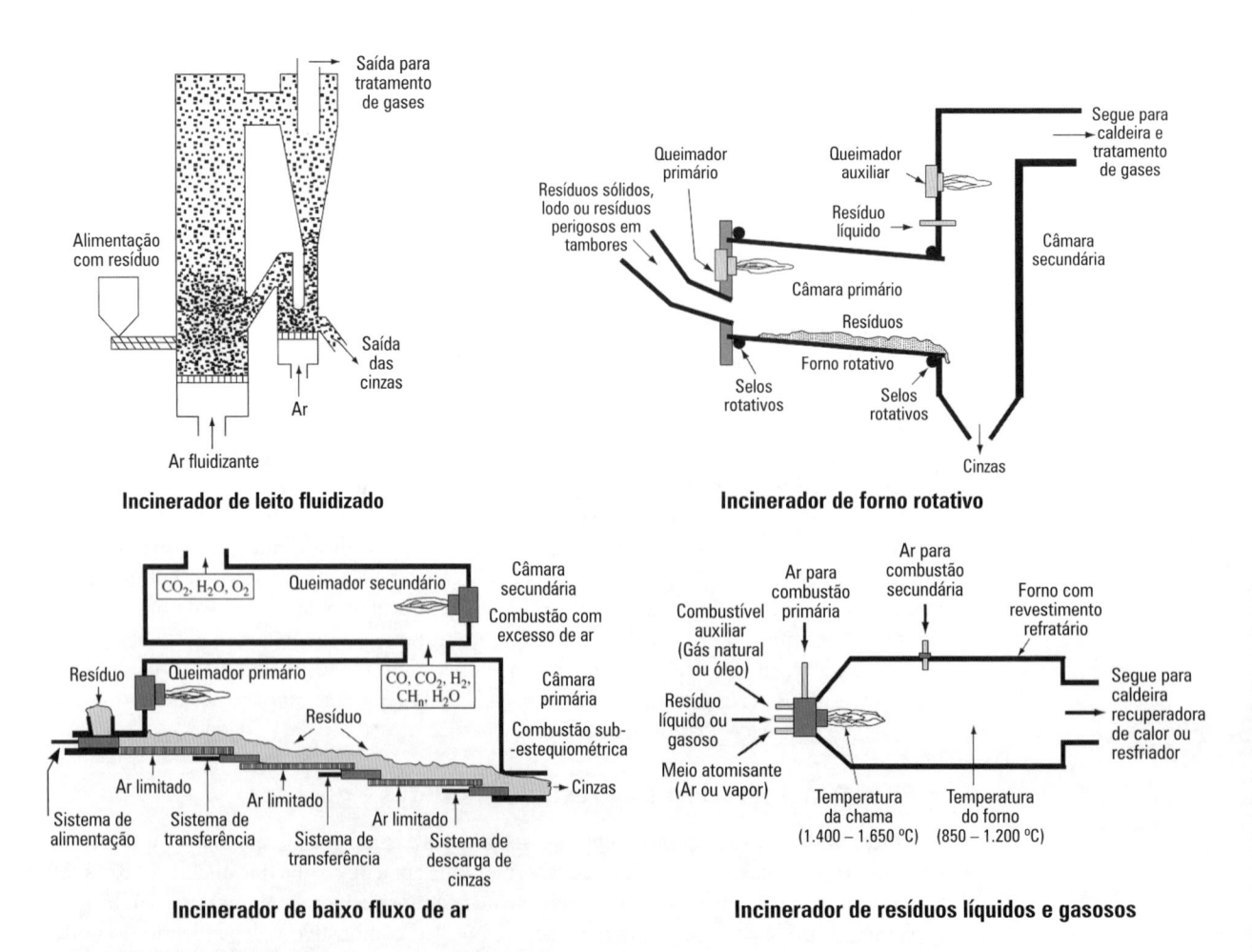

▶ **FIGURA 9.19** Esquema dos incineradores de menor capacidade de processamento de resíduos.
Fonte: Adaptada de Williams.[34]

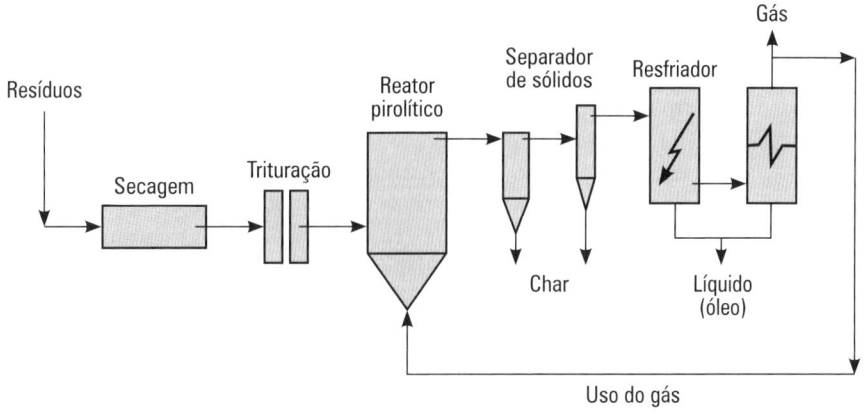

FIGURA 9.20 Esquema de um sistema de pirólise de resíduos sólidos.
Fonte: Adaptada de Meier e colaboradores.[35]

Uma modificação da pirólise é a gaseificação, na qual uma quantidade limitada de oxigênio é introduzida na forma de oxigênio puro ou ar, e a oxidação parcial resultante produz calor suficiente para que o processo seja autossustentável. Assim, a reação pode ser exotérmica (gaseificação) ou endotérmica (pirólise), dependendo da quantidade de calor e da adição ou não de oxigênio ao meio.

O processo de pirólise pode ser modificado, a fim de alcançar o produto desejado. A escolha adequada das variáveis determina os produtos obtidos a partir do sistema de pirólise. A temperaturas muito elevadas, o produto é principalmente o gás, enquanto a baixas temperaturas, os produtos resultantes são principalmente os sólidos.

A seguir, são detalhadas as três frações resultantes da pirólise e sua composição.

- **Fração gasosa**: composta por hidrogênio, metano, monóxido de carbono, dióxido de carbono e vários outros gases dependentes das características do resíduo sólido decomposto.
- **Fração líquida**: composta por alcatrão ou óleo contendo ácido acético, acetona, álcoois e hidrocarbonetos complexos. Por meio de um processamento adicional, esta fração líquida pode ser utilizada como um combustível sintético que pode substituir o óleo combustível.
- **Fração sólida**: composta por um material carbonáceo constituído praticamente de carbono puro (char) e demais materiais inertes (vidros, pedras, metais etc.) originalmente presentes nos resíduos sólidos tratados.

A pirólise se processa melhor com resíduos homogêneos, principalmente industriais ou biomassa, embora existam muitas unidades que realizam o tratamento de resíduos sólidos municipais.

Uma vez que a fração gasosa obtida no processo é combustível e é mais difícil de ser estocada e manipulada do que as outras duas frações, ela é normalmente utilizada no próprio processo de pirólise como fonte de energia para o aquecimento.

A pirólise é ainda muito pouco utilizada para o tratamento de resíduos no Brasil e pode ser aplicada a alguns tipos de resíduos perigosos.

9.10.6 Plasma

O plasma é considerado o quarto estado da matéria e é constituído por um gás altamente ionizado, composto por partículas neutras e carregadas, que exibem um comportamento coletivo.

Pode se formar a partir do aquecimento de materiais a temperaturas acima de 5.000 °C, resultando em gases ou fluidos eletricamente carregados. Esses "gases" são profundamente influenciados pelas interações elétricas de íons e elétrons na presença de um campo magnético. A eletricidade que passa por meio de eletrodos de grafite ou carbono, com vapor e/ou injeção de ar/oxigênio, é usada para produzir eletricamente o gás condutor (plasma).

O tratamento térmico por plasma é um processo no qual os componentes inorgânicos são convertidos em materiais cerâmicos e vítreos praticamente inertes (**FIGURA 9.21**). Por outro lado, os materiais orgânicos são convertidos em gases combustíveis que podem ser utilizados na geração de energia elétrica ou convertidos em produtos químicos. A tocha de plasma, que opera em temperaturas elevadas (de 5.000 a 100.000 °C), pode ser empregada para o tratamento de resíduos sólidos urbanos, industriais, biológicos e até mesmo nucleares.

A eficiência da tecnologia de tratamento por plasma já foi verificada em escala piloto, contudo sua viabilidade técnica e econômica ainda não foi confirmada para o tratamento de RSU em escala comercial. No Brasil, já existem empresas que tratam resíduos por plasma, mas esse tratamento só é aplicado a determinados tipos de resíduos industriais e a algumas frações dos RSUs.

▶ 9.10.7 Coprocessamento

O coprocessamento é uma alternativa sustentável e vantajosa para o tratamento de resíduos e, em especial, alguns tipos de resíduos perigosos. Esse processo já é amplamente utilizado nos países desenvolvidos desde a década de 1970, e, no Brasil, desde a década de 1990. O coprocessamento é normalmente realizado em fornos de cimento, fazendo-se a substituição de parte do combustível fóssil e até de parte de outras matérias-primas por resíduos. Ele ocorre em condições extremamente controladas, evitando-se descargas atmosféricas indesejadas e evitando-se, também, qualquer prejuízo aos equipamentos ou ao produto final, que no caso é o cimento.

A seguir, são apresentadas as vantagens do coprocessamento.

- Substituição de parte considerável dos combustíveis fósseis por um *blend* de resíduos com propriedades combustíveis.
- Utilização de resíduos perigosos em parte da composição do *blend* utilizado.
- Substituição de parte da matéria-prima do cimento por resíduos (p. ex., gesso, escórias etc.).
- Possibilidade de não geração de rejeitos no processo.
- As propriedades do cimento produzido e dos fornos não são alteradas ou prejudicadas no processo, se realizado de forma controlada.
- As emissões atmosféricas são controladas e atendem às legislações ambientais.

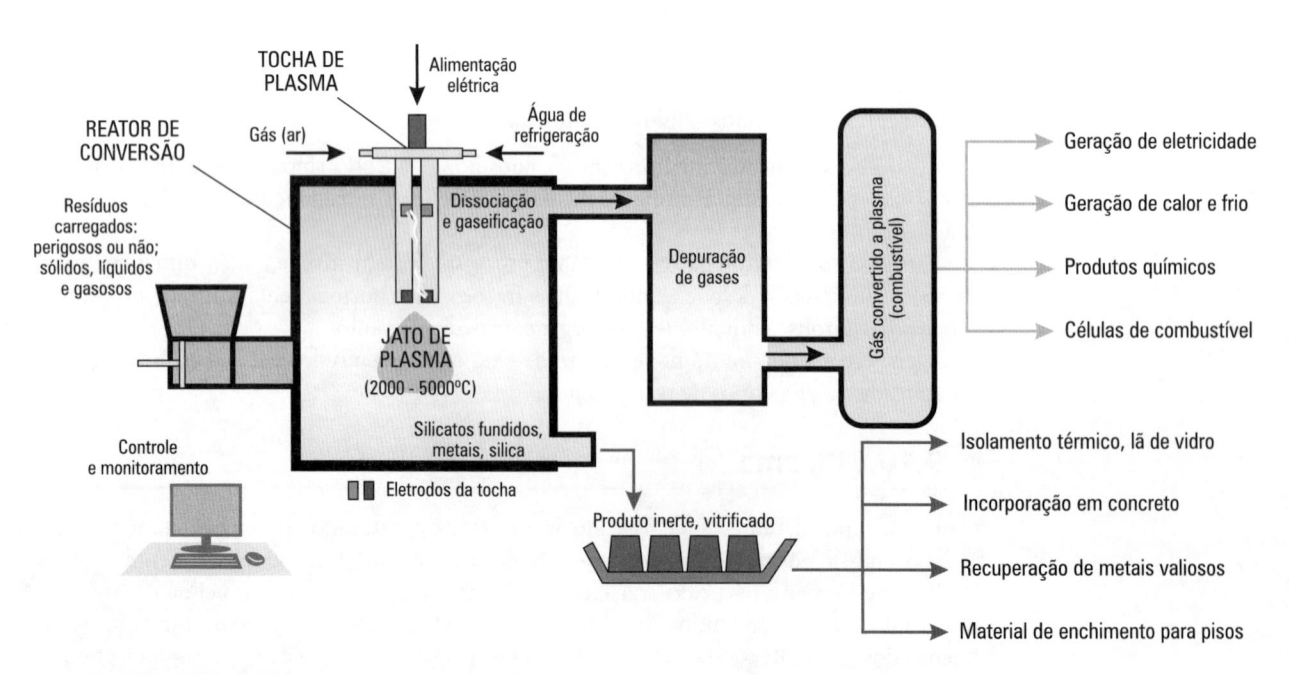

▶ **FIGURA 9.21** Esquema de uma sistema de tratamento de resíduos por plasma térmico.
Fonte: Kompac.[36]

Para que as características do cimento sejam preservadas e os fornos não apresentem problemas com incrustações ou corrosões provocadas por algumas substâncias e emissões gasosas indesejadas, deve existir um rigoroso controle de qualidade na elaboração da composição do *blend* a partir de uma série de resíduos de natureza diversa, incluindo resíduos industriais perigosos. É muito importante analisar, em cada lote, o teor de umidade do *blend*, o teor de cinzas, o seu poder calorífico, assim como a sua composição elementar para verificar se não excederá nenhum limite para determinados compostos, como cloro, flúor, enxofre, metais pesados etc.

Entre os resíduos utilizados na composição dos *blends* estão: pneus inservíveis picados; gesso de demolição; resíduos de indústrias metalúrgicas; resíduos de indústrias e oficinas mecânicas ricos em óleos e graxas; borras de pintura da indústria automotiva; materiais apreendidos e destruídos pela polícia etc.

▶ 9.10.8 Autoclavagem

A autoclavagem é um processo de esterilização que utiliza a combinação de pressão e vapor por um certo período suficiente para esterilização de microrganismos patogênicos presentes nos resíduos que permanecem confinados em um sistema fechado (autoclave), sendo aplicável a resíduos infectocontagiosos, como aqueles de serviços de saúde.

No processo de autoclavagem, os resíduos são recebidos em suas embalagens e acondicionados em contêineres móveis que possuem capacidade de 800 litros, ficando fechados com tampa até o momento do tratamento, quando são elevados até o topo da autoclave, alimentando-a pela abertura superior, depois fechando-a e travando-a por meio de travas pneumáticas para se iniciar a trituração. O triturador de lâminas de aço inoxidável possibilita a trituração de até pequenos instrumentos cirúrgicos. Após a etapa de trituração, ocorre o peneiramento através de uma tela metálica, permitindo a passagem dos resíduos para a câmara de esterilização com granulometria requerida para a ação efetiva do vapor aquecido.

Na câmara de esterilização, é introduzido vapor d'água na autoclave, elevando a temperatura interna para cerca de 140 °C, com pressão próxima de 3,8 bar. Essa temperatura é mantida por aproximadamente 3 minutos até que a temperatura e a pressão sejam uniformizadas em todo o equipamento (câmara superior, triturador e câmara de esterilização). A esterilização dos resíduos é obtida, mantendo-se por cerca de 17 minutos as condições de temperatura e pressão. A temperatura é controlada por um termômetro localizado no centro da câmara de esterilização. As condições de esterilização são mantidas até se iniciar o resfriamento necessário para que a tampa inferior de descarga seja aberta. Antes da abertura da autoclave, é gerado vácuo no seu interior por meio de uma bomba integrada ao conjunto, para garantir a retirada de todos os gases. Os gases passam por sistemas de exaustão existentes em cada autoclave, dotados de filtros bactericidas.

Após o encerramento do ciclo de esterilização, um contêiner móvel em aço inox é deslocado e encaixado abaixo da tampa inferior, para receber os resíduos tratados logo após a abertura da tampa. Finalizado o tratamento, estando os resíduos descaracterizados (pela trituração) e esterilizados, eles podem ser encaminhados para um aterro classe II A. O transporte desse resíduo, mesmo esterilizado, não dispensa a obtenção de autorizações ambientais, como o Certificado de movimentação de resíduos de interesse ambiental (CADRI), emitido pela CETESB, no caso do Estado de São Paulo. A **FIGURA 9.22** apresenta um equipamento de autoclave utilizado para tratamento de resíduos de serviços de saúde.

▶ 9.10.9 Micro-ondas

O tratamento por micro-ondas é muito parecido com o tratamento por autoclave quanto aos procedimentos gerais a serem realizados. A grande diferença está no equipamento, que, após o aquecimento do resíduo por vapor, mantém os resíduos sob a ação de micro-ondas por um determinado período necessário para a esterilização do resíduo.

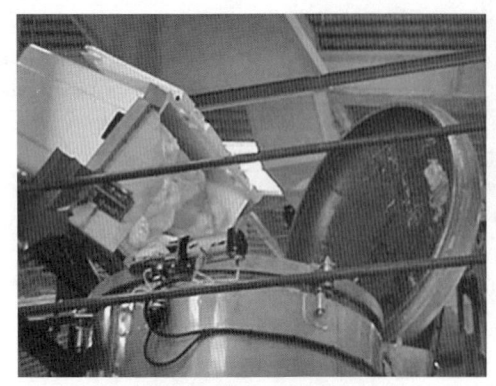

▶ **FIGURA 9.22** Autoclave para tratamento de resíduos de serviços de saúde.
Fonte: Tratalix.[37]

Após a trituração e a passagem pelo equipamento, o volume do resíduo é reduzido em cerca de 20% (devido à trituração), porém não há redução de massa. Depois de tratados (esterilizados) e descaracterizados pela trituração, os resíduos podem ser encaminhados para aterros classe II A. A **FIGURA 9.23** apresenta as etapas do tratamento por micro-ondas, o equipamento utilizado e os resíduos tratados e descaracterizados em uma caçamba.

Uma desvantagem dos sistemas de autoclavagem e micro-ondas em relação aos de incineração ou pirólise está no fato de que tanto a esterilização por autoclavagem quanto a esterilização por micro-ondas não destroem o resíduo, exigindo ainda disposição em aterro sanitário para o material esterilizado, o que não é sustentável. Assim, são processos que consomem energia em vez de aproveitarem a energia contida nos resíduos.

9.11 DISPOSIÇÃO FINAL DE RESÍDUOS SÓLIDOS

Como já mencionado, de acordo com o Art. 9º da Política Nacional dos Resíduos Sólidos,[10] a disposição final de resíduos deve ser a última alternativa a ser considerada, e mesmo assim deve ser aplicada somente para os rejeitos, ou seja, somente para aquela parcela que restar da reciclagem e dos tratamentos, quando não existir mais nada viável a ser feito com o material no contexto local onde o resíduo foi gerado.

A disposição final de resíduos sólidos deve ser feita em estruturas devidamente projetadas para esta finalidade, aterros sanitários.

Um aterro sanitário pode ser concebido de diversas formas, sendo o aterro energético aquele no qual se deposita parte da matéria orgânica coletada e se extrai o biogás gerado em seu interior para produção de energia. No aterro aterro não energético, os resíduos são dispostos em seu interior e, nesse caso, a geração de biogás pode ser mínima, devido às baixas

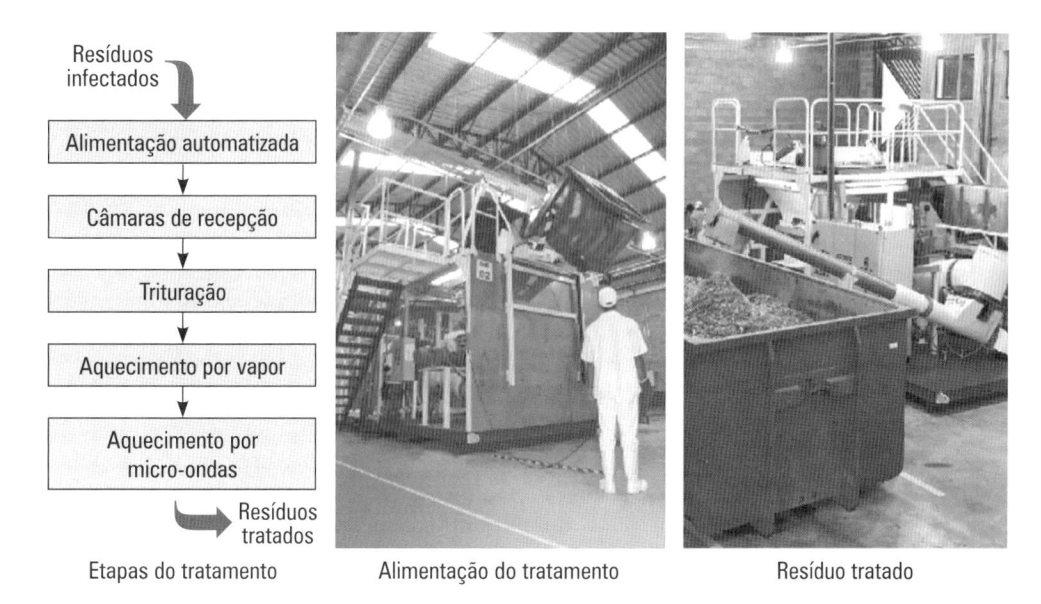

FIGURA 9.23 Etapas do tratamento por micro-ondas, o equipamento de micro-ondas e o resíduo tratado.
Fonte: MB Engenharia.[38]

quantidades de resíduos orgânicos biodegradáveis presentes no aterro. Por fim, existem os aterros de resíduos com aceleração da estabilização dos materiais internos com uma posterior mineração para reúso, reciclagem ou incineração do material restante com a desocupação total da área. A **FIGURA 9.24** apresenta os possíveis tipos de destinações finais de resíduos/rejeitos, indicando a adequação ambiental e o grau de sustentabilidade de cada alternativa.

▶ 9.11.1 Aterro sanitário

A seleção de áreas para implantação de aterros sanitários é feita por meio de um estudo detalhado de zoneamento ambiental com o auxílio de um sistema de informações geográficas e o envolvimento de muitos profissionais, obtendo-se áreas aptas, sendo que no final do processo a melhor área é selecionada, levando-se em consideração aspectos técnicos, econômicos, sociais e ambientais.[18]

O aterro sanitário (resíduos classe II A) é uma forma de disposição final de resíduos sólidos urbanos no solo, dentro de critérios de engenharia e normas operacionais específicas, proporcionando o confinamento seguro dos resíduos (normalmente, os recobrindo com argi-

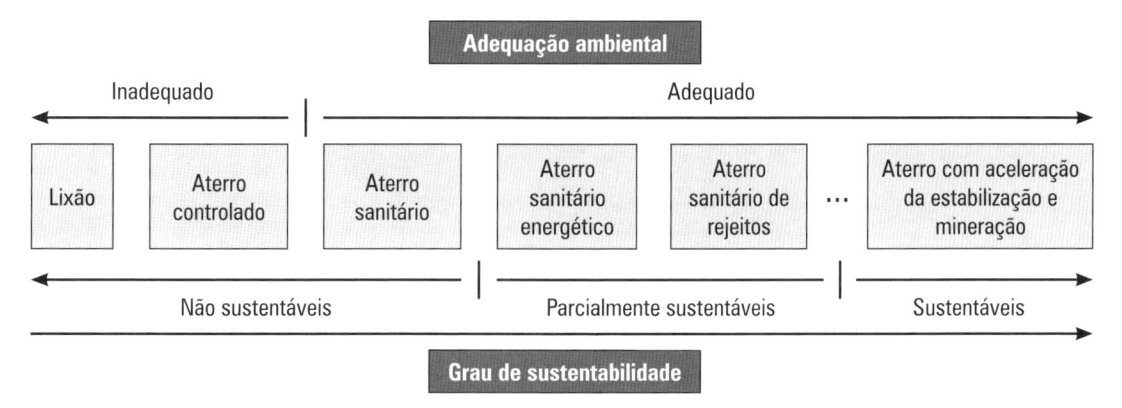

FIGURA 9.24 Adequação ambiental e grau de sustentabilidade da disposição de rejeitos de resíduos sólidos.
Fonte: Contrera.[18]

la selecionada e compactada em níveis satisfatórios), evitando danos ou riscos à saúde pública e minimizando os impactos ambientais, desde que construído e operado adequadamente.

Os critérios de engenharia mencionados estabelecem-se na impermeabilização prévia do solo e em projetos de sistemas de drenagem periférica e superficial para afastamento de águas de chuva, de drenagem de fundo para a coleta de lixiviado, de sistema de tratamento para o lixiviado drenado, de drenagem e queima dos gases gerados durante o processo de bioestabilização da matéria orgânica. Os projetos de aterros sanitários devem ser realizados de acordo com a norma ABNT NBR 8419,[39] que trata da apresentação de projetos de aterros sanitários de resíduos sólidos urbanos. A **FIGURA 9.25** apresenta um esquema da implantação e operação de um aterro sanitário em várias etapas.

Depois do preparo da base e dos drenos de fundo, os resíduos podem ser aterrados em camadas compactadas, formando células recobertas com solo, ao final de cada dia de operação. A compactação dos resíduos é normalmente realizada utilizando-se um trator de esteiras que passa de 3 a 5 vezes sobre o resíduo depositado. A cobertura com solo ao final de cada dia é importante para evitar a atração de insetos, aves e roedores, além de evitar o espalhamento dos resíduos leves pelo vento, minimizar os maus odores e reduzir a infiltração de águas de chuva, que contribuiriam para a formação adicional de lixiviados. A **FIGURA 9.26** apresenta um corte esquemático da estrutura interna das células de um aterro.

Caso o gás do aterro (biogás) não seja extraído para geração de energia, devem ser instalados queimadores sobre os drenos de gases. Sobre as últimas camadas superficiais do aterro, são executados os recobrimentos finais dos taludes, bermas e coberturas, nos quais pode haver ou não aplicação de geomembrana internamente, além da camada de solo superficial. As geomembranas ajudam a impedir a formação de fissuras na superfície do aterro a evitam que o solo de cobertura escoe para dentro da massa de resíduos. Sobre as coberturas finais de solo (preferencialmente argiloso), são construídos os drenos de águas pluviais, plantando-se também grama sobre os taludes para se evitar erosões. A **FIGURA 9.27** ilustra esses elementos.

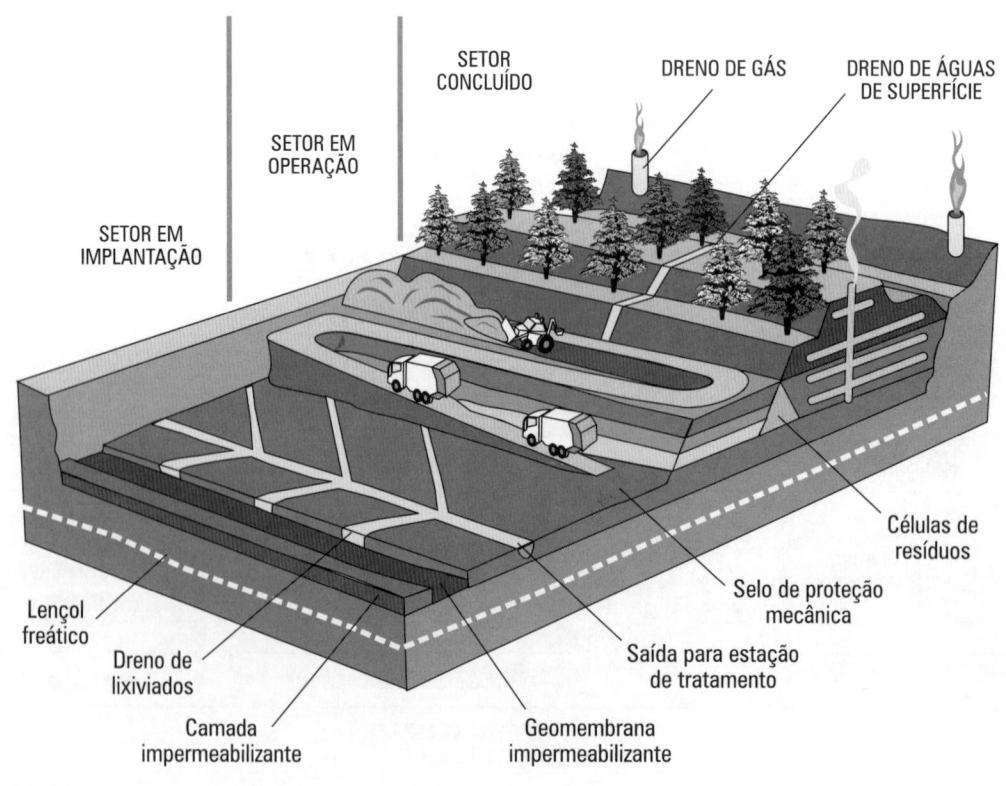

▶ **FIGURA 9.25** Implantação e operação de um aterro sanitário.
Fonte: Vilhena.[40]

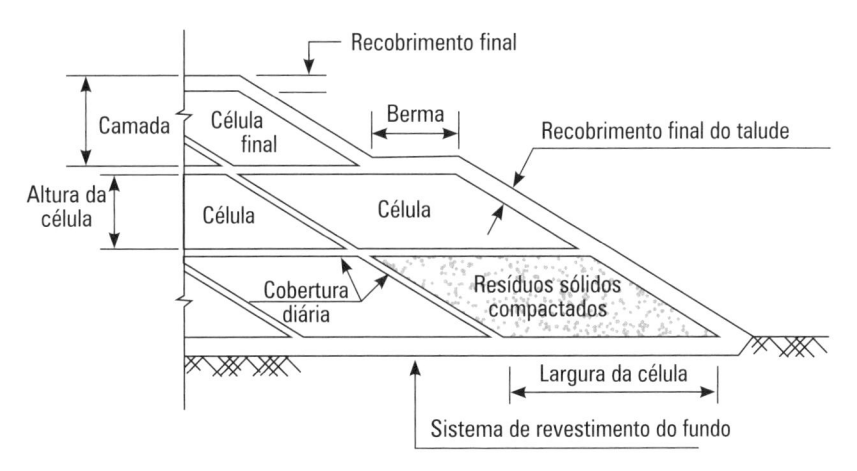

▶ **FIGURA 9.26** Corte esquemático apresentando a estrutura interna das células de um aterro.

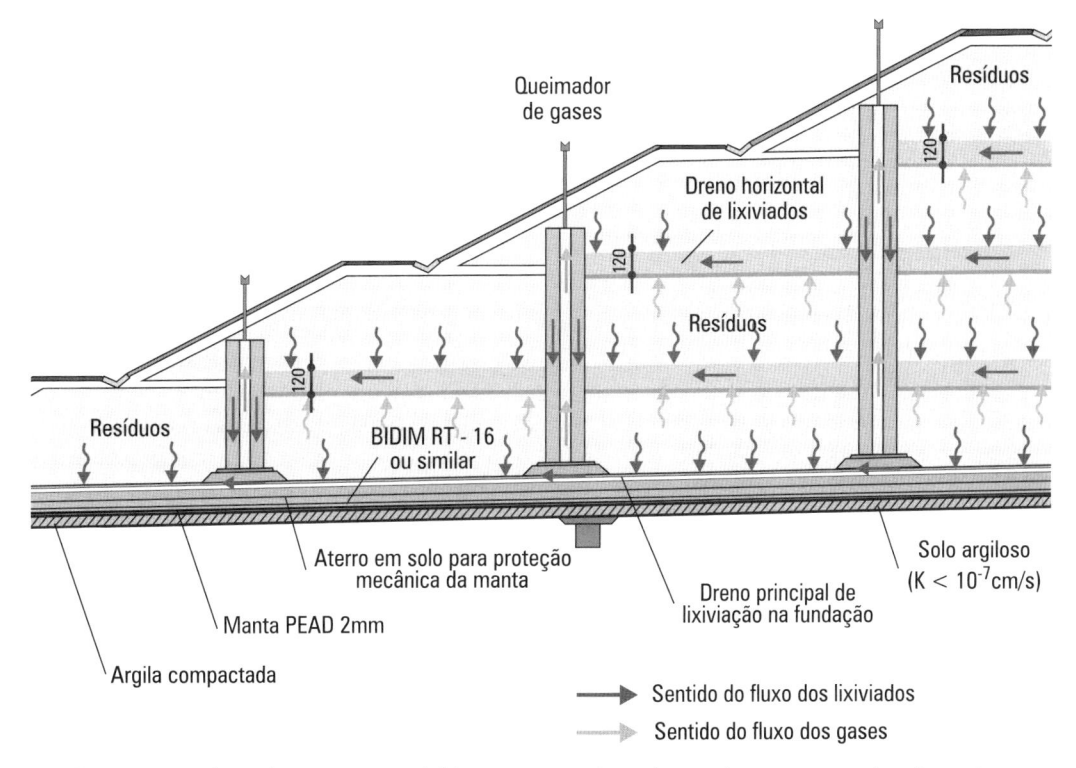

▶ **FIGURA 9.27** Corte esquemático de um aterro sanitário apresentando os drenos de gases, os queimadores de gases, os drenos de águas da chuva e as coberturas superficiais.
Fonte: Adaptada de Mancini.[41]

Um grande problema dos aterros sanitários são as emissões fugitivas de gases. Essas emissões são aquelas que não ocorrem através dos drenos, mas através dos poros da camada de solo da superfície do aterro. Essas emissões são difíceis de serem quantificadas, mas podem ser medidas pontualmente com equipamentos especiais instalados na superfície do aterro. A intensidade delas muda muito de aterro para aterro, dependendo do porte do aterro, da eficiência do sistema de drenagem de gases, da idade do aterro, dos materiais de cobertura, da utilização de geomembranas etc. Estima-se que em muitos aterros essas emissões sejam da ordem de 30 a 60% do gás gerado no aterro. A existência de drenos não evita as emissões fugitivas, uma vez que a superfície dos aterros são permeáveis e os drenos são somente caminhos preferenciais para a passagem dos gases com menor perda de carga.

Um aterro sanitário deve ser frequentemente monitorado com relação aos possíveis deslocamentos de talude e aumentos da pressão neutra interna, para evitar que ocorram acidentes como o deslizamento do aterro de Itaquaquecetuba, São Paulo, ocorrido em 2011, ou o deslizamento do aterro de Guarulhos, São Paulo, ocorrido em 2018. A **FIGURA 9.28** apresenta esses deslizamentos. Um deslizamento dessa proporção pode colocar em risco a vida dos trabalhadores locais, gera um prejuízo milionário para se recompor o aterro e um considerável impacto ambiental no local. Além disso, a operação do aterro pode ser multada pelo órgão ambiental, caso seja constatada alguma falha ou negligência operacional.

A degradação e estabilização da matéria orgânica pode levar muitos anos para ocorrer no interior de um aterro sanitário. Os materiais facilmente degradáveis (restos de alimentos, folhas, frutas etc.) podem demorar até cinco anos para serem degradados, e os moderadamente degradáveis podem demorar até 50 anos para serem degradados no interior dos aterros.

O gás resultante da decomposição dos resíduos no aterro por ser aproveitado de duas formas. Uma delas é por meio da queima direta do gás para geração de vapor d'água em caldeiras, os quais são utilizados para geração de energia em turbinas que acionam geradores. Nesse caso, não há necessidade de purificação do gás de aterro para queima. Outra forma é por meio da utilização do gás como combustível em motores de combustão interna que acionam geradores. Nesse caso, o gás deve ser livre de impurezas que possam reduzir a vida útil do motor e, também, deve possuir poder calorífico suficiente, obtido por meio da remoção do dióxido de carbono no gás. Entre as instalações necessárias para o aproveitamento do gás de aterros, as principais são:

- tubos de coleta;
- sistema de bombeamento de gás (sopradores);
- sistema de tratamento de condensado (remoção da umidade do gás);
- *flare* (queima de excesso); e
- sistema de tratamento de gás (remoção de impurezas).

A utilização de aterros, entre os vários aspectos negativos associados, apresenta um problema relacionado é a geração de lixiviados ou percolados. O termo "chorume" deve ser utilizado para o líquido oriundo da degradação direta dos resíduos orgânicos, tal como o líquido que vaza das lixeiras ou dos sacos de lixo. Os lixiviados ou percolados de aterros sanitários possuem características completamente diferentes daquelas do chorume.

O chorume é formado pela digestão da matéria orgânica sólida, por ação de exoenzimas produzidas por bactérias e fungos. A função dessas enzimas é solubilizar a matéria orgânica para que esta possa ser assimilada por células bacterianas e fungos. Esse processo se inicia desde o momento do descarte da matéria orgânica na lixeira e continua até a sua disposição final em um aterro sanitário. Eventualmente, parte da água da chuva que cai sobre o aterro in-

▶ **FIGURA 9.28** Deslizamento dos aterros de Itaquaquecetuba, São Paulo, ocorrido em 2011, e de Guarulhos, São Paulo, ocorrido em 2018.
Fonte: TViG[42] e Rede Brasil Atual.[43]

filtra, percolando através das camadas de solo e resíduos, lixiviando material inorgânico, matéria orgânica particulada e chorume, que são parcialmente biodigeridos ao longo do trajeto, em ambiente anaeróbio, dando origem aos percolados ou lixiviados que são drenados na base do aterro sanitário. Dessa forma, as características dos lixiviados, bem como as quantidades geradas, estão sujeitas às atividades físicas, químicas e biológicas dos aterros sanitários que as geram, e, portanto, dependem principalmente:

- dos tipos e composições dos resíduos aterrados;
- do grau de estabilização dos resíduos aterrados;
- da umidade inicial dos resíduos;
- do grau de compactação dos resíduos;
- do tipo e da composição química do solo utilizado nas camadas intermediárias e na cobertura final do aterro ou suas partes;
- do uso de geossintéticos na cobertura do aterro em conjunto com o solo;
- dos índices pluviométricos e da infiltração da água da chuva no maciço do aterro;
- das condições climáticas locais, destacando-se a temperatura;
- do número de camadas do aterro, geometria e extensão;
- da concepção do sistema de drenagem de líquidos;
- etc.

A produção de lixiviados é frequentemente observada dentro de poucos meses, semanas, ou até dias após o início da operação do aterro sanitário, quando a capacidade de campo do aterro é excedida e o resíduo fica saturado.

Infelizmente, ainda não existe consenso sobre a melhor forma de tratamento para os lixiviados de aterros sanitários, e devido à sua composição diversa e dinâmica, existe uma infinidade de tecnologias de tratamento para lixiviados, que podem produzir sucesso ou fracasso dependendo de cada situação.

Atualmente, no Brasil, cada metro cúbico de lixiviado pode custar cerca de R$ 50,00 a R$ 500,00 para ser tratado, dependendo das características do lixiviado, das características do local e das tecnologias utilizadas no tratamento.

Adicionalmente ao que foi apresentado, uma questão relevante em relação ao uso de aterros sanitários para a disposição é a sua gestão após o esgotamento da sua capacidade de armazenagem.

Embora existam bibliografias indicando usos futuros para área de um aterro sanitário, esta alternativa deve ser considerada com muita cautela, pois não é recomendada a execução de construções sobre um aterro sanitário, devido aos recalques diferenciais e à possibilidade de acúmulo de gases no interior das edificações, o que geraria riscos de explosão. A criação de animais sobre o local também não é indicada em razão de possíveis danos na vegetação (cobertura dos taludes, bermas e topo) e no solo gerados por essa atividade, contribuindo para possíveis erosões e descobrimento dos resíduos aterrados. Uma alternativa que tem sido utilizada com sucesso em alguns locais é a utilização da área da superfície do aterro para instalação de painéis solares para geração de energia.

De acordo com Contrera,[18] além de ser um passivo ambiental, os aterros sanitários, mesmo após a desativação (fim da operação), apresentam custos significativos para os municípios, que raramente são contabilizados pelos projetistas. Estes custos são os seguintes:

- Custos com segurança e controle de acesso da área, pois áreas de aterros desativados estão sujeitas a invasões, que colocariam em risco a própria vida dos invasores se resolvessem habitar o local.
- Custos com monitoramento de águas subterrâneas e superficiais do entorno. Mesmo após a desativação, o aterro continua gerando risco de contaminação do solo e das águas, exigindo, para esse controle, a realização periódica de análises de amostras de água provenientes de poços de monitoramento e de corpos d'água superficiais do entorno. Essas análises devem ser feitas por laboratórios especializados e certificados.

- Mesmo após encerrado, o aterro sanitário continua gerando biogás que necessita ser queimado; dessa forma, haverá sempre custos com reparos e aquisições de queimadores novos, bem como custos com funcionário para inspecionar o local e acender constantemente os queimadores que eventualmente se apagam pela ação do vento;
- Custos com tratamento e análises dos lixiviados, que também continuam sendo gerados, mesmo com o encerramento do aterro, sendo que o momento do encerramento pode ser o de maior carga orgânica, considerando-se a vazão e a concentração dos lixiviados gerados. O custo com tratamento e até transporte de lixiviados costuma ser um dos mais consideráveis, como já apresentado anteriormente.
- Custos com monitoramento de deslocamentos de taludes e com monitoramento de pressões neutras, pois ambos podem desestabilizar os taludes, levando a acidentes. Essas medidas são realizadas por topógrafos e geotécnicos com uma frequência de pelo menos duas vezes ao ano. Após, é emitido um laudo técnico de estabilidade de taludes.
- Custos com reparos nos sistemas de drenagem de águas pluviais, com recomposição de erosões, com manutenção da vegetação (normalmente grama) e vedação de trincas etc.

Caso seja detectada contaminação das águas subterrâneas, o órgão ambiental solicitará uma investigação confirmatória com base em novas análises de água. Ao confirmar a contaminação da área, o órgão ambiental solicitará um estudo de investigação detalhada para avaliar a extensão da contaminação, sendo necessária a realização de uma série de sondagens com retiradas de amostras de solo e de água para análise. Além disso, profissionais especializados realizarão uma análise de simulação computacional com as informações obtidas em campo. Este estudo pode custar até alguns milhões de reais, dependendo da extensão e das condições da área. Com base nesse estudo, o órgão ambiental poderá solicitar a contenção da poluição e a remediação da área, o que custará muito mais.

Diante de todos esses custos e possíveis problemas, muitos países, em especial os europeus (Alemanha, Bélgica, Áustria, Inglaterra etc.), decidiram começar a minerar os antigos aterros para recuperação das áreas visando outros usos. A **FIGURA 9.29** apresenta imagens de mineração de aterros.

No processo de mineração, os resíduos são escavados e peneirados para separação da matéria orgânica putrescível que sofre considerável redução de volume e para separação de materiais com algum valor que podem ainda ser reciclados. A matéria orgânica putrescível estabilizada pode ser usada como cobertura em outros aterros ou incinerada junto com outros resíduos, como restos de plástico, madeira e papel que não estariam em condições de reciclagem. Uma alternativa aos resíduos com elevado poder calorífico tem sido a produção de combustível derivado de resíduo (CDR), que pode ser utilizado em caldeiras industriais ou em fábricas de cimento, substituindo combustíveis fósseis como o carvão. Nesse caso, dificilmente a matéria orgânica

▶ **FIGURA 9.29** Mineração de aterros sanitários.
Fonte: Marsden[44] e Tepe.[45]

peneirada poderia ser utilizada na agricultura devido às possíveis concentrações elevadas de metais e às impurezas, como fragmentos de vidro, plástico, metais etc.

Diante do exposto, nota-se claramente que a disposição de resíduos sólidos em aterros sanitários não se enquadra no conceito de economia circular. Ao dispor resíduos (não rejeitos) em um aterro sanitário, o gestor dos resíduos municipais, além de ir contra a lei (Política Nacional do Resíduos Sólidos), contribui para criação ou amplificação de um passivo ambiental e de todos os custos decorrentes que este poderá representar para as gerações futuras.

▶ 9.11.2 Aterro industrial ou de resíduos perigosos

Se um determinado resíduo for classificado como perigoso, este não pode ser disposto em aterros classe II A de resíduos sólidos urbanos, devendo ser disposto em aterros de resíduos perigosos, também conhecidos como aterros industriais.

A ABNT NBR 10157[46] apresenta os critérios para construção e operação de aterros de resíduos perigosos. A seleção de áreas para implantação de aterros industriais deve ser realizada por meio de estudo de zoneamento ambiental, como apresentado para o aterro de resíduos classe II A. Aterros que recebem resíduos perigosos devem contar com laboratório para realização de testes expeditos em resíduos amostrados no momento do recebimento. As camadas impermeabilizantes desses aterros devem ser resistentes e à prova de falhas. Todo o sistema de impermeabilização artificial deve ser testado quanto ao seu desempenho e durante a vida útil do aterro. Sob o sistema artificial de impermeabilização inferior, deve haver um sistema de detecção de vazamentos de lixiviados.

No encerramento, muitos aterros, além da cobertura de solo, podem receber também uma camada impermeabilizante (geossintética) superficial para minimização da geração de lixiviados. Alguns aterros já são construídos possuindo uma cobertura parecida com um galpão. A **FIGURA 9.30** apresenta dois aterros de resíduos perigosos, sendo um deles em Tremembé, São Paulo, e o outro em Paulínia, São Paulo.

Os lixiviados gerados nesse local devem ser quantificados, analisados com frequência e tratados de forma adequada por meio de processos físico-químicos, processos oxidativos avançados ou até incinerados. Esses lixiviados apresentam características completamente diferentes dos lixiviados produzidos em aterros sanitários de resíduos classe II A, sendo estas características também função dos tipos de resíduos aterrados e da forma como o aterro é operado.

O local deve possuir poços de monitoramento de águas subterrâneas a montante e a jusante, e essas águas devem ser analisadas com frequência estipulada pelo órgão ambiental, com a finalidade de se identificarem possíveis contaminações da área. Se houver corpos hídricos superficiais no entorno, a água deles também deve ser analisada a montante e a jusante com a mesma frequência dos poços de monitoramento.

Tremembé, SP

Paulínia, SP

▶ **FIGURA 9.30** Aterros de resíduos perigosos ou industriais.
Fonte: Ambconsult[47] e Estre Ambiental.[48]

▶ 9.11.3 Aterro de resíduos inertes

Embora seja comum a utilização do termo "aterro de resíduos de construção e demolição", deve-se atentar que nem todo resíduo de construção e demolição é inerte, e alguns deles são, ainda, perigosos; assim, nem todo resíduo gerado em atividades de construção e demolição pode ser disposto em aterros de resíduos inertes.

Nos aterros de inertes podem ser dispostos somente resíduos classe A, segundo a Resolução Conama nº 307[21] de 2002, alterada pelas resoluções 348/04,[49] 431/11,[50] 448/12[51] e 469/15,[52] provenientes da construção civil e de demolições, bem como outros resíduos também classificados como inertes. Salienta-se que, dessa forma, os solos não contaminados, provenientes de obras de terraplenagem, são destinados para esse tipo de aterro. Há aterros de inertes que são utilizados apenas para depósito temporário de solos.

A ABNT, por meio da NBR 15113,[53] apresenta diretrizes para projeto, implantação e operação de aterros de resíduos sólidos da construção civil e resíduos inertes. O grande problema operacional desse tipo de aterro é o controle do conteúdo das caçambas de resíduos. Infelizmente, muitas das caçambas de resíduos de construção e demolição apresentam resíduos que não são inertes, provenientes da própria construção ou de limpezas locais. Já que esse tipo de aterro não possui nenhuma proteção na base, caso não haja separação dos resíduos, o solo local pode ser contaminado e, posteriormente, contaminar os corpos d'água locais, tornando o local do aterro uma área contaminada. Por conta disso, muitas áreas estão sendo licenciadas pelas agências ambientais somente para depósito temporário de resíduos inertes, com o compromisso da reciclagem futura do material. A **FIGURA 9.31** apresenta dois aterros de inertes, sendo um no Brasil e o outro em Portugal, instalado em uma antiga cava de mineração de agregados (pedras).

Depois que o resíduo for aceito, ele deve ser parcialmente espalhado por uma máquina no local, para facilitar a sua triagem manual, recolhendo-se e separando todos os resíduos não minerais, como recicláveis, madeiras, pequenos galhos de árvores, pequenas quantidades de gesso, latas de tinta e solventes etc.

Esse tipo de resíduo não necessita de cobertura, e o local pode ser minerado no futuro para reciclagem dos resíduos inertes. Não é recomendado construir edificações sobre o local, mas a partir de um estudo geotécnico de estabilidade, a área pode ser liberada para construção em situações especiais.

Mesmo recebendo somente resíduos inertes, a área deve possuir poços de monitoramento de águas subterrâneas, devendo-se analisar a água desses poços com certa frequência, bem como também dos corpos hídricos superficiais presentes nas proximidades.

Aterro no Grajaú, em São Paulo, SP   Aterro em uma cava de mineração em Portugal

▶ **FIGURA 9.31** Aterros de resíduos inertes.
Fonte: Associação Brasileira para Reciclagem de Resíduos da Construção;[54] Semural, Waste and Energy.[55]

9.12 OUTROS RESÍDUOS

Este texto, por ser introdutório, teve como objetivo apresentar somente as principais tecnologias aplicáveis ao tratamento e à disposição de resíduos municipais; todavia, o conhecimento sobre outros resíduos pode ser de interesse para futuros engenheiros, como os rejeitos radioativos, que serão abordados no item seguinte. Deve-se observar que a Lei nº 12305/2010,[10] que instituiu a Política Nacional dos Resíduos Sólidos, não trata da questão dos resíduos radioativos, conforme o seu parágrafo 2º:

"2º Esta Lei não se aplica aos rejeitos radioativos, que são regulados por legislação específica."

▶ 9.12.1 Rejeitos radioativos

9.12.1.1 Radiações

A luz solar que recebemos é energia radiante, resultado de reações nucleares no interior do Sol. Ela chega até a Terra por meio de várias espécies de radiações: na forma de luz, ladeada pelos raios infravermelho e ultravioleta e na forma de ondas eletromagnéticas, como ondas de rádio e raios, como o raio X, os raios g, os raios cósmicos etc. Foi essa energia, ao proporcionar reações como a fotossíntese e outras, que provavelmente originou a vida na Terra e permitiu todo o seu desenvolvimento. É claro que, paralelamente aos seus efeitos benéficos, existem também os efeitos indesejáveis, resultantes das exposições descontroladas a essas radiações. A própria natureza vai procurando se defender desses efeitos nocivos, criando condições de defesa, como a camada de ozônio.

Os minerais radioativos emitem essas radiações em quantidades variáveis, que podem ser ativadas a partir de processos artificiais de excitação. O núcleo do átomo é formado de um conjunto de prótons (carga positiva) mais nêutrons (sem carga), os quais lhe dão o "número de massa", e tem em órbita, à sua volta, uma série de elétrons (carga negativa). Uma pergunta que normalmente um leigo faz é: "Como é possível que esse núcleo não se desintegre em razão das cargas elétricas que o compõem, uma vez que a força nuclear entre dois prótons contínuos é cerca de 1 milhão de vezes maior que a repulsão elétrica?".

A resposta consiste na admissão de forças nucleares, sempre atrativas, que mantêm os prótons unidos e que devem ser muito grandes. Verificou-se, ao longo do tempo, que existe no átomo uma série de partículas diferentes que participam do processo de equilíbrio energético e que explicam a ação dessas forças nucleares. Quando a relação de energia entre prótons e elétrons não é estável, aparecem fenômenos nucleares que tendem a promover a estabilização. Daí resultam as radiações, que podem ser detectadas por chapas fotográficas ou por equipamentos especiais, como câmaras de ionização, contadores Geiger, contadores de cintilação ou cintiladores etc.

As radiações funcionam como uma espécie de válvula de escape do núcleo, e apresentam-se principalmente na forma de:

Radiações alfa (α): partículas emitidas geralmente por núcleos mais pesados, compostas por dois prótons e dois nêutrons. Têm carga positiva (+2) e massa (4) semelhante ao núcleo do hélio; possuem alto poder de irradiação, mas pequeno poder de penetração. Podem ser bloqueadas pela pele ou por uma folha de papel. Possuem um alcance da ordem de 1 centímetro no ar. Quando um átomo emite uma partícula α, ele tem seu número atômico reduzido de duas unidades e seu número de massa diminuído de quatro unidades, passando a ser outro elemento químico.

Radiações beta (β): são partículas emitidas pelo núcleo, dotadas de carga negativa unitária e identificadas como elétrons. Têm baixo poder de ionização e um bom poder de penetração; podem atravessar a pele, mas são bloqueadas por uma chapa de metal. Quando um átomo emite uma partícula β, seu número atômico aumenta de uma unidade e mantém o número de massa.

Radiações gama (γ): são ondas de origem eletromagnética, semelhantes ao raio X, que se movem à velocidade da luz. Com grande poder de penetração, têm, porém, baixo poder de ionização. Na emissão de radiações γ não há variações dos números atômicos ou de massa.

Seu alto poder de penetração possibilita sua utilização em vários campos das necessidades humanas, mas é preciso que elas sejam muito bem controladas em virtude do perigo que representam, dependendo do grau de exposição. Podem ser bloqueadas por chumbo, concreto e, em casos especiais, por grandes massas de água.

Raios cósmicos: feixes de prótons de alta energia; são a maior fonte de energia do Universo, mas representam um enorme perigo para as viagens do homem no espaço interplanetário. Sua existência foi descoberta por V. Hess, em 1911. O Sol é o maior emissor desses raios, e existe, circundando a Terra, um cinturão de raios cósmicos – Cinturão de Van Allen –, cuja altitude varia com a longitude, podendo ir de 400 km a 1.300 km. Esses raios cósmicos são os responsáveis pela formação de carbono 14 (C 14).

Desintegração

Estudando as radiações, verificamos que, com a perda dessas partículas e energias, os átomos vão se desintegrando paulatinamente. A probabilidade de ocorrência de uma desintegração, a cada segundo, de um átomo radioativo é dada por uma constante (p). Embora essa desintegração possa ser postergada por longos períodos, o valor de p mantém-se constante. Quando se estuda um único átomo radioativo, é muito difícil avaliar essa constante de desintegração, mas, quando se tem uma quantidade muito grande de átomos, essa probabilidade pode ser avaliada medindo-se a quantidade de átomos que se desintegram com relação ao número inicial.

Meia-vida

A probabilidade p de desintegração de cada átomo não muda; com o tempo, existirão menos átomos radioativos e, portanto, menos desintegrações por segundo. Convencionou-se considerar, para efeito de controle e planejamento de ação, o tempo no qual a amostra tem a metade dos seus átomos desintegrados como uma variável, dando-lhe o nome de "meia-vida".

Logicamente, como a probabilidade p não muda e apenas o número N de átomos é diferente, a desintegração da nova metade dessa amostra deve levar o mesmo intervalo de tempo.

O modelo aqui utilizado é o da reação de primeira ordem, à semelhança do que se utilizou no caso do estudo da variação da DBO em um curso de água (Capítulo 8).

$$N_t = N_0 e^{-kt}$$

$$\frac{N_t}{N_0} = \frac{1}{2} = e^{-kt_{1/2}}$$

$$t_{1/2} = \frac{0{,}693}{k} \tag{9.2}$$

em que N_0 é o número de átomos no instante zero; N_t é o número de átomos no instante t; k é a constante de desintegração; e t é o tempo.

No cálculo da "meia-vida" de uma amostra, é feita a contagem de átomos radioativos ao longo de vários intervalos de tempo, e esses resultados são apresentados em um gráfico monologarítmico, que deverá representar o decaimento da amostra como uma reta, da qual se deduz sua "meia-vida". Na "meia-vida", o número de átomos passa de N para N/2.

Exemplo: em uma amostra de U 238 (urânio 238) com mil átomos, após $4{,}51 \times 10^9$ anos, 500 átomos se transformarão em tório 234. Os 500 átomos restantes passarão a atuar como um todo e, após $4{,}53 \times 10^9$ anos, 250 átomos desse novo conjunto de urânio 238 serão transformados em tório 234.

Medida das radiações ionizantes

A unidade de medida de radiação é o Curie. Uma quantidade de material radioativo, na qual ocorram $3{,}7 \times 10^{10}$ desintegrações por segundo, é igual a 1 Curie (Ci). A quantidade real de material que produz 1 Ci é variável em função do tipo de material. Um grama de rádio é igual a 1 Ci, enquanto somente 10^{-7} g de um recém-formado isótopo radioativo de sódio produzem o mesmo número de desintegrações por segundo. Em geral, 1 Ci é uma quantidade muito grande de radiação e seus submúltiplos são frequentemente utilizados: mCi (milicurie), μCi (microcurie), nCi (nanocurie) e o pCi (picocurie).

A dose de radiação recebida por um indivíduo pode ser avaliada por meio das seguintes grandezas:

- **exposição** é a medida da capacidade dos raios γ ou x de produzir a ionização do ar. Um Roentgen (R) é a quantidade capaz de produzir $2,58 \times 10^{-4}$ Coulombs de carga elétrica em um quilograma de ar seco à temperatura e pressão normais;
- **dose absorvida** é a quantidade de energia depositada pela radiação ionizante em um determinado volume conhecido. É mais abrangente que a "exposição", pois é válida para todas as radiações (x, α, β e γ) e para qualquer material absorvente. A unidade antiga é o *rad* e a nova, o G*ray* (G*y*);
- **dose equivalente** completa a definição da quantidade de energia absorvida e considera fatores como o tipo de radiação ionizante, a energia recebida e a distribuição da radiação no tecido para que se possa avaliar os possíveis danos biológicos. Praticamente é a "dose absorvida" multiplicada pelo fator de qualidade Q e o fator N. O fator de qualidade Q (**TABELA 9.8**) relaciona o efeito dos diferentes tipos de radiação em termos de dano. O fator N permite avaliar a influência do radionuclídeo depositado internamente. A unidade antiga é o Roentgen Equivalent Man (REM), e a unidade nova é o Sievert (Sv).

As diferentes unidades de medida relacionadas com a radioatividade estão resumidas na **TABELA 9.9**.

▶ **TABELA 9.8** Valores de Q para diferentes tipos de radiações ionizantes

Tipo de radiação	Fator de qualidade (Q)
Raios X, gama e elétrons	1
Prótons e partículas com uma (1) unidade de carga* e com massa de repouso maior que a unidade de massa atômica e de energia desconhecida	10
Nêutrons com energia desconhecida	20
Partículas alfa e demais partículas com carga superior a uma (1) unidade de carga*	20

*Unidade de carga é a carga de um elétron.
Fonte: Comissão Nacional de Energia Nuclear.[56]

▶ **TABELA 9.9** Medidas de radiações ionizantes

Grandeza	Unidade	Símbolo	Valor
Exposição	antiga: Roentgen	R	$2,58 \times 10^{-4}$ C/kg
	nova: Coulomb/kg	Q/kg	$3,88 \times 10^3$ R
Dose absorvida	antiga: rad	rad	10^{-2} J/kg
	nova: Gray	Gy	100 rad
Dose equivalente	antiga: REM	REM	10^{-2} J/kg.Q.N
	nova: Sievert	Sv	100 REM

Geração de resíduos radioativos

A partir do instante que o ser humano aprendeu a dominar o átomo, o que ocorreu no início da década de 1940,[57]* a nossa sociedade tem se confrontado com os resíduos, ou rejeitos, radioativos. A maior parte dos rejeitos radioativos é proveniente da produção de armas nucleares, produção de combustíveis para usinas nucleoelétricas e sistemas de propulsão, operação das usinas nucleoelétricas, atividades de pesquisa e aplicações médicas, entre outras.

Os rejeitos radioativos podem se apresentar nas formas sólida, líquida ou gasosa. E, como não é possível destruir a radioatividade, a estratégia utilizada para o gerenciamento dos rejeitos é o seu confinamento em local seguro. Para os rejeitos radioativos líquidos e gasosos, é possível adotar dois procedimentos: retenção para redução do nível de atividade, com posterior lançamento para o meio ambiente, ou separação dos contaminantes radioativos por métodos adequados, de maneira que eles possam ser gerenciados como rejeitos sólidos.

No intuito de preservar a saúde e garantir a segurança contra os efeitos da radiação, foi desenvolvida uma regulamentação específica para o gerenciamento dos rejeitos radioativos. A classificação brasileira baseia-se nas normas da Agência Internacional de Energia Atômica (AIEA). De acordo com a norma CNEN-NE-6.05,[58] que trata da Gerência de Rejeitos Radioativos em Instalações Radioativas, os rejeitos são classificados com base no seu estado físico, natureza da radiação, concentração e taxa de exposição.

Existem basicamente três classificações para os rejeitos radioativos, que é função de atividade específica ou da taxa de exposição, conforme apresentado na **TABELA 9.10**.

Para um melhor gerenciamento, os rejeitos radioativos devem ser segregados e separados no ponto de geração, de acordo com as seguintes características:

1. sólido, líquido e gasoso;
2. meia-vida (curta ou longa);
3. compactáveis ou não compactáveis;
4. orgânicos ou inorgânicos;
5. putrescíveis ou patogênicos, se for o caso;
6. combustíveis ou não combustíveis;
7. outras características.

Após a segregação e o acondicionamento adequado, os rejeitos são identificados e encaminhados para tratamento ou disposição final.

▶ TABELA 9.10 Classificação dos rejeitos radioativos

Classificação	Emissores beta e gama (alfa < $3,7 \times 10^8$ Bq/m³)			Emissores alfa (alfa > $3,7 \times 10^8$ Bq/m³)	
	Líquido	Gasoso	Sólido	Líquido	Sólido
	Atividade específica (Bq/m³)		Exposição na superfície (µC/kg.h)	Atividade específica (Bq/m³)	
Baixo nível	$C \leq 3,7 \times 10^{10}$	$C \leq 3,7$	$X \leq 50$	$3,7 \times 10^8 < C \leq 3,7 \times 10^{10}$	$3,7 \times 10^8 < C \leq 3,7 \times 10^{11}$
Médio nível	$3,7 \times 10^{10} < C \leq 3,7 \times 10^{13}$	$3,7 < C \leq 3,7 \times 10^4$	$50 < X \leq 500$	$3,7 \times 10^{10} < C \leq 3,7 \times 10^{13}$	$3,7 \times 10^{11} < C \leq 3,7 \times 10^{13}$
Alto nível	$C > 3,7 \times 10^{13}$	$C > 3,7 \times 10^4$	$X > 500$	$C > 3,7 \times 10^{13}$	$C > 3,7 \times 10^{13}$

Fonte: Comissão Nacional de Energia Nuclear.[58]

---

*A primeira reação em cadeia autossustentável ocorreu em 2 de dezembro de 1942.

Os rejeitos radioativos podem ser constituídos de diversos materiais, como lamas, borras, líquidos, metais, madeiras, tecidos, papel, plástico e vidro, entre outros. Um exemplo da composição de rejeitos radioativos sólidos gerados em reatores nucleares à água pressurizada é apresentado na **TABELA 9.11**.

O que distingue os rejeitos radioativos apresentados na Tabela 9.11 dos resíduos gerados nas demais atividades humanas é que aqueles se apresentam contaminados por elementos radioativos, resultantes da fissão do urânio e da ativação de elementos naturais, que foram irradiados nas proximidades do núcleo do reator. A **FIGURA 9.32** mostra a distribuição isotópica nos rejeitos compactáveis.

Em uma usina nuclear, também são gerados outros tipos de rejeitos, como gases de exaustão da contenção do reator e demais edificações onde há manipulação de materiais radioativos, água radioativa do circuito de resfriamento do reator e do circuito de geração de vapor, rejeitos líquidos resultantes dos processos de descontaminação, os quais são coletados e encaminhados para tratamento.

Para o tratamento e gerenciamento dos rejeitos gerados em reatores nucleares, pode-se lançar mão dos seguintes procedimentos:

- armazenagem para decaimento radioativo e lançamento para o meio ambiente (geralmente utilizado para gases, mas também pode ser utilizado para sólidos e líquidos com baixo nível de atividade, contendo radionuclídeos de meia-vida curta);

▶ **TABELA 9.11** Composição dos rejeitos radioativos sólidos gerados em reatores nucleares

Compactáveis		Não compactáveis	
Material	**(%)**	**Material**	**(%)**
Plásticos	51	Madeira	18
Papel	17	Eletrodutos	12
Roupas	10	Tubos e válvulas	34
Material absorvente	4	Filtros	4
Borracha	6	Material compactável	4
Madeira	3	Estruturas de filtros	2
Material não compactável	1	Concreto	2
Metal	3	Ferramentas	4
Filtros	2	Detritos	1
Vidro	< 1	Vidro	< 1
Outros	4	Outros	19

Fonte: Eletric Power Research Institute.[59]

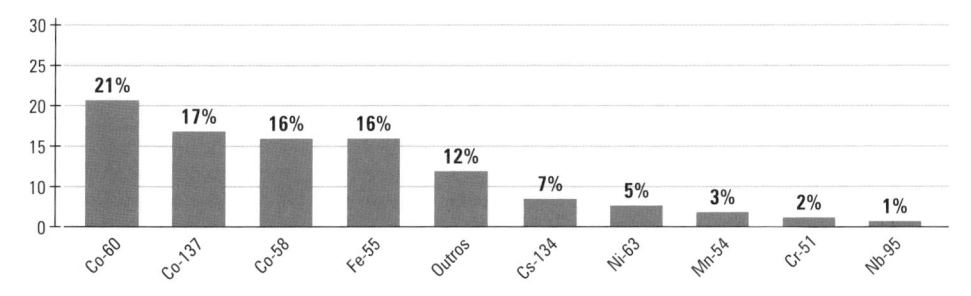

▶ **FIGURA 9.32** Composição isotópica dos rejeitos radioativos sólidos, compactáveis.
Fonte: Eletric Power Research Institute.[59]

- adsorção em carvão ativado (gases);
- adsorção em material absorvente (líquidos orgânicos);
- tratamento por troca iônica (rejeitos líquidos com baixo nível de atividade);
- tratamento por evaporação (rejeitos líquidos de média atividade);
- imobilização em matriz de cimento, polimérica ou betume (concentrados, resinas de troca iônica e rejeitos não compactáveis, entre outros);
- compactação (rejeitos sólidos compactáveis);
- incineração (rejeitos sólidos e líquidos, combustíveis);
- vitrificação (concentrados, lamas e cinzas com médio e alto níveis de atividade).

Após o seu processamento, os rejeitos remanescentes, geralmente na forma sólida, são acondicionados em embalagens adequadas e encaminhados para um local de armazenagem, cujo projeto é desenvolvido visando ao confinamento seguro desses rejeitos em seu interior.

Ainda com relação aos rejeitos gerados em usinas nucleares, deve-se dar atenção especial aos combustíveis nucleares irradiados. Esse tipo de material, em decorrência do alto nível de atividade, deve ter um programa de gerenciamento específico, sendo que, após a sua remoção do núcleo do reator, ele permanece em uma piscina de estocagem por pelo menos cinco anos antes de poder ser transferido para outro local. A razão para isso é que a água fornece uma efetiva barreira contra a radiação, além de promover a remoção do calor residual gerado no processo de decaimento radioativo. Decorrido o período necessário para o decaimento, os elementos combustíveis podem ser acondicionados em recipientes adequados para posterior disposição em um repositório ou podem ser processados para recuperação de elementos de interesse.

Os rejeitos resultantes das demais atividades humanas também são classificados e gerenciados utilizando-se os mesmos procedimentos que aqueles utilizados em instalações nucleares – resguardadas as peculiaridades encontradas em cada situação.

Efeito biológico das radiações

O organismo é uma estrutura cuja menor unidade é a célula, a qual é formada por moléculas e átomos. Os principais efeitos biológicos produzidos pela interação das radiações ionizantes com esses átomos e moléculas são:

- o primeiro fenômeno é físico, com a ionização e a excitação dos átomos;
- o seguinte fenômeno é químico, no qual ocorrem rupturas de ligações químicas;
- por fim, aparecem os fenômenos bioquímicos e fisiológicos, cujos mecanismos são ainda desconhecidos;
- após um certo intervalo de tempo, aparecem lesões.

Os efeitos causados pelas radiações podem ser **reversíveis**, se houver a possibilidade de restauração da célula, **parcialmente reversíveis** ou **irreversíveis**, no caso do câncer e da necrose.

O tempo que decorre entre a contaminação e o aparecimento do dano é importante para que se possa tomar providências de segurança. No caso de doses elevadas de radiação, esse tempo é mais curto, e, no caso de exposições crônicas, esse período pode ser muito longo.

Para que os efeitos biológicos se manifestem, a radiação deve ser superior a um certo valor mínimo, chamado "limiar", mas isso não significa que, para doses menores, não ocorram contaminações.

Efeitos biológicos não aparecem por restauração da célula ou por sua substituição por células jovens. Nem todas as células respondem igualmente à mesma dose de radiação; elas têm diferentes sensibilidades, que são diretamente proporcionais à sua capacidade de reprodução. Na **TABELA 9.12** são apresentados os efeitos, em um adulto, da exposição aguda à radiação.

▶ **TABELA 9.12** Efeitos da exposição aguda à radiação em um adulto

Atuação ou forma	Dose absorvida	Sintomas
Infraclínica	< 1 Gy	Ausência de sintomas
Reações gerais leves	1 a 2 Gy	Astenia, náuseas e vômitos (3h a 6h após a exposição e sedação após 24h)
Hematopoiética leve	2 a 4 Gy	Função medular atingida (linfopenia; leucopenia; trombopenia; anemia) Recuperação em 6 meses
Hematopoiética grave	4 a 6 Gy	Função medular gravemente atingida
DL_{50}	4 a 4,5	Morte de 50% dos indivíduos expostos
Gastrintestinal	6 a 7 Gy	Diarreia, vômitos e hemorragias Morte em 5 ou 6 dias
Pulmonar	8 a 9 Gy	Insuficiência respiratória aguda, coma e morte entre 14h e 36h
Cerebral	> 10 Gy	Morte em poucas horas por colapso

Fonte: Araújo.[60]

A dose absorvida para esterilização temporária do homem e da mulher equivale a 0,3 Gy e 3 Gy respectivamente, enquanto a esterilização definitiva ocorre com doses absorvidas de 5 Gy para homens e 6 a 8 Gy para mulheres.

Para o caso de mulheres em fase fértil, a dose máxima admissível no abdome é de 10 mSv em qualquer trimestre consecutivo; e a dose acumulada no feto, durante o período de gestação, não deve ultrapassar 1 mSv.[56]

Normalmente, as alterações causadas nas células não são transmitidas para outras células, a menos que sejam atingidos os órgãos que provoquem efeitos hereditários (óvulo ou espermatozoide). Os efeitos das radiações dependerão do(a):

1. tipo de radiação ionizante;
2. profundidade de penetração, que é função da energia de radiação;
3. meia-vida biológica (se ingerido);
4. área ou volume do corpo exposto à radiação;
5. dose absorvida;
6. atividade da fonte de radiação;
7. meia-vida do elemento.

Com vistas à proteção do ser humano contra os efeitos da radiação, são estabelecidos, na norma de Diretrizes Básicas de Radioproteção,[56] os limites primários anuais de dose equivalente (**TABELA 9.13**), às quais se pode ficar exposto sem sofrer danos à saúde.

Exposição às radiações ionizantes

Mesmo que não ocorra o desenvolvimento de atividades relacionadas ao uso da energia nuclear, o ser humano está exposto às fontes naturais de radiação, como raios cósmicos e ondas eletromagnéticas provenientes do espaço e decaimento de isótopos radioativos naturais, entre outras fontes. Além das fontes naturais, atualmente o ser humano está exposto a novas fontes de radiação, muitas das quais foram desenvolvidas para propiciar a melhoria da nossa qualidade de vida, enquanto outras foram desenvolvidas para a destruição da vida humana. A **FIGURA 9.33** mostra as principais fontes de radiação às quais estamos expostos.

▶ **TABELA 9.13** Limites primários anuais de dose equivalente

Dose equivalente	Trabalhador	Indivíduo do público
Dose equivalente efetiva	50 mSv	1 mSv
Dose equivalente para órgão ou tecido	500 mSv	1 mSv/w_T
Dose equivalente para a pele	500 mSv	50 mSv
Dose equivalente para o cristalino	150 mSv	50 mSv
Dose equivalente para extremidades (mãos, antebraços, pés e tornozelos)	500 mSv	50 mSv

w_T: fator de ponderação para órgão ou tecido.
Fonte: Comissão Nacional de Energia Nuclear.[56]

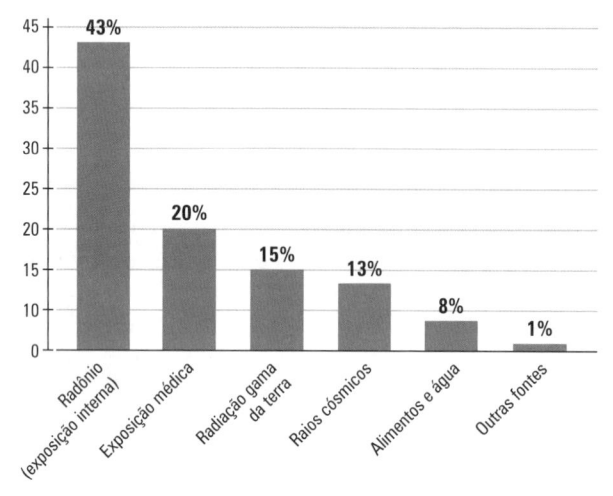

▶ **FIGURA 9.33** Fontes de radiação às quais o homem está exposto (média mundial).
Fonte: World Health Organization.[61]

Nas nossas atividades diárias, o risco de exposição a níveis elevados de radiação é muito pequeno, a menos para aquelas pessoas cuja atividade está diretamente relacionada com o uso ou a manipulação de materiais radioativos ou fontes de radiação, ou, então, quando da realização de exames laboratoriais com traçadores radioativos ou exames radiológicos. Outra condição que pode resultar na exposição a níveis elevados de radiação são os acidentes em instalações nucleares ou radioativas ou, ainda, com fontes de radiação.

Nos casos em que a exposição à radiação é feita de maneira controlada, os riscos são mínimos – uma vez que todos os procedimentos utilizados são desenvolvidos por meio de procedimentos devidamente planejados e controlados. Nessas condições, os benefícios resultantes do uso da radioatividade superam os riscos que poderão resultar dessa exposição.

Já em condições de acidente, os níveis de radiação podem ser muito superiores aos limites considerados seguros, tendo como agravante que, além da exposição externa, pode ocorrer a exposição interna, quando há ingestão, inalação ou absorção de materiais radioativos.

A severidade do dano causado pela exposição à radiação depende da fonte de radiação, do tempo de exposição e da distância entre a fonte de radiação e o receptor.

Com relação à exposição externa, a severidade do dano dependerá do poder de penetração da radiação e da atividade da fonte, além da distância entre a fonte e o receptor. Para a exposição interna, o fator mais importante é a energia associada à radiação.

O controle da exposição às fontes de radiação deve ser feito por meio de medidas administrativas e estruturais. As medidas administrativas consistem em limitar o acesso à fonte de radiação, por meio de classificação de área, restrição de acesso e outras medidas que impeçam ou limitem o acesso das pessoas às fontes de radiação; já as medidas estruturais consistem na utilização de barreiras físicas para confinar a fonte de radiação e reduzir a níveis aceitáveis a taxa de dose nas áreas em que há circulação de pessoas ou ocupação.

9.13 REMEDIAÇÃO DE ÁREAS CONTAMINADAS

Como apresentado anteriormente, são muitas as atividades que podem contaminar uma determinada área, e, como observado, essa contaminação pode partir de emissões sólidas, líquidas ou gasosas, com destaque para os resíduos sólidos.

Depois de confirmada a contaminação de uma área pelo órgão ambiental, existem algumas etapas a serem cumpridas para o gerenciamento dessa área. A **FIGURA 9.34** apresenta um resumo das etapas do gerenciamento de áreas contaminadas.

Segundo o Instituto de Pesquisas Tecnológicas,[62] "na fase de identificação da contaminação são identificadas as áreas suspeitas de contaminação (AS) com base em estudo da avaliação preliminar, que deverá ser seguida da realização do estudo de investigação confirmatória, se observados indícios da presença de contaminação ou condições que possam representar perigo. O desenvolvimento da Investigação Confirmatória possibilitará classificar a área de interesse como contaminada sob investigação (AI), quando comprovadamente constatada a presença de concentrações no solo e ou nas águas subterrâneas das substâncias químicas de interesse acima dos valores de investigação (VI). Caso a contaminação não seja constatada a área será classificada como Área com Potencial de Contaminação (AP). Caso ao final da investigação confirmatória a área seja classificada como AI, a fase de reabilitação da área deve ser iniciada. Esta etapa é iniciada pelo estudo de investigação detalhada, no qual dados detalhados sobre o uso da área e adjacências, processo produtivo, meio físico e contaminação, são obtidos com objetivo de estabelecer o entendimento da distribuição e mapeamento espacial da contaminação, bem como sua dinâmica no meio físico. A investigação detalhada deverá subsidiar o estudo de avaliação de risco à saúde humana que tem como objetivo a identificação e quantificação dos riscos à saúde de potenciais receptores quando estes estão expostos à contaminação previamente investigada a partir de cenários de exposição padronizados. Ao fim dessa etapa, quando for constatada a existência de risco à saúde humana acima do risco aceitável imposto pela legislação vigente, a área será classificada como Área Contaminada sob Intervenção (ACI), caso o risco não seja constatado a área será classificada como Área em Processo de Monitoramento para Reabilitação (AMR). Ainda na fase de reabilitação da área, após a avaliação de risco, deve ser desenvolvido o plano de intervenção. Nele serão definidas as medidas de intervenções a serem aplicadas na área de interesse com objetivo de controlar a exposição de um receptor a uma contaminação e ou minimizar o risco à níveis aceitáveis.

Processo de identificação de áreas contaminadas	Processo de reabilitação de áreas contaminadas	Cadastro de áreas contaminadas
■ Definição da área de interesse ■ Identificação de áreas com potencial contaminação ■ Avaliação preliminar ■ Investigação confirmatória	■ Investigação detalhada ■ Avaliação de risco ■ Concepção de remediação ■ Remediação ■ Monitoramento	■ AP – área com potencial de contaminação ■ AS – área suspeita de contaminação ■ AI – área contaminada sob investigação ■ AC – área contaminada ■ AMR – área em processo de monitoramento pra reabilitação ■ AR – área reabilitada para o uso declarado

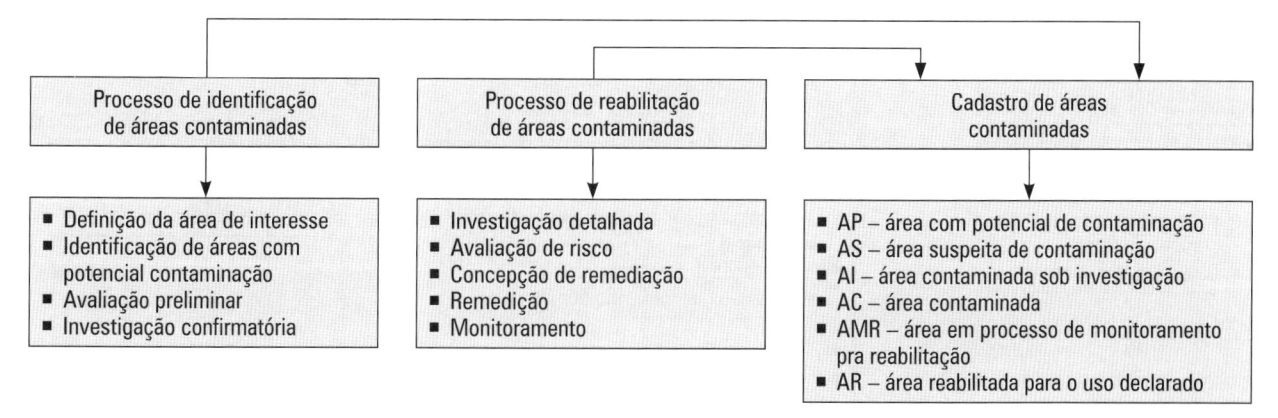

▶ **FIGURA 9.34** Resumo das etapas do gerenciamento de áreas contaminadas.
Fonte: Instituto de Pesquisas Tecnológicas.[62]

Estas medidas podem ser de contenção e controle do tipo institucional (MI) ou de engenharia (ME) ou de redução de massa de contaminante do tipo remediação (MR)".

De acordo com o Instituto de Pesquisas Tecnológicas,[62] "a investigação para remediação deve fornecer subsídios para a concepção e detalhamento de um projeto de remediação, que seja tecnicamente adequado, legalmente cabível e economicamente viável, para cada situação de contaminação. Nesse contexto, existe um roteiro mínimo que não, necessariamente, deve obedecer rigidamente a uma sequência, mas com etapas essenciais para o sucesso da técnica empregada. De acordo com o Manual de Gerenciamento de Áreas Contaminadas da Cetesb,[63] a investigação para remediação compreende as seguintes etapas:

1. formulação dos objetivos preliminares da remediação;
2. investigações iniciais;
3. investigações complementares;
4. estudo de viabilidade;
5. definição de zonas de remediação;
   - Seleção de técnicas/processos de remediação adequados.
   - Elaboração de cenários de remediação.
   - Avaliação técnica dos cenários de remediação por meio da execução de estudos em escala de bancada, modelo físico e piloto de campo e de combinações de tecnologias.
   - Estimativa de custos.
   - Análise de custo-benefício.
   - Plano de medidas indicadas, com possíveis modificações da meta da remediação.
6. fixação do objetivo da remediação;
7. flano de medidas harmonizadas.

A **FIGURA 9.35** ilustra uma abordagem metodológica da investigação para remediação baseada em informações obtidas em Cetesb[63] e US-EPA,[64] partindo das avaliações preliminares da área contaminada até o estudo de viabilidade das tecnologias a serem empregadas com foco na aplicação da tecnologia de remediação na área, em função do risco apresentado. Ressalta-se que, embora a investigação para remediação seja realizada com o objetivo de levantar subsídios para a concepção e o detalhamento de um projeto de remediação, o projeto de remediação propriamente dito é parte integrante plano de intervenção".

O gerenciamento de áreas contaminadas tem experimentado avanços significativos nas últimas décadas no Brasil, com relação à utilização de tecnologias consagradas de remediação de áreas contaminadas, bem como o desenvolvimento e a utilização de tecnologias inovadoras para essa finalidade. "O surgimento de novas demandas ambientais por parte da população, o

▶ **FIGURA 9.35** Abordagem metodológica da investigação para remediação.
Fonte: Instituto de Pesquisas Tecnológicas.[62]

contínuo aumento das exigências dos órgãos ambientais estaduais e municipais, o surgimento de legislação específica para o tema de áreas contaminadas e, por fim, mas não menos importante, o aumento da conscientização da sociedade relativa a esse tema, indica a necessidade de inovação tecnológica e buscas de diferentes alternativas para reabilitação de áreas contaminadas. Historicamente, tecnologias de remediação estavam tradicionalmente associadas à contenção, escavação e tratamento *off-site* do meio contaminado, como, por exemplo, escavação de solo contaminado e destinação para aterros ou coprocessamento em fornos de cimento. A partir do início da década de 1980 nos Estados Unidos e após a primeira metade da década de 1990 no Brasil, as tecnologias de remediação *in situ* se tornaram cada vez mais utilizadas para remoção de massa de contaminantes em áreas contaminadas. Técnicas como bioestimulação, bioaumentação, fitorremediação, *soil vapor extraction*, *air sparging*, extração multifásica (*multi-phase extraction*), dessorção térmica, oxidação e redução química, barreiras reativas, entre outras, têm sido amplamente utilizadas para esse fim. A **FIGURA 9.36** apresenta um gráfico com todas as técnicas de remediação aplicadas para a reabilitação das áreas contaminadas declaradas até dezembro de 2012 no cadastro de áreas contaminadas da Cetesb".[62]

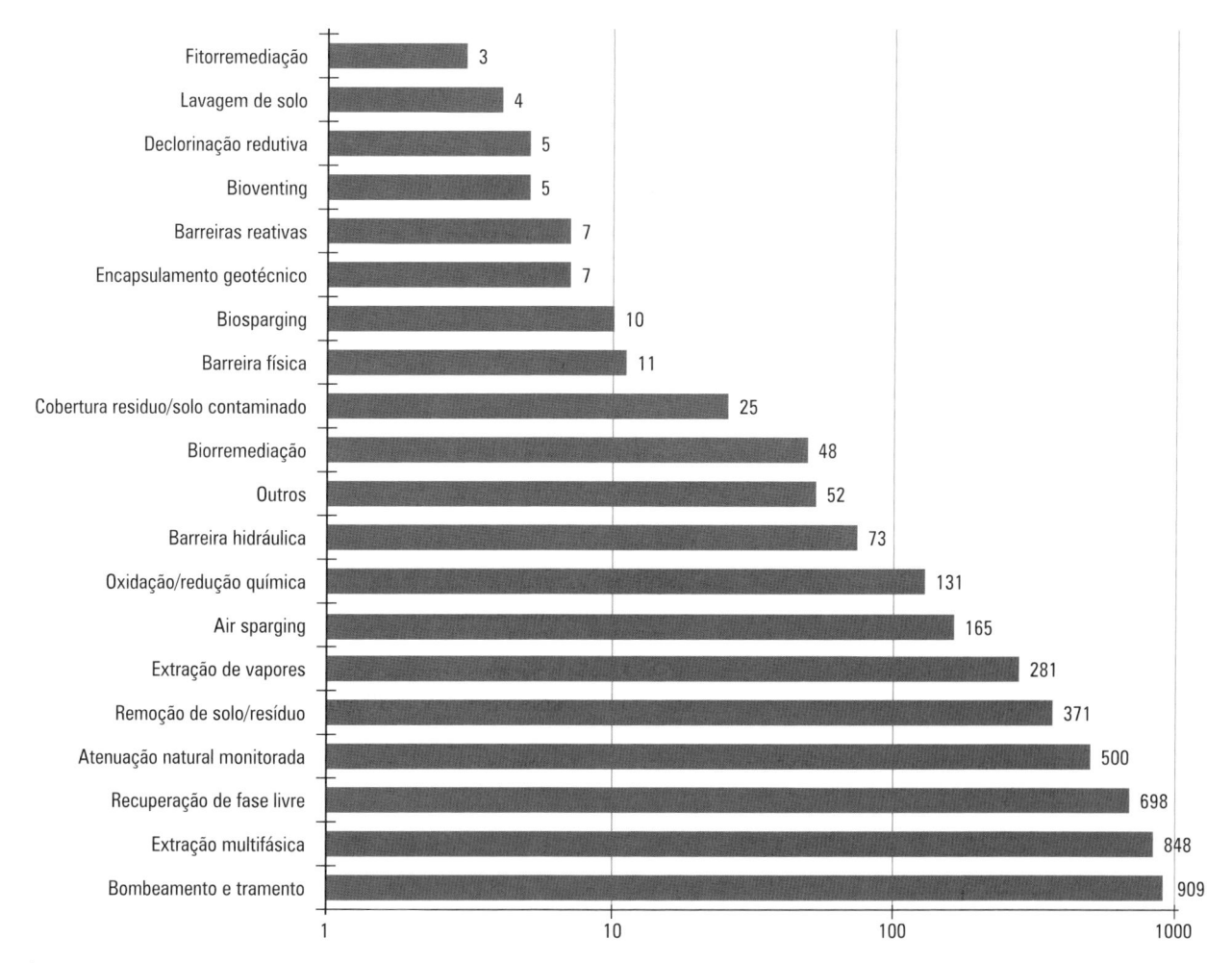

Técnica	Valor
Fitorremediação	3
Lavagem de solo	4
Declorinação redutiva	5
Bioventing	5
Barreiras reativas	7
Encapsulamento geotécnico	7
Biosparging	10
Barreira física	11
Cobertura resíduo/solo contaminado	25
Biorremediação	48
Outros	52
Barreira hidráulica	73
Oxidação/redução química	131
Air sparging	165
Extração de vapores	281
Remoção de solo/resíduo	371
Atenuação natural monitorada	500
Recuperação de fase livre	698
Extração multifásica	848
Bombeamento e tramento	909

▶ **FIGURA 9.36** Técnicas de remediação declaradas no cadastro de áreas contaminadas da Cetesb em 2012.
Fonte: Instituto de Pesquisas Tecnológicas.[62]

REFERÊNCIAS

1. Lepsch I. Solos: formação e conservação. São Paulo: Melhoramentos; 1977.
2. Wischmeyer WH, Smith DD. A universal soil-loss equation to guide conservation form planning. Transactions 7th Int Congr Soil Sci. 1960;1:418-25.
3. Bertoni J, Lombardi Neto F. Conservação do solo. São Paulo: Livroceres; 1985.
4. Jin J. Changes in the efficiency of fertilizer use in China. J Sci Food Agric. 2012;92(5):1006-9.
5. Commoner B. Threats to the integrity of the nitrogen cycle: nitrogen compounds in soil, water, atmosphere and precipitation. In: Singer SF, editor. Global effects of environmental pollution. Dordrecht: Springer; 1970. p.70-95.
6. Ramade F. Élements d'ecologie appliquée. Paris: Ediscience; 1974.
7. The Global Tomorrow Coalition. The global ecology handbook. Boston: Beacon; 1990.
8. Brasil. Medida Provisória nº 223, de 14 de outubro de 2004. Convertida na Lei nº 11.092, de 2005 [Internet]. Brasília: Casa Civil; 2004 [capturado em 10 maio 2021]. Disponível em: http://www.planalto.gov.br/ccivil_03/_ato2004-2006/2004/Mpv/223.htm.
9. Brasil. Lei nº 11.092, de 12 de janeiro de 2005. Estabelece normas para o plantio e comercialização da produção de soja geneticamente modificada da safra de 2005, altera a Lei nº 10.814, de 15 de dezembro de 2003, e dá outras providências [Internet]. Brasília: Casa Civil; 2005 [capturado em 10 maio 2021]. Disponível em: http://www.planalto.gov.br/ccivil_03/_ato2004-2006/2005/Lei/L11092.htm.
10. Brasil. Lei nº 12.305, de 2 de agosto de 2010. Institui a Política Nacional de Resíduos Sólidos; altera a Lei nº 9.605, de 12 de fevereiro de 1998; e dá outras providências [Internet]. Brasília: Casa Civil; 2020 [capturado em 10 maio 2021]. Disponível em: http://www.planalto.gov.br/ccivil_03/_ato2007-2010/2010/lei/l12305.htm.
11. Associação Brasileira de Normas Técnicas. ABNT NBR 10004: resíduos sólidos-classificação [Internet]. Rio de Janeiro: ABNT; 2004 [capturado em 10 maio 2021]. Disponível em: https://analiticaqmcresiduos.paginas.ufsc.br/files/2014/07/Nbr-10004-2004-Classificacao-De-Residuos-Solidos.pdf.
12. Associação Brasileira de Normas Técnicas. ABNT NBR 10005: procedimento para obtenção de extrato lixiviado de resíduos sólidos [Internet]. Rio de Janeiro: ABNT; 2004 [capturado em 10 maio 2021]. Disponível em: https://wp.ufpel.edu.br/residuos/files/2014/04/ABNT-NBR-10005-Lixiviacao-de-Residuos.pdf.
13. Associação Brasileira de Normas Técnicas. ABNT NBR 10006: procedimento para obtenção de extrato solubilizado de resíduos sólidos [Internet]. Rio de Janeiro: ABNT; 2004 [capturado em 10 maio 2021]. Disponível em: http://licenciadorambiental.com.br/wp-content/uploads/2015/01/NBR-10.006-Solubiliza%C3%A7%C3%A3o-de-Res%C3%ADduos.pdf.
14. Associação Brasileira de Normas Técnicas. ABNT NBR 10007: amostragem de resíduos sólidos [Internet]. Rio de Janeiro: ABNT; 2004 [capturado em 10 maio 2021]. Disponível em: https://wp.ufpel.edu.br/residuos/files/2014/04/nbr-10007-amostragem-de-resc3adduos-sc3b3lidos.pdf.
15. Bidone FRA, Povinelli J. Conceitos básicos de resíduos sólidos. São Carlos: EESC/USP; 1999.
16. São Paulo (Cidade). Departamento de Limpeza Urbana. Caracterização gravimétrica e físico-química dos resíduos sólidos domiciliares do município de São Paulo. São Paulo: LIMPURB; 2003.
17. São Paulo (Cidade). Gestão dos resíduos sólidos na cidade de São Paulo [Internet]. São Paulo: Secretaria Municipal de Serviços Departamento de Limpeza Urbana; 2007 [capturado em 10 maio 2021]. Disponível em: http://www.cetesb.sp.gov.br/noticentro/2007/10/pref_saopaulo.pdf.
18. Contrera RC. Disciplina PHA 3556: tecnologias de tratamentos de resíduos sólidos. Escola Politécnica. São Paulo: USP; 2020. Notas de aula.
19. Associação Brasileira de Normas Técnicas. ABNT NBR 12810: coleta de resíduos de serviços de saúde [Internet]. Rio de Janeiro: ABNT; 1993 [capturado em 10 maio 2021]. Disponível em: http://www.macae.rj.gov.br/midia/uploads/NBR%2012810-93.pdf.
20. Brasil. Nota Técnica Conjunta nº 1/2020/SPPI/MMA/FUNASA. Brasília: Casa Civil; 2020.
21. Conselho Nacional do Meio Ambiente. Resolução CONAMA nº 307, de 5 de julho de 2002. Estabelece diretrizes, critérios e procedimentos para a gestão dos resíduos da construção civil [Internet]. Brasília: CONAMA; 2002 [capturado em 10 maio 2021]. Disponível em: http://www2.mma.gov.br/port/conama/legiabre.cfm?codlegi=307.

22. Marques Neto JC. Diagnóstico para estudo de gestão de resíduos de construção e de construção do município de São Carlos-SP [dissertação] São Carlos: EESC/USP; 2003.
23. Córdoba RE. Estudo do sistema de gerenciamento integrado de resíduos de construção e demolição do município de São Carlos SP [dissertação]. São Carlos: EESC/USP; 2010.
24. Baroni B. Concepção de usina de reciclagem de resíduos de construção e demolição para cidade de São Carlos-SP [dissertação]. São Carlos: EESC/USP; 2012.
25. Conselho Nacional do Meio Ambiente. Resolução CONAMA nº 481, de 03 de outubro de 2017. Estabelece critérios e procedimentos para garantir o controle e a qualidade ambiental do processo de compostagem de resíduos orgânicos, e dá outras providências [Internet]. Brasília: CONAMA; 2017 [capturado em 10 maio 2021]. Disponível em: http://www2.mma.gov.br/port/conama/legiabre.cfm?codlegi=728.
26. Chernicharo CAL. Princípios do tratamento biológico de águas residuárias; reatores anaeróbios. Belo Horizonte: UFMG, 1997.
27. Fundação Demócrito Rocha. Fatores que influenciam na compostagem. Fortaleza: FDR; 2016.
28. Lettinga Associates Foundation. Development of decentralized anaerobic digestion systems for application in the UK phase 1: final report. Wageningen: LeAF; 2009.
29. AGAMA. Integrated biogas solution. South Africa: AGAMA Energy; 2007.
30. Harper SR, Pohland, FG. Enhancement of anaerobic treatment efficiency. J Water Pollut Control Fed. 1987;59:152-61.
31. Tchobanoglous G, Theisen H, Vigil SA. Integrated solid waste management engineering principle and management issue. New York: McGraw Hill; 1993.
32. Conselho Nacional do Meio Ambiente. Resolução CONAMA nº 316, de 29 de outubro de 2002. Dispõe sobre procedimentos e critérios para o funcionamento de sistemas de tratamento térmico de resíduos [Internet]. Brasília: CONAMA; 2002 [capturado em 10 maio 2021]. Disponível em: http://www2.mma.gov.br/port/conama/legiabre.cfm?codlegi=338.
33. Conselho Nacional do Meio Ambiente. Resolução CONAMA nº de 27 de dezembro de 2006. Altera o art. 18 da Resolução CONAMA nº 316, de 29 de outubro de 2002 [Internet]. Brasília: CONAMA; 2006 [capturado em 10 maio 2021]. Disponível em: http://www2.mma.gov.br/port/conama/legiabre.cfm?codlegi=524.
34. Williams PT. Waste Treatment and disposal. 2nd ed. Great Britain: Jonh Wiley & Sons; 2005.
35. Meier D, van de Beld B, Bridgwater AV, Elliott DC, Oasmaa A, Preto F. State-of-the-art of fast pyrolysis in IEA bioenergy member countries. Renewable Sustainable Energy Rev. 2013;20:619-41.
36. Kompac. Tratamento de resíduos por plasma térmico. São Paulo: Kompac; 2003.
37. Tratalix. Tratamento de resíduos de serviços de saúde por autoclave. Macapá: Tratalix Serviços Ambientais do Brasil; 2011.
38. MB Engenharia. Tratamento de resíduos por micro-ondas. Canoas: MB Engenharia; 2011.
39. Associação Brasileira de Normas Técnicas. ABNT NBR 8419: apresentação de projetos de aterros sanitários de resíduos sólidos urbanos. Rio de Janeiro: 1992.
40. Vilhena A, coordenador. Lixo municipal: manual de gerenciamento integrado [Internet]. 4.ed. São Paulo: CEMPRE; 2018 [capturado em 10 maio 2021]. Disponível em: https://cempre.org.br/wp-content/uploads/2020/11/6-Lixo_Municipal_2018.pdf.
41. Mancini SD. Aterros sanitários: normas técnicas [Internet]. Sorocaba: UNESP; 2015 [capturado em 10 maio 2021]. Disponível em: https://www.sorocaba.unesp.br/Home/Graduacao/EngenhariaAmbiental/SandroD.Mancini/2015-henrique.pdf.
42. TViG. Deslizamento dos aterros de Itaquaquecetuba. São Paulo: TviG; c2011.
43. Rede Brasil Atual. Deslizamento Guarulhos, São Paulo. São Paulo: Rede Brasil Atual; c2018
44. Marsden G. Landfill mining: potential gold mines [Internet]. Maine: Mister Sustainable; 2014 [capturado em 10 maio 2021]. Disponível em: http://mistersustainable.blogspot.com/2014/10/landfill-mining-potential-gold-mines.html.
45. Tepe A. What is landfill mining [Internet]. Clyde: Medium; 2020 [capturado em 10 maio 2021]. Disponível em: https://athenatepe.medium.com/what-is-landfill-mining-bea62f2c57d3.
46. Associação Brasileira de Normas Técnicas. ABNT NBR 10157: aterros de resíduos perigosos [Internet]. Rio de Janeiro: ABNT; 1987 [capturado em 10 maio 2021]. Disponível em: https://www.abntcatalogo.com.br/norma.aspx?ID=4278.

47. Ambconsult. Projeto e estudo de impacto ambiental para aterro receber resíduos industriais perigosos [Internet]. São Paulo: Ambconsult; 2019 [capturado em 10 maio 2021]. Disponível em: http://ambconsult.com.br/portfolio/residuos-industriais-perigosos/.
48. Estre Ambiental. Aterros classe I [Internet]. São Paulo: Estre; 2019 [capturado em 10 maio 2021]. Disponível em: https://www.estre.com.br/solucoes-para-empresas/aterro-classe-i/ .
49. Conselho Nacional do Meio Ambiente. Resolução CONAMA nº 348, de 16 de agosto de 2004. Altera a Resolução CONAMA nº 307, de 5 de julho de 2002, incluindo o amianto na classe de resíduos perigosos [Internet]. Brasília: CONAMA; 2004 [capturado em 10 maio 2021]. Disponível em: http://www2.mma.gov.br/port/conama/legiabre.cfm?codlegi=449.
50. Conselho Nacional do Meio Ambiente. Resolução CONAMA nº 431, de 24 de maio de 2011. Altera o art. 3º da Resolução nº 307, de 5 de julho de 2002, do Conselho Nacional do Meio Ambiente CONAMA, estabelecendo nova classificação para o gesso [Internet]. Brasília: CONAMA; 2011 [capturado em 10 maio 2021]. Disponível em: http://www2.mma.gov.br/port/conama/legiabre.cfm?codlegi=649.
51. Conselho Nacional do Meio Ambiente. Resolução CONAMA nº 448, de 18 de janeiro 2012. Altera os arts. 2º, 4º, 5º, 6º, 8º, 9º, 10º, 11º da Resolução nº 307, de 5 de julho de 2002, do Conselho Nacional do Meio Ambiente CONAMA [Internet]. Brasília: CONAMA; 2012 [capturado em 10 maio 2021]. Disponível em: https://www.legisweb.com.br/legislacao/?id=116060.
52. Conselho Nacional do Meio Ambiente. Resolução CONAMA nº 469, de 29 de julho de 2015. Altera a Resolução CONAMA nº 307, de 05 de julho de 2002, que estabelece diretrizes, critérios e procedimentos para a gestão dos resíduos da construção civil [Internet]. Brasília: CONAMA; 2015 [capturado em 10 maio 2021]. Disponível em: http://www.ctpconsultoria.com.br/pdf/Resolucao--CONAMA-469-de-29-07-2015.pdf.
53. Associação Brasileira de Normas Técnicas. ABNT NBR 15113: resíduos sólidos da construção civil e resíduos inerte aterros [Internet]. Rio de Janeiro: ABNT; 2004 [capturado em 10 maio 2021]. Disponível em: https://www.normas.com.br/visualizar/abnt-nbr-nm/23695/abnt-nbr15113-residuos-solidos-da-construcao-civil-e-residuos-inertes-aterros-diretrizes-para-projeto-implantacao-e-operacao.
54. Associação Brasileira para Reciclagem de Resíduos da Construção. Aterro de inertes São Paulo [Internet]. São Paulo: ABRECON; 2010 [capturado em 10 maio 2021]. Disponível em: https://www.flickr.com/photos/abrecon/34149215520/in/photostream/.
55. Semural Waste and Energy. Resíduos de Construção (RCD's) [Internet]. Braga: Semural WE; c2021[capturado em 10 maio 2021]. Disponível em: https://www.semural.pt/gestao-de-residuos/residuos-de-construcao/.
56. Comissão Nacional de Energia Nuclear. Norma CNEN NN 3.01. Diretrizes básicas de radioproteção [Internet] Brasília: CNEN; 2014 [capturado em 10 maio 2021]. Disponível em: http://appasp.cnen.gov.br/seguranca/normas/pdf/Nrm301.pdf.
57. Comissão Nacional de Energia Nuclear. A história da energia nuclear. Brasília: CNEN; 2004. Apostilas.
58. Comissão Nacional de Energia Nuclear. Norma CNEN-NE-6.05, Gerência de rejeitos radioativos em instalações radioativas. Brasília: CNEN; 1985.
59. Eletric Power Research Institute. Radwaste desk reference: dry active waste. Palo Alto: EPRI; 1991. v.1.
60. Araújo AMC. Daniel e as aplicações nucleares na medicina. Brasília: CNEN; 2004.
61. World Health Organization. Ionizing radiation [Internet] Geneva: WHO; c2021 [capturado em 10 maio 2021]. Disponível em: https://www.who.int/ionizing_radiation/env/en/.
62. Instituto de Pesquisas Tecnológicas. Guia de elaboração de planos de intervenção para o gerenciamento de áreas contaminadas [Internet] São Paulo: IPT; 2014 [capturado em 10 maio 2021]. Disponível em: https://www.ipt.br/institucional/campanhas/48-guia_para_gestao_de_areas_contaminadas.htm.
63. Companhia de Tecnologia de Saneamento Ambiental. Manual de gerenciamento de áreas contaminadas [Internet]. São Paulo: CETESB; 2001 [capturado em 10 maio 2021]. Disponível em: http://200.144.0.248/DOWNLOAD/CERTIFICADOS/AC2019/Manual%20Cetesb%20Completo.pdf.
64. United States Environmental Protection Agency. Guidance on remedial actions for contaminated ground water at superfund sites [Internet] Washington: US-EPA;1988 [capturado em 10 maio 2021]. Disponível em: https://semspub.epa.gov/work/HQ/175659.pdf.

CAPÍTULO

10

O meio atmosférico

10.1 ATMOSFERA: CARACTERÍSTICAS E COMPOSIÇÃO

A atmosfera da Terra, na sua composição atual, é fruto de processos físico-químicos e biológicos iniciados há milhões de anos. Várias são as teorias que procuram explicar sua origem e evolução. Uma das hipóteses aceita hoje é de que a Terra, ainda sem atmosfera, formou-se a partir da acumulação de partículas sólidas e relativamente frias dos mais diversos tamanhos, procedentes da nuvem de gás e poeira que originou o Sistema Solar. As reações térmicas que se seguiram, tanto por processos radioativos quanto pela sedimentação de elementos mais densos (por efeito gravitacional) em direção ao centro da Terra, provocaram o aumento da temperatura terrestre. Essas mudanças desencadearam reações nas camadas superficiais da Terra, dando origem à atmosfera. Em uma primeira fase, a atmosfera era formada basicamente por gás carbônico (CO_2) e vapor de água, com ausência de oxigênio livre.

Com o surgimento dos oceanos, em virtude do resfriamento da Terra, a partir de um processo evolutivo, foi originada a primeira planta capaz de realizar fotossíntese, responsável pela formação do oxigênio livre. Após um longo período de evolução, a concentração de oxigênio na atmosfera foi aumentando, até atingir os níveis atuais.

Além do oxigênio, a atmosfera terrestre contém outros gases, sendo os principais apresentados na **TABELA 10.1**.

Em porcentagens menores, também estão presentes na atmosfera: neônio, hélio, criptônio, xenônio, hidrogênio, metano, ozônio e dióxido de nitrogênio (NO_2), entre outros. Além desses gases, a atmosfera também apresenta os seguintes constituintes: vapor de água e material particulado orgânico (pólens e microrganismos) e inorgânico (partículas de areia e fuligem). A porcentagem de vapor de água na atmosfera pode variar de 1 a 4% em volume da mistura total, o que depende da temperatura e da pressão atmosféricas, além de outros fatores.[1] A presença das partículas sólidas em suspensão no ar tem fundamental importância no ciclo hidrológico, uma vez que elas produzem núcleos de condensação, acelerando o processo de

▶ **TABELA 10.1** Distribuição percentual média de gases da atmosfera terrestre

Gases	(%)
Nitrogênio (N_2)	78,11
Oxigênio (O_2)	20,95
Argônio (Ar)	0,934
Gás carbônico (CO_2)	0,033

formação de nuvens e, consequentemente, a ocorrência da precipitação. É o chamado fenômeno da **coalescência**.

Existem diversas formas de descrever a estrutura da atmosfera. A classificação feita de acordo com o perfil de variação de temperatura com a altitude é a mais adequada do ponto de vista ambiental. A **FIGURA 10.1** apresenta a estrutura da atmosfera tendo por base o gradiente térmico em função da altitude. O ar atmosférico, na composição apresentada na Tabela 10.1, encontra-se, na sua maioria (90%), em uma camada relativamente fina. Essa camada, chamada de **troposfera**, estende-se até uma altitude que varia entre 10 e 12 km. A **troposfera** varia em espessura conforme a latitude e o tempo. No Equador, sua altitude alcança algo em torno de 16,5 km; nos polos, ela possui 8,5 km; e, em latitudes de 45 ºC, alcança aproximadamente 10,5 km.

Do ponto de vista climático, a **troposfera** possui importância fundamental, pois essa camada é a responsável pela ocorrência das condições climáticas da Terra. O decréscimo da temperatura na troposfera, com a altitude, é de aproximadamente 6,5 ºC/km, sendo esse conhecido por **gradiente vertical normal** ou **padrão**.

Acima da troposfera encontra-se a **estratosfera**, cuja linha de transição é a **tropopausa**, que é caracterizada pela mudança na tendência de variação da temperatura com a altitude.

A estratosfera é uma camada muito importante do ponto de vista ambiental, pois é nela que se encontra a camada mais espessa de ozônio, com uma concentração da ordem de 200 mg/L.[1] Essa camada, rica em ozônio (O_3), protege a Terra das radiações ultravioleta provenientes do Sol. Os fenômenos que atualmente ocorrem nessa camada e que estão provocando sua destruição serão discutidos em uma seção específica. Acima da estratosfera encontra-se a **mesosfera**, tendo como ponto de transição a **estratopausa**. A mesosfera possui um

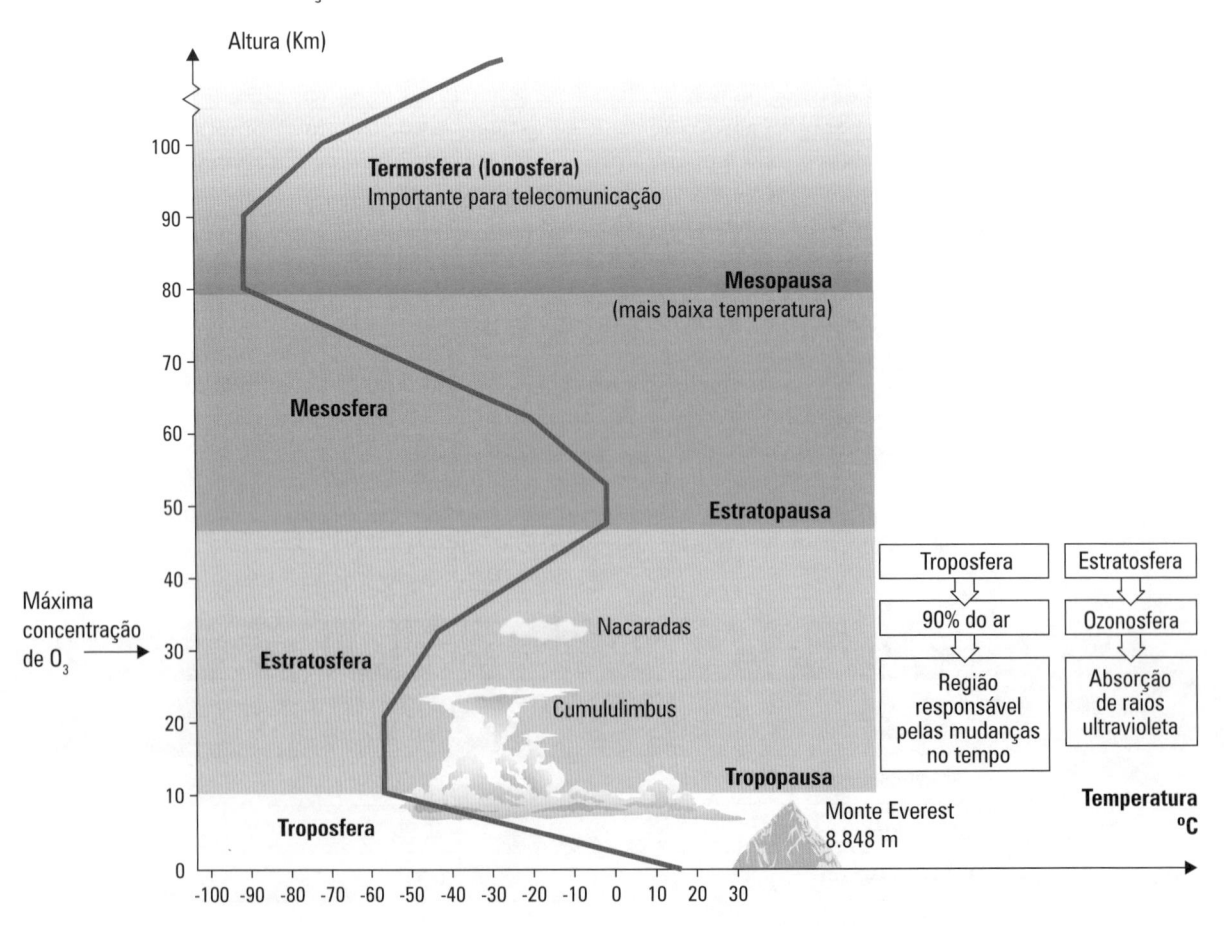

▶ **FIGURA 10.1** Perfil de temperatura da atmosfera.

forte decréscimo de temperatura, registrando-se nela a temperatura mais baixa da atmosfera. A camada acima da mesosfera é chamada de **termosfera**, e entre a termosfera e a mesosfera situa-se a **mesopausa**. A termosfera é muito importante para as telecomunicações, e ela também é conhecida por **ionosfera**, alcançando uma altitude próxima de 190 km.

Na atmosfera, do ponto de vista ambiental, destacam-se duas camadas: a troposfera e a estratosfera. Na troposfera, desenvolvem-se todos os processos climáticos que regem a vida na Terra. Além disso, é nessa região que ocorre a maioria dos fenômenos relacionados com a poluição do ar. Na estratosfera, ocorrem as reações importantes para o desenvolvimento das espécies vivas em nosso planeta, em razão da presença do ozônio. Esse assunto será discutido posteriormente.

O perfil de temperatura que caracteriza a atmosfera é resultado da estratificação dos gases que se encontram presentes em cada camada, da incidência de radiação solar no nosso planeta e da dispersão dessa radiação de volta para o espaço.

10.2 HISTÓRICO DA POLUIÇÃO DO AR

Os problemas de poluição do ar não são recentes. A história antiga registra que, em Roma, há 2 mil anos, surgiram as primeiras reclamações a respeito do assunto. No século XIII (1273), o Rei Eduardo da Inglaterra assinou as primeiras leis de qualidade do ar, proibindo o uso de carvão com alto teor de enxofre. Além disso, ele proibiu a queima de carvão em Londres durante as sessões do Parlamento, em virtude da fumaça e do odor produzidos. Em 1300, o Rei Ricardo III fixou taxas para permitir o uso do carvão. Em razão da intensa queima de madeira, as florestas inglesas reduziram-se rapidamente. A despeito dos esforços do reinado, o consumo de carvão aumentou.

Nos séculos XVII e XVIII, surgiram os primeiros planos para transferir as indústrias de Londres. Os problemas continuaram crescendo até que, em 1911, ocorreu o primeiro grande desastre decorrente de poluição atmosférica em Londres: 1.150 mortes em decorrência da fumaça produzida pelo carvão. Nesse ano, o Dr. Harold des Voeux propôs o uso da palavra *smog* para designar a composição de *smoke* e *fog* ("fumaça" e "neblina", respectivamente, em inglês). *Smog* é hoje uma palavra que designa episódios críticos de poluição do ar.

Em 1952, ocorreu o evento mais crítico de que se tem notícia: cerca de 4 mil pessoas morreram em Londres em razão da poluição do ar. Merecem ainda destaque outros eventos. Em 1956, 1957 e 1962, morreram aproximadamente 2.500 pessoas em Londres. Nos Estados Unidos, um dos eventos mais críticos ocorreu em 1948, na cidade de Donora, Pensilvânia, matando 30 pessoas e deixando cerca de 6 mil internadas com problemas respiratórios. Em 1963, na cidade de Nova York, 300 pessoas morreram e milhares tiveram problemas diversos causados pela poluição do ar. Em certas cidades, como Los Angeles, São Paulo e Cidade do México, são conhecidos os eventos críticos de poluição do ar provocados pelos gases emitidos por veículos.

10.3 PRINCIPAIS POLUENTES ATMOSFÉRICOS

Podemos dizer que existe poluição do ar quando ele contém uma ou mais substâncias químicas em concentrações suficientes para causar danos em seres humanos, em animais, em vegetais ou em materiais. Esses danos podem advir também de parâmetros físicos, como o calor e o som.

Essas concentrações dependem do clima, da topografia, da densidade populacional, do nível e do tipo das atividades industriais locais. Neste capítulo, serão esclarecidas as relações entre esses parâmetros e a poluição do ar.

Os poluentes são classificados em primários e secundários. Os primários são aqueles lançados diretamente no ar. São exemplos desse tipo de poluente o dióxido de enxofre (SO_2), os óxidos de nitrogênio (NO_x), o monóxido de carbono (CO) e alguns particulados, como a poeira. Os secundários formam-se na atmosfera por meio de reações que ocorrem em razão da presença de certas substâncias químicas e de determinadas condições físicas. Por exemplo, o SO_3 (formado pelo SO_2 e O_2 no ar) reage com o vapor de água para produzir o ácido sulfídrico (H_2SO_4), que precipita originando a chamada "chuva ácida".

A seguir, apresentamos os principais poluentes do ar e as suas fontes, devendo-se observar que a maioria dos poluentes tem origem nos processos de combustão.

- **Monóxido de carbono (CO)**

  Composto gerado nos processos de combustão incompleta de combustíveis fósseis e outros materiais que contenham carbono em sua composição.

- **Óxidos de enxofre (SO_2 e SO_3)**

  Os óxidos de enxofre são produzidos pela queima de combustíveis que contenham enxofre em sua composição, além de serem gerados em processos biogênicos naturais, tanto no solo quanto na água.

- **Óxidos de nitrogênio (NO_x)**

  Considerando-se que a maior parte dos processos de combustão ocorre na presença de oxigênio, o mais comum é utilizar o oxigênio presente no ar para realizar esses processos, e, já que no ar o composto mais abundante é o nitrogênio, então, verifica-se que a principal fonte dos óxidos de nitrogênio são os processos de combustão, além de ele poder ser gerado por processos de descargas elétricas na atmosfera.

- **Hidrocarbonetos**

  Os hidrocarbonetos são resultantes da queima incompleta dos combustíveis e da evaporação desses combustíveis e de outros materiais como os solventes orgânicos.

- **Oxidantes fotoquímicos**

  Os oxidantes fotoquímicos são compostos gerados a partir de outros poluentes (hidrocarbonetos e óxidos de nitrogênio) que foram lançados à atmosfera por meio da reação química entre esses compostos, catalisada pela radiação solar. Entre os principais oxidantes fotoquímicos destacam-se o ozônio e o peroxiacetil nitrato (PAN).

- **Material particulado (MP)**

  No caso de poluição atmosférica, entende-se por material particulado as partículas de material sólido e líquido capazes de permanecer em suspensão, como é o caso da poeira, da fuligem e das partículas de óleo, além do pólen. Esses contaminantes podem ter origem nos processos de combustão (fuligem e partículas de óleo) ou, então, ocorrem em consequência dos fenômenos naturais, como é o caso da dispersão do pólen ou da suspensão de material particulado em razão da ação do vento.

- **Asbesto (amianto)**

  É um tipo de material particulado, que discutiremos em item específico, que produz graves problemas de saúde associados à sua presença na atmosfera, sendo principalmente gerado durante a etapa de mineração do amianto ou, então, nos processos de beneficiamento desse material.

- **Metais**

  Os metais também são um tipo de material particulado, associados aos processos de mineração, combustão de carvão e processos siderúrgicos.

- **Gás fluorídrico (HF)**

  Composto gerado nos processos de produção de alumínio e fertilizantes, bem como em refinarias de petróleo. Normalmente, são gerados em processos que operam a altas temperaturas e nos quais são utilizadas matérias-primas que contenham flúor na sua composição.

- **Amônia (NH_3)**

  As principais fontes de geração de amônia são as indústrias químicas e de fertilizantes, principalmente aquelas à base de nitrogênio, além dos processos biogênicos naturais que ocorrem na água ou no solo.

- **Gás sulfídrico (H_2S)**

  gás sulfídrico é um subproduto gerado nos processos desenvolvidos em refinarias de petróleo, indústria química e indústria de celulose e papel, em virtude da presença de enxofre na matéria-prima processada ou, então, nos compostos utilizados durante esse processamento. O gás sulfídrico também é produzido por processos biogênicos naturais.

- **Pesticidas e herbicidas**

    São compostos químicos (organoclorados, organofosforados e carbamatos) utilizados principalmente na agricultura para o controle de plantas daninhas e de pragas. As principais fontes desses tipos de contaminantes atmosféricos são as indústrias que os produzem, bem como os agricultores que fazem uso deles, pelos processos de pulverização nas plantações e no solo.

- **Substâncias radioativas**

    As substâncias radioativas são materiais que possuem alguns elementos capazes de emitir radiação, ou seja, eles emitem energia na forma de partículas alfa, partículas beta e radiação gama. Em muitos casos, a energia emitida por essas substâncias é suficiente para causar danos aos seres vivos e aos materiais, em razão, principalmente, do rompimento de ligações químicas das moléculas que constituem o tecido vivo e a estrutura dos materiais. As principais fontes de substâncias radioativas para a atmosfera são os depósitos naturais, as usinas nucleares, os testes de armamento nuclear e a queima de carvão.

- **Calor**

    O calor é uma forma de poluição atmosférica por energia que ocorre principalmente em razão da emissão de gases a alta temperatura para o meio ambiente, gases esses que são liberados, em sua maioria, nos processos de combustão.

- **Som**

    A poluição sonora também se caracteriza pela emissão de energia para o meio ambiente, só que na forma de ondas de som, com intensidade capaz de prejudicar os seres humanos e outros seres vivos. O problema de poluição sonora está diretamente associado ao nosso estilo de vida industrial.

10.4 POLUIÇÃO DO AR EM DIFERENTES ESCALAS ESPACIAIS

Do ponto de vista espacial, as fontes de poluição podem ser classificadas em **móveis** e **estacionárias**. Exemplo de fonte estacionária é a chaminé de indústria que emite poluentes. Veículos são fontes móveis, pois emitem os poluentes de modo disperso. As fontes estacionárias produzem cargas pontuais de poluentes; as fontes móveis, por outro lado, produzem as cargas difusas. Com relação ao controle da poluição, essa distinção é fundamental, uma vez que o enfoque de tratamento do problema é diferente em cada caso. Quanto à dimensão da área atingida pelos problemas de poluição do ar, podemos classificá-los em problemas **globais** e em problemas **locais**. Os locais dizem respeito a problemas de poluição em uma região relativamente pequena, como uma cidade. Os globais envolvem toda a ecosfera, exigindo, portanto, o esforço mundial para enfrentá-los e controlá-los. A seguir, discutimos alguns dos problemas globais e, em seguida, os problemas locais.

▶ 10.4.1 Poluição global

Discutiremos aqui alguns dos principais problemas globais de poluição do ar, que são: o efeito estufa, a destruição da camada de ozônio na estratosfera e a chuva ácida.

O efeito estufa e a destruição da camada de ozônio são dois problemas ambientais que estão correlacionados com a distribuição da energia solar na ecosfera. O efeito estufa está relacionado com a energia degradada, calor, que resulta das transformações de energia que ocorrem na ecosfera. Já a destruição da camada de ozônio está ligada ao aumento na incidência de radiação ultravioleta que atinge a superfície terrestre.

10.4.1.1 Mudanças climáticas

As mudanças climáticas, atribuídas ao chamado **efeito estufa**, que é responsável por manter a temperatura média do planeta próxima dos 15 °C, recentemente se tornaram um dos assuntos preferidos da comunidade técnica internacional, principalmente pelos efeitos catastróficos previstos para o planeta – caso não sejam tomadas medidas urgentes para evitar sua intensificação.

As previsões são as mais variadas, e muitas delas são bastante questionáveis, pois persistem muitas polêmicas científicas; além disso, muitos fenômenos não foram ainda totalmente compreendidos.

A emissão dos chamados **gases estufa** (CO_2, metano, óxido nitroso e clorofluorcarbono [CFC]) aumenta a quantidade de energia que é mantida na atmosfera em decorrência da absorção do calor refletido ou emitido pela superfície do planeta, o que provoca a elevação da temperatura da atmosfera. Admite-se que, além de provocar modificações climáticas, o aquecimento da Terra possa causar a elevação do nível dos oceanos, ter impactos na agricultura e na silvicultura, afetando todas as formas de vida do planeta.

A **FIGURA 10.2** apresenta o aumento observado na concentração de CO_2 na atmosfera nos últimos anos e a variação na temperatura da atmosfera, ou anomalia, em relação à média do período entre 1951 e 1980. De 1959 a 2019, a concentração de CO_2 aumentou de 316 ppm (proporção molar) para 411 ppm. Estima-se que o aumento absoluto de CO_2, desde a Revolução Industrial até o presente momento, seja de aproximadamente 25%. Foi constatado que a concentração de CO_2 é superior no Hemisfério Norte, devido ao maior número de pessoas e emissões nessa região.[2]

Esses resultados são ainda bastante duvidosos e geram algumas questões interessantes. Por exemplo, como explicar a diminuição da temperatura média global ocorrida entre 1940 e 1965? Muitos pesquisadores acreditam que esses fenômenos estão associados a processos oscilatórios de grande período, o que significa que os períodos de observação são extremamente curtos para conclusões definitivas. Esses problemas poderão ser esclarecidos a partir das pesquisas que estão sendo realizadas na Antártida, na estação Vostok. Nesse local, estão

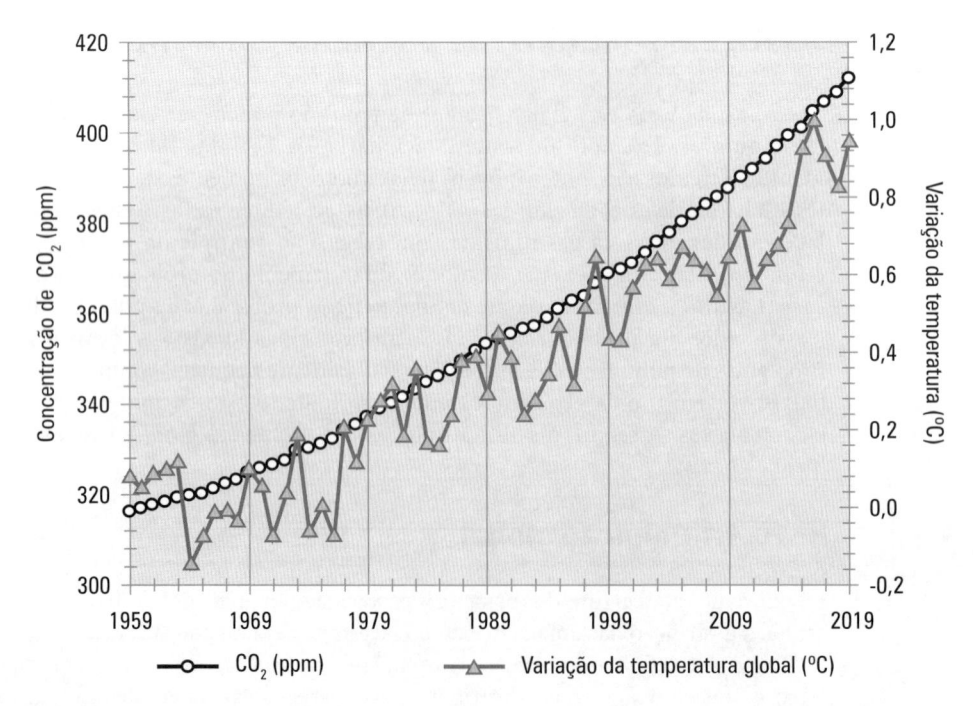

▶ **FIGURA 10.2** Dados da concentração de CO_2 na atmosfera em Mauna Loa (Havaí) e variação da temperatura global entre 1959 e 2019.

Fontes: Global Monitory Laboratory[3] e National Centers for Environmental Information.[4]

sendo feitas perfurações no gelo para coletas de amostras a 2 mil metros de profundidade. Essas amostras armazenam informações da composição da atmosfera há milênios. Dados já analisados indicam flutuações na composição dos gases na atmosfera nos últimos 160 mil anos. Outra conclusão significativa desses dados é que, quanto maior a temperatura do planeta, maior é a concentração de CO_2.

A razão para isso é o fato de o CO_2 ser um gás que está em equilíbrio entre a água e a atmosfera, e, pelos princípios básicos da termodinâmica, a relação entre as concentrações de um gás na água e na atmosfera depende da temperatura – quanto menor a temperatura do sistema, maior é a solubilidade do gás na fase líquida.

Todavia, as mudanças de temperatura são de cinco a 14 vezes maiores do que seria esperado com base no teor de dióxido de carbono. Esse resultado faz supor que o efeito de aquecimento pode estar associado a outros fatores, como a presença do vapor de água, as nuvens e o gás metano na atmosfera, entre outros compostos, como pode ser observado pelos espectros de absorção de energia solar na emissão de radiação pela atmosfera (**FIGURA 10.3**).

Analisando-se a Figura 10.3, verifica-se que a influência do CO_2 na absorção da radiação infravermelha emitida pela superfície do planeta é pouco relevante em comparação com o vapor d'água, além do fato da concentração de vapor d'água na atmosfera ser significativamente superior à do CO_2. Outra constatação relevante é o fato de a maior liberação da energia térmica

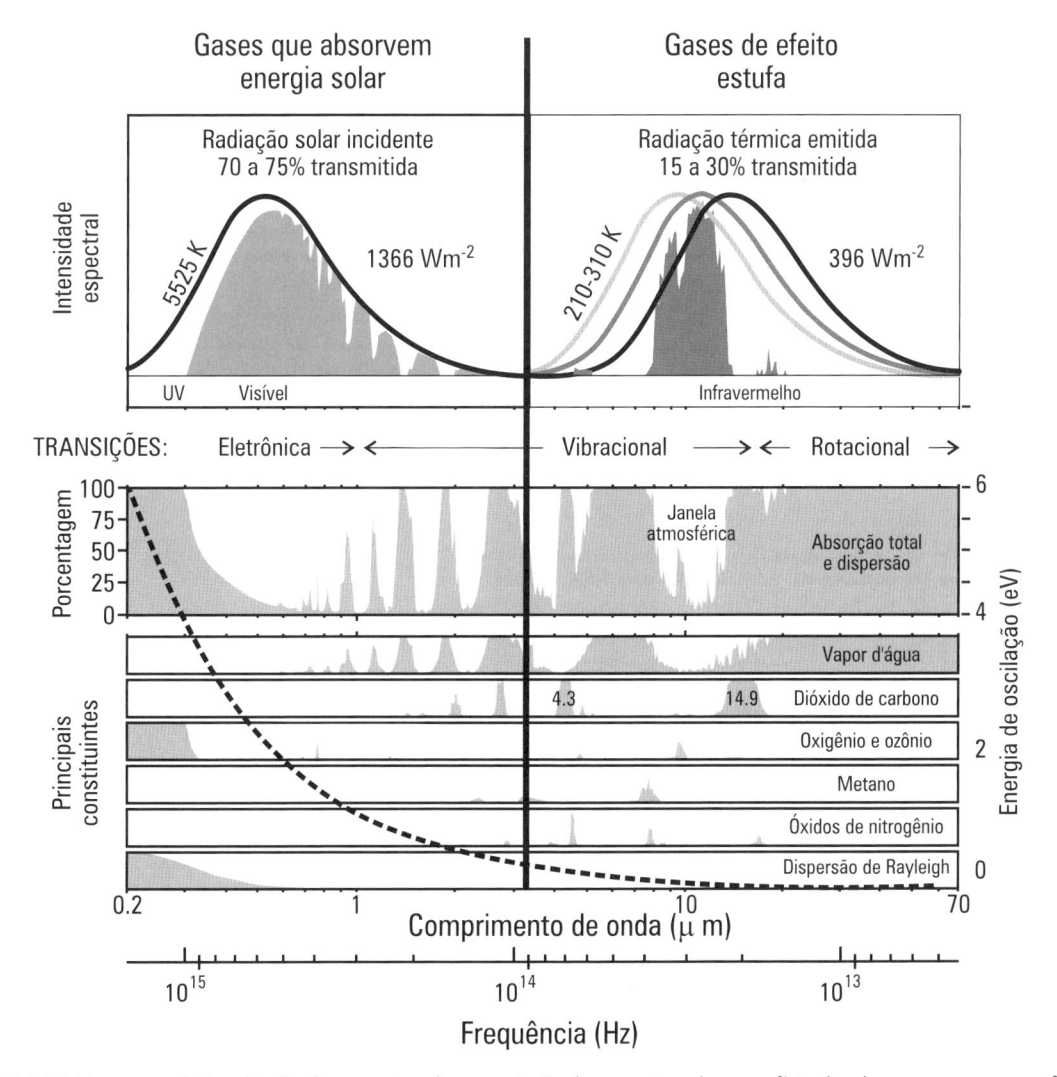

▶ **FIGURA 10.3** Espectros de irradiação de energia solar e emissão de energia pela superfície do planeta para a atmosfera.
Fonte: Adaptada de Rohde.[5]

do planeta ocorrer na "janela atmosférica", que compreende uma faixa específica do espectro na qual não ocorre absorção de radiação infravermelha pelos gases presentes na atmosfera.

Outro dado interessante é que o metano mantém a mesma relação de aumento da concentração com a temperatura e ele é 20 vezes mais efetivo que o CO_2 na absorção de calor. Segundo o modelo de Hansen[6] para análise de mudanças climáticas, a concentração de metano na atmosfera contribuiu 25% a mais do que a concentração de gás carbônico para as alterações de temperatura na Terra entre os anos 8.000 a.C. e 10.000 a.C. Mesmo assim, quando se analisa a Figura 10.3, a absorção de radiação infravermelha pelo metano é significativamente menor que a absorção pelo vapor d'água para a mesma faixa de comprimento de onda.

A queima de combustíveis fósseis é responsável pela maior parcela do dióxido de carbono emitido para a atmosfera. Na **TABELA 10.2**, são apresentadas as quantidades anuais de CO_2 emitidas pelos continentes do planeta e pelo Brasil.

De acordo com a Organização Meteorológica Mundial (OMM), temperaturas de inverno, em altas e médias latitudes, poderão crescer mais que duas vezes a média mundial, enquanto as temperaturas de verão não irão se alterar muito. Esse aumento de temperatura pode, segundo alguns especialistas, induzir a uma elevação dos níveis dos mares em uma faixa que varia de 20 a 165 cm, trazendo problemas de erosão litorânea, inundação, danificação de portos e estruturas costeiras, enchentes, destruição de charcos, elevação de lençóis de água e intrusão salina em aquíferos de abastecimento. Locais como as Ilhas Maldivas poderão desaparecer. Além disso, 70% das costas marítimas do mundo sofrerão processos de erosão. Ao contrário desses desastres, o aumento do teor de CO_2 poderá elevar o rendimento de determinadas culturas, como o milho, o sorgo e a cana-de-açúcar (10%), arroz, trigo, soja e batata (da ordem de 50%). Por outro lado, as mudanças climáticas serão intensas, alterando regimes de chuvas e secas; essas mudanças poderão influenciar muitos processos biológicos, como pragas de insetos e multiplicação de organismos patogênicos, entre outras consequências.

A **TABELA 10.3** mostra a relação entre a concentração de CO_2 e a temperatura da Terra para diferentes modelos matemáticos.

De acordo com as hipóteses correntes sobre o aumento da temperatura do planeta, tem sido difundido que a forma de interromper o aquecimento é o controle das emissões de CO_2

▶ **TABELA 10.2** Quantidade de CO_2 emitida para a atmosfera no ano de 2017

Região	Emissões por setor econômico (10^6 toneladas)						Participação no total das emissões (%)
	Geração de energia	Transporte	Indústria	Residencial	Outras fontes	Total	
África	462,0	349,0	146,0	82,0	146,0	1.185,0	3,61
América do Norte	2.072,0	2.047,0	564,0	341,0	731,0	5.755,0	17,52
América do Sul e Central	263,0	452,0	215,0	63,0	157,0	1.150,0	3,50
Ásia	7.661,0	2.105,0	4.064,0	651,0	1.149,0	15.630,0	47,59
Europa	1.471,0	1.115,0	537,0	454,0	473,0	4.050,0	12,33
Oceania	1.111,0	440,0	326,0	104,0	232,0	2.213,0	6,74
Oriente Médio	721,0	394,0	353,0	131,0	186,0	1.785,0	5,44
Mundo	13.603,0	8.040,0	6.228,0	1.931,0	3.038,0	32.840,0	100,00
Brasil	69,0	203,0	90,0	18,0	48,0	428,0	1,30

Fonte: International Energy Agency.[7]

▶ **TABELA 10.3** Alteração da temperatura média da Terra supondo concentração de CO_2 igual ao dobro da atual – resultados de diferentes modelos

Estudo	Projeção futura para concentração de CO_2 fóssil (10^9 t carbono/ano)	Alteração de consumo de combustível prevista (ppmv)	Alteração de temperatura (ºC)
WCP (1981)	13,6 em 2025	450 em 2025	1,5–3,50
CDAC (1983)	10,0 em 2025	428 em 2025	1,5–4,50
EPA (1983)	10,0 em 2025	440 em 2025	1,5–4,50
Clark (1982)	2% até 2030	371–657 em 2030	2,0–3,00
Julich (1983)	1–16 em 2030	400 em 2030	1,0–3,00
UNEP (1985)	2–20 em 2050	380–470 em 2025	1,5–5,50

WCP – World Climate Programme; CDAC – Carbon Dioxide Assessment Committee; EPA – US Environmental Protection Agency; UNEP – United Nations Environmental Program
Fonte: United Nations Environment Program.[8]

e outros gases com potencial de absorver a radiação infravermelha. Para isso, a solução é diminuir a emissão resultante da queima de combustível, por exemplo, aumentando a eficiência de processos, utilizando-se outras fontes de energia e melhorando o sistema de transporte coletivo e as medidas em menor escala, como a redução do desmatamento mundial.

Durante a terceira conferência dos países signatários da Convenção Internacional sobre Melhoria Climática (elaborada durante a ECO–92, Rio de Janeiro, junho de 1992), que teve lugar em Quioto, em 1997, foi desenvolvido o chamado Mecanismo de Desenvolvimento Limpo (MDL; ou Clean Development Mechanism [CDM]), visando a uma nova abordagem para reduzir a concentração de gases causadores do efeito estufa, principalmente o CO_2. Essa nova proposta leva em conta o elevado nível de emissão de gases dos países industrializados e a capacidade dos países em desenvolvimento de absorvê-los por meio de processos naturais. Por outro lado, foram estabelecidos novos prazos, especificando que os países industrializados devem estabilizar suas emissões em níveis correspondentes aos de 1990 somente entre 2008 e 2012. O MDL consiste basicamente no seguinte:

1. os países industrializados, por meio de compensação financeira a países específicos em vias de desenvolvimento, ganham créditos para ultrapassar suas cotas de emissão previamente estabelecidas;
2. os recursos recebidos pelos países em desenvolvimento devem ser, obrigatoriamente, aplicados em projetos que promovam o "sequestro" de carbono da atmosfera com a promoção de reflorestamentos e de plantio em áreas degradadas. A madeira produzida não poderá ser utilizada como lenha nem em qualquer outra forma de combustão, para, assim, evitar o retorno do carbono sequestrado à atmosfera.

Os países em desenvolvimento participantes (como o Brasil e a Índia, por possuírem grandes áreas que podem ser florestadas) deverão emitir os certificados de emissões reduzidas (CER) de carbono para serem negociados com os países industrializados. O preço de cada tonelada de carbono sequestrado varia, de acordo com as projeções que estão sendo efetuadas, entre US$ 10 a US$ 100.

O projeto não inclui as florestas primárias existentes. Entretanto, pode-se avaliar qual é a quantidade de carbono que elas poderiam sequestrar. O Instituto Nacional de Pesquisas Espaciais (INPE) estima que a Floresta Amazônica remove da atmosfera aproximadamente 36 kg de carbono por hectare por dia, ou seja, um total de 850 milhões de toneladas de carbono por ano.

O mecanismo poderá apresentar resultados efetivos na redução das emissões de gases de efeito estufa, mas evidencia características éticas e morais bastante críticas, pois, além de propor soluções principalmente econômicas para um problema que é ambiental, estimula os grandes poluidores a pagar em vez de reduzir as suas emissões. Outra questão importante em relação ao MDL é a possibilidade de redução do potencial de desenvolvimento de vários países, que podem ser induzidos à implantação de programas financiados por países industrializados que limitem a sua capacidade de desenvolvimento.

Como forma de avaliar a efetividade da implantação do Protocolo de Kyoto, as Nações Unidas, por meio dos integrantes da Convenção-quadro sobre mudança climática, elaboram os relatórios sobre o MDL para apresentação na Conferência das Partes. No relatório publicado pelas Nações Unidas[9] em 2019, é destacada a redução do interesse pelos CERs, conforme pode ser constatado pelos dados da **TABELA 10.4**.

Embora as ações propostas para o controle do aumento da temperatura média do planeta não assegurem a obtenção dos resultados esperados, como pode ser verificado por meio da análise do balanço de energia apresentado na Figura 10.3, elas permitirão uma melhoria das condições ambientais, o que é positivo para os seres humanos e o meio ambiente.

10.4.1.2 Depleção da camada de ozônio

Outro problema ambiental considerado relevante e discutido pela comunidade científica foi a redução da concentração de ozônio na estratosfera (ver Figura 10.1). Essa camada tem a capacidade de bloquear as radiações solares, principalmente a radiação ultravioleta, impedindo que níveis excessivos atinjam a superfície.

A radiação ultravioleta pode ser dividida em três grupos em função do seu comprimento de onda, que está associado à intensidade de energia da radiação, conforme apresentado na **TABELA 10.5**. Os efeitos adversos causados pela radiação ultravioleta podem aumentar a incidência de câncer de pele, reduzir as safras, destruir e inibir o crescimento de espécies vegetais, afetando todo o ecossistema terrestre, além de causar danos aos materiais plásticos.

O oxigênio e o ozônio presentes na estratosfera funcionam como atenuadores da radiação ultravioleta, utilizando a energia desse tipo de radiação nas reações químicas associadas aos processos de formação e destruição do ozônio. A seguir, é feita uma apresentação, de forma simplificada, das reações químicas que ocorrem na estratosfera, mostrando como se dá a atenuação dos níveis de radiação ultravioleta.

▶ **TABELA 10.4** Registro de atividades e número de atividades com registro de certificado de emissões reduzidas (CER) com base no MDL

Período de abrangência	Número de atividades registradas*	Número de atividades com registro de CER	Total de certificados de redução de emissões emitidos
Até ago./2013	4.576	1.717	994.936.460
Set/ 2012 a ago./2013	2.856	1.801	382.789.220
Set./2013 a ago./2014	388	596	104.600.851
Set./2014 a ago./2015	134	497	136.347.421
Set./2015 a ago./2016	78	421	99.567.071
Set./2016 a ago./2017	62	473	146.363.540
Set./2017 a ago./2018	32	334	102.551.281
Set./2018 a ago./2019	11	218	45.327.516
Total	**8.137**	**6.057**	**2.012.483.360**

*O número de atividades registradas em um determinado período foi definido pela data do seu registro.
Fonte: United Nations.[9]

TABELA 10.5 Tipos de radiação ultravioleta em função do comprimento de onda (l)		
Tipo de radiação ultravioleta	**Comprimento de onda característico (nm)**	**Observações**
UVA	320 – 400	Radiação com comprimento de onda muito próximo da luz visível (violeta), não é absorvida pela camada de ozônio.
UVB	280 – 320	Apresenta vários efeitos prejudiciais, particularmente efetivos para causar danos ao DNA, sendo a causa do melanoma e de outros tipos de câncer de pele, além de ser apontada como um dos fatores responsáveis por danos em materiais e em plantações. A camada de ozônio protege a Terra da maior parte da radiação UVB.
UVC	< 280	É extremamente prejudicial, mas é completamente absorvida pela camada de ozônio e pelo oxigênio presente na atmosfera.

Processo de formação do ozônio

A radiação ultravioleta provoca a quebra da ligação da molécula de oxigênio, produzindo o oxigênio atômico, ou oxigênio nascente (O):

$$O_2 + h \to 2O \tag{10.1}$$

em que h é a energia correspondente à radiação ultravioleta que está associada às ondas eletromagnéticas com comprimento de onda menor que 200 nm.

O oxigênio nascente pode reagir com uma molécula de O_2 para a formação do O_3 (ozônio):

$$O + O_2 \to O_3 \tag{10.2}$$

Processo de destruição do ozônio

Dependendo da intensidade de energia associada à radiação ultravioleta, as moléculas de ozônio formadas podem ser decompostas de acordo com as seguintes reações:

$$O_3 + h \to O_2 + O \tag{10.3}$$

$$O_3 + O \to 2O_2 \tag{10.4}$$

em que h é a energia correspondente à radiação ultravioleta que está associada às ondas eletromagnéticas com comprimento de onda compreendido entre 200 a 300 nm.

As reações de formação e destruição de ozônio dependem, principalmente, da intensidade e da energia da radiação UV emitida pelo Sol, o que possibilita um equilíbrio na estratosfera, mantendo, teoricamente, estável a concentração de ozônio.

Em 1956, o grupo de pesquisa britânico para a Antártida instalou um observatório para o monitoramento da concentração de ozônio na estratosfera.[10] Com o monitoramento contínuo, foi possível observar uma anomalia em relação à concentração de ozônio na estratosfera, a qual estava diminuindo, o que começou a ser observado no final da década de 1970 e ficou evidente em meados da década de 1980. Entre 1986 e 1987, foram publicados vários artigos sobre os possíveis mecanismos associados à redução da concentração de ozônio na estratosfera, entre os quais um que relacionava a química dos clorofluorcarbonos com esse fenômeno.[10]

A hipótese da participação do CFC na redução da concentração de ozônio envolve a ocorrência de reações entre diversas substâncias químicas presentes e condições específicas na estratosfera com a liberação do cloro, ao qual é atribuída a capacidade de catalisar o processo de destruição do ozônio.[11] A proposta desse mecanismo de degradação foi feita em 1974 por Molina e Rowland,[12] os quais verificaram que os gases utilizados em aparelhos de ar-condicionado e de refrigeração e como propelentes para produtos em aerossol, chamados clorofluorcarbonos, eram extremamente estáveis e, quando lançados na atmosfera, poderiam atingir a estratosfera e sofrer dissociação fotocatalítica, com a liberação de um átomo de cloro nascente, que pode reagir com o ozônio de acordo com as seguintes reações químicas:

$$\frac{\begin{array}{c} Cl + O_3 \Leftrightarrow ClO + O_2 + \\ ClO + O \Leftrightarrow Cl + O_2 \end{array}}{O + O_3 \Leftrightarrow 2O_2} \qquad (10.5)$$

As preocupações em relação à redução da concentração de ozônio na estratosfera, especificamente na Antártida, cresceram quando, em 1977, verificou-se o aparecimento de "buracos". Em 1983, essas pesquisas registraram uma redução da ordem de 50% do O_3. Tal fato repetiu-se em 1985. Não se sabe ao certo o porquê desses "buracos". Alguns cientistas indicavam que esse fenômeno era cíclico e resultava da formação de nuvens na estratosfera, em função do vórtice polar de inverno.

Durante o início da primavera, os compostos químicos presentes nessa nuvem sofrem as reações químicas que resultam na liberação do cloro nascente, o qual reage com o O_3, produzindo os "buracos". Com a mudança de estação (novembro) e com a entrada de ar renovado, a camada de ozônio se recompõe.

Os resultados dos estudos realizados conduziram a uma discussão em nível mundial sobre as possíveis ações para evitar o agravamento do processo de redução da concentração de ozônio na estratosfera, tendo sido recomendado o fim das emissões de gases CFCs.

Os países desenvolvidos se mobilizaram no sentido de diminuir o uso de CFCs. O principal evento foi o Protocolo de Montreal sobre Substâncias que Degradam a Camada de Ozônio.[13] Esse documento foi assinado por vários países e estabeleceu um cronograma para diminuir o uso de CFC no mundo.

O Protocolo de Montreal foi ratificado por 188 países e sofreu cinco emendas: Londres (1990), Copenhague (1992), Viena (1995), Montreal (1997) e Beijing (1999). Assim, foi estabelecido o cronograma para o congelamento do consumo e banimento definitivo das substâncias responsáveis pela depleção da camada de ozônio, como mostra a **TABELA 10.6**.

Dados disponíveis sobre a produção, a importação e a exportação das substâncias responsáveis pela depleção da camada de ozônio indicam que as metas propostas pelo Protocolo de Montreal estão sendo atingidas pela maioria dos países signatários, conforme pode ser verificado com os dados apresentados na **TABELA 10.7**.

▶ **TABELA 10.6** Cronograma para congelamento do consumo e banimento das substâncias responsáveis pela depleção da camada de ozônio

Substância	Países desenvolvidos		Países em desenvolvimento	
	Congelamento do consumo	Banimento	Congelamento do consumo	Banimento
CFCs	01/07/1989	01/01/1996	01/07/1999	01/01/2010
Hálons	–	01/01/1994	01/01/2002	01/01/2010
Outros CFCs completamente halogenados	–	01/01/1996	–	01/01/2010
Tetracloreto de carbono	–	01/01/1996	–	01/01/2010
Metilclorofórmio	01/01/1993	01/01/1996	01/01/2003	01/01/2015
HCFCs	01/01/1996	01/01/2030	01/01/2016	01/01/2040
Brometo de metila	01/01/1995	01/01/2005	01/01/2002	01/01/2015

Fonte: United Nations Development Programme.[14]

▶ **TABELA 10.7** Produção, importação e exportação de substâncias responsáveis pela depleção da camada de ozônio em 128 países

	Produção			Importação			Exportação		
	2002	Ano de referência	Variação (%)	2002	Ano de referência	Variação (%)	2002	Ano de referência	Variação (%)
CFCs	50.555,40	462.037,50	-89	43.288,90	135.136,60	-68	37.967,00	162.425,10	-77
Hálons	7.404,20	120.377,00	-94	3.689,20	28.854,20	-87	2.542,90	48.613,70	-95
Outros CFCs Completamente halogenados	29,00	2.406,70	-99	8,40	205,60	-96	0,2	159,5	-100
Tetracloreto de carbono	6.120,30	146.245,40	-96	16.313,90	121.949,90	-87	22.042,90	53.301,70	-59
Metilclorofórmio	1.370,30	30.901,20	-96	754,90	5.865,00	-87	3.810,40	8.648,70	-56
HCFCs	11.838,40	15.076,50	-21	2.785,00	569,30	389	8.091,40	1.897,30	326
Brometo de metila	11.091,50	23.499,40	-53	11.653,80	19.049,00	-39	10.798,50	15.708,20	-31
Total	**88.409,10**	**800.543,70**	**-89**	**78.494,10**	**311.629,60**	**-75**	**85.253,30**	**290.754,20**	**-71**

Fonte: IUnited Nations Development Programme.[14]

O monitoramento do ozônio na estratosfera continuou sendo realizado, permitindo acompanhar os efeitos das ações propostas pelo Protocolo de Montreal sobre a sua concentração. Uma fonte de dados bastante relevante é a página eletrônica da Agência Aeroespacial Americana, *NASA Ozone Watch*, que disponibiliza uma ampla variedade de informações sobre o tema.

A partir de um levantamento dos dados históricos sobre o monitoramento do ozônio na estratosfera da região Antártida, foi possível construir o gráfico apresentado na **FIGURA 10.4**.

Os dados apresentados no gráfico se referem aos meses mais críticos do ano, ou seja, quando ocorre a menor concentração de ozônio sobre a Antártida e a maior extensão do buraco na camada de ozônio, geralmente nos meses de setembro e outubro.[10] Observando-se o gráfico da Figura 10.4, verifica-se uma certa uniformidade nos valores para a concentração mínima de ozônio, com uma ligeira tendência de aumento a partir de 2010, e extensão máxima do buraco na camada de ozônio, com uma tendência de redução, também, a partir de 2010.

Por outro lado, no Hemisfério Norte, sobre o Ártico, as concentrações de ozônio ao longo de todo o ano são sempre maiores do que aquelas observadas no Hemisfério Sul, mas o perfil de variação de concentração é similar, com as menores concentrações de ozônio na estratosfera ocorrendo no mês de setembro. Na **FIGURA 10.5** são apresentados os dados da concentração média de ozônio na estratosfera sobre as calotas polares da Antártida e do Ártico.[14,15]

Analisando-se as informações apresentadas, verifica-se que a redução da concentração de ozônio na estratosfera nos dois hemisférios ocorre entre os meses de setembro e outubro. Além disso, a diferença percentual de redução entre os valores máximos e mínimos é de, aproximadamente, 33,9% para o Hemisfério Sul e 32,6% para o Hemisfério Norte. A principal diferença é que as concentrações de ozônio na estratosfera sobre a Antártida, entre 205 a 310 unidades Dobson, são sempre menores do que aquelas observadas sobre o Ártico, entre 290 e 430 unidades Dobson. Também se observa, nos gráficos da Figura 10.5, que a variação da concentração de ozônio nos meses de janeiro a junho é mais significativa no Ártico do que na Antártida.

Essa condição levanta dúvidas sobre os CFCs serem os principais responsáveis pela destruição do ozônio da estratosfera, indicando que não é possível assumir hipóteses simplificadas para a compreensão de fenômenos naturais, que são bastante complexos.

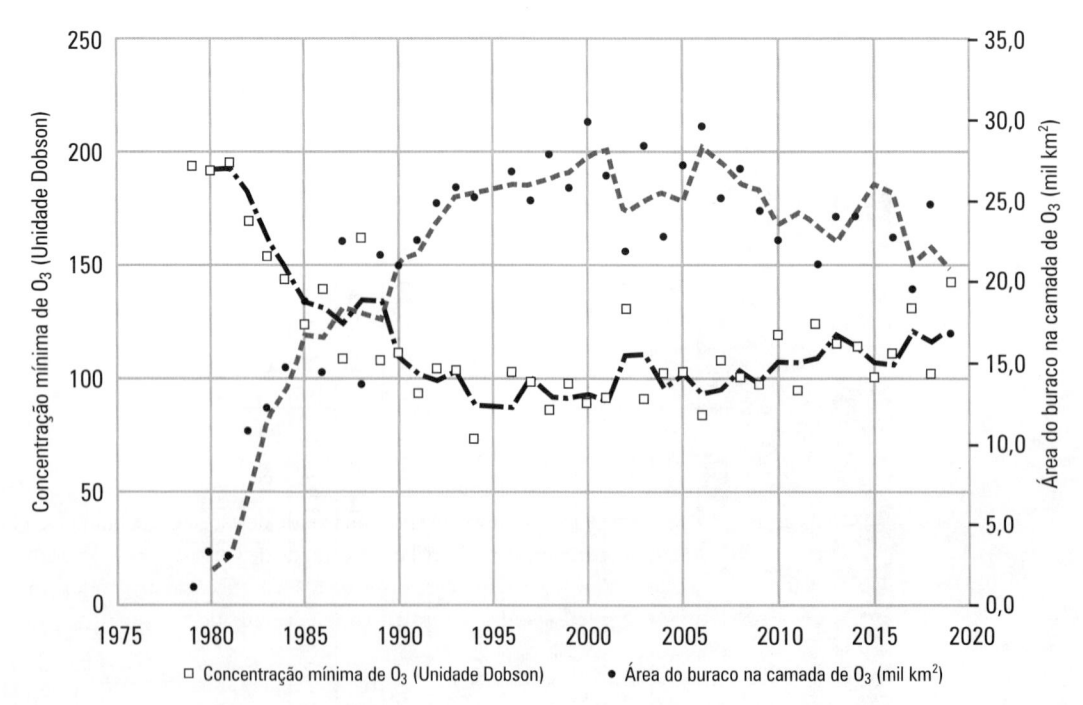

▶ **FIGURA 10.4** Valores mínimos da concentração de ozônio na estratosfera e valores máximos da área do buraco na camada de ozônio entre 1979 e 2019.

Fonte: National Aeronautics and Space Administration.[10]

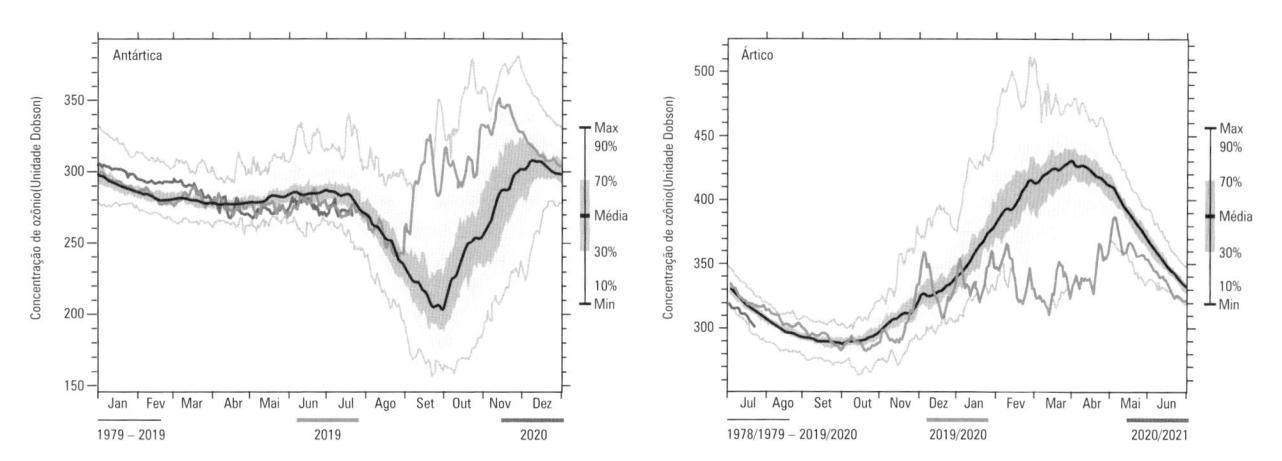

FIGURA 10.5 Variação das concentrações de ozônio na estratosfera sobre as calotas polares.
Fonte: Baseada em National Aeronautics and Space Administration.[14,15]

Para uma análise mais adequada, é importante que também sejam analisados os dados sobre a incidência de radiação ultravioleta na estratosfera, mais especificamente sobre a Antártida e sobre o Ártico, considerando-se as regiões do espectro que afetam as reações de formação e destruição do ozônio.

Chuva ácida

Outro problema que atinge o planeta é a chamada "chuva ácida". As emissões de óxidos de nitrogênio e de enxofre, resultantes de uma série de atividades da sociedade moderna, reagem com o vapor de água na atmosfera, produzindo ácidos (nítrico e sulfúrico). Esses, por sua vez, precipitam-se nos solos pela ação da chuva. Outro mecanismo é a deposição de sais dissolvidos (deposição de ácidos). Considera-se ácida a chuva que apresenta pH inferior a 5,6. As chuvas em regiões industriais da Europa e dos Estados Unidos chegam a apresentar pH da ordem de 3. Na América do Sul, os menores valores de pH para a água da chuva são próximos de 4,7. Destaca-se que, na região amazônica, já ocorreram chuvas com pH próximos de 3, em razão, provavelmente, da formação de ácido sulfídrico proveniente da oxidação do H_2S (gás sulfídrico) produzido nos alagados da região ou da formação de ácidos orgânicos (fórmico e acético) na queima de biomassa. Uma representação esquemática do processo que leva à ocorrência da chuva ácida é apresentada na **FIGURA 10.6**.

A ocorrência da chuva ácida em áreas agrícolas resulta em perdas de produtividade, principalmente em decorrência da acidificação de solos e consequente perda de nutrientes. Por exemplo, a lixiviação dos nutrientes e a eliminação de organismos que contribuem para o desenvolvimento do solo são algumas das consequências. Outro grande impacto danoso é a acidificação da água, principalmente em lagos de reservatórios voltados para abastecimento e produção de energia elétrica, bem como o favorecimento do processo de proliferação de algas, devido ao aumento da eutrofização. Em decorrência da acidificação, pode ocorrer maior desgaste do concreto, de tubulações, turbinas e bombas de usinas hidroelétricas e estruturas de captação de água para abastecimento. Além disso, o aumento da acidez da água pode alterar o equilíbrio dos sistemas aquático e terrestre, afetando uma grande variedade de espécies da fauna e da flora.

Um exemplo que merece destaque no Brasil é o da cidade de Cubatão. Esse importante polo industrial foi ameaçado pelos escorregamentos observados nas encostas da Serra do Mar. Esses escorregamentos foram resultado do desmatamento intenso ocorrido na região, principalmente pela ação dos poluentes emitidos no próprio centro industrial. O Governo do Estado de São Paulo precisou investir recursos em uma série de obras para conter as ondas de lama produzidas durante as chuvas. Foi necessário instalar um sistema de alerta, que consiste em monitoramento e previsão de escorregamentos em tempo real, para prevenir eventuais situações críticas para, desse modo, pôr em prática medidas de proteção da população e do parque industrial. Paralela-

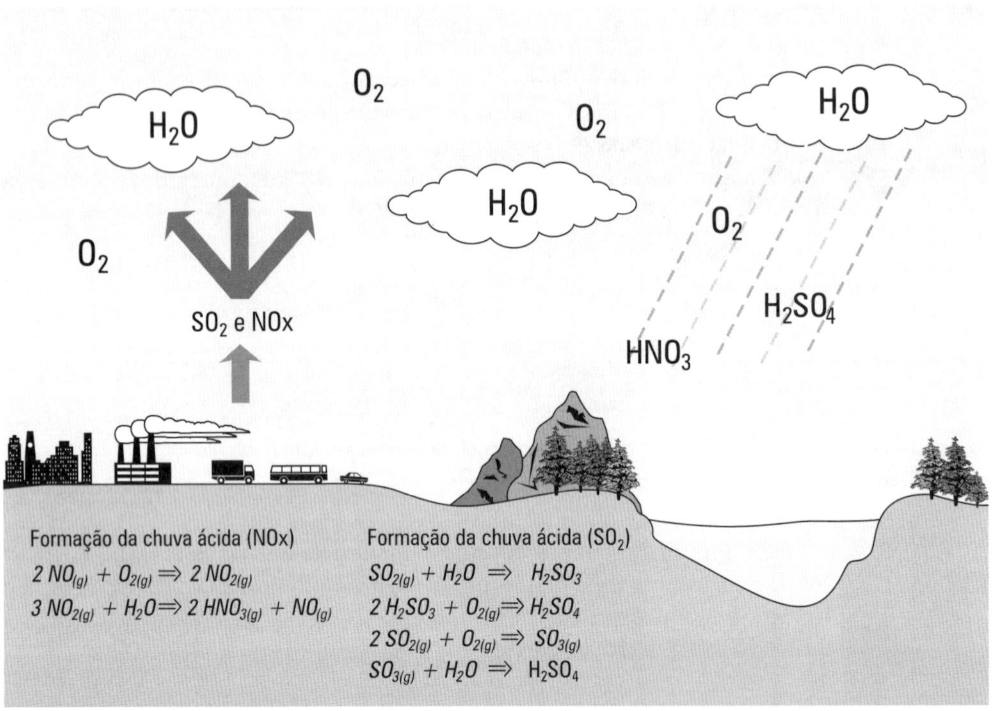

FIGURA 10.6 Representação esquemática do processo de formação da chuva ácida.

Formação da chuva ácida (NOx)
$2\,NO_{(g)} + O_{2(g)} \Rightarrow 2\,NO_{2(g)}$
$3\,NO_{2(g)} + H_2O \Rightarrow 2\,HNO_{3(g)} + NO_{(g)}$

Formação da chuva ácida (SO$_2$)
$SO_{2(g)} + H_2O \Rightarrow H_2SO_3$
$2\,H_2SO_3 + O_{2(g)} \Rightarrow H_2SO_4$
$2\,SO_{2(g)} + O_{2(g)} \Rightarrow SO_{3(g)}$
$SO_{3(g)} + H_2O \Rightarrow H_2SO_4$

mente, implantou-se também um extenso programa para melhorar a qualidade do ar na região e outro para recompor a vegetação destruída nas encostas. Desse modo, as indústrias locais estão implantando sistemas de coleta e tratamento de efluentes gasosos, e o Estado desenvolveu programas de reflorestamento para a região que circunda a cidade.

Outro dano extremamente sério provocado pela "chuva ácida" é a destruição de obras civis e monumentos. Em cidades históricas, como Atenas e Roma, o problema chega a ser catastrófico.

A chuva ácida foi o primeiro, possivelmente o único, problema global de poluição devidamente comprovado, principalmente em decorrência dos problemas causados em diversos países da Europa, devido às emissões de óxidos de enxofre e nitrogênio de usinas termoelétricas à base de carvão mineral, e, nos Estados Unidos, pelas mesmas razões. Tomando-se como exemplo os Estados Unidos, que para solucionar os problemas decorrentes da ocorrência da chuva ácida aprovou, em 1990, uma lei federal para a redução das emissões de dióxido de enxofre (SO_2) e óxidos de nitrogênio (NOx) pelo setor de geração de energia, com a definição de valores anuais máximos de emissão para esses dois poluentes.[16]

Para atender aos objetivos dessa lei, foi proposto um programa denominado *Cap and Trade*, também conhecido como programa de permissões negociáveis, um instrumento econômico para controle da poluição. O programa de permissões negociáveis consiste no estabelecimento de um valor máximo anual de emissões de poluentes (teto) para um determinado setor da economia, no caso do controle das emissões de SO_2, para o setor de produção de energia, o qual é distribuído por meio de permissões para as principais empresas do setor.[17]

A quantidade total de permissões é equivalente ao teto máximo de emissão estabelecido, e, no final do período fiscal, as empresas devem restituir ao órgão de controle ambiental uma quantidade de permissões equivalente ao total de suas emissões, sendo possível adquirir no mercado permissões de outras empresas que emitiram uma quantidade menor do poluente, em relação à quantidade de permissões que havia recebido.

O aspecto mais relevante desse modelo é que cada empresa era livre para desenvolver a estratégia mais adequada para a redução das emissões, sem a necessidade de revisão ou aprovação pelo governo, ou seja, ela poderia atuar nos seus processos, ou, então, junto aos seus fornecedores ou consumidores, para atingir as suas metas de emissão.

Por exemplo, uma usina termoelétrica que utiliza combustível líquido para o processo de geração de energia, dependendo do seu porte, poderia investir em sistemas para abatimento das emissões de SO_2, ou propor ao fornecedor do combustível que fosse reduzido o teor de enxofre no combustível fornecido, obviamente, fazendo uma avaliação dos custos associados a cada uma das opções.

Para que seja possível avaliar a efetividade do programa proposto nos Estados Unidos, para o controle da chuva ácida, na **FIGURA 10.7** são apresentadas duas imagens relacionadas à deposição úmida do íon sulfato nos anos de 1990 e 2017.[18]

Analisando-se os resultados obtidos por meio do programa de permissões negociáveis para o controle de poluentes responsáveis pela chuva ácida, verifica-se que a utilização de instrumentos econômicos permite obter resultados ambientais muito mais significativos em comparação àqueles que poderiam ser obtidos por meio da imposição apenas de normas ambientais mais restritivas, ou ações que restringissem a utilização de combustíveis fósseis para a geração de energia.

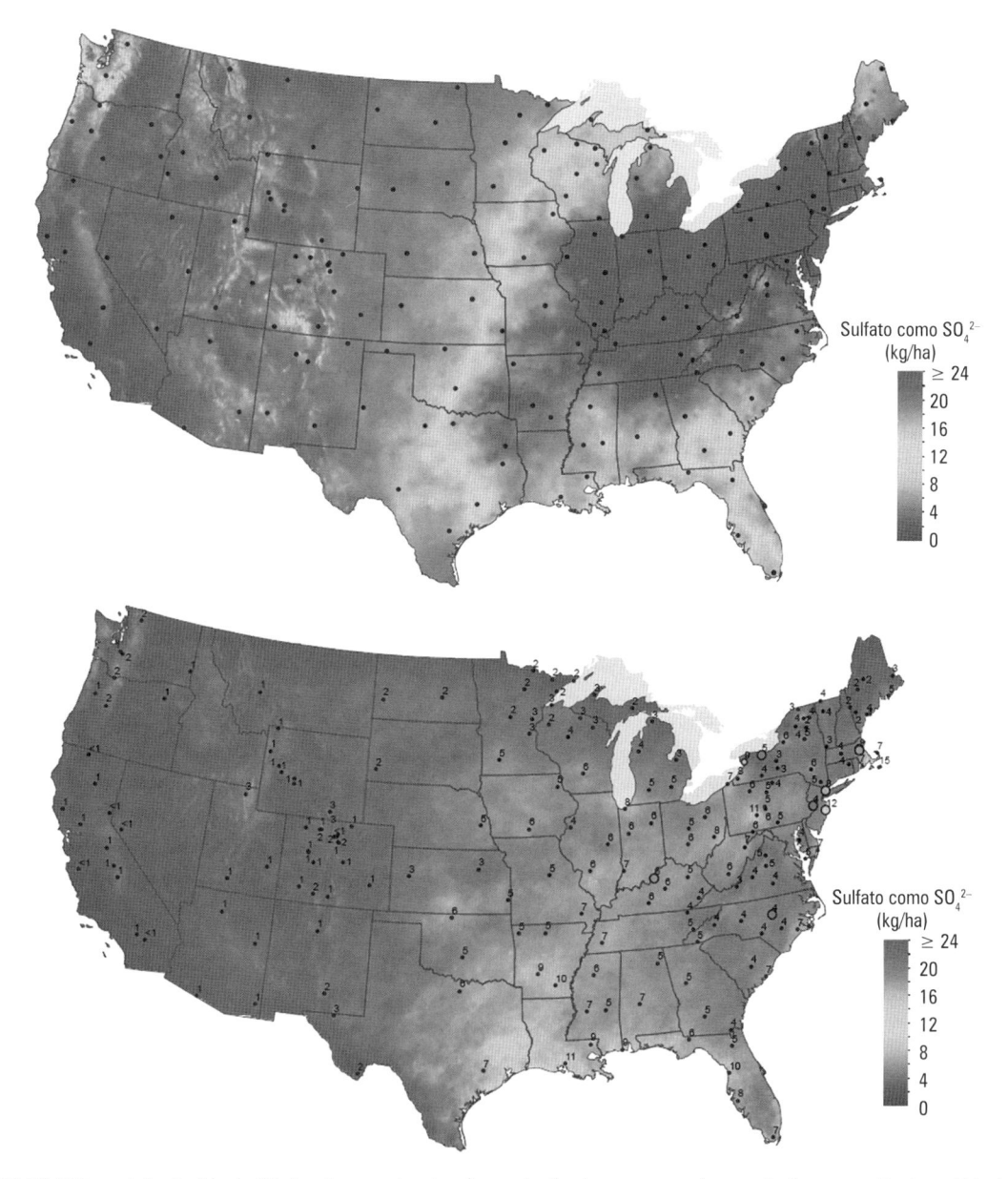

▶ **FIGURA 10.7** Deposição úmida de SO_4^{2-} antes e após a implementação do programa de permissões negociáveis no Estados Unidos.
Fonte: National Atmospheric Deposition Program.[18]

▶ 10.4.2 Poluição local

Nesta seção, são abordados os problemas locais de poluição do ar. Esses problemas são formados por episódios críticos de poluição em cidades e dependem dos poluentes que são gerados e das condições climáticas existentes para sua dispersão. Costuma-se classificar essas situações críticas em dois tipos principais: o *smog* **industrial** e o *smog* **fotoquímico**. Muito embora seja feita essa distinção, os dois *smogs* podem ocorrer simultânea ou separadamente, em diferentes estações do ano, em uma mesma região.

10.4.2.1 *Smog* industrial

Esse tipo de *smog* é típico de regiões frias e úmidas. Os picos de concentração ocorrem exatamente no inverno, em condições climáticas adversas para a dispersão dos poluentes. Um fenômeno meteorológico que agrava o *smog* industrial é a inversão térmica, quando os picos de concentração de poluentes ocorrem geralmente nas primeiras horas da manhã.

Os principais elementos componentes desse tipo de *smog* industrial provêm da queima de carvão e de óleo combustível, condições típicas de regiões industriais e onde ocorre utilização intensa desses combustíveis para geração de energia em usinas termoelétricas ou para aquecimento em regiões de clima frio. Seus principais componentes são o dióxido de enxofre (SO_2) e o material particulado (MP). Esses dois compostos podem provocar sérias lesões respiratórias, principalmente pelo sinergismo negativo existente.

Muitos dos danos provocados pelo SO_2 na atmosfera já foram apresentados quando o problema da "chuva ácida" foi apresentado. Quanto ao MP, existem diferentes tipos de partículas e de gotas, ou aerossóis, formados por muitas substâncias químicas. Os efeitos adversos ao homem e ao meio ambiente podem ser significativos. Partículas com diâmetro superior a 10 micrômetros (μm) tendem a se depositar rapidamente no solo, não sendo de grande relevância do ponto de vista de saúde do ser humano e de outros animais. Na maioria das emissões naturais, dispersão de pólen, ação dos ventos sobre o solo e erupções vulcânicas, as partículas apresentam diâmetro superior ao indicado. As partículas de tamanho médio, com diâmetro entre 1 e 10 μm, permanecem em suspensão no ar por longo tempo. Muitas das partículas geradas pela queima de carvão em indústrias, em termoelétricas, indústria de cimento e mineradoras, entre outras atividades, possuem tamanho dentro dessa faixa. Do ponto de vista ambiental, as partículas finas, com diâmetro inferior a 1 μm, são as que que apresentam maior relevância. Muitas delas permanecem no ar, percorrendo diversas regiões da Terra e causando sérios problemas respiratórios. Além disso, essas partículas também afetam a visibilidade e podem interferir no clima pelo aumento do albedo.

Exemplos de cidades sujeitas a esse tipo de *smog* são Londres, Chicago e cidades de outros países com inverno rigoroso e com intensa queima de óleo e carvão. Uma característica desse tipo de *smog* é a formação de uma espécie de névoa acinzentada que recobre as regiões onde ocorre.

Outros poluentes do ar – como compostos de flúor, de mercúrio e asbesto lançados na atmosfera, principalmente em áreas industriais – podem ser um grave risco para a saúde humana e para o meio ambiente. Os compostos de flúor, liberados por fundições de ferro ou alumínio e no processamento da rocha fosfatada em fábricas de fertilizantes, prejudicam o crescimento dos vegetais e causam danos à saúde humana e dos animais. A molécula flúor é um oxidante bastante reativo que impossibilita a ação de algumas enzimas. Excessos de flúor provocam processos de descalcificação, afetando ossos e dentes. Compostos de mercúrio, usualmente associados à mineração de ouro, também podem ser liberados para o ar pelas indústrias de celulose e papel, de tinta e de certos tipos de defensivos agrícolas, e têm efeito sobre a cadeia alimentar e sobre a saúde humana. O asbesto, que foi amplamente utilizado em material de construção, revestimentos à prova de fogo e freios de automóvel, é uma substância com potencial carcinogênico, o que acabou resultando em maiores índices de câncer de pulmão em trabalhadores dessas indústrias em comparação à média da população.

A emissão de gases tóxicos para a atmosfera a partir de certos processos industriais ou por acidente provoca efeitos locais bastante significativos da poluição do ar. O acidente de Bhopal, Índia, em 1984, em uma unidade da Union Carbide, liberou uma nuvem de gás tóxico que matou e feriu milhares de pessoas que moravam nas cercanias da fábrica, e é um exemplo do potencial perigo dos inúmeros tóxicos que hoje são produzidos e manipulados.[19]

10.4.2.2 *Smog* fotoquímico

Esse tipo de *smog* é típico de cidades ensolaradas, quentes, de clima seco. Os picos de poluição ocorrem em dias quentes, com muito sol. O principal agente poluidor, nesse caso, são os veículos, que lançam uma série de poluentes para a atmosfera, principalmente óxidos de nitrogênio, monóxido de carbono e hidrocarbonetos. Esses gases sofrem várias reações por efeito da radiação solar, gerando novos poluentes, daí o nome "fotoquímico". Destacam-se como principais poluentes os óxidos de nitrogênio, os radicais orgânicos PAN (peroxiacetil nitrato – $CH_3.COO.ONO_2$), o ozônio e aldeídos.

A característica principal do *smog* fotoquímico é sua cor marrom avermelhada, e seu pico de concentração ocorre por volta das 10h ou 12h. A **FIGURA 10.8** apresenta um gráfico típico da distribuição diária da concentração dos poluentes fotoquímicos. Podemos perceber que o pico de oxidantes totais ocorre quando a temperatura da superfície é mais alta.

A relação entre os produtos químicos desse tipo de *smog* é apresentada na **FIGURA 10.9**.

A **FIGURA 10.10** apresenta o resultado de um experimento no qual as emissões de um veículo foram expostas à radiação ultravioleta (UV). É possível perceber, nitidamente, a relação entre os poluentes componentes do *smog* fotoquímico e a radiação UV.

Alguns exemplos de cidades sujeitas a esse tipo de *smog* são Los Angeles, Sydney, Cidade do México e São Paulo.

Conforme ressaltado no início desta seção, o *smog* industrial e o *smog* fotoquímico podem ocorrer simultânea ou separadamente em determinadas estações do ano. É o caso de São Paulo, onde é difícil distinguir a predominância de um determinado tipo de *smog*. Esse fato pode ser verificado observando-se os dados levantados nessa região.

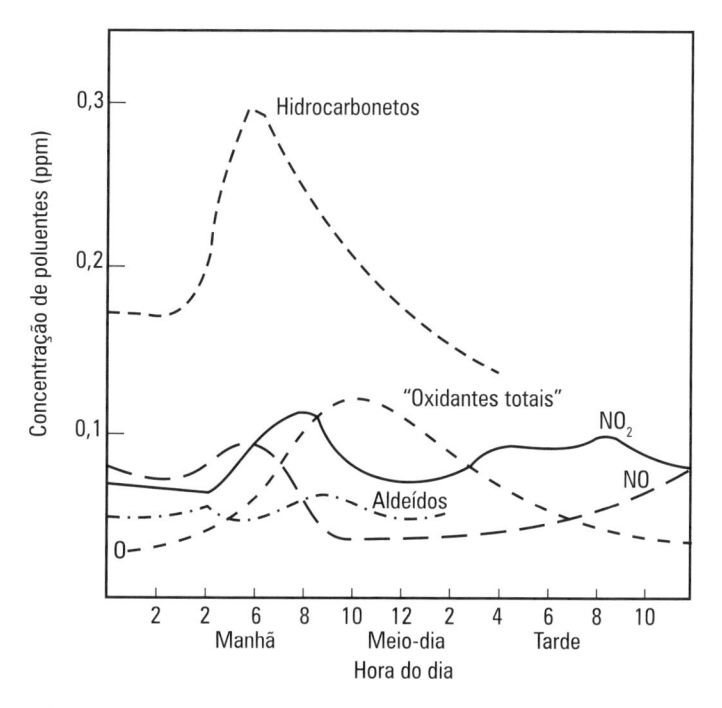

▶ **FIGURA 10.8** Variação típica da concentração de poluentes constituintes do *smog* fotoquímico durante um período de 24 horas.
Fonte: Benn e McAuliffe.[20]

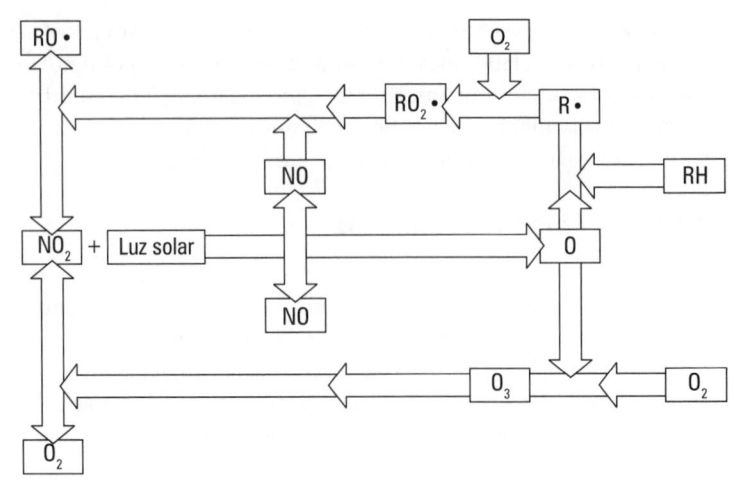

▶ **FIGURA 10.9** As reações químicas no *smog* fotoquímico.
Fonte: Perkins.[21]

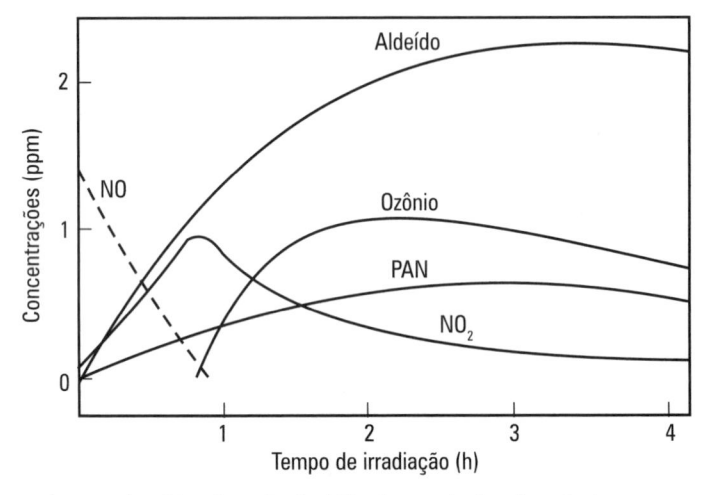

▶ **FIGURA 10.10** Produtos resultantes do efeito da radiação UV sobre emissões de veículos.
Fonte: Benn e McAuliffe.[20]

O controle do *smog* fotoquímico passa pelo controle da emissão de poluentes produzidos pelos meios de transporte, o que será discutido a seguir.

10.5 METEOROLOGIA E DISPERSÃO DE POLUENTES NA ATMOSFERA

O perfil térmico da atmosfera tem relação direta com a capacidade de dispersão de poluentes por mistura vertical. Podemos, usando um exemplo muito simples, explicar a maior ou a menor capacidade da atmosfera em dispersar poluentes. Suponhamos que um balão cheio de ar possa subir e descer na atmosfera. Esse balão não troca calor com o meio externo, sistema adiabático. Se o balão se elevar, ele irá se expandir devido ao decréscimo da pressão externa. À medida que o gás do balão se expande, sua temperatura diminui. O decréscimo da temperatura com a altitude, nesse caso (sem troca de calor), é chamado de **gradiente de temperatura adiabático seco**.

Esse valor corresponde a, aproximadamente, - 0,65 °C para cada 100 metros de acréscimo de altitude. Quando a temperatura da atmosfera diminui mais rápido que a adiabática, a atmosfera é dita **superadiabática**. Nessa situação, se o balão for colocado em uma certa altitude, a tendência é que ele se desloque para cima, afastando-se da posição inicial. Isso pode ser demonstrado com base em um balanço de forças atuando sobre o balão, ou seja, a força peso e o empuxo. Do ponto de vista da poluição do ar, essa condição é desejada por dispersar rapidamente os poluentes na atmosfera. Portanto, a atmosfera em condição superadiabática é instável, o que permite maior dispersão dos poluentes.

Se a temperatura da atmosfera diminuir mais lentamente do que a adiabática, a atmosfera é dita **subadiabática**, e, nesse caso, o balão tende a permanecer estável. Se o balão for colocado em uma determinada altitude, a tendência é ele permanecer nessa condição, ou tenha um movimento descendente. O estado subadiabático não proporciona a mistura vertical, dada a estabilidade do ar. Em situações críticas de poluição do ar, essa estabilidade diminui o potencial de dispersão da atmosfera e, consequentemente, propicia o surgimento de episódios críticos de poluição em razão da alta concentração de poluentes. O caso extremo ocorre quando a temperatura aumenta com a altitude; é a chamada **inversão térmica**. Nessa situação, o ar é consideravelmente estável e os índices de poluição tendem a se elevar, dependendo, também, é óbvio, da carga de poluentes. A **FIGURA 10.11** apresenta todas as situações aqui discutidas.

A inversão térmica pode ocorrer de diversas formas. A **FIGURA 10.12** ilustra as possibilidades de formação desse fenômeno.

As inversões térmicas ocorrem, na sua maioria, por dois mecanismos: por radiação e por subsidência. A inversão por radiação (Figura 10.12a) ocorre, geralmente, no inverno. Em um dia frio e sem nuvens, o aquecimento solar pode resultar em temperaturas relativamente altas ao nível do solo durante o final da manhã e início da tarde. Entretanto, no final da tarde, quando geralmente é bem mais frio, a superfície do solo sofre um resfriamento intenso, de tal forma que as camadas superiores de ar permanecem mais quentes, gerando uma camada de inversão em altitudes da ordem de 100 metros. No decorrer do dia, esse perfil volta a se inverter, principalmente pelo aquecimento do solo. Esse tipo de inversão não acontece em dias nublados; sua formação pode ser reduzida pelo vento e, em áreas desérticas, ocorre em aproximadamente 90% das manhãs.

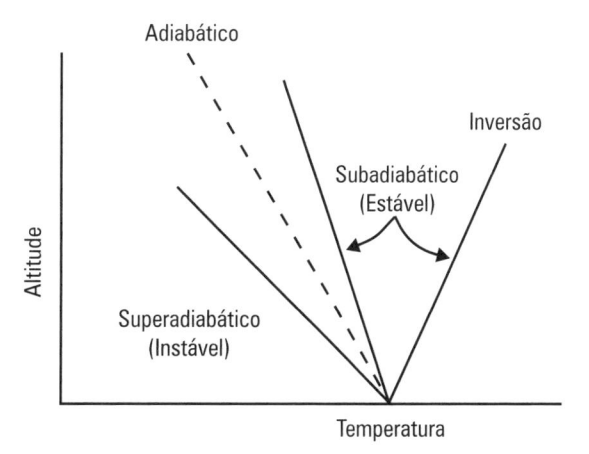

▶ **FIGURA 10.11** O gradiente de temperatura adiabático seco serve como fronteira entre o ar estável e o ar instável.

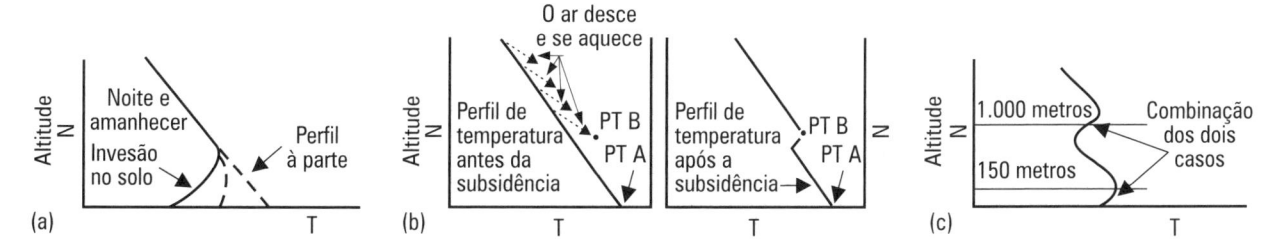

▶ **FIGURA 10.12** Inversão de temperatura: (a) por radiação; (b) por subsidência; e (c) por combinação dos dois casos.

A inversão térmica por subsidência (Figura 10.12b) ocorre em maiores altitudes e dura alguns dias. Esse tipo de inversão deve-se ao fenômeno da subsidência do ar (correntes de ar descendentes), formado pela diferença de pressão existente entre grandes massas de ar que se deslocam na atmosfera.

Observando as direções preferenciais das massas de ar na atmosfera, tanto no Hemisfério Sul como no Hemisfério Norte, é possível constatar a existência de regiões propícias à formação de subsidências ou zonas de correntes verticais descendentes. As regiões preferenciais para a formação dessas correntes localizam-se nas proximidades das latitudes 30 N e 30 S. Nessas condições, o ar desce a taxas de 1.000 m/dia. À medida em que o ar desce para altitudes mais baixas e de maiores pressões, ele sofre um processo de compressão que aumenta sua temperatura. Esse tipo de inversão ocorre geralmente em grandes altitudes, ou seja, acima de mil metros. Em uma situação extremamente crítica, podem ocorrer simultaneamente os dois tipos de inversão, conforme mostra a Figura 10.12c. Existem outros tipos de inversão térmica. Por exemplo, em regiões costeiras, a brisa do mar pode resfriar o solo durante a noite a ponto de formar massas de temperatura mais alta em altitudes superiores nas primeiras horas da manhã. Esse tipo de inversão desaparece no decorrer do dia, com o aquecimento da região costeira.

▶ 10.5.1 Processo de dispersão de poluentes atmosféricos

Suponhamos que um meio atmosférico esteja sendo poluído por uma chaminé. Essa fonte está lançando poluentes continuamente, e eles irão se dispersar no ar, resultando na formação de uma **pluma**. O mesmo fenômeno ocorre em um rio quando se descarregam poluentes.

Estudar o comportamento da pluma significa estudar como o meio atmosférico transporta e dispersa os poluentes nele lançados. A teoria de Fenômenos de transporte, tratada pela Mecânica dos Fluidos, possibilita estudar esse comportamento.

A forma da pluma de poluentes emitidos por uma chaminé pode ser classificada de acordo com o perfil de temperatura da atmosfera. A **FIGURA 10.13** ilustra todas as possibilidades de desenvolvimento de plumas em função do gradiente térmico da atmosfera, desprezando-se os seguintes efeitos:

- diferenças de densidade entre os poluentes e o ar;
- velocidade de saída dos poluentes da chaminé;
- sedimentação dos poluentes (p. ex., MP) etc.

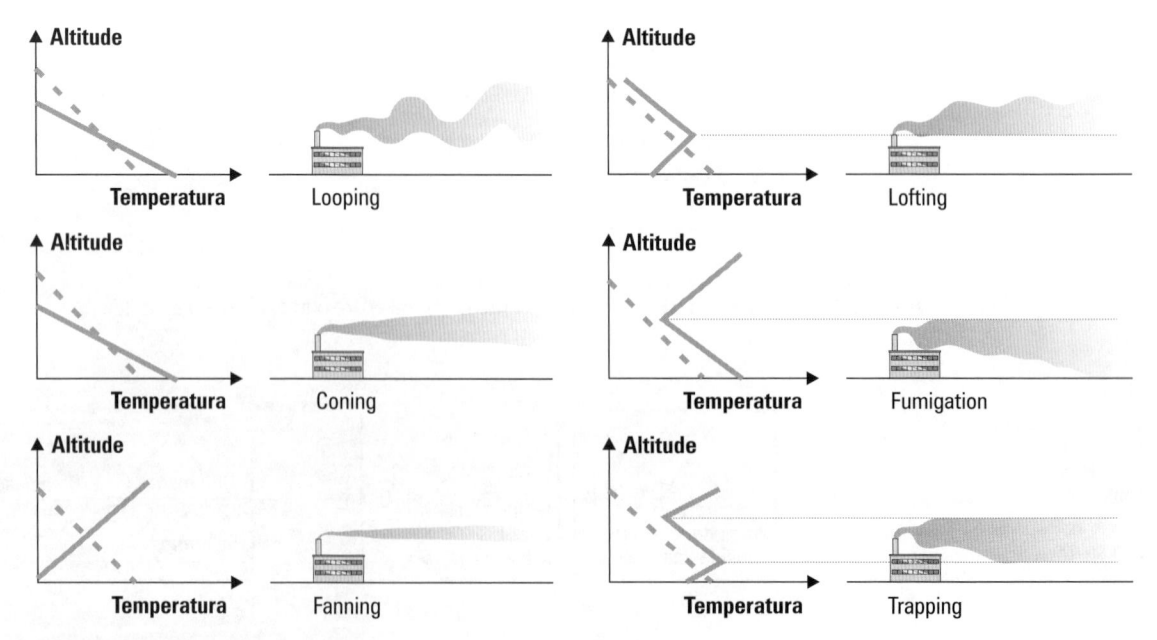

▶ **FIGURA 10.13** Principais tipos de plumas de poluentes atmosféricos.

A pluma tipo *looping* ocorre em uma situação em que o perfil térmico é superadiabático. Nesse caso, existe muita turbulência na atmosfera. Esse tipo de pluma acontece durante dias de céu claro com poucas nuvens e muita insolação, e a turbulência de origem térmica provoca grandes turbilhões (*eddies*) que dispersam rapidamente a nuvem de poluição. Em locais próximos à fonte, junto ao solo, podem ocorrer altos índices de poluição pela própria turbulência que leva a pluma ao nível do solo.

A pluma *coning* ocorre quando o perfil é do tipo subadiabático. Essa pluma tem forma cônica e sua dispersão é menor que a da pluma em *looping*. Comparativamente a esta, a pluma *coning* provoca o aumento da concentração de poluentes nas proximidades do solo, em locais bem distantes da fonte. A *coning* ocorre em dias nublados, com ventos moderados.

A pluma *fanning* ocorre quando toda a massa de poluentes está contida em uma camada de inversão; a mistura vertical quase inexiste em decorrência da estabilidade do ar. A mistura horizontal é também muito baixa em virtude da falta de ventos. Embora não provoque grandes concentrações em baixas altitudes, esse tipo de pluma geralmente precede uma situação mais crítica, que é a pluma do tipo *fumigation*. À medida que o Sol aquece a superfície do solo, a inversão desaparece e ocorre mistura na região de gradiente negativo. Quando o ar instável atinge a pluma, aumenta a mistura vertical e, consequentemente, as concentrações no nível do solo. A pluma do tipo *fumigation*, causada pela quebra da inversão por radiação, dura muito pouco tempo, de 30 a 60 minutos. Em uma situação de brisa marítima, esse tipo de mistura pode durar várias horas.

A pluma do tipo *lofting* ocorre quando o lançamento dos efluentes é feito acima da camada de inversão. Esse tipo de pluma ocorre ao anoitecer, quando a inversão por radiação se inicia. Se a coluna permanecer acima da camada de inversão, esse tipo de comportamento pode persistir, e caso a camada de inversão suplante a fonte, a pluma passa a ter um comportamento do tipo *fanning*. Uma situação peculiar é quando a pluma fica retida entre duas camadas de inversão, que recebe a designação de pluma do tipo *trapping*.

O comportamento da pluma depende, principalmente, do clima da região. Chaminés localizadas em locais de clima quente e seco irão exibir comportamento em *looping* ao entardecer e, dependendo da sua altura, em *lofting* ou *fanning* nas primeiras horas da manhã. Em regiões de clima úmido, um dia nublado pode gerar condições para o aparecimento de plumas do tipo *coning*. A ocorrência de inversões térmicas é minimizada em dias nublados.

Além desses processos de mistura em função da turbulência, ocorre o transporte horizontal, que depende do movimento dos ventos (advecção). O movimento dos ventos, por sua vez, depende de forças de pressão, da força de Coriolis e de forças de atrito. As forças de pressão são causadas diretamente pela existência de regiões de alta e baixa pressão.

No Hemisfério Sul, os centros de baixa pressão têm movimento giratório no sentido horário (depressões-ciclones), formando o anticiclone. Os anticiclones são centros de alta pressão e são, geralmente, fontes de inversão térmica. Os mapas de tempo indicam esses dados, apresentando as isóbaras e os vetores indicativos da direção dos ventos. Os meteorologistas costumam apresentar os dados de direção e velocidade dos ventos por meio da "rosa-dos-ventos", uma distribuição percentual dos ventos em uma dada região, geralmente mensal. As forças de atrito alteram a velocidade e a direção do vento com a altitude.

A **FIGURA 10.14** ilustra bem alguns perfis de velocidades do vento. A mudança da velocidade com a altitude é função da ocupação do solo e do período do dia.

O equacionamento do processo de mistura de poluentes na atmosfera pode ser feito a partir da Teoria da turbulência. Durante o dia, o aquecimento solar intensifica a turbulência. Nesse caso, a mistura vertical entre camadas horizontais aumenta, e o perfil do vento torna-se uniforme quando comparado com o da noite. A turbulência gerada em razão do atrito gerado pela presença do solo também é um mecanismo bastante relevante. Durante períodos de ventos fortes, a mistura ocorre, basicamente, por efeito desse tipo de turbulência. Portanto, a "pluma" de poluentes dispersa-se em função da turbulência, tanto na direção horizontal como na direção vertical.

A topografia exerce efeitos locais nos ventos. Por exemplo, em regiões litorâneas, a brisa marítima pode provocar ventos que ajudam na dispersão dos poluentes. Outro tipo de efeito é

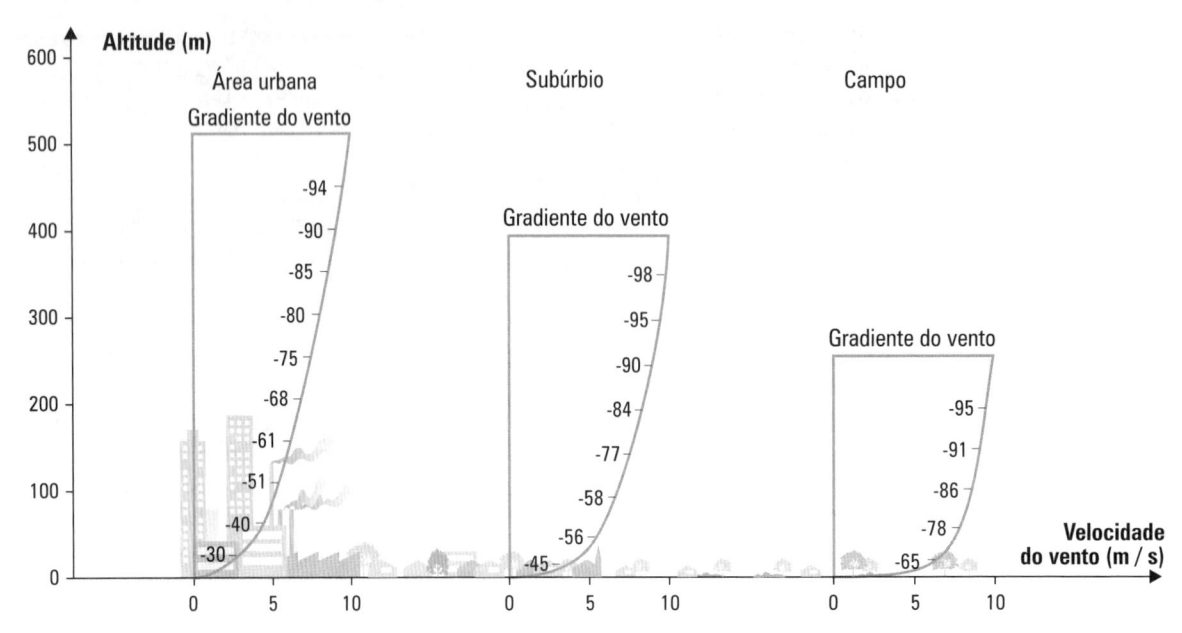

▶ **FIGURA 10.14** Efeito da rugosidade terrestre no perfil de velocidades do vento. Com o decréscimo da rugosidade, o perfil torna-se mais uniforme.

devido aos ventos de vale. Nesse caso, o vento tende a descer as encostas durante a noite e ser direcionado para o fundo do vale. Durante o dia, o ar fica aprisionado no vale por um certo período, criando condições desfavoráveis para a dispersão de poluentes. Outro problema de dispersão está relacionado com a superfície do solo e sua ocupação (relevo, perfil das edificações e intensidade de ocupação), que servem como anteparos ao fluxo de poluentes na atmosfera. Nessa situação, podem aparecer os chamados "efeitos de separação ou de descolamento". Nesse caso, surgem, em determinados locais, vórtices com altas concentrações de poluentes. Todas as condições apresentadas devem ser consideradas quando do planejamento de ações e da implantação de estruturas para o controle da poluição atmosférica.

10.6 MODELAGEM MATEMÁTICA DO TRANSPORTE DE POLUENTES ATMOSFÉRICOS

Existe grande interesse em modelar matematicamente o transporte de poluentes na atmosfera para que se possa avaliar impactos ao meio ambiente e à saúde pública decorrentes da operação normal e acidental de fontes poluidoras. Com base nos resultados dos modelos, é possível planejar e gerir de maneira mais racional as fontes poluidoras.

A modelagem matemática do transporte dos poluentes, também referida como da dispersão dos poluentes, baseia-se nos fundamentos de balanço de massa. Para isso, são avaliadas as quantidades de poluentes que entram e que saem de uma determinada região fixa no espaço, considerando-se também aquelas quantidades que são geradas ou destruídas por processos físicos, químicos e biológicos no interior da região. Fazendo com que o tamanho dessa região adquira dimensões infinitesimais, tem-se como resultado uma equação diferencial parcial, denominada **equação de transporte**, que relaciona a concentração de um dado poluente com as coordenadas espaciais, com o tempo e com as concentrações de outros poluentes que possam afetar a concentração do poluente em análise.

Do ponto de vista físico, não existem dúvidas de que um fenômeno de fundamental importância para o transporte de poluentes na atmosfera é a movimentação do ar, a qual se manifesta na forma de advecção e de difusão turbulenta. A advecção resulta do movimento médio do ar carregando os poluentes junto com o vento médio, enquanto a difusão turbulenta espalha os poluentes no espaço de maneira tridimensional. Portanto, um insumo básico para a modelagem do transporte de poluentes na atmosfera é a descrição da circulação da atmosfera dentro da região de interesse.

Os dados correspondentes de vento e de coeficientes de difusão turbulenta podem ser medidos no local, obtidos por modelos de circulação atmosférica ou, então, estimados de modo simplificado por meio de procedimentos aproximados aceitos pela comunidade científica. De qualquer maneira, é importante enfatizar que tais variáveis meteorológicas podem ser extremamente influenciadas por fatores locais, como a presença de edificações e de relevo, que podem gerar caminhos preferenciais para o escoamento do ar, os quais conduzem os poluentes liberados. Assim, a topografia exerce efeitos locais nos ventos. Por exemplo, em regiões litorâneas, a brisa marítima pode provocar ventos que ajudam na dispersão dos poluentes.

Com relação à difusão turbulenta, este texto já mostrou de modo qualitativo como determinadas situações de distribuição vertical de temperaturas podem inibir ou intensificar o movimento vertical de massas de ar, cujas consequências na capacidade do transporte de poluentes atmosféricos podem ser de primeira grandeza. Durante o dia, o aquecimento solar intensifica a turbulência. Nesse caso, a mistura vertical entre camadas horizontais aumenta, e o perfil dos ventos torna-se mais plano (uniforme), quando comparado com o da noite. Outro mecanismo que atua no processo é a chamada turbulência mecânica, em razão da fricção ao atrito gerado pela ocupação do solo. Durante períodos de ventos fortes, a mistura ocorre basicamente por efeito desse tipo de turbulência. Portanto, a "pluma" de poluentes dispersa-se em função da turbulência, tanto na direção horizontal quanto na vertical.

Além das influências descritas anteriormente, a concentração de poluentes também depende de como eles são emitidos no meio, ou seja, se são emitidos de maneira constante ou variável no tempo, e da posição espacial que esse despejo ocupa. A taxa de emissão também afeta tais concentrações, fazendo com que um aumento na primeira cause um aumento proporcional dessas últimas.

É importante observar que tais variáveis meteorológicas variam constantemente no tempo e no espaço, sendo que raramente há dados adequados para considerá-las. Assim, é comum a adoção de valores médios dentro de certas escalas de tempo e de espaço e a integração da equação de transporte para determinadas situações nas quais tal integração é conhecida. Provavelmente, um dos exemplos de integração mais conhecidos refere-se à denominada "pluma gaussiana", que foi assim denominada em função da semelhança de sua forma com a de uma curva de densidade de probabilidades normal (ou gaussiana).

Essa "pluma gaussiana" resulta da integração analítica da equação de transporte, quando são adotadas as seguintes hipóteses simplificadoras: o vento tem intensidade, direção e sentido constantes, o terreno é totalmente plano, a carga poluidora é pontual e constante, a difusão turbulenta na direção do vento é desprezada em função da maior importância da advecção nessa direção, os coeficientes de difusão turbulenta nas outras direções também são constantes, e não existe perda de poluentes por qualquer mecanismo físico, químico e biológico.

A solução obtida para esse problema, de acordo com Boubel e colaboradores,[22] é dada por:

$$C(x,y,z) = \frac{Q}{2\pi U \sigma_y \sigma_z} \exp\left(-\frac{y^2}{2\sigma_y^2}\right) \left\{ \exp\left[-\frac{1}{2}\left(\frac{H-z}{\sigma_z}\right)^2\right] + \exp\left[-\frac{1}{2}\left(\frac{H-z}{\sigma_z}\right)^2\right] \right\} \quad (10.6)$$

em que x é a coordenada horizontal com origem na coordenada do ponto de despejo [L]; y é a coordenada horizontal transversal [L]; z é a coordenada vertical com origem no solo e orientada para cima [L]; C é a concentração do poluente [M/L$_3$]; Q é a taxa de emissão de poluente [M/T]; U é a velocidade do vento [L/T]; H é a coordenada z do ponto de emissão [L]; s_y é o desvio-padrão da distribuição espacial da pluma ao longo da direção horizontal y [L]; e s_z é o desvio-padrão da distribuição espacial da pluma ao longo da direção vertical z [L]. A **FIGURA 10.15** ilustra algumas dessas variáveis.

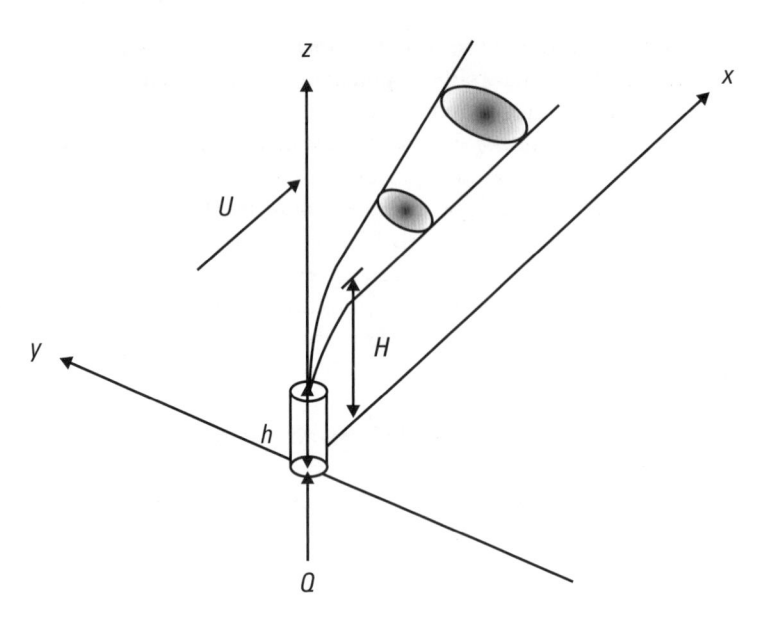

▶ **FIGURA 10.15** Ilustração do sistema de coordenadas utilizado na descrição da pluma gaussiana.

É importante observar que o valor de H não é igual ao valor da altura da chaminé h, pois, em razão da quantidade de movimento do fluxo emitido pela chaminé, juntamente com o empuxo causado pela diferença de densidade entre o gás emitido e o ar, existe uma ascensão inicial da pluma poluidora que não se comporta de forma gaussiana. Somente a partir do momento em que esses efeitos iniciais são dissipados é que se adota o modelo de pluma gaussiana. Assim, deve-se estimar o valor de H, o que pode ser feito por meio de equações apropriadas.

Os valores de s_y e s_z são avaliados para cada ponto de interesse a partir da distância x contada do ponto de emissão. Pela Teoria da Turbulência, é possível provar que os valores de s_y e s_z são relacionados aos coeficientes de difusão turbulenta nas direções correspondentes. Esses valores dependem também da situação de estabilidade atmosférica, tendendo a diminuir para situações mais estáveis.

É importante observar que, segundo a equação apresentada, a concentração é diretamente proporcional à taxa de emissão e inversamente proporcional à velocidade do vento. A velocidade do vento, em particular, é extremamente importante na diminuição das concentrações, pois situações de calmaria podem elevar dramaticamente as concentrações de poluente.

A "pluma gaussiana" é um modelo bastante simplificado da realidade e passível de uma série de críticas segundo os pontos de vista teórico e de aplicação prática. Todavia, tal modelo tem sido aceito como uma "ferramenta de trabalho" em estudos de avaliação de impacto ambiental, pois serve para ilustrar, comparativamente, diferentes cenários de emissão de poluentes. Além disso, não existe um ganho significativo de informação gerado pela aplicação de modelos mais sofisticados se não existirem dados adequados para a sua utilização. Portanto, a aplicação do modelo de pluma gaussiana deve ser considerada em função dos objetivos da análise em questão, dos recursos disponíveis e das condições locais existentes.

10.7 PADRÕES DE QUALIDADE DO AR

A legislação brasileira de qualidade do ar segue muito de perto as leis norte-americanas. Nos Estados Unidos, o órgão responsável pela fixação de índices é a Environmental Protection Agency (US EPA), que estabelece o National Ambient Air Quality Standards (NAAQS). Esta lei especifica o nível máximo permitido para diversos poluentes atmosféricos, sendo que a máxima concentração de um poluente é especificada em função de um período médio. Os limites máximos (padrões) estão divididos em dois níveis: primário e secundário. O **primário** inclui uma margem de segurança adequada para proteger indivíduos mais sensíveis, como crianças, idosos e pessoas com problemas respiratórios. O **secundário** é fixado sem considerar explicitamente problemas com a saúde humana, mas levando em conta outros elementos, como danos à agricultura, a materiais e edifícios e à vida animal, mudanças de clima, problemas de visibilidade e conforto pessoal. A **TABELA 10.8** apresenta o NAAQS da US EPA.

Para manter o público informado sobre a qualidade do ar e atuar em situações críticas quando algum índice do NAAQS é atingido, a US EPA definiu o índice padrão de poluição (PSI, do inglês *Pollutant Standard Index*). No Brasil, esse índice é chamado de índice de qualidade do ar (IQA). A relação IQA *versus* qualidade do ar é dada pela **TABELA 10.9**.

O IQA é um índice que se relaciona com a concentração do poluente por meio de uma função linear segmentada. A **FIGURA 10.16** apresenta um exemplo do gráfico disponível para o CO (monóxido de carbono). Cada poluente apresenta uma função linear específica, e a qualidade do ar é indicada com base no poluente que apresentar o maior valor para o IQA.

▶ **TABELA 10.8** Padrões de qualidade do ar nos Estados Unidos

Poluente		Primário/Secundário	Período de referência	Concentração
Monóxido de carbono (CO)		Primário	8 horas	9 ppm
			1 hora	35 ppm
Chumbo (Pb)		Primário e secundário	Média dos últimos três meses	0,15 mg/m³
Dióxido de nitrogênio (NO$_2$)		Primário	1 hora	100 ppb
		Primário e secundário	1 ano	53 ppb
Ozônio (O$_3$)		Primário e secundário	8 horas	0,070 ppm
Material particulado	MP$_{2,5}$	Primário	1 ano	12 mg/m³
		Secundário	1 ano	15 mg/m³
		Primário e secundário	24 horas	35 mg/m³
	MP$_{10}$	Primário e secundário	24 horas	150 mg/m³
Dióxido de enxofre (SO$_2$)		Primário	1 hora	75 ppb
		Secundário	3 horas	0,5 ppm

Fonte: Environmental Protection Agency.[23]

▶ **TABELA 10.9** Relação do IQA com a qualidade do ar

IQA	Padrão de qualidade	
0 – 40	N1	Boa
41 – 80	N2	Moderada
81 – 120	N3	Ruim
121 – 200	N4	Muito ruim
Maior que 200	N5	Péssima

Fonte: Companhia Ambiental do Estado de São Paulo.[24]

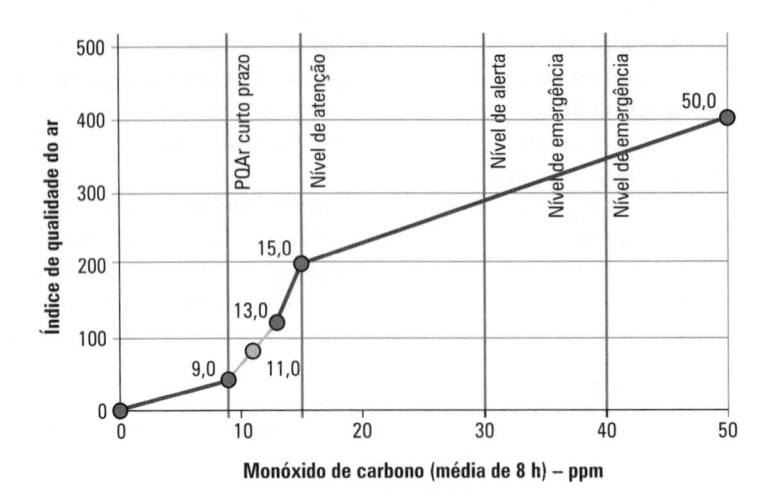

▶ **FIGURA 10.16** Gráfico do índice de qualidade do ar devido ao CO.
Fonte: Companhia Ambiental do Estado de São Paulo.[24]

O Conselho Nacional do Meio Ambiente (Conama), no que se refere à qualidade do ar, publicou a resolução nº 491,[25] de 19 de novembro de 2018, que considera padrões intermediários temporários (PI) e o padrão final (PF), que são os valores diretrizes propostos pela Organização Mundial da Saúde (OMS) para cada poluente considerado, conforme mostrado na **TABELA 10.10**.

▶ **TABELA 10.10** Padrões de qualidade do ar no Brasil

Poluente atmosférico	Período de referência	PI-1	PI-2	PI-3	PF	ppm
		\multicolumn{4}{c}{mg/m³}	
Material particulado – MP10	24 horas	120	100	75	50	-
	Anual[1]	40	35	30	20	-
Material particulado – MP2,5	24 horas	60	50	37	25	-
	Anual[1]	20	17	15	10	-
Dióxido de enxofre – SO$_2$	24 horas	125	50	30	20	-
	Anual[1]	40	30	20	-	-
Dióxido de nitrogênio – NO$_2$	1 hora[2]	260	240	220	200	-
	Anual	60	50	45	40	-
Ozônio – O$_3$	8 horas[3]	140	130	120	100	-
Fumaça	24 horas	120	100	75	50	-
	Anual[1]	40	35	30	20	-
Monóxido de carbono – CO	8 horas[3]	-	-	-	-	9
Partículas totais em suspensão – PTS	24 horas	-	-	-	240	
	Anual[4]	-	-	-	80	
Chumbo[5] – Pb	Anual[1]	-	-	-	0,5	

[1]Média aritmética anual; [2]Média horária; [3]Máxima média móvel obtida no dia; [4]Média geométrica anual; [5]Medido nas partículas totais em suspensão.
Fonte: Conselho Nacional do Meio Ambiente.[25]

No Estado de São Paulo, a Companhia Ambiental do Estado de São Paulo (Cetesb) implanta, de 1º de maio a 31 de agosto, a chamada "Operação Inverno". Nessa ocasião, em função da qualidade do ar e das condições meteorológicas de dispersão dos poluentes, são tomadas diversas precauções para não comprometer a saúde da população. Durante esse período, os maiores consumidores de óleo combustível instalados em regiões críticas de poluição do ar devem usar óleo com baixo teor de enxofre (BTE). Além disso, a Cetesb aumenta a vigilância sobre as indústrias. Quando o sistema de monitoramento da qualidade do ar mostra altas concentrações de poluentes, a Cetesb coloca em ação um plano de redução da produção nas indústrias, objetivando diminuir principalmente a emissão de poluentes por fornos industriais, e fixa níveis de qualidade do ar em função da concentração dos poluentes medidos nas diversas estações espalhadas pela cidade.

A **TABELA 10.11** apresenta a relação entre as concentrações de poluentes e o estado de qualidade do ar. Em função desses estudos, são fixadas atividades de campo e de informações à população, com o objetivo de minimizar os efeitos adversos dos episódios críticos de poluição.

Decretado um determinado nível, os efeitos sobre a saúde e as precauções a serem tomadas são as seguintes:

Nível de atenção

- Saúde: decréscimo da resistência física e significativo agravamento dos sintomas em pessoas com enfermidades cardiorrespiratórias; sintomas gerais na população sadia.
- Precauções: pessoas idosas ou com doenças cardiorrespiratórias devem reduzir as atividades físicas e permanecer em casa.

Nível de alerta

- Saúde: aparecimento prematuro de certas doenças, além de significativo agravamento de sintomas. Decréscimos da resistência física em pessoas saudáveis.
- Precauções: idosos e pessoas com enfermidades devem permanecer em casa e evitar esforço físico. A população em geral deve evitar atividades exteriores.

Nível de emergência

- Saúde: morte prematura de idosos e pessoas doentes. Pessoas saudáveis podem acusar sintomas adversos que afetam sua atividade normal.
- Precauções: todas as pessoas devem permanecer em casa, mantendo as portas e as janelas fechadas. Todas as pessoas devem minimizar as atividades físicas e evitar o tráfego.

Finalmente, é importante considerar que esses padrões de qualidade do ar não são definitivos. Eles devem ser revistos constantemente, tendo em vista, principalmente, a entrada de novos poluentes no ar, que podem alterar seus efeitos adversos.

▶ **TABELA 10.11** Padrões para fixação de critérios em episódios de poluição do ar

Nível	Poluentes e concentrações						
	SO_2 mg/m³ (média de 24 h)	Material particulado		CO ppm (média móvel de 8 h)	O_3 mg/m³ (média móvel de 8 h)	NO_2 mg/m³ (média de 1 h)	
		MP_{10}	$MP_{2,5}$				
		mg/m³ (média de 24 h)					
Atenção	800	250	125	15	200	1.130	
Alerta	1.600	420	210	30	400	2.260	
Emergência	2.100	500	250	40	600	3.000	

Fonte: Conselho Nacional do Meio Ambiente.[25]

A fixação de padrões de qualidade do ar é um processo extremamente complexo, o qual envolve diversos tipos de problemas e requer um longo período de trabalho e de observação. A principal dificuldade é estabelecer o nível crítico de concentração de determinada substância, ou seja, avaliar quando um poluente pode causar danos à saúde humana, principalmente levando-se em conta as inúmeras doenças que têm origem na poluição do ar.

São destacadas as seguintes causas que justificam a dificuldade em fixar limites máximos de concentração de poluentes danosos à saúde humana.[26]

- Existem muitos poluentes atmosféricos, sendo difícil estabelecer o efeito separado de cada um. Além disso, a cada dia, novos elementos são lançados na atmosfera sem que se tenha informação dos seus efeitos, pelo menos em um curto intervalo de tempo.
- É muito difícil detectar poluentes com concentração muito baixa e que causam danos à saúde humana.
- Na atmosfera, é comum ocorrer o chamado **efeito sinergético**, ou seja, duas ou mais substâncias, que separadamente podem não ser danosas, têm seus efeitos potencializados quando atuam juntas. Esses efeitos são superiores àqueles que seriam obtidos somando-se os danos provocados por cada poluente em separado.
- É difícil isolar um fator danoso quando toda a população está exposta a diversas substâncias químicas tóxicas há muitos anos.
- Normalmente, é difícil obter registros de doenças e mortes causadas por fatores associados aos poluentes atmosféricos.
- Doenças comuns decorrentes da poluição atmosférica (enfisema, bronquite, câncer etc.) possuem múltiplas causas e longo tempo de incubação, tornando difícil correlacioná-las com episódios críticos de poluição do ar.

Muitas vezes, é questionável extrapolar testes de laboratório feitos com cobaias para o homem.

10.8 CONTROLE DA POLUIÇÃO DO AR

Nesta seção, serão apresentados alguns meios de controle utilizados para diminuir ou evitar a emissão de poluentes para a atmosfera. Para uma melhor compreensão e simplificação, esses métodos de controle são apresentados separando os poluentes em dois grupos básicos: os poluentes do *smog* **industrial** e os poluentes do *smog* **fotoquímico**.

▶ 10.8.1 Poluentes do *smog* industrial

De acordo com o que foi apresentado, o *smog* industrial é formado, basicamente, pela presença do dióxido de enxofre (SO_2) e de material particulado (MP) na atmosfera. É a chamada "nuvem cinza" que cobre as cidades industrializadas. Seus picos de poluição ocorrem no inverno, principalmente em dias de inversão térmica. Outros problemas associados a esse tipo de *smog*, como a chuva ácida, também já foram descritos. Assim, a redução da ocorrência do *smog* industrial e, consequentemente, da chuva ácida requer a redução das emissões desses poluentes.

O controle da emissão do SO_2 pode ser feito de diversas maneiras, variando desde métodos gerais, que envolvem a conservação de energia, até soluções técnicas particulares para cada situação.

Os principais **meios de controle** são listados a seguir.

- Reduzir o desperdício de energia, ou seja, diminuir a demanda de energia e desenvolver meios para a conservação.
- Melhorar a eficiência dos processos de combustão e térmicos em processos industriais e de veículos de transporte.
- Substituir os combustíveis fósseis por outras fontes de energia, como nuclear, solar, hidroelétrica e geotérmica.

- Remover o enxofre presente nos combustíveis.
- Transformar o carvão sólido em combustível gasoso ou líquido, podendo-se remover muitas das impurezas, inclusive o enxofre.
- Reduzir a emissão de dióxido de enxofre proveniente da queima de combustíveis que contêm enxofre.

Algumas formas de **controle do enxofre** são listadas a seguir.

- Utilizar combustíveis com menor teor de enxofre. Atualmente, com um maior rigor da legislação ambiental, já é possível obter no mercado combustíveis com menores concentrações de enxofre.
- Utilizar instrumentos econômicos como mecanismo para a redução das emissões, como o programa de permissões negociáveis adotado no Estados Unidos, incentivando os emissores a investir em métodos de redução e controle das emissões de SO_2.
- Remover o SO_2 por lavadores de gases (durante a combustão ou dos gases emitidos pelas chaminés) – essa técnica remove aproximadamente 90% do SO_2 da fumaça emitida pela chaminé. Os gases passam por uma câmara onde existe uma mistura de água e calcário, e esta mistura absorve o SO_2, formando sulfato de cálcio. Existe um processo alternativo no qual o calcário é lançado diretamente no forno, antes da produção do SO_2. Esse processo, apesar de mais barato, é menos efetivo, pois remove de 50 a 60% do enxofre.
- Utilizar chaminés altas o suficiente para os poluentes ultrapassarem a camada de inversão térmica. Esse método, apesar de poder apresentar menor custo, resulta na diminuição da concentração de poluentes no local da emissão, mas o seu transporte para outras regiões resultaria, por exemplo, na ocorrência da "chuva ácida".
- Emissão intermitente de poluentes. Em função das condições atmosféricas, as entidades responsáveis pela qualidade do ar podem interromper a emissão de poluentes pelas chaminés, principalmente em dias de inversão térmica. Esse método também não evita a poluição e pode agravar a situação em outros locais.

O controle da emissão do MP pode ser feito utilizando-se muitas das opções indicadas para o controle de SO_2, considerando-se as especificidades do poluente em questão, além das indicadas abaixo:

- desestimular o uso do automóvel particular e incentivar o uso do transporte público;
- implementar dispositivos nos veículos de transporte a fim de diminuir a emissão de material particulado; e
- remover o MP da fumaça emitida pelas chaminés – esse é o método usual em indústrias e usinas termoelétricas.

Alguns dispositivos comumente utilizados na **remoção de MP** são listados a seguir.

- **Precipitadores eletrostáticos** (**Figura 10.17a**): esse equipamento remove até 99,5% da massa total de particulado. O precipitador cria um campo eletrostático que carrega as partículas que estão presentes nos gases, as quais são posteriormente atraídas por placas eletrizadas, ficando presas a elas (eletrodos). Em seguida, as partículas são retiradas das placas para deposição no solo.
- **Filtros de manga ou de tecido** (**Figura 10.17b**): esse equipamento remove até 99,9% das partículas, incluindo as partículas finas. Nesse caso, os gases passam por filtros (sacos) de tecidos localizados em um grande edifício. Periodicamente, os filtros são trocados para que o sistema não perca o rendimento necessário para a coleta do MP.
- **Separador tipo ciclone** (**Figura 10.17c**): esse equipamento remove de 50 a 90% das partículas grandes, mas muito pouco do material médio e fino. Nesse caso, a fumaça é forçada a passar por um duto na forma de parafuso, e a perda de carga gerada permite a deposição do material, que é recolhido na base do equipamento (força centrífuga).

- **Lavadores de gás (Figura 10.17d)**: esse equipamento remove até 90% das partículas com diâmetro de até 1 μm, caso sejam utilizadas anteparas internas. Além disso, ele remove de 80 a 95% do SO_2 e outros gases ácidos.

Pelo apresentado, com exceção dos filtros de tecido, os demais equipamentos não conseguem evitar a emissão das partículas finas, as quais, em termos da saúde humana, são as que apresentam maior relevância. Ressalta-se que o custo desses dispositivos pode variar de forma significativa, mas, dependendo da aplicação, é possível obter a recuperação de recursos que seriam perdidos, como é o caso do controle da emissão de material particulado em indústrias como a de cimento e outras que processam materiais sólidos particulados.

▶ 10.8.2 Poluentes do *smog* fotoquímico

Como visto anteriormente, os principais agentes de poluição no *smog* fotoquímico são os veículos. Portanto, o controle desse tipo de poluição passa, obrigatoriamente, por mudanças nos meios de transporte. A seguir, são apresentadas as principais opções de controle.

- Desenvolver planos de uso e ocupação do solo que minimizem a necessidade da utilização do transporte individual, assegurando meios de transporte coletivos.

a) Precipitador eletrostático

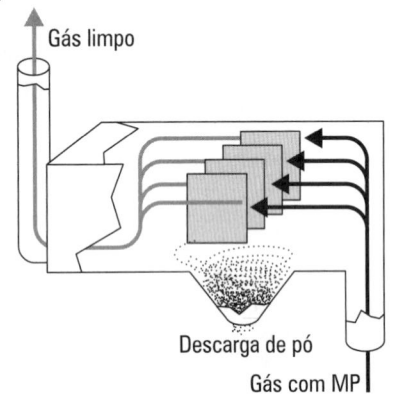

b) Filtro de manga

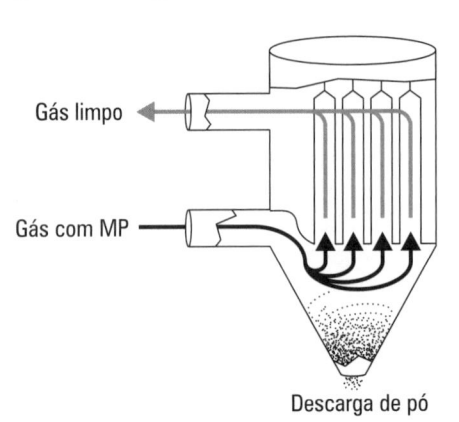

c) Separador ciclônico

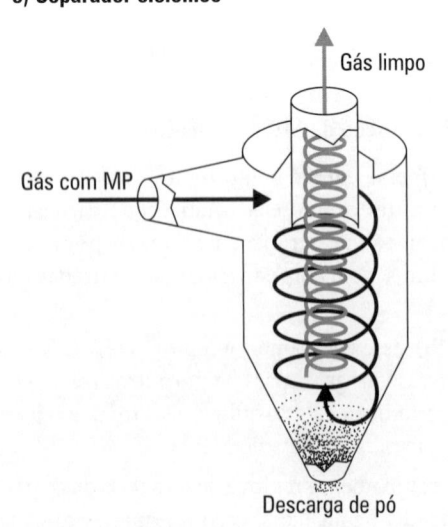

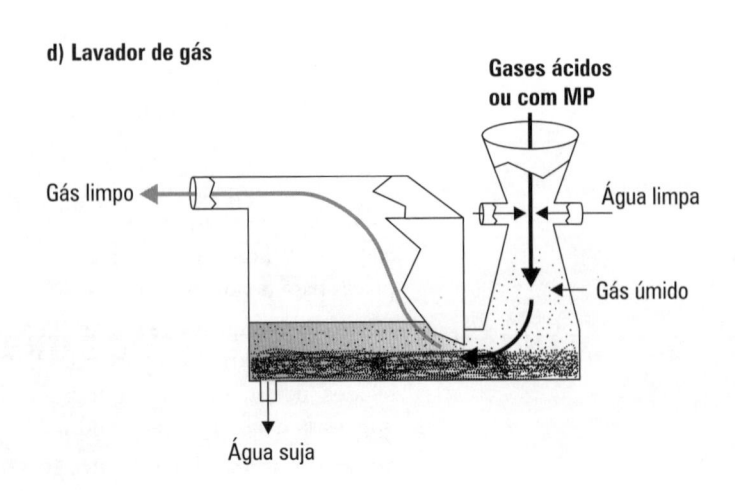

d) Lavador de gás

▶ **FIGURA 10.17** Sistemas de tratamento de efluentes gasosos.
Fonte: Miller.[26]

- Reduzir o uso do automóvel. Isso pode ser feito por meio da melhoria do transporte público, taxações no uso de combustível, taxações em função da potência do motor e do peso do carro e restrições ao uso do carro nos centros urbanos.
- Desenvolver motores menos poluentes e mais eficientes do ponto de vista de consumo de energia. Isso implica, por exemplo, o uso de carros híbridos, elétricos e movidos a gás ou por células de combustível.
- Aumentar a eficiência do combustível, reduzindo o tamanho, o peso, a resistência ao vento e a potência dos carros. Além disso, aumentar a eficiência energética da transmissão, do ar-condicionado e de outros acessórios do veículo.
- Modificar o motor de combustão interna para baixas emissões e diminuição do consumo.
- Controlar a emissão de poluentes pelo escapamento, por meio de conversores catalíticos.

Em particular, o problema da poluição do ar provocada por veículos automotores é extremamente crítico em grandes centros urbanos. Os principais poluentes atmosféricos são o monóxido de carbono, os óxidos de nitrogênio, os hidrocarbonetos, os aldeídos, o material particulado e, no caso específico de veículos a diesel, o dióxido de enxofre. Em nível federal, o problema foi tratado pelo chamado Programa de Controle da Poluição do Ar por Veículos Automotores (Proconve).

Esse programa iniciou-se em 1986, e, basicamente, limita a emissão dos seguintes poluentes: monóxido de carbono, hidrocarbonetos, óxidos de nitrogênio e porcentagem de CO nos gases do escapamento com o veículo em marcha lenta. As normas aplicam-se tanto a veículos leves como a veículos pesados. O programa foi sendo implantado gradativamente para permitir que as indústrias de veículos pudessem se preparar para as mudanças necessárias nas linhas de produção. O programa já está totalmente implantado, tendo sido criadas outras diretrizes para os veículos pesados.

Em 1990, os índices máximos permitidos para emissão em todos os veículos novos eram: CO: 24 g/km; HC: 2,1 g/km; NO_X: 2 g/km. É interessante notar que esses índices foram adotados nos Estados Unidos em 1974. Esses novos índices exigiram mudanças substantivas nos veículos novos. A diminuição da emissão do CO foi obtida por meio de melhorias no sistema de combustão dos carros. Além disso, todos os tanques de combustível passaram a contar com um novo dispositivo que absorve os vapores gerados, denominado *cannister*. Os projetos dos veículos também foram aprimorados, principalmente com a redução da sua massa e melhoria de componentes.

No ano de 1992, a quantidade de emissão de CO foi de 12 g/km. Nesse caso, os veículos foram equipados com conversores catalíticos, um tipo de "colmeia cerâmica" recoberta por sais de metais nobres que favorecem reações e alterações nos gases emitidos pelo escapamento. Outra alternativa foi instalar a injeção eletrônica, que garante a regulagem automática.

Nas **TABELAS 10.12** e **10.13** são apresentados os níveis de emissões de poluentes estabelecidos pelo Proconve para veículos leves e motocicletas, que estão vigentes no país.[27]

Comparando-se os dados da Tabela 10.11 com os limites de emissões exigidos em 1990, é possível constatar uma melhoria significativa no desempenho dos veículos, a qual não seria possível caso não houvesse uma atuação de engenharia integrada, tanto para a melhoria dos projetos dos veículos quanto para o desenvolvimento de novos motores e componentes de controle de emissões.

10.9 POLUIÇÃO DO AR NOS CENTROS URBANOS BRASILEIROS

▶ 10.9.1 Região Metropolitana de São Paulo

A Região Metropolitana de São Paulo (RMSP) forma um dos maiores conglomerados humanos do mundo, com uma população aproximada de 21 milhões de habitantes. Esse núcleo urbano enfrenta diversos problemas ambientais e sociais que, por suas dimensões, exigem

TABELA 10.12 Limites de emissões para veículos leves

Poluente	Limites	
	Fase L-5	Fase L-6[1]
	Desde 1/1/2009	Desde 1/1/2014
Monóxido de carbono (CO em g/km)	2,0	1,30
Hidrocarbonetos (THC em g/km)	0,30[2]	0,30[2]
Hidrocarbonetos não metano (NMHC em g/km)	0,05	0,05
Óxidos de nitrogênio (NOx em g/km)	0,12[3] ou 0,25[4]	0,08
Material particulado (MP em g/km)	0,05	0,025
Aldeídos (CHO em g/km)	0,02	0,02
Emissão evaporativa[3] (g/ensaio)	2,0	1,5[6] a 2,0[5 e 6]
Emissão de gás no cárter	Nula	Nula

[1]Em 2014, para novos lançamentos, e a partir de 2015 para todos os veículos comercializados; [2]Somente para veículos movidos a GNV; [3]Somente para veículos à gasolina ou a etanol; [4]Somente para veículos a diesel; [5]Para ensaios realizados em câmara selada de volume variável; [6]Para todos os veículos a partir de 1/1/2012.
Fonte: Adaptada de Instituto Brasileiro do Meio Ambiente e dos Recursos Naturais Renováveis.[27]

TABELA 10.13 Limites de emissões para veículos leves

Poluente		Limites desde 1/1/2009 Motorização	
		< 150 cm³	≥ 150 cm³
Monóxido de carbono (CO em g/km)		2,0	2,0
Hidrocarbonetos (THC em g/km)		0,8	0,3
Óxidos de nitrogênio (NOx em g/km)		0,15	0,15
Monóxido de carbono em marcha lenta (CO$_{\text{Marcha Lenta}}$)	≤ 250 cm³	6,0%	
	> 250 cm³	4,5%	

Fonte: Adaptada de Instituto Brasileiro do Meio Ambiente e dos Recursos Naturais Renováveis.[27]

grandes investimentos governamentais para minimizá-los. Entre esses problemas, destaca-se o da poluição do ar. A RMSP possui uma das maiores zonas industriais da América do Sul e uma das maiores frotas de veículos do Brasil, aproximadamente 7,3 milhões, incluindo veículos leves, caminhões, ônibus e motocicletas.[24] Com tal quadro, pode-se imaginar a gravidade da questão de qualidade do ar nessa região.

Em 1967, o transporte individual respondia por 32% do total de viagens motorizadas na RMSP, passando a 46% em 2012, com um pico de 49% em 1997. Em 1967, o transporte coletivo representava 68% das viagens realizadas, e, em 2012, atingiu o valor de 54,3%,[28] que é um valor significativo, considerando-se as características da RMSP.

O clima na RMSP é seco no inverno e úmido no verão. De setembro a abril, predomina na região um vento úmido proveniente do Sul, com a ocorrência frequente de sistemas frontais com pouca radiação solar. As formações de alta pressão que ocorrem no Oceano Atlântico durante o inverno dirigem-se para o norte, produzindo ventos fracos provenientes da costa, forte inversão térmica por subsidência e céu claro. Nesse período, quase não ocorrem chuvas, o que agrava a poluição do ar. As temperaturas variam, em média, entre 8 °C no inverno e 30 °C no verão.

A entidade que gerencia a qualidade do ar em todo o Estado de São Paulo é a Cetesb, a qual dispõe de uma rede ampla de monitoramento da qualidade do ar e tem elaborado relatórios que apresentam esses dados desde 1985, os quais podem ser consultados em sua página eletrônica. No seu último relatório publicado em 2020, foram apresentados os dados relativos às emissões de poluentes atmosféricos no ano de 2018 (**TABELA 10.14**).[24] Com base na tabela, verifica-se que a indústria é responsável pela maior porcentagem de emissão de SOx e MP, ressaltando-se que os dados disponíveis se referem ao ano de 2008, e os veículos produzem a maior quantidade de CO, HC e NO_X nos dados mais recentes. O controle da poluição produzida pelos veículos automotores já foi contemplado pelo Proconve, principalmente por meio de ações direcionadas à redução das emissões. Em relação às indústrias, a Cetesb mantém um programa específico de controle, o que tem levado muitas indústrias a se deslocarem da região.

A **TABELA 10.15** apresenta as estimativas da Cetesb para a emissão de poluentes na RMSP, tanto de fontes móveis (veículos) quanto de fontes estacionárias (indústrias).

Outro fato importante é o ingresso no mercado do álcool como combustível. Houve um declínio no número de carros movidos a álcool, que ingressaram no mercado em 1981, até

▶ **TABELA 10.14** Porcentagem de poluentes em função da fonte de emissão na Região Metropolitana de São Paulo, em 2018

Categoria	Combustível	Emissão percentual de poluentes				
		CO	HC	NOx	MP_{10}	SOx
Veículos leves (passeio e comerciais)	Gasolina comum	40,16	29,93	8,84	1,03	1,21
	Etanol hidratado	5,92	3,88	0,81	nd	nd
	Flex-gasolina comum	9,5	11,11	1,68	0,68	0,83
	Flex-etanol hidratado	16,3	16,03	2,15	nd	nd
	Diesel	0,56	0,48	4,24	4,49	2,23
% Emissão veículos leves		**72,44**	**61,43**	**17,72**	**6,2**	**4,27**
Caminhões	Diesel	3,08	2,27	26,28	20,87	10,08
Ônibus	Diesel	1,92	1,36	17,23	11,11	1,07
% Emissão veículos pesados		**5,0**	**3,63**	**43,51**	**31,98**	**11,15**
Motocicletas	Gasolina comum	17,91	7,86	1,13	1,68	0,12
	Flex-gasolina comum	0,79	0,35	0,08	0,16	0,02
	Flex-etanol hidratado	0,37	0,19	0,03	nd	nd
% Emissão motocicletas		**19,07**	**8,4**	**1,24**	**1,84**	**0,14**
Operação de processo industrial (2008)		3,48	16,02	37,53	10,0	84,45
Base de combustível líquido (2008)		–	10,53	–	–	–
Ressuspensão de partículas		–	–	–	25,0	–
Aerossóis secundários		–	–	–	25,0	–
% Emissão de fontes fixas		**3,48**	**26,55**	**37,53**	**60,0**	**84,45**
Total geral		**100**	**100**	**100**	**100**	**100**

Fonte: Adaptada de Companhia Ambiental do Estado de São Paulo.[24]

▶ **TABELA 10.15** Estimativas de emissão de poluentes na Região Metropolitana de São Paulo, em 2018

Categoria	Emissão (1.000 t/ano)				
	CO	HC	NOx	MP$_{10}$	SOx
Veículos leves (passeio e comerciais)	87,02	21,47	12,31	0,18	0,29
Caminhões	3,7	0,8	18,28	0,59	0,67
Ônibus	2,31	0,47	11,98	0,31	0,07
Motocicletas	22,91	2,94	0,87	0,06	0,01
Total de emissão veicular	**115,94**	**25,68**	**43,44**	**1,14**	**1,04**
Operação de processo industrial (2008)	4,18	5,6	26,1	3,57	5,59
Base de combustível líquido (2008)	-	3,68	–	–	–
Total de emissão de fontes fixas	**4,18**	**9,28**	**26,1**	**3,57**	**5,59**
Total geral	**120,12**	**34,96**	**69,54**	**4,71**	**6,63**

Fonte: Adaptada de Companhia Ambiental do Estado de São Paulo.[24]

que a indústria automobilística nacional começou a fabricar motores que podem utilizar tanto a gasolina como o etanol, denominados **flex**. O uso do etanol como combustível foi uma resposta brasileira à crise do petróleo da década de 1970, tendo se tornado um combustível alternativo à gasolina. Do ponto de vista de emissões, por apresentar menor poder energético, ocorre um maior consumo de combustível para percorrer a mesma distância com o uso da gasolina, isso faz com que as emissões por quilômetro rodado sejam maiores, conforme pode ser constatado pelos dados da **TABELA 10.16**.[29]

▶ **TABELA 10.16** Fator de emissão para automóveis novos para o período de 2013 a 2018

Ano	Combustível	Emissões (g/km)						Autonomia (km/L)
		CO	HC	NOx	RCHO	MP	CO$_2$	
2013	Gasolina C	0,241	0,025	0,02	0,0019	0,001	197	11,2
	Flex-Gasol.C	0,227	0,03	0,026	0,0014	0,001	176	12,4
	Flex-Etanol	0,423	0,077	0,023	0,0083	nd	168	8,6
2014	Gasolina C	0,211	0,021	0,015	0,0013	0,001	197	11,5
	Flex-Gasol.C	0,228	0,024	0,019	0,0015	0,001	173	12,7
	Flex-Etanol	0,398	0,073	0,018	0,0083	nd	165	8,8
2015	Gasolina C	0,155	0,016	0,025	0,001	0,001	186	12
	Flex-Gasol.C	0,217	0,021	0,015	0,0012	0,001	166	13,2
	Flex-Etanol	0,36	0,073	0,016	0,0078	nd	158	9,2
2016	Gasolina C	0,114	0,016	0,022	0,001	0,001	176	12,5
	Flex-Gasol.C	0,251	0,022	0,012	0,0009	0,001	159	13,8
	Flex-Etanol	0,363	0,075	0,013	0,0065	nd	151	9,6

(Continua)

▶ **TABELA 10.16** Fator de emissão para automóveis novos para o período de 2013 a 2018 *(Continuação)*

Ano	Combustível	Emissões (g/km)						Autonomia (km/L)
		CO	HC	NOx	RCHO	MP	CO_2	
2017	Gasolina C	0,141	0,015	0,013	0,0008	0,001	175	13,1
	Flex-Gasol.C	0,229	0,022	0,011	0,001	0,001	154	14,3
	Flex-Etanol	0,34	0,075	0,012	0,0064	nd	147	9,8
2018	Gasolina C	0,173	0,016	0,01	0,0005	0,001	177	13,4
	Flex-Gasol.C	0,253	0,026	0,012	0,001	0,001	154	14,2
	Flex-Etanol	0,338	0,07	0,012	0,0067	nd	147	9,8
Emissão relativa média (%)	Flex-Eta / Gas.C	115%	306%	-10%	577%	nd	-16%	–
	Flex-Eta / Flex-Gas	58%	206%	-1%	529%	nd	-5%	

CO, monóxido de carbono; HC, hidrocarbonetos totais; NOx, óxidos de nitrogênio; RCHO, aldeídos; MP, material particulado; CO_2, dióxido de carbono.
Fonte: Adaptada de Companhia Ambiental do Estado de São Paulo.[29]

Analisando-se os dados de emissão da Tabela 10.16, considerando-se apenas os fatores de emissão expressos em gramas por quilômetro rodado, é possível obter conclusões equivocadas, pelo fato de a maior emissão em massa ocorrer para o dióxido de carbono, de 800 a 394.000 vezes maior em relação aos demais compostos, e cuja diferença média de emissão para gasolina é da ordem de 0,05 a 0,16 vezes menor. Contudo, do ponto de vista de saúde pública e ambiental, o dióxido de carbono não é o mais relevante, mas sim os compostos que se encontram em menores concentrações, cuja emissão pelo uso do etanol pode ser de 1,6 a 6 vezes superior em comparação ao uso da gasolina. Essa condição demonstra que o etanol apresenta maior potencial de poluição em comparação à gasolina quando utilizado como combustível nos centros urbanos, independentemente do fato de ser um combustível renovável.

▶ 10.9.2 Região de Cubatão, São Paulo

De acordo com o relatório elaborado pela Cetesb,[24] a qualidade do ar em Cubatão tem grande influência das atividades industriais desenvolvidas, condição distinta daquela observada em grandes centros urbanos. Contudo, os níveis de poluição foram reduzidos de forma significativa, considerando-se os últimos 10 anos. A **TABELA 10.17** apresenta uma comparação das emissões de poluentes em Cubatão para os anos de 2009[30] e de 2019.[24]

Analisando-se os dados da Tabela 10.17, verifica-se uma redução expressiva de poluentes atmosféricos, o que foi obtido por meio do estabelecimento de metas de controle de emissões e de um programa de manutenção das reduções obtidas, uma vez que estas reduções foram obtidas, principalmente, pela instalação de equipamentos de controle da poluição.

▶ 10.9.3 Municípios do Rio Grande do Sul

Em 2001, a Fundação Estadual de Proteção Ambiental Henrique Luiz Roessler – RS (FEPAM) iniciou a implantação de uma rede estadual de monitoramento da qualidade do ar, a Rede Ar do Sul, com o objetivo de acompanhar a qualidade do ar de algumas áreas de interesse no Estado.[31] Desde então, a FEPAM vem fazendo o monitoramento da qualidade do ar e elaborando relatórios anuais para apresentar os resultados obtidos.

▶ **TABELA 10.17** Comparação das emissões de poluentes atmosféricos pelas indústrias de Cubatão em 2009 e 2019

Poluente	Emissões (1.000 t/ano)		Redução (%)
	2009 (19 indústrias)	2019 (18 indústrias)	
Monóxido de carbono (CO)	3,29	1,78	45,0
Hidrocarbonetos (HC)	1,98	0,65	67,2
Óxidos de nitrogênio (NOx)	8,96	2,92	67,4
Óxidos de enxofre (SOx)	15,53	6,38	58,9
Material particulado (MP)	3,22	0,79	75,5
Amônia (NH_3)	0,01	–	–
Fluoreto (F^-)	0,02	–	–
Ácido clorídrico (HCl)	0,01	–	–

Fonte: Companhia Ambiental do Estado de São Paulo.[24,30]

A rede de monitoramento da FEPAM conta com seis estações que estão em funcionamento, sendo cinco operadas por indústrias e uma pela própria FEPAM, conforme apresentado na **TABELA 10.18**.

Além do monitoramento da qualidade do ar, também é feita a estimativa de emissões de poluentes por fontes móveis de poluição para todo o Estado, cujos dados estão apresentados na **TABELA 10.19**.

No relatório elaborado pela FEPAM, não são disponibilizados os dados relativos à estimativa de emissões por fontes fixas, mas sim os valores das concentrações médias de poluentes atmosféricos, obtidas pela rede de monitoramento, conforme apresentado na **TABELA 10.20**.

Destaca-se que os resultados de monitoramento não indicaram violações dos padrões de qualidade para os poluentes regulamentados pela Resolução Conama nº 491/2018.[25]

O monitoramento da qualidade do ar pelas estações da Rede Ar do Sul tem mostrado a manutenção das concentrações dos poluentes monitorados, indicando que as atividades responsáveis pela emissão de poluentes estão sob controle e que a capacidade de dispersão da atmosfera é suficiente para garantir os padrões de qualidade do ar na região.

▶ **TABELA 10.18** Estações de monitoramento de qualidade do ar da Rede Ar do Sul da FEPAM

Município	Estação	Poluentes
Canoas	V COMAR	PI_{10} e O_3
	Parque Universitário	PI_{10}; SO_2; CO; e O_3; NOx e HCs
Triunfo	Polo Petroquímico	PI_{10}; SO_2; CO; e O_3; NOx e HCs
Esteio	Vila Ezequiel	PI_{10}; SO_2; CO; e O_3; NOx; HCs e TRS
Gravataí	Jardim Timbaúva	PI_{10}; SO_2; CO; e O_3; NOx e HCs
Guaíba	Parque 35	PI_{10}; SO_2; CO; e O_3; NOx; HCs e TRS

PI_{10}, partículas inaláveis com diâmetro de 10 mm; SO_2, dióxido de enxofre; CO, monóxido de carbono; O_3, ozônio; NOx, óxidos de nitrogênio; HCs, hidrocarbonetos; TRS, compostos totais de enxofre reduzidos.
Fonte: Fundação Estadual de Proteção Ambiental Henrique Luis Henrique Roessler.[31]

TABELA 10.19 Estimativa da emissão de poluentes por veículos automotores no Estado do Rio Grande do Sul em 2009

Tipo de combustível utilizado	Emissões no Estado (1.000 t/ano)				
	CO	HC	NOx	RCHO	MP
Gasolina	283,81	19,11	14,80	0,21	1,62
Gasolina –Motos	86,47	10,40	5,15	0,40	-
Álcool	54,03	2,03	7,59	-	-
Diesel	6,52	2,09	36,84	-	0,78
Total	430,83	33,63	64,38	0,61	2,40

Fonte: Fundação Estadual de Proteção Ambiental Henrique Luis Henrique Roessler.[31]

TABELA 10.20 Concentrações médias anuais dos poluentes monitorados pelas estações da Rede Ar do Sul em 2019

Estação de monitoramento	Poluente				
	NO_2	O_3	CO	PI_{10}	SO_2
	Média horária anual			Média diária anual	
	mg/m³		ppm	mg/m³	
Canoas – Parque Universitário	12.9	26,1	0,30	21,9	16,4
Canoas – V COMAR	–	10,3	–	12,3	–
Esteio – Vila Ezequiel	14,9	12,5	0,2	16,0	19,8
Gravataí – Jardim Timbaúva	8,8	23,3	0,2	16,9	1,3
Triunfo – Polo Petroquímico	3,4	28,6	0,2	20,4	1,3
1,9	9,9	30,8	1,9	26,9	1,2

Fonte: Fundação Estadual de Proteção Ambiental Henrique Luis Henrique Roessler.[31]

10.10 POLUIÇÃO SONORA

▶ 10.10.1 Conceito de som

O conceito de som (ou ruído) vem da física acústica: é o resultado da vibração acústica capaz de produzir sensação auditiva. O som, como poluição, está associado ao "ruído estridente" ou ao "som não desejado". Podemos então concluir que, embora o conceito de som esteja perfeitamente definido pela física, o conceito de "som não desejado" (como poluição) é muito relativo. Por exemplo, para muitos, um show de rock não passa de uma fonte extraordinária de poluição auditiva; para outros, é a pura expressão da arte musical contemporânea.

Para fins práticos, o som é medido pela pressão que ele exerce no sistema auditivo humano. Na medida em que essa pressão provoca danos à saúde humana, comportamentais ou físicos, ela deve ser tratada como poluição.

A medida da intensidade do som é feita em decibéis (dB), unidade proposta por Graham Bell. É interessante recordar alguns dos principais elementos da física relativos ao som.

- O homem possui a capacidade de ouvir o som em uma faixa auditiva que vai de 20 a 20.000 Hertz (Hz) (vibrações por segundo). Abaixo de 20 Hz, tem-se o infrassom; acima de 20.000 Hz, o ultrassom.
- O som propaga-se a diferentes velocidades em função do meio – no ar, ele se propaga a 345 m/s (23 ºC com CNP e densidade); na água, a 1.430 m/s; e, no vácuo, não há propagação, pois o som é uma onda mecânica.
- O som possui três qualidades essenciais: a **intensidade**, a **altura** e o **timbre**.

A **intensidade** depende da amplitude do movimento vibratório, da superfície da fonte sonora, da distância entre o ouvido e a fonte e da natureza do meio entre a fonte e o receptor. Tudo isso condiciona dizer se o som é forte ou fraco. A **altura**, ou frequência do som, é a qualidade que corresponde à sensação de som mais ou menos "agudo" ou "grave". Finalmente, dois sons de mesma intensidade e mesma altura podem proporcionar sensações diferentes, ou seja, eles se distinguem pelo **timbre**. É o que se sente quando se ouve um violino e um piano, por exemplo.

O som possui ainda as seguintes propriedades:

- reflete-se em paredes e anteparos;
- é absorvido pelos materiais e pelo ar;
- sofre difração quando passa por fendas; e
- sofre refração quando se transmite por materiais.

▶ 10.10.2 Ruído

O **ruído** pode ser classificado em:

- contínuo: som que se mantém no tempo;
- intermitente: som não contínuo, em que nos intervalos há dissipação da pressão;
- impulsivo: som proveniente de explosões, escape de gás etc.; e
- impacto: som proveniente de certas máquinas, como prensa gráfica, por exemplo.

A medida do nível de ruído é feita pelo decibelímetro/dosímetro, e a unidade de medida do som é o decibel.

O decibel é definido como sendo igual a 10 vezes o logaritmo decimal da razão entre a pressão sonora e uma pressão de referência.

$$N_p = 10 \log \left(\frac{P_{ef}^2}{P_0^2} \right) = 20 \log \left(\frac{P_{ef}}{P_0} \right) \tag{10.7}$$

em que Np é o nível de pressão ou intensidade sonora em dB; pef é a pressão sonora efetiva; e $p0$ é a pressão sonora de referência: 2×10^{-5} Pa (20 micropascal), sendo esse o valor mínimo audível.

A pef é estimada pela média geométrica de pressões pi determinadas instantaneamente pelo medidor de nível sonoro. A **TABELA 10.21**, a seguir, apresenta o nível sonoro de diversas atividades humanas.

No meio urbano, o nível sonoro varia de 30 dB a 120 dB.

Um ambiente que possui diversas fontes de som deverá ter seu som total avaliado pelas seguintes expressões:

- **Fontes de mesmo nível sonoro:**

$$Nn = N0 + 10 \log n \tag{10.8}$$

em que N_0 é a fonte comum; e n é o número de fontes.

▶ TABELA 10.21 Nível sonoro das atividades humanas

Atividade	Nível (dB)
Limiar auditivo	0
Estúdio de gravação	20
Biblioteca forrada	30
Sala de descanso	40
Escritório	50
Conversação	60
Datilografia	70
Tráfego	80
Serra circular	90
Prensas excêntricas	100
Marteletes	110
Aeronaves	130
Limiar da dor	140

- **Fontes de níveis diferentes:**

$$N_n = 10\log \left(\sum_{i=1}^{n} 10^{\frac{N_i}{10}} \right) \tag{10.9}$$

A investigação do potencial de risco de uma área é feita pelo levantamento do espectro sonoro do local. O espectro sonoro é uma curva que fornece a variação do nível sonoro com a frequência (análise de frequência).

Outro elemento importante na determinação do ruído em um ambiente fechado ou não é a absorção sonora. Os ruídos de um ambiente provêm de fontes diretas (dependentes da fonte natural propriamente dita) e de fontes indiretas (retorno e permanência do som). As fontes indiretas dependem da absorção. Esse parâmetro é avaliado pela chamada **constante de sala**, tabelada para cada material componente do ambiente. O isolamento do ambiente, por outro lado, determina a perda de transmissão. Essa perda é muitas vezes determinada em laboratórios acústicos.

Outra variável importante é a reverberação, que designa o grau de reflexões sonoras em um determinado recinto fechado. Ela é medida pelo tempo de reverberação, definido como o tempo necessário para a queda de 60 dB no nível sonoro depois de cessada a fonte. A medida do tempo de reverberação é importante para projetos de ambientes fechados, como salas de aula.

10.10.2.1 Medição sonora

Um medidor de nível sonoro, ou decibelímetro, é composto basicamente por um microfone acoplado a um circuito de amplificação e quantificação que indica o nível de pressão sonora no microfone. Os medidores diferenciam-se por uma série de elementos, principalmente pelos tipos de microfones. Porém, a norma exige que os medidores forneçam idêntica leitura quando expostos a uma mesma pressão sonora. Existem quatro tipos de medidores: tipo 0, para laboratório; tipo 1, medidor de precisão; tipo 2, medidor de uso geral; e tipo 3, medidor para amostragem.

A medição sonora depende das características do ruído e da informação desejada. Os ruídos contínuos são os mais fáceis de serem medidos. Esse tipo de medição requer um medidor de nível sonoro e um filtro de oitava para levantamento do espectro. Os ruídos impulsivos ou de impactos requerem medidores com resposta para impulsos, registradores e osciloscópios.

A medição exige uma série de preparos para que fatores externos não mascarem os resultados, como a influência do ambiente (umidade, alta temperatura etc.) no equipamento de medida e a interferência de outros fatores físicos, como vento, vibrações, campos eletromagnéticos, poeiras, vapores etc. Para assegurar a obtenção de dados confiáveis, o instrumento deve ser calibrado no local.

10.10.2.2 Ruído e a saúde humana

Para compreender melhor os impactos do ruído na saúde humana, é importante uma pequena descrição do sistema auditivo.

O ouvido é constituído por três partes:

- **ouvido externo**, que compreende o pavilhão e o conduto auditivo externo.
- **ouvido médio**, chamado de "caixa do tímpano". É formado pela base externa (tímpano) e pela base interna. As duas bases estão unidas por uma cadeia de ossículos: martelo, bigorna e estribo. O ouvido médio comunica-se com a faringe pela trompa de Eustáquio. Essa trompa fica normalmente fechada, mas, durante a deglutição, a mastigação e o bocejo, ela se abre, mantendo equilibrada a pressão do ar em ambos os lados do tímpano.
- **ouvido interno**, que é constituído por uma série de cavidades ósseas (labirinto), compreendendo o vestíbulo, o utrículo e o sáculo, e por uma cavidade central que se comunica com os canais semicirculares e com a caixa do tímpano por meio da janela oval. É no labirinto que se encontra o caracol (cóclea).

O ouvido converte a energia das ondas sonoras em impulsos nervosos, que são interpretados no cérebro, resultando na sensação do som. No organismo humano, o som captado chega até o tímpano, e a membrana timpânica se move, funcionando como um ressoador, que produz as vibrações da fonte sonora. Esses movimentos são transmitidos aos três ossículos do ouvido médio, que funcionam como um sistema de alavancas, convertendo mecanicamente as vibrações. Essas vibrações passam para o ouvido interno pela janela oval e daí para as células que produzem impulsos nervosos, enviados para o cérebro (região do córtex auditivo), produzindo sensação de som.

O campo auditivo, ou a zona de sensibilidade do ouvido, está restrito ao limite de audição e ao limite da dor.

Uma série de pesquisas mostra os efeitos dos sons excessivos na saúde humana. Como exemplo, citamos o levantamento feito nas proximidades do aeroporto de Los Angeles. Nas 200 mil mortes ocorridas em 8 anos, constatou-se um alto número de mortes por ataques cardíacos (acima do valor esperado), suicídios e assassinatos.

Os principais efeitos danosos do ruído à saúde humana são listados a seguir.

- **Perda auditiva (temporária ou permanente)**: temporária, quando se está exposto a ruídos excessivos; permanente, quando ocorre uma perda neurossensorial de audição, que é irreversível, causada geralmente pela exposição prolongada ao ruído e pelos sons de alta frequência (em torno de 4 mil Hz, faixa de maior sensibilidade). A taxa e a extensão da perda dependem da intensidade e da duração da exposição ao ruído. Diversos profissionais estão sujeitos a esses danos permanentes: operadores de caldeiras, de tratores, de prensas, de bate-estacas e outras máquinas com nível de ruído alto, motoristas de ônibus e táxis, mecânicos, empregados de bares e restaurantes etc.
- **Interferência na fala**: a fala é afetada pela perda auditiva e pela presença de sons que competem pela atenção do ouvinte (mascaramento).
- **Perturbações do sono**: a perturbação do sono ocorre em ambientes com ruídos acima de 35 dB. Esse limite é recomendado para preservar o sono.

- **Estresse e hipertensão**: ruídos instantâneos, de alta frequência, podem constringir artérias, dilatar pupilas, tencionar músculos e aumentar o batimento cardíaco e a pressão arterial, causando tremedeira, parada respiratória e espasmos estomacais. Paralelamente, podem ocorrer dores de cabeça, úlceras e alterações neurológicas.

Outros problemas associados ao ruído são desconforto, perturbações no trabalho e perda de rendimento, além, é claro, do incômodo que é causado por níveis excessivos de ruído.

10.10.2.3 Avaliação de nível de ruído

A avaliação do nível de ruído em ambientes é feita segundo dois critérios básicos: **conforto acústico** e **ocupacional**.

- conforto acústico é fixado pela Portaria nº 92, de 19.06.80,[32] do Ministério do Interior. Nessa portaria, estão especificados os níveis de ruído para efeito do incômodo provocado em moradores que ficam próximos às fábricas e a outras instalações fixas.
- critério ocupacional trata dos efeitos auditivos causados pelo ruído.[33] Para ruídos contínuos, a legislação estabelece os limites fixados na **TABELA 10.22**.

10.10.2.4 Controle de ruídos

O controle dos ruídos pode ser feito na fonte, no percurso ou no receptor. O controle na fonte envolve atividades de modificação do projeto, realocação ou substituição de equipamentos e ações mecânicas (isolamento acústico, abafadores e confinamento). O controle no percurso é feito pela introdução de barreiras entre a fonte e o receptor. O controle no receptor envolve as ações de controle administrativo (limitar a duração da exposição) e a utilização de equipamentos de proteção individual.

Todavia, se esses controles podem ser aplicados em ambientes especiais (indústrias, escritórios e residências), o mesmo não acontece no ambiente comum de convivência da sociedade. Já existe tecnologia bastante desenvolvida para produção de veículos, tratores e máquinas mais silenciosas. Por exemplo, cidades do México e de Montreal possuem trens com rodas de borracha para diminuir os ruídos. Diversas cidades planejaram vias expressas para impedir o acúmulo de veículos em centros urbanos.

Entre as iniciativas brasileiras, uma que merece destaque refere-se à adoção do selo ruído, instituído por meio da Resolução Conama nº 20,[34] de dezembro de 1994. Por essa resolução, os produtores e importadores de eletrodomésticos que geram ruído em funcionamento deverão utilizar um selo para indicar o nível de potência sonora produzida. Esse procedimento possibilitará que o consumidor opte pelo equipamento mais silencioso e, ao mesmo tempo, estimulará os fabricantes a desenvolverem produtos com níveis de ruído cada vez menores.

▶ **TABELA 10.22** Relação tempo x decibéis para critério ocupacional

Tempo	Decibéis
8 horas	85
4 horas	90
2 horas	95
1 hora	100
30 minutos	105
15 minutos	110
07 minutos	115

REFERÊNCIAS

1. Botkin DB, Keller EA. Environmental science: earth as a living planet. 3rd ed. Hoboken: John Wiley & Sons; 2000.

2. National Aeronautics and Space Administration. A year in the life of carbon dioxide [Internet]. NASA; 2015 [capturado em 30 abr. 2021]. Disponível em: https://earthobservatory.nasa.gov/images/87146/a-year-in-the-life-of-carbon-dioxide.

3. Global Monitory Laboratory. Trends in atmospheric carbon dioxide [Internet]. Boulder: NOAA Research; c2021 [capturado em 30 abr. 2021]. Disponível em: https://www.esrl.noaa.gov/gmd/ccgg/trends/data.html.

4. National Centers for Environmental Information. Global land and ocean: January-December temperature anomalies [Internet]. Asheville; NCEI; c2021 [capturado em 30 abr. 2021]. Disponível em: https://www.ncdc.noaa.gov/cag/global/time-series/globe/land_ocean/ytd/12/1959-2019.

5. The Ozone Depletion Theory of Global Warming [Internet]. Washington: Peter L Ward; c2020 [Imagem], Rohde RA. Atmospheric absorption bands [capturado em 30 abr. 2021]. Disponível em: http://ozonedepletiontheory.info/Images/%20absorption-rhode.jpg.

6. Hansen J, Lebedeff S. Global trends of measures surface air temperature. JGR Atmosph. 1987;92(D11):13221-376.

7. International Energy Agency. Data and statistics [Internet]. Paris: IEA; c2021 [capturado em 30 abr. 2021]. Disponível em: https://www.iea.org/data-and-statistics?country=WORLD&fuel=CO2%20emissions&indicator=CO2BySource.

8. United Nations Environment Program. The greenhouse gases. Washington: UNEP;1988.

9. United Nations. Annual report of the Executive Board of the clean development mechanism to the Conference of the Parties serving as the meeting of the Parties to the Kyoto Protocol [Internet]. San Francisco: UN; 2019 [capturado em 30 abr. 2021]. Disponível em: https://unfccc.int/sites/default/files/resource/cmp2019_03_adv.pdf.

10. National Aeronautics and Space Administration. History of the ozone hole [Internet]. NASA; 2018 [capturado em 30 abr. 2021]. Disponível em: https://ozonewatch.gsfc.nasa.gov/facts/history_SH.html.

11. Shanklin JD. Back to the basics: the ozone hole. Weather. 2001;56(7):222-30.

12. Molina MJ, Rowland FS. Stratospheric sink for chlorofluoromethanes: chlorine atom-catalysed destruction of ozone. Nature. 1974;249(5460):810-2.

13. United Nations Environment Program. The ozone layer. Butterworth: UNEP; 1987.

14. United Nations Development Programme. Information provided by the parties in accordance with article 7 of the Montreal protocol on substances that deplete the ozone layer [Internet]. New York: UNDP; c2003 [capturado em 30 abr. 2021]. Disponível em: https://ozone.unep.org/system/files/documents/15mop-4.e.pdf.

15. National Aeronautics and Space Administration. 2021 Antarctic OMPS and MERRA-2 ozone [Internet]. NASA; 2021 [capturado em 30 abr. 2021]. Disponível em: https://ozonewatch.gsfc.nasa.gov/meteorology/SH.html.

16. Environmental Protection Agency. Acid rain program [Internet]. Washington: EPA; c2021 [capturado em 30 abr. 2021]. Disponível em: https://www.epa.gov/acidrain/acid-rain-program.

17. Environmental Protection Agency. Tools of the trade: a guide to designing and operating a cap and trade program for pollution control [Internet]. Washington: EPA; c2003 [capturado em 30 abr. 2021]. Disponível em: https://www.epa.gov/sites/production/files/2016-03/documents/tools.pdf.

18. National Atmospheric Deposition Program. Annual NTM Maps by year [Internet]. Madison: NADP; 2020 [capturado em 30 abr. 2021]. Disponível em: http://nadp.slh.wisc.edu/NTN/annualmapsByYear.aspx.

19. Kupchella CE, Hyland MC. Environmental science: living within the system of nature 2nd ed. Massachusetts: Allyn and Bacon; 1989.

20. Benn FR, McAuliffe AC. Química e poluição. Rio de Janeiro: Livros Técnicos e Científicos; 1975.

21. Perkins HC. Air pollution. Nova York: McGraw Hill; 1974.

22. Boubel RN, Vallero DA, Fox DL, Turner B, Stern AC. Fundamentals of air pollution. 3rd ed. California: Academic; 1994.

23. Environmental Protection Agency. NAAQS table [Internet]. Washington: EPA; c2021 [capturado em 30 abr. 2021]. Disponível em: https://www.epa.gov/criteria-air-pollutants/naaqs-table.

24. Companhia Ambiental do Estado de São Paulo. Qualidade do ar no Estado de São Paulo; 2019 [Internet]. São Paulo: CETESB; 2020 [capturado em 30 abr. 2021]. Disponível em: https://cetesb.sp.gov.br/ar/wp-content/uploads/sites/28/2020/07/Relat%C3%B3rio-de-Qualidade-do-Ar-2019.pdf.

25. Conselho Nacional do Meio Ambiente. Resolução CONAMA nº 491, de 19 de novembro de 2018. Dispõe sobre padrões de qualidade do ar [Internet]. Brasília: CONAMA; 2018 [capturado em 30 abr. 2021]. Disponível em: http://www2.mma.gov.br/port/conama/legiabre.cfm?codlegi=740.

26. Miller GT. Living in the environment. California: Wadsworth; 1985.

27. Instituto Brasileiro do Meio Ambiente e dos Recursos Naturais Renováveis. Programa de controle de emissões veiculares (Proconve) [Internet]. Brasília: IBAMA; 2016 [capturado em 30 abr. 2021]. Disponível em: http://www.ibama.gov.br/emissoes/veiculos-automotores/programa-de-controle-de-emissoes-veiculares-proconve.

28. Companhia do Metropolitano de São Paulo. Pesquisa de mobilidade da região metropolitana de São Paulo: síntese das informações, pesquisa domiciliar 2012[Internet]. São Paulo: METRÔ; 2013 [capturado em 30 abr. 2021]. Disponível em: http://www.metro.sp.gov.br/metro/arquivos/mobilidade-2012/relatorio-sintese-pesquisa-mobilidade-2012.pdf.

29. Companhia Ambiental do Estado de São Paulo. Emissões veiculares no estado de São Paulo 2018 [Internet]. São Paulo: CETESB; 2019 [capturado em 30 abr. 2021]. Disponível em: https://cetesb.sp.gov.br/veicular/wp-content/uploads/sites/6/2020/02/Relat%C3%B3rio-Emiss%C3%B5es-Veiculares-no-Estado-de-S%C3%A3o-Paulo-2018.pdf.

30. Companhia Ambiental do Estado de São Paulo. Qualidade do ar no Estado de São Paulo 2009. São Paulo: CETESB; 2010.

31. Fundação Estadual de Proteção Ambiental Henrique Luis Henrique Roessler. Rede estadual de monitoramento automático da qualidade do ar: relatório 2019 [Internet]. Porto Alegre: FEPAM; 2020 [capturado em 30 abr. 2021]. Disponível em: http://www.fepam.rs.gov.br/qualidade/arq/Relatorio%20da%20Qualidade%20do%20Ar_2019.pdf.

32. Brasil. Portaria nº 92 de 19 de junho de 1980. Estabelece padrões, critérios e diretrizes relativos a emissão de sons e ruídos [Internet]. Brasília: MINTER; 1980 [capturado em 30 abr. 2021]. Disponível em: https://www.ima.al.gov.br/wp-content/uploads/2015/03/Portaria-nb0-92.80.pdf.

33. Brasil. Portaria nº 3.214, de 08 de junho de 1978. Atividades e operações insalubres [Internet]. Brasília: MT; 1978 [capturado em 30 abr. 2021]. Disponível em: https://sit.trabalho.gov.br/portal/images/SST/SST_portarias/Portaria-3214-1978-Ministerio-do-Trabalho.pdf.

34. Conselho Nacional do Meio Ambiente. Resolução no 20, de 07 de dezembro de 1994. Dispõe sobre a instituição do Selo Ruído de uso obrigatório para aparelhos eletrodomésticos que geram ruído no seu funcionamento [Internet]. Brasília: CONAMA; 1994 [capturado em 30 abr. 2021]. Disponível em: http://www.oads.org.br/leis/136.pdf.

▶ Sites para consulta

The Ozone Depletion Theory of Global Warming. https://ozonedepletiontheory.info/.

PARTE III
Desenvolvimento sustentável

CAPÍTULO 11

Conceitos básicos

O desenvolvimento de nossa sociedade urbana e industrial, por não conhecer limites, ocorreu de forma desordenada, sem planejamento, à custa de níveis crescentes de poluição e degradação ambiental. Esses níveis de degradação começaram a causar impactos negativos significativos, comprometendo a qualidade do ar e a saúde humana em cidades como Los Angeles e Londres, transformando rios (como o Tâmisa, em Londres, o Sena, em Paris, o Reno, na Alemanha, e o Tietê, em São Paulo) em canais de transporte de esgotos a céu aberto, e os problemas relacionados à disposição de resíduos sólidos em lixões, ainda uma realidade no Brasil, bem como as inundações urbanas decorrentes da impermeabilização em grandes metrópoles, como Tóquio, São Paulo e Rio de Janeiro. Para a produção de alimentos, os ambientes naturais foram dramaticamente transformados, destruindo ecossistemas e florestas, reduzindo a fertilidade do solo, aumentando as áreas desérticas e propiciando a extinção de espécies.

A tecnologia demonstrou, então, que poderia contribuir de forma efetiva na reversão de situações ambientais críticas. Métodos de planejamento, modelos matemáticos, equipamentos para controle de poluição e processos tecnológicos alternativos menos poluentes foram desenvolvidos. Essa evolução possibilitou não só a correção de problemas existentes, como também a estimativa antecipada de efeitos e impactos de cenários futuros por meio de simulações com modelos físicos e matemáticos. Passou-se, assim, a admitir que existem limites na natureza que devem ser respeitados e que a tecnologia é fundamental, mas pode ter limitações para reverter processos de degradação intensificados pela utilização de um modelo de desenvolvimento linear, cujos impactos resultantes sequer são conhecidos.

Desenvolvimento sustentável é um conceito que foi proposto pela Comissão Mundial do Desenvolvimento e Meio Ambiente, em 1987. Essa comissão foi formada em 1984 pela Organização das Nações Unidas (ONU), tendo como coordenadora a primeira-ministra da Noruega, Gro Harlem Brundtland. A comissão incluía 23 membros de 22 países. Por três anos consecutivos, a comissão e seus assessores estudaram os conflitos entre os crescentes problemas ambientais vivenciados em países desenvolvidos e as necessidades de crescimento e desenvolvimento socioeconômicos daqueles em desenvolvimento. Concluíram que era tecnicamente viável prover as necessidades mínimas da sociedade no planeta, grosseiramente o dobro da população mundial, até o próximo século de forma sustentável e sem degradação continuada dos ecossistemas globais. A comissão definiu – em seu relatório final, com o título Nosso Futuro Comum[1] – o conceito de desenvolvimento sustentável: "*Atender às necessidades da geração presente sem comprometer a habilidade das gerações futuras de atender às suas próprias necessidades*".

Observa-se, portanto, que o conceito de desenvolvimento sustentável é subjetivo e relativo, dependendo da compreensão de cada indivíduo ou nação de quais são as suas necessidades mínimas, ou é um desejo filosófico de preservação que requer melhor especificação do ponto de vista prático. Existe a questão do estágio ou grau de desenvolvimento da região ou país em questão e o padrão de qualidade de vida estabelecido. Os parâmetros do desenvolvimento sustentável em um país com a força econômica do Japão são certamente diferentes dos de um país da África Oriental, cujo consumo de energia mal supera os 2.000 kcal/dia requeridos como nível mínimo para sobrevivência. Outro aspecto relevante do conceito de desenvolvimento sustentável é como equilibrar a condição de desigualdade estabelecida entre as nações mais ricas, que representam menos de 20% da população mundial, mas são responsáveis pelo consumo de quase 80% de todos os recursos disponíveis.

Nessa condição, há um grande desafio a ser superado, para uma parcela significativa da população, que é a erradicação da pobreza, essencial e necessária para que seja possível delinear uma estratégia para se atingir o desenvolvimento sustentável. Na falta de padrões mínimos de infraestrutura e acesso a condições aceitáveis de sobrevivência (como habitação, água, saneamento, alimentação e renda), a exploração inadequada de recursos naturais é um instrumento natural de sobrevivência. Nesse sentido, vale reforçar a constatação feita no relatório Nosso Futuro Comum,[1] o subdesenvolvimento é um dos principais fatores da degradação ambiental, o que significa dizer que sem desenvolvimento econômico não é possível assegurar a proteção ambiental.

11.1 DEGRADAÇÃO AMBIENTAL: PREVENÇÃO E CONTROLE

Uma primeira forma de classificar as medidas destinadas ao controle da degradação ambiental seria separá-las em **medidas preventivas** e **medidas corretivas**.

As medidas preventivas, como seu próprio nome indica, devem se antecipar e impedir ou minorar a ocorrência dos fatores de degradação. Duas razões principais tornam preferencial a aplicação dessas medidas. A primeira razão é por sua implantação depender de custos financeiros menores e, portanto, pressionar menos os caixas públicos e privados na disputa de recursos, que são sempre escassos para atender ao conjunto das demandas da sociedade. A segunda razão é que as medidas preventivas serão mais eficazes se tomadas antes da ocorrência da degradação ambiental, evitando-se custos de natureza econômica e social nem sempre traduzíveis em valores monetários, mas nem por isso destituídos de importância. Em contrapartida, sua aplicação depende de a sociedade estar suficientemente organizada para planejar e gerenciar os processos socioeconômicos e assegurar o principal objetivo dessas medidas, que é a distribuição das atividades humanas no espaço e no tempo (planejamento territorial e de uso do solo) de maneira a atingir os padrões desejáveis de qualidade ambiental definidos como meta.

As medidas corretivas, embora necessárias para situações já existentes, são em geral onerosas e muitas vezes de implementação difícil. Dependem não só de a sociedade reservar os recursos necessários para implantá-las, como também da sua capacidade de acessar e aplicar técnicas e tecnologias avançadas.

Podemos, ainda, classificar as medidas de controle da poluição em **estruturais** e **não estruturais**.

As medidas estruturais são aquelas que envolvem a execução de obras de infraestrutura (p. ex., construção de estações de tratamento de esgotos urbanos e industriais para redução das cargas poluidoras lançadas nos cursos de água) e a instalação de equipamentos (p. ex., filtros para retenção de material particulado de efluentes industriais lançados por chaminés na atmosfera). São, em geral, associadas a maiores custos.

As medidas estruturais são familiares aos engenheiros, historicamente treinados para oferecer soluções eficientes, seguras e econômicas. De maneira geral, a percepção que as pessoas e os engenheiros têm sobre soluções de problemas de qualquer natureza, incluindo os ambientais, está associada à adoção de medidas estruturais. Exemplos de recuperação ambiental com medidas estruturais são a estabilização de voçorocas em áreas urbanas, a recuperação da qualidade da água em rios (com a construção de estações de tratamento de esgotos urbanos) e a instalação de equipamentos para redução da emissão de poluentes atmosféricos em indústrias.

As medidas não estruturais não envolvem a execução de grandes obras ou o uso de equipamentos onerosos. São soluções que procuram intervir nas causas que podem originar ou agravar um problema, evitando, assim, que ele ocorra, ou que buscam propiciar seu controle. Como exemplo, podemos citar a criação de áreas de proteção de mananciais na Região Metropolitana de São Paulo, que limita o desenvolvimento de atividades nessas áreas, evitando o comprometimento da qualidade da água que é usada para abastecimento da população. Trata-se de medida que procura compatibilizar ocupação do solo e proteção da qualidade da água, garantindo a preservação e o uso desse recurso natural essencial para o homem. A criação de áreas de proteção ambiental e parques ecológicos tem motivações similares, mas com objetivos de proteção de ecossistemas.

Outros exemplos de medidas não estruturais são: o desenvolvimento de projetos que antecipem os possíveis problemas ambientais, adotando-se procedimentos que otimizem o uso de recursos naturais e eliminem ou reduzam as emissões de subprodutos; a mudança para combustível com menos resíduos poluidores (uso de derivados de petróleo com baixo teor de enxofre como combustível) ou a mudança de processo (como a incorporação de sistemas automatizados de controle de operações secundárias); a adoção de práticas conservacionistas na agricultura, como o plantio direto para controlar a perda de solo por erosão; a exigência de estudos de impacto ambiental para licenciamento de atividades potencialmente poluidoras; a exigência de receita agronômica para aquisição de defensivos agrícolas; e o zoneamento urbano e rural, orientando a utilização do território por atividades humanas.

As medidas não estruturais, para serem eficazes, requerem uma mudança na forma de atuação de tomadores de decisão e da população em geral, mas especialmente dos profissionais da área técnica, pois exigem uma visão integrada e abrangente dos aspectos socioeconômicos e ambientais envolvidos. Essa mudança de atitude pode ser induzida por meio de leis e regulamentos que passem a utilizar conceitos como ciclo de vida de produtos e responsabilidade pós-consumo. Aparentemente, a implementação desses instrumentos pode parecer de maturação mais lenta, exigindo a participação dos vários agentes envolvidos e muitas negociações para compatibilizar interesses conflitantes. Contudo, já existem exemplos no país que foram bem-sucedidos, como no caso das normas sobre pilhas e baterias e pneus inservíveis. Em um primeiro momento, houve uma restrição muito grande para a publicação dessas normas, principalmente pelas indústrias e empresas que seriam afetadas. Contudo, o que se verificou, principalmente no caso das pilhas e baterias, foi a indução para o desenvolvimento de produtos com menor quantidade de material tóxico, menor uso de recursos naturais e maior durabilidade. Assim, a crescente utilização de conceitos de prevenção, como ferramenta do planejamento, por envolver aspectos multidisciplinares e processos decisórios complexos, vem merecendo cada vez mais a atenção na formação de especialistas e engenheiros com capacitação nesse tema.

Ressalta-se, também, que a eficiência das medidas estruturais para resolver problemas ambientais é posta em risco se elas não forem acompanhadas das necessárias medidas não estruturais correlatas. Por exemplo, a eficiência de uma rede de drenagem ou da canalização de um rio para controle de enchentes ficará comprometida se as áreas que drenam para esses locais sofrerem um processo contínuo de crescimento das áreas impermeáveis decorrentes da urbanização. Nesse caso, os volumes de escoamento gerados por chuvas de mesma intensidade serão cada vez maiores, fruto da redução da quantidade de água infiltrada no solo ao longo do tempo. É o caso do Rio Tietê, na Região Metropolitana de São Paulo. O controle do crescimento da área urbanizada é, portanto, vital para que as medidas estruturais de controle de enchentes não se tornem obsoletas. Assim, as medidas não estruturais são necessárias e devem ser adotadas para complementar as medidas estruturais, garantindo e até ampliando sua eficiência.

A decisão sobre qual a melhor composição de medidas preventivas, corretivas, estruturais e não estruturais provém da análise de cada caso e constitui o primeiro e o mais importante passo do planejamento estratégico da gestão do ambiente (ver seção 11.2, a seguir). Para evidenciar a complexidade do processo de degradação ambiental ao qual as medidas de controle devem se contrapor e ressaltar a necessidade de soluções preventivas e integradas, basta recorrermos à análise de um modelo explicativo simplificado dos principais fatores intervenientes na avaliação dos impactos ambientais (**FIGURA 11.1**).

Por meio de uma análise simplificada, verifica-se que o ser humano é o principal causador dos impactos ambientais, exploração intensiva de recursos naturais, baixa eficiência de processos, poluição, simplificação de ecossistemas, alterações regionais e globais etc., em decorrência da sua busca pela melhoria do padrão de qualidade de vida, ressaltando-se que esses impactos não dependem apenas do tamanho da população, mas também dos seus padrões de produção e consumo. Esse fato, já evidenciado anteriormente, indica que não podemos crescer indefinidamente em um ambiente finito, e que a estabilização da população humana e um maior equilíbrio nos padrões de consumo e produção da sociedade são requisitos básicos para o desenvolvimento sustentável e a convivência com níveis aceitáveis de poluição e impactos.

Além do tamanho da população e de seus padrões de consumo e produção, é essencial levar em consideração a sua distribuição no espaço, ou a densidade demográfica. Grande parte dos problemas ambientais, como a poluição do ar e de cursos de água, está associada às aglomerações humanas nas áreas urbanas. Nessas regiões, a densidade demográfica é elevada, e a relação entre disponibilidade de recursos naturais na região e número de habitantes é baixa, implicando capacidade reduzida de assimilação de resíduos pelo ambiente.

A poluição somente ocorre quando as pessoas usam recursos materiais e energéticos, gerando resíduos que excedem a capacidade de suporte do ambiente e causam impactos negativos no ecossistema. Assim, ela também depende da quantidade de recursos usados por indivíduo, ou seja, as diferenças entre os padrões de consumo e produção das populações que vivem em nações desenvolvidas e em nações em desenvolvimento, ou mesmo as diferenças existentes entre as populações em um mesmo país ou região.

Essas considerações reforçam a necessidade de revisão dos padrões de consumo nos países desenvolvidos e do desenvolvimento de modelos alternativos para ascensão dos países em desenvolvimento a níveis aceitáveis de qualidade de vida.

É importante lembrar, ainda, que o uso de alguns tipos de recursos pode gerar mais poluição que outros, mas esta avaliação deve ser feita de uma forma que contemple todo o ciclo de vida do produto, caso contrário, é possível chegar a conclusões equivocadas. Por exemplo, quando se avalia os tipos de embalagens para bebidas e refrigerantes, sempre existe a questão sobre os plásticos e as garrafas de vidro retornáveis. Como saber qual das duas formas é a mais vantajosa do ponto de vista ambiental? A resposta vai depender do que está sendo utilizado para fazer a comparação. No caso das embalagens de vidro, sempre se pensa na questão de elas serem retornáveis e reutilizáveis, além do benefício da reciclagem. Contudo, essas embalagens requerem quantidades relevantes de energia para a sua produção e o seu transporte, e a sua massa específica é muito maior do que a da embalagem plástica. Nesse caso, o transporte do mesmo volume de produto irá exigir maior número de viagens, com maior consumo de combustível e maiores emissões de poluentes atmosféricos. Além disso, há a questão de como viabilizar a sua reutilização, o que irá requerer consumo de combustível para o transporte, uso de água e insumos para lavagem e geração de efluentes. Obviamente, as embalagens plásticas apresentam o problema de serem resultantes de recursos não renováveis e o seu descarte inadequado causar impactos ambientais relevantes. Todavia, elas apresentam a vantagem de menor consumo de combustível para o transporte, o que implica em menor uso de combustível e emissões atmosféricas, além de poderem ser recicladas. O problema, no entanto, é que elas são, muitas vezes, descartadas de

Impacto ambiental = f (Tamanho da população X Distribuição da população X Recurso usado por indivíduo X Impacto por unidade de recurso X Tempo de resposta X Sistema econômico X Sistema político X Sistema ético)

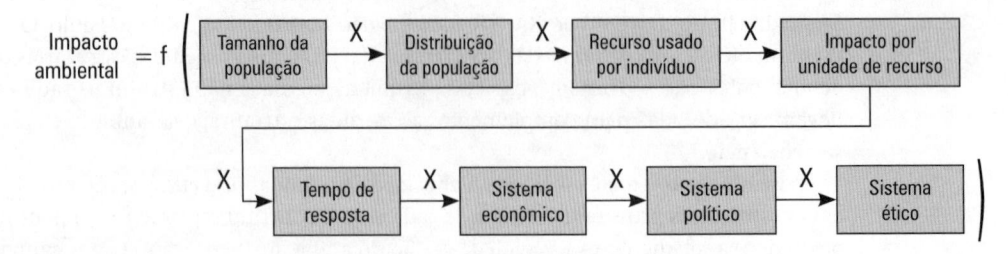

▶ **FIGURA 11.1** Modelo explicativo simplificado dos principais fatores intervenientes na avaliação dos impactos ambientais.

forma inadequada. Assim, outro termo a ser considerado no modelo é a poluição gerada por unidade de recurso usado, que, por sua vez, depende da tecnologia utilizada na sua produção, transporte, utilização, reprocessamento e disposição final.

Outro fator do modelo em discussão é o tempo de resposta, ou seja, o tempo decorrido entre a ação e a resposta. Por exemplo, para estabilizar a população no planeta, cada família deveria ter somente duas crianças, que substituiriam seus pais após a morte, que seriam substituídos por seus dois filhos e assim sucessivamente. No entanto, se adotada hoje essa medida, a população continuaria crescendo e só iria se estabilizar em cerca de 30 anos, porque grande parte da população mundial tem menos de 20 anos; com isso, o número de pessoas que teriam filhos continuaria a crescer por décadas em decorrência da estrutura atual da pirâmide etária mundial. Outro exemplo são as medidas que incentivam a adoção de tecnologias limpas, do reúso e da reciclagem, cuja implementação depende de ações integradas dos agentes públicos, privados e da população, que podem ser lentas.

O sistema econômico também deve ser considerado no modelo, uma vez que ele é decisivo não apenas no controle da poluição, mas principalmente em relação à questão da produtividade e do aumento da competitividade, já que a poluição é uma perda. Por exemplo, incluir os custos do controle da poluição no preço dos produtos é uma forma recomendada de utilização de instrumentos econômicos para controle da qualidade ambiental, o que acaba induzindo as empresas a buscarem melhorias nos seus processos produtivos e produtos e a população a procurar racionalizar o consumo. Um aspecto importante é não concentrar os esforços apenas no controle da poluição, mas sim nas ações para a sua prevenção. Dessa forma, os instrumentos legais devem prever mecanismos para incentivar as ações de prevenção, e não apenas mecanismos de coerção cada vez mais restritivos.

Outro termo que deve constar do modelo simplificado em questão é o sistema político. Todo o arcabouço jurídico e a capacidade institucional do controle da poluição ambiental dependem, para sua aprovação e implementação, de que o tema seja prioritário na agenda da sociedade e dos políticos. Como veremos adiante (seção 11.2 e Capítulo 12), os bens ambientais são predominantemente bens coletivos aos quais a sociedade associa valores a que todos devem ter acesso (valores universais). Por essa razão, é tido como axioma que apenas os regimes políticos democráticos e amplamente representativos estão aptos a zelar pelo ambiente.

Finalmente, devemos levar em conta também o sistema ético, ou seja, os valores culturais e as tradições de uma sociedade. A aplicabilidade de leis e instrumentos econômicos pode ser comprometida se fizer contraposição a valores ou não se apoiar em comportamentos sociais de parcela significativa da população. Por outro lado, valores e tradições que não levem em consideração a melhoria da qualidade de vida das pessoas ou que comprometam a qualidade do meio ambiente devem ser reavaliados.

A análise expedita do modelo simplificado ora discutido, envolvendo os principais fatores intervenientes na avaliação do impacto ambiental, ilustra que a questão global do controle da poluição no planeta é complexa, envolvendo múltiplas variáveis de efeitos não lineares. Um aspecto a ser enfatizado é que todos os termos são importantes, tanto de forma isolada quanto de forma conjunta (de caráter multiplicativo). Por exemplo, a redução do valor de um dos termos do modelo, por uma ação isolada, não garante necessariamente uma resposta satisfatória, pois outro termo pode estar aumentando. É o caso já citado da qualidade da água que não melhora, mesmo com o tratamento dos esgotos urbanos e industriais, se o crescimento urbano desordenado não for equacionado.

Outro ponto relevante a ser destacado é que os complexos problemas e os desafios ambientais com os quais nos defrontamos são todos interligados e nem sempre explicitáveis apenas em termos estritamente técnicos ou científicos. É extremamente importante lembrar a necessidade de se permear as análises e proposições com abordagens com ferramentas adequadas ao tratamento de questões multidisciplinares, que proporcionem subsídios para a racionalidade do processo decisório e oportunidades para mudanças efetivas.

A ênfase dada à complexidade e interdependência dos termos do modelo não elimina a possibilidade de que os problemas ambientais sejam abordados e enfrentados por partes. Qualquer ação que atue isoladamente em um dos termos aqui apontados no sentido de evitar, atenuar ou corrigir a poluição ou o impacto ambiental já é um avanço. No entanto, é importante reconhecer que uma solução definitiva passa pelo entendimento das questões globais e de ações integradas e complementares nos vários termos considerados.

A seleção da medida ou o conjunto de medidas mais adequadas para a redução ou o controle da degradação ambiental é, sem dúvida, tarefa delicada e, por isso, tida como a fase mais importante do processo decisório e de sua implementação. Os princípios e conceitos aqui discutidos devem estar considerados no processo de definição de **políticas públicas associadas às questões ambientais** pelos poderes legislativo e executivo, conforme suas respectivas competências de representação e de atuação em nome da sociedade, para que o arcabouço jurídico institucional permita implementá-las com eficácia. Dado o teor de conhecimento especializado (técnico, socioeconômico e administrativo) requerido para o suporte na concepção, promulgação e implementação de políticas públicas alinhadas com o modelo de desenvolvimento sustentável, pressupõe-se que o ambiente acadêmico promova a formação de recursos humanos capacitados para tratar e aplicar essa temática multidisciplinar desafiadora.

11.2 A GESTÃO DO AMBIENTE

Conforme discutido nos capítulos da Parte I, deve ter ficado claro que a biosfera e seus ecossistemas apresentam formato e equilíbrio garantidos pela interdependência e comportamento padronizados dos seres vivos entre si e com o ambiente. Portanto, o que garantiu esse equilíbrio e formato sempre foi o padrão de comportamento predeterminado pelas disposições genéticas de cada ser vivo.

Entretanto, ao ter o domínio da energia em razão de seu engenho, a humanidade criou um fato novo: as disposições genéticas não mais subordinavam a totalidade do comportamento do homem às imposições da interdependência e do equilíbrio dos ecossistemas e da biosfera. Surgiram, então, os conflitos por ele provocados e o que hoje se denomina **crise ambiental**. Para enfrentá-los, foi sendo desenvolvida metodologia contendo uma série de ações coordenadas, à qual, mais recentemente, se deu o nome de **gestão do ambiente** – entendida como a forma sistemática de a sociedade encaminhar a solução de conflitos de interesse no acesso e uso do ambiente pela humanidade.

Como primeiro e fundamental passo para essa gestão, faz-se necessária a identificação da natureza e o porte dos valores em disputa causadores do conflito. As sociedades organizadas aprenderam, desde há muito, a distinguir duas grandes categorias de valores. **Valores universais** (ou de acesso universalizado) são aqueles a que todos os seus membros devem ter acesso assegurado indistinta e uniformemente, estando relacionados à essencialidade da vida. **Valores individualizáveis** (ou de acesso individualizado) são aqueles acessíveis a cada membro na medida de sua capacidade relativa de alcançá-los, capacidade esta aceita e reconhecida pela sociedade.

Nos ecossistemas, enquanto organizados com base no comportamento de padrão genético (pré-crise ambiental), também podem ser identificados valores assimiláveis nessas duas categorias. Seu equilíbrio e diversidade asseguram a vida das espécies constituindo um valor universal. Na disputa de participação no fluxo de matéria e energia nos ecossistemas, são as diferenças interespécies e entre indivíduos que possibilitam a cada ser vivo usufruir os valores individualizáveis.

Relevadas as diferenças de complexidade das sociedades humanas, pode-se dizer que a concepção dessas duas categorias de valor pode ser compatível com o objetivo de uma reinserção harmoniosa das atividades do ser humano na biosfera. Quando o padrão de comportamento baseado no patrimônio genético demonstrou ser insuficiente para disciplinar os conflitos nas sociedades, foi com base nessas categorias de valor que se construiu um novo referencial de comportamento. Para tanto, as sociedades humanas, desde as mais antigas até as mais modernas, passaram a adotar códigos, constituições, leis, políticas públicas, processos socioeconômicos e instituições postas a seu serviço, com o objetivo de zelar pelo acesso dos cidadãos aos valores estabelecidos.

No caso do ambiente, o encaminhamento da solução dos conflitos internos à humanidade e desta aos demais seres vivos, como se viu, passou a depender, além do disciplinamento de natureza genética, de outros disciplinamentos criados pela própria humanidade.

Para cumprir sua função de disciplinar o acesso da humanidade ao ambiente, dirimindo ou solucionando os conflitos entre seus membros e destes com os demais componentes da biosfera, a gestão do ambiente compreende várias fases.

Começa, como já foi dito, pela identificação dos **valores** envolvidos nesses conflitos – tarefa complexa e ainda hoje sem uma solução plena e universalmente aceita, como será visto no Capítulo 12. Seguem-se as demais, de diferentes graus de dificuldade e quase sempre de longo período de maturação, que, em seu conjunto, constituem uma **Política Ambiental**. São elas: a identificação dos **objetivos**, a conceituação e a institucionalização do **sistema de gestão** e dos **instrumentos econômico-financeiros, legais e técnicos** que a compõem.

Os objetivos podem ser tão genéricos e pouco operacionais – como o "desenvolvimento sustentável" – ou mais específicos – como os padrões de qualidade ambiental –, sejam eles localizados (como os de um corpo de água enquadrado em uma determinada classe de qualidade) ou globais.

O sistema de gestão compreende as instituições às quais são delegadas as ações e os instrumentos destinados a alcançar os objetivos previamente definidos. Na Parte II deste livro, examinamos vários exemplos de instrumentos técnicos hoje disponíveis (desde a modelagem até os equipamentos e as técnicas utilizados no planejamento, no projeto, nas obras e nas instalações), bem como instrumentos técnico-legais, como os padrões e os zoneamentos ambientais. Toda a legislação referida no Capítulo 13 constitui-se em exemplo de instrumentos legais em que se estabelecem limites ao acesso e desfrute ambiental e as sanções e penalidades aos que os violarem. Naquele capítulo, também são encontrados exemplos de como os objetivos, os sistemas e os instrumentos podem ser reunidos em uma política relativa ao ambiente (Política Nacional de Meio Ambiente, Política Nacional de Recursos Hídricos etc.).

No detalhamento dos objetivos da gestão do ambiente devem estar contemplados de forma diferenciada os valores universais e os valores individualizáveis. Entre os primeiros, estão os que dependem, por exemplo, de garantia do acesso indistinto em quantidade e qualidade aos bens ambientais essenciais à vida por meio de constituições, códigos etc. Entre os segundos, estão aqueles associados ao acesso aos bens ambientais para as atividades de produção econômica.

Da mesma forma, os instrumentos técnicos, econômicos e legais da gestão do ambiente têm de estar subordinados a essa mesma categorização de valores. Ou seja, não devem impedir o acesso aos bens ambientais associados a valores universais, mas sim estabelecer condições (técnicas, econômicas e legais) para o acesso aos bens ambientais associados a valores individualizados.

REFERÊNCIA

1. United Nations General Assembly. Report of the world commission on environment and development: our common future. New York: UN; 1987. A/43/427.

CAPÍTULO 12

Economia e meio ambiente

12.1 A QUESTÃO AMBIENTAL NO ÂMBITO DA ECONOMIA

A raiz de uma das principais causas de dificuldades na gestão do ambiente certamente está na ausência de uma resposta objetiva a algumas perguntas que frequentemente se apresentam. Ao disciplinar o acesso e a apropriação do ambiente pelos indivíduos, a sociedade define e impõe padrões ambientais que afetam interesses conflitantes. Há vantagens, ou seja, benefícios, na obediência a esses padrões? Quem aufere esses benefícios e quem assume os custos dessa obediência? A alocação de custos e os benefícios resultantes da obediência desses padrões trazem para a sociedade um excedente de benefícios sobre os custos? Esse excedente é o maior que se consegue obter?

A teoria econômica ensina que o acesso aos bens e serviços existentes em uma sociedade fica adequadamente disciplinado quando todos eles efetivamente se subordinam às leis econômicas. Em outras palavras: nesse caso, e somente nesse caso, todos os conflitos são resolvidos de modo a atender aos objetivos da economia a que se subordinam. Infelizmente, nem a prática nem mesmo a teoria econômica têm condições de abranger e disciplinar todos os bens e serviços existentes.

Cabem aqui duas perguntas: a quais objetivos atendem as leis econômicas? Quais os bens que a elas se subordinam?

A resposta à primeira pergunta é mais imediata. Em todos os modelos econômicos socialmente aceitáveis, o objetivo é o mesmo. Simplificadamente, esse objetivo pode ser resumido em atender à maior quantidade das demandas mais valorizadas pelo conjunto da sociedade, utilizando a menor quantidade possível dos bens que são escassos. De outro modo, pode-se dizer que o objetivo da economia é obter uma **alocação ótima de bens escassos**.

Embora as economias reais nunca sejam exatamente iguais aos modelos econômicos formulados, todas as economias atuais subordinam-se mais ou menos a um dos dois modelos fundamentais existentes. O modelo denominado **economia de mercado** é o que está hoje presente em praticamente todos os países. O modelo da **economia centralmente planejada** é hoje uma exceção, sendo o modelo econômico chinês o que mais se aproxima dele.

Os bens que se incluem na economia de mercado têm acesso disciplinado pela **lei da oferta e da demanda** (ou **da oferta e da procura**) mostrada na **FIGURA 12.1**, a seguir.

A curva da demanda traduz a **disposição a consumir** um determinado bem ou serviço (às vezes denominada disposição a pagar). A curva da oferta traduz a **disposição a produzir** esse bem ou serviço. O ponto de encontro entre as curvas de oferta e demanda traduz o resultado do confronto entre as duas disposições e identifica o preço e a quantidade ofertada (e consumida) em condições de equilíbrio. Níveis de preço maiores do que o de equilíbrio levam à produção de quantidades em excesso às necessárias. Níveis mais baixos do que o de equilíbrio levam a demandas maiores do que a produção ofertada e, portanto, à escassez. O preço de equilíbrio (ou, simplesmente, o preço de mercado) é a variável que fundamentalmente estabelece quanto desse bem vai ser consumido/produzido nesse mercado.

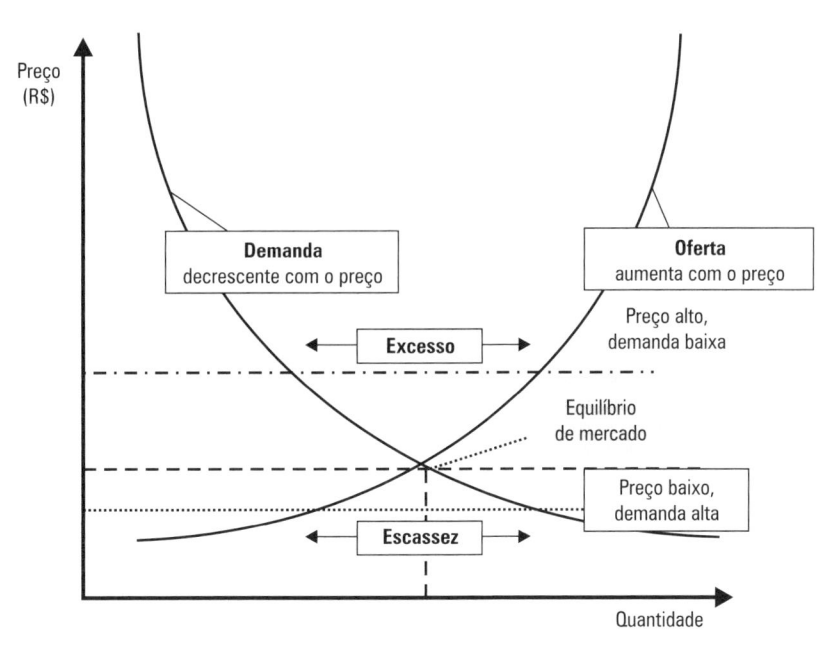

FIGURA 12.1 Curvas de oferta e demanda – mercado livre.

Como consequência importante desse mecanismo, deve ser ressaltado que só os indivíduos com capacidade para pagar esse preço é que podem ter acesso ao bem ou serviço correspondente. Desde logo, fica evidente que os bens aos quais estão associados valores universais não estão ou não podem estar submetidos às leis do mercado se os preços por este ditados impedirem o acesso de alguém a esse bem nos níveis mínimos estabelecidos pela sociedade.

Por último, para complementar a resposta à primeira pergunta, deve-se destacar, ainda, segundo os ensinamentos da economia, que esse preço de equilíbrio leva à **alocação de bens escassos de maior eficiência econômica**. Ou seja, a alocação à qual o total dos benefícios associados ao desfrute desses bens menos o total dos custos associados à sua obtenção é a maior entre todas as alternativas de alocação possíveis. Como condições básicas para que isso ocorra, o consumidor deve ter plena liberdade de escolha e, também, que haja livre concorrência no processo de produção. Isso se dá quando ocorre o que se denomina **mercado livre ideal** ou **de competição pura**. Como o nome diz, trata-se de um modelo ideal raramente ou nunca encontrado em sua plenitude na economia real.

Também com o socorro da teoria econômica, pode-se dar resposta à segunda pergunta e a uma outra que dela decorre: os bens e serviços ambientais subordinam-se às leis econômicas de mercado?

Como mostrado no gráfico esquemático apresentado na **FIGURA 12.2**, os bens podem ser classificados em quatro categorias ideais que permitem avaliá-los quanto à sua subordinação às leis de mercado. Para tanto, basta confrontá-los com dois atributos, respectivamente: a exequibilidade ou não da exclusão de acesso de alguém ao bem e a natureza individual ou conjunta do consumo desse bem. Cruzando as possibilidades de ocorrência simultânea desses atributos, temos as quatro categorias ideais dos bens ou serviços classificados na economia:

- **privados**: aqueles de cujo desfrute (ou acesso) podem ser excluídos potenciais consumidores e que, por sua natureza, são passíveis de consumo individualizado;
- **públicos** (livres ou coletivos): aqueles de cujo desfrute não se pode excluir ninguém e que, por sua natureza, só são passíveis de consumo conjunto ou coletivo – esses bens são também denominados livres, porque não são captáveis pelas leis de mercado (oferta e demanda), não sendo, portanto, possível a formação de um preço de equilíbrio que lhes discipline o acesso e sua alocação ótima;

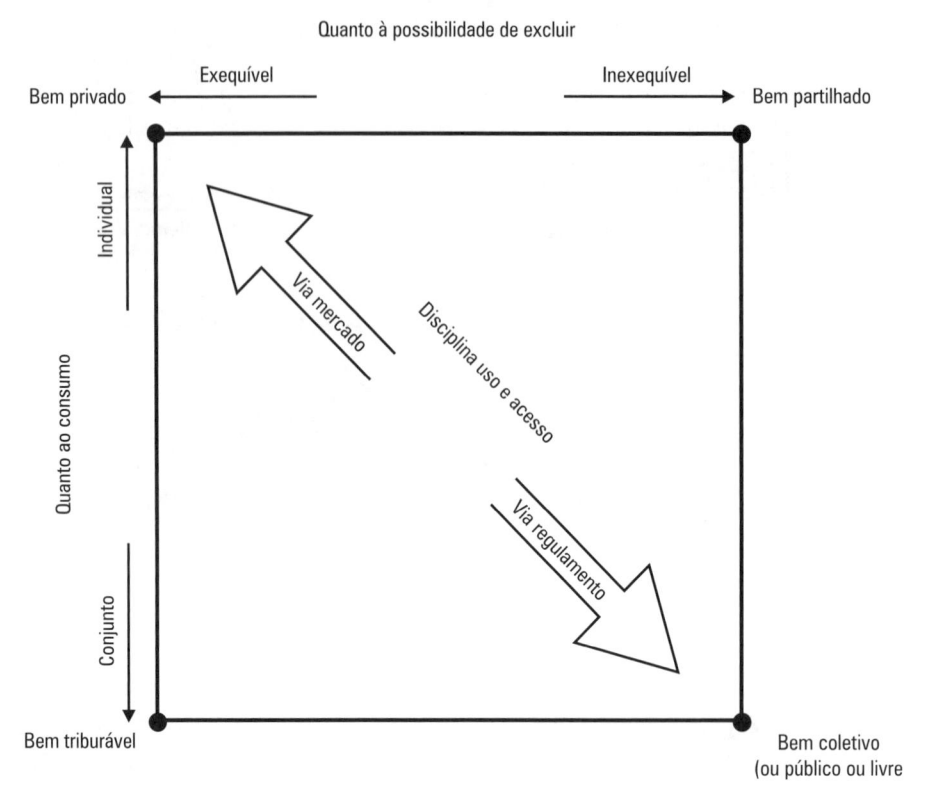

FIGURA 12.2 Classificação dos bens e serviços.

- **tributáveis**: aqueles de cujo desfrute podem ser excluídos potenciais consumidores e que, por sua natureza, só são passíveis de consumo conjunto ou coletivo;
- **partilhados**: aqueles de cujo desfrute não se pode excluir ninguém e que, por sua natureza, são passíveis de consumo individualizado.

Os valores universais, como se vê, só podem corresponder a bens e serviços coletivos (públicos ou livres) ou partilhados, desde que a eles todos tenham acesso garantido. Os valores individualizáveis, em contrapartida, estão associados a bens e serviços privados ou tributáveis, desde que o acesso a eles seja seletivo.

Entre esses quatro tipos ideais de bens e serviços, apenas os privados podem ser completamente subordinados às leis da economia de mercado. Os partilhados e os tributáveis, apenas em parte, estando os públicos totalmente fora de seu domínio. Portanto, esses últimos, não sendo captáveis pelo processo de formação de preço e por ele disciplinados, precisam ser disciplinados por meio de instrumentos legais denominados **regulamentação**.

Os bens reais da economia podem ser analisados quanto ao seu posicionamento no quadro esquemático anterior, e, de acordo com sua maior ou menor proximidade em relação aos bens ideais, correspondem-lhes características mais ou menos similares às desses bens. Como uma consequência dessa análise, é oportuno aqui destacar um conceito que se mostrará útil mais adiante, o de **externalidades**: constituem externalidades os valores associados a todos os bens e serviços que não são captados no processo de formação de preços. Na Figura 12.2, seriam representados por pontos situados mais proximamente do vértice dos bens coletivos.

Em sua maioria, os bens e serviços ambientais existentes nas sociedades modernas, por suas características, assemelham-se e aproximam-se da categoria ideal de coletivos (públicos ou livres) e o seu desfrute e a sua disponibilização constituem externalidades. Nessa condição, não estão sujeitos às leis econômicas, e são, portanto, dependentes de alguma forma alternativa previamente definida pela sociedade para que seu uso e desfrute atendam aos objetivos que essa mesma sociedade propõe.

Como já se apresentou no Capítulo 11, uma das alternativas – ainda hoje a mais aplicada – depende de legislação (regulamentação) que estabeleça os padrões ambientais que disciplinem o acesso e o desfrute deles. Por exemplo, o uso das águas de um rio ou lago para paisagismo, lazer e recreação, usos estes naturalmente não individualizáveis, ilustra a afirmação anterior. Da mesma maneira, citamos o exemplo das águas utilizadas para atender aos habitantes ribeirinhos, que as enquadram como bens públicos (no caso de o abastecimento ocorrer por meio de um sistema coletivo) ou como bens partilhados (se o abastecimento for individual). Raciocínio semelhante, ao ser feito para o ar no atendimento das necessidades vitais, o qualificaria como um bem público. Já uma indústria, ao utilizá-lo como receptor de resíduos, o estaria utilizando como bem tributável (usando-o em conjunto com outros e podendo ser impedida desse uso).

A outra alternativa – de aplicação ainda restrita, mas crescente – depende da formulação e utilização de novos instrumentos econômicos, surgidos como uma evolução da teoria econômica, para nela abrigar (**internalizar**) as externalidades do processo de produção e consumo de bens e serviços. Esse encaminhamento é descrito de forma resumida na seção 12.2, a seguir.

Uma última e importante conclusão deve ser destacada. Os bens e serviços ambientais, enquanto públicos, devem ser obrigatoriamente regulamentados pelo poder público como condição para que atendam aos objetivos igualmente públicos a que se destina o seu uso no atendimento de valores universais. Se isso não for feito, corre-se o risco de esse disciplinamento consagrar intencionalmente uma distribuição de valores individualizáveis de interesse de grupos, e não de toda a sociedade.

12.2 A EVOLUÇÃO DA ECONOMIA PARA ABRANGER OS BENS E SERVIÇOS AMBIENTAIS

Na tentativa de associar os bens e os serviços ambientais à economia, vários têm sido os caminhos percorridos, configurando no mínimo duas linhas de pensamento radicalmente distintas.

Uma delas aceita a possibilidade de que os princípios contidos na teoria econômica presentemente mais difundida e há mais tempo estudada – ou seja, a teoria neoclássica – são capazes de dar resposta às exigências de disciplinamento do acesso e desfrute dos bens e serviços ambientais. Há não mais do que quatro décadas, é conhecida como **Economia do Meio Ambiente e dos Recursos Naturais**.[1]

A outra linha é uma contestação à anterior, sendo representada pelo que se tem denominado **Economia Ecológica**.

Na sequência, abordaremos com maior ênfase a Economia do Meio Ambiente e dos Recursos Naturais, destacando os aspectos relevantes de cada uma dessas duas principais correntes do pensamento econômico relativas ao ambiente.

Os antecessores mais radicais da teoria neoliberal, que desembocou na atual Economia do Meio Ambiente e dos Recursos Naturais, contestavam a possibilidade de coexistência de um processo econômico eficaz concomitantemente com a rigidez de um controle ambiental imposto pela regulamentação. Mas também iam mais além – refutavam a necessidade de preestabelecer restrições ao livre acesso ao ambiente como condição indispensável para assegurar-lhe qualidade no nível desejado pela sociedade. Os filiados a essa corrente de pensamento acreditavam que os mecanismos da economia de mercado, assim como são capazes de regular em nível adequado o acesso da sociedade a todos os bens e serviços nele existentes, também podem cumprir papel semelhante relativamente ao ambiente. Bastaria, para tanto, integrá-los ao mercado por meio da **privatização do ambiente**. Para consegui-la, propõem que o usuário que aufere do ambiente valores individualizáveis para benefício próprio ou com finalidades produtivas só tenha acesso a esse ambiente se for obrigado a absorver, como se fosse um custo do processo produtivo ou do desfrute, o valor atribuído pela sociedade ao bem ambiental utilizado. Uma forma de conseguir isso – assim entendem os partidários dessa corrente – é obrigar o usuário a comprar do poder público o que se denomina **direitos de uso** desse ambiente, adquiridos em mercado de compra e venda especialmente criado para a negociação desses direitos. Se esse mercado funcionar sob as mesmas regras vigentes no mercado de competição pura, a utilização do ambiente se fará preservando as características que atendem aos interesses globais da sociedade.

Essa teoria tem seu lado de fascínio. De fato, os mecanismos de mercado substituiriam a regulamentação e, portanto, toda a estrutura técnico-legal e jurídico-administrativa necessária à fixação e fiscalização do cumprimento de padrões ambientais e de aplicação de sanções àqueles que não os obedecessem. Além disso, e como decorrência do funcionamento do mercado ideal de competição pura, os bens e serviços ambientais, juntamente com os demais, também estariam sendo utilizados no processo econômico com máxima eficiência e preservando o ambiente no nível desejado pela sociedade.

Entretanto, mesmo entre os economistas neoliberais, várias são as críticas feitas a essa radicalização, contestando-lhe a eficácia na preservação ambiental. Uma delas nega a possibilidade de que as regras efetivamente vigentes sobre o mercado criado para a aquisição dos direitos de uso possam sequer se aproximar das regras de mercado de competição pura. Ao contrário, por meio de expedientes conhecidos de apropriação desse mercado (como a oligopolização e a monopolização), apenas alguns poucos acabariam por ter exclusividade na utilização do ambiente de acordo com seus interesses privados, em detrimento tanto da eficiência do processo puramente econômico quanto da preservação do nível de qualidade ambiental que satisfaça a sociedade.

Outra crítica importante contesta a capacidade de esse mercado assegurar uma alocação adequada dos bens e serviços ambientais de natureza essencial ou associados a valores universais. Isso porque o mercado, qualquer que seja, por sua natureza, além de não visar a esse objetivo, pode até mesmo se contrapor a ele. Como ensina a economia, e anteriormente foi dito, o mercado tende à distribuição de maior eficiência econômica, mesmo que esta entre em choque com outra distribuição de benefícios considerada mais adequada pelo conjunto da sociedade, como a que privilegia a redução das desigualdades.

Outras razões que têm justificado a não utilização integral dessa proposta de "privatização do ambiente" provêm da quase total ausência de experiências que comprovem sua eficácia. Não obstante, em países institucional e economicamente mais avançados, há tentativas em curso, por enquanto limitadas, como no caso dos Estados Unidos – que vêm testando essa proposta no controle da poluição do ar e em alguns casos restritos de poluição das águas.

Uma alternativa menos radical entende que a preservação do ambiente pode se beneficiar da aplicação de uma cobrança (p. ex., na forma de uma taxa) sobre os bens e serviços produzidos, de maneira que os preços aumentados resultantes refletissem a avaliação que a sociedade faz do custo dos danos ambientais que decorrem dessa produção. Desse modo, por meio do mecanismo de mercado, os produtos mais poluentes seriam consumidos em menor quantidade em razão de seus maiores preços.

Apesar de Pigou ter formulado essa proposta na década de 1920, ela foi mais efetivamente retomada na década de 1970. No Brasil, o início da discussão pela cobrança do uso de recursos naturais foi contemplado na Constituição Federal de 1988. No final da década de 1990, por meio da lei federal que criou a Política Nacional de Gerenciamento de Recursos Hídricos,[2] foi estabelecida a cobrança pelo uso da água, seja como fonte de matéria ou energia, seja como corpo receptor de efluentes. A Lei nº 9.433[2] deu condições para que fosse aplicada a cobrança imaginada por Pigou. Isso foi verificado pela primeira vez em uma bacia hidrográfica federal – a Bacia do Rio Paraíba do Sul, que, por meio da deliberação nº 15/2002[3] do Comitê de Integração da Bacia Hidrográfica do Rio Paraíba do Sul (CEIVAP), estabeleceu a metodologia e os critérios para o cálculo da cobrança pelo uso dos recursos hídricos naquela bacia. No Estado de São Paulo, a Lei nº 12.183,[4] de 30/12/2005, estabelece que essa cobrança se fará em cada bacia hidrográfica de seu território com base no princípio do "usuário pagador", e o valor cobrado reconhece o direito de uso do bem conforme a quantidade extraída e/ou a carga poluidora lançada. O valor máximo cobrável é de 0,001078 UFESP/m^3 (equivalendo a 2,54 centavos de R$/m^3 para uma UFESP – Unidade Fiscal do Estado de São Paulo, valendo R$ 23,55 em 2016).

Além desse mecanismo para a captação dos custos ambientais no processo produtivo, a versão pigouviana neoliberal pressupõe a existência da regulamentação para que esses dois recursos, em conjunto, possam disciplinar o acesso aos bens e serviços ambientais.

A Economia Ecológica constituiu uma reação àquilo que considera como insuficiências dos princípios-base da economia tradicional, em face da natureza dos processos ecológicos nos ecossistemas e na biosfera determinantes do equilíbrio e da qualidade do ambiente. Sob essa visão, a economia deve ser entendida como um subsistema (o subsistema econômico) originado da atividade humana, mas subordinado às leis fundamentais que regem os ecossistemas da biosfera.

De acordo com seu ponto de vista, a economia não pode ignorar, como tradicionalmente sempre o fez, que o fluxo da matéria e da energia é finito e limitado, conforme estabelecem os dois princípios da termodinâmica. Não pode também ignorar, por exemplo, que os fluxos líquidos de matéria e energia no subsistema econômico não são infinitos nem ilimitados e que não pode haver limites livremente arbitrados pela humanidade, uma vez que eles estão restritos à capacidade de os demais seres vivos (biocenose) veiculá-los a partir da energia proveniente do Sol e dos estoques de matéria (biótopo).

Ao contestar os princípios e os mecanismos de mercado para valoração dos bens e serviços econômicos, a Economia Ecológica propõe um método alternativo de base termodinâmica. Marques e Comune[1] o resumem assim:

"Esse método, segundo seus defensores, avalia os objetos de acordo com seu custo, que, por sua vez, é determinado em função do seu grau de organização em relação ao ambiente. O conteúdo do conceito organizado está intimamente ligado aos requerimentos de energia necessária, na forma direta de combustível e, na indireta, por meio de outras organizações que também utilizam energia na sua produção. Por exemplo, a quantidade de energia solar necessária para o crescimento das florestas pode, portanto, servir como medida do seu custo de energia, de sua organização e de seu valor. Em suma, esse método pressupõe que todo o ecossistema seja avaliável direta ou indiretamente. O método proposto por essa corrente superestima algum serviço do ecossistema que ainda não tenha valor reconhecido pelos seres humanos."

Como no caso da teoria anterior, as bases da Economia Ecológica também têm seu lado de fascínio, tanto pela complexidade quanto pelo relativamente pequeno período em que ela é discutida, e ainda apresenta poucas experiências de sua efetiva aplicação.

Os esforços de convergência entre as duas escolas têm dado alguns resultados, pelo menos no intercâmbio entre os muitos conceitos da Economia Ecológica (e mais especificamente da Ecologia) e a abordagem econômica neoclássica do ambiente. Estão, entretanto, ainda distantes de produzir uma integração entre si e uma abordagem econômica do ambiente em condições de inseri-lo na economia real com todas as nuances que o caracterizam.

A pressão de respostas na busca do desenvolvimento sustentável tem convivido com a falta de uma síntese teórica aceita pelas duas escolas econômicas. Diante desse fato, a busca de instrumentos de gestão econômica pragmáticos, menos ambiciosos e aplicáveis caso a caso tem sido a opção.

As novidades no campo da internalização de bens e serviços ambientais continuam a surgir no âmbito da Economia do Meio Ambiente e dos Recursos Naturais. Entre elas, por sua conceituação mais discutida em foros internacionais[5] e por sua prática efetiva em várias regiões e, especialmente, em países de menor nível de desenvolvimento, destaca-se aqui o Pagamento por Serviços Ambientais (PAS; ou *Payments for Environmental Services* [PES]).

Engel e colaboradores,[6] em artigo bastante didático e abrangente,* apresentam o PSA em seus aspectos conceituais e em sua aplicação em casos reais, especialmente em países em desenvolvimento. A partir de sua avaliação, indicam os tipos de ecossistemas cuja conservação ou preservação por meio do PSA tem obtido os resultados mais efetivos e eficientes.

A **FIGURA 12.3**, citada por Engel e colaboradores,[6] ilustra a lógica que justifica a possibilidade da utilização do PSA mostrando um caso genérico em que o pagamento pelos serviços ambientais aos proprietários gestores de um ecossistema torna-lhes conveniente incorporar a

---

*Acessível em www.sciencedirect.com.

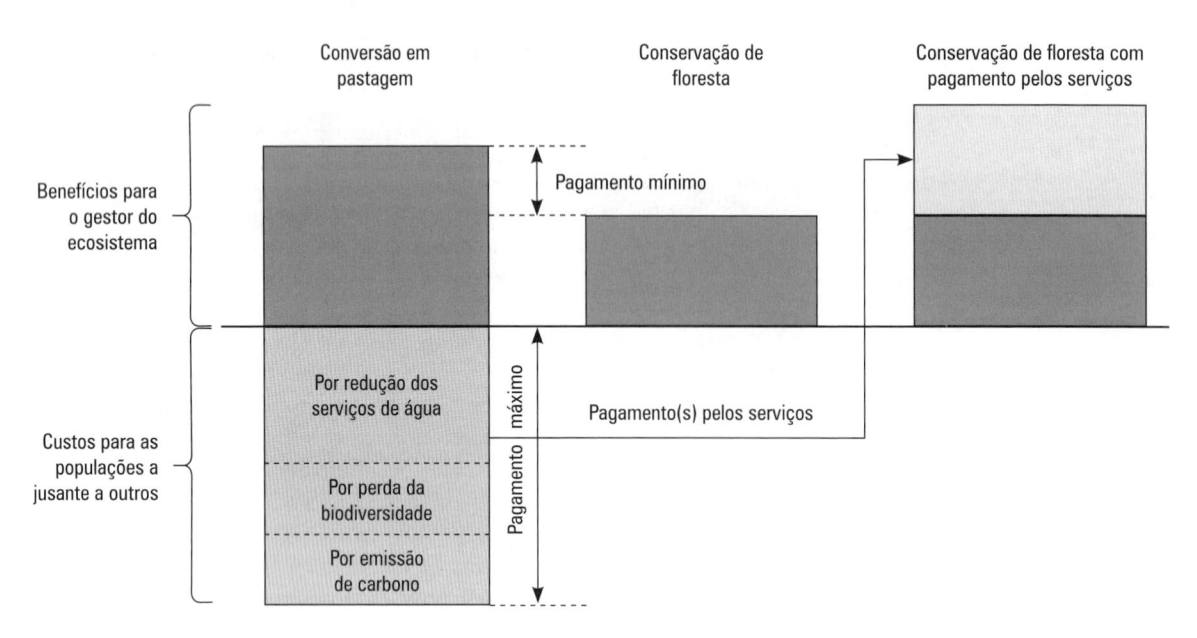

▶ **FIGURA 12.3** A lógica do PSA.

conservação florestal como um objetivo econômico financeiro de sua gestão e em que, simultaneamente, os beneficiários dessa conservação a jusante (e outros mais) podem pagar por ela, pois também há ganhos econômico-financeiros nesse grupo de interesse.

Entre as várias vantagens atribuídas ao instituto do PSA, a agilidade possibilitada em sua implantação apenas por negociações entre partes mutuamente interessadas e que dispensam a interveniência pública regulamentadora e fiscalizadora em qualquer fase de sua vigência tem sido reconhecida como uma das mais importantes para a sua aceitação e o seu sucesso.

De acordo com Souza e colaboradores,[7] no PSA, as boas práticas ambientais no manejo e na recuperação do ambiente podem ser reconhecidas e recompensadas, ou seja, considerando tanto o valor de utilidade do ambiente como seu valor intrínseco. Esses autores salientaram que, na América Latina, há diversas experiências implementadas, incluindo o Brasil, bem como em outros países do mundo. Segundo Grima e colaboradores,[8] desde os anos 1990 têm-se conhecimento de centenas de esquemas de PSA implementados no mundo inteiro.

No Brasil, para Pagiola e colaboradores,[9] desde 2006, os projetos de PSA vem se expandindo, assim como as tentativas de aprovar leis que regulamentam o PSA em todos os níveis decisórios da federação. Esses autores apresentam a análise de algumas experiências brasileiras de PSA revelando que os serviços hidrológicos, serviços de carbono e serviços de biodiversidade são os que concentram o maior número de experiências. Sem dúvida alguma, o projeto de maior destaque é o Projeto Conservador das Águas de Extrema, Minas Gerais, que desde 2005 vem remunerando produtores rurais na recuperação de mais de 3 mil hectares de Mata Atlântica. Esse PSA tem como foco os recursos hídricos e contribui para a gestão do sistema Cantareira, que é um dos principais sistemas que abastecem a região metropolitana de São Paulo.

Após várias tentativas de implementação de marcos legais em âmbito federal, em setembro de 2019, a Câmara dos Deputados aprovou o Projeto de Lei nº 312/2015,[10] que cria a Política Nacional de Pagamento por Serviços Ambientais (PNPSA), a qual foi enviada ao Senado. Além da construção do marco legal em âmbito federal, há várias menções ao uso do instrumento na Política Estadual de Mudanças Climáticas, de 2009, e no Plano Diretor Estratégico de São Paulo, de 2014.

Independentemente da questão legal, os projetos de PSA estão aumentando no país como uma possibilidade de agregar os serviços ecossistêmicos (mais detalhes sobre o tema no Capítulo 3 deste livro) na recuperação de áreas degradadas por diferentes usos humanos que demanda o conhecimento da engenharia, em suas várias especialidades.

12.3 AVALIAÇÃO DOS BENEFÍCIOS DE UMA POLÍTICA AMBIENTAL

Uma política ambiental – por meio de regulamentação que estabeleça padrões (de emissão, de lançamento, de ocupação e uso do solo e de uso dos recursos em geral) ou por meio de mecanismos econômicos (p. ex., a taxação das cargas poluidoras ou o PSA) – deve ter como resultado mínimo uma redução da deterioração da qualidade ambiental, quando comparada com a que ocorreria caso essa política não fosse implantada. Pode, ainda, a partir do progressivo atendimento aos padrões de qualidade ambiental impostos, promover melhorias pela recuperação de um nível maior de qualidade.

De um modo ou de outro, com a implantação de políticas ambientais, a sociedade e os indivíduos passam a ter à sua disposição um ambiente potencialmente capaz de propiciar a satisfação de uma série de demandas antes impossíveis de serem atendidas. Elas vão desde as de natureza psicológica, ligadas ao prazer estético da contemplação do ambiente belo e acolhedor, passando pelas diretamente ligadas à produção e à eficiência do processo produtivo (como a redução das perdas de materiais e equipamentos em um ambiente menos agressivo), chegando às ligadas à saúde.

Por meio de processos físicos, químicos e biológicos, há uma melhoria da qualidade ambiental. Em consequência, em virtude dos processos econômicos, esse ambiente melhorado passa a se constituir em um bem ou serviço para o qual existe demanda e ao qual as pessoas atribuem maior valor. Raciocinando desse modo, o bem ou serviço ambiental não difere de todos os demais bens e serviços considerados pela economia e para os quais o equilíbrio entre oferta e procura (demanda) determina o preço que constitui o seu valor de mercado. Algumas peculiaridades dos bens e serviços ambientais, já ressaltadas anteriormente nas seções 12.1 e 12.2, impedem, porém, a existência do mercado e, portanto, do preço respectivo como uma medida de seus valores. Isso torna a tarefa de medir o valor da qualidade do ambiente mais complexa, delicada e bem menos inequívoca, embora viável em muitos casos.

Uma das formas encontradas pelos economistas para medir esse valor baseia-se na **Teoria do benefício**. Inicialmente desenvolvida para atender ao método do benefício-custo para avaliação econômica de projetos, ela vem sendo progressivamente aperfeiçoada para avaliar os valores de bens e serviços ambientais.

A apresentação detalhada dessa teoria, para tornar possível sua aplicação na valorização de bens e serviços ambientais e na avaliação de uma política ambiental, constitui objeto de estudos especializados no âmbito das ciências econômicas e vai muito além do escopo deste livro. A seguir, discutem-se apenas os conceitos básicos envolvidos e o roteiro para aplicação dessa teoria. Com isso, pretendemos deixar claras a possibilidade de sua utilização e a dificuldade e a limitação que restringem sua validade, mas que não lhe tiram o mérito de ser um processo racional e objeto de análise de políticas ambientais e de seus resultados.

Segundo essa teoria, o benefício de uma melhoria ambiental para um indivíduo deve ser entendido como uma medida, em moeda, do aumento de seu bem-estar ou dos serviços a que ele possa ter acesso. A avaliação desse valor monetário baseia-se na hipótese de que um indivíduo, diante de duas situações alternativas, seja sempre capaz de dizer qual delas prefere ou se é indiferente às duas. Se há uma melhoria de uma situação para outra, o benefício decorrente dessa mudança pode ser medido de duas maneiras. A primeira, por meio do montante máximo de dinheiro que o indivíduo estaria disposto a pagar para não se ver privado dessa melhoria ambiental. Esse montante máximo é o que os economistas chamam de **disposição a pagar**, e corresponde à quantidade que causa a indiferença do indivíduo entre pagar para usufruir da melhoria ou nada pagar e ficar sem acesso a ela. A segunda maneira de medir é pelo montante de dinheiro que o indivíduo estaria disposto a aceitar como alternativa para não receber a melhoria ambiental. Esse montante é conhecido por **disposição a aceitar**, e corresponde à quantidade que causa a indiferença do indivíduo entre ter acesso à melhoria ou ficar sem ela, recebendo essa quantidade como compensação.

Apesar de essas quantidades não serem necessariamente iguais (a **disposição a pagar** está limitada pelos rendimentos do indivíduo, enquanto não há limitação para a **disposição a aceitar**), elas são praticamente coincidentes no caso da qualidade ambiental, asseguram os economistas.

O cálculo do benefício como disposição a pagar depende de se conhecer as **curvas de demanda** de cada um dos vários bens e serviços de qualidade ambiental, conforme esquematização na **FIGURA 12.4**.

A disposição a pagar por uma variação infinitesimal da quantidade de um determinado bem ou serviço ambiental a partir de uma quantidade Q, sendo p o preço que um indivíduo está disposto a pagar para adquirir essa quantidade, equivale ao incremento infinitesimal de benefício (B), ou seja:

$$dB = p\, dQ \tag{12.1}$$

A disposição a pagar que mede o benefício proveniente da passagem da quantidade Q_1 à Q_2, correspondendo à integral entre essas duas quantidades, equivale à área sob a curva de demanda,

$$B = \int_{Q_1}^{Q_2} p\, dQ \tag{12.2}$$

No caso de bens e serviços que podem ser comprados em um mercado de funcionamento ideal ou perfeito, as curvas de demanda são facilmente disponíveis. Como não é esse o caso dos bens ambientais, para determinar tais curvas, os economistas desenvolveram metodologias especiais trabalhosas, que nem sempre levam a resultados suficientemente coerentes a ponto de serem indiscutíveis. A mais utilizada, a **metodologia de enfoque de mercado**, ou **de simulação de mercado**, é de aplicação relativamente simples quando as melhorias ambientais acarretam efeitos comerciais. Nos demais casos, os estudiosos baseiam-se na possibilidade de existirem evidências indiretas do valor monetário dado ao bem ou serviço. O valor da melhoria da qualidade da água de um lago é um dos exemplos que ilustram esse método. Essa melhoria torna o lago mais aprazível e mais procurado para passeios, pesca, esportes náuticos, lazer e recreação em geral. O fato de as pessoas despenderem tempo e dinheiro para ter acesso ao lago é uma indicação da sua disposição a pagar para poder usufruir dele e denota a valorização monetária (ou benefício) da melhoria da qualidade ambiental.

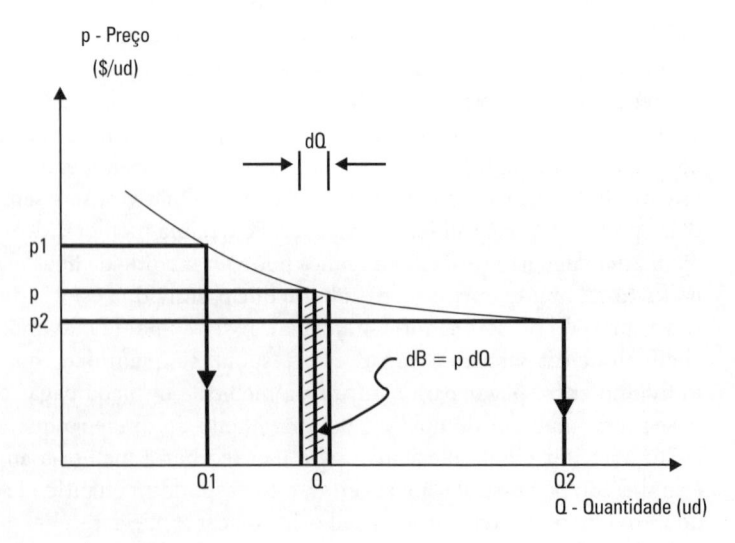

▶ **FIGURA 12.4** Curva de demanda ambiental.

A complexidade e a amplitude dos trabalhos de avaliação dos benefícios da melhoria ambiental vão, ainda, bem mais além, não se limitando às atividades anteriormente referidas, pois dependem de outras que as antecedem. A **FIGURA 12.5**, mostrada a seguir, sintetiza, por meio dos principais blocos de atividades, situações e processos que constituem as principais etapas compreendidas na avaliação dos benefícios de uma política ambiental, relacionando-as com os correspondentes blocos de medidas técnico-gerenciais que lhes dão suporte.

A primeira etapa desenvolve-se com a redução da quantidade de poluentes lançada no meio e com a efetivação das demais medidas de recomposição e valorização do ambiente. Para iniciá-la, porém, é preciso que esses processos tenham sido estabelecidos e que tenha sido implementada a aplicação dos mecanismos legais e econômicos citados nos itens precedentes que compõem a política ambiental e que obrigam a essas medidas de recomposição. A avaliação da redução da quantidade de poluentes e da extensão das medidas de recomposição e a valorização do meio que se efetivará pressupõem um grau elevado de conhecimento da realidade. Esse conhecimento pode ser obtido por meio de cadastros de atividades poluentes existentes e previstas, o que nem sempre está disponível na gestão pública das coletividades menos desenvolvidas.

A segunda etapa compreende uma série de processos físicos, químicos e biológicos (todos eles naturais, eventualmente acelerados por medidas artificiais) por meio dos quais o ambiente se transforma até alcançar um nível mais alto de qualidade. Para antecipar ou prever os resultados desses processos, é indispensável ter os conhecimentos técnico-científicos necessários à formulação de modelos que simulem o comportamento da natureza. Essa etapa se completa quando a melhoria ambiental alcançada é acompanhada dos correspondentes efeitos favoráveis. Eles podem ser **diretos**, decorrentes do aumento da disponibilidade e do uso de bens e serviços (recreação e lazer, pesca, água, ar e solo como insumos mais favoráveis à produção etc.), e **indiretos**, que resultam da redução de perdas de materiais e equipamentos por menor agressividade do ambiente.

Entretanto, esses efeitos só se tornam concretos para a avaliação da política ambiental se conhecidos na forma de indicadores de qualidade ambiental ou de indicadores de atividades econômicas. A avaliação pode ser feita depois de a melhoria da qualidade ambiental e dos efeitos correspondentes terem ocorrido, baseando-se nas medidas registradas tanto por uma rede de monitoramento ambiental como por um sistema de coleta de indicadores econômicos previamente existentes ou especialmente definidos e implantados. Se o que se deseja é a antecipação dessa avaliação nas várias fases da aplicação da política ambiental, é necessário ter modelos econométricos capazes de prever os resultados a serem alcançados pelos índices econômicos.

Chega-se, por fim, à terceira etapa, formada pela avaliação dos benefícios. Tanto essa etapa quanto os procedimentos que a antecedem podem ser avaliados em relação à sua extensão e complexidade a partir da descrição discutida no início desta seção.

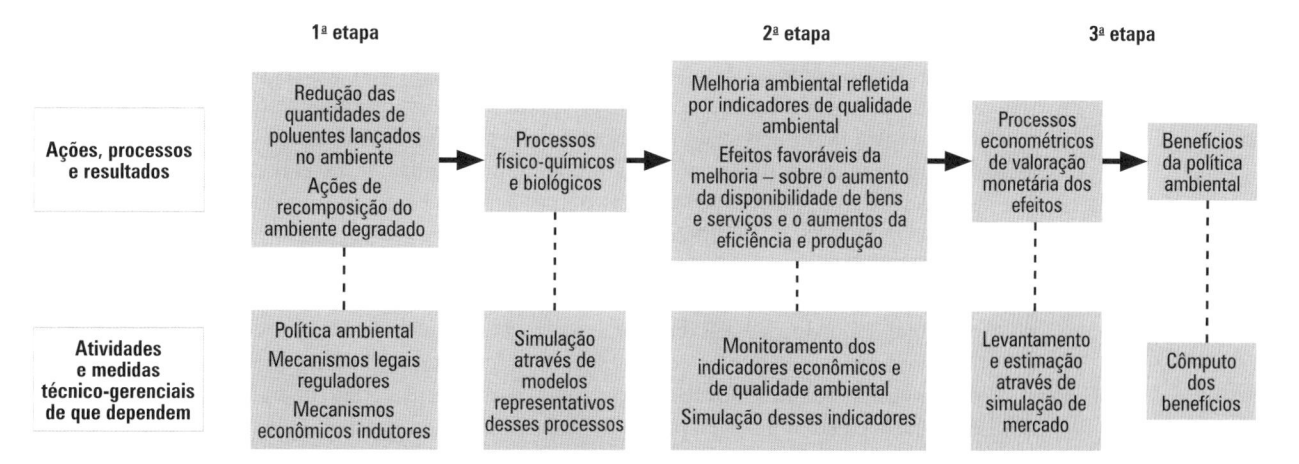

▶ **FIGURA 12.5** Atividades e processos principais compreendidos na avaliação de benefícios ambientais.

12.4 COBRANÇA PELO USO DOS RECURSOS AMBIENTAIS

Nas seções anteriores, foi mencionada a necessidade de se cobrar pelo uso dos recursos ambientais como condição essencial para que o processo econômico cumpra suas funções de alocar com eficiência os recursos disponíveis, sem comprometer o nível de qualidade ambiental desejado pela sociedade. Para o exercício da cobrança, é necessário responder às seguintes questões práticas:

- Qual o valor a ser cobrado?
- De quem cobrar?
- Qual é o melhor instrumento de cobrança? A taxa?

Do ponto de vista teórico, a resposta à primeira questão é unânime. A teoria econômica demonstra que o valor ideal a ser cobrado deve ser igual ao valor dos danos causados por esse uso ao ambiente. Dessa forma, o consumo do produto, em razão dos mecanismos de mercado e do novo preço final que incorpora o valor dessa cobrança, cairá para o nível que corresponde à alocação mais eficiente dos recursos usados na sua produção, inclusive daqueles relativos ao ambiente.

Entretanto, as dificuldades para determinar o valor desses danos têm levado à procura de outros critérios para a fixação do valor a cobrar, mesmo à custa de perda em eficiência de alocação, mas com ganho de facilidade de cálculo e maior rapidez na cobrança. Entre as alternativas já formuladas e testadas, uma das poucas que continua sendo aceita admite que o cálculo do valor a cobrar deve ser uma função do custo do controle da fonte de poluição. Não obstante as dificuldades decorrentes do desconhecimento dos custos de controle da poluição, especialmente em economias menos desenvolvidas e organizadas, é opinião corrente entre experientes técnicos nacionais que elas são superáveis. Mesmo o critério ideal a que nos referimos, com base no valor dos danos, é de aplicação viável entre nós, de acordo com a experiência desses mesmos técnicos e com os resultados já obtidos em alguns exemplos pioneiros de sua avaliação.

A busca de resposta à segunda questão levou à formulação de um princípio, hoje amplamente aceito, que orienta a decisão sobre quem deve ser onerado pela cobrança. Conhecido por **princípio do usuário pagador**, sua aplicação à água foi consagrada entre nós por meio da Lei Estadual nº 7.663/91,[11] que criou a Política Estadual de Recursos Hídricos. Basicamente, esse princípio estabelece que a cobrança deve onerar aqueles que são os usuários do bem ou serviço ambiental. Assim, por exemplo, a cobrança pelo uso da água, do ar ou do solo como receptores dos poluentes de um processo produtivo industrial deve onerar a indústria que o emprega. Igualmente, o agricultor que capta água para irrigação ou o serviço de saneamento que capta água para irrigação ou para o abastecimento público também devem ser cobrados por esses usos.

A aplicação desse princípio nem sempre é simples e inequívoca, como pode parecer à primeira vista. Imaginemos o caso, por exemplo, de uma empresa que capta água para abastecimento público, construindo uma grande represa. Muito provavelmente, os efeitos benéficos (tanto como os danosos) dessa represa não atingirão apenas os usuários do sistema de abastecimento. Essa represa pode regularizar as descargas do curso de água, diminuindo a ocorrência tanto de vazões demasiadamente grandes de inundações quanto das demasiadamente pequenas, insuficientes para o atendimento das necessidades, em ambos os casos beneficiando populações ribeirinhas que podem não ser usuárias do sistema abastecedor. Do mesmo modo, pode propiciar benefícios de lazer e recreação (um dos usos da água cuja demanda mais cresce com a prosperidade geral) a grupos muito mais amplos do que apenas o dos usuários do abastecimento. Onerar a empresa (e, portanto, os usuários do abastecimento) pelo total da cobrança é desconhecer a existência de outros beneficiários do empreendimento.

Esse é um dos exemplos que justificaram a formulação de um outro princípio, frequentemente utilizado como substitutivo ou, mais propriamente, como complemento indispensável do usuário pagador. Esse é o **princípio do beneficiário pagador**. Aplicado ao caso da represa anteriormente referida, ele justificaria estender a cobrança dos danos ambientais de sua construção e operação a todos os grupos que dela se beneficiam.

Essa discussão sobre a represa e o beneficiário pagador facilita a compreensão da última das três questões apresentadas no início desta seção. De fato, a forma de cobrança a ser utilizada depende da natureza do grupo sobre o qual ela vai incidir. Se esse grupo é formado apenas por pessoas, grupos ou entidades identificáveis e individualizáveis, como é a situação mais comum de aplicação do princípio do usuário pagador, a cobrança pode ser feita por meio de taxa ou tarifa, incidindo sobre cada um deles. Se, ao contrário, a identificação só puder ser genérica, e não individualizada, como é o caso dos beneficiários do controle de inundações e do lazer e recreação propiciados pela represa, a cobrança só pode se processar de forma indireta, por meio do recolhimento de tributos pelo poder público. Tal tributo, denominado **contribuição de melhoria**, está previsto na Constituição Federal.

REFERÊNCIAS

1. Marques JF, Comune AE. A teoria neoclássica e a valoração ambiental. In: Romeiro AR, Reydon, BP, LeonardI MLA. Economia do meio ambiente: teoria, políticas e a gestão de espaços regionais. Campinas: UNICAMP; 1997. p. 21-42.

2. Brasil. Lei nº 9.433, de 8 de janeiro de 1997. Institui a Política Nacional de Recursos Hídricos, cria o Sistema Nacional de Gerenciamento de Recursos Hídricos, regulamenta o inciso XIX do art. 21 da Constituição Federal, e altera o art. 1º da Lei nº 8.001, de 13 de março de 1990, que modificou a Lei nº 7.990, de 28 de dezembro de 1989 [Internet]. Brasília: Casa Civil; 1997 [capturado em 28 abr. 2021]. Disponível em: http://www.planalto.gov.br/ccivil_03/leis/l9433.htm#:~:text=LEI%20N%-C2%BA%209.433%2C%20DE%208%20DE%20JANEIRO%20DE%201997.&text=Institui%20a%20Pol%C3%ADtica%20Nacional%20de,o%20inciso%20XIX%20do%20art.&text=1%C2%BA%20da%20Lei%20n%C2%BA%208.001,28%20de%20dezembro%20de%201989.

3. Comitê de Integração da Bacia Hidrográfica do Rio Paraíba do Sul. Deliberação CEIVAP nº 15/2002 [Internet]. Resende: CEIVAP; 2002 [capturado em 28 abr. 2021]. Disponível em: https://www.ceivap.org.br/downloads/Deliberacao1504Nov02.pdf.

4. São Paulo (Estado). Lei nº 12.183, de 29 de dezembro de 2005 [Internet]. São Paulo: AL-SP; 2005 [capturado em 28 abr. 2021]. Disponível em: https://www.al.sp.gov.br/repositorio/legislacao/lei/2005/lei-12183-29.12.2005.html.

5. Payments for environmental services (PES). ZEF-CIFOR workshop: payments for environmental services in developed and developing countries15-18 june 2005; Titisee-Neustadt, Germany [Internet]. Bogor: CIFOR; c2006 [capturado em 28 abr. 2021]. Disponível em: https://www2.cifor.org/pes/_ref/news_events/events/germany/index.htm.

6. Engel S, Pagiola S, Wunder S. Designing payments for environmental services in theory and practice: an overview of the issues. Ecol Econ. 2008;65(4):663-74.

7. Souza VVC, Gallardo ALCF, Côrtes PL, Fracalanza AP, Ruiz MS. Pagamento por serviços ambientais de recursos hídricos em áreas urbanas: perspectivas potenciais a partir de um programa de recuperação da qualidade de água na cidade de São Paulo. Cad Metrop. 2018;20(42):493-512.

8. Grima N, Singh SJ, Smetschka B, Ringhofer L. Payment for Ecosystem Services (PES) in Latin America: analysing the performance of 40 case studies. Ecosyst Serv. 2016;17:24-32.

9. Pagiola S, von Glehn HC, Taffarello D. Experiências de pagamentos por serviços ambientais no brasil. São Paulo: SMA/CBRN; 2013.

10. Brasil. Projeto de Lei nº 312/2015. Institui a Política Nacional de Pagamento por Serviços Ambientais (PNPSA) e dá outras providências [Internet]. Brasília: Câmera dos Deputados; 2015 [capturado em 28 de abr. 2021]. Disponível em: https://www.camara.leg.br/proposicoesWeb/fichadetramitacao?idProposicao=946475.

11. São Paulo (Estado). Lei nº 7.663, de 30 de dezembro de 1991. Estabelece normas de orientação à Política Estadual de Recursos Hídricos bem como ao Sistema Integrado de Gerenciamento de Recursos Hídricos [Internet]. São Paulo: AL-SP; 1991 [capturado em 28 abr. 2021]. Disponível em: https://www.al.sp.gov.br/repositorio/legislacao/lei/1991/lei-7663-30.12.1991.html.

CAPÍTULO 13

Instrumentos legais para a gestão do meio ambiente

13.1 INTRODUÇÃO

Para reduzir os efeitos adversos resultantes de um modelo de desenvolvimento econômico desvinculado do meio ambiente, faz-se necessária a utilização de mecanismos, muitas vezes, coercitivos, na tentativa de harmonizar as relações entre as atividades humanas e o meio ambiente.

Como primeiro instrumento de conciliação, foi desenvolvido um sistema conhecido como "comando e controle", que consistiu na criação de normas e padrões ambientais para proteger o meio ambiente e o próprio ser humano dos efeitos associados à exploração irracional dos recursos naturais disponíveis.

As primeiras iniciativas relacionadas ao controle da poluição tiveram como foco a proteção do trabalhador, no ambiente de trabalho, por meio do desenvolvimento de normas de saúde e segurança ocupacional nos Estados Unidos, no início do século XX.[1] Posteriormente, o alvo de preocupação passou a ser a população situada nos arredores de indústrias e outros empreendimentos responsáveis pela emissão de poluentes para o meio ambiente.

A poluição atmosférica foi a que primeiro necessitou de normas de controle na Inglaterra do século XIV.

Nos Estados Unidos, no início da década de 1970, foi criada uma norma para controle da poluição do ar, a Clean Air Act, que foi resultado de um esforço iniciado em 1955, com a publicação da Lei Pública 84-159,[2] conhecida como Air Pollution Control Act of 1955. Foi promulgada também, em 1972, a norma Clean Water Act.[3]

Após esses eventos, outras normas de controle da poluição ambiental foram editadas pelo Poder Público, de maneira a abranger todas as formas de poluição do meio ambiente.

No Brasil, a evolução da legislação ambiental, de certa forma, foi semelhante à que ocorreu em outros países, tendo sido criada, em 1981, uma estrutura institucional para o seu desenvolvimento e implantação.

No Brasil, por se tratar de uma República Federativa, o estabelecimento das normas de controle ambiental considera três níveis hierárquicos, como ocorre no caso das normas relacionadas a outros temas; ou seja, à União cabe o estabelecimento de normas gerais que são válidas em todo o território nacional, aos Estados cabe o estabelecimento de normas peculiares, enquanto aos Municípios cabe o estabelecimento de normas que visem atender aos interesses locais.[4]

Com uma melhor compreensão dos efeitos resultantes das atividades humanas sobre o meio ambiente, houve uma evolução no modelo de regulamentação ambiental, que passou a incorporar os conceitos de planejamento e gerenciamento dos recursos naturais, além dos mecanismos de coerção.

Atualmente, a legislação ambiental é bastante ampla, com estruturas institucionais bem estabelecidas para assegurar a gestão dos recursos naturais e a proteção do meio ambiente, o que, em tese, pode parecer suficiente para assegurar a sua proteção e o seu manejo sustentável. No entanto, há a necessidade de uma análise adequada dos instrumentos existentes e de sua reformulação para que possam, realmente, conduzir ao desenvolvimento sustentável – assunto exaustivamente discutido durante a Conferência Mundial sobre Meio Ambiente e Desenvolvimento, a ECO-92, bem como o seu alinhamento com os Objetivos do Desenvolvimento Sustentável propostos pela Organização das Nações Unidas (ONU).

13.2 PRINCÍPIOS CONSTITUCIONAIS RELATIVOS AO MEIO AMBIENTE E AOS RECURSOS AMBIENTAIS

▶ 13.2.1 Referências constitucionais

A introdução da matéria ambiental na Lei Maior brasileira é um marco histórico de inegável valor, dado que as constituições que precederam a de 1988 jamais se preocuparam com a proteção do meio ambiente de maneira específica e global. Nelas, sequer uma vez foi empregada a expressão "meio ambiente", indicando que o tema não apresentava relevância para a sociedade, em função de outras preocupações.

Na Constituição Federal (CF),[5] o Capítulo VI, que trata especificamente do meio ambiente, incorpora várias disposições de lei federal anterior, a Lei nº 6.938,[6] de 31 de agosto de 1981, tida como um marco na área ambiental, dando a essas disposições *status* constitucional. Além disso, a partir da promulgação da Constituição Federal,[5] passou-se, obrigatoriamente, a tratar a questão ambiental inserindo-a na busca pela melhoria da qualidade de vida da população, já que o Capítulo VI faz parte do Título VIII da Constituição, denominado "Da Ordem Social". Mais importante que a existência desse Capítulo é o fato de o meio ambiente, assim como a preservação adequada dos recursos naturais, estar contemplado ao longo de todo o texto constitucional, incluindo a dimensão ambiental nos vários setores do país.

A seguir, indicamos alguns dos principais artigos que constituem, juntamente com as leis existentes, a base da formulação de políticas e execução de ações relativas ao meio ambiente e gestão dos recursos naturais, que serão comentados posteriormente na seção 13.3 deste capítulo. Para mais detalhes, há necessidade de consulta ao texto constitucional: Artigo 5º (incisos XIV e XXXIII) – garantia de acesso a informações; Artigo 5º (inciso LXXIII) – Ação popular contra ato lesivo ao patrimônio público; Artigos 20 a 32 – Bens da União e Estados e Competências da União, Estados, municípios e Distrito Federal; Artigo 129 (incisos III e VI) – Funções institucionais do Ministério Público referentes ao meio ambiente; Artigo 170 (incisos III e VI) – Princípios da Ordem Econômica; Artigo 174, § 1º, Política de Desenvolvimento Urbano; Artigo 186, II – função social da propriedade; e o Artigo 225, que trata especificamente do meio ambiente, o qual é transcrito a seguir.

Constituição da República Federativa do Brasil

TÍTULO VIII
DA ORDEM SOCIAL
CAPÍTULO VI

DO MEIO AMBIENTE

Artigo 225 – Todos têm direito ao meio ambiente ecologicamente e equilibrado, bem de uso comum do povo e essencial à sadia qualidade de vida, impondo-se ao Poder Público e à coletividade o dever de defendê-lo e preservá-lo para as presentes e futuras gerações.

§ 1º – Para assegurar a efetividade desse direito, incumbe ao Poder Público:

I – preservar e restaurar os processos ecológicos essenciais e prover o manejo ecológico das espécies e ecossistemas;

II – preservar a diversidade e a integridade do patrimônio genético do País e fiscalizar as entidades dedicadas à pesquisa e manipulação de material genético;

III – definir, em todas as Unidades da Federação, espaços territoriais e seus componentes a serem especialmente protegidos, sendo a alteração e a supressão permitidas somente através de lei, vedada qualquer utilização que comprometa a integridade dos atributos que justifiquem sua proteção;

IV – exigir, na forma da lei, para instalação de obra ou atividade potencialmente causadora de significativa degradação do meio ambiente, estudo prévio de impacto ambiental, a que se dará publicidade;

V – controlar a produção, a comercialização e o emprego de técnicas, métodos e substâncias que comportem risco para a vida, a qualidade de vida ao meio ambiente;

VI – promover a educação ambiental em todos os níveis de ensino e a conscientização pública para a preservação do meio ambiente;

VII – proteger a fauna e a flora, vedadas, na forma da lei, as práticas que coloquem em risco sua função ecológica, provoquem a extinção de espécies ou submetam os animais à crueldade.

§ 2º – Aquele que explorar recursos minerais fica obrigado a recuperar o meio ambiente degradado, de acordo com a solução técnica exigida pelo órgão público competente, na forma da lei.

§ 3º – As condutas e atividades consideradas lesivas ao meio ambiente sujeitarão aos infratores, pessoas físicas ou jurídicas, a sanções penais e administrativas, independentemente da obrigação de reparar os danos causados.

§ 4º – A Floresta Amazônica Brasileira, a Mata Atlântica, a Serra do Mar, o Pantanal Mato-Grossense e a Zona Costeira são patrimônio nacional, e a sua utilização far-se-á, na forma da lei, dentro de condições que assegurem a preservação do meio ambiente, inclusive quanto ao uso dos recursos naturais.

§ 5º – São indisponíveis as terras devolutas ou arrecadadas pelos Estados, por ações discriminatórias, necessárias à proteção dos ecossistemas naturais.

§ 6º – As usinas que operem com reator nuclear deverão ter sua localização definida em lei federal, sem o que não poderão ser instaladas.

§ 7º – Para fins do disposto na parte final do artigo VII do § 1º deste artigo, não se consideram cruéis as práticas desportivas que utilizem animais, dede que seja manifestações culturais conforme § 1º do art. 215 desta Constituição Federal, registradas como bem de natureza imaterial integrante do patrimônio cultural brasileiro, devendo ser regulamentado por lei específica que assegure o bem estar dos animais envolvidos.

Fonte: Brasil.[5]

▶ 13.2.2 Repartição de competências

Embora o Artigo 5º da CF,[5] que trata dos direitos e deveres individuais e coletivos, não tenha destacado um inciso específico conferindo diretamente ao indivíduo o direito de desfrutar de uma vida sadia, de alguma forma se preocupou o legislador em legitimar qualquer cidadão, para propor ação popular em proteção ao meio ambiente e ao patrimônio histórico e cultural, conforme inciso LXXIII do Artigo 5º.

A CF[5] mudou profundamente o sistema de competências ambientais, podendo agora a parte global das matérias ambientais ser legislada nos três planos, conforme Artigos 21, 22, 23 e 24. Assim, o meio ambiente não ficou de competência exclusiva da União, apesar de alguns setores ambientais importantes estarem na competência privativa federal. Em matéria de distribuição de competências, a Constituição mostrou-se bastante descentralizadora, em contraposição à anterior, que enfaixava nas mãos da União praticamente toda a competência para disciplinar o uso dos recursos naturais.

As competências privativas da União vêm descritas nos Artigos 21 e 22 da CF.[5] As do Artigo 21 são de ordem administrativa, e as do Artigo 22, de ordem legislativa. Nota-se que, para atuar administrativamente em relação às atividades previstas no Artigo 21, a União tem de legislar sobres esses assuntos antes.

É possível verificar que o município não foi mencionado no Artigo 24 como detentor da competência concorrente para disciplinar as matérias ali relacionadas. Isso não significa, contudo, que essa atribuição lhe tenha sido vedada. Conforme expressamente previsto no Artigo 23, também compete aos municípios proteger o meio ambiente, combater a poluição e preservar as florestas, a fauna e a flora.

Portanto, seja atendendo a assuntos de interesse local (Artigo 30), seja complementando a legislação federal e a estadual, está aberta a porta para legislação municipal na defesa do meio ambiente. Porém, diferentemente da União e dos Estados, os municípios precisam articular sua competência suplementar (Artigo 30, II, CF), em que essa "competência suplementar" é "no que couber".

O controle da poluição, por sua vez, encontrava seu fundamento na disposição sobre "normas gerais de defesa e proteção da saúde" (Artigo 80, XVII, "c", da Emenda Constitucional nº 1, de 17 de outubro de 1969), exercendo, os Estados, a competência supletiva sobre a matéria.

No exercício e sua competência, a União vinha editando normas bastante genéricas sobre o controle da poluição ambiental, deixando a matéria para ser disciplinada quase que totalmente em nível estadual. Contudo, essa atitude começou a ser modificada com a edição, a partir de 1975, de legislação que dispõe sobre o controle da poluição industrial e a fixação de normas e padrões ambientais. Tal tendência foi acentuada, podendo-se observar que, atualmente, a União não mais se limita a editar normas gerais, ocupando-se quase totalmente dessa atribuição e pouco deixando para ser estabelecido em outros níveis.

No entanto, enquanto isso ocorre no campo legislativo, o mesmo não se verifica com as ações de controle da poluição ambiental e com a fiscalização da legislação vigente. Nessa área, vem sendo mantida a política de deixar aos poderes locais (estaduais e municipais) a fiscalização do cumprimento das normas legais e o efetivo controle da poluição do meio ambiente. Ao órgão federal, no caso o Instituto Brasileiro do Meio Ambiente e dos Recursos Naturais Renováveis (Ibama), incumbe apenas a atuação supletiva nessa área, ou seja, a União somente atua no silêncio ou omissão do órgão estadual competente no caso da sua inexistência ou em situações que extrapolem o território de um Estado, causando efeitos nos Estados vizinhos.

Quanto à gestão dos recursos naturais, a tônica tem sido a celebração de convênios entre o órgão federal e os órgãos estaduais, com o primeiro delegando aos segundos grande parte das atribuições de fiscalização.

Por outro lado, a partir da CF[5] de 1988, foram abertos novos caminhos para atuação dos municípios, com a geração de instrumentos que possibilitam a ação e o controle do uso da propriedade privada à função social por meio dos Planos Diretores. No Artigo 120, estão descritos os princípios gerais da Ordem Econômica, entre eles a soberania nacional, a função social da propriedade e a defesa do meio ambiente. O Artigo 182, § 1º, coloca em evidência a expressão Plano Diretor e torna obrigatória sua elaboração e adoção em áreas urbanas com população igual ou superior a 20 mil habitantes.

Observa-se que a propriedade urbana cumpre sua função social quando atende às exigências fundamentais expressas no Plano Diretor (§ 2º do art. 182), e o rural, quando atende simultaneamente às seguintes exigências:[5]

I. aproveitamento racional e adequado;
II. utilização dos recursos naturais disponíveis e preservação do meio ambiente;
III. observância das disposições que regulam as relações do trabalho;
IV. exploração que favoreça o bem-estar dos proprietários e dos trabalhadores (Artigo 186, CF).

13.3 LEGISLAÇÃO DE PROTEÇÃO DE RECURSOS AMBIENTAIS E DA POLÍTICA NACIONAL DO MEIO AMBIENTE

Na década de 1960, foram promulgadas várias leis federais de grande importância, como o Estatuto da Terra, em 1964, o Código Florestal, em 1965, o Código da Pesca, o Código de Mineração e a Lei de Proteção à Fauna, em 1967.

Em 1981, a Lei Federal nº 6.938[6] estabeleceu a Política Nacional do Meio Ambiente, fixando princípios, objetivos e instrumentos. Estabeleceu o Sistema Nacional do Meio Ambiente (Sisnama) e criou o Conselho Nacional do Meio Ambiente (Conama). Além disso, era reconhecida nessa lei a legitimidade do Ministério Público da União para propor ações de responsabilidade civil e criminal por danos causados ao meio ambiente.

Essa foi, na realidade, a primeira lei federal a abordar o meio ambiente como um todo, abrangendo os diversos aspectos envolvidos e as várias formas de degradação ambiental, e não apenas a poluição causada pelas atividades industriais ou o uso de recursos naturais, como vinha ocorrendo até então.

É interessante notar que a Lei nº 6.938/81[6] ampliou sensivelmente o conceito de poluição, já que expressamente a define como a "degradação da qualidade ambiental", o que inclui não apenas o lançamento de matéria ou energia (poluente) nas águas, no solo ou no ar, mas também qualquer atividade que, direta ou indiretamente, cause os efeitos ali descritos.

Em 1998, foi promulgada a Lei Federal nº 9.605, a qual estabeleceu sanções penais e administrativas para condutas lesivas ao meio ambiente.

▶ 13.3.1 Princípios e objetivos da Política Nacional do Meio Ambiente

Pela Lei nº 6.938,[6] de 31 de agosto de 1981, Artigo 2º, a Política Nacional do Meio Ambiente tem por objetivo a preservação, melhoria e recuperação da qualidade ambiental propícia à vida, visando assegurar, no país, condições ao desenvolvimento socioeconômico, aos interesses da segurança nacional e à proteção da dignidade da vida humana, atendidos os seguintes princípios:

- ação governamental na manutenção do equilíbrio ecológico, considerando o meio ambiente como patrimônio público a ser, necessariamente, assegurado e protegido, tendo em vista o uso coletivo;
- racionalização do uso do solo, do subsolo, da água e do ar;
- planejamento e fiscalização do uso dos recursos ambientais;
- proteção dos ecossistemas, com a preservação de áreas representativas;
- controle e zoneamento das atividades potencial ou efetivamente poluidoras;
- incentivos ao estudo e à pesquisa de tecnologias orientadas para uso racional e a proteção dos recursos ambientais;
- acompanhamento do estado da qualidade ambiental;
- recuperação de áreas degradadas;
- proteção de áreas ameaçadas de degradação; e
- educação ambiental em todos os níveis de ensino, inclusive a educação da comunidade, objetivando capacitá-la para participação ativa na defesa do meio ambiente.

Entre esses princípios, merece especial destaque o que declara ser o meio ambiente um patrimônio público, a ser necessariamente assegurado e protegido, tendo em vista o uso coletivo. Tal princípio traz uma série de consequências no campo prático, pois amplia sensivelmente a possibilidade de atuação da comunidade em defesa do meio ambiente.

A Lei nº 6.938[6] estabelece que, para os fins previstos na lei, entende-se por:

- **meio ambiente**: o conjunto de condições, leis, influência e interações de ordem física, química e biológica, que permite, abriga e rege a vida em todas as suas formas;

- **degradação da qualidade ambiental**: a alteração adversa das características do meio ambiente;
- **poluição**: a degradação da qualidade ambiental resultante de atividades que direta ou indiretamente:
    a. prejudiquem a saúde, a segurança e o bem-estar da população;
    b. criem condições adversas às atividades sociais e econômicas;
    c. afetem desfavoravelmente a biota;
    d. afetem as condições estéticas ou sanitárias do meio ambiente; e
    e. lancem matérias ou energia em desacordo com os padrões ambientais estabelecidos.
- **poluidor**: a pessoa física ou jurídica, de direito público ou privado, responsável, direta ou indiretamente, por atividade causadora de degradação ambiental; e
- **recursos ambientais**: a atmosfera, as águas interiores, superficiais e subterrâneas, os estuários, o mar territorial, o solo, o subsolo, os elementos da biosfera, a fauna e a flora.

A Lei nº 6.938/1981,[6] no seu Artigo 4º, estabeleceu que a Política Nacional do Meio Ambiente visará:

- à compatibilização do desenvolvimento econômico-social com a preservação da qualidade do meio ambiente e do equilíbrio ecológico;
- à definição de áreas prioritárias de ação governamental relativa à qualidade e ao equilíbrio ecológico, atendendo aos interesses da União, dos Estados, do Distrito Federal, dos Territórios e dos municípios;
- ao estabelecimento de critérios e padrões da qualidade ambiental e de normas relativas ao uso e manejo de recursos ambientais;
- ao desenvolvimento de pesquisas e de tecnologias nacionais orientadas para o uso racional de recursos ambientais;
- à difusão de tecnologias de manejo do meio ambiente, a divulgação de dados e informações ambientais e a formação de uma consciência pública sobre a necessidade de preservação da qualidade ambiental e do equilíbrio ecológico;
- à preservação e restauração dos recursos ambientais com vistas à sua utilização racional e disponibilidade permanente, concorrendo para manutenção do equilíbrio ecológico propício à vida; e
- à imposição, ao poluidor e ao predador, da obrigação de recuperar e/ou indenizar os danos causados e, ao usuário, da contribuição pela utilização de recursos ambientais com fins econômicos.

▶ 13.3.2 Instrumentos da Política Nacional do Meio Ambiente

A seguir, listamos os instrumentos da Política Nacional do Meio Ambiente, conforme a Lei nº 6.938/1981,[6] e posteriores alterações pela Lei nº 7.804[7] e Lei nº 8.028,[8] de 12 de abril de 1990:

I. o estabelecimento de padrões de qualidade ambiental;
II. o zoneamento ambiental;
III. a avaliação de impactos ambientais;
IV. o licenciamento e a revisão de atividades efetiva ou potencialmente poluidoras;
V. os incentivos à produção e instalação de equipamentos e a criação ou absorção de tecnologia, voltados para a melhoria da qualidade ambiental;
VI. a criação de espaços territoriais especialmente protegidos pelo Poder Público Federal, Estadual e Municipal, tais como áreas de proteção ambiental, de relevante interesse ecológico e reservas extrativistas;

VII. o sistema nacional de informações sobre o meio ambiente;
VIII. o Cadastro Técnico Federal de atividades e instrumentos de defesa ambiental;
IX. as penalidades disciplinares ou compensatórias ao não-cumprimento das medidas necessárias à preservação ou correção da degradação ambiental;
X. a instituição do Relatório de Qualidade do Meio Ambiente, a ser divulgado anualmente pelo Instituto Brasileiro do Meio Ambiente e dos Recursos Naturais Renováveis (Ibama);
XI. a garantia da prestação de informações relativas ao Meio Ambiente, obrigando-se o Poder Público a produzi-las, quando inexistentes; e
XII. o Cadastro Técnico Federal de atividades potencialmente poluidoras e/ou utilizadoras dos recursos ambientais.

Alguns desses instrumentos, da maior importância, são detalhados a seguir.

13.3.2.1 Estabelecimento de padrões de qualidade ambiental

Esse estabelecimento diz respeito a normas gerais sobre a defesa ambiental baixadas pela União (§ 1º, Artigo 24 da CF),[5] podendo os Estados e o Distrito Federal baixá-las em caráter suplementar.

13.3.2.2 Zoneamento ambiental

O zoneamento ambiental deve ser efetuado em nível nacional (macrozoneamento), regional e municipal. A CF[5] deu competência à União para "elaborar e executar planos nacionais e regionais de ordenação do território e de desenvolvimento econômico e social". No desenvolvimento social, deve ser inserido o meio ambiente que faz parte do Título VIII – Da Ordem Social.

Os Estados, com base na competência comum e na concorrente, poderão estabelecer seus zoneamentos ambientais. Aliás, a Lei nº 6.803,[9] de 2 de julho de 1980, que dispõe sobre as diretrizes básicas para o zoneamento industrial, prevê que os Estados estabeleçam leis de zoneamento nas áreas críticas de poluição que compatibilizem as atividades industriais com a proteção ambiental.

O município deverá prever na Lei do Plano Diretor, conforme art. 182, § 1º, da CF,[5] o zoneamento ambiental ao lado do urbanístico, que se confundirão por meio de lei própria em um só esquema.

13.3.2.3 Avaliação de impacto ambiental

A avaliação de impacto ambiental (AIA) é um dos instrumentos mais importantes para a proteção dos recursos ambientais, tanto que a CF[5] declarou como um dos deveres do Poder Público "exigir, na forma da Lei, para instalação de obra ou atividade potencialmente causadora de significativa degradação do meio ambiente estudo prévio de impacto ambiental a que se dará publicidade" (art. 225, inciso IV, § 1º). Anteriormente, a Lei nº 6.938/81[6] já tinha estabelecido a avaliação de impacto ambiental como um dos instrumentos da Política Nacional do Meio Ambiente.

Posteriormente, a Resolução Conama nº 001,[10] de 23 de janeiro de 1986, veio estabelecer a exigência de realização de Estudo de Impacto Ambiental (EIA) e apresentação do respectivo Relatório de Impacto Ambiental (RIMA) para o licenciamento de atividades que causam significativo impacto ambiental. Tal resolução relaciona algumas atividades que estariam sujeitas à elaboração de estudo de impacto ambiental, devendo ser observado que essa relação é apenas exemplificativa e que outras não constantes daquele rol poderão sujeitar-se às mesmas exigências.

Entre as obras e atividades enumeradas, além de estradas, ferrovias e aeroportos, podem ser citados os troncos coletores e emissários de esgotos sanitários e os aterros sanitários, processamento e destino de resíduos tóxicos ou perigosos e, ainda, obras hidráulicas para exploração de recursos hídricos, como barragens para fins hidroelétricos, de saneamento ou de irrigação, retificação de cursos de água e outros. Além desses, constam os projetos urbanísticos acima de 100 hectares ou em áreas consideradas de relevante interesse ambiental a critério do Ibama e de órgãos municipais e estaduais competentes, os distritos industriais e as zonas estritamente industriais etc.

A decisão dos órgãos competentes sobre a possibilidade ou não de licenciamento de qualquer das atividades sujeitas à elaboração de estudo de impacto ambiental vai depender da significância do impacto ambiental e da análise a ser feita pela autoridade ambiental. Merece ser observado que o referido estudo não se limita a demonstrar os efeitos da realização do projeto sobre o meio ambiente, mas analisa, também, as consequências de sua não execução.

O RIMA, escrito em linguagem acessível ao público em geral, deve permanecer à disposição da sociedade para consulta pública sobre o empreendimento proposto e apresentado em audiência pública para exame e discussão de seu conteúdo. As Audiências Públicas foram disciplinadas pela Resolução Conama nº 009,[11] de 3 de dezembro de 1987, publicada somente em 5 de julho de 1990.

Cabe destacar que há uma série de Resoluções Conama e outras resoluções em âmbito estadual e municipal que versam sobre o instrumento e tentam aprimorar os mecanismos para a realização de avaliação de impacto ambiental no país.

13.3.2.4 Licenciamento

Embora o sistema de licenciamento já estivesse previsto na legislação de vários Estados, na época da promulgação da Lei nº 6.938/1981[6] ele foi disciplinado por essa lei, em nível nacional, tornando-se obrigatório em todo o país, principalmente no âmbito do controle de fontes de poluição. Em 1997, o Conama, com a publicação da Resolução nº 237,[12] de 19 de dezembro de 1997, atrelou o processo de licenciamento ambiental para os empreendimentos que são objeto do instrumento de avaliação de impacto ambiental, com a exigência das seguintes licenças:

- **Licença Prévia (LP)**: concedida na fase preliminar do planejamento do empreendimento ou atividade, para a aprovação da sua localização e concepção técnica, ou seja, da sua viabilidade ambiental. O estudo de impacto ambiental ou outra modalidade de estudo ambiental simplificado orienta a obtenção dessa licença.

- **Licença de Instalação (LI)**: autoriza a instalação do empreendimento ou atividade após a apresentação do projeto executivo e do detalhamento do plano básico ambiental, bem como o atendimento das exigências constantes na LP.

- **Licença de Operação (LO)**: autoriza o início da operação da atividade licenciada, após as verificações do atendimento das exigências constantes das licenças anteriores e o estabelecimento de prazo para atendimento das medidas compensatórias, desmobilização de áreas de apoio e recuperação de áreas degradadas para realização do empreendimento ou atividade.

De acordo com a norma federal, estão sujeitas a licenciamento as obras ou atividades utilizadoras dos recursos ambientais consideradas efetiva ou potencialmente poluidoras, bem como as capazes, sob qualquer forma, de causar degradação ambiental. A Resolução Conama nº 001/86[10] e a Resolução Conama nº 237/97[12] apresentam uma lista dos empreendimentos que devem ser submetidos ao licenciamento ambiental orientado pela AIA. Ademais, a grande maioria dos Estados optou por relacionar as obras ou atividades sujeitas ao sistema de licenciamento estabelecendo critérios para sua identificação e procedimentos para concessão das licenças.

A Lei Federal nº 6.938/1981[6] consagrou o princípio da publicidade do licenciamento, estabelecendo que, resguardado o sigilo industrial, os pedidos de licença deverão ser objeto de publicação paga pelo requerente em veículos de comunicação.

As licenças são normalmente expedidas pelas agências ambientais dos Estados, cabendo ao Governo Federal, por meio do Ibama, o licenciamento de âmbito nacional ou regional. A própria Resolução Conama nº 237/97[12] também esclareceu a atribuição do licenciamento nas diferentes esferas governamentais, permitindo também, além das referidas instâncias, o licenciamento em nível municipal.

No caso do licenciamento de estabelecimentos destinados a produzir materiais nucleares e/ou a utilizar energia nuclear e suas aplicações, o licenciamento compete à Comissão Nacional de Energia Nuclear (CNEN), mediante parecer do Ibama, e devem ser ouvidos os órgãos estaduais e municipais de controle ambiental.

13.4 SISTEMA NACIONAL DO MEIO AMBIENTE

O Sistema Nacional do Meio Ambiente (Sisnama), criado pela Lei nº 6.938/1981,[6] com alterações pela Lei nº 8.028/1990,[8] foi regulamentada pelo Decreto nº 99.274,[13] de 6 de junho de 1990, tem sua estrutura, composição e competências estabelecidas pelo Decreto nº 3.942,[14] de 27 de setembro de 2001.

Pelo Artigo 3º do Decreto nº 99.274/1990,[13] e redação dada pelo Decreto nº 6.792/2009,[15] o Sisnama, constituído pelos órgãos e entidades da União, dos Estados, do Distrito Federal, dos municípios e pelas fundações instituídas pelo Poder Público responsáveis pela proteção e melhoria da qualidade ambiental, tem a seguinte estrutura:

- Órgão Superior: o Conselho de Governo;
- Órgão Consultivo e Deliberativo: o Conselho Nacional do Meio Ambiente (Conama);
- Órgão Central: Secretaria do Meio Ambiente da Presidência da República (SEMAM/PR);
- Órgãos Executores: o Instituto Brasileiro do Meio Ambiente e dos Recursos Naturais Renováveis (Ibama) e o Instituto Chico Mendes de Conservação da Biodiversidade – Instituto Chico Mendes;
- Órgãos Seccionais: os órgãos ou entidades da Administração Pública Federal Direta e Indireta, as fundações instituídas pelo Poder Público cujas atividades estejam associadas às de proteção ambiental ou àquelas de disciplinamento do uso de recursos ambientais, bem assim os órgãos e entidades estaduais responsáveis pela execução de programas e projetos e pelo controle e fiscalização de atividades capazes de provocar a degradação ambiental; e
- Órgãos Locais: os órgãos ou entidades municipais responsáveis pelo controle e fiscalização das atividades referidas nas suas respectivas jurisdições.

São as seguintes as competências do Conama:

I. estabelecer, mediante proposta do Ibama, normas e critérios para o licenciamento de atividades efetiva ou potencialmente poluidoras, a ser concedido pela União, Estados, Distrito Federal e Municípios, e supervisionada pelo referido instituto;

II. determinar, quando julgar necessário, a realização de estudos das alternativas possíveis e consequências ambientais de projetos públicos e privados, com exigência de informações para apreciação dos estudos de impacto ambiental e respectivos relatórios quando aplicado;

III. determinar, mediante representação do Ibama, a perda ou restrição de benefícios fiscais concedidos pelo Poder Público, em caráter geral ou condicional, e a perda ou suspensão de participação em linhas de financiamento oficiais de crédito;

IV. estabelecer, privativamente, normas e padrões nacionais de controle da poluição causada por veículos automotores, aeronaves e embarcações, mediante audiência dos Ministérios competentes;

V. estabelecer normas, critérios e padrões relativos ao controle e à manutenção da qualidade do meio ambiente com vistas ao uso racional dos recursos ambientais, principalmente os hídricos;

VI. assessorar, estudar e propor ao Conselho de Governo diretrizes de políticas governamentais para o meio ambiente e os recursos naturais;

VII. deliberar, no âmbito de sua competência, sobre normas e padrões compatíveis com o meio ambiente ecologicamente equilibrado e essencial à sadia qualidade de vida;

VIII. estabelecer os critérios técnicos para declaração de áreas críticas, saturadas ou em vias de saturação;

IX. acompanhar a implementação do Sistema Nacional de Unidades de Conservação da Natureza (SNUC), conforme disposto no inciso I do Artigo 6º da Lei nº 9.985,[16] de 18 de julho de 2000;

X. propor sistemática de monitoramento, avaliação e cumprimento das normas ambientais;

XI. incentivar a instituição e o fortalecimento institucional dos Conselhos Estaduais e Municipais de Meio Ambiente, de gestão de recursos ambientais e dos Comitês de Bacia Hidrográfica;

XII. avaliar a implementação e a execução da política ambiental do país;

XIII. recomendar ao órgão ambiental competente a elaboração do Relatório de Qualidade Ambiental, previsto no inciso X do Artigo 9º da Lei nº 6.938,[6] de 31 de agosto de 1981;

XIV. estabelecer sistema de divulgação de seus trabalhos;

XV. promover a integração dos órgãos colegiados de meio ambiente;

XVI. elaborar, aprovar e acompanhar a implementação da Agenda Nacional de Meio Ambiente, a ser proposta aos órgãos e às entidades do Sisnama, sob a forma de recomendação;

XVII. deliberar, sob a forma de resoluções, proposições, recomendações e moções, visando o cumprimento dos objetivos da Política Nacional de Meio Ambiente; e

XVIII. elaborar o seu regimento interno.

§ 1º – As normas e critérios para o licenciamento de atividades potencial ou efetivamente poluidoras deverão estabelecer os requisitos indispensáveis à proteção ambiental.

§ 2º – As penalidades previstas no inciso IV deste artigo somente serão aplicadas nos casos previamente definidos em ato específico do Conama, assegurando-se ao interessado ampla defesa.

§ 3º – Na fixação de normas, critérios e padrões relativos ao controle e à manutenção da qualidade do meio ambiente, o Conama levará em consideração a capacidade de autorregeneração dos corpos receptores e a necessidade de estabelecer parâmetros genéricos mensuráveis.

§ 4º – A Agenda Nacional de Meio Ambiente de que trata o inciso XVII deste artigo constitui-se de documento a ser dirigido ao Sisnama, recomendando os temas, programas e projetos considerados prioritários para a melhoria da qualidade ambiental e o desenvolvimento sustentável do país, indicando os objetivos a serem alcançados num período de dois anos.

13.5 LEI DE CRIMES AMBIENTAIS

Um dos instrumentos legais que ganhou bastante destaque dentro do conjunto de normas para o controle da qualidade ambiental foi a Lei nº 9.605,[17] de 12 de fevereiro de 1998, que dispõe sobre as sanções penais e administrativas derivadas de condutas lesivas ao meio ambiente e dá outras providências, a qual passou a ser conhecida como Lei de Crimes Ambientais.

A Lei nº 9.605[17] foi sancionada com 10 vetos e é composta por 82 artigos distribuídos em oito capítulos, nos quais são definidos os crimes ambientais relacionados à degradação do meio ambiente, as respectivas penas e os critérios para a aplicação dessas, além de apresentar os conceitos relacionados à infração administrativa e à cooperação internacional para preservação do meio ambiente.

Não obstante a importância da Lei de Crimes Ambientais como um todo, merece atenção especial o **Capítulo V, Dos Crimes contra o Meio Ambiente**, que, na seção III, Artigo 54, define o que é crime:[17]

> Causar poluição de qualquer natureza em níveis tais que resultem ou possam resultar em danos à saúde humana, ou que provoquem mortandade de animais ou a destruição significativa da flora.

Pena – reclusão, de um a quatro anos e multa.

§ 1º – se o crime é culposo:
Pena – detenção, de seis meses a um ano e multa.

§ 2º – se o crime:
I. tornar uma área, urbana ou rural, imprópria para a ocupação humana;
II. causar poluição atmosférica que provoque a retirada, ainda que momentânea, dos habitantes das áreas afetadas, ou que cause danos diretos à saúde da população;
III. causar poluição hídrica que torne necessária a interrupção do abastecimento público de água de uma comunidade;
IV. dificultar ou impedir o uso público de praias;
V. ocorrer por lançamento de resíduos sólidos, líquidos ou gasosos, ou detritos, óleos ou substâncias oleosas em desacordo com as exigências estabelecidas em leis ou regulamentos.

Pena – reclusão, de um a cinco anos.

§ 3º – incorre nas mesmas penas previstas no parágrafo anterior quem deixar de adotar, quando assim o exigir a autoridade competente, medidas de precaução em caso de risco de dano ambiental grave ou irreversível.

Outro aspecto a ser destacado na Lei nº 9.605[17] refere-se à responsabilidade pelos atos ou condutas lesivas ao meio ambiente, pois quem, de qualquer forma, contribui para a prática dos crimes definidos, também responderá pelo crime na medida de sua culpabilidade, bem como o diretor, o administrador, o membro do conselho e de órgão técnico, o auditor, o gerente, o preposto ou mandatário de pessoa jurídica, que, sabendo da conduta criminosa de outros, deixar de impedir a sua prática, quando podia agir para evitá-la.

A Lei nº 9.605[17] foi regulamentada pelo Decreto nº 3.179,[18] de 21 de setembro de 1999, o qual foi revogado pelo Decreto 6.154,[19] de 22 de julho de 2008, que dispõe sobre as infrações e sanções administrativas ao meio ambiente, estabelece o processo administrativo federal para apuração destas infrações e dá outras providências.

13.6 POLÍTICA NACIONAL DE RECURSOS HÍDRICOS E O SISTEMA NACIONAL DE GERENCIAMENTO DE RECURSOS HÍDRICOS

A Política Nacional de Recursos Hídricos (PNRH) e o Sistema Nacional de Gerenciamento de Recursos Hídricos (SINGREH) foi instituída pela Lei nº 9.433,[20] de 9 de janeiro de 1997, a qual foi regulamentada pelo Decreto nº 10.000,[21] de 3 de setembro de 2019.

Deve-se destacar que a sua publicação foi um marco relevante para a gestão dos recursos hídricos, comparável ao Código das Águas, instituído pelo Decreto nº 24.643,[22] de 10 de julho de 1934, ainda vigente.

O aspecto mais inovador dessa lei foi o de tratar de forma abrangente a gestão de um recurso natural vital para o desenvolvimento do país e para o meio ambiente, adotando como princípios a gestão participativa e descentralizada, de maneira a que possam ser considerados os interesses gerais e específicos sobre a utilização e proteção dos recursos hídricos disponíveis no território nacional.

De maneira geral, a Lei nº 9.433/1997[20] objetiva assegurar que a água seja utilizada de forma racional, com fundamentação nos seguintes princípios:

- a água é um bem de domínio público;
- a água é em recurso natural limitado, dotado de valor econômico;
- em situações de escassez, o uso prioritário de água é o consumo humano e a dessedentação de animais;
- a gestão dos recursos hídricos deve promover o uso múltiplo das águas;

- a bacia hidrográfica é a unidade territorial para a gestão dos recursos hídricos;
- a gestão dos recursos hídricos deve ser descentralizada e contar com a participação do Poder Público, dos usuários e das comunidades.

Isso levou ao estabelecimento de objetivos que enfatizaram os conceitos de disponibilidade de água vinculando quantidade e qualidade em função dos seus usos, utilização racional e integrada dos recursos hídricos, prevenção e defesa contra eventos hidrológicos críticos, de origem natural ou por uso inadequado dos recursos naturais, e o incentivo à captação, à preservação e ao aproveitamento de águas pluviais.

E para que pudesse ser implantada, foram instituídos os seguintes instrumentos:

- os Planos de Recursos Hídricos;
- o enquadramento dos corpos de água em classes de uso;
- a outorga dos direitos de uso da água;
- a cobrança pelo uso da água;
- a compensação a municípios;
- o Sistema de Informações sobre Recursos Hídricos.

A implantação da PNRH e a coordenação da gestão das águas são feitas pelo SINGREH. O SINGREH é composto pelos seguintes órgãos:

- Conselho Nacional de Recursos Hídricos;
- Conselho de Recursos Hídricos dos Estados e do Distrito Federal;
- Agência Nacional de Água;
- Comitê de Bacia Hidrográfica;
- Órgãos dos poderes público federal, estaduais e municipais cujas competências se relacionam com a gestão de recursos hídricos; e
- Agências de água.

Ao longo dos anos, após a publicação da Lei nº 9.433/1997[20] e sua regulamentação, o que se verificou foi um avanço significativo em relação à gestão de recursos hídricos, particularmente com a criação da Agência Nacional de Águas, Lei nº 9.984 de 17 de julho de 2000,[23] que teve a sua denominação alterada para Agência Nacional de Águas e Saneamento Básico pela Lei nº 14.026,[24] de 15 de julho de 2020.

Destaca-se também, como avanço no modelo de gestão de recursos hídricos, a criação dos Comitês de Bacia Hidrográfica, como entidades integrantes do Sistema Nacional de Gerenciamento de Recursos Hídricos, o que possibilitou o aprimoramento do planejamento de atividades e ações relacionadas à exploração e preservação dos recursos hídricos.

13.7 POLÍTICA NACIONAL DE RESÍDUOS SÓLIDOS

Os resíduos sólidos, no Brasil, não tinham um tratamento abrangente como os recursos hídricos ou a poluição atmosférica, o que foi alterado após a publicação da Lei nº 12.305,[25] de 2 de agosto de 2010, cujas primeiras inciativas para a sua construção são do início da década de 1990, quando foi apresentado o primeiro projeto de lei para tratar do tema, o PL 203/91.[26]

Após quase 20 anos de discussão, em um processo de amadurecimento, verifica-se que a Política Nacional de Resíduos Sólidos incorporou diversos princípios e objetivos alinhados com os novos conceitos de gestão propostos para a área ambiental.

▶ 13.7.1 Princípios

I. a prevenção e a precaução;
II. o poluidor pagador e o protetor-recebedor;

III. a visão sistêmica, na gestão dos resíduos sólidos, que considere as variáveis ambiental, social, cultural, econômica, tecnológica e de saúde pública;

IV. o desenvolvimento sustentável;

V. a ecoeficiência, mediante a compatibilização entre o fornecimento, a preços competitivos, de bens e serviços qualificados que satisfaçam as necessidades humanas e tragam qualidade de vida e a redução do impacto ambiental e do consumo de recursos naturais a um nível, no mínimo, equivalente à capacidade de sustentação estimada do planeta;

VI. a cooperação entre as diferentes esferas do poder público, o setor empresarial e demais segmentos da sociedade;

VII. a responsabilidade compartilhada pelo ciclo de vida dos produtos;

VIII. o reconhecimento do resíduo sólido reutilizável e reciclável como um bem econômico e de valor social, gerador de trabalho e renda e promotor de cidadania;

IX. o respeito às diversidades locais e regionais;

X. o direito da sociedade à informação e ao controle social;

XI. a razoabilidade e a proporcionalidade.

▶ 13.7.2 Objetivos

I. proteção da saúde pública e da qualidade ambiental;

II. não geração, redução, reutilização, reciclagem e tratamento dos resíduos sólidos, bem como disposição final ambientalmente adequada dos rejeitos;

III. estímulo à adoção de padrões sustentáveis de produção e consumo de bens e serviços;

IV. adoção, desenvolvimento e aprimoramento de tecnologias limpas como forma de minimizar impactos ambientais;

V. redução do volume e da periculosidade dos resíduos perigosos;

VI. incentivo à indústria da reciclagem, tendo em vista fomentar o uso de matérias-primas e insumos derivados de materiais recicláveis e reciclados;

VII. gestão integrada de resíduos sólidos;

VIII. articulação entre as diferentes esferas do poder público, e destas com o setor empresarial, com vistas à cooperação técnica e financeira para a gestão integrada de resíduos sólidos;

IX. capacitação técnica continuada na área de resíduos sólidos;

X. regularidade, continuidade, funcionalidade e universalização da prestação dos serviços públicos de limpeza urbana e de manejo de resíduos sólidos, com adoção de mecanismos gerenciais e econômicos que assegurem a recuperação dos custos dos serviços prestados, como forma de garantir sua sustentabilidade operacional e financeira, observada a Lei nº 11.445,[27] de 2007;

XI. prioridade, nas aquisições e contratações governamentais, para:
   a. produtos reciclados e recicláveis;
   b. bens, serviços e obras que considerem critérios compatíveis com padrões de consumo social e ambientalmente sustentáveis;

XII. integração dos catadores de materiais reutilizáveis e recicláveis nas ações que envolvam a responsabilidade compartilhada pelo ciclo de vida dos produtos;

XIII. estímulo à implementação da avaliação do ciclo de vida do produto;

XIV. incentivo ao desenvolvimento de sistemas de gestão ambiental e empresarial voltados para a melhoria dos processos produtivos e ao reaproveitamento dos resíduos sólidos, incluídos a recuperação e o aproveitamento energético;

XV. estímulo à rotulagem ambiental e ao consumo sustentável.

Cabe destacar que a Política Nacional de Resíduos Sólidos prevê o desenvolvimento de planos estaduais de resíduos sólidos, com a indicação de metas para a eliminação e recuperação de lixões, associadas à inclusão social e à emancipação econômica de catadores de materiais reutilizáveis e recicláveis. Também foi incluída a opção da utilização de tecnologias com o objetivo de recuperar a energia disponível nos resíduos sólidos urbanos, questão relevante para a viabilização do conceito de aproveitamento de recursos.

13.8 POLÍTICA NACIONAL DE SANEAMENTO BÁSICO

A Política Nacional de Saneamento Básico foi instituída pela Lei nº 11.445,[27] de 5 de janeiro de 2007, com o propósito de ordenar as atividades relacionadas aos serviços de saneamento básico no país. Essa lei foi modificada pela Lei nº 14.026,[24] de 15 de julho de 2020. O aspecto mais relevante da criação e publicação dessas leis é o fato de elas considerarem de forma integrada as questões relacionadas à água, aos esgotos, aos resíduos sólidos, à limpeza e à drenagem urbana, com princípios fundamentais relevantes, como:

I. universalização do acesso e efetiva prestação do serviço;

II. integralidade, compreendida como o conjunto de atividades e componentes de cada um dos diversos serviços de saneamento que propicie à população o acesso a eles em conformidade com suas necessidades e maximize a eficácia das ações e dos resultados;

III. abastecimento de água, esgotamento sanitário, limpeza urbana e manejo dos resíduos sólidos realizados de forma adequada à saúde pública, à conservação dos recursos naturais e à proteção do meio ambiente;

IV. disponibilidade, nas áreas urbanas, de serviços de drenagem e manejo das águas pluviais, tratamento, limpeza e fiscalização preventiva das redes, adequados à saúde pública, à proteção do meio ambiente e à segurança da vida e do patrimônio público e privado;

V. adoção de métodos, técnicas e processos que considerem as peculiaridades locais e regionais;

VI. articulação com as políticas de desenvolvimento urbano e regional, de habitação, de combate à pobreza e de sua erradicação, de proteção ambiental, de promoção da saúde, de recursos hídricos e outras de interesse social relevante, destinadas à melhoria da qualidade de vida, para as quais o saneamento básico seja fator determinante;

VII. eficiência e sustentabilidade econômica;

VIII. estímulo à pesquisa, ao desenvolvimento e à utilização de tecnologias apropriadas, consideradas a capacidade de pagamento dos usuários, a adoção de soluções graduais e progressivas e a melhoria da qualidade com ganhos de eficiência e redução dos custos para os usuários;

IX. transparência das ações, baseada em sistemas de informações e processos decisórios institucionalizados;

X. controle social;

XI. segurança, qualidade, regularidade e continuidade;

XII. redução e controle das perdas de água, inclusive na distribuição de água tratada, estímulo à racionalização de seu consumo pelos usuários e fomento à eficiência energética, ao reúso de efluentes sanitários e ao aproveitamento de águas de chuva;

XIII. prestação regionalizada dos serviços, com vistas à geração de ganhos de escala e à garantia da universalização e da viabilidade técnica e econômico-financeira dos serviços;

XIV. seleção competitiva do prestador dos serviços; e

XV. prestação concomitante dos serviços de abastecimento de água e de esgotamento sanitário.

Os aspectos mais relevantes da Política de Nacional de Saneamento Básico foram a inclusão da possibilidade da prestação de serviço regionalizada, permitindo a criação de consórcios de municípios para a prestação de serviços, e a exigência de licitação prévia de contratos de concessão, quando a prestação de serviço é realizada por entidade que não integre a administração do titular. Ressalta-se, ainda, a possibilidade do estabelecimento de contratos de parcerias público-privadas, o que poderá dar maior agilidade à implantação dos serviços de saneamento básico, especialmente em relação à coleta e ao tratamento de esgotos.

13.9 ASPECTOS LEGAIS E INSTITUCIONAIS NOS ESTADOS

Conforme mencionado, os Estados e Municípios também podem estabelecer normas que tratam da proteção do meio ambiente, sendo que a maioria dos estados brasileiros dispõe de uma estrutura específica para tratar das questões ambientais, as quais são integrantes do Sisnama.

Por ter sido um dos primeiros Estados onde os problemas de poluição se manifestaram com maior intensidade, São Paulo foi pioneiro no desenvolvimento de instrumentos legais para o controle da poluição. Com o passar do tempo, outros Estados se defrontaram com tais problemas e passaram a desenvolver uma legislação específica para atender às suas necessidades.

▶ 13.9.1 O Estado de São Paulo

13.9.1.1 Constituição Estadual

A partir da Constituição Federal[5] de 1988, os Estados passaram a ter autonomia para a elaboração de Constituição própria. No caso específico do Estado de São Paulo, em 5 de outubro de 1989 foi promulgada a Constituição do Estado, que, da mesma forma que a Constituição Federal, dedicou um capítulo específico para o meio ambiente, que também aborda os recursos naturais e o saneamento (Capítulo IV) – as questões relativas ao meio ambiente são abordadas na Seção I, Artigos 191 a 204.

Nesses artigos, são abordados os aspectos relacionados à proteção do meio ambiente, licenciamento ambiental, sistema de administração ambiental, áreas de proteção ambiental entre outros, sendo estabelecido, no Artigo 191, que:

O Estado e os Municípios providenciarão, com a participação da coletividade, a preservação, conservação, defesa, recuperação e melhoria do meio ambiente natural, artificial e do trabalho, atendidas as peculiaridades regionais e locais e em harmonia com o desenvolvimento social e econômico.

Como pode ser verificado, a Constituição Estadual já incorpora o conceito de desenvolvimento sustentável, pois considera o desenvolvimento econômico e social vinculado à proteção do meio ambiente, que veio a ser proposto formalmente, para todos os países do planeta, na Agenda 21.

13.9.1.2 Lei nº 118, de 29 de junho de 1973, e Decreto nº 5.993, de 16 de abril de 1975

Lei nº 118[28] foi responsável pela constituição da Companhia Estadual de Tecnologia de Saneamento Básico e de Controle da Poluição da Água (CETESB), sendo atribuída a essa instituição a responsabilidade, entre outras, de:

- efetuar o controle da qualidade das águas destinadas ao abastecimento público e a outros usos, assim como das águas residuárias;
- realizar estudos, pesquisas, treinamento e aperfeiçoamento de pessoal e prestar assistência técnica especializada à operação e manutenção de sistemas de água e esgotos e resíduos industriais; e
- manter o sistema de informação e divulgar dados de interesse da engenharia sanitária e da poluição das águas, de forma a ensejar o aperfeiçoamento de métodos e processos para estudos, projetos, execução, operação e manutenção de sistemas.

O Decreto nº 5.993[29] tratou de alterar a denominação e atribuições da CETESB, que passou a ser denominada Companhia Estadual de Tecnologia de Saneamento Básico e de Defesa do Meio Ambiente, recebendo a atribuição do exercício do controle da qualidade do meio ambiente – água, ar e solo – em todo o território do Estado de São Paulo, assim como as funções de pesquisa e de serviços científicos e tecnológicos direta e indiretamente relacionados com o seu campo de atuação.

13.9.1.3 Lei nº 997, de 31 de maio de 1976

Uma das primeiras leis referentes ao controle da poluição ambiental é a Lei nº 997,[30] que dispõe sobre o Controle da Poluição do Meio Ambiente, sendo regulamentada pelo Decreto Estadual nº 8.468,[31] de 8 de setembro de 1976.

O Decreto nº 8.468[31] contém 117 artigos, distribuídos em sete títulos, conforme apresentado a seguir.

- Título I: Da Proteção do Meio Ambiente (Artigos 1º a 6º);
- Título II: Da Poluição da Águas;
  - Capítulo I – Da Classificação das Águas (Artigos 7º a 9º)
  - Capítulo II – Dos Padrões (Artigos 10º a 19º)
- Título III: Da Poluição do Ar;
  - Capítulo I – Das Normas para Utilização e Preservação do Ar (Artigos 20º a 28º)
  - Capítulo II – Dos Padrões (Artigos 29º a 42º)
  - Capítulo III – Do Plano de Emergência para Episódios Críticos de Poluição do Ar (Artigos 43º a 50º)
- Título IV: Da Poluição do Solo (Artigos 51º a 56º);
- Título V: Das Licenças e Registros;
  - Capítulo I – Das Fontes de Poluição (Artigo 57º)
  - Capítulo II – Das Licenças de Instalação (Artigos 58º a 61º)
  - Capítulo III – Da Licença de Funcionamento (Artigos 62º a 66º)
  - Capítulo IV – Do Registro (Artigos 67º e 69º)
  - Capítulo V – Dos Preços para Expedição de Licenças (Artigos 70º a 75º)
- Título VI: Da Fiscalização e das Sanções;
  - Capítulo I – Da Fiscalização (Artigos 76º a 79º)
  - Capítulo II – Das Infrações e das Penalidades (Artigos 80º a 91º)
  - Capítulo III – Do Procedimento Administrativo (Artigos 92º a 100º)
  - Capítulo IV – Dos Recursos (Artigos 101º a 107º)
- Título VII: Das Disposições Finais (Artigos 108º a 117º).

O Decreto nº 8.468[31] é um instrumento bastante abrangente, pois trata da questão da poluição ambiental em todos os meios (água, ar e solo), além de tratar dos procedimentos relacionados ao licenciamento ambiental e da fiscalização ambiental, devendo-se observar que esse foi um dos primeiros documentos, em todo o território nacional, que passou a regulamentar as questões referentes à proteção do meio ambiente.

13.9.1.4 Decreto nº 24.932, de 24 de março de 1986

Decreto nº 24.932[32] foi responsável pela instituição do Sistema Estadual de Meio Ambiente e pela criação da Secretaria de Estado do Meio Ambiente, visando a atender as necessidades do Estado de dispor de um instrumento de coordenação das atividades ligadas à defesa, preservação e melhoria do meio ambiente.

Por esse decreto, os objetivos do Sistema Estadual do Meio Ambiente são:

I. Promover a preservação, melhoria e recuperação da qualidade ambiental;
II. Coordenar e integrar as atividades ligadas à defesa do meio ambiente;

III. Promover a elaboração e o aperfeiçoamento das normas de proteção ao meio ambiente; e
IV. Estimular a realização de atividades educativas e a participação da comunidade no processo de preservação do meio ambiente.

Também por esse decreto, cabe à Secretaria do Meio Ambiente:

- Coordenar, orientar e integrar em âmbito estadual as atividades pertinentes ao Sistema Estadual do Meio Ambiente;
- Promover medidas junto aos órgãos e entidades integrantes do Sistema, para elaboração e execução de programas de trabalho integrados;
- Desenvolver formas de captação e distribuição de recursos destinados às atividades de preservação, melhoria e recuperação da qualidade ambiental;
- Estimular a promoção e o desenvolvimento de programas e projetos necessários à consecução dos objetivos do Sistema;
- Promover o desenvolvimento de gestões junto a entidades privadas para que colaborem na execução dos programas de preservação, melhoria e qualidade ambiental;
- Estimular a participação dos diversos segmentos da sociedade interessados na viabilização dos objetivos do Sistema;
- Organizar e implantar sistemas integrados de informações necessárias à adequada execução da Política Estadual do Meio Ambiente;
- Difundir as atividades relativas à defesa, preservação e melhoria do meio ambiente;
- Controlar os resultados do Sistema no que diz respeito ao atendimento de seus objetivos;
- Colaborar com os órgãos das administrações federal, municipais e de outros Estados na formulação de programas de interesse para o Sistema;
- Executar, em caráter supletivo e em integração com os órgãos competentes, projetos necessários à defesa, preservação e recuperação do meio ambiente;
- Criar e implantar áreas de proteção ambiental, de relevante interesse ecológico e unidades ecológicas multissetoriais.

A Secretaria do Meio Ambiente foi reestruturada, reorganizada e regulamentada pelo Decreto nº 30.555,[33] de 3 de outubro de 1989, sendo acrescentadas às suas atribuições as seguintes:

- A coordenação, orientação e integração das ações relativas à defesa e melhoria no controle da poluição das águas, do solo, da atmosfera e no desenvolvimento de tecnologia apropriada;
- Elaborar a Política Estadual de Meio Ambiente e as tarefas de sua implantação direta e indireta;
- Avaliar e aprovar Relatórios de Impacto Ambiental (RIMAs) no Estado de São Paulo;
- Licenciar as atividades efetivas ou potencialmente poluidoras, bem como as consideradas causadoras de degradação ambiental.

REFERÊNCIAS

1. U. S. Bureau of Labor Statistics. History of BLS and health statistical programs [Internet]. Washington: BLS; 2004 [capturado em 28 abr. 2021]. Disponível em: http:// www.bls.gov/iif/oshhist.htm.
2. American Meteorological Society. Air pollution control act of 1955: public law 84-159 [Internet]. Massachusetts: AMS; 2004 [capturado em 28 abr. 2021]. Disponível em: https://www.ametsoc.org/sloan/cleanair/cleanairlegisl.html#caa55.
3. United States Environmental Protection Agency. Clean water act [Internet]. Washington: EPA; 1972 [capturado em 28 abr. 2021]. Disponível em: https://www.epa.gov/laws-regulations/summary-clean-water-act.
4. Machado PAL. Direito ambiental brasileiro. 4. ed. rev. ampl. São Paulo: Malheiros; 1992.

5. Brasil. Constituição da República Federativa do Brasil [Internet]. Brasília: Casa Civil; 1988 [capturado em 28 abr. 2021]. Disponível em: http://www.planalto.gov.br/ccivil_03/constituicao/constituicao.htm.
6. Brasil. Lei nº 6.938, de 31 de agosto de 1981. Dispõe sobre a Política Nacional do Meio Ambiente, seus fins e mecanismos de formulação e aplicação, e dá outras providências [Internet]. Brasília: Casa Civil; 1981 [capturado em 28 abr. 2021]. Disponível em: http://www.planalto.gov.br/ccivil_03/leis/l6938.htm.
7. Brasil. Lei nº 7.804, de 18 de julho de 1989. Altera a Lei nº 6.938, de 31 de agosto de 1981, que dispõe sobre a Política Nacional do Meio Ambiente, seus fins e mecanismos de formulação e aplicação, a Lei nº 7.735, de 22 de fevereiro de 1989, a Lei nº 6.803, de 2 de julho de 1980, e dá outras providências [Internet]. Brasília: Casa Civil; 1989 [capturado em 28 abr. 2021]. Disponível em: http://www.planalto.gov.br/ccivil_03/leis/l7804.htm.
8. Brasil. Lei nº 8.028, de 12 de abril de 1990. Dispõe sobre a organização da Presidência da República e dos Ministérios, e dá outras providências [Internet]. Brasília: Casa Civil; 1990 [capturado em 28 abr. 2021]. Disponível em: http://www.planalto.gov.br/ccivil_03/leis/L8028compilada.htm.
9. Brasil. Lei nº 6.803, de 2 de julho de 1980. Dispõe sobre as diretrizes básicas para o zoneamento industrial nas áreas críticas de poluição, e dá outras providências [Internet]. Brasília: Casa Civil; 1980 [capturado em 28 abr. 2021]. Disponível em: http://www.planalto.gov.br/ccivil_03/leis/l6803.htm.
10. Conselho Nacional do Meio Ambiente. Resolução CONAMA nº 001, de 23 de janeiro de 1986. Dispõe sobre critérios básicos e diretrizes gerais para a avaliação de impacto ambiental [Internet]. Brasília: CONAMA; 1986 [capturado em 28 abr. 2021]. Disponível em: http://www2.mma.gov.br/port/conama/res/res86/res0186.html.
11. Conselho Nacional do Meio Ambiente. Resolução CONAMA nº 009, de 3 de dezembro de 1987. Dispõe sobre a realização de Audiências Públicas no processo de licenciamento ambiental [Internet]. Brasília: CONAMA; 1987 [capturado em 28 abr. 2021]. Disponível em: http://www2.mma.gov.br/port/conama/legiabre.cfm?codlegi=60.
12. Conselho Nacional do Meio Ambiente. Resolução CONAMA nº 237, de 19 de dezembro de 1997. Dispõe sobre conceitos, sujeição, e procedimento para obtenção de Licenciamento Ambiental, e dá outras providências [Internet]. Brasília: CONAMA; 1997 [capturado em 28 abr. 2021]. Disponível em: https://www.legisweb.com.br/legislacao/?id=95982.
13. Brasil. Decreto nº 99.274, de 6 de junho de 1990. Regulamenta a Lei nº 6.902, de 27 de abril de 1981, e a Lei nº 6.938, de 31 de agosto de 1981, que dispõem, respectivamente sobre a criação de Estações Ecológicas e Áreas de Proteção Ambiental e sobre a Política Nacional do Meio Ambiente, e dá outras providências [Internet]. Brasília: Casa Civil; 1990 [capturado em 28 abr. 2021]. Disponível em: http://www.planalto.gov.br/ccivil_03/decreto/antigos/D99274compilado.htm.
14. Brasil. Decreto nº 3.942, de 27 de setembro de 2001. Dá nova redação aos arts. 4o, 5o, 6o, 7o, 10 e 11 do Decreto no 99.274, de 6 de junho de 1990 [Internet]. Brasília: Casa Civil; 2001 [capturado em 28 abr. 2021]. Disponível em: https://www.planalto.gov.br/ccivil_03/decreto/2001/d3942.htm.
15. Brasil. Decreto nº 6.792, de 10 de março de 2009. Altera e acresce dispositivos ao Decreto nº 99.274, de 6 de junho de 1990, para dispor sobre a composição e funcionamento do Conselho Nacional do Meio Ambiente CONAMA [Internet]. Brasília: Casa Civil; 2009 [capturado em 28 abr. 2021]. Disponível em: http://www.planalto.gov.br/ccivil_03/_ato2007-2010/2009/decreto/d6792.htm.
16. Brasil. Lei nº 9.985, de 18 de julho de 2000. Regulamenta o art. 225, § 1o, incisos I, II, III e VII da Constituição Federal, institui o Sistema Nacional de Unidades de Conservação da Natureza e dá outras providências [Internet]. Brasília: Casa Civil; 2000 [capturado em 28 abr. 2021]. Disponível em: http://www.planalto.gov.br/ccivil_03/leis/l9985.htm.
17. Brasil. Lei nº 9.605, de 12 de fevereiro de 1998. Dispõe sobre as sanções penais e administrativas derivadas de condutas e atividades lesivas ao meio ambiente, e dá outras providências [Internet]. Brasília: Casa Civil; 1998 [capturado em 28 abr. 2021]. Disponível em: http://www.planalto.gov.br/ccivil_03/leis/l9605.htm.
18. Brasil. Decreto nº 3.179, de 21 de setembro de 1999. Dispõe sobre a especificação das sanções aplicáveis às condutas e atividades lesivas ao meio ambiente, e dá outras providências [Internet]. Brasília: Casa Civil; 1999 [capturado em 28 abr. 2021]. Disponível em: http://www.planalto.gov.br/ccivil_03/decreto/D3179impressao.htm.
19. Brasil. Decreto nº 6.514, de 22 de julho de 2008. Dispõe sobre as infrações e sanções administrativas ao meio ambiente, estabelece o processo administrativo federal para apuração destas infrações, e dá outras providências [Internet]. Brasília: Casa Civil; 2008 [capturado em 28 abr. 2021]. Disponível em: http://www.planalto.gov.br/ccivil_03/_Ato2007-2010/2008/Decreto/D6514compilado.htm.

20. Brasil. Lei nº 9.433, de 9 de janeiro de 1997. Institui a Política Nacional de Recursos Hídricos, cria o Sistema Nacional de Gerenciamento de Recursos Hídricos, regulamenta o inciso XIX do art. 21 da Constituição Federal, e altera o art. 1º da Lei nº 8.001, de 13 de março de 1990, que modificou a Lei nº 7.990, de 28 de dezembro de 1989 [Internet]. Brasília: Casa Civil; 1997 [capturado em 28 abr. 2021]. Disponível em: https://www.planalto.gov.br/ccivil_03/leis/l9433.htm.
21. Brasil. Decreto nº 10.000, de 3 de setembro de 2019. Dispõe sobre o Conselho Nacional de Recursos Hídricos [Internet]. Brasília: Casa Civil; 2019 [capturado em 28 abr. 2021]. Disponível em: http://www.planalto.gov.br/ccivil_03/_Ato2019-2022/2019/Decreto/D10000.htm.
22. Brasil. Decreto nº 24.643, de 10 de julho de 1934. Decreta o Código de Águas [Internet]. Brasília: Casa Civil; 1934 [capturado em 28 abr. 2021]. Disponível em: https://www2.camara.leg.br/legin/fed/decret/1930-1939/decreto-24643-10-julho-1934-498122-publicacaooriginal-1-pe.html.
23. Brasil. Decreto nº 9.984, de 17 de julho de 2000. Dispõe sobre a criação da Agência Nacional de Águas e Saneamento Básico (ANA), entidade federal de implementação da Política Nacional de Recursos Hídricos, integrante do Sistema Nacional de Gerenciamento de Recursos Hídricos (Singreh) e responsável pela instituição de normas de referência para a regulação dos serviços públicos de saneamento básico [Internet]. Brasília: Casa Civil; 2000 [capturado em 28 abr. 2021]. Disponível em: http://www.planalto.gov.br/ccivil_03/leis/L9984compilado.htm.
24. Brasil. Lei nº 14.026, de 15 de julho de 2020. Atualiza o marco legal do saneamento básico e altera a Lei nº 9.984, de 17 de julho de 2000 [Internet]. Brasília: Casa Civil; 2020 [capturado em 28 abr. 2021]. Disponível em: http://www.planalto.gov.br/ccivil_03/_ato2019-2022/2020/lei/l14026.htm.
25. Brasil. Lei nº 12.305, de 2 de agosto de 2010. Institui a Política Nacional de Resíduos Sólidos; altera a Lei no 9.605, de 12 de fevereiro de 1998; e dá outras providências [Internet]. Brasília: Casa Civil; 2020 [capturado em 28 abr. 2021]. Disponível em: http://www.planalto.gov.br/ccivil_03/_ato2007-2010/2010/lei/l12305.htm.
26. Brasil. Projeto de Lei nº 203/91. Política nacional dos resíduos [Internet]. Brasília: Câmera dos Deputados; 1991 [capturado em 28 de abr. 2021]. Disponível em: https://www2.camara.leg.br/atividade-legislativa/comissoes/comissoes-temporarias/especiais/52a-legislatura/pl-203-91-politica-nacional-dos-residuos.
27. Brasil. Lei nº 11.445, de 5 de janeiro de 2007. Estabelece as diretrizes nacionais para o saneamento básico; cria o Comitê Interministerial de Saneamento Básico; altera as Leis nos 6.766, de 19 de dezembro de 1979, 8.666, de 21 de junho de 1993, e 8.987, de 13 de fevereiro de 1995; e revoga a Lei nº 6.528, de 11 de maio de 1978.
28. São Paulo (Estado). Lei nº 118, de 29 de junho de 1973. Autoriza a constituição de uma sociedade por ações, sob a denominação de CETESB - Companhia Estadual de Tecnologia de Saneamento Básico e de Controle de Poluição das Águas, e dá providências correlatas [Internet]. São Paulo: AL-SP; 1973 [capturado em 28 abr. 2021]. Disponível em: https://www.al.sp.gov.br/repositorio/legislacao/lei/1973/compilacao-lei-118-29.06.1973.html.
29. São Paulo (Estado). Decreto n. 5.993, de 16 de abril de 1975. Altera a denominação e as atribuições da CETESB - Companhia Estadual de Tecnologia de Saneamento Básico e de Controle de Poluição das Águas e dá providências correlatas [Internet]. São Paulo: AL-SP; 1975 [capturado em 28 abr. 2021]. Disponível em: https://www.al.sp.gov.br/repositorio/legislacao/decreto/1975/decreto-5993-16.04.1975.html.
30. São Paulo (Estado). Lei nº 997, de 31 de maio de 1976. Dispõe sobre o controle da poluição do meio ambiente [Internet]. São Paulo: AL-SP; 1976 [capturado em 28 abr. 2021]. Disponível em: https://www.al.sp.gov.br/repositorio/legislacao/lei/1976/compilacao-lei-997-31.05.1976.html.
31. São Paulo (Estado). Decreto Estadual nº 8.468, de 8 de setembro de 1976. Aprova o Regulamento da Lei nº 997, de 31 de maio de 1976, que dispõe sobre a prevenção e o controle da poluição do meio ambiente [Internet]. São Paulo: AL-SP; 1976 [capturado em 28 abr. 2021]. Disponível em: https://cetesb.sp.gov.br/licenciamento/documentos/1976_Dec_Est_8468.pdf.
32. São Paulo (Estado). Decreto nº 24.932, de 24 de março de 1986. Institui o Sistema Estadual do Meio Ambiente, cria a Secretaria de Estado do Meio Ambiente [Internet]. São Paulo: AL-SP; 1986 [capturado em 28 abr. 2021]. Disponível em: https://www.al.sp.gov.br/repositorio/legislacao/decreto/1986/decreto-24932-24.03.1986.html.
33. São Paulo (Estado). Decreto nº 30.555, de 3 de outubro de 1989. Reestrutura, reorganiza e regulamenta a Secretaria do Meio Ambiente [Internet]. São Paulo: AL-SP; 1989 [capturado em 28 abr. 2021]. Disponível em: https://www.al.sp.gov.br/repositorio/legislacao/decreto/1989/decreto-30555-03.10.1989.html.

CAPÍTULO 14
Planejamento ambiental e ferramentas de suporte

O planejamento ambiental é um termo multifacetado e interdisciplinar. Abrange uma diversidade de disciplinas e congrega várias modalidades do conhecimento técnico. Para a engenharia, é um tema relevante e fundamental, visto o protagonismo na tomada de decisão para a transformação dos recursos naturais em bens e serviços para a sociedade.

As definições dadas para planejamento ambiental por dois especialistas sobre o tema denotam sua abrangência e complexidade:[1,2]

"[...] consiste na adequação de ações à potencialidade, vocação local e sua capacidade de suporte, buscando o desenvolvimento harmônico da região e a manutenção da qualidade do ambiente físico, biológico e social. [...] trabalha, enfaticamente sob a lógica da potencialidade e fragilidade do meio, definindo e espacializando ocupações, ações e atividades [...]".

"[...] planejamento ambiental integrado pode ser considerado como um controle, direção e orientação para todas as atividades humanas dentro de um sistema ambiental específico para realizar e equilibrar o maior número de objetivos de curto e longo prazos. Nesta definição, integração implica síntese e sugere que o planejamento ambiental se assente na interface entre os sistemas humanos/sociais e sistemas físicos/ambientais, em que uma conceituação mais realista do problema de planejamento comece a emergir".

Ambas as definições trabalham com a perspectiva de avaliação ambiente – natural ou modificada – prévia à implantação das mais diversas ações de engenharia. Também sugerem o emprego de racionalismo para a orientação dessas ações, considerando a temática ambiental.

Pode-se dizer que o planejamento ambiental irá fundamentar o planejamento em suas mais variadas modalidades, embasado no conhecimento ambiental. Contudo, se a temática ambiental envolve uma série de conhecimentos que extrapolam os da engenharia, ela irá fornecer os elementos necessários para subsidiar os tomadores de decisão sobre as ações a serem adotadas. Isso é feito por meio da aplicação de instrumentos e ferramentas que racionalizam e sistematizam o conhecimento da área ambiental, permitindo que a engenharia considere a temática ambiental e as questões técnicas e econômicas para a tomada de decisão no planejamento.

O planejamento é a etapa que antecede a execução de qualquer iniciativa, revestindo-se de incertezas que podem ser reduzidas pelo uso de instrumentos e ferramentas técnicas. Em termos de planejamento ambiental, pode-se dizer que o planejamento antecede o projeto de engenharia. Desde a formalização de políticas públicas que se materializam em políticas, planos, programas e projetos, o planejamento ambiental é elemento essencial.

O planejamento remete a decisões sobre estruturação de setores da economia – setor primário (extração de matérias-primas), setor secundário (indústria) e setor terciário (bens e serviços), e sobre a espacialização das atividades que decorrem desses setores no território nacional. Assim, o planejamento ambiental deve fornecer os subsídios técnicos para orientar o planejamento setorial e o planejamento territorial, regional e urbano, desde o nível de políticas até os projetos de engenharia.

Com essa visão, este capítulo é dedicado à apresentação dos principais instrumentos, formalizados ou não, na Política Nacional de Meio Ambiente[3] (PNMA - Lei nº 6.938?81) no país: **Avaliação Ambiental Estratégica** e **Avaliação de Impacto Ambiental**, que compreendem todo o ciclo de planejamento.

É importante destacar que existem outros tipos de planejamento, como o zoneamento ambiental, previsto na PNMA, em que a modalidade mais reconhecida é o zoneamento ecológico-econômico, e outras modalidades de avaliação de impacto, como avaliação de impactos cumulativos (que cobre categorias de impactos que se acumulam no tempo e no espaço em processos de planejamento) e avaliação de impacto de vizinhança (para impactos de vizinhança de empreendimentos em áreas urbanas), mas que não serão tratados por questões de objetividade. No entanto, é recomendado que os leitores interessados em se aprofundar no assunto consultem referências específicas sobre o tema.

14.1 AVALIAÇÃO AMBIENTAL ESTRATÉGICA: INTEGRANDO A VARIÁVEL AMBIENTAL EM PLANOS E PROGRAMAS

A Avaliação de Impacto Ambiental (AIA) pode ser considerada o instrumento mais tradicional e disseminado de planejamento ambiental, sendo aplicada, formalmente, em quase o mundo inteiro. A AIA destina-se a subsidiar o planejamento de projetos de engenharia com elevado potencial de causar impactos ambientais. As modalidades de avaliação de impactos associadas a outras esferas do planejamento e a processos produtivos são englobadas sob a terminologia mais ampla de Avaliação de Impacto (AI), que pode inclusive extrapolar o alcance de análise de impactos ambientais.

Contudo, os instrumentos de AI vêm ainda se expandindo no alcance e na multiplicidade de abordagens. A Avaliação Ambiental Estratégica (AAE) foi concebida como um processo sistemático para garantir e avaliar a apropriada inclusão das consequências ambientais de Políticas, Planos e Programas (PPP) no estágio inicial da tomada de decisão.[4] A AAE, desde a promulgação da Diretiva Europeia em 2004, destacando que o bloco de países europeus foi pioneiro em assumir o compromisso de avaliar os impactos em nível decisório estratégico, tem sido crescentemente adotada no mundo, alcançando uma sólida plataforma de uso sistemático em cerca de 60 países.[5]

Assim, a AAE é um instrumento que foi estruturado para integrar a variável ambiental no processo de tomada de decisão no planejamento estratégico, desde o nível de políticas, passando por planos e programas, ou seja, nos estágios do planejamento que antecedem os projetos de engenharia. A AAE tem origem e estreita relação com a AIA, ambas pautam a tomada de decisão considerando a perspectiva ambiental e o princípio da avaliação prévia. Enquanto a AIA se destina a projetos de engenharia, a AAE direciona-se aos estágios decisórios prévios ao projeto, conforme **FIGURA 14.1**, sendo preferencialmente aplicada a planos e programas, segundo Dalal-Clayton e Sadler.[6]

A AAE não é meramente um estágio anterior à tomada de decisão de projetos, ela vem subsidiando o processo de planejamento estratégico,[7] definindo e avaliando opções para explorar resultados desejáveis no planejamento,[8] em que as metodologias devem ser ajustadas aos casos de aplicação e aos contextos em que se insere a estratégia a ser avaliada.

Em virtude da versatilidade para avaliar as implicações ambientais das ações humanas e a necessidade de se alinhar ao avanço no conhecimento interdisciplinar em matéria ambiental, a AAE permite acoplar ao debate decisório temas como sustentabilidade, serviços ecossistêmicos, governança, mudanças climáticas e outros que sejam consoantes à discussão das grandes preocupações da agenda ambiental mundial.

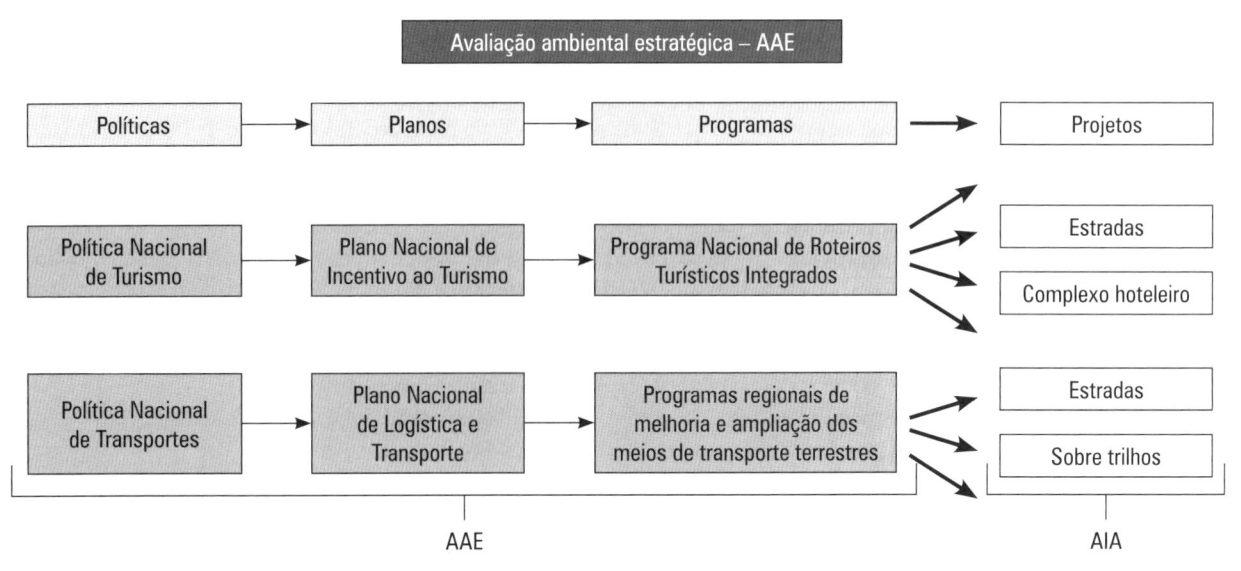

▶ **FIGURA 14.1** Diferentes esferas decisórias do planejamento: políticas, planos, programas e projetos de engenharia.
Fonte: Adaptada de Lemos.[9]

Thérivel e colaboradores,[10] autores do clássico e pioneiro livro sobre AAE, consideram três tipos de aplicação: setorial, regional e "indireta". A setorial é o caso mais típico e inclui gestão de resíduos, abastecimento de água, agricultura, manejo de florestas, energia, recreação e transporte, indústria, habitação e extração mineral. A regional refere-se a planos regionais, planos municipais, planos de comunidade, planos de desenvolvimento e planos rurais e outros planos referentes a escolhas locacionais para desenvolvimento. A "indireta" está relacionada a ciência e tecnologia e a políticas de financiamento.

Há duas diretrizes básicas para conduzir a AAE. A primeira é uma extensão da AIA de projeto, quanto aos princípios, procedimentos legais e formato do relatório de AAE, denominada *project-based approach/bottom-up approach*, ou método da base para o topo. A segunda baseia-se nos preceitos da formulação de políticas e do planejamento em níveis estratégicos, em que se consideram as opções de desenvolvimento, denominada *policy-based approach/top-down approach*, ou método do topo para a base (**FIGURA 14.2**).

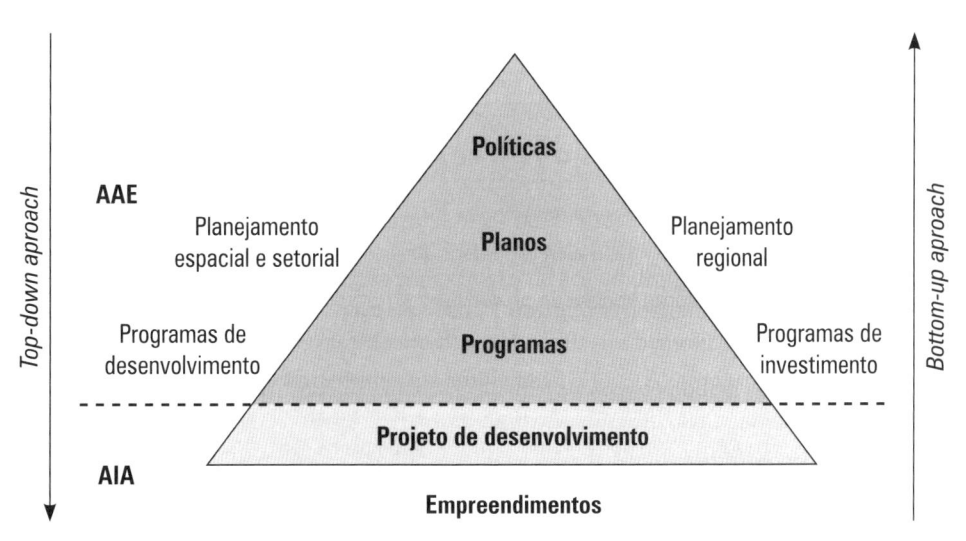

▶ **FIGURA 14.2** Cadeia de decisões e instrumentos de avaliação de impactos associados.
Fonte: Modificada de Partidário.[11]

Para Sánchez e Croal,[12] deve-se fomentar a expansão da AAE para países que ainda não conseguiram vivenciar a contribuição do instrumento ao planejamento ambiental, como é o caso do Brasil. Em 1994, no Estado de São Paulo, houve a pioneira iniciativa de institucionalizar a AAE, por meio da Resolução SMA nº 44/94.[13] No plano federal, o Projeto de Lei nº 2072/2003[14] e o Projeto de Lei nº 261/2011[15] tentaram introduzir a obrigatoriedade de AAE para PPP por meio da alteração da Lei nº 6.938/81,[14] mas foram arquivados, esse último em 31 de janeiro de 2019. Entretanto, no Estado de São Paulo, dois diplomas legais determinam o uso da AAE em contextos distintos: o Decreto nº 55.947/10,[16] que dispõe sobre a Política Estadual de Mudanças Climáticas, e o Decreto nº 56.074/10,[17] que institui o Programa Paulista de Petróleo e Gás Natural. Em termos municipais, o Plano Diretor Estratégico de São Paulo, de 2014, determina a AAE como um dos instrumentos de gestão ambiental. O estado de Minas Gerais também promulgou decretos que preconizam o uso da AAE no desenvolvimento.

Há várias metodologias, roteiros e orientações para a aplicação da AAE, que vêm evoluindo em função da experiência adquirida, desvencilhando-se do modelo de AIA e adquirindo formas ajustadas aos contextos decisórios para os quais se aplica. Um roteiro para aplicação da AAE foi proposto por Gallardo e colaboradores[18] com base no guia de boas práticas para AAE em Portugal, elaborado por Partidário,[19] a convite da Agência Portuguesa do Ambiente, com base na Diretiva Europeia nº 42/2001[20] e da publicação do Decreto-Lei nº 232/2007,[21] e está apresentado na **FIGURA 14.3**.

Contexto da AAE e Foco Estratégico
- 1º Passo: Definição do objetivo da avaliação
- 2º Passo: Definição dos objetivos estratégicos da AAE
- 3º Passo: Identificação dos Fatores Críticos de Decisão (FCD)
- 4º Passo: Identificação de indicadores de sustentabilidade e da situação referencial

Análise e Avaliação
- 5º Passo: Análise de tendência
- 6º Passo: Avaliação de oportunidades e riscos
- 7º Passo: Elaboração de diretrizes para o processo de planejamento

Acompanhamento da AAE
- 8º Passo: Acompanhamento

Legenda: Participação púbica

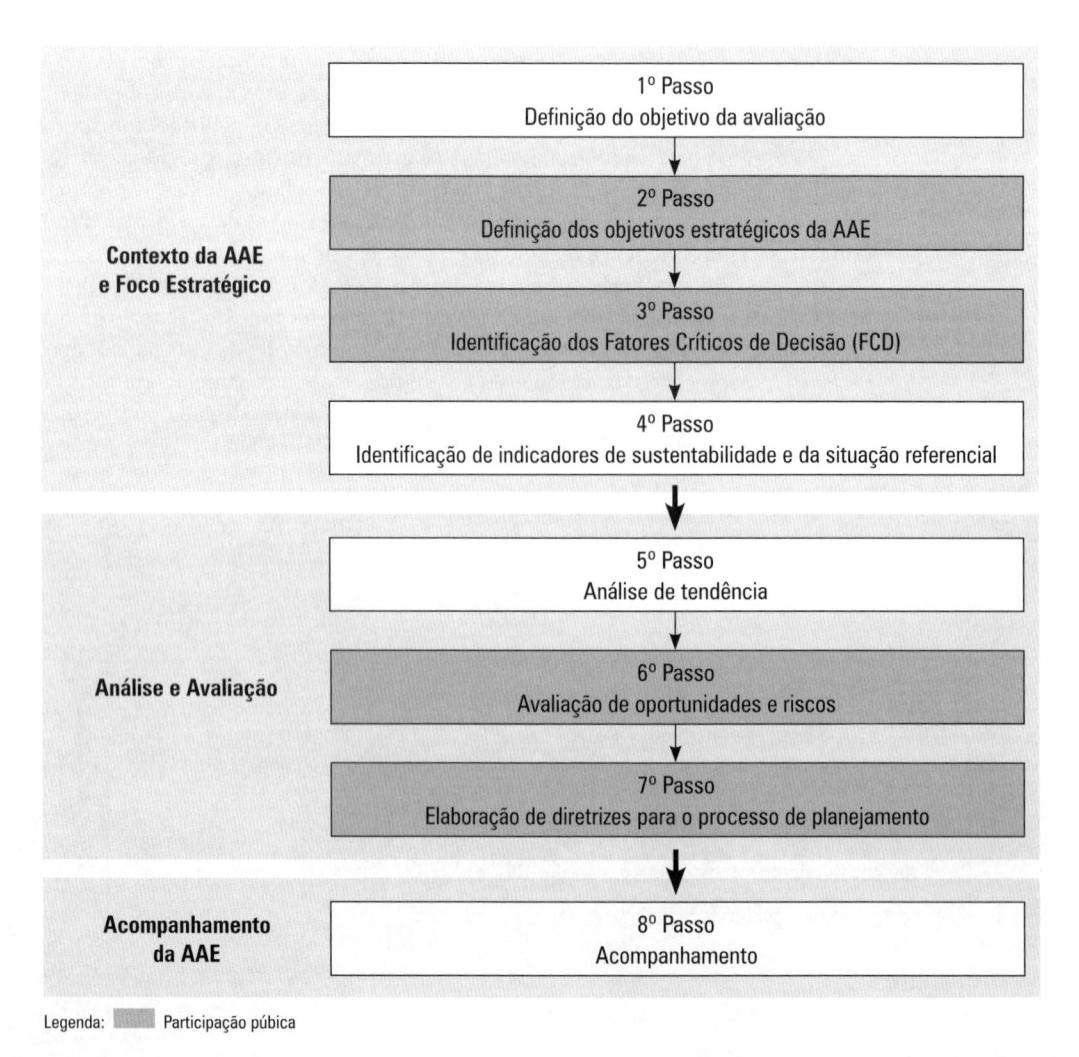

▶ **FIGURA 14.3** Roteiro de AAE para o planejamento.
Fonte: Gallardo e colaboradores.[18]

Descreve-se esse roteiro a seguir.

1º Passo: Definição do objeto da avaliação

O objeto da avaliação refere-se ao planejamento para o qual a AAE direcionará suas contribuições. Pode ser um plano ou programa de desenvolvimento (p. ex., plano decenal de energia, plano diretor urbano, programa rodoviário ou programa de resíduos sólidos).

2º Passo: Definição dos objetivos estratégicos da AAE

Os objetivos estratégicos devem representar as necessidades do processo de planejamento em nível estratégico, de médio a longo prazo. Por exemplo: atender à demanda de energia elétrica para os próximos dez anos, orientar o uso do solo municipal, implantar projetos estruturantes de rodovias, atender às determinações da política nacional de resíduos sólidos.

3º Passo: Identificação dos Fatores Críticos de Decisão (FCD)

Os fatores críticos de decisão (FCD), propostos por Partidário,[19,22] sintetizam os temas que devem direcionar a aplicação da AAE. Os FCDs são fundamentais para estruturar os estudos técnicos e a avaliação de oportunidades e riscos. Essas são as etapas técnicas que reúnem informações para a tomada de decisão. Para permitir que os FCDs sejam representativos do processo de planejamento, devem ser objeto de participação pública, consulta às entidades com responsabilidade ambiental de acordo com a legislação.

Exemplos de FCD são: pressões sobre áreas protegidas e comunidades tradicionais, mudança do uso do solo por pressões urbanas, qualidade do ar e mudanças climáticas em áreas urbanas, contaminação do solo e águas subterrâneas.

4º Passo: Identificação de indicadores de sustentabilidade e da situação referencial

A importância dessa etapa na AAE é discutida por Silva e colaboradores.[23] Para esses autores, problemas na seleção e no uso dos indicadores de sustentabilidade podem conduzir a conclusões equivocadas ou insuficientes para orientar o planejamento.

Nessa etapa, devem ser identificados indicadores, preferencialmente quantitativos, representativos para os FCDs e que atendam aos objetivos estratégicos estabelecidos pela AAE. Os indicadores têm como finalidade fornecer informações que auxiliem na avaliação dos potenciais impactos ambientais associados ao planejamento.

O **QUADRO 14.1**, proposto por Gallardo e colaboradores,[18] apresenta 44 indicadores de sustentabilidade que podem ser utilizados para avaliação de FCDs para o planejamento da expansão do setor da agroenergia da cana-de-açúcar.

▶ **QUADRO 14.1** Indicadores de sustentabilidade para mensuração dos FCDs e disponibilidade dos dados em sistemas de informações existentes para a Bacia Hidrográfica do Turvo/Grande, São Paulo

FCDs	Indicadores de sustentabilidade (grandeza/parâmetro e unidade de medida)
Mudança de uso das terras e segurança alimentar	1. Área agrícola em relação à área total – %
	2. Área ocupada por cana-de-açúcar em relação à área total – %
	3. Área com cobertura vegetal nativa em relação à área total – %
	4. Área com silvicultura em relação à área total – %
	5. Área de pastagem em relação à área total – %
	6. Área urbanizada em relação à área total – %
	7. Áreas ocupadas com lavouras permanentes e temporárias (por tipos de culturas) – ha
	8. Quantidade produzida de lavouras permanentes e temporárias (por tipos de culturas) – t
	9. Quantidade de cabeças por área de pastagem – nº/ha

(Continua)

▶ **QUADRO 14.1** Indicadores de sustentabilidade para mensuração dos FCDs e disponibilidade dos dados em sistemas de informações existentes para a Bacia Hidrográfica do Turvo/Grande, São Paulo *(Continuação)*

FCDs	Indicadores de sustentabilidade (grandeza/parâmetro e unidade de medida)
Propriedade das terras e instrumentos de controle	10. Áreas consideradas com Aptidão Alta e Média em relação à área total – %
	11. Área considerada disponível para expansão de cana-de-açúcar, em relação à área total – %
	12. Área própria em relação à área total cultivada com cana-de-açúcar – %
	13. Quantidade de propriedades registradas no mesmo local de outro imóvel – nº
Serviços ecossistêmicos	14. Quantidade de pontos monitorados com Índice do Estado Trófico (IET) classificados em mesotrófico, oligotrófico e ultraoligotrófico em relação à quantidade total de pontos monitorados – %
	15. Quantidade de pontos monitorados com índice de qualidade das águas (IQA) classificado como Bom e Ótimo em relação à quantidade total de pontos monitorados – %
	16. Quantidade de poços monitorados cuja água foi classificada como potável, em relação à quantidade total de poços monitorados – %
	17. Volume total de água outorgado – m³/ano
	18. Volume de água outorgado para irrigação em relação ao volume total de água outorgado – %
	19. Situações de conflito de extração ou uso das águas superficiais e subterrâneas, por tipo – nº
	20. Quantidade de solo perdido por erosão, no ano – t/ha/ano
	21. Quantidade de agroquímicos utilizada, no ano – kg/ha/ano
	22. Quantidade de resíduos agroindustriais (vinhaça e torta de filtro) utilizada, no ano – kg/ha/ano
	23. Área ocupada por fragmentos florestais em relação à área total – %
	24. Área ocupada por Unidades de Conservação de proteção integral em relação à área total – %
	25. Área ocupada por Unidade de Conservação de uso sustentável em relação à área total – %
	26. Área de Preservação Permanente (APP) com cobertura vegetal em relação à APP total – %
	27. Área de Reserva Legal averbada em relação à área total – %
	28. Quantidade de sanções por infrações a normas ambientais referentes à fauna e à flora – nº
Bem-estar da comunidade local	29. Taxa geométrica de crescimento anual (TGCA) – % a.a.
	30. Taxa de urbanização – %
	31. Quantidade de vínculos empregatícios formais de homens e mulheres, segundo grau de instrução (total, na agropecuária, na indústria, na construção civil, no comércio e nos serviços) – nº
	32. Quantidade de postos de trabalho em atividade agropecuária em relação ao total de postos de trabalho – %
	33. Média do salário pago à mão de obra utilizada na agricultura canavieira em relação ao salário mínimo – %
	34. Quantidade de pessoas em regime de trabalho escravo, no ano – nº
	35. Quantidade de residências ligadas à rede de esgoto, em relação ao total de residências
	36. Quantidade de esgoto tratado, em relação ao total de esgoto coletado – %
	37. Quantidade de residências com serviço de coleta de resíduos sólidos, em relação ao total de residências – %

(Continua)

Capítulo 14 – Planejamento ambiental e ferramentas de suporte 321

▶ **QUADRO 14.1** Indicadores de sustentabilidade para mensuração dos FCDs e disponibilidade dos dados em sistemas de informações existentes para a Bacia Hidrográfica do Turvo/Grande, São Paulo *(Continuação)*

FCDs	Indicadores de sustentabilidade (grandeza/parâmetro e unidade de medida)
Bem-estar da comunidade local	38. Índices de Qualidade de Aterro de Resíduos (IQR) dos aterros – nº
	39. Quantidade de registros de acidentes de trabalho associados à agricultura canavieira, no ano – nº
	40. Quantidade de registros de óbitos decorrentes de trabalho associados à agricultura canavieira, no ano – nº
Qualidade do ar e GEE	41. Taxa de internação por infecção respiratória aguda (IRA) em menores de 5 anos – nº/1.000 hab/ano
	42. Quantidade de dias, em relação ao total de dias no ano, em que o padrão de qualidade do ar é ultrapassado para os parâmetros: Partículas Totais em Suspensão (PTS), Material Particulado Inalável (PM10) e dióxido de nitrogênio (NO_2) – %
	43. Quantidade de dias, em relação ao total de dias no ano, que ocorreram queimadas – %
	44. Quantidade de estabelecimentos cumpridores das metas de eliminação das queimadas em relação ao total de estabelecimentos que realizam queimada – %

Fonte: Modificado de Gallardo e colaboradores.[18]

5º Passo: Análise de tendências nos cenários tendencial e de sustentabilidade

Nesse passo, é realizada a avaliação das tendências dos FCDs em pelo menos dois cenários: o tendencial (ou *bussiness as usual*) e o otimista, denominado sustentabilidade.

6º Passo: Avaliação de oportunidades e riscos

A avaliação de oportunidades e riscos de cada cenário permite subsidiar o planejamento de médio e longo prazos. Essa etapa, geralmente, é subsidiada pela aplicação de uma matriz SWOT (do inglês *strengths, weaknesses, opportunities and threats* – forças, fraquezas, oportunidades e ameaças) para cada FCD.

7º Passo: Elaboração de diretrizes para o processo de planejamento

A partir dos resultados da matriz SWOT, poderão ser elaboradas diretrizes para o planejamento estratégico. Essas diretrizes devem conter um conjunto de ações para incluir os FCDs no planejamento – elas podem englobar recomendações acerca de novas regulamentações e mudanças institucionais ou medidas a serem incorporadas nos processos de licenciamento ambiental com AIA quanto a projetos de engenharia. As diretrizes devem indicar, também, os elementos necessários para o acompanhamento do plano. Para que o planejamento seja efetivo, as diretrizes devem abranger os FCDs que apresentarem tendências de redução da qualidade dos cenários analisados, possibilitando efetiva inclusão da sustentabilidade no processo de planejamento.

8º passo: Acompanhamento

O objetivo do acompanhamento é avaliar o planejamento proposto na prática. Essa etapa permite avaliar a eficácia do processo de AAE e retroalimentar processos de planejamento similares. O acompanhamento da AAE é uma etapa crucial para garantir a implementação das diretrizes estabelecidas para o planejamento. Essa etapa também pode utilizar os mesmos indicadores de sustentabilidade estabelecidos a fim de auferir os aspectos de sustentabilidade na implementação do planejamento e garantir adequada governança ao processo de AAE do planejamento.

14.2 AVALIAÇÃO DE IMPACTO AMBIENTAL E LICENCIAMENTO AMBIENTAL

Entre fins da década de 1950 e início da de 1960, a crescente compreensão por parte de pesquisadores, acadêmicos e gestores públicos sobre os efeitos de atividades específicas no meio ambiente apontava a necessidade urgente da criação de novos instrumentos capazes de complementar e ampliar a eficiência daqueles tradicionalmente utilizados para licenciamento ambiental de atividades e de empreendimentos. Vários grupos de estudos foram se formando nos Estados Unidos e na Europa, primeiramente nacionais e, após, multinacionais, para dar resposta a esse desafio.

Na década de 1960, o conceito de impactos sobre o ambiente passou a ser consolidado. O detalhamento desse conceito demonstrou que sua avaliação podia ser feita com razoável margem de objetividade, de modo que ela pudesse ter aceitação e representatividade social e se transformar em instrumento do processo de tomada de decisões no licenciamento ambiental. Para tanto, essa avaliação deveria ter características técnicas mínimas regulamentadas pelo poder público e ser traduzida em um documento público acessível aos vários segmentos da sociedade interessados no processo de licenciamento ambiental.

Munn[24] dá uma versão das características básicas de uma avaliação de impacto ambiental:

a. descrever a ação proposta e as suas alternativas;
b. prever a natureza e a magnitude dos efeitos ambientais;
c. identificar as preocupações humanas relevantes;
d. listar os indicadores de impacto a serem utilizados e, para cada um, definir sua magnitude. Para o conjunto de impactos, os pesos de cada indicador obtidos do decisor ou das metas nacionais; e
e. a partir dos valores previstos na letra (b), determinar os valores de cada indicador de impacto e o impacto ambiental total.

Em 1981, decorridas quase duas décadas de uma crescente preocupação com o meio ambiente e uma década desde a Primeira Conferência Mundial sobre o Meio Ambiente, realizada em 1972, em Estocolmo, pela ONU, o Brasil definiu a Política Nacional do Meio Ambiente (Lei Federal nº 6.938,[3] de 31 de agosto de 1981). Nessa lei, a "Avaliação de Impactos Ambientais" e o "Licenciamento de Atividades Efetiva ou Potencialmente Poluidoras" foram dois dos instrumentos incluídos para assegurar que os objetivos dessa política fossem atingidos, especificamente o de preservação, melhoria e recuperação da qualidade ambiental propícia à vida, ao desenvolvimento socioeconômico do país, aos interesses da segurança nacional e à proteção da dignidade da vida humana.

Após cinco anos, durante os quais se viveu um processo rico de novas experiências, mas dificultado pela falta da prática do diálogo construtivo entre representantes dos vários segmentos que o compunham, o Conselho Nacional do Meio Ambiente (Conama), por meio da Resolução nº 001/1986, definiu como deveria ser feita a avaliação de impactos ambientais, criando duas figuras novas, respectivamente: o Estudo de Impactos Ambientais (EIA) e o Relatório de Impacto Ambiental (RIMA). Definiu o conteúdo e a abrangência desses estudos e estabeleceu a relação das atividades para as quais sua exigência é obrigatória. Assim, foi definida uma lista de empreendimentos de engenharia que devem ser submetidos ao processo de AIA e apresentar o respectivo EIA. O licenciamento para fins de exercício dessas atividades e de outras que podem ser estabelecidas pela autoridade ambiental local passou, desde então, a depender da prévia aprovação do EIA/RIMA, mediante procedimentos regulamentados.

Em 1997, o Conama publicou a Resolução nº 237[25] para tratar dos procedimentos de licenciamento ambiental de empreendimentos, na qual são destacadas três licenças:

- Licença Prévia (LP);
- Licença de Implantação (LI);
- Licença de Operação (LO).

A Resolução Conama nº 237[25] reforçou a necessidade da realização do EIA/RIMA para empreendimentos com significativo potencial de impacto no meio ambiente, bem como consolidou um instrumento de avaliação prévia de empreendimentos.

Desde a promulgação da resolução pioneira, o Conama e os Conselhos Estaduais de Meio Ambiente vêm complementando, detalhando e tornando mais específicos os procedimentos utilizados para o EIA/ RIMA e o licenciamento ambiental que neles se baseia. No **QUADRO 14.2** está resumido um roteiro básico para a elaboração do EIA/RIMA.[26]

O progresso verificado no campo institucional e técnico tem sido marcante. Ele foi resultante da capacidade de aprender com a experiência já vivida, que foi utilizada para tornar mais consistentes as análises técnico-administrativas e possibilitar a redução de prazos para o processo decisório.

Esse progresso também foi fruto do esforço de educação ambiental e, particularmente, técnico-ambiental no qual se engajaram as universidades e várias associações profissionais de

▶ **QUADRO 14.2** Resumo de um roteiro básico para elaboração do EIA/RIMA

1. Informações gerais:
   - identificação do empreendimento, incluindo: nome e razão social; endereço para correspondência; e inscrição estadual e CGC;
   - histórico do empreendimento;
   - nacionalidade de origem das tecnologias a serem empregadas;
   - informações gerais que identifiquem o porte do empreendimento;
   - tipos de atividades a serem desenvolvidas, incluindo as principais e as secundárias;
   - síntese dos objetivos do empreendimento e sua justificativa em termos de importância no contexto socioeconômico do país, da região, do estado e do município;
   - localização geográfica proposta para o empreendimento, apresentada em mapa ou croqui, incluindo as vias de acesso e a bacia hidrográfica;
   - previsão das etapas de implantação do empreendimento;
   - empreendimento(s) associado(s) e decorrente(s); e
   - nome e endereço para contatos relativos ao EIA/RIMA.

2. Caracterização do empreendimento – com suas fases de planejamento, implantação e operação, com indicação detalhada de etapas e expansões, quando houver.

3. Área de influência – com delimitação das áreas geográficas direta e indiretamente afetadas pelos impactos, devidamente justificadas e mapeadas.

4. Diagnóstico ambiental da área de influência, com descrição e análise dos fatores ambientais e suas interações, por meio das variáveis que descrevem o estado ambiental, caracterizando a qualidade ambiental – em um quadro sintético onde se expõem os fatores ambientais físicos, biológicos e socioeconômicos, indicando os métodos adotados para sua análise com o objetivo de descrever as inter-relações entre os componentes bióticos, abióticos e antrópicos do sistema a ser afetado pelo empreendimento. Além desses fatores, deverão ser identificadas as tendências evolutivas daqueles fatores importantes para caracterizar a interferência do empreendimento – fatores ambientais – como, por exemplo:

   Meio físico
   - clima e condições meteorológicas da área potencialmente atingida pelo empreendimento;
   - qualidade do ar na região;
   - níveis de ruído na região;
   - formação geológica da área potencialmente atingida pelo empreendimento;
   - formação geomorfológica da área potencialmente atingida pelo empreendimento;
   - solos da região que serão potencialmente atingidos pelo empreendimento; e
   - recursos hídricos, sendo abordados hidrologia superficial, hidrogeologia, oceanografia física, qualidade das águas e usos da água.

   Meio biológico
   - os ecossistemas terrestres existentes na área de influência do empreendimento;
   - os ecossistemas aquáticos existentes na área de influência do empreendimento; e
   - os ecossistemas de transição existentes na área de influência do empreendimento.

   Meio antrópico
   - dinâmica populacional na área de influência do empreendimento;
   - uso e ocupação do solo, com informações, em mapa, na área de influência do empreendimento;
   - o nível de vida na área de influência do empreendimento;
   - estrutura produtiva e de serviços; e
   - organização social na área de influência.

(Continua)

> **QUADRO 14.2** Resumo de um roteiro básico para elaboração do EIA/RIMA *(Continuação)*

5. Análise dos impactos ambientais – identificação, valorização e interpretação dos prováveis impactos nas diferentes fases do empreendimento, apresentadas sob as formas, respectivamente, de "Síntese Conclusiva" e "Descrição Detalhada", e analisados considerando-os segundo sejam:
   - impactos diretos e indiretos;
   - impactos benéficos e adversos;
   - impactos temporários, permanentes e cíclicos;
   - impactos imediatos e em médio e longo prazos;
   - impactos reversíveis e irreversíveis; e
   - impactos locais, regionais e estratégicos.

6. Proposição de medidas mitigadoras – classificadas quanto:
   - à sua natureza preventiva ou corretiva, avaliando, inclusive, a eficiência dos equipamentos de controle de poluição em relação aos critérios de qualidade ambiental e aos padrões de disposição de efluentes líquidos, emissões atmosféricas e resíduos sólidos;
   - à fase do empreendimento em que deverão ser adotadas: planejamento, implantação, operação e desativação, e para o caso de acidentes;
   - ao fator ambiental a que se destinam: físico, biológico ou socioeconômico;
   - ao prazo de permanência de suas aplicações: curto, médio ou longo;
   - à responsabilidade pela implementação: empreendedor, Poder Público ou outros; e
   - ao seu custo.

7. Programa de acompanhamento e monitoramento dos impactos – incluindo-se, conforme o caso:
   - indicação e justificativa dos parâmetros selecionados para a avaliação dos impactos sobre cada um dos fatores ambientais considerados;
   - indicação e justificativa da rede de amostragem, incluindo seu dimensionamento e distribuição espacial;
   - indicação e justificativa dos métodos de coleta e análise de amostras;
   - indicação e justificativa da periodicidade de amostragem para cada parâmetro, segundo os diversos fatores ambientais; e
   - indicação e justificativa dos métodos a serem empregados no processamento das informações levantadas, visando a retratar o quadro da evolução dos impactos ambientais causados pelo empreendimento.

engenharia ambiental. Diante do desafio ambiental e do desenvolvimento socioeconômico que enfrentamos, são necessárias, entretanto, mais rapidez e determinação no caminho do seu aperfeiçoamento.

14.3 FUNDAMENTOS DA METODOLOGIA DO EIA/RIMA

Os métodos hoje correntemente disponíveis para a avaliação de impactos ambientais, em sua maioria, resultaram da evolução de outros já existentes. Alguns são adaptações de técnicas do planejamento regional, de estudos econômicos ou de ecologia, como a **análise de potencialidade de utilização do solo e de usos múltiplos de recursos naturais** e as **análises de custo e benefício e modelos matemáticos**. Outros métodos foram concebidos no sentido de considerar os requisitos legais envolvidos, como é o caso dos **Métodos das Matrizes e das Redes de Interação**. Esses métodos têm em comum a característica de disciplinarem os raciocínios e os procedimentos destinados a identificar os agentes causadores e as respectivas modificações decorrentes de uma determinada ação ou um conjunto de ações.

Apesar dessa origem, os métodos passaram a tornar-se cada vez mais específicos à medida que o aprofundamento do conhecimento permitiu tipificar causas e correspondentes efeitos em diferentes segmentos do ambiente, em face de intervenções também específicas. Atualmente, estão disponíveis métodos bastante elaborados e detalhados, visando a apoiar a avaliação de impactos de empreendimentos das mais diferentes naturezas: aproveitamentos hidroelétricos, usinas e indústrias com vários processos de produção, obras hidráulicas e sanitárias, rodoviárias, habitacionais, sistemas de abastecimento de água e até mesmo obras consideradas relevantes do ponto de vista ambiental, como sistemas de tratamento de esgotos e aterros sanitários.

À medida que a avaliação de impactos ambientais passou a ser uma atividade institucionalizada e regulamentada pelo poder público nacional, estadual e, inclusive local, um dos critérios essenciais para a formulação ou a utilização de um método é o da verificação das peculiaridades dessa ação pública, a começar pela definição do que é legalmente considerado impacto ambiental. No Brasil, no âmbito da União, por exemplo, essa definição está contida no Artigo 1º da Resolução Conama nº 001/86.[27]

"Para efeito desta Resolução, considera-se impacto ambiental qualquer alteração das propriedades físicas, químicas e biológicas do meio ambiente, causada por qualquer forma de matéria ou energia resultante das atividades humanas que, direta ou indiretamente, afetem:

- a saúde, a segurança e o bem-estar da população;
- as atividades sociais e econômicas;
- a biota;
- as condições estéticas e sanitárias do meio ambiente; e
- a qualidade dos recursos ambientais.

No caso brasileiro, por exemplo, considera-se que um método é tanto mais adequado quanto maior sua utilidade para dar suporte ao conjunto mínimo de atividades e produtos legalmente exigidos na execução dos EIA/RIMA (Artigos 6º e 9º da Resolução nº 001/86[27] do Conama) e para torná-los adequados ao processo de sua apreciação pelos técnicos e pelo público interessado (Artigo 11). A seguir, um resumo desse conjunto de atividades:

I. diagnósticos ambientais da área de influência do projeto;
II. identificação dos impactos;
III. previsão e medição dos impactos;
IV. definição das medidas mitigadoras;
V. elaboração do programa de monitoramento;
VI. comunicação dos resultados.

Embora existam vários métodos para a avaliação de impacto ambiental, nenhum deles abrange todas essas atividades ou possibilita a análise de quaisquer tipos de projetos ou sistemas ambientais.

Munn[24] resume como atributo desejável de um método sua capacidade de atender às seguintes funções na avaliação de impactos:

a. identificação;
b. predição;
c. interpretação;
d. comunicação; e
e. monitoramento.

Finalmente, considera-se ainda desejável que o método caracterize os impactos quanto à sua relevância (ou importância) e à sua magnitude.

Um método que atendesse a todas as características anteriormente referidas, mas se mostrasse inadequado no processo decisório a que se destina por ser de difícil comunicação fora do âmbito estritamente técnico, não cumpriria a função essencial que dele se espera. Não obstante, as técnicas de comunicação já elaboradas, algumas delas especificamente para facilitar a comunicação em audiências públicas para avaliação de impactos ambientais, a facilidade de estabelecer a comunicação e favorecer o entendimento do público interessado, podem ser fator decisório na seleção do método a ser empregado.

Na sequência, são descritos os principais métodos de avaliação de impacto ambiental.

14.4 MÉTODO AD HOC

Nos métodos denominados *ad hoc* para avaliação dos impactos, são promovidas reuniões com a participação de técnicos e cientistas especializados, que tenham conhecimentos teóricos e práticos em setores relacionados às características do empreendimento em análise.

Nessas reuniões, podem ser utilizados questionários previamente respondidos por pessoas com interesse no problema e só circunstancialmente com formação científica ou profissional relacionada ao tema sob análise, de modo a subsidiar os pareceres dos especialistas.

Essas reuniões são dirigidas de maneira a permitir uma visão integrada da questão ambiental, propiciam obter, rapidamente, informações quanto aos impactos prováveis e possibilitam o cotejo e a classificação de opções. Entretanto, são passíveis de crítica em razão da grande subjetividade envolvida nas opiniões e do risco de tendenciosidade desde a avaliação até a escolha dos participantes.

Em resumo, apresentam:

- **como vantagens** – rapidez na identificação dos impactos mais prováveis e da melhor alternativa e a viabilidade de aplicação mesmo quando as informações são escassas;
- **como desvantagens** – vulnerabilidade a subjetividades e a tendenciosidades na coordenação e na escolha dos participantes.

Na **TABELA 14.1**, adaptada de um exemplo de Rau e Wooten,[28] ilustra-se a aplicação do método no qual estão qualificados os impactos sobre os diferentes componentes ambientais.

▶ **TABELA 14.1** Ilustração do Método *ad hoc* de impacto ambiental x área ambiental

Área ambiental	Impacto ambiental								
	EL	EP	EN	B	EA	P	CP	LP	R	I
Vida selvagem			X			X	X			
Espécies ameaçadas	X									
Vegetação			X			X			X	
Vegetação exótica	X									
Aragem			X			X		X		X
Características do solo	X									
Drenagem natural	X									
Água subterrânea		X		X						
Ruído			X					X		
Pavimentação							X			
Recreação	X									
Qualidade do ar			X		X			X		X
Comprometimento estético	X									
Áreas virgens			X		X			X		X
Saúde e segurança	X									
Valores econômicos		X		X				X		

(Continua)

▶ **TABELA 14.1** Ilustração do Método *ad hoc* de impacto ambiental x área ambiental *(Continuação)*

Área ambiental	Impacto ambiental									
	EL	EP	EN	B	EA	P	CP	LP	R	I
Utilidades públicas (incluindo escolas)							X	X	X	
Serviços públicos	X									
Compatibilidade com planos regionais		X		X				X		

EL Efeito nulo   **EP** Efeito positivo   **EN** Efeito negativo   **B** Efeito benéfico   **EA** Efeito adverso
P Problemático   **CP** Curto prazo   **LP** Longo prazo   **R** Reversível   **I** Irreversível
Fonte: Adaptada de Rau e Wooten.[28]

14.5 MÉTODO DAS LISTAGENS DE CONTROLE

As listagens de controle são uma evolução natural do método anterior. Especialistas (*ad hoc* ou não) preparam listagens de fatores (ou componentes) ambientais potencialmente afetáveis pelas ações propostas. Ao longo do tempo, essas listagens tornaram-se disponíveis para muitos empreendimentos-padrão e facilmente acessíveis pela bibliografia especializada.

Em resumo, apresentam:

- **como vantagens** – simplicidade de aplicação, reduzida exigência quanto a dados e informações;
- **como desvantagens** – não permitem projeções e previsões ou a identificação de impactos de segunda ordem.

As principais variantes do método das listagens de controle, em grau crescente de complexidade e detalhamento nas respostas que propiciam, são apresentadas a seguir.

▶ 14.5.1 Listagens descritivas

As listagens de caráter puramente descritivo são bastante utilizadas para orientar a elaboração das avaliações de impacto ambiental, relacionando ações, componentes ambientais e respectivas características que podem ser alteradas. Podem também conter informações sobre técnicas mais adequadas de medição e previsão para os indicadores ambientais selecionados, bem como sobre a ponderação relativa dos impactos. Entretanto, não permitem o cotejo de opções mediante a quantificação dos impactos.

Na sequência, são apresentados exemplos de listagens de controle descritivas empregadas em diferentes estudos de avaliação de impactos ambientais.

O primeiro deles é mostrado na **TABELA 14.2**, elaborado por organismo da ONU e apresentado por Silveira e Moreira,[29] é parte da listagem referente ao aproveitamento hídrico em uma bacia hidrográfica tropical. Na coluna da esquerda, estão relacionadas as ações previstas com a implantação do aproveitamento; na da direita, as características e condições do ambiente físico e socioeconômico que poderão sofrer alteração com a implantação do aproveitamento (nas fases de construção e de operação).

Na **TABELA 14.3**, encontra-se parte de uma variante diferente de uma listagem de controle. Nela, os impactos potenciais estão relacionados na primeira coluna, e as respectivas fontes de informação e técnicas de previsão a serem utilizadas para sua avaliação são mostradas na coluna seguinte.

Na **TABELA 14.4**, encontra-se outra das formas que pode assumir uma listagem de controle descritiva. Nesse caso, na tentativa de estender o uso da listagem de controle para a ordenação de opções, mesclou-se esse método com o *ad hoc*. Por meio do grupo *ad hoc*, atribuiu-se um peso pela comparação de cada um dos parâmetros listados nas diferentes opções.

▶ **TABELA 14.2** Listagem de controle – componentes ambientais potencialmente afetados pelo desenvolvimento de uma bacia hidrográfica tropical

Ações

Revestimento dos canais	Lagoa de irrigação
Canais para irrigação	Piers, molhas, marinas e desembocadouros
Barragem de reservatórios	Dinamitação e sondagem
Reservatórios	Cortes e aterros
Barragem de irrigação	Túneis e estruturas subterrâneas

Condições biológicas

1. Flora	**2. Fauna**
Árvores	Aves terrestres
Arbustos	Aves aquáticas
Capim	Animais terrestres, inclusive répteis, anfíbios etc.
Cultura	Zooplâncton
Microflora terrestre	Bentos
Fitoplâncton	Peixes e crustáceos
Plantas aquáticas	Insetos
Espécies raras	Microfauna
Espécies ameaçadas	Espécies ameaçadas
Barreiras	Espécies raras
Corredores	Barreiras
	Corredores

Características e condições ambientais e socioeconômicas

Erosão	Compactação e assentamento
Deposição (sedimentação e precipitação)	Estabilidade (deslizamentos, quedas)
Solução	Pressões (terremotos)
Absorção (troca iônica, complexos)	Correntes de ar

Renovação de recursos

Planejamento dos usos do solo e da água – manejo	Estoque de peixes e manejo da pesca
Reflorestamento e manejo florestal	Recarga do lençol freático
Estoque de animais selvagens e manejo	Aplicação de fertilizante
	Reciclagem dos despejos

Alteração do solo

Remoção da floresta junto à linha-d'água	Consolidação do solo e nível para irrigação
Terras secas – expansão da agricultura tradicional	Controle da erosão
	Paisagismo

Processamento

Lavoura – área tradicional	Pastagens – marinha d'água
Lavoura – colonização tradicional	Agroindústria
Lavoura – irrigação da área tradicional	Aquacultura
Lavoura – irrigação de uma colheita	Processamento da madeira
Lavoura – irrigação de duas plantações	Indústria madeireira
Lavoura – marinha d'água (zona submersa)	Artefatos
Pastagens – terrenos elevados	

Extração de recursos

Eletrificação	Sondagem de poços e remoção dos fluidos
Escavação superficial	Exploração da floresta
Poço de argila para barragens	Pesca de subsistência
Arenito e calcáreo para barragens	

(Continua)

▶ TABELA 14.2 Listagem de controle – componentes ambientais potencialmente afetados pelo desenvolvimento de uma bacia hidrográfica tropical *(Continuação)*

Fatores culturais

Usos do solo

Hábitat de animais selvagens	Pastagem
Reservas decimais	Preparação do terreno
Áreas alagadas	Agricultura na marinha d'água
Florestas	Agricultura de irrigação
Cerrado	Agricultura de colonização
Reservas florestais	Agricultura tradicional

Fonte: Silveira e Moreira.[29]

▶ TABELA 14.3 Parte de uma listagem de controle descritiva – fatores ambientais

Impactos potenciais/Dados necessários	Fontes de informação/técnicas de previsão
Qualidade do ar/Saúde	
Alterações nas concentrações de poluentes no ar pela frequência de ocorrência e número de pessoas ameaçadas.	Concentrações atuais ambientais, emissões atuais e previstas, modelos de dispersão, mapas demográficos.
Qualidade do ar/Incômodo	
Alterações na ocorrência de incômodos visuais (fumaça, névoa) ou odores e número de pessoas afetadas. Alteração dos níveis de ruído e frequência da ocorrência e número de pessoas incomodadas.	Amostragens junto aos cidadãos, processos industriais previsíveis, volume de tráfego. Alterações no tráfego ou outras fontes de ruído e em barreiras de som: modelos de propaganda de ruídos, nomógrafos, relacionando níveis de tráfego, barreiras etc. Pesquisas e amostragens junto aos cidadãos ou atual opinião quanto aos níveis de ruído.
Qualidade da água	
Alterações nos usos permitidos ou tolerados da água e número de pessoas afetadas, por corpo de água relevante.	Efluentes existentes e previstos, concentrações atuais ambientes, modelos de qualidade da água.

Fonte: Silveira e Moreira.[29]

▶ TABELA 14.4 Interpretação dos impactos pela classificação das opções para o manejo de uma bacia hidrográfica

Dados necessários	Ordenamento das opções				
	Nenhuma ação	Projeto I	Projeto II	Projeto III	Projeto IV
Qualidade da água					
Alcalinidade – PH	5	2	3	4	1
Ferro – manganês	5	2	3	4	1
Dureza total	2	5	3	4	1
Ecologia					
Aquática	5	2	3	4	1
Terrestre	4	5	2	3	1

(Continua)

▶ **TABELA 14.4** Interpretação dos impactos pela classificação das opções para o manejo de uma bacia hidrográfica *(Continuação)*

Dados necessários	Ordenamento das opções				
	Nenhuma ação	Projeto I	Projeto II	Projeto III	Projeto IV
Estética					
Biota terrestre	4	5	2	3	1
Biota aquática	5	4	2	3	1
Estruturas feitas pelo homem	1	5	4	3	2
Economia					
Mescla de atividades econômicas	5	1	3	4	2
Formação do capital	5	1	2	3	4
Renda – emprego	5	1	3	4	2
Valor das propriedades	5	4	2	3	1
Social					
Serviços individuais	5	4	2	3	1
Serviços comunitários	1	3	4	5	2
Custo público					
Construção	1	4	3	2	5
Operação e manutenção	1	5	4	3	2

Fonte: Silveira e Moreira.[29]

Mesmo com as limitações que procedimentos desse tipo podem apresentar, essa mescla é frequentemente utilizada para ordenação expedita de opções, sempre apoiadas na hipótese de ser possível associar-se uma escala de ponderação razoavelmente representativa da magnitude/relevância de cada impacto. As **TABELAS 14.5** e **14.6** constituem exemplos mais elaborados, apresentados por Rau e Wooten,[28] visando a essa ordenação.

▶ **TABELA 14.5** Listagem de controle por área de impacto

Impacto potencial	Construção			Operação		
	Efeito adverso	Efeito nulo	Efeito benéfico	Efeito adverso	Efeito nulo	Efeito adverso
A. Transformação da construção						
a. Compactação e decantação						
b. Erosão						
c. Superfície do solo						
d. Deposição (sedimentação, precipitação)						
e. Estabilidade						

(Continua)

TABELA 14.5 Listagem de controle por área de impacto *(Continuação)*

Impacto potencial		Construção			Operação		
		Efeito adverso	Efeito nulo	Efeito benéfico	Efeito adverso	Efeito nulo	Efeito adverso
f.	Esforços (terremotos)						
g.	Enchentes						
h.	Controle de gastos						
i.	Explosões e perfurações						
j.	Falha operacional						
B. Uso da terra							
a.	Espaço aberto						
b.	Recreacional						
c.	Agrícola						
d.	Residencial						
e.	Comercial						
f.	Industrial						
C. Recursos de água							
a.	Qualidade						
b.	Irrigação						
c.	Drenagem						
d.	Água do solo						
D. Qualidade do ar							
a.	Óxidos (sulfato, carbono, nitrogênio)						
b.	Água de percolação						
c.	Químico						
d.	Odores						
e.	Gases						
E. Serviços							
a.	Escolas						
b.	Polícias						
c.	Proteção ao fogo						
d.	Abastecimento de água e de energia						
e.	Sistemas de esgotos						
f.	Disposição de lixo						
F. Condições biológicas							
a.	Vida selvagem						
b.	Árvore						

(Continua)

TABELA 14.5 Listagem de controle por área de impacto *(Continuação)*

Impacto potencial		Construção			Operação		
		Efeito adverso	Efeito nulo	Efeito benéfico	Efeito adverso	Efeito nulo	Efeito adverso
c.	Campos						
G. Sistemas de transporte							
a.	Automóveis						
b.	Caminhões						
c.	Seguranças						
d.	Movimentos						
H. Ruído e vibração							
a.	*On-site*						
b.	*Off-site*						
I. Estético							
a.	Paisagem						
b.	Estrutura						
J. Estrutura comunitária							
a.	Relocação						
b.	Mobilidade						
c.	Serviços						
d.	Recreação						
e.	Emprego						
f.	Moradia						
K. Outros							
	(listados apropriadamente)						

Fonte: Rau e Wooten.[28]

TABELA 14.6 Exemplo de listagem de controle para projeto de desenvolvimento de vizinhanças

Elementos	Ações de impacto									
	Ação				Efeitos das ações					
	1	2	3	Δ	a	b	c	d	e	f	g
Físicos										
Solo e geologia	☆	☆	☆	☆	☆	☆	☆	●	☆	☆
Esgoto sanitário	☆	☆	○	○	◆	◆	◆	☆	☆	☆	◆

(Continua)

▶ **TABELA 14.6** Exemplo de listagem de controle para projeto de desenvolvimento de vizinhanças *(Continuação)*

Elementos	Ações de impacto									
	Ação				Efeitos das ações						
	1	2	3	Δ	a	b	c	d	e	f	g
Sistema de água	✡	✡	◯	◯	●	◆	◆	✡	✡	✡	◆
Vegetação	✡	✡	◯	◯	✡	●	◆	✡	●	✡	✡
Vida animal	✡	✡	✡	✡	✡	✡	✡	✡	◯	✡	✡
Qualidade do ar	✡	✡	◯	✡	✡	◯	◯	◯	◆	◆	✡
Uso do solo vizinho	✡	✡	◯	◯	✡	●	✡	✡	●	●	×
Drenagem de tempestades	✡	✡	◯	◯	●	◆	◆	✡	◆	✡	◆
Vias	✡	◯	◯	◯	◆	◆	◆	●	✡	✡	●
Transporte público	✡	✡	◯	◯	✡	×	×	×	✡	×	×
Pedestres	◯	◯	◯	◯	✡	●	●	◆	●	×	×
Espaço aberto	✡	✡	✡	✡	✡	●	◯	◯	●	×	×
Socioeconômicos											
Demanda auxiliar	◆	◆	◆	◯	✡	◆	◆	✡	✡	◆	◆
Base de taxação	✡	✡	✡	◯	◆	●	●	◆	✡	×	✡
Saúde e Segurança	✡	✡	✡	◯	●	◆	◆	✡	◆	◆	◆
Aceitação da vizinhança	◯	◯	◯	◯	✡	●	◆	◆	●	●	×
Residentes	◯	◯	◯	◯	◆	●	◆	◆	●	●	×
Escolas públicas	✡	✡		◯	✡	●	✡	✡	◆	◆	×
Policiamento	◯	◯	◯	◯	◆	◆	◆	◆	×	✡	×
Bombeiro	◯	◯	◯	◯	◆	◆	◆	◆	×	◆	×
Estéticos											
Vista	✡	✡	◯	◯	✡	◆	◆	◯	●	◯	✡
Estrutura histórica	✡	✡	◯	◯	◆	✡	✡	×	◆	●	✡
Amenidades	◯	◯	◯	◯	◆	●	●	◆	●	◆	×
Caráter da vizinhança	◯	◯	◯	◯	◆	●	◆	◯	●	◆	×

1. Relocação residencial
2. Relocação do escritório
3. Demolição, *grading*, construção
Δ Período provisório

a. Novas utilidades no local
b. Novos edifícios residenciais
c. Novos edifícios comerciais
d. Estrutura para estacionamentos
e. Parques e espaços abertos
f. Preservação histórica
g. Modificação para sistemas de vias

Legenda
◯ Impacto negativo minoritário
◯ Impacto negativo majoritário
◆ Impacto positivo minoritário
● Impacto positivo majoritário
× Impacto indeterminado
✡ Impacto não apreciável

Fonte: Rau e Wooten.[28]

▶ 14.5.2 Listagens comparativas

Este tipo constitui-se em uma evolução das listagens anteriores, mediante a incorporação de critérios de relevância aos indicadores ambientais característicos do estado ambiental alterável pelos impactos. Normalmente, essas listagens são específicas para o caso em estudo e, no máximo, aplicáveis às situações-padrão por ele representadas.

A relevância do impacto é explicitada numericamente (ou por meio de letras) em relação ao nível de impacto considerado significativo. Em alguns modelos do método, a relevância também leva em conta a duração do impacto. Habitualmente, a intensidade cresce com o número ou a ordem alfabética da letra.

Um exemplo de listagem comparativa foi desenvolvido para os Estados Unidos e passou a ser amplamente empregado internacionalmente. O US Forest Service desenvolveu uma listagem associada a critérios de relevância, composta por fatores ambientais e socioeconômicos, qualidade da água e hábitats da vida selvagem, acompanhados de fatores desejáveis ou que sejam padrão para cada um deles. Essa listagem encontra-se descrita em Silveira e Moreira.[29]

Quando o impacto previsto ultrapassa os valores desejáveis estabelecidos, emerge uma situação a ser considerada na análise ambiental, à luz de critérios de relevância.

Como principais características desse método, podemos destacar:

- os critérios de relevância, os fatores ambientais e os padrões estabelecidos dependem das características do empreendimento;
- a dimensão temporal é considerada.

Mediante a aplicação desse método, é possível estabelecer a hierarquia entre as opções quanto aos impactos que cada uma introduz sobre os diversos componentes (ou elementos) ambientais. Ele não revela, porém, qual a hierarquia das opções no conjunto total dos impactos.

A **TABELA 14.7** resume um exemplo de aplicação[29,30] de uma comparação de impactos ambientais de três opções para a exploração florestal. Na primeira coluna, estão os componentes ambientais físicos e socioeconômicos considerados. Na segunda, os parâmetros correspondentes caracterizadores dos respectivos estados ambientais. Na terceira, os valores do limiar (ou nível) de relevância. Nas três colunas seguintes, está a caracterização dos impactos de cada opção sobre cada um dos componentes ambientais considerados.

No exemplo, os graus de intensidade considerados foram:

A – nenhum efeito	E – efeito muito grave
B – pouco efeito	1 – menor impacto
C – efeito significativo	2 – impacto significativo
D – efeito grave	3 – maior impacto

▶ 14.5.3 Listagens em questionário

Nesse tipo de listagem, procura-se contornar uma falha dos métodos anteriores, que consideram os impactos de um projeto isoladamente, sem levar em conta suas interdependências. Várias perguntas são elaboradas visando contornar a desvantagem da listagem puramente descritiva.

A listagem é subdividida em categorias genéricas (ecossistema terrestre, vetores de doenças e outras), para as quais são organizados questionários acompanhados de instruções para seu preenchimento, bem como de classificação do impacto resultante das ações neles descritas.

Os **QUADROS 14.3** e **14.4** são exemplos de listagens de questionários citados em bibliografia corrente. Ambos foram vertidos e adaptados por Silveira e Moreira.[29] O primeiro é de 1981 e foi elaborado pela US Agency for International Development para aplicação em projetos de aproveitamento rural em países em desenvolvimento. O segundo, também de 1981, foi elaborado por Clark e colaboradores para a Grã-Bretanha.

Quadro 14.3 "Limites de interesse" com elementos, critérios: limites de interesse e dados dos impactos

Elementos	Parâmetros	Critérios de relevância	Opção 1 nenhuma ação		Opção 2 nenhuma ação		Opção 3 nenhuma ação	
			Impacto e duração	Impacto Toc	Impacto e duração	Impacto Toc	Impacto e duração	Impacto Toc
Qualidade do ar	Diretrizes Estaduais	3	4 C	Sim	4 C	Sim	4 C	Sim
Economia	Eficiência (razão custo/benefício)	1:1	3:1	Não	4:1	Não	4.5:1	Não
Emprego	Empresas no setor privado	Nível atual	9.000 C	Não	9.500 C	Não	10.000 C	Não
	Demanda do serviço florestal	Atual 10%	400 C	Não	440 C	Não	500 C	Sim
Animais selvagens (recursos)	Fornecimento de unidades animais/mês	Nível atual	50.000 C	Não	50.000 C	Não	30.000 C	Sim
Recreação	Número de acampamentos	5.000	2.800 C	Sim	50.000 C	Não	60.000 C	Não
	Esportes de inverno							
	Visitantes/dia	1.000.000	700.000 C	Sim	1.000.000 C	Não	2.000.000 C	Não
Espécies ameaçadas de extinção	Número de corujas	35	500	Não	350	Não	200	Sim
Qualidade do ar	Padrões estaduais	3	3 C	Não	3 C	Não	4 C	Sim
Animais selvagens	Inspeção – veados e alces	25% de redução na população	10% C	Não	10% C	Não	30% C	Sim

Fonte: Elaborado por Silveira e Moreira.[29]

▶ **QUADRO 14.3** Partes de um questionário (listagem de controle) para países em desenvolvimento

Ecossistemas terrestres

a. Qualquer dos ecossistemas listados a seguir pode ser classificado como significativo ou único pela natureza de seu tamanho, abundância ou tipo?

■ floresta	Sim_____	Não_____	Desconhecido
■ savana	Sim_____	Não_____	Desconhecido
■ campo	Sim_____	Não_____	Desconhecido
■ deserto	Sim_____	Não_____	Desconhecido

b. Estão esses ecossistemas:

■ integrados moderadamente?	Sim_____	Não_____	Desconhecido
■ integrados?	Sim_____	Não_____	Desconhecido
■ gravemente integrados?	Sim_____	Não_____	Desconhecido

c. Observa-se a tendência de alteração desses ecossistemas por corte, queimada etc. para uso agrícola, industrial ou urbano?

Sim_____	Não_____	Desconhecido

d. A população local usa esses ecossistemas para extração de:

■ plantas comestíveis?	Sim_____	Não_____	Desconhecido
■ plantas medicinais?	Sim_____	Não_____	Desconhecido
■ madeira?	Sim_____	Não_____	Desconhecido
■ fibra?	Sim_____	Não_____	Desconhecido
■ pele?	Sim_____	Não_____	Desconhecido
■ animais comestíveis?	Sim_____	Não_____	Desconhecido

e. O projeto vai provocar nesses ecossistemas limpeza ou alteração de:

■ áreas médias?	Sim_____	Não_____	Desconhecido
■ áreas externas?	Sim_____	Não_____	Desconhecido

f. O projeto depende desses ecossistemas para a extração de matérias-primas (madeira, fibras)?

Sim_____	Não_____	Desconhecido

g. O projeto prevê a redução do uso desses produtos dos ecossistemas ou sua substituição por outros materiais?

Sim_____	Não_____	Desconhecido

h. O projeto causará aumento no crescimento da população da área, provocando tensões sobre esses ecossistemas?

Sim_____	Não_____	Desconhecido

Impacto sobre o ecossistema terrestre ND. HA. MA. LA. O. LB. MB. HB.

Vetores de doenças

a. Existem na área problemas de doenças transmitidas por espécies de vetores, tais como mosquitos, pulgas, caracóis?

Sim_____	Não_____	Desconhecido

b. Estão esses vetores em:

■ hábitats aquáticos?	Sim_____	Não_____	Desconhecido

(Continua)

▶ **QUADRO 14.3** Partes de um questionário (listagem de controle) para países em desenvolvimento *(Continuação)*

▪ hábitats florestais?	Sim____	Não____	Desconhecido
▪ terras agrícolas?	Sim____	Não____	Desconhecido
▪ hábitats degredados?	Sim____	Não____	Desconhecido
▪ assentamentos humanos?	Sim____	Não____	Desconhecido

c. O projeto resultará em:
- aumento dos hábitats de vetores? Sim____ Não____ Desconhecido
- decréscimo dos hábitats de vetores? Sim____ Não____ Desconhecido
- oportunidade de controle de vetores? Sim____ Não____ Desconhecido

d. Será a força de trabalho uma possível fonte de doenças ainda desconhecidas na área do projeto?
Sim____ Não____ Desconhecido

e. Será o aumento da acessibilidade e do comércio com a área do projeto uma possível fonte de doenças ainda desconhecidas na área?
Sim____ Não____ Desconhecido

f. O projeto dará oportunidade para o controle de vetores por meio da melhoria dos padrões de vida?
Sim____ Não____ Desconhecido

Impacto sobre vetores de doenças ND. HA. MA. LA. O. LB. MB. HB.

Legenda

ND Não determinável	**MA** Medianamente adverso	**O** Pouco ou insignificante	**MB** Benefício médio
HA Muito adverso	**LA** Pouco adverso	**LB** Pouco benefício	**HB** Muito benefício

▶ **QUADRO 14.4** Listagem de controle em forma de questionário para a Grã-Bretanha

Poluição da água

a. Os efluentes, tratados ou não, têm efeito significativo sobre a flora e a fauna das águas dos rios, canais, lagos, estuários e do mar?
b. Os efluentes serão levados até as águas superficiais pelas águas subterrâneas?
c. Existem trechos do rio, a jusante, onde os efluentes possam causar alterações na fauna e na flora?
d. Haverá efeitos sinérgicos significativos, tanto entre os poluentes e o corpo receptor quanto entre os poluentes entre si?
e. Haverá efeitos progressivos significativos, tanto entre os poluentes e o corpo receptor quanto entre os poluentes entre si?
f. A descarga de efluentes elevará os níveis de poluição local?
g. Variações nas vazões (sazonais) causarão aumento significativo na concentração de poluentes?
h. Variações no gradiente de salinidade e/ou mais correntes do estuário levarão a aumentos nas concentrações de poluentes ou problemas de dispersão?
i. A pesca será afetada pelo lançamento de efluentes?
j. Serão os demais usos da água, como a canoagem, esqui aquático e vela, afetados pelo lançamento de efluentes?
k. Haverá odores que causarão, provavelmente, incômodos à população?
l. Quais as comunidades ou espécies de animais que provavelmente serão afetadas por alterações na flora aquática e na fauna?
m. Existe alguma comunidade vegetal dependente da água dos corpos receptores que provavelmente será afetada pelas descargas de efluentes?
n. Alguma horticultura ou lavoura usa água dos corpos receptores para irrigação?

▶ 14.5.4 Listagens ponderais

Constituem uma evolução consolidada das listagens de controle comparativas com ponderação. O modelo que melhor representa o método é conhecido como método de Battelle, descrito adiante.

O método é baseado na listagem de parâmetros ambientais. A importância relativa de cada um dos parâmetros em relação à soma dos impactos do projeto é dada pela atribuição de pesos. Tanto a distribuição de pesos entre os parâmetros quanto o desenvolvimento das funções e valores dos índices de qualidade ambiental associados ao estado de cada parâmetro são obtidos com auxílio de uma equipe multidisciplinar.

O método de avaliação ambiental de Battelle (Columbus Lab. – US Bureau of Reclamation), inicialmente formulado para a utilização em aproveitamentos de recursos hídricos, é exemplo típico de listagem ponderal e possui as seguintes características principais:

- é abrangente e seletivo ao mesmo tempo;
- é bastante objetivo para a comparação de opções;
- não permite a interação dos impactos;
- permite previsão de magnitude pelo emprego de escala normalizada de valores; e
- não distingue a distribuição temporal.

Esse modelo é constituído por 78 parâmetros representativos de componentes ambientais (18 ecológicos, 17 estéticos, 24 físico-químicos e 19 sociais). A cada um deles está associado um peso previamente definido que estabelece sua importância relativa em face dos demais na constituição dos impactos. A cada parâmetro corresponde um índice de qualidade ambiental normalizado numa escala que varia entre 0 e 1, estabelecidos caso a caso por equipe multidisciplinar ou adotados a partir de casos similares relatados anteriormente. O somatório dos produtos dos índices de qualidade pelos pesos dos respectivos parâmetros constitui o valor relativo do impacto calculado para cada opção.

A **TABELA 14.8** e os **QUADROS 14.5**, **14.6** e **14.7** apresentam, respectivamente, a relação dos parâmetros do método Battelle[24] e três exemplos de possíveis curvas representativas de índices de qualidade ambiental utilizadas no método de Battelle, traduzidas e apresentadas por Silveira e Moreira.[29]

▶ **TABELA 14.8** Classificação ambiental de Battelle para desenvolvimento de projetos de recursos de água

Ecologia	Físico/químico
■ Espécies terrestres e populações 　Herbívoros (14) 　Colheitas (14) 　Vegetação natural (14) 　Espécies pestilentas (14) 　Pássaros (14) ■ Espécies aquáticas e populações 　Pesca comercial (14) 　Vegetação natural (14) 　Espécies pestilentas (14) 　Pesca esportiva (14) 　Aves aquáticas (14)	■ Qualidade da água 　Perda da bacia hidrológica (20) 　Demanda bioquímica de oxigênio (25) 　Oxigênio dissolvido (31) 　Coliformes fecais (18) 　Carbono inorgânico (22) 　Nitrogênio inorgânico (25) 　Fosfato inorgânico (28) 　Pesticidas (16) 　pH (18) 　Variação dos cursos de água (28) 　Temperatura (28) 　Total de sólidos dissolvidos (25) 　Substâncias tóxicas (14) 　Turbidez (20)

(Continua)

▶ **TABELA 14.8** Classificação ambiental de Battelle para desenvolvimento de projetos de recursos de água
(Continuação)

Ecologia	Físico/químico

■ Hábitats terrestres e comunidades
  Índice de cadeia alimentar (12)
  Uso da terra (12)
  Espécies raras e ameaçadas (12)
  Diversidade de espécies (14)
 	
■ Hábitats aquáticos e comunidades
  Índice de cadeia alimentar (12)
  Espécies raras e ameaçadas (12)
  Características do rio (12)
  Diversidade de espécies (14)
 	
■ Terra
  Material geológico superficial (6)
  Relevo e características topográficas (16)
  Largura e alinhamento (10)
 	
■ Ar
  Odor e visual (3)
  Sons (2)
 	
■ Água
  Aparência da água (10)
  Interface terra/água (16)
  Odor e material flutuante (6)
  Área superficial da água (10)
  Costa florestada (10)
 	
■ Biota
  Animais domésticos (5)
  Animais selvagens (5)
  Diversidade de tipos de vegetação (9)
  Variedade entre tipos vegetais (5)
 	
■ Objetos feitos pelo homem
  Objetos feitos pelo homem (10)
 	
■ Composição
  Efeito composto (15)
  Composição peculiar (15)
	■ Qualidade do ar
	  Monóxido de carbono (5)
	  Hidrocarbonetos (5)
	  Óxidos de nitrogênio (10)
	  Material particulado (12)
	  Oxidantes fotoquímicos (5)
	  Óxidos sulfúricos (10)
	  Outros (5)
	
	■ Poluição da terra
	  Uso da terra (14)
	  Erosão do solo (14)
	
	■ Poluição Sonora
	  Ruído (4)
	
	■ Educação/Ciência
	  Arqueologia (13)
	  Ecologia (13)
	  Geologia (11)
	  Hidrologia (11)
	
	■ História
	  Arquitetura e estilos (11)
	  Eventos (11)
	  Indivíduos (11)
	  Religiões e culturas (11)
	  Regiões remotas (11)
	
	■ Culturas
	  Indígenas (14)
	  Outros grupos étnicos (7)
	  Grupos religiosos (7)
	
	■ Atmosfera
	  Pavor (11)
	  Isolamento/solidão (11)
	  Mistério (4)
	  Reencontro com a natureza (11)
	
	■ Padrão de vida
	  Oportunidades de emprego (13)
	  Moradia (13)
	  Interações sociais (11)

Números entre parênteses são pesos relativos.
Fonte: Munn.[24]

De maneira geral, os métodos que adotam pesos como medida de avaliação dos impactos ambientais são passíveis de críticas, como as formuladas por Silveira e Moreira:[29]

- parte significativa das informações se perde com a transformação em números;
- os pesos são dados aos atributos ambientais e, portanto, a seus impactos, sem garantia de que tais pesos representarão a realidade futura;

▶ **QUADRO 14.5** Exemplo de curva representativa de índice de qualidade ambiental

Exemplo I:
Para o parâmetro **turbidez** do subgrupo **qualidade de água**, temos o índice de qualidade ambiental (0 a 1) em função da medida de turbidez em unidades de turbidímetro Jackson. A técnica, a unidade e o equipamento escolhidos são de emprego corrente em controle de qualidade de água.

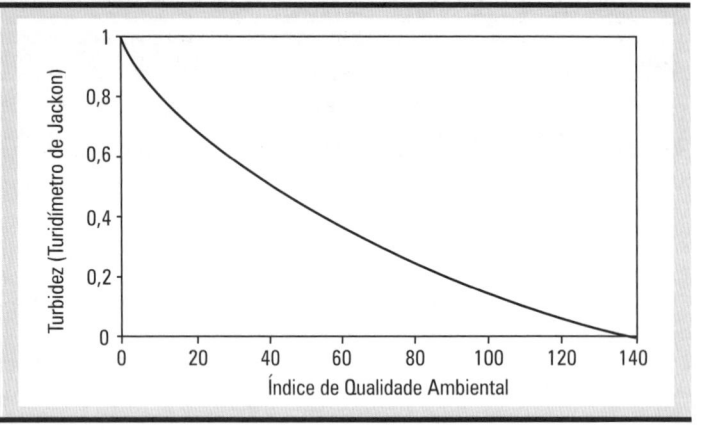

Fonte: Munn.[24]

▶ **QUADRO 14.6** Exemplo de curva representativa de índice de qualidade ambiental

Exemplo II:
No Oeste norte-americano, a população ótima de herbívoros domésticos ou selvagens é a população capaz de consumir em torno de 50 a 60% da produção vegetal
líquida. Quando esse valor é excedido, há risco de desestabilização por excesso de pastoreio; quando o número não é atingido, o potencial pleno da pastagem não é atingido.

O parâmetro **pastagens** do subgrupo **Ecologia** foi adotado na medida da sua capacidade de alimentar herbívoros e, com base nisso, foi estabelecido o índice de qualidade ambiental do gráfico a seguir.

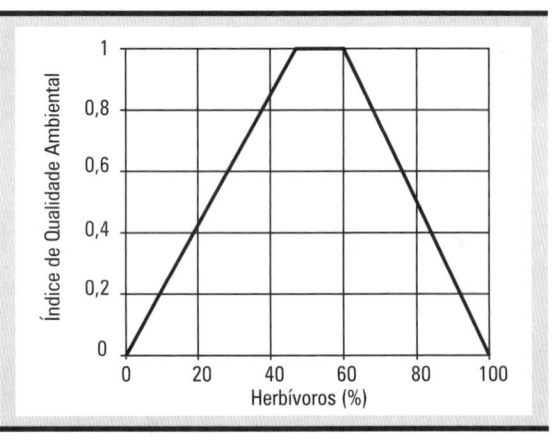

Fonte: Munn.[24]

▶ **QUADRO 14.7** Exemplo de curva representativa de índice de qualidade ambiental

Exemplo III:
O parâmetro **oxigênio dissolvido** do subgrupo **qualidade de água** é um descritor clássico de qualidade ambiental. Convém lembrar que os padrões geralmente aceitos para preservação da flora e fauna exigem uma concentração mínima de oxigênio dissolvido na água de 5 mg/L.

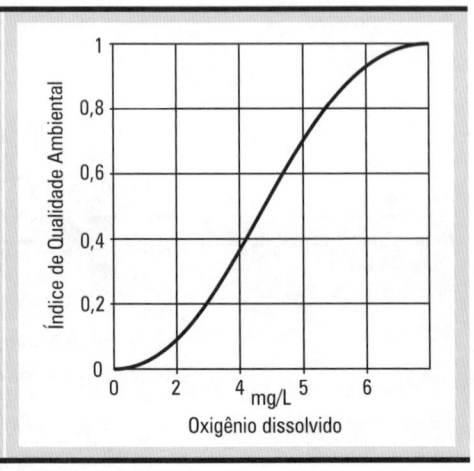

Fonte: Munn.[24]

- a distribuição do impacto sobre diferentes segmentos da população não é identificada; e
- possíveis arranjos ou medidas atenuadoras de impacto não são evidenciados.

Como vantagens do método Battelle, podem ser citadas sua grande abrangência, a possibilidade de previsões de magnitude relativa e a objetividade na comparação de opções.

14.6 MÉTODO DA SUPERPOSIÇÃO DE CARTAS

O método da superposição de cartas trata da elaboração de cartas temáticas relativas aos fatores ambientais potencialmente afetados pelas opções identificadas, como embasamento geológico, tipo de solo, declividades, cobertura vegetal, paisagem e outros. As informações resultantes da superposição são sintetizadas segundo conceitos de fragilidade (dando origem às cartas de restrição) ou de potencial de uso (na forma de cartas de aptidão).

Esse método é bastante utilizado, quase sempre na escolha do melhor traçado de projetos lineares, como rodovias, dutos e linhas de transmissão, sendo também recomendado na elaboração de diagnósticos ambientais.

Com a notável ampliação de perspectivas crescentemente oferecidas pela computação gráfica e pelas técnicas de sensoriamento associadas a sistemas de informações geográficas digitalizadas, esse método vem sendo valorizado com intensidade proporcional. Atualmente, tornou-se viável a produção de cartas de restrição de aptidão permanentemente atualizadas. Por meio de um sistema de pontuação obtido do cruzamento automático e informatizado dos valores de estado atribuídos aos fatores ambientais, identificam-se vários níveis ou categorias de restrição ou de aptidão. Esse método já tem sido usado entre nós dessa forma em estudos de impactos e particularmente na proteção aos mananciais da Região Metropolitana de São Paulo.

14.7 MÉTODO DAS REDES DE INTERAÇÃO

As redes de interação surgiram da necessidade de identificar os impactos indiretos ou de ordem inferior, destacando-os dos impactos primários ou diretos.

Impactos primários ou diretos são geralmente causados pelos "insumos" dos projetos (p. ex., obras e equipamentos), enquanto os impactos indiretos são causados pelos "resultados" do projeto (p. ex., redirecionamento, mudança de intensidade e de natureza do tráfego).

Os impactos diretos são de mais fácil avaliação e medição. Os impactos indiretos podem, por vezes, ser mais significativos do que os primários, embora sua avaliação seja mais difícil, pois são impactos induzidos e dependentes de uma previsão nem sempre lastreada em técnicas confiáveis mais recentes e por abrangerem número maior de variáveis.

Apesar das restrições apontadas, a distinção pode ser importante, pois, pela identificação da cadeia causa-condição-efeito, é possível encontrar formas mais apropriadas de minimizar impactos adversos. As redes permitem retornar, a partir de um impacto, até o conjunto de opções que contribuem para sua magnitude direta e indiretamente.

As vantagens desse método, além das já citadas, provêm da identificação do conjunto de ações que contribuem para a magnitude de um impacto, facilitando, assim, a previsão dos mecanismos de controle ambiental que deverão ser implementados para atuar preferencialmente sobre as causas potenciais de sua deterioração.

Devido à maneira como são construídas, as redes de interação têm normalmente uma limitação: só abrangem os impactos negativos.

14.8 MÉTODO DAS MATRIZES DE INTERAÇÃO

Esses métodos são uma evolução das listagens de controle, podendo ser considerados listagens de controle bidimensionais. Dispondo em coluna e linha os fatores ambientais e as ações decorrentes de um projeto (estas últimas em suas fases de implantação e de operação, respectivamente), é possível relacionar os impactos de cada ação nas quadrículas resultantes do cruzamento das colunas com as linhas, preservando as relações de causa e efeito.

Percorrendo as filas das matrizes correspondentes a cada uma das ações, é possível detectar as que são potencialmente responsáveis pelo maior número de impactos. Utilizando indicadores que quantificam ou qualificam esses impactos, é possível configurar o potencial de impacto de cada ação, de modo útil para fixar medidas mitigadoras de impactos adversos ou amplificadoras de impactos benéficos.

As dificuldades de fixar critérios de relevância e de ponderação dos indicadores ambientais, para torná-los comensuráveis e passíveis de valorização globalizada, fazem as matrizes serem tão vulneráveis e sujeitas a riscos quanto os métodos anteriores.

Uma das matrizes mais utilizadas foi concebida pelo US Geological Survey e é conhecida como matriz de Leopold. Do cruzamento de 88 componentes (ou fatores) ambientais e 100 ações potencialmente alteradoras do ambiente, resultam 8.800 quadrículas. Em cada uma dessas quadrículas, são indicados algarismos que variam entre 1 e 10, correspondendo, respectivamente, à magnitude e à importância do impacto. O número 1 corresponde à condição de menor magnitude (mínimo da alteração ambiental potencial) e de menor importância (mínima significância da ação sobre o componente ambiental considerado). O número 10 corresponde aos valores máximos desses atributos. O sinal + ou - na frente dos números indica se o impacto é benéfico ou adverso, respectivamente.

Como em métodos anteriores, na fixação desses valores está presente o risco da subjetividade. Para esse método, cabem muitas das observações feitas anteriormente a outros métodos, como, por exemplo:

- a generalidade da abrangência buscada limita a aplicabilidade caso a caso; deve-se ter esse, tanto quanto outros métodos, como uma referência;
- frequentemente, mesmo pré-relacionando as ações que estão mais presentes no projeto, chega-se a uma matriz com quantidade elevada de quadrículas preenchidas, de difícil interpretação e visualização dos impactos, sendo necessária uma nova seleção para eliminar os menos significativos; e
- o enfoque sobre o qual a matriz foi gerada volta-se para projetos com impactos, estendendo-se por territórios de amplas extensões; daí não ser específica para o caso de projetos urbanos. Uma inspeção das listagens da matriz de Leopold, segundo Canter,[31] justifica essa observação.

Na **TABELA 14.9** e no **QUADRO 14.8** são mostrados, respectivamente, as 88 ações e os 100 fatores ambientais que integram a versão original, em inglês, da matriz de Leopold, apresentada por Canter,[31] e uma ilustração esquemática do modo de atribuir pesos e computar os impactos sobre cada fator ambiental e sobre a totalidade do ambiente.

14.9 MÉTODO DOS MODELOS DE SIMULAÇÃO

Os modelos de simulação são modelos matemáticos com a finalidade de representar, de forma mais próxima possível da realidade, a estrutura e o funcionamento dos sistemas ambientais, explorando as relações entre seus fatores físicos, biológicos e socioeconômicos. Eles são estruturados com base na definição de objetivos, escolha de variáveis e estabelecimento de suas inter-relações, discussão e interpretação dos resultados.

Uma vez feitas as simulações para as várias opções, fica-se conhecendo o estado ambiental antes e depois da implantação de cada uma delas, por meio das variáveis (ou indicadores ambientais) que caracterizam cada componente ambiental. Para a comparação e a ordenação das opções, pode ser necessário utilizar algum dos modelos de ponderação vistos anteriormente.

TABELA 14.9 Ações e fatores ambientais – matriz de Leopold

Ações		Itens ambientais	
Categoria	Descrição	Categoria	Descrição
A. Modificação do regime	a. Introdução de fauna específica	A. Características físico-químicas	
	b. Controle biológico	1. Terra	a. Recursos minerais
	c. Modificação do hábitat		b. Construção material
	d. Alteração da superfície da terra		c. Solos
	e. Alteração da água subterrânea		d. Formato da terra
	f. Alteração da drenagem		e. Campos de força e radiação de fundo
	g. Controle do rio e modificação do fluxo		f. Características físicas singulares
	h. Canalização		
	i. Irrigação	2. Água	a. Superfície
	j. Modificação do tempo		b. Oceano
	k. Queimadas		c. Subterrâneo
	l. Superfície do terreno ou pavimento		d. Qualidade
	m. Ruído e vibração		e. Temperatura
B. Transformação do solo e construção	a. Urbanização		f. Recarga
	b. Sítios industriais e edifícios		g. Neve, gelo e congelamento
	c. Aeroportos	3. Atmosfera	a. Qualidade (gases, partículas)
	d. Pontes e viadutos		b. Clima (micro e macro)
	e. Estradas e trilhas		c. Temperatura
	f. Vias férreas	4. Processos	a. Enchente
	g. Teleféricos		b. Erosão
	h. Linhas de transmissão, oleodutos e corredores		c. Deposição (sedimentação, precipitação), Solução
	i. Barreiras, incluindo cercas		d. Adsorção, (troca iônica)
	j. Dragagem e estreitamento de canal		e. Compactação e deposição
	k. Reversão de canais		f. Estabilidade (desabamentos afundamentos)
	l. Canais		g. Fadiga
	m. Barragens e reservatórios		h. Movimentação de massas de ar
	n. Ancoradouros, portos, marinas e terminais marítimos	B. Condições biológicas	
	o. Estruturas marítimas	1. Flora	a. Árvores
	p. Estruturas de recreação		b. Arbustos
	q. Explosões e perfurações		c. Grama
	r. Cortes e aterros		d. Campos
	s. Túneis e estruturas subterrâneas		e. Microflora
C. Extração de recursos	a. Explosões e perfurações		f. Plantas aquáticas
	b. Escavação da superfície		g. Espécies ameaçadas
	c. Escavação subterrânea e retorta		h. Barreiras
	d. Dragagem e remoção de fluidos		i. Corredores
	e. Dragagem		
	f. Desmatamento e madeireiras		
	g. Pesca e caça comercial		

(Continua)

▶ **TABELA 14.9** Ações e fatores ambientais – matriz de Leopold *(Continuação)*

Ações		Itens ambientais	
Categoria	**Descrição**	**Categoria**	**Descrição**
D. Processamento	a. Exploração agrícola b. Fazendas e pastos c. Currais d. Fábrica de laticínios e. Geração de energia f. Processamento mineral g. Indústria metalúrgica h. Indústria química i. Indústria têxtil j. Automóveis e aeronaves k. Refinamento de petróleo l. Alimento m. Madeireiras n. Papel o. Armazenamento de produtos	2. Fauna	a. Pássaros b. Animais terrestres (incluindo répteis) c. Peixes e moluscos d. Bênton e. Insetos f. Microfauna g. Espécies ameaçadas h. Barreiras i. Corredores
		C. Fatores culturais	
E. Alteração do solo	a. Plataformas e controle de erosão b. Vedação de minas e controle de desperdício c. Reabilitação de faixas de mineração d. Paisagismo e. Dragagem de portos f. Aterramento de pântanos e drenagem	1. Uso do solo	a. Selva e áreas virgens b. Terras alagadas c. Florestas d. Pastagem e. Agricultura f. Residencial g. Comercial h. Indústria i. Minas e pedreiras
		2. Recreação	a. Caça b. Pesca c. Navegação d. Nado e. Passeios e acampamentos f. Piqueniques g. *Resorts*
F. Renovação de recursos	a. Reflorestamento b. Manutenção da vida selvagem c. Recarga subterrânea d. Fertilização		
G. Mudanças de tráfego	a. Reciclagem b. Via férrea c. Automóvel d. Caminhões e. Barcos f. Aeronaves g. Tráfego de rios e canais h. Navegação de lazer i. Tráfego j. Teleféricos k. Comunicação l. Oleodutos	3. Estética	a. Vistas panorâmicas b. Propriedades da selva c. Propriedades das áreas virgens d. Projeto paisagístico e. Características físicas singulares f. Parques e reservas g. Monumentos h. Ecossistemas raros e singulares i. Sítios históricos ou arqueológicos e objetos j. Aspecto desagradável

(Continua)

▶ **TABELA 14.9** Ações e fatores ambientais – matriz de Leopold *(Continuação)*

Ações		Itens ambientais	
Categoria	**Descrição**	**Categoria**	**Descrição**
H. Reposição do desperdício e tratamento	a. Depósito de lixo no oceano b. Aterro c. Disposição de resíduos d. Armazenamento subterrâneo e. Depósito de lixo f. Vazamento de poço de petróleo g. Poços subterrâneos h. Efluentes de água de refrigeração i. Efluentes domésticos, incluindo irrigação j. Descarga de efluentes k. Estabilização e oxidação de lagoas l. Tanques sépticos, comerciais e domésticos m. Emissão de gases de chaminé	4. Cultural/social	a. Modelos culturais (estilo de vida) b. Saúde e segurança c. Emprego d. Densidade populacional
		D. Dispositivos e atividades	a. Estruturas b. Rede de transporte c. Rede de agências d. Desperdício e. Corredores
		E. Relações ecológicas	a. Salinização b. Eutrofização c. Doenças causadas por insetos d. Cadeias alimentares e. Salinização de materiais artificiais f. Outros
I. Tratamento químico	a. Fertilização b. Degelo químico de estradas c. Estabilização química do solo d. Controle de ervas daninhas e. Controle de insetos	F. Outros	
J. Acidentes	a. Explosões b. Derramamentos e vazamentos c. Falhas operacionais		
K. Outros			

Fonte: Canter [31]

As principais desvantagens do emprego de modelos de simulação são:

- dificuldade de encontrar dados em disponibilidade ou de obter os dados requeridos para o desenvolvimento e a calibração do modelo com a presteza e a representatividade necessárias;
- frequente necessidade de empregar relações simplificadas entre as variáveis intervenientes, seja por razões de complexidade dos fenômenos representados, seja por insuficiência de seu conhecimento ou por limitações computacionais;
- dificuldade de incorporar fatores, como os estéticos, sociais e outros;
- possibilidade de induzir o processo de decisão.

Apesar dessas restrições, os modelos de simulação são extremamente versáteis na comparação de opções, permitem projeções temporais, promovem a comunicação interdisciplinar e incorporam as relações de variáveis, algumas vezes de extrema complexidade.

14.10 MÉTODO DA ANÁLISE BENEFÍCIO-CUSTO

A análise benefício-custo (ABC) é um método de avaliação de projetos de largo emprego há cerca de meio século. Surgido inicialmente como uma resposta às necessidades do esforço de

▶ **QUADRO 14.8** Matriz de Leopold – quadro esquemático do cômputo do impacto sobre um componente ambiental e sobre a totalidade do ambiente

$m_{i,j}$ – peso atribuído à magnitude do impacto, variando entre 1 e 10, com sinal + se benéfico e – se adverso, correspondente à ação j sobre o componente i;

$r_{i,j}$ – peso atribuído à relevância do impacto, variando entre 1 e 10, correspondente ação j sobre o componente i.

A matriz dos cômputos que podem ser feitos é a seguinte:

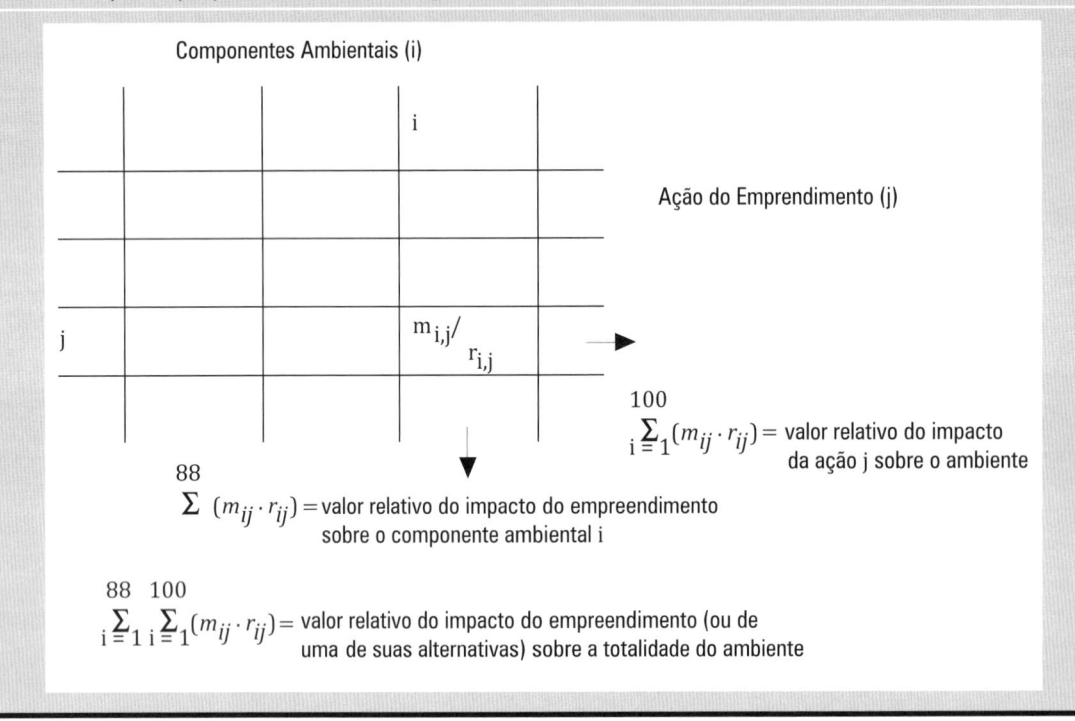

Componentes Ambientais (i)

Ação do Empreendimento (j)

$m_{i,j} / r_{i,j}$

$\sum_{i=1}^{100}(m_{ij} \cdot r_{ij})$ = valor relativo do impacto da ação j sobre o ambiente

$\sum_{j=1}^{88}(m_{ij} \cdot r_{ij})$ = valor relativo do impacto do empreendimento sobre o componente ambiental i

$\sum_{i=1}^{88} \sum_{j=1}^{100}(m_{ij} \cdot r_{ij})$ = valor relativo do impacto do empreendimento (ou de uma de suas alternativas) sobre a totalidade do ambiente

Fonte: Canter[31]

guerra, mostrou-se, posteriormente, um auxiliar bastante útil no processo de reorganização e dinamização da economia mundial. Desde então, vem sendo continuamente utilizado na avaliação e otimização de projetos em vários setores, devendo-se destacar sua ampla utilização no campo dos aproveitamentos hídricos por tratar-se de um dos segmentos do ambiente.

Fundamentalmente, a análise benefício-custo propõe-se a computar os custos e os benefícios das opções de projeto, visando a compará-los e ordená-los por meio da relação benefício-custo ou do benefício líquido (BL) (diferença entre os benefícios e os custos) que lhes correspondem. A prática consagrou a segunda das variantes como a mais adequada nas avaliações para as quais os aspectos ambientais são importantes.

Para a comparação das opções com base no benefício líquido, deve-se calcular para cada uma delas o valor da expressão abaixo, dando-se preferência àquelas a que correspondam os maiores valores.

$$VP\ (BL) = \sum_{t=0}^{r} \frac{(B_t - C_t)}{(1+r)^t}$$

(14.1)

Nesse operador:

- é o somatório no período de 0 a T unidades de tempo (p. ex., o ano) correspondente ao horizonte de análise adotado;

- B_t e C_t são os valores computados para os benefícios e os custos correspondentes à opção em análise, previstos para a data t;
  - $1/(1+r)t$ é o fator de atualização a ser aplicado ao BL da data t, $(B_t - C_t)$, para transformá-lo no seu valor presente (ou valor atual à data 0) com uma taxa de desconto r; e
  - VP é o valor presente da opção em análise.

Simples, em princípio, a aplicação da análise benefício-custo pode apresentar várias dificuldades, nem sempre superáveis. Em resumo, essas dificuldades prendem-se à avaliação, sob um mesmo padrão de medida (monetário), dos bens e serviços ambientais gerados (benefícios ambientais) e dos bens e serviços utilizados ou comprometidos pelo projeto (custos ambientais).

Uma breve discussão dessas dificuldades já foi apresentada no Capítulo 12, seção 12.2. Mais detalhes estão além do escopo da presente abordagem do problema. São, porém, várias as publicações recentes que tratam delas em detalhe, mostrando maneiras de superá-las e de dar atendimento à tendência já referida de ampliar a aplicação da análise benefício-custo na avaliação econômico-ambiental de projetos. Uma das publicações de referência que pode ser consultada é editada pelo Banco Mundial.[32]

14.11 MÉTODO DA ANÁLISE MULTIOBJETIVO

Um dos pontos cruciais da chamada análise multiobjetivo é justamente a definição dos objetivos a serem considerados em uma determinada situação decisória. Nesse sentido, a literatura é bastante controversa quanto às definições. Alguns autores da área de gestão de recursos hídricos, por exemplo, costumam diferenciar **objetivos** de **propósitos**. Objetivos seriam reservados para aspectos relativos à maximização de eficiência econômica, minimização de impactos ambientais, maximização do bem-estar social etc. Propósitos estariam ligados a, por exemplo, geração de energia elétrica, irrigação, abastecimento doméstico, lazer etc. Ou seja, um determinado objetivo poderia ser alcançado pela execução de uma obra com propósitos múltiplos.

Outros autores preferem deixar o analista absolutamente à vontade, afirmando que em um problema de planejamento e gerenciamento de recursos hídricos existem tantos objetivos quantas forem as medidas quantitativas disponíveis para definir o progresso a ser alcançado em várias direções nas quais se deseja alteração. Dessa maneira, a geração hidroelétrica seria em si mesma um objetivo, que poderia ser quantificado por meio, por exemplo, da potência a ser instalada em um dado aproveitamento hidráulico em MW. Esse conceito pode ser expandido para o aproveitamento de outros recursos naturais, ou seja, os objetivos retratam a percepção dos decisores dos aspectos mais relevantes a considerar em uma situação decisória.

Em geral, um problema multiobjetivo pode ser estruturado na forma de uma hierarquia. Define-se **meta** como uma intenção ou um objetivo muito genérico que pode ser atendido por objetivos mais específicos que são **quantificados** por **atributos** (**FIGURA 14.4**). **Objetivos** refletem as aspirações do decisor (ou decisores) em relação ao atendimento de uma determinada meta. Um determinado objetivo pode ser alcançado pela sua maximização ou minimização. **Atributos** permitem avaliar como um determinado objetivo está sendo alcançado. Desse modo, atributos podem ser entendidos como um aspecto mensurável de julgamento pelo qual uma variável de decisão pode ser caracterizada. Essa caracterização pode assumir a forma **cardinal**, quando é possível estabelecer-se uma escala numérica de comparação (p. ex., reais, metros, g/L etc.), e **ordinal**, quando é possível somente a ordenação, sem a possibilidade de estabelecer-se uma comparação numérica. Por exemplo, o grau de proteção contra cheias pode ser mensurado como alto, médio, baixo e insuficiente, sem gradação entre eles.

Apresentamos um exemplo de estrutura hierárquica para tratamento multiobjetivo da operação de um reservatório na **FIGURA 14.5**. Nesse caso, a **meta** genérica de melhoria da qualidade de vida dos usuários do reservatório será atendida por meio de quatro **objetivos** distintos: maximização do benefício líquido, maximização da segurança da população a jusante, maximização do uso recreacional do reservatório e maximização da confiabilidade da operação.

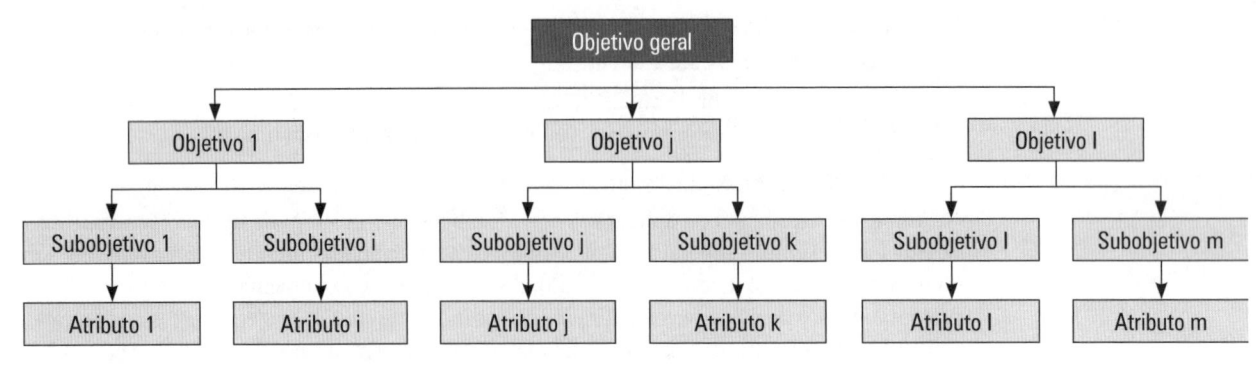

FIGURA 14.4 Estrutura hierárquica do processo decisório.

FIGURA 14.5 Estrutura hierárquica da operação de um reservatório com múltiplos objetivos.
Fonte: Braga.[34]

Em três dos quatro objetivos foi possível a identificação de medidas cardinais (R$, metros e porcentagem), enquanto o objetivo relativo à segurança da população a jusante da barragem utilizou uma medida ordinal dada por uma escala subjetiva que varia entre 0 e 5. Nessa escala subjetiva, o valor zero significa nenhum impacto (vazão efluente menor que a capacidade do canal a jusante da barragem), e o valor 5 significa cheia de grande porte, perda agrícola total, danos consideráveis em áreas ecologicamente sensíveis, infraestrutura comercial e de transportes seriamente impactada, alta probabilidade de perda de vidas humanas e imprensa dando ampla cobertura ao evento. Os valores 1, 2, 3 e 4 indicam impactos que variam gradativamente entre os valores acima descritos.

Dessa maneira, uma meta bastante ampla, como a melhoria da qualidade de vida dos usuários de um reservatório, pode ser decomposta e convenientemente tratada por quatro objetivos quantificáveis de maneiras distintas. Nesse processo de definição dos objetivos para quantificação da meta, deve-se tomar o cuidado de evitar a dupla contagem, ou seja, cada objetivo deve ser uma medida individual da meta considerada. Keeney e Raiffa[33] exemplificam de modo extensivo as maneiras de decompor metas para diferentes problemas decisórios.

▶ 14.11.1 Dominância

O tradicional conceito de otimização, no qual se busca o máximo ou o mínimo de uma função-objetivo, encontra uma dificuldade importante na análise multiobjetivo. Simplesmente não existe um único "ótimo" em um problema com múltiplos objetivos. Existe sim um conjunto de "ótimos" que satisfazem de formas distintas os diferentes objetivos envolvidos na análise. Surge, nesse caso, o conceito de **ótimo no sentido de Pareto**, apresentado a seguir em um exemplo ilustrativo.

Considere o caso da operação de um reservatório, onde se deseja ao mesmo tempo minimizar o risco de inundação a jusante e maximizar a geração hidroelétrica. Esse é o caso típico da maioria dos reservatórios do parque gerador hidroelétrico da região Sudeste do Brasil. Quantificando-se o objetivo de controle de cheias (em termos do período de retorno da cheia evitada) e o objetivo da geração de energia hidroelétrica (em termos da energia média produzida ao longo de um ano em MWh), é possível a determinação de um conjunto de políticas operacionais que atendem de modo diferenciado aos dois objetivos.

Na **FIGURA 14.6**, estão mostrados possíveis resultados de diferentes políticas operacionais em termos dos dois objetivos considerados. As soluções indicadas pelo símbolo "○" têm uma característica comum, qual seja, a de serem inferiores àquelas indicadas pelo símbolo "☆". Vale dizer que as soluções "☆" são melhores que as soluções "○" **em ambos os objetivos**. Assim, podemos dizer que as soluções "☆" são **dominantes** ou **não inferiores** e constituem o **conjunto Pareto ótimo**, ou o conjunto das soluções não inferiores.

Ao contrário das soluções dominadas ou inferiores ("○"), nas quais pode haver melhoria em ambos os objetivos ao mesmo tempo, no **conjunto Pareto ótimo** só é possível uma melhora em relação a um objetivo com uma piora em relação a outro objetivo. Ou seja, o conjunto não inferior é o máximo que se pode conseguir em um problema com múltiplos objetivos conflitantes. Fica evidenciado, desse modo, que não existe um único ótimo. Na melhor situação, é necessário ceder em relação a um objetivo para se conseguir algo em troca em relação a outro objetivo. Esse é o conceito de **compromisso** (*trade-off*) que norteia as decisões em problemas dessa natureza.

▶ 14.11.2 Técnicas de análise multiobjetivo

Dependendo de como são utilizadas as preferências do decisor e da natureza do problema, as técnicas de análise multiobjetivo podem ser divididas da seguinte maneira.[35]

a. Técnicas que geram o conjunto das soluções não dominadas: consideram um vetor de funções-objetivo e, mediante tal vetor, geram o conjunto das soluções não dominadas. Não são consideradas no processo as preferências do decisor, trabalhando-se somente com as restrições físicas do problema.

b. Técnicas que utilizam uma articulação antecipada das preferências: para obter a ordenação das soluções não dominadas, as técnicas deste grupo solicitam, anteriormente à resolução do problema, a opinião do decisor a respeito das trocas possíveis entre objetos e dos seus valores relativos. As variáveis de decisão utilizadas podem ser contínuas ou discretas, em função do tipo de problema. Algumas técnicas são aplicadas somente a problemas contínuos ou discretos, enquanto outras podem ser usadas em ambas as situações.

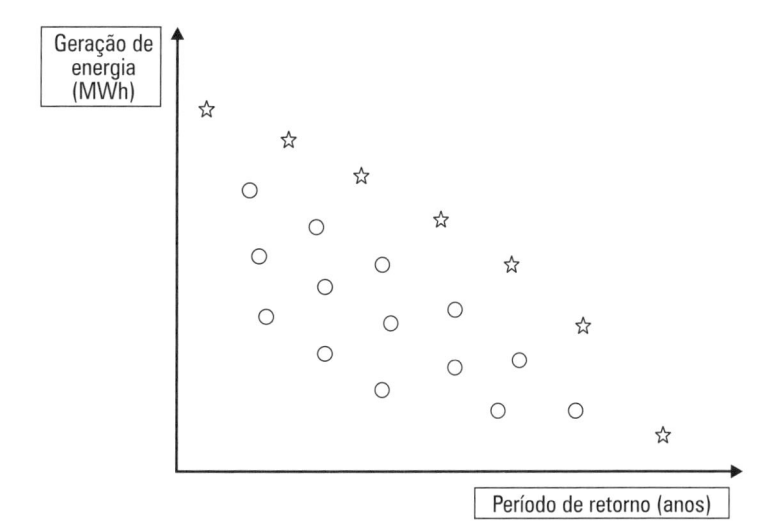

▶ **FIGURA 14.6** Soluções dominantes e dominadas na operação multiobjetivo de um reservatório.

c. Técnicas que utilizam uma articulação progressiva das preferências: a característica desse grupo de técnicas é de que, assim que uma solução é alcançada, se pergunta ao decisor se o nível atingido de atendimento dos objetivos é satisfatório, e, em caso negativo, o problema modificado é resolvido novamente.

14.12 SELEÇÃO DA METODOLOGIA

A definição da metodologia a ser empregada para a avaliação dos impactos ambientais é tarefa específica de cada caso que se apresenta e deve partir da comparação entre os métodos de aplicação correntes. Esses métodos, como já vimos, utilizam técnicas diversas para a qualificação e quantificação desses impactos, bem como para o cotejo de opções de projeto.

A análise de cada um dos métodos anteriormente apresentados evidencia os diferentes graus de subjetividade envolvidos na sua aplicação e as possíveis dificuldades de quantificação para cada caso específico.

O diálogo entre o profissional com formação ambiental e versado nessas metodologias e o especializado nas técnicas envolvidas no desenvolvimento do empreendimento (tanto na construção como na operação) ainda é o melhor caminho para a seleção dos métodos a serem utilizados na avaliação do impacto ambiental.

A **TABELA 14.10**, apresentada por Munn,[24] resume uma comparação entre os métodos de Leopold, de Battelle e da sobreposição de cartas, em face de uma extensa e ainda atual lista de importantes atributos. À exceção das apreciações feitas para o último dos métodos, em parte tornadas obsoletas pelos avanços dos sistemas digitais de informação geográfica associados ao sensoriamento remoto, todas as demais continuam válidas, apesar do tempo decorrido.

▶ **TABELA 14.10** Comparação entre os métodos de Leopold, de Battelle e da sobreposição de cartas

		Leopold	Sobreposição de cartas	Battelle
Capacidade	Identificação	Médio	Médio	Alto
	Previsão	Baixo	Baixo	Alto
	Interpretação	Baixo	Baixo-médio	Alto
	Comunicação	Baixo	Alto	Baixo-médio
	Procedimentos de inspeção	Baixo	Médio	Baixo-médio
Capacidade de ações complexas		Opções incrementais	Opções fundamentais e incrementais	Opções incrementais
Capacidade de avaliação de riscos		Não	Não	Não
Capacidade de deflagrar extremos		Baixo	Baixo	Baixo
Replicabilidade dos resultados		Baixo	Baixo-médio	Alto
Nível de detalhamento	Classificação das opções	Incremental	Incremental e fundamental	Incremental
	Estimativa detalhada	Sim	Sim	Sim
	Estágio da documentação	Sim	Sim	Sim

(Continua)

▶ **TABELA 14.10** Comparação entre os métodos de Leopold, de Battelle e da sobreposição de cartas *(Continuação)*

		Leopold	Sobreposição de cartas	Battelle
Recursos necessários	Capital	Baixo	Mapa baixo; computador alto	Alto
	Tempo	Baixo	Mapa baixo; computador alto	Alto
	Força de trabalho qualificada	Médio	Alto	Alto
	Computacional	Baixo	Mapa baixo; computador alto	Médio
	Conhecimento	Médio	Médio	Médio

Fonte: Munn.[24]

REFERÊNCIAS

1. Santos RF. Planejamento ambiental: teoria e prática. São Paulo: Oficina de Textos; 2004.
2. Lein JK. Integrated environmental planning. Malden: Blackwell; 2003.
3. Brasil. Lei nº 6.938, de 31 de agosto de 1981. Dispõe sobre a Política Nacional do Meio Ambiente, seus fins e mecanismos de formulação e aplicação, e dá outras providências [Internet]. Brasília: Casa Civil; 1981 [capturado em 03 maio 2021]. Disponível em: http://www.planalto.gov.br/ccivil_03/leis/l6938.htm.
4. Sadler B, Verheem R. Strategic EIA: status, challenges and future directions. Washington: World Bank; 1996.
5. Tetlow MF, Hanusch M. Strategic Environmental assessment the state of the art. Impact Assess Project Appr. 2012;30(1):15-24.
6. Dalal-Clayton DB, Sadler B. Strategic environmental assessment: a sourcebook and reference guide to international experience. London: Earthscan; 2005.
7. González JCT, de La Torre MCA, Milán PM. Present status of the implementation of strategic environmental assessment in Mexico. JEAPM. 2014;16(2):1-20.
8. Gunn J, Noble BF. Conceptual and methodological challenges to integrating SEA and cumulative effects assessment. Environ Impact Assess Rev. 2011;31(2):154-60.
9. Lemos CC. Avaliação ambiental estratégica como instrumento de planejamento do turismo [dissertação]. São Carlos: USP; 2007.
10. Therivel R, Wilson E, Thompson S, Heaney D, Pritchard D. Strategic environmental assessment. London: Earthscan;1992.
11. Partidário MR. Elements of SEA framework: improving the added-value of SEA. Environ Impact Assess Rev. 2000;20(6): 647-63.
12. Sánchez LE, Croal P. Environmental impact assessment, from Rio-92 to Rio+20 and beyond. Ambient Soc [Internet]. 2012 [capturado em 03 maio 2021];15(3):41-54. Disponível em: http://www.scielo.br/scielo.php?script=sci_arttext&pid=S1414-753X2012000300004&lng=en.
13. São Paulo (Estado). Resolução nº 44, de 29 de dezembro de 1994. Designa Comissão de Avaliação Ambiental Estratégica - AAE, encarregada de analisar a variável ambiental considerada nas políticas, planos e programas governamentais e de interesse público. São Paulo: AL-SP; 1994.
14. Brasil. Projeto de lei nº 2072. Altera a Lei nº 6.938, de 31 de agosto de 1981, a fim de dispor sobre a avaliação ambiental estratégica de políticas, planos e programas [Internet]. Brasília: Câmara dos Deputados; 2003 [capturado em 03 maio 2021]. Disponível em: https://www.camara.leg.br/proposicoesWeb/prop_mostrarintegra?codteor=166730&filename=PL+2072/2003.

15. Brasil. Projeto de lei nº 261. Altera a Lei nº 6.938, de 31 de agosto de 1981, a fim de dispor sobre a avaliação ambiental estratégica de políticas, planos e programas [Internet]. Brasília: Câmara dos Deputados; 2011 [capturado em 03 maio 2021]. Disponível em: https://www.camara.leg.br/proposicoesWeb/prop_mostrarintegra?codteor=838063&filename=PL+261/2011.
16. São Paulo (Estado). Decreto nº 55.947, de 24 de junho de 2010. Regulamenta a Lei nº 13.798, de 9 de novembro de 2009, que dispõe sobre a Política Estadual de Mudanças Climáticas [Internet]. São Paulo: AL-SP; 2010 [capturado em 03 maio 2021]. Disponível em: https://www.al.sp.gov.br/repositorio/legislacao/decreto/2010/decreto-55947-24.06.2010.html.
17. São Paulo (Estado). Decreto nº 56.074, de 9 de agosto de 2010. Institui o Programa Paulista de Petróleo e Gás Natural, cria o Conselho Estadual de Petróleo e Gás Natural do Estado de São Paulo e dá providências correlatas [Internet]. São Paulo: AL-SP; 2010 [capturado em 03 maio 2021]. Disponível em: https://www.al.sp.gov.br/repositorio/legislacao/decreto/2010/decreto-56074-09.08.2010.html.
18. Gallardo ALC, Duarte CG, Dibo APA. Strategic environmental assessment for planning sugarcane expansion: a framework proposal. Ambient Soc. 2016; 19(2): 67-92.
19. Partidário MR. Guia de boas práticas para a Avaliação Ambiental Estratégica: orientações metodológicas. Alfradige: Agência Portuguesa do Ambiente; 2007.
20. European Union Law. Directiva 2001/42/CE do Parlamento Europeu e do Conselho, de 27 de junho de 2001, relativa à avaliação dos efeitos de determinados planos e programas no ambiente [Internet]. EURO-lex; 2001 [capturado em 03 maio 2021]. Disponível em: https://eur-lex.europa.eu/legal-content/PT/TXT/?uri=CELEX%3A32001L0042.
21. Portugal. Diário da República Eletrônico. Decreto-Lei nº 232/2007. Regime a que fica sujeita a avaliação dos efeitos de determinados planos e programas no ambiente [Internet]. Lisboa: DRE; 2007 [capturado em 03 maio 2021]. Disponível em: https://dre.pt/web/guest/legislacao-consolidada/-/lc/74002184/201105040200/diplomaExpandido.
22. Partidário MR. Guia de melhores práticas para Avaliação Ambiental Estratégica: orientações metodológicas para um pensamento estratégico em AAE [Internet]. Lisboa: Agência Portuguesa do Ambiente; 2012 [capturado em 03 maio 2021]. Disponível em: https://apambiente.pt/_zdata/AAE/Boas%20Praticas/GuiamelhoresAAE.PDF.
23. Silva AWL Selig PM, Morales ABT. Indicadores de sustentabilidade em processos de avaliação ambiental estratégica. Ambient Soc. 2016;15(3): 75-96.
24. Munn RE. Environmental impact assessment: principles and procedures. New York: Wiley; 1975.
25. Conselho Nacional do Meio Ambiente. Resolução CONAMA nº 237, de 19 de dezembro de 1997. Dispõe sobre conceitos, sujeição, e procedimento para obtenção de Licenciamento Ambiental, e dá outras providências [Internet]. Brasília: CONAMA; 1997 [capturado em 30 maio 2021]. Disponível em: https://www.legisweb.com.br/legislacao/?id=95982.
26. Instituto Estadual do Ambiente. EIA/RIMA [Internet]. Rio de Janeiro: IEA; c2021 [capturado em 03 maio 2021]. Disponível em: http://www.inea.rj.gov.br/eia-rima/#:~:text=As%20principais%20informa%C3%A7%C3%B5es%20contidas%20no,as%20vantagens%20e%20desvantagens%20do.
27. Conselho Nacional do Meio Ambiente. Resolução CONAMA nº 001, de 23 de janeiro de 1986. Dispõe sobre critérios básicos e diretrizes gerais para a avaliação de impacto ambiental [Internet]. Brasília: CONAMA; 1986 [capturado em 03 maio 2021]. Disponível em: http://www2.mma.gov.br/port/conama/res/res86/res0186.html.
28. Rau JG, Wooten DC. Environmental impact analysis handbook. New York: McGraw-Hill; 1980.
29. Silveira RSA, Moreira IVD. Estudos de impacto ambiental e relatório de impactos ambientais: métodos e técnicas. Rio de Janeiro: ABES;1987. (Curso mimeografado).
30. Sassaman RW. Threshold of concern: a technique for evaluating environmental impacts and amenity values. J Forestry.1981;79:84-6.
31. Canter LW. Environmental impact assessment. New York: McGraw-Hill; 1977.
32. Munasinghe M. Environmental issues and economic decisions in developing countries. World Develop. 1993;21(11):1729-48.
33. Keeney RL, Raiffa H. Decisions with multiple objectives: preferences and value tradeoffs. New York: Wiley, 1976.
34. Braga BPF. An evaluation of streamflow forecasting models for short range multi objective reservoir operation [dissertação]. Palo Alto: Stanford University; 1979.
35. Cohon JL, Marks DH. A review and evaluation of multi objective programming techniques. Water Resour Res. 1975;11(2):208-20.

CAPÍTULO

15 Sistemas de gestão ambiental

15.1 INTRODUÇÃO

A degradação ambiental no mundo tornou-se mais evidente na década de 1960, conduzindo à realização, em Estocolmo, da 1ª Conferência das Nações Unidas sobre o Ambiente Humano, no ano de 1972.[1] Nessa época, em países da Europa e da América do Norte, muitas empresas se viram obrigadas a desembolsar recursos financeiros significativos devido aos problemas resultantes de uma atuação desvinculada do meio ambiente, além de terem a sua imagem perante o mercado seriamente comprometida. Isso também acabava dificultando o relacionamento com fornecedores, consumidores e órgãos de controle ambiental, exigindo o desenvolvimento de um novo modelo de atuação.

Enquanto, no Brasil, o Sistema Nacional de Meio Ambiente ainda estava por ser implantado, os conceitos de qualidade total e qualidade total ambiental já começavam a ser desenvolvidos por algumas empresas, como a Gillete, em 1972, por meio de um programa para conservação de água e energia, e a 3M, em 1975, com o desenvolvimento de uma política ambiental corporativa e um programa para prevenção à poluição.[2]

Como resultado da conferência de 1972, foram criados o Programa das Nações Unidas para o Meio Ambiente (PNUMA) e a Comissão Mundial sobre Meio Ambiente e Desenvolvimento, que, em 1987, publicou o relatório "Nosso Futuro Comum", o qual consagrou a expressão "desenvolvimento sustentável", além de estabelecer o papel das empresas na gestão ambiental.

Em 1992, durante a realização da 2ª Conferência Mundial sobre Meio Ambiente e Desenvolvimento no Rio de Janeiro, foi novamente enfatizada a necessidade de uma maior integração entre essas duas questões, demonstrando que o nosso modo de atuação ainda despertava preocupação.

Com uma maior abertura dos mercados, empresas localizadas nos países com legislação ambiental mais desenvolvida passaram a alegar uma desvantagem competitiva em relação às empresas de países onde a legislação era mais branda ou não existia. Assim, houve a necessidade de transformar essa desvantagem em vantagem, de maneira que as empresas que investissem na proteção do meio ambiente pudessem se tornar mais competitivas, contribuindo para o aprimoramento das relações entre desenvolvimento e meio ambiente.

A partir dessa percepção, conceitos como sistemas de gestão ambiental, prevenção à poluição e o já consagrado desenvolvimento sustentável começaram a ser amplamente difundidos e incorporados nas estratégias de planejamento de inúmeras indústrias ao redor do planeta.

15.2 SISTEMAS INTEGRADOS DE GESTÃO

A partir do final da década de 1970, por iniciativa de representantes dos setores públicos e privados de vários países, a International Organization for Standardization (ISO), ou Organização Internacional para Padronização, com sede na Suíça, organizou um Comitê Técnico (ISO/TC 176 – Gestão e Garantia da Qualidade) para obtenção de consenso sobre questões que afetavam os consumidores e outras partes interessadas. Na época, já existiam normas que abordavam o tema da garantia de qualidade, como a BS 5750 na Inglaterra, a CSA Z299 no Canadá e outras especificações desenvolvidas pela Organização do Tratado do Atlântico Norte (OTAN). Apenas em 1987, o ISO/TC 176 publicou sua primeira norma internacional relativa a sistemas de gestão da qualidade, a norma ISO 9001.[3,4]

Os sistemas de gestão ambiental (SGA) começaram a ser implantados, de forma a internalizar nas empresas a ideia de controle ambiental e sustentabilidade como pontos importantes.

A partir desse marco, outros temas de relevância internacional, como responsabilidade social, saúde e segurança ocupacional, passaram ser tratados pela ISO e pelo Instituto Britânico de Padronização (BSI, do inglês *British Standards Institution*), respectivamente. Com isso, outras normas internacionais foram criadas, como as demais da série ISO 14000,[5] que trata da temática ambiental, OHSAS 18001[6] e OHSAS 18002,[7] que abordam a questão de saúde e segurança ocupacional, e, recentemente, a ISO 26000,[8] relacionada à responsabilidade social. Embora a ISO tenha publicado a sua norma sobre responsabilidade social apenas em 2010, no Brasil, a Associação Brasileira de Normas Técnicas (ABNT) já dispunha de uma norma que abordava esse tema desde novembro de 2004 (NBR 16001).[9]

Com a ampliação do número de normas nacionais e internacionais sobre temas bastante diversificados, porém relacionados, começaram a surgir os sistemas integrados de gestão, para tratar, simultaneamente, os aspectos de qualidade (ISO 9001),[4] meio ambiente (ISO 14001),[10] saúde e segurança (OHSAS 18001)[6] e, mais recentemente, sociais (ISO 26000[8] e NBR 16001[9]). A inter-relação dos temas que devem estar associados às atividades de uma organização e que contribuem para o desenvolvimento de sua visão estratégica pode ser tratada de forma conjunta, conforme mostra o diagrama da **FIGURA 15.1**.

Em uma abordagem mais ampla, a integração de todos esses sistemas deve fazer parte da gestão estratégica das organizações, pois todas envolvem o comprometimento da alta administração e requerem a organização dos processos desenvolvidos, considerando-a uma cadeia de agregação de valores ao seu produto ou serviço. É importante reconhecer, na fase de concepção da visão estratégica organizacional, todas as relações existentes entre as partes interessadas na atividade que se pretende desenvolver, como visto na **FIGURA 15.2**.

Grandes corporações vêm buscando esse modelo de gestão integrada, o qual apresenta benefícios, do ponto de vista econômico e operacional, mas podem trazer limitações do ponto de vista de eficácia.

Uma das principais vantagens do sistema integrado de gestão é o fato de os sistemas individuais apresentarem vários elementos comuns, o que simplifica a organização do manual de gestão, bem como reduz a equipe de trabalho, diminuindo os custos para a sua implantação e operação. Por outro lado, o sistema acaba se tornando menos específico, de forma que as-

▶ **FIGURA 15.1** Inter-relação entre os sistemas de gestão normatizados e a visão estratégica da organização.

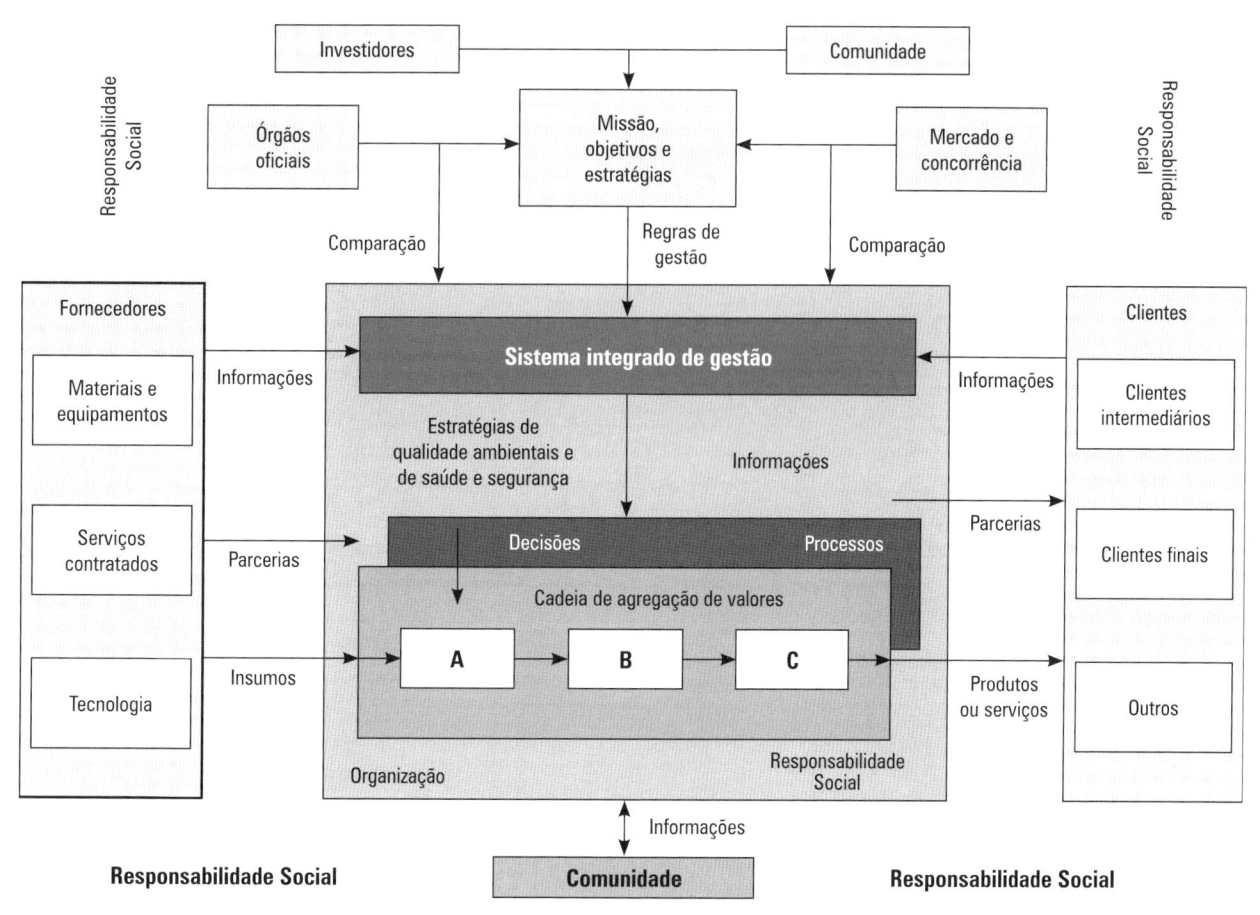

▶ **FIGURA 15.2** Organização do processo produtivo considerando-se a gestão integrada dos sistemas de qualidade, meio ambiente, saúde e segurança e responsabilidade social.

pectos relevantes a cada um dos sistemas possam vir a ser avaliados com menor profundidade, dada a limitação do tamanho da equipe envolvida no processo, bem como o prazo para o desenvolvimento das atividades. Contudo, tal limitação poderá ser eliminada, no caso da organização de equipes específicas, com formação adequada, para atuarem na implantação e condução de sistemas integrados de gestão.

Por se originar da integração de sistemas específicos de gestão, a implantação do Sistema Integrado de Gestão (SIG) segue os mesmos procedimentos e prerrogativas utilizados para o desenvolvimento de sistemas individuais, conforme fluxograma apresentado na **FIGURA 15.3**.

15.3 AS NORMAS PARA OS SISTEMAS DE GESTÃO AMBIENTAL

A Inglaterra, que foi o berço dos sistemas de qualidade, também foi a precursora dos SGAs normalizados, dando origem à norma BS 7750 (British Standards),[11] cuja versão preliminar foi publicada em 1992. Com o crescente interesse pelas questões ambientais em outras regiões, foi implantado pela ISO, em 4 de março de 1993, o Comitê Técnico 207 (TC 207), com a incumbência de elaborar uma série de normas direcionadas para o meio ambiente, dando origem à série ISO 14000.[12]

▶ 15.3.1 Norma BS 7750

O objetivo da norma BS 7750[11] era servir de ferramenta para verificar e assegurar que os efeitos das atividades, produtos e serviços de uma determinada empresa estivessem de acordo

FIGURA 15.3 Modelo genérico para o desenvolvimento de um Sistema Integrado de Gestão.

com o conceito de proteção do meio ambiente, devendo-se destacar que essa preocupação com o meio ambiente, por parte das empresas, resultou das restrições impostas pela legislação e pelo desenvolvimento de medidas econômicas e outras medidas, visando a incentivar as ações relacionadas à proteção ambiental.

Para que esse objetivo pudesse ser atingido, a norma BS 7750[11] especificou os elementos básicos de um SGA, destinado à aplicação em empresas de qualquer ramo de atividade e de qualquer tamanho. A implantação de um SGA, com base na norma BS 7750,[11] deveria contemplar:

- Comprometimento da alta administração;
- Revisão Inicial;
- Política Ambiental;
- Organização e Pessoal;
- Avaliação e Registro dos Efeitos;
- Identificação da Legislação Aplicável;
- Objetivos e Metas;
- Programa de Gerenciamento;
- Manual de Gerenciamento;
- Controle Operacional;
- Registros;
- Auditorias;
- Revisão.

Com o desenvolvimento das normas da série ISO 14000,[5] a implantação dos SGAs baseados na BS 7750[11] ficou restrita a poucas empresas, as quais passaram a converter seu sistema para o sistema baseado na norma ISO 14001,[10] resultando na superação da BS 7750.[11]

▶ 15.3.2 Normas da série ISO 14000

Ao contrário da norma BS 7750,[11] as normas da série ISO 14000[5] podem ser consideradas normas internacionais, pois foram desenvolvidas por uma organização composta por representantes de 120 países membros, entre os quais o Brasil, que é representado pela ABNT.

Além de abordar os SGAs, as normas da série ISO 14000[5] também tratam das diretrizes para a auditoria ambiental, rótulos e declarações ambientais, avaliação do desempenho ambiental, análise do ciclo de vida e, também, relacionadas aos gases de efeito estufa, vinculadas ao Mecanismo de Desenvolvimento Limpo (MDL), conforme por ser verificado no **QUADRO 15.1**. Cabe

▶ **QUADRO 15.1** Relação de normas da série ISO 14000

Designação	Título
ISO 14001:2015	Sistemas de Gestão Ambiental – Requisitos e orientação para uso.
ISO 14002-1: 2019	Sistemas de Gestão Ambiental – Diretrizes de utilização da ISO 14001 para atender aspectos e condições ambientais em uma área específica – Parte 1.
ISO 14004:2016	Sistemas de Gestão Ambiental – Diretrizes gerais para implantação.
ISO 14005:2019	Sistemas de Gestão Ambiental – Diretrizes para Implantação em etapas de um Sistema de Gestão Ambiental.
ISO 14006:2020	Sistemas de Gestão Ambiental – Diretrizes para incorporar o ecodesign.
ISO 14007:2019	Gestão Ambiental – Diretrizes para determinação de custos e benefícios ambientais.
ISO 14008:2019	Gestão Ambiental – Avaliação monetária de impactos e aspectos ambientais relacionados.
ISO 14015:2001	Gestão Ambiental – Avaliação ambiental de locais e organizações.
ISO 14016:2020	Gestão Ambiental – Diretrizes para confiabilidade de relatórios ambientais.
ISO 14020:2000	Rótulos e Declarações Ambientais – Princípios gerais.
ISO 14021:2016	Rótulos e Declarações Ambientais – Autodeclaração de alegação ambiental (Rotulagem ambiental Tipo II).
ISO 14024:2018	Rótulos e Declarações Ambientais – Rotulagem ambiental Tipo I: Princípios e procedimentos.
ISO 14025:2006	Rótulos e Declarações Ambientais – Declarações ambientais Tipo III: Princípios e procedimentos.
ISO 14026:2017	Rótulos e Declarações Ambientais – Princípios, requisitos e diretrizes para comunicação de informações sobre a pegada ambiental.
ISO 14031:2013	Gestão Ambiental – Avaliação do desempenho ambiental – Diretrizes.
ISO 14033:2019	Gestão Ambiental – Informações ambientais quantitativas – Diretrizes e exemplos.
ISO 14034:2016	Gestão Ambiental – Verificação de tecnologias ambientais.
ISO 14040:2006	Gestão Ambiental – Análise do Ciclo de Vida: Princípios e procedimentos.
ISO 14044:2006	Gestão Ambiental – Análise do Ciclo de Vida: Requisitos e diretrizes.
ISO 14045:2012	Gestão Ambiental – Avaliação da ecoeficiência de produtos e sistemas – Princípios, requisitos e diretrizes.
ISO 14063:2009	Gestão Ambiental – Comunicação ambiental – Diretrizes e exemplos.
ISO 14064-1:2018	Gases de Efeito Estufa – Parte 1: Especificação com orientação ao nível organizacional para quantificar e reportar as emissões e remoções de gases de efeito estufa.
ISO 14064-2:2019	Gases de Efeito Estufa – Parte 2: Especificação com orientação ao nível de projeto para quantificar, monitorar e reportar as emissões e aprimoramento na remoção de gases de efeito estufa.
ISO 14064-3:2019	Gases de Efeito Estufa – Parte 3: Especificação com orientação para validação e verificação das alegações sobre gases de efeito estufa.
ISO 14065:2013	Gases de Efeito Estufa – Requisitos para organismos de verificação e validação de emissões de gases de efeito estufa para uso na acreditação ou outra forma de reconhecimento.
ISO 14066:2011	Gases de Efeito Estufa – Requisitos de competências para equipes de validação e verificação.
ISO 14080:2018	Gerenciamento de gases de efeito estufa e atividades relacionadas – Estrutura e princípios para metodologias em ações climáticas.

(Continua)

▶ **QUADRO 15.1** Relação de normas da série ISO 14000 *(Continuação)*

Designação	Título
ISO 14090:2019	Adaptação para as mudanças climáticas – Requisitos e diretrizes para planejamento de adaptação para governos locais e comunidades.
ISO 19011:2018	Diretrizes para auditoria de Sistemas de Qualidade ou Gestão Ambiental (Esta norma substitui as normas 14010, 14011 e 14012).

Fonte: International Organization for Standardization.[13]

ressaltar que, em 2002, ocorreu a unificação entre as normas de auditoria de sistemas de gestão da qualidade e ambiental, e que as normas da série ISO 14000, são atualizadas periodicamente, o que requer uma consulta à página eletrônica da ISO, cujo endereço eletrônico está incluído nas referências (ISO, 2020).

É importante observar que o Comitê ISO, nos últimos anos, preocupou-se em publicar normas que evidenciassem a relação entre desenvolvimento econômico e meio ambiente, com destaque para a publicação das normas ISO 14007[14] e ISO 14008.[15] Isso evidencia o fato de o desenvolvimento econômico estar relacionado com o meio ambiente e não ser possível assegurar a proteção do meio ambiente sem desenvolvimento econômico.

15.3.2.1 ISO 14001: Sistemas de gestão ambiental – Especificação e diretrizes para uso

A norma ISO 14001[10] especifica os principais requisitos de um SGA, sendo que o sucesso desse sistema depende do comprometimento de todos os níveis e funções da organização, principalmente da alta administração desta, sendo bastante semelhante à norma inglesa BS 7750.[11]

A abordagem básica com relação aos requisitos estabelecidos pela norma ISO 14001[10] é apresentada na **FIGURA 15.4**.

Um SGA é constituído por um conjunto de procedimentos sistematizados que são desenvolvidos para que as questões ambientais sejam integradas à administração global de um empreendimento. Por meio de uma melhor compreensão das relações entre as atividades desenvolvidas e o meio ambiente, é possível estabelecer um método de gerenciamento que possibilite a obtenção de melhores resultados no desempenho global da empresa.

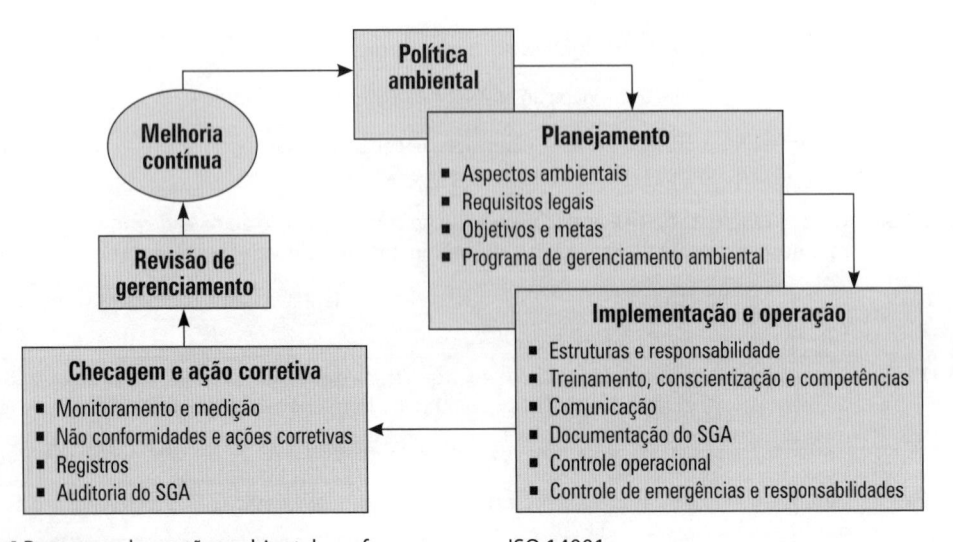

▶ **FIGURA 15.4** Programa de gestão ambiental, conforme a norma ISO 14001.
Fonte: Associação Brasileira de Normas Técnicas.[10]

A seguir, são detalhados os elementos de um SGA com base na norma ISO 14001.[10]

- **Política Ambiental:** a política ambiental dá um senso global de direção e apresenta os princípios de ação para uma organização, sendo estabelecidas metas relativas ao desempenho e à responsabilidade ambiental, contra as quais todas as ações subsequentes serão julgadas. Essa política deve ser definida pela alta administração da empresa, devendo assegurar que: seja apropriada a natureza, a escala e os impactos ambientais de suas atividades, produtos e serviços; inclua um comprometimento com a melhoria contínua e com a prevenção à poluição; inclua um comprometimento para cumprir com as normas e os regulamentos ambientais, além de outros requisitos para os quais a organização subscreve; forneça uma estrutura para estabelecer e revisar objetivos e metas ambientais; seja documentada, implantada, mantida e comunicada para todos os empregados; e esteja disponível para o público.
- **Planejamento:** com base na política ambiental, a organização deve fazer um planejamento com o objetivo de atender aos requisitos estabelecidos.
- **Implementação e Operação:** o processo de implementação e operação do SGA deve ser conduzido de forma a serem atingidos os objetivos e metas estabelecidos.
- **Verificação e Ações Corretivas:** Para que a política ambiental possa ser avaliada, é necessário que sejam desenvolvidos procedimentos para monitorar e medir as principais características das operações e atividades que podem causar um impacto significativo no meio ambiente, ao mesmo tempo em que devem ser estabelecidos os procedimentos referentes às ações corretivas que devem ser tomadas para eliminar as causas reais ou potenciais, que poderiam resultar em um impacto no meio ambiente.
- **Revisão do Gerenciamento:** Para que o comprometimento com a melhoria contínua possa ser efetivo, a alta administração da organização deve, em intervalos pré-definidos, revisar o SGA, de forma a assegurar que este continua adequado e efetivo. Nessa revisão, devem ser verificadas as necessidades de mudanças na política, nos objetivos e em outros elementos do SGA, tomando-se como base os resultados obtidos nas auditorias do sistema.

Uma etapa que deve anteceder o desenvolvimento de um SGA refere-se à revisão ou ao diagnóstico inicial, que contempla uma avaliação inicial dos procedimentos que estão sendo utilizados pela empresa, no que se refere às questões ambientais, e uma prospecção sobre as estratégias futuras, estando esta etapa restrita à alta administração e a alguns níveis hierárquicos superiores da empresa.

A implantação de um SGA é baseada no Ciclo PDCA (do inglês *Plan, Do, Check and Act*), que consiste em um procedimento sistematizado e estruturado para o planejamento, implantação, verificação e revisão das estratégias para a obtenção de uma melhoria do desempenho ambiental da organização. A **FIGURA 15.5** mostra as relações entre as normas da série ISO 14000[12] em um ciclo PDCA.

Todos os elementos do SGA devem ser devidamente documentados, o que é feito pelo desenvolvimento do Manual do Sistema de Gestão Ambiental, o qual deve estar disponível para consulta, principalmente os procedimentos que tratam diretamente das atividades que tenham relação direta com o meio ambiente.

Um SGA desenvolvido e implantado com base na norma ISO 14001[10] pode ser certificado por uma organização independente, ou, então, pode ser utilizado para que a empresa possa emitir uma autodeclaração de conformidade com a norma, de maneira a melhor se posicionar no mercado, ressaltando-se que, para o mercado externo, a certificação é necessária. Cabe destacar que a implantação de um SGA exige a aplicação de recursos financeiros nas fases de diagnóstico inicial, desenvolvimento, implantação, certificação e manutenção.

Como se verifica, um SGA com base na norma ISO 14001 é bastante semelhante ao sistema baseado na norma BS 7750, devendo-se destacar que o mérito das normas da série ISO 14000 é terem ido além do sistema de gestão, abordando outros aspectos relevantes à proteção do meio ambiente, conforme poderá ser verificado a seguir.

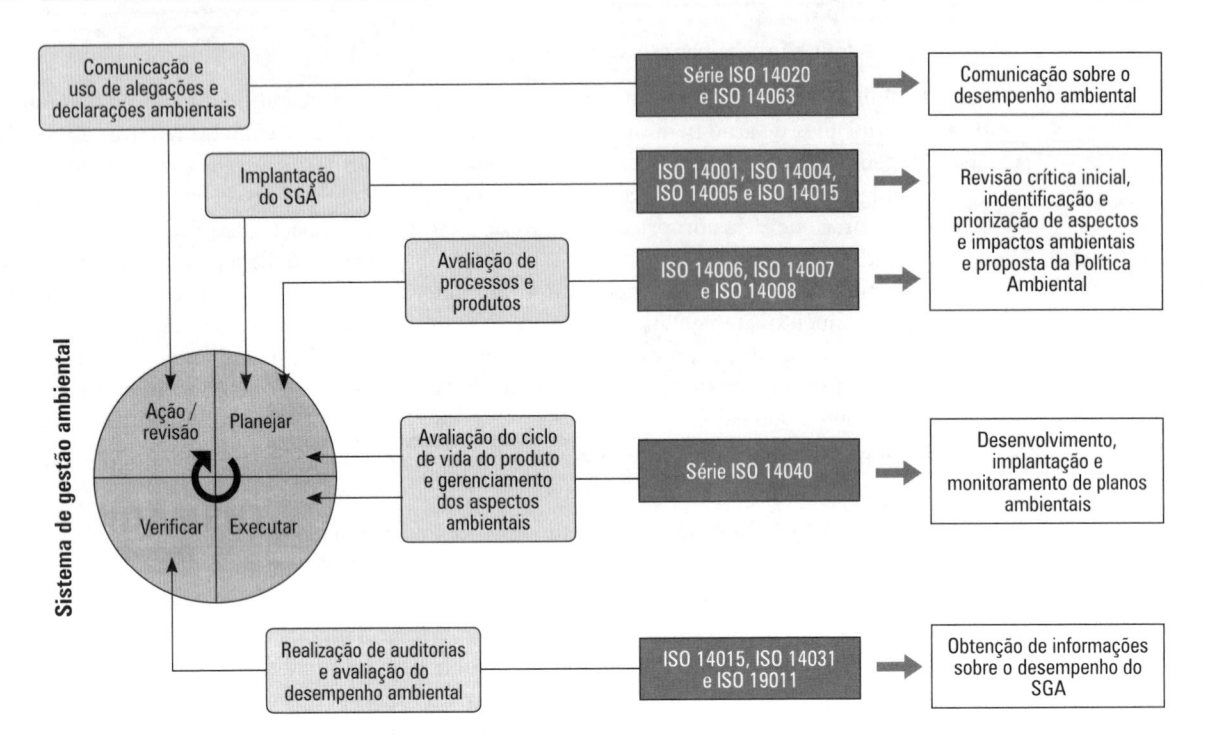

▶ **FIGURA 15.5** Modelo de implantação de um sistema de gestão ambiental pela série ISO 14000.
Fonte: Adaptada de International Organization for Standardization.[5]

15.3.2.2 Auditorias ambientais

O conceito de auditorias ambientais teve início na década de 1970, principalmente nos países desenvolvidos, onde algumas companhias industriais privadas inspecionavam suas unidades industriais com o objetivo de identificar programas de controle de risco, além de avaliar o potencial de ocorrência de acidentes ambientais.

De um modo geral, a auditoria ambiental é reconhecida mundialmente como uma ferramenta que auxilia no gerenciamento e na comunicação do desempenho de uma organização, sendo desenvolvida com os seguintes objetivos:

- fornecer uma garantia aos executivos da organização quanto à conformidade com relação às exigências legais e aos procedimentos internos de uma boa prática de gerenciamento da organização;
- avaliar os potenciais de passivos ambientais da organização; e
- demonstrar às partes interessadas que está sendo realizado o gerenciamento efetivo das obrigações ambientais da companhia.

No caso da auditoria ambiental, o objetivo principal é a obtenção de evidências relacionadas ao desempenho e aos aspectos ambientais de uma empresa ou instituição, visando a determinar o grau de conformidade destes com os critérios estabelecidos anteriormente, sendo um elemento de grande importância de qualquer SGA, no sentido de verificar se este está ou não sendo implementado e mantido de forma adequada.

Para cumprir os seus objetivos, as auditorias ambientais devem ser:

- sistemáticas, completas e detalhadas, e cada aspecto e área devem ser avaliados de acordo com uma metodologia específica;
- documentadas, de forma que os registros facilitem a resolução dos problemas encontrados e sirvam de base de comparação com auditorias futuras;
- periódicas, realizadas em intervalos regulares; e
- objetivas, buscando-se precisão científica.

As auditorias ambientais de que tratam a norma ISO 19011[16] têm como principal objetivo avaliar os Sistemas de Gestão Ambiental e de Qualidade desenvolvidos de acordo com as normas ISO 14001[10] e ISO 9001.[4]

15.3.2.3 Rotulagem ambiental

Inicialmente, os esquemas de rotulagem ambiental foram desenvolvidos em alguns países, na tentativa de promover o uso de métodos de produção menos agressivos ao meio ambiente.[17]

Tais esquemas tentaram fornecer um reconhecimento independente do perfil ambiental positivo de um produto. Dessa forma, é importante que a rotulagem do produto assegure que o produto (ou os grupos de produtos) seja avaliado de uma maneira abrangente, geralmente baseada na análise do ciclo de vida e, quando apropriado, apresente os dados de eficiência e segurança.

A Agência Americana de Proteção Ambiental (USEPA, do inglês United States Environmental Protection Agency), identifica a rotulagem ambiental dos produtos, dividida em categorias baseadas em três atributos chaves:

- **1º:** Todos os programas de rotulagem ambiental, que são independentes dos fabricantes e vendedores, podem ser considerados como de terceira parte;
- **2º:** A participação nestes esquemas pode ser voluntária ou obrigatória;
- **3º:** Os programas de rotulagem podem ser positivos, negativos ou neutros, ou seja, podem promover os atributos positivos do produto, podem requerer a divulgação de informações que não são boas e nem más, ou podem requerer informações sobre os aspectos negativos de um produto, como apresentar avisos sobre a sua toxicidade.

No **QUADRO 15.2**, são apresentados os cinco tipos de programas de rotulagem ambiental, segundo os critérios da USEPA.[17] Na **FIGURA 15.6**, é apresentada a classificação da rotulagem ambiental, também de acordo com a agência americana.

Os selos de aprovação identificam os produtos ou serviços como menos prejudiciais ao meio ambiente, quando comparados com produtos e serviços similares que apresentam a mesma função.

A certificação de simples atributo geralmente indica que uma terceira parte independente validou um aspecto particular do produto, permitindo que este seja usado como único aspecto com apelo ambiental.

Os relatórios tendem a fornecer aos consumidores informações neutras sobre um produto ou sobre o desempenho ambiental de uma empresa.

A divulgação de informações também é neutra, pois apresenta fatos sobre um produto, os quais, por outro lado, não seriam divulgados pelo fabricante.

Os rótulos com avisos de perigo são uma exigência legal, devendo conter avisos obrigatórios relacionados aos efeitos adversos do produto, tanto sobre o meio ambiente quanto sobre a saúde.

▶ **QUADRO 15.2** Comparação dos programas de rotulagem ambiental pela USEPA

Tipo de rótulo	Positivo	Neutro	Negativo	Voluntário	Obrigatório
Selo de aprovação	X			X	
Certificação de simples atributo	X			X	
Relatórios		X		X	
Divulgação de informações		X			X
Avisos de perigo			X		X

Fonte: United States Environmental Protection Agency.[18]

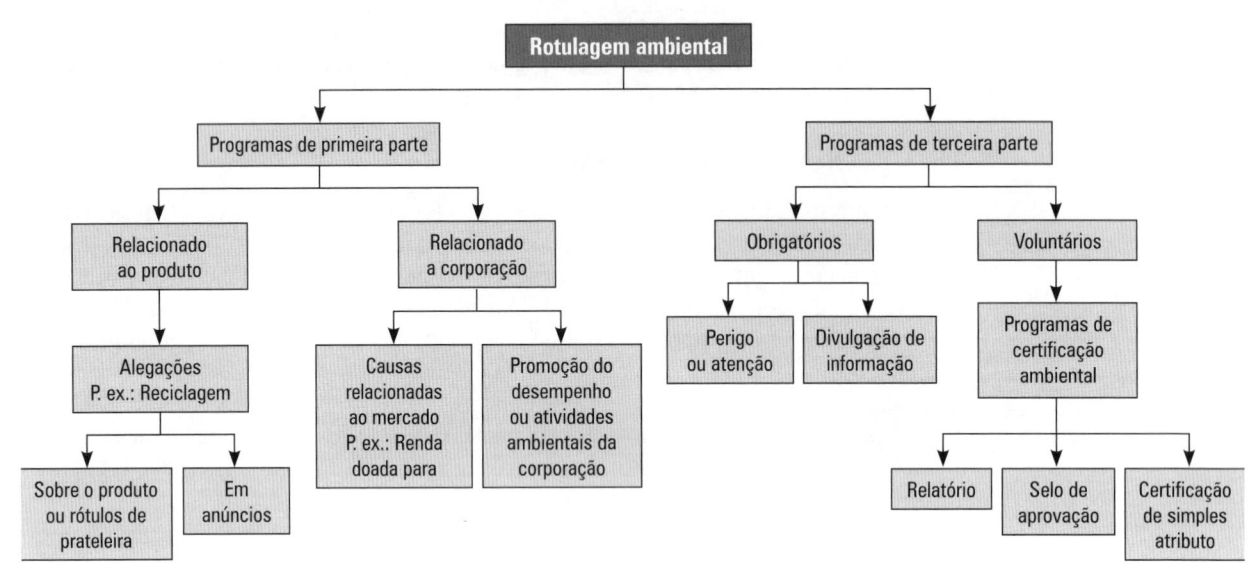

```
                          Rotulagem ambiental
                    ┌───────────┴───────────┐
        Programas de primeira parte    Programas de terceira parte
            ┌───────┴───────┐              ┌───────┴───────┐
       Relacionado      Relacionado    Obrigatórios    Voluntários
       ao produto       a corporação
            │           ┌───┴───┐       ┌───┴───┐           │
       Alegações     Causas    Promoção do  Perigo  Divulgação de  Programas de
       P. ex.:       relacionadas  desempenho  ou atenção  informação  certificação
       Reciclagem    ao mercado    ou atividades                       ambiental
                     P. ex.: Renda ambientais da
                     doada para    corporação
       ┌────┴────┐                                         ┌────┬────┐
    Sobre o     Em                                      Relatório Selo de  Certificação
    produto     anúncios                                          aprovação de simples
    ou rótulos de                                                            atributo
    prateleira
```

▶ **FIGURA 15.6** Classificação da rotulagem ambiental.
Fonte: United States Environmental Protection Agency.[18]

Desenvolvido pela ABNT, encontra-se em fase experimental no Brasil um programa de qualidade ambiental denominado "ABNT – Qualidade Ambiental", sendo desenvolvido com base na versão preliminar da norma ISO 14020.[19]

O objetivo desse programa é o de promover a redução na pressão ambiental e os impactos negativos relacionados aos produtos e serviços. A metodologia adotada pela ABNT é baseada na análise do ciclo de vida do produto, e são considerados os seguintes elementos:

- extração e processamento da matéria-prima;
- produção, transporte e distribuição;
- uso do produto;
- reúso;
- manutenção;
- reciclagem;
- disposição final;
- restrição de materiais ou componentes; e
- desempenho ambiental dos processos de produção.

15.3.2.4 Análise do ciclo de vida

A análise do ciclo de vida pode ser definida como uma abordagem holística para a verificação das implicações ambientais dos produtos e processos, desde o seu "nascimento" até a sua "morte", conceito conhecido como "do berço ao túmulo". Essa ferramenta fornece às indústrias os meios necessários para a identificação e avaliação das oportunidades de minimizar os impactos ambientais adversos.

O conceito "do berço ao túmulo" descreve os estágios do ciclo de vida de um produto, que começa com a aquisição da matéria-prima, passa pelos processos de fabricação, transporte e distribuição, uso e reúso do produto e, finalmente, a reciclagem e a disposição final, conforme representação esquemática apresentada na **FIGURA 15.7**. É importante observar que, em cada uma das etapas do ciclo de vida, são contabilizadas as entradas e saídas, entendendo-se como entradas o consumo de água, energia, força de trabalho e insumos diversos; enquanto, na saída, são considerados os produtos finais obtidos, os efluentes, resíduos e emissões atmosféricas, além de outros impactos ambientais.[12]

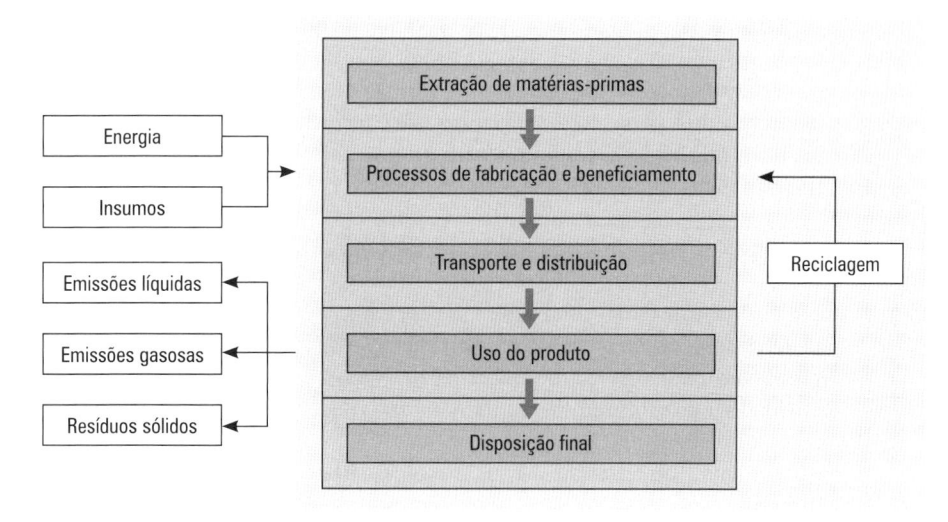

▶ **FIGURA 15.7** Representação esquemática dos estágios da análise do ciclo de vida.

Geralmente, as informações obtidas em uma análise do ciclo de vida podem ser utilizadas em um processo decisório, ou, então, para se obter uma maior compreensão dos negócios em geral, ressaltando-se que só pode ser feita a comparação de diferentes análises de ciclo de vida se o contexto de cada estudo for o mesmo.

A seguir, são apresentados, de forma resumida, os principais pontos da metodologia da análise do ciclo de vida.

- O estudo pode envolver, de maneira adequada e sistemática, os aspectos ambientais de um sistema de produção de um produto, desde a aquisição das matérias-primas até a sua disposição final.
- A profundidade de detalhes e o intervalo de tempo de um estudo de análise do ciclo de vida podem variar de maneira substancial, em função das definições dos objetivos traçados e da definição de seu escopo.
- O escopo, os princípios, os parâmetros de qualidade de dados, as metodologias e variáveis de saída de um estudo de análise do ciclo de vida devem ter apresentação clara e apropriada.
- Podem ser feitas provisões, dependendo da intenção da aplicação do estudo, respeitando-se sempre a confidencialidade e a propriedade industrial.
- As metodologias de análise do ciclo de vida deverão ser responsáveis pela inclusão de novas descobertas científicas e melhorias do estado da arte da metodologia.

Para que uma análise de ciclo de vida possa ser desenvolvida, é necessário que esta contemple os objetivos e escopo, análise do inventário, além da determinação e interpretação dos resultados.

15.4 PREVENÇÃO À POLUIÇÃO

Em decorrência da experiência adquirida ao longo de vários anos, passou-se a perceber que a estratégia adotada para o controle da poluição precisava ser reformulada, e, em vez de dar ênfase à busca de soluções dos problemas de poluição após eles terem sido criados, o foco deveria estar nas estratégias que visassem a evitar que a poluição fosse gerada. Com isso, elimina-se a necessidade de adoção de métodos para o controle da poluição, bem como a possibilidade de ocorrência de qualquer efeito adverso aos seres humanos e ao meio ambiente. Essas novas estratégias é que deram origem ao conceito de prevenção à poluição (P2), o qual pode ser definido da seguinte forma:[20]

"Qualquer prática que reduz a quantidade ou impacto ambiental e na saúde, de qualquer poluente antes da sua reciclagem, tratamento ou disposição final, incluindo modificação de equipamentos ou tecnologias, reformulação ou *redesign* de produtos, substituição de matérias-primas e melhoria organizacional (*housekeeping*), treinamento ou controle de inventário."

Deve-se ressaltar que o principal objetivo de qualquer iniciativa de P2 é reduzir os impactos ambientais agregados a todo o ciclo de vida de um produto, e, dessa forma, a conservação de recursos e de energia também são formas de prevenção à poluição. Pela definição clássica de prevenção à poluição, a reciclagem não é reconhecida como uma alternativa de prevenção, já que os materiais ou resíduos foram produzidos e têm o potencial de prejudicar os trabalhadores, o meio ambiente e a saúde pública.

▶ 15.4.1 Princípios básicos da prevenção à poluição

Em vez de ficar tentando resolver os problemas de poluição após eles terem sido originados, pelo conceito de P2, busca-se reduzir a geração de todas as formas de poluição, procurando-se promover mudanças ou modificações de planos, práticas e hábitos, incluindo-se também as atividades que protegem os recursos naturais pela conservação ou pelo uso mais eficiente dos recursos disponíveis.[21]

A seguir, são apresentados os princípios básicos relacionados à P2, os quais podem ser utilizados por empresas e até mesmo em nossos lares.

Substituição de materiais e insumos: não utilizar produtos tóxicos, ou, então, utilizar produtos mais eficientes e com maior grau de pureza.

- Utilizar preferencialmente substâncias que utilizam a água como solvente, em vez de solventes orgânicos.
- Dar preferência ao uso de materiais originados de recursos naturais renováveis.
- Fazer uso de fontes energéticas que causem menos impacto ambiental.

Mudanças de procedimentos: encontrar métodos mais eficientes para o desenvolvimento das nossas atividades ou das atividades industriais.

- Utilizar, sempre que possível, métodos contínuos de produção.
- Alterar configurações geométricas dos produtos, de forma a obter um melhor aproveitamento dos materiais e reduzir a quantidade de embalagens.
- Incorporar o conceito de reciclagem no desenvolvimento de novos produtos e processos.
- Levar em consideração os aspectos ambientais no desenvolvimento dos produtos.
- Identificar tecnologias mais eficientes.

Melhorar a organização (*housekeeping*): adotar procedimentos que visem a manter, de uma forma organizada e limpa, todas as áreas da empresa e da nossa própria casa.

- Minimizar derramamento e vazamentos.
- Identificar os recipientes que contêm qualquer material ou substâncias utilizadas.
- Desenvolver programas de manutenção preventiva.
- Utilizar arranjos que favoreçam a contenção de possíveis vazamentos.

Programas educacionais: desenvolver programas de conscientização, abordando os problemas associados à poluição, e enfatizar a necessidade da adoção de estratégias de prevenção à poluição, além dos benefícios que estas podem proporcionar.

Associado ao conceito de prevenção à poluição, foi desenvolvido um programa mais amplo, denominado produção mais limpa (P+L), que, além de considerar medidas de redução na fonte, incorpora conceitos como reciclagem, reúso, tratamento e, finalmente, a disposição final de resíduos, sempre considerando a minimização dos impactos ambientais associados.

Considerando-se o conceito de produção mais limpa, as estratégias de gerenciamento ambiental devem considerar a hierarquia apresentada na **FIGURA 15.8**.

Pelo exposto, pode-se concluir que as oportunidades de P2 só são limitadas pela nossa criatividade e inexperiência, além, é claro, do nosso comprometimento com a melhoria do meio ambiente.[22]

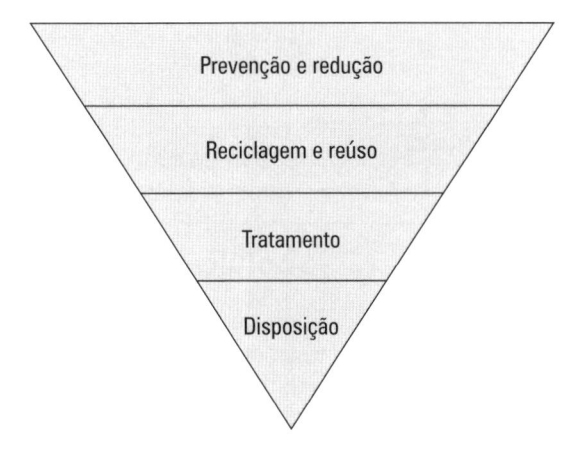

▶ **FIGURA 15.8** Hierarquia a ser adotada para o gerenciamento ambiental, com a introdução do conceito de prevenção à poluição.

Em muitos casos, a identificação de oportunidades para a aplicação do conceito de P2 é bastante simples, bastando apenas fazer uma análise do produto, do processo ou dos procedimentos que estão sendo utilizados para a distribuição e comercialização do produto para identificar muitas oportunidades, conforme exemplificado a seguir no **QUADRO 15.3**.

Por meio dessa simples análise, pode-se verificar que a elaboração de embalagens menos sofisticadas para alguns tipos de produtos é uma grande oportunidade para a prevenção à poluição.

Por outro lado, em outras situações e para outros produtos, a identificação de oportunidades para a aplicação do conceito de prevenção à poluição requer a utilização de procedimentos mais complexos e mais bem elaborados, como a utilização da análise do ciclo de vida do produto, a qual já foi abordada anteriormente.

De um modo geral, podemos concluir que a prevenção à poluição protege a nossa saúde e o meio ambiente, reduzindo a necessidade de nos protegermos dos efeitos adversos da poluição, além de ser uma ferramenta útil na busca de novos procedimentos de produção, visando à maximização do uso dos recursos naturais.

Na **FIGURA 15.9** encontram-se os procedimentos que podem auxiliar na estratégia de prevenção à poluição.

▶ 15.4.2 Prevenção à poluição na indústria

O foco da maior parte das pesquisas, atenção pública e ações governamentais relacionadas às atividades de prevenção à poluição recaem sobre as indústrias, já que estas são as principais responsáveis pelos problemas de degradação da qualidade ambiental.[22]

▶ **QUADRO 15.3** O caso das embalagens

É de conhecimento geral que a garantia da integridade de muitos produtos, desde a fábrica até o ponto de distribuição final, só é assegurada pelo uso de diferentes tipos de embalagens.

Essas embalagens, além de acondicionarem os produtos, também são utilizadas para divulgar o nome da empresa responsável pela fabricação e apresentam algumas informações referentes ao seu conteúdo (características, dimensões e cuidados para a armazenagem e o transporte). Em muitos casos, essas embalagens são tão sofisticadas que a sua fabricação requer o uso de vários tipos de materiais, tanto estruturais quanto para o seu acabamento (papelão, plástico e tintas), o que acaba elevando o custo do produto principal.

Uma vez no ponto de comercialização, os produtos e as respectivas embalagens são armazenados em um depósito, e, para a divulgação do produto, apenas uma amostra de cada modelo é exposta, de maneira que os consumidores possam avaliar o produto antes mesmo de entrarem na loja.

Dessa forma, verifica-se que o primeiro e talvez um dos mais importantes critérios utilizados para a seleção de um produto pelo consumidor é o produto em si, que irá ou não atrair a sua atenção, principalmente em função das suas características estéticas. Demonstrado o interesse pelo produto, os próximos critérios a serem analisados seriam o custo, o material utilizado para confecção e, é claro, a origem do produto, neste caso específico, o nome do fabricante, que já teve a preocupação de incorporar a sua marca no próprio produto.

Após a avaliação de todos esses critérios e, ainda, após a realização de uma série de ponderações, com o objetivo de avaliar se o produto irá atender às suas necessidades, é que o comprador irá se decidir ou não pela sua aquisição, sendo que somente após a efetivação da compra e a retirada ou o recebimento do produto o consumidor terá contato com a embalagem, e, em alguns casos, o cliente pode optar por não transportar consigo esse volume adicional.

O que se pode concluir desse exemplo é que muitas vezes a preocupação com a embalagem de alguns produtos excede, em muito, as funções que esta deverá cumprir, o que acaba resultando em um maior consumo de materiais e insumos para a sua confecção, resultando na elevação do custo da embalagem, além de dificultar a sua disposição final no meio ambiente ou, então, a sua reciclagem.

```
                        ┌─────────────────┐
                        │ Redução da fonte │
                        └─────────────────┘
                              │
              ┌───────────────┴───────────────┐
              ▼                               ▼
   ┌──────────────────────┐         ┌──────────────────┐
   │ Mudanças de produto  │         │ Contole da fonte │
   │ • Substituição do produto       └──────────────────┘
   │ • Mudanças na composição
   │ • Conservação do produto
   └──────────────────────┘
```

Mudanças de produto
- Substituição do produto
- Mudanças na composição
- Conservação do produto

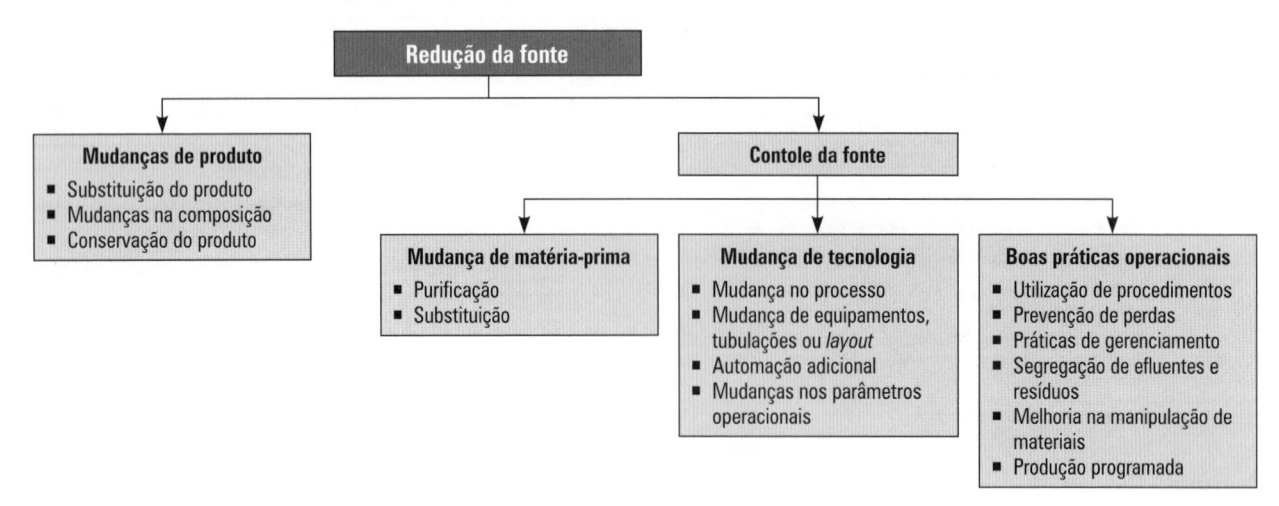

Contole da fonte

Mudança de matéria-prima
- Purificação
- Substituição

Mudança de tecnologia
- Mudança no processo
- Mudança de equipamentos, tubulações ou *layout*
- Automação adicional
- Mudanças nos parâmetros operacionais

Boas práticas operacionais
- Utilização de procedimentos
- Prevenção de perdas
- Práticas de gerenciamento
- Segregação de efluentes e resíduos
- Melhoria na manipulação de materiais
- Produção programada

▶ **FIGURA 15.9** Procedimentos relacionados à prevenção à poluição.

A prevenção à poluição, nesse caso específico, pode ser vista como uma forma economicamente vantajosa e estrategicamente sensata para as empresas protegerem o meio ambiente, protegendo a si mesmas de possíveis responsabilidades, infrações legais e despesas desnecessárias ou não previstas. Por outro lado, a implantação de programas de prevenção à poluição pode encontrar algumas barreiras, o que deve ser analisado cuidadosamente.

Com o objetivo de melhor compreendermos os conceitos envolvidos na aplicação dos programas de prevenção à poluição na indústria, a seguir serão apresentados os benefícios potenciais relacionados à sua implantação, bem como as barreiras que podem dificultar essa implantação.

15.4.2.1 Benefícios potenciais relacionados à implantação dos programas de prevenção à poluição

Entre os principais benefícios associados aos programas de prevenção à poluição, conforme já mencionado anteriormente, pode-se destacar:[22]

- redução de custos;
- redução da responsabilidade legal;
- melhoria da imagem corporativa;
- melhorar a segurança dos trabalhadores.

Redução de custos

O potencial para a redução de custos e economia de dinheiro talvez seja um dos benefícios mais atrativos de qualquer programa de prevenção à poluição para as indústrias. A redução na fonte, reciclagem no processo e melhoria na eficiência da utilização de energia podem reduzir a quantidade de insumos e energia necessários ao desenvolvimento dos processos industriais, o que, por sua vez, irá resultar na redução das despesas da indústria.

Com a substituição de compostos químicos tóxicos por substâncias menos perigosas, há a possibilidade de redução dos custos relacionados à obtenção e à manipulação dessas substâncias e de redução dos gastos com os sistemas de controle da poluição gerada por essas substâncias. Por outro lado, reduzindo-se a quantidade de resíduos não perigosos, também são reduzidos os custos, principalmente aqueles associados à manipulação, ao transporte e à disposição final desses resíduos.

Além do que foi exposto, as atividades de prevenção à poluição também podem reduzir os custos associados com a obtenção de licenças de implantação e operação das indústrias.

Redução da responsabilidade legal

Evitar a geração de poluentes sólidos, líquidos ou gasosos que poderiam afetar de forma negativa o meio ambiente e a saúde dos seres humanos é uma das maneiras mais eficientes e sensatas para uma empresa se proteger contra possíveis responsabilidades legais, já que não existindo o poluente não existe a possibilidade de ocorrência de qualquer dano ambiental ou problema de poluição.

Com o desenvolvimento de uma legislação cada vez mais restritiva e punitiva, caso específico da Lei de Crimes Ambientais,[23] a adoção de estratégias de prevenção à poluição figura entre as opções mais racionais disponíveis para a indústria.

Melhoria da imagem corporativa

A adoção de programas de prevenção à poluição também pode ser considerada uma excelente ferramenta de relações públicas, pois uma empresa que demonstra um comprometimento para reduzir os impactos negativos sobre o meio ambiente, devido às suas atividades, poderá desenvolver um relacionamento mais amigável com a comunidade local e com os seus consumidores.

Isso é importante, pois os consumidores e a comunidade em geral estão, a cada dia que passa, se conscientizando dos problemas ambientais associados aos produtos que consomem, dando às empresas a oportunidade de utilizar o seu desempenho ambiental e a sua preocupação com o meio ambiente e com a saúde das pessoas para melhorar a sua participação no mercado, além de se estabelecer como um membro respeitável na comunidade.

Melhorar a segurança dos trabalhadores

A prevenção à poluição também pode ser um importante componente dos esforços para a melhoria da saúde e segurança dos trabalhadores, já que a substituição de substâncias tóxicas por compostos químicos menos prejudiciais, a redução na emissão fugitiva de solventes orgânicos dos processos produtivos e a minimização da geração de resíduos e efluentes a serem manipulados e dispostos irão reduzir o risco de exposição dos trabalhadores ao materiais tóxicos, o que, por sua vez, resulta em uma melhor condição de saúde ocupacional.

15.4.2.2 Barreiras associadas à implantação dos programas de prevenção à poluição

Em alguns casos, independentemente dos benefícios que podem ser obtidos com a implantação de um programa de prevenção à poluição, podem existir algumas barreiras associadas à implantação desse tipo de programa em algumas empresas, devendo-se destacar as seguintes:[22]

- cultura corporativa e normas institucionais;
- dificuldades para identificação de oportunidades de prevenção à poluição;
- custo;
- falta de ferramentas e metodologias de avaliação;
- externalidades;
- falta de planejamento de longo prazo e tomada de decisão;
- expectativa dos consumidores.

Cultura corporativa e normas institucionais

A cultura de uma corporação e suas normas institucionais podem ser difíceis obstáculos a serem transpostos, para que se possa iniciar as atividades de prevenção à poluição. O comprometimento e a forte liderança dos executivos do alto escalão de uma empresa são fundamentais, da mesma forma que o envolvimento dos trabalhadores dos demais níveis hierárquicos também é importante, pois muitas das ideias para a redução da geração de resíduos e poluentes surgem dos trabalhadores do chão de fábrica, os quais vivenciam diariamente a realidade dos sistemas de produção.

Nesse sentido, há a necessidade de quebra de barreiras hierárquicas, o que pode ser bastante difícil em algumas empresas.

Além do mais, muitas empresas não têm autonomia sobre os procedimentos e processos que desenvolvem, seguindo, na maioria das vezes, as recomendações da matriz, o que também dificulta a implementação dos programas de prevenção à poluição.

Dificuldades para a identificação de oportunidades de prevenção à poluição

Do ponto de vista de uma indústria, a proteção ambiental normalmente refere-se à obediência e à concordância com a legislação de controle da poluição ambiental e gerenciamento de resíduos. A ideia de evitar a geração de resíduos e poluentes, embora não seja inovadora, ainda não se tornou uma segunda opção para muitas indústrias, sendo vista como uma atividade opcional, caso existam recursos disponíveis.

Enquanto muitas empresas estão acostumadas a gastar muito dinheiro para adequar as suas emissões aos padrões estabelecidos em normas, a maior parte dessas empresas não investe tempo nem recursos para a identificação de oportunidades de prevenção, que muitas vezes necessitam de um estudo mais aprofundado para viabilizá-las.

Tem-se, ainda que tradicionalmente, os engenheiros ambientais ou o pessoal responsável pela área de saúde e segurança, os quais são responsáveis pelo gerenciamento dos resíduos e efluentes, além de serem responsáveis pelo atendimento às normas de controle ambiental, desenvolvendo habilidades específicas relacionadas às tecnologias de controle da poluição, nas quais o principal foco está relacionado aos subprodutos originados nos processos de produção, após todas as decisões relacionadas ao produto e processo já terem sido tomadas.

Assim, pode ocorrer de esse grupo de gerenciamento ambiental não estar familiarizado com os conceitos de prevenção à poluição, o que acaba dificultando a identificação de oportunidades.

Custo

Os programas de prevenção à poluição são sempre apresentados como uma alternativa para a redução de despesas e economia de dinheiro; no entanto, a redução e a economia só poderão ser efetivadas e contabilizadas após o investimento de capital e a implementação das mudanças nos processos produtivos.

A substituição de uma substância tóxica por um composto menos prejudicial, a melhoria da eficiência energética e a redução de vazamentos nos processos e emissão de poluentes são atividades que requerem o investimento de capital, o que, para muitas empresas, principalmente aquelas de pequeno porte, não é visto como prioritário.

Falta de ferramentas e metodologia de avaliação

As dificuldades associadas com a monitoração do desempenho ambiental de uma empresa podem ser um impedimento para justificar e implementar as atividades de prevenção à poluição, podendo até atrapalhar na avaliação da sua efetividade na redução dos impactos ambientais.

Diferentemente dos critérios tradicionais de avaliação de desempenho, como custos, lucratividade, vendas ou níveis de produção, o desempenho ambiental não é medido, sendo que a quantificação da redução de resíduos e o nível de poluentes emitidos pode ser um ponto de partida, mas tais medidas podem não ser efetivas para identificar e quantificar os impactos associados com a extração de recursos naturais não renováveis e o uso ineficiente das fontes de energia.

Além do mais, a medida das quantidades de resíduos ou poluentes produzidos não reflete a sua toxicidade ou o impacto relativo de diferentes tipos de materiais. Talvez muito mais significativos sejam os impactos ambientais associados a um produto que, uma vez distribuído e comercializado, raramente é considerado parte do desempenho ambiental de uma empresa.

Pode-se mencionar, ainda, a falta de procedimentos analíticos padronizados que facilitem a comparação entre impactos ambientais incomensuráveis, como emissão de CO_2, degradação de hábitats, substâncias químicas suscetíveis aos processos de bioacumulação e o risco de câncer, o que torna muito difícil priorizar as estratégias de prevenção à poluição e de proteção ambiental.

Externalidades

Externalidades consistem nos custos (ou benefícios) resultantes da ação de consumidores ou produtores que não se refletem em valores de mercado. A poluição é um exemplo clássico de uma externalidade negativa, pois, na ausência do controle governamental ou de uma resposta dos consumidores que forçam uma empresa a considerar os custos sociais associados às suas atividades lesivas ao meio ambiente, os custos associados aos danos causados permaneceriam externos à empresa e não refletiriam no preço do produto.

Resumindo, a menos que uma empresa seja obrigada a responsabilizar-se pela poluição gerada, esta poluição é gratuita.

Falta de planejamento de longo prazo e tomada de decisão

Os processos de tomada de decisão podem ser uma barreira às atividades de prevenção à poluição, pois frequentemente existe um intervalo de tempo e um investimento de capital nas mudanças associadas à prevenção à poluição, até que ocorra a amortização e o retorno do investimento efetuado. Assim, a implantação de práticas de prevenção à poluição e de medidas de otimização da eficiência pode não parecer economicamente vantajosa para uma empresa que não tem uma visão ou um planejamento de longo prazo.

Expectativa dos consumidores

Enquanto existem algumas evidências de que os consumidores estão começando a levar em consideração alguns critérios ambientais relacionados ao produto, na sua opção de compra, um produto que possa apresentar características ambientais melhoradas, mas que não atenda a outras necessidades deste mesmo consumidor, acaba sendo esquecido nas prateleiras.

Assim, também se deve considerar como uma barreira à aplicação das práticas de prevenção à poluição algumas expectativas dos consumidores, que muitas vezes estão associadas aos níveis de qualidade esperados para o produto, conveniência, confiabilidade e a aparência dos produtos que estão sendo adquiridos, que, por sua vez, podem resultar em uma maior produção de resíduos.

15.4.2.3 O conceito de prevenção à poluição no Estado de São Paulo

No Estado de São Paulo, já existem algumas iniciativas referentes aos programas de prevenção à poluição, podendo-se mencionar o programa desenvolvido pela Companhia de Tecnologia de Saneamento Ambiental (CETESB), que lançou o Manual para Implementação de um Programa de Prevenção à Poluição[24] e o programa desenvolvido pelo Departamento de Engenharia de Produção e Fundação Vanzolini, da Escola Politécnica da USP, que desenvolveu um manual para a prevenção de resíduos na fonte e economia de água e energia.[25]

Esses dois manuais abordam as metodologias a serem utilizadas para o planejamento e o desenvolvimento de um programa de prevenção à poluição, seguindo-se como modelo a estruturação e alguns conceitos estabelecidos nos programas de gestão ambiental, sendo o manual desenvolvido pelo Departamento de Engenharia de Produção e Fundação Vanzolini da USP mais detalhado que o da CETESB. Para uma melhor compreensão desses programas de prevenção à poluição, na **FIGURA 15.10** é apresentado um fluxograma contendo as principais etapas necessárias ao seu desenvolvimento.[24]

Um ponto importante a ser observado é que o conceito de prevenção à poluição não se aplica apenas às atividades que já se encontram em andamento, sendo também uma ferramenta bastante útil para o desenvolvimento de novos produtos e serviços, visto que a aplicação desses conceitos na fase de projeto é muito mais interessante, pois pode-se, de antemão, prever todos os impactos que poderiam ser causados pelos diversos processos ou operações a serem desenvolvidos, o que garante uma maior eficácia das medidas de prevenção à poluição, bem como possibilita a adoção de alternativas que apresentem um menor custo, se comparados com os custos necessários para promover alterações em um processo ou sistema que já se encontra implantado e em funcionamento.

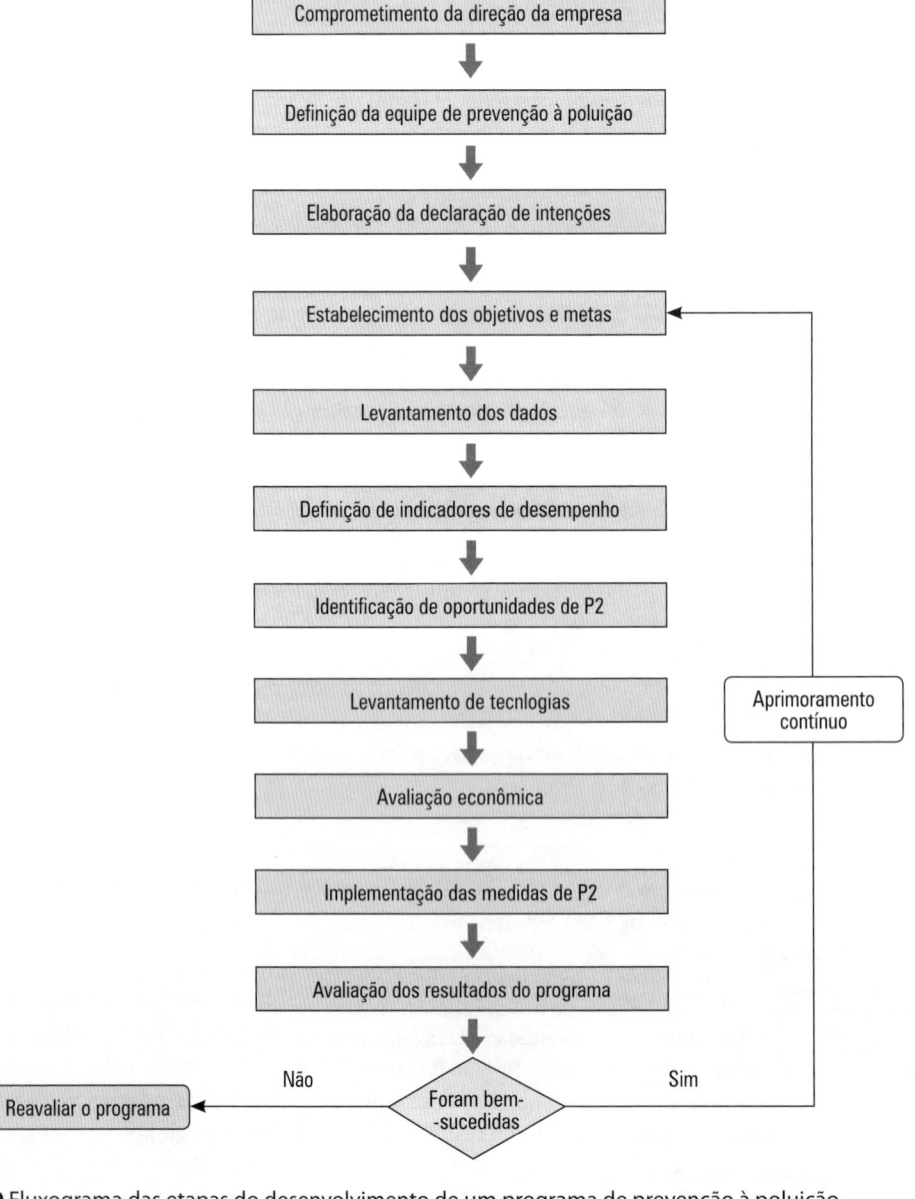

▶ **FIGURA 15.10** Fluxograma das etapas do desenvolvimento de um programa de prevenção à poluição.

15.4.2.4 Casos de sucesso de prevenção à poluição

Com base na sua atuação junto a algumas indústrias, a CETESB pôde identificar vários casos de sucesso relacionados à prevenção à poluição, elaborando uma publicação em que esses casos de sucesso são apresentados. Alguns deles são encontrados no **QUADRO 15.4**.

▶ **QUADRO 15.4** Casos de sucesso de prevenção à poluição

Empresa	Problema ambiental	Medidas implantadas	Resultados alcançados
Termogal Tratamento de Superfícies Ltda	Consumo de água do sistema público para processos de tratamento de superfícies metálicas.	Instalação de sistemas de lavagem em cascata com alimentação em contracorrente, com investimento de R$115.000,00.	Redução de 98,3% no consumo de água, passando de 310 L/h para 5,27 L/h, com consequente redução na geração de efluentes. Redução no consumo de estanho, aproximadamente 100 kg/ano. Redução de R$52.000,00 por ano no consumo de água, disposição de resíduos sólidos e aquisição de insumos.
JBS S/A (2012)	Consumo de água em processo.	Reutilização da água presente em um ciclo de lavagem de processo de clareamento em um ciclo subsequente.	Redução do consumo de 1.500 m³/mês de água de geração de efluentes. Menor consumo de produtos químicos para tratamento de efluentes, com uma economia mensal de R$13.440,00.
Mahle Metal Leve S/A (2012)	Consumo de insumos para acondicionamento de peças acabadas.	Reconfiguração de bandejas para aumentar a capacidade de acomodação de 12 para 15 peças.	Redução do número de bandejas para acondicionamento de peças e do número de *pallets* para transporte, com consequente redução de insumos para a sua fabricação, gerando uma economia anual de R$31.200,00.
Usina São José S/A Açúcar e Álcool (2011)	Consumo de água na operação de lavagem de cana-de-açúcar.	Substituição do sistema de lavagem com água por lavagem a seco, com ar, com investimento de R$2.900.000,00.	Redução de 80% no consumo de água para operação de lavagem, passando de 50 m³/h para 10 m³/h, com consequente redução na geração de efluentes.
Razzo Ltda (2010)	Descarte de resíduo pastoso contendo sal e glicerol.	Avaliação de processo para separação do sal presente no resíduo e instalação de um sistema de separação por centrifugação, com investimento de R$96.000,00.	Redução da quantidade de resíduo armazenada e encaminhada para disposição final. Recuperação de 135 t/ano de sal e de 251 t/ano de glicerol. Economia anual de R$501.400,00.
BSH Continental Eletrodomésticos Ltda (2009)	Eliminação do pré-tratamento da esmaltação no processo de fogões.	Desenvolvimento de novas tecnologias para o aumento da eficiência do processo. Substituição do pó catalítico para esmaltação, aquisição de novas cabines para aplicação do esmalte e de novo forno para queima de peças esmaltadas, com um investimento de R$2.000.000,00.	Redução de 100% no consumo de água para banhos de pré-tratamento e da geração de efluentes, aproximadamente 526 m³/mês. Redução no consumo de produtos químicos e geração de resíduos para disposição em aterro. Redução no consumo de energia elétrica em 25%, devido à eliminação de estufas, queimadores e ventiladores.

Fonte: Companhia de Tecnologia de Saneamento Ambiental.[26]

REFERÊNCIAS

1. Harrington HJ, Knight A. A implementação da ISO 14000: como atualizar o sistema de gestão ambiental com eficácia. São Paulo: Atlas; 2001.
2. Bennett S, Freierman R, George S. Corporate realities and environmental truths: strategies for leading your business in the environmental era. Hoboken: Wiley; 1993. Chapter 2.
3. International Organization for Standardization. ISO 9001: debunking the myths [Internet]. Geneva: ISO Central Secretariat; 2015 [capturado em 28 abr. 2021]. Disponível em: https://www.iso.org/files/live/sites/isoorg/files/store/en/PUB100368.pdf.
4. Associação Brasileira de Normas Técnicas. ABNT NBR ISO 9001: sistemas de gestão da qualidade requisitos. Rio de Janeiro: ABNT; 2015.
5. International Organization for Standardization. Environmental management: the ISO 14000 family of international standards. Geneva: ISO; 2009.
6. British Standards Institution. OHSAS 18001: occupational health and safety management systems. London: BSI; 2007.
7. British Standards Institution. OHSAS 18002: occupational health and safety management systems. Guidelines for the implementation of OHSAS 18001:2007. London: BSI; 2008.
8. Associação Brasileira de Normas Técnicas. ABNT NBR ISO 26000: responsabilidade social. Rio de Janeiro: ABNT; 2010.
9. Associação Brasileira de Normas Técnicas. ABNT NBR 16001: responsabilidade social [Internet]. Rio de Janeiro: ABNT; 2004 [capturado em 28 abr. 2021]. Disponível em: http://www.inmetro.gov.br/qualidade/responsabilidade_social/norma_nacional.asp.
10. Associação Brasileira de Normas Técnicas. ABNT NBR ISO 14001 sistemas de gestão ambiental [Internet]. Rio de Janeiro: ABNT; 2015 [capturado em 28 abr. 2021]. Disponível em: http://www.abnt.org.br/publicacoes2/category/146-abnt-nbr-iso-14001.
11. British Standards Institution. BS 7750: specification for environmental management systems. London: BSI; 1994.
12. Secretaria do Meio Ambiente. ISO 14000: sistema de gestão ambiental, entendendo o meio ambiente. São Paulo: SMA; 1998.
13. International Organization for Standardization. Standards by ISO/TC 207: environmental management [Internet]. Geneva: ISO; c2021 [capturado em 28 abr. 2021]. Disponível em: https://www.iso.org/committee/54808/x/catalogue/p/1/u/0/w/0/d/0.
14. International Organization for Standardization. ISO 14007: environmental management guidelines for determining environmental costs and benefits [Internet]. Geneva: ISO; 2019 [capturado em 28 abr. 2021]. Disponível em: https://www.iso.org/standard/70139.html.
15. International Organization for Standardization. ISO 14008: monetary valuation of environmental impacts and related environmental aspects [Internet]. Geneva: ISO; 2019 [capturado em 28 abr. 2021]. Disponível em: https://www.iso.org/standard/43243.html.
16. Associação Brasileira de Normas Técnicas. ABNT NBR ISSO 19011. Rio de Janeiro: ABNT; 2018.
17. Welford R. Environmental strategy and sustainable development: the corporate challenge for 21st century. Routtedge: London; 1995. Chapter 7.
18. Environmental Protection Agency. Environmental labeling issues, policies, and practices worldwide [Internet]. Washington: EPA; 1998 [capturado em 28 abr. 2021]. Disponível em: https://www.epa.gov/sites/production/files/2015-09/documents/wwlabel3.pdf.
19. International Organization for Standardization. ISO 14020: environmental labels and declarations general principles [Internet]. Geneva: ISO; 2000 [capturado em 28 abr. 2021]. Disponível em: https://www.iso.org/standard/34425.html.
20. Duncan A, editor. Bibliographic teaching outline [Internet]. Ann Arbor: National Pollution Prevention Center for Higher Education; 1994 [capturado em 28 abr. 2021]. Disponível em: http://www.umich.edu/~nppcpub/resources/compendia/ENSTpdfs/ENSTbto.pdf.
21. Environmental Protection Agency. Water pollution prevention and conservation. Pollution Prevention (P2) education toolbox: tools for helping teachers integrate P2 concepts in the classroom [Internet]. Washington: EPA; 1997 [capturado em 28 abr. 2021]. Disponível em: https://nepis.epa.gov/Exe/ZyPDF.cgi/P100Y9L6.PDF?Dockey=P100Y9L6.PDF.

22. Phipps E. Introductory pollution prevention materials. Pollution prevention: concepts and principles [Internet]. Ann Arbor: National Pollution Prevention Center for Higher Education; 1995 [capturado em 28 abr. 2021]. Disponível em: http://www.umich.edu/~nppcpub/resources/GENp2.pdf.

23. Brasil. Lei nº 9.605, de 12 de fevereiro de 1998. Dispõe sobre as sanções penais e administrativas derivadas de condutas e atividades lesivas ao meio ambiente, e dá outras providências [Internet]. Brasília: Casa Civil; 1998 [capturado em 28 abr. 2021]. Disponível em: http://www.planalto.gov.br/ccivil_03/leis/l9605.htm.

24. Companhia de Tecnologia de Saneamento Ambiental. Manual para a implementação de um programa de prevenção à poluição. São Paulo: CETESB; 1998.

25. Fundação Vanzolini. Prevenção de resíduos na fonte e economia de água e energia: anual de avaliação na fábrica [Internet]. São Paulo: EP-USP; 1998 [capturado em 28 abr. 2021]. Disponível em: https://conhecimento.institutojatobas.org.br/?p=1956&lang=pt.

26. Companhia de Tecnologia de Saneamento Ambiental. Produção e consumos sustentáveis [Internet]. São Paulo: CETESB; c2021 [capturado em 28 abr. 2021]. Disponível em: https://cetesb.sp.gov.br/consumosustentavel/casos-de-sucesso/listagem-geral/setor-produtivo-industria/.

▶ SITES PARA CONSULTA

Companhia Ambiental do Estado de São Paulo (CETESB) - https://cetesb.sp.gov.br/.

International Organization for Standardization (ISO) - https://www.iso.org/home.htm.

Índice

Números de páginas seguidos de *f* referem-se a figuras, *t* a tabela e *q* a quadros.

A

Abastecimento de água, 108, 136-141
    estrutura para tratamento, 136-137
    tratamento, 137-141
Absorção, 22-23
Água, 30-31, 47-53 *ver também* Meio aquático
    ciclo da, 47-53
    doce, ecossistemas de, 30-31
    no solo, 51*f*
Alcatrão, 82
Alteração da qualidade das águas *ver* Qualidade das águas, alteração da
Amensalismo, 59
Amônia, 232
Amplificação biológica, 28-29
Aquífero, tipos de, 138-141
    subterrâneos, 139
    superficiais, 138-139
Aquicultura, 110
Áreas contaminadas, remediação de, 223-225
Asbesto, 232
Assimilação e transporte de poluentes, 110
Aterro(s), 207-214
    de resíduos inertes, 214
    industrial ou de resíduos perigosos, 213
    sanitário, 207-213
Atmosfera *ver* Meio atmosférico
Auditorias ambientais, 360-361
Autoclavagem, 205, 206*f*
Avaliação, 316-324
    ambiental estratégica, 316-321
    de impacto ambiental, 321-324

B

Balanço, 12-18
    de energia, 15-18
    de massa, 12-18
    com reações químicas, 14-15
Biocombustível líquido, 74, 87
Biodigestão anaeróbia, 192-196
Biodiversidade, 62
Biogás, 74, 87
Biomas, 29-35
    ecossistemas aquáticos, 30
        ecossistemas de água doce, 30-31
        estuários, 32
        lagos, 31
        oceanos, 31-32
        rios, 31
    ecossistemas terrestres, 32-35
        campos, 35
        desertos, 35
        floresta de coníferas, 34
        florestas temperadas de folhas caducas, 34
        florestas tropicais, 34-35
        tundra, 33
Biomassa, 74, 86-87
Blindagem, 83
Brasil, energia no, 88-100
    eficiência elétrica, 97-100
    geração de eletricidade, 92-97
    oferta interna de energia e fontes utilizadas, 88-89
    previsão no aumento da demanda e recursos disponíveis, 90-91

C

Cadeias alimentares, 23-25
    e fluxo energético, 24*f*
Calor, 233
Camada de ozônio, depleção da, 238-245
Campos, 35
Carbono, ciclo do, 41-42
Carvão, 74, 82-83
    mineral, 82-83
    vegetal, 74

Chuva ácida, 243-245
Ciclos biogeoquímicos, 40-53
    do carbono, 41-42
    do enxofre, 45-47
    do fósforo, 45, 46*f*
    do nitrogênio, 42-44
    hidrológico, 47-53
Classificação dos recursos naturais, 6*f*
Coleta, 184-186
    de orgânicos, 186
    e tratamento de esgoto sanitário *ver* Esgoto sanitário, coleta e tratamento de
    seletiva e triagem, 184-186
Combustíveis fósseis, 75
Comensalismo, 59
Competição, 60
Comportamento ambiental dos lagos, 123-129
    estratificação térmica, 123-126
    processo de eutrofização, 126-129
        acelerada, 127
        consequências, 127-128
        formas de controle, 128-129
Compostagem, 191-192, 193*f*
Comunidade, 54, 58-59
Consumo de água no planeta, 106*t*
Cooperação, 59
Coprocessamento, 204-205
Crescimento populacional, 60-61
    em "J", 60
    em "S", 61
Crimes ambientais, lei de, 305-306
Crise, 3-9, 76-77
    ambiental, 3-9
        globalização da crise, 9
        poluição, 7-9
        população, 3-5
        recursos naturais, 6-7
    energética, 76-77
curva, 4, 292
    de crescimento exponencial da população, 4*f*
    de demanda ambiental, 292*f*

D

Degradação ambiental: prevenção e controle, 278-282
Densidade populacional, 54
Depleção da camada de ozônio, 238-245
    chuva ácida, 243-245
    destruição do ozônio, 239-243
    formação do ozônio, 239
Depósitos geotérmicos confinados, 76
Derivados, 75
    de combustíveis fósseis, 75
    sintéticos, 75

Desenvolvimento, 64-67, 78-80
    econômico e energia, 78-80
    sustentável, 64-67
        degradação ambiental: prevenção e controle, 278-282
        gestão do ambiente, 282-283
Desertos, 35
Detenção, 52
Deutério, 75
Dispersão de poluentes, 248-252
Disposição final, 143, 206-214
    de esgotos, 143
    de resíduos sólidos, 206-214
        aterro de resíduos inertes, 214
        aterro industrial ou de resíduos perigosos, 213
        aterro sanitário, 207-213
Distribuição, 54,-57, 106
    do consumo de água no planeta, 106*t*
    etária, 54, 55*f*, 56*f*, 57*f*
Dominantes ecológicos, 58

E

Economia e meio ambiente, 284-295
    benefícios de política ambiental, 291-293
    classificação dos bens e serviços, 286*f*
    cobrança pelo uso de recursos ambientais, 294-295
    curvas de oferta e demanda, 285*f*
    evolução da economia, 287-290
Ecossistemas e desenvolvimento, 19-39
    amplificação biológica, 28-29
    biomas, 29-35
        ecossistemas aquáticos, 30
        ecossistemas terrestres, 32-35
    cadeias alimentares, 23-25
    definição e estrutura, 19-20
    produtividade primária, 25-27
    reciclagem de matéria e fluxo de energia, 20-23
        energia e vida na Terra, 23
        energia solar, 21-22
        reflexão e absorção, 22-23
    serviços ecossistêmicos, 35-39
    sucessão ecológica, 27-28
Ecótono, 59
Efeito dos bordos, 59
Eficiência elétrica no Brasil, 97-100
Energia, 15-18, 21-23, 71-101
    balanço de, 15-18
    crise energética, 76-77
    das marés, 74, 86
    e desenvolvimento econômico e meio ambiente, 78-80
    e vida na Terra, 23
    eólica, 74, 86
    fontes não renováveis, 75-76, 81-85
    fontes renováveis, 74, 85-87

geotérmica, 74, 83
hidráulica, 74
no Brasil, 88-100
    eficiência elétrica, 97-100
    geração de eletricidade, 92-97
    oferta interna de energia e fontes utilizadas, 88-89
    previsão no aumento da demanda e recursos disponíveis, 90-91
no futuro, 80-81, 101
nuclear, 83-85
solar, 21-22
solar direta, 74, 86
Enxofre, ciclo do, 45-47
Erosão, 170-172
    ocorrência, 170-171
    prevenção, controle e correção, 172
Espectro da luz solar, 21f
Escoamento, 52
    subterrâneo, 52
    superficial, 52
Esgoto sanitário, coleta e tratamento de, 141-147
    esgotos e meio ambiente, 143-145
    etapas e processos, 145-147
        manejo do lodo, 146-147, 148f
        tratamento preliminar, 145
        tratamento primário, 145
        tratamento secundário, 145-146
        tratamento terciário e avançado, 146
    partes dos sistemas, 142-143
        disposição final, 143
        emissários, 142
        estações de tratamento de esgoto (ETEs), 142-143
        estações elevatórias, 142
        interceptores, 142
        órgãos acessórios, 142
        rede de coleta, 142
        sifões invertidos, 142
Estação recuperadora de recursos, 148
Estratificação térmica, 123-126
Estuários, 32, 59
Eutrofização, processo de, 126-129
    acelerada, 127
    consequências, 127-128
    formas de controle, 128-129
Evaporação, 52
Evapotranspiração, 52

F

Fabricação de elementos combustíveis, 84
Fator limitante, 57
Fissão nuclear, 75, 85
Floresta(s), 34-35
    de coníferas, 34
    temperadas de folhas caducas, 34
    tropicais, 34-35
Fluxo de energia, 20-23
    energia e vida na Terra, 23
    energia solar, 21-22
    reflexão e absorção, 22-23
Fontes não renováveis, 75-76, 81-87
    alcatrão, 82
    carvão, 82-83
    combustíveis fósseis, 75
    depósitos geotérmicos confinados, 76
    derivados de combustíveis fósseis, 75
    derivados sintéticos, 75
    energia geotérmica, 83
    energia nuclear, 83-85
    fissão nuclear, 75, 85
    fusão nuclear, 75-76, 85
    gás natural não convencional, 75
    gás natural, 81-82
    óleos pesados não convencionais, 75
    petróleo, 81
    xisto betuminoso, 82
Fontes renováveis, 74, 85-87
    biocombustível líquido, 74, 87
    biogás, 74, 87
    biomassa, 74, 86-87
    carvão vegetal, 74
    energia das marés, 74, 86
    energia eólica, 74, 86
    energia geotérmica, 74
    energia hidráulica, 74
    energia solar direta, 74, 86
    gás hidrogênio, 74, 87
    hidroeletricidade, 85
Fósforo, ciclo do, 45, 46f
Fusão nuclear, 75-76, 85

G

Gás, 74, 75, 81-82, 87, 232-233
    de xisto argiloso, 75
    fluorídrico, 232
    hidrogênio, 74, 87
    liquefeito de petróleo (GLP), 81
    natural, 81-82
    natural não convencional, 75
    sulfídrico, 232-233
Gaseificação, 203
Geração, 92-97, 109
    de eletricidade no Brasil, 92-97
    de energia elétrica, 109
Gestão do ambiente, 282-283 *ver também* Instrumentos legais para gestão do meio ambiente
Globalização da crise ambiental, 9

H

Herbicidas, 233
Hidrocarbonetos, 232
Hidroeletricidade, 85

I

Incineração, 196-202
   incineradores de baixo fluxo de ar, 201
   incineradores de forno rotativo, 201
   incineradores de leito fluidizado, 200-201
   incineradores de massa, 198-200
   incineradores de resíduos líquidos e gasosos, 201-202
Indicadores da qualidade da água, 129-136
   biológicos, 132-133
     algas, 132
     microrganismos patogênicos, 132
   físicos, 129-130
     cor, 129
     gosto e odor, 129-130
     turbidez, 129
   químicos, 130-132
     alcalinidade, 130
     compostos nitrogenados e fósforo, 131
     compostos orgânicos sintéticos, 131-132
     corrosividade, 130
     dureza, 130
     ferro e manganês, 130
     matéria orgânica, 131
     radioatividade, 132
     salinidade, 130
   índices de qualidade da água, 133-136
     Índice de qualidade das águas (IQA), 13
     Índice do estado trófico (IET), 135
     Índices de qualidade das águas para proteção da vida aquática e de comunidades aquáticas (IVA), 135-136
Infiltração, 52
Instrumentos legais para gestão do meio ambiente, 296-312
   aspectos legais e constitucionais nos estados, 310-312
   legislação, 300-304
     Política Nacional do Meio Ambiente, 300-304
   lei de crimes ambientais, 305-306
   Política Nacional de Recursos Hídricos, 306-307
   Política Nacional de Resíduos Sólidos, 307-309
     objetivos, 308-309
     princípios, 307-308
   Política Nacional de Saneamento Básico, 309-310
   princípios constitucionais relativos, 297-299
     referências constitucionais, 297-298
     repartição de competências, 298-299
   Sistema Nacional de Gerenciamento de Recursos Hídricos, 306-307
   sistema nacional do meio ambiente, 304-305
Intervalo de tolerância, 58
Irrigação, 109
ISO 14001: Sistemas de gestão ambiental – Especificação e diretrizes para uso, 358-360

J

"J", crescimento populacional em, 60

L

Lagos, 31, 123-129
   comportamento ambiental dos, 123-129
     estratificação térmica, 123-126
     processo de eutrofização, 126-129
   estação recuperadora de recursos, 148
Legislação *ver* Instrumentos legais para gestão do meio ambiente
Lei(s), 10-11, 305-306
   da conservação da massa, 10-11
   de crimes ambientais, 305-306
Licenciamento, 303-304, 321-324
   ambiental, 321-324
Listagens de controle, 327-341
   comparativas, 334, 335t
   descritivas, 327-333
   em questionário, 334, 336-337
   ponderais, 338-341

M

Manancial, características do, 138-141
   salinidade, 138
   tipo de aquífero, 138-141
Massa, balanço de, 12-18
   com reações químicas, 14-15
Material particulado, 232
Matizes de interação, 341-342, 343-345t, 346q
Meio ambiente e energia, 78-80
Meio aquático, 103-157
   abastecimento de água, 136-141
     estrutura para tratamento, 136-137
     tratamento, 137-141
   água na natureza, características, 103-106
     biológicas, 106
     físicas, 104-105
     químicas, 105-106
   alteração da qualidade das águas, 111-123
     comportamento dos poluentes, 116-123
     principais poluentes, 112-115
   coleta e tratamento de esgoto sanitário, 141-147
     esgotos e meio ambiente, 143-145
     etapas e processos no tratamento, 145-147
     partes dos sistemas, 142-143
   comportamento ambiental dos lagos, 123-129
     estratificação térmica, 123-126
     processo de eutrofização, 126-129

estação recuperadora de recursos, 148
indicadores da qualidade da água, 129-136
    biológicos, 132-133
    físicos, 129-130
    índices, 133-136
    químicos, 130-131
tratamento de efluentes líquidos industriais, 147-148
uso racional e reúso da água, 148-157
    contextualização, 148-149, 150f
    estrutura de tratamento, 151-152
    formas potenciais de reúso, 149, 150, 151f
    monitoramento, 153
    proteção da fonte de produção, 151
    usos agrícolas, 155-157
    usos industriais, 154-155
    usos urbanos, 150-151, 153-154
    validação das medidas de controle, 152
usos da água e requisitos de qualidade, 106-111
    abastecimento humano, 108
    abastecimento industrial, 108
    aquicultura, 110
    assimilação e transporte de poluentes, 110
    geração de energia elétrica, 109
    irrigação, 109
    navegação, 109
    preservação da flora e fauna, 110
    recreação, 110
    usos diversos e gerenciamento de recursos, 110-111
Meio atmosférico, 229-273
    características e composição, 229-231
    controle da poluição, 258-261, 262t
        smog fotoquímico, 260-261, 262t
        smog industrial, 258-260
    histórico da poluição do ar, 231
    meteorologia e dispersão de poluentes, 248-252
    padrões de qualidade do ar, 254-258
    poluição em diferentes escalas espaciais, 233-248
        poluição global, 233-245
        poluição local, 246-248
    poluição nos centros urbanos brasileiros, 261, 262-267
        municípios do RS, 265, 266-267
        região de Cubatão, SP, 265, 266t
        região metropolitana de SP, 261, 262-265
    poluição sonora, 267-271
        conceito de som, 267-268
        ruído, 268-271
    principais poluentes, 231-233
    transporte de poluentes, 252-254
Meio terrestre, 159-225
    características importantes dos solos, 163-165
        capacidade de troca iônica do solo, 165
        composição mineralógica, 164-165
        cor, 163
        estrutura, 164
        textura, 163-164
    classificação dos solos, 165-170
        granulométrica ou textural, 165-166
        pedológica, 166-170
    composição do solo, 160-161
    conceito de solo, 160
    disposição final de resíduos sólidos, 206-214
        aterro de resíduos inertes, 214
        aterro industrial ou de resíduos perigosos, 213
        aterro sanitário, 207-213
    erosão, 170-172
        ocorrência, 170-171
        prevenção, controle e correção, 172
    formação do solo, 161-163
    poluição do solo rural, 172-178
        defensivos agrícolas, 174-177
        fertilizantes sintéticos, 173-174
        salinização, 177-178
    poluição do solo urbano, 178-179
    remediação de áreas contaminadas, 223-225
    resíduos radioativos, 215-223
    resíduos sólidos, 179-186
        acondicionamento, coleta e transbordo, 184, 185f
        coleta de orgânicos, 186
        coleta seletiva e triagem, 184-186
    tratamento de resíduos orgânicos putrescíveis, 190-206, 207f
        autoclavagem, 205, 206f
        biodigestão anaeróbia, 192-196
        compostagem, 191-192, 193f
        coprocessamento, 204-205
        incineração, 196-202
        micro-ondas, 205-206, 207f
        pirólise e gaseificação, 202-203
        plasma, 203-204
        tratamento térmico, 196
    tratamento de resíduos sólidos, 186-190
        reciclagem de madeira, poda e capina, 189-190
        reciclagem na construção e demolição, 186-189
Metais, 232
Meteorologia e dispersão de poluentes, 248-252
Metodologia do EIA/RIMA, 324-325
Micro-ondas, 205-206, 207f
Mineração, 84
Modelagem matemática do transporte de poluentes atmosféricos, 252-254
Modelo(s), 64, 65, 342, 345
    atual de desenvolvimento, 64f
    de desenvolvimento sustentável, 65
    de simulação, 342, 345
Monóxido de carbono, 232
Mortalidade, 54, 55f
Mudanças climáticas, 234-238
Mutualismo, 59

N

Natalidade, 54, 55f
Navegação, 109
Neutralismo, 59
Nitrogênio, ciclo do, 42-44
Normas para os sistemas de gestão ambiental, 355-363
   norma BS 7750, 355-356
   normas da série ISO 14000, 356-363
      auditorias ambientais, 360-361
      ISO 14001: Sistemas de gestão ambiental – Especificação e diretrizes para uso, 358-360
      rotulagem ambiental, 361-363

O

Objetivos do Desenvolvimento Sustentável (ODS), 66-67
Oceanos, 31-32
Óleos pesados não convencionais, 75
Oxidantes fotoquímicos, 232
Óxidos, 232
   de enxofre, 232
   de nitrogênio, 232
Ozônio, 238-245
   chuva ácida, 243-245
   processo de destruição do, 239-243
   processo de formação do, 239

P

Padrões de qualidade do ar, 254-258
Parasitismo, 60
Pesticidas, 233
Petróleo, 81
Pirâmide de energia, 26f
Pirólise, 202-203
Planejamento ambiental, 315-351
   análise benefício-custo, 345, 346-347
   análise multiobjetivo, 347-350
      dominância, 348-349
      técnicas de análise multiobjetivo, 349-350
   avaliação ambiental estratégica, 316-321
   avaliação de impacto ambiental, 321-324
   fundamentos da metodologia do EIA/RIMA, 324-325
   licenciamento ambiental, 321-324
   método *ad hoc*, 326-327
   listagens de controle, 327-341
      comparativas, 334, 335t
      descritivas, 327-333
      em questionário, 334, 336-337
      ponderais, 338-341
   matizes de interação, 341-342, 343-345t, 346q
   modelos de simulação, 342, 345
   redes de interação, 341
   seleção da metodologia, 350-351
   superposição de cartas, 341

Plasma, 203-204
Política(s), 291-293, 306-310
   ambiental, benefícios, 291-293
   Nacional de Recursos Hídricos, 306-307
   Nacional de Resíduos Sólidos, 307-309
   Nacional de Saneamento Básico, 309-310
Política Nacional do Meio Ambiente, 300-304
   instrumentos da, 301-304
      avaliação de impacto ambiental, 302-303
      estabelecimento de padrões de qualidade ambiental, 302
      licenciamento, 303-304
      zoneamento ambiental, 302
   princípios e objetivos, 300-301
Poluição, 7-9, 111-123, 172-179, 231-248, 258-271, 363-371
   da água, 111-123
   do ar, 231-248, 258-271
   do solo rural, 172-178
      defensivos agrícolas, 174-177
      fertilizantes sintéticos, 173-174
      salinização, 177-178
   do solo urbano, 178-179
   prevenção à, 363-371
   sonora, 267-271
Poluentes da água, 112-123
   mecanismos biológicos, 122
   mecanismos bioquímicos, 117-122
      decomposição, 118-119
      recuperação do oxigênio dissolvido, 119-122
   mecanismos físicos, 116-117
      ação hidrodinâmica, 116
      diluição, 116
      gravidade, 116-117
      luz, 117
      temperatura, 117
   mecanismos químicos, 122
   principais poluentes, 112-115
      calor, 115
      desreguladores endócrinos, 115
      metais, 113-114
      nutrientes, 114
      orgânicos biodegradáveis, 112-113
      orgânicos recalcitrantes ou refratários, 113
      organismos patogênicos, 114
      radioatividade, 115
      sólidos em suspensão, 114-115
População(ões), 3-5, 54-62
   biodiversidade, 62
   comunidade, 58-59
   conceitos básicos, 54-58
   crescimento populacional, 60-61
   relações interespecíficas, 59-60
Potencial biótico, 60
Precipitação, 52
Predação, 59

Preservação da flora e fauna, 110
Prevenção à poluição, 363-371
   barreiras, 367
   casos de sucesso, 371
   cultura corporativa e normas institucionais, 367-368
   custo, 368
   dificuldades para identificação de oportunidades, 368
   expectativa dos consumidores, 369
   externalidades, 369
   falta de ferramentas e metodologia de avaliação, 368-369
   falta de planejamento de longo prazo e tomada de decisão, 369
   na indústria, 365-367
      melhoria da imagem corporativa, 367
      melhoria da segurança dos trabalhadores, 367
      redução da responsabilidade legal, 367
      redução de custos, 366
   no estado de SP, 369-370
   princípios básicos, 364-365, 366f
Primeira lei da termodinâmica, 11
Produtividade primária, 25-27
PSA, lógica do, 290f
Purificação e enriquecimento, 84

Q

Qualidade da água, 111-123, 129-136
   alteração da, 111-123
      comportamento dos poluentes, 116-123
      principais poluentes, 112-115
      parâmetros indicadores da, 129-136
         biológicos, 132-133
         físicos, 129-130
         químicos, 130-131
         índices, 133-136
Qualidade do ar, padrões de, 254-258
Querogênio, 82

R

Reação de fissão nuclear, 83
Reatores, 83, 84
Reciclagem, 20-23, 186-190
   de madeira, poda e capina, 189-190
   de matéria e fluxo de energia, 20-23
      energia e vida na Terra, 23
      energia solar, 21-22
      reflexão e absorção, 22-23
   na construção e demolição, 186-189
Recreação, 110
Recursos, 6-7, 294-295, 306-307
   ambientais, cobrança pelo uso de, 294-295
   hídricos, 306-307
      Política Nacional de, 306-307
      Sistema Nacional de Gerenciamento de, 306-307

   naturais, 6-7
Redes de interação, 341
Reflexão e absorção, 22-23
Rejeito radioativo, 85
Relações interespecíficas, 59-60
Remediação de áreas contaminadas, 223-225
Resíduo(s), 179-186, 190-206, 215-223, 307-309
   orgânicos putrescíveis, tratamento de, 179-206, 207f
      autoclavagem, 205, 206f
      biodigestão anaeróbia, 192-196
      compostagem, 191-192, 193f
      coprocessamento, 204-205
      incineração, 196-202
      micro-ondas, 205-206, 207f
      pirólise e gaseificação, 202-203
      plasma, 203-204
      tratamento térmico, 196
   radioativos, 215-223
      desintegração, 216
      efeito biológico das radiações, 220-221, 222t
      exposição às radiações ionizantes, 221-223
      geração de resíduos radioativos, 217-220
      medida das radiações ionizantes, 216-217
      meia-vida, 216
   sólidos, 179-190, 307-309
      acondicionamento, 184, 185f
      coleta de orgânicos, 186
      coleta seletiva e triagem, 184-186
      coleta, 184, 185f
      Política Nacional de Resíduos Sólidos, 307-309
      transbordo, 184, 185f
      tratamento, 186-190
Resistência ambiental, 60
Retorno do Investimento Energético (RIE), 78
Retroprocessamento, 84-85
Reúso da água *ver* Usos da água
Rios, 31
Rotulagem ambiental, 361-363
Ruído, 268-271
   avaliação de nível de, 271
   controle de, 271
   e a saúde humana, 270-271
   medição sonora, 269-270

S

Salinidade, 138
Saneamento Básico, Política Nacional de, 309-310
Segunda lei da termodinâmica, 11-12
Serviços ecossistêmicos, 35-39
Sistema Nacional de Gerenciamento de Recursos Hídricos, 306-307
Sistemas de esgotos sanitários, 142-143
   disposição final, 143
   emissários, 142

estações de tratamento de esgoto (ETEs), 142-143
estações elevatórias, 142
interceptores, 142
órgãos acessórios, 142
rede de coleta, 142
sifões invertidos, 142
Sistemas de gestão ambiental (SGA), 353-371
normas, 355-363
BS 7750, 355-356
da série ISO 14000, 356-363
prevenção à poluição, 363-371
barreiras, 367
casos de sucesso, 371
cultura corporativa e normas institucionais, 367-368
custo, 368
dificuldades para a identificação de oportunidades, 368
expectativa dos consumidores, 369
externalidades, 369
falta de ferramentas e metodologia de avaliação, 368-369
falta de planejamento de longo prazo e tomada de decisão, 369
na indústria, 365-367
no estado de SP, 369-370
princípios básicos, 364-365, 366f
Smog, 246-248, 258-261
fotoquímico, 247-248, 260-261, 262t
industrial, 246-247, 258-260
Solo(s) *ver também* Meio terrestre
água no, 51f
Som, 233
Substâncias radioativas, 233
Sucessão ecológica, 27-28

T

Taxa de crescimento, 54, 60
específico, 60
vegetativo, 54
Termodinâmica, 11-12
primeira lei da, 11
segunda lei da, 11-12
Transporte de poluentes, 110
Tratamento, 145-148, 186-206, 207
de efluentes líquidos industriais, 147-148
dos esgotos, 145-147
manejo do lodo, 146-147, 148f
tratamento preliminar, 145
tratamento primário, 145
tratamento secundário, 145-146
tratamento terciário e avançado, 146

de resíduos orgânicos putrescíveis, 190-206, 207f
autoclavagem, 205, 206f
biodigestão anaeróbia, 192-196
compostagem, 191-192, 193f
coprocessamento, 204-205
incineração, 196-202
micro-ondas, 205-206, 207f
pirólise e gaseificação, 202-203
plasma, 203-204
tratamento térmico, 196
de resíduos sólidos, 186-190
reciclagem de madeira, poda e capina, 189-190
reciclagem na construção e demolição, 186-189
Trítio, 75
Tundra, 33

U

Usos da água, 106-111, 148-157
e requisitos de qualidade, 106-111
abastecimento humano, 108
abastecimento industrial, 108
aquicultura, 110
assimilação e transporte de poluentes, 110
geração de energia elétrica, 109
irrigação, 109
navegação, 109
preservação da flora e fauna, 110
recreação, 110
usos diversos e gerenciamento de recursos, 110-111
uso racional e reúso, 148-157
contextualização, 148-149, 150f
estrutura de tratamento, 151-152
formas potenciais de reúso, 149, 150, 151f
monitoramento, 153
proteção da fonte de produção da água de reúso, 151
usos agrícolas, 155-157
usos industriais, 154-155
usos urbanos, 150-151, 153-154
validação das medidas de controle, 152

V

Viabilidade ambiental, 66

X

Xisto betuminoso, 82

Z

Zoneamento ambiental, 302